“十二五”普通高等教育本科国家级规划教材

国家工科物理教学基地　国家级精品课程使用教材

大学物理教程 第四版

（上册）

李铜忠　袁晓忠　董占海　高景　编

内容提要

本书由上海交通大学物理教研室教师根据多年教学经验和实践编写而成。本书内容简练，重点突出，基础知识扎实。全书分为上、下两册。上册内容包括力学、机械振动、机械波和热物理学；下册内容包括电磁学、波动光学和量子物理。

本书为非物理专业的大学物理教程，可作为高等院校工科各专业的大学物理教科书，也可作为综合性大学和师范院校非物理专业的教材或参考书。

图书在版编目(CIP)数据

大学物理教程/ 李铜忠等编. —4 版. —上海：上海交通大学出版社，2022.1(2025.1 重印)
ISBN 978-7-313-25988-2

Ⅰ.①大… Ⅱ.①李… Ⅲ.①物理学－高等学校－教材 Ⅳ.①04

中国版本图书馆 CIP 数据核字(2022)第 000442 号

大学物理教程(第四版)(上册)
DAXUE WULI JIAOCHENG(DISIBAN)(SHANGCE)

编　　者：李铜忠　袁晓忠　董占海　高　景
出版发行：上海交通大学出版社
地　　址：上海市番禺路 951 号
邮政编码：200030
电　　话：021-64071208
印　　制：上海新艺印刷有限公司
经　　销：全国新华书店
开　　本：710 mm×1000 mm　1/16
印　　张：23.5
字　　数：471 千字
版　　次：2011 年 8 月第 1 版　2022 年 1 月第 4 版
印　　次：2025 年 1 月第 13 次印刷
书　　号：ISBN 978-7-313-25988-2
定　　价：48.00 元

前　言

根据2010年教育部颁发的"非物理类理工学科大学物理课程教学基本要求"，为了适应物理学和科学技术的发展，结合多年的教学实践，我们编写了这套大学物理教材。在编写过程中，我们借鉴了部分国内外新版优秀教材，力求贯彻理论体系的少而精、理论联系实际的原则，在做到加强理论基础的叙述、加强对学生分析与解决实际问题能力培养的同时，增加对近现代物理知识和观点的介绍。在教材编写过程中，我们注重把培养学生具有科学的思维能力、辩证分析的能力和科学的研究方法作为目标。同时，我们还注重加强工科大学生的科学素养的培养，拓宽学生的科学视野。

全书采用国际单位制，书中物理量的名称和表示符号尽量采用国家现行标准。

全书分为上、下两册。上册包括力学、机械振动、机械波和热物理学。下册包括电磁学、波动光学和量子物理。本书另配有一套完整的电子教案，与主教材内容对应。电子教案提供PowerPoint格式的文件，在此基础上，可以进行二次开发并形成教师具有个人特色的电子教案。

本书内容全部讲授大约需要140学时，教师可以根据学时要求选讲其中部分内容。

参加本书编写工作的有袁晓忠（第1～5章），高景（第6，7章和第17，18章），董占海（第8～10章和第19～22章），李铜忠（第11～16章和第23章）。

由于编者水平有限，编写时间较仓促，书中存在的错误之处，期望广大读者提出宝贵意见。

编　者

2021年7月

目　录

第1章　力 与 运 动

自然界中的物质都处于不停的运动和变化之中。物质的运动形式多种多样，主要包括机械运动、分子热运动、电磁运动、原子和其他微观粒子的运动等，其中最为简单的是物质的机械运动。牛顿力学（经典力学）就是研究物质机械运动的学科。

经典力学的理论基础是牛顿的三个运动定律，并由此引入了力、力矩、动量、冲量、角动量、功和能等概念，得到了动量、角动量和机械能等的守恒定律。经典力学只适用于物体做低速（与光速相比）运动的情形。当物体的速度接近于光速时，经典力学就失效了。此时需要用相对论力学来做研究，经典力学只是相对论力学在低速时的近似。

考虑到物体的实际形状和大小时，对物体运动的描述将是相当复杂的，因为需要考虑物体的大小和形状的变化，还要考虑物体的整体平移和整体转动。物理学中一个非常重要的方法就是对于实际系统，需要找出问题的主要方面，把实际问题进行简化，建立一定的理想模型。在理想模型的基础上研究问题，这是物理学研究问题的基本方法，即从复杂到简单的方法。

当物体上所有点的运动都相同时，我们就可以用其中一个点的运动来替代对物体整体运动的描述，这就是质点这个理想模型的物理基础。研究物体的运动时，可以把物体看成是所有质量都集中在一个几何点上。而对真实的物体，可以通过数学上的无穷分割方法，把它分成无穷多个小的质量元，每一个质量元可以看成一个质点，从而可以把一个真实的物体看成由无穷多个质点组成的质点系。因此，真实物体的运动可以看成是该质点系的运动。这种方法即所谓从简单到复杂的方法。

刚体和质点一样，是物理学中的一个理想模型，在任何情况下，其形状和大小都不会发生变化。实际物体的大小和形状在运动过程中或多或少会有变化，物体内部的各个部分的运动情况往往不同，这就使问题变得相当复杂。但是在很多情况下物体形变非常小，形变对物体运动规律的影响可以忽略不计。因此，对这些物体，就可以用刚体这个理想化的模型来替代。

1.1　质点运动学

力学研究的是物体机械运动的规律，机械运动是自然界中物质运动最简单和最常见的形式,其主要特征是一个物体相对另一个物体或物体的一部分相对另一部分位置随时间有相对变化。

对于有形状和大小的实际物体而言,其一般的运动非常复杂。为了简化问题,可以先不考虑物体的形变和转动,将其看成一个形状和大小都可以忽略不计但具有一定质量的物体,这样的物体称为质点。

对于机械运动的研究,通常可分为两个方面。一是单纯地关注如何描述物体的运动状态,对于质点而言,主要研究如何描述其在空间的位置、运动轨道、运动速度、加速度等,称为运动学。二是考虑物体间的相互作用,以及由此引起物体运动状态变化的规律,称为动力学。本节我们将首先讨论对物体运动的基本描述,引入描述物体运动的基本物理思想和方法,讨论质点的运动学问题。下一节我们讨论物体间相互作用规律以及运动状态的变化与物体间相互作用的关系,即牛顿运动定律。

1.1.1 质点运动的描述

1.1.1.1 参考系

为了描述一个物体的运动而选作参考的另一个物体或一组相对静止的物体称为参考系,又称为参考物。就运动学的角度而言,参考系的选取具有任意性,任何物体都可以被选作参考系来研究其他物体的运动。在一个具体问题中,到底选择哪个物体作为参考系,这要由问题的性质和研究的方便来决定。比如火箭发射卫星上太空,发射阶段通常以地面为参考系来研究火箭的运动;如果最终火箭将卫星送入绕太阳运行的轨道,成为一颗人造行星,则选择太阳为参考系就比较方便了。

还要明确这样一个事实,即运动描述的相对性和运动的绝对性。研究和描述同一物体的运动,取不同的参考系,结果往往是不同的。比如,相对于地面做匀速直线运动的车厢里,有一个自由下落的物体,若以车厢为参考系,物体的运动是直线运动。如果以地面为参考系,物体的运动就是曲线运动。所以,要方便地描述一个物体的运动,我们需要选择一个合适的参考系,使我们对该物体运动的描述尽量简单。这正是建立在物体运动描述的相对性这个事实的基础上的。此外,一切物质均处于永恒不息的运动之中,运动的这种普遍性和永恒性又称为运动的绝对性。大到日月星辰,小到微观粒子,世界万物每时每刻都在做不同形式的运动,运动是绝对的,静止是相对的。

1.1.1.2 坐标系

为了定量地描述一个物体相对某参考系的位置,还必须在参考系上固定一组坐标轴,建立所谓的坐标系。最常见的坐标系有直角坐标系,相应的坐标为 x, y, z,如图 1-1 所示;平面极坐标系,相应的坐标为 r, θ,如图 1-2 所示;还有球坐标系和柱坐标系等。物体的运动状态完全由参考系决定,与坐标系的选取无关。

对于不同的坐标系,只是描述运动的变量不同而已,对应物体的运动状态不会因坐标系的选择不同而有所不同。

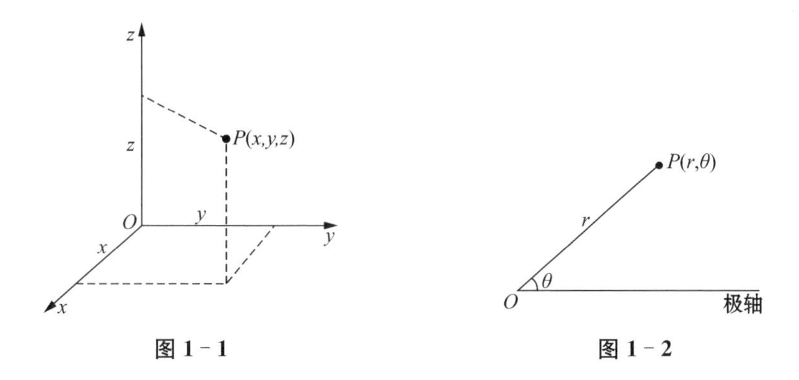

图 1-1　　　　图 1-2

1.1.1.3　空间和时间

要在一定的参考系中定量地描述物质的运动,需用时间和空间两个物理量。

人们对时间和空间的认识是从对周围物质世界和物质运动的感知开始的,时间反映物质运动的持续性和顺序性,持续性是指物质运动经历的或长或短的过程,顺序性是指物质运动过程中的不同事物或现象出现的先后顺序。时间是不可逆的,一维的。空间反映了物质的广延性,是与物体的体积和物体位置的变化联系在一起的。随着科学的进步,人们的时空观经历了从牛顿的绝对时空观到爱因斯坦的相对论时空观的转变,从时空的有限与无限的哲学思辨到可以用科学的手段来探索时空的阶段。在牛顿的时代人们认为,空间和时间是独立于物质和物质运动的客观存在;而现今人们已经认识到,空间和时间与物质及物质的运动是密切相关的。

人们通常采用能够重复的周期现象来计量时间,目前时间单位“秒”是 1967 年 10 月第 13 届国际计量大会上定义的:“1 秒(s)是铯-133 原子基态的两个超精细能级在零磁场中跃迁所对应的辐射的 9 192 631 770 个周期的持续时间。”而长度单位“米”是 1983 年 10 月第 17 届国际计量大会上定义的:“1 米(m)是光在真空中(1/299 792 485)s 时间间隔内所经路径的长度。”对于微小的长度,常用微米(μm, 1×10^{-6} m)、纳米(nm, 1×10^{-9} m)和埃(Å, 1×10^{-10} m)做单位。天文上对于很长的距离常用光年做单位。光年是光在 1 年中行进的距离,常用符号 l. y. 表示,约合 9.46×10^{12} km。

目前,人们可量度的空间范围,从宇宙范围的尺度 1×10^{26} m 到微观粒子的尺度 1×10^{-15} m,从宇宙的年龄 1×10^{18} s 到微观粒子的最短寿命 1×10^{-24} s。根据已知的物理理论,极端的时间和空间间隔为普朗克时间 1×10^{-43} s 和普朗克长度 1×10^{-35} m。也就是说,小于普朗克时空间隔时,空间和时间的概念就不再适用了。表 1-1 和表 1-2 分别列出了一些典型的空间和时间尺度,即物理学的研究所涉及的空间和时间范围。

表1-1 一些典型的空间尺度 单位：m

事　件	空间尺度
已观测到的宇宙范围	1×10^{26}
星系团半径	1×10^{23}
星系间距离	2×10^{22}
银河系半径	7.6×10^{22}
太阳到最近恒星的距离	4×10^{16}
太阳到冥王星的距离	1×10^{12}
日地距离	1.5×10^{11}
地球半径	1×10^{6}
无线电中波波长	1×10^{3}
核动力航空母舰长	3×10^{2}
小孩高度	1
尘埃线度	1×10^{-3}
人类红细胞直径	1×10^{-6}
细菌线度	1×10^{-9}
原子线度	1×10^{-10}
核的线度	1×10^{-15}
普朗克长度	1×10^{-35}

表1-2 一些典型的时间尺度 单位：s

事　件	时间尺度
宇宙年龄	1×10^{18}
太阳系年龄	1.4×10^{17}
原始人时期至今	1×10^{13}
出现最早文字至今	1.6×10^{11}
人的平均寿命	1×10^{9}
地球公转(一年)	3.2×10^{7}
地球自转(一天)	8.6×10^{4}
太阳光到地球的传播时间	5×10^{2}
人的心脏跳动周期	1

(续表)

事　　件	时 间 尺 度
中频声波周期	1×10^{-3}
中频无线电波周期	1×10^{-6}
π^+介子的平均寿命	1×10^{-8}
分子转动周期	1×10^{-12}
原子振动周期(光波周期)	1×10^{-15}
光穿越原子的时间	1×10^{-18}
核振动周期	1×10^{-21}
光穿越核的时间	1×10^{-24}
普朗克时间	1×10^{-43}

1.1.1.4 质点

实际物体有形状和大小，其一般的运动非常复杂。在特定情况下，为突出主要矛盾可以不计其形状和大小，将其看成具有质量的几何点，这样的物体称为质点。质点是一个理想模型，严格而言在自然界中并不存在。提出质点概念的意义可以从下面三个方面去理解。

(1) 如果一个物体在运动中既不转动也不变形而只有平动，此时物体上各点的运动必然相同，整个物体的运动可以用物体上任一点的运动来替代。因此，当一个物体做平动时，可将其看作质点，如图1-3所示。平动可以这样来定义(判别)：在运动过程中，物体内任意一个固定箭头所指的方位始终不变，则物体在此过程中做的是平动。物体做平动时，可以是直线运动，也可以是曲线运动。

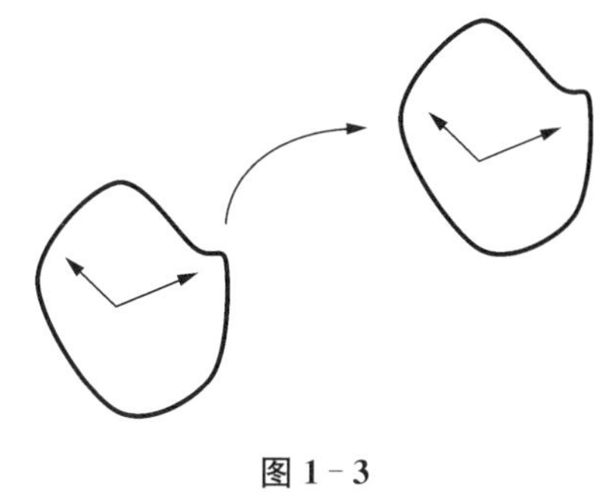

图1-3

(2) 如果一个物体的尺寸很“小”，其转动和形变在相关问题中完全不重要时，也可将其看作质点。当然，大小是相对的，地球很大，其平均半径约为6 378 km，但在研究地球绕太阳公转时，由于地球与太阳间的距离(约为1.5×10^8 km)远大于地球平均半径，因此地球上各点运动情况的差异对所研究问题而言可以忽略，地球可视为质点。对于尺寸很小的物体，如微粒、分子、原子等，如果相关问题涉及它们的振动和转动，就不能够把它们看成质点。

(3) 有大小和形状的物体做一般运动时，其各部分的运动是不相同的，整体不能够看成质点。但如果设想将物体分割成许多足够微小的部分，总能使每一部分内部各点的运动基本相同,从而可将它作为一个质点处理,通过分析这许多质点的运动就能弄清整个物体的运动情况。所以分析质点的运动是研究实际物体复杂运动的基础。

质点是力学中关于物体的一个理想模型,它突出了物体具有质量和占有位置这两个主要因素,但忽略了形状、大小及内部运动等次要因素。这种突出研究对象的主要特征而忽略其次要特征的理想模型在物理学中是经常使用的,例如刚体、理想气体、理想流体、点电荷等。

1.1.2　直线运动

1.1.2.1　直线运动质点的运动方程

质点始终沿同一条直线的运动称为直线运动,直线运动可用一维坐标描述。如图 1-4 所示,坐标轴为 x 轴,取 O 为坐标原点,质点在任意时刻的位置可表示为

$$x=x(t), \tag{1-1}$$

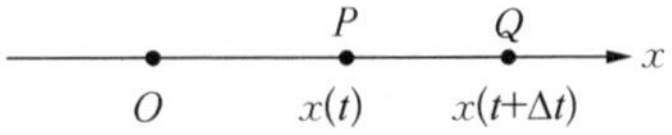

P　Q　x
O　x(t)　x(t+Δt)

图 1-4

此式称为质点的运动方程。

1.1.2.2　速度

质点的运动方程包含了质点所有运动学的信息,由运动方程出发可以得到质点诸多运动的特征。如图 1-4 所示,t 时刻质点位于 P 点,坐标为 $x(t)$, $t+\Delta t$ 时刻质点位于 Q 点,坐标为 $x(t+\Delta t)$,我们用 P 到 Q 的有向线段表示 Δt 时间内质点位置的变化,称为质点在 Δt 时间内的位移,写为

$$\Delta x=x(t+\Delta t)-x(t)。 \tag{1-2}$$

位移是矢量,在直线运动情况下其正负表示方向,正号表示向右,负号表示向左。

Δt 时间内质点的平均速度 $\bar{v}$ 定义为位移 Δx 与 Δt 的比值,即

$$\bar{v}=\frac{\Delta x}{\Delta t}。 \tag{1-3}$$

平均速度是矢量,其方向与位移方向相同。

平均速度不够精细,只能粗略地描述一段时间内质点运动的快慢。但只要 Δt 足够小,该段时间内质点运动快慢的差异也将足够小。为了精确描述质点的瞬时运动情况,取平均速度 $\bar{v}=\dfrac{\Delta x}{\Delta t}$ 在 $\Delta t\to 0$ 时的极限,此极限称为质点的瞬时速度,简称速度,即

$$v=\lim_{\Delta t\to 0}\frac{\Delta x}{\Delta t}=\lim_{\Delta t\to 0}\frac{x(t+\Delta t)-x(t)}{\Delta t}。\tag{1-4}$$

这一极限在数学上称为坐标 x 对时间 t 的导数,用 $\frac{\mathrm{d}x}{\mathrm{d}t}$ 或者 $\dot{x}$ 表示。于是

$$v=\frac{\mathrm{d}x}{\mathrm{d}t}=\dot{x}。$$

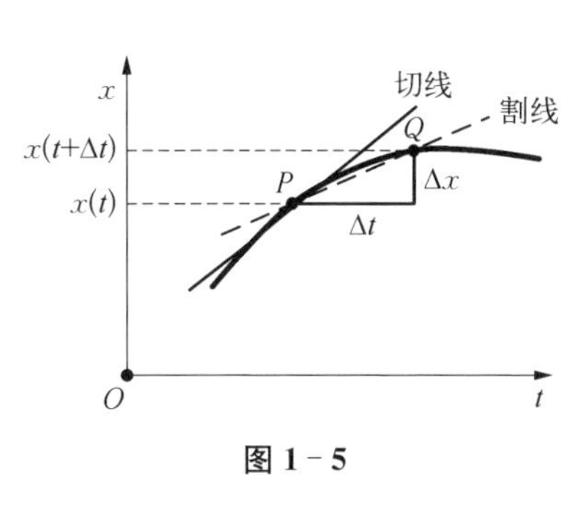

图 1-5

以 x 为纵坐标,t 为横坐标,则 $x(t)$ 可用图 1-5 中的曲线表示。显然平均速度 $\bar{v}$ 就是割线 PQ 的斜率,瞬时速度则是过 P 点曲线切线的斜率。速度是矢量,也有方向,当速度为正时,表示质点沿 x 轴正向运动;当速度为负时,表示质点沿 x 轴反方向运动。速度的大小称为速率。

1.1.2.3 加速度

一般情况下质点的速度随时间变化,而我们用加速度来表示速度变化的快慢。Δt 时间内质点速度的增量定义为

$$\Delta v=v(t+\Delta t)-v(t)。\tag{1-5}$$

Δt 时间内质点的平均加速度 $\bar{a}$ 定义为速度的增量 Δv 与 Δt 的比值,即

$$\bar{a}=\frac{\Delta v}{\Delta t}。\tag{1-6}$$

平均加速度只是粗略描述速度在一段时间内的大致变化情况,为了精确描述质点在任意时刻 t 速度的变化率,引入瞬时加速度(简称加速度),将其定义为

$$a=\lim_{\Delta t\to 0}\frac{\Delta v}{\Delta t}=\frac{\mathrm{d}v}{\mathrm{d}t}=\frac{\mathrm{d}^2x}{\mathrm{d}t^2}=\ddot{x}。\tag{1-7}$$

由此可见,加速度是速度对时间的一阶导数,是坐标对时间的二阶导数。加速度也可正可负,正负用来表示方向。当加速度与速度同号时,表示质点速率随时间增加;当加速度与速度异号时,表示质点速率随时间减少。

下面讨论位移、速度、加速度之间的相互关系。

通过上面的介绍我们看到,已知质点运动方程 $x=x(t)$,则 $v=\frac{\mathrm{d}x}{\mathrm{d}t}$,$a=\frac{\mathrm{d}^2x}{\mathrm{d}t^2}$。如果已知 $v(t)$,则 $a=\frac{\mathrm{d}v}{\mathrm{d}t}$。反之,如果知道 $t=0$ 时刻质点的位置 x_0,也可以由 $v(t)$ 来求 $x(t)$。首先将 $t_0=0$ 到 $t=t$ 这段时间分为 n 段,相应的时刻表示为 $t_0(=0)$,t_1,t_2,…,t_i,…,t_{n-1},$t_n(=t)$,使每一小段时间间隔 $\Delta t_i=t_{i+1}-t_i$ 都足够小,以至该时间段内质点的运动可以近似看成匀速直线运动,而其速度可取

该时间段起始时刻的速度值 $v(t_i)$。这样每小段时间间隔质点的位移为

$$\Delta x_i \approx v(t_i)\Delta t_i。$$

质点在 $0 \sim t$ 时间内的位移为

$$x(t) - x_0 = \sum_{i=0}^{n-1}\Delta x_i \approx \sum_{i=0}^{n-1} v(t_i)\Delta t_i。$$

让 n 趋向于无穷并使所有 Δt_i 都趋向于零,则上式右边的极限就精确等于质点在 $0 \sim t$ 时间内的位移 $x(t) - x_0$,此极限就是数学上的定积分,记为 $\int_0^t v\mathrm{d}t$,于是

$$x(t) - x_0 = \int_0^t v\mathrm{d}t, \tag{1-8}$$

类似可以通过 $a(t)$ 求 $v(t)$。如果 $t=0$ 时刻质点的速度为 v_0,则有

$$v(t) - v_0 \approx \sum_{i=0}^{n-1} a(t_i)\Delta t_i,$$

对上式右边取极限,并用定积分表示,则有

$$v(t) - v_0 = \int_0^t a\,\mathrm{d}t。 \tag{1-9}$$

【例 1-1】 一质点沿 x 轴做直线运动,其加速度为 $a = -A\omega^2\cos\omega t$,其中 A 与 ω 都为正值常数。如果 $t=0$ 时,质点的速度 $v=0$,位置 $x=A$,求 t 时刻该质点的位置和速度。

解 加速度为速度对时间的一阶导数,故有 $\dfrac{\mathrm{d}v}{\mathrm{d}t} = -A\omega^2\cos\omega t$,由此得

$$\mathrm{d}v = -A\omega^2\cos\omega t\,\mathrm{d}t。$$

根据初始条件,两边同时取定积分有

$$\int_0^v \mathrm{d}v = -\int_0^t A\omega^2\cos\omega t\,\mathrm{d}t,$$

积分后有速度时间关系

$$v = -A\omega\sin\omega t,$$

直线运动情况下,坐标 x 对时间 t 的导数即为速度,故

$$\frac{\mathrm{d}x}{\mathrm{d}t} = -A\omega\sin\omega t,$$

由此得

$$\mathrm{d}x = -A\omega\sin\omega t\,\mathrm{d}t。$$

根据初始条件，两边同时取定积分有

$$\int_A^x \mathrm{d}x = -\int_0^t A\omega \sin \omega t \,\mathrm{d}t ,$$

积分后有位置时间关系

$$x = A\cos \omega t 。$$

【例 1-2】 一物体悬挂在弹簧上做竖直振动，其加速度为 $a=-ky$，式中 k 为正值常数，y 是以平衡位置为原点所测得的坐标。假定振动的物体在坐标 y_0 处的速度为 v_0，试求速度 v 与坐标 y 的函数关系式。

解　显然

$$a = \frac{\mathrm{d}v}{\mathrm{d}t} = \frac{\mathrm{d}v}{\mathrm{d}y}\ \frac{\mathrm{d}y}{\mathrm{d}t} = v\ \frac{\mathrm{d}v}{\mathrm{d}y} ,$$

由题意

$$a = -ky ,$$

故

$$-ky = v\ \frac{\mathrm{d}v}{\mathrm{d}y} ,$$

由此得

$$-ky\,\mathrm{d}y = v\,\mathrm{d}v 。$$

两边取不定积分有

$$-\int ky\,\mathrm{d}y = \int v\,\mathrm{d}v ,\quad -\frac{1}{2}ky^2 = \frac{1}{2}v^2 + C ,$$

其中 C 为待定常数，由初始条件确定。

已知

$$y = y_0 ,\ v = v_0 ,$$

则

$$C = -\frac{1}{2}v_0^2 - \frac{1}{2}ky_0^2 ,$$

故物体速度 v 与坐标 y 的函数关系式为

$$v^2 = v_0^2 + k(y_0^2 - y^2) 。$$

【例 1-3】 如图 1-6 所示，小船在绳子的牵引下运动，河岸高度为 h，船离岸距离为 s。设拉绳速度大小恒定为 v_0，求船的速度与加速度。

解 如图 1-6 所示,有

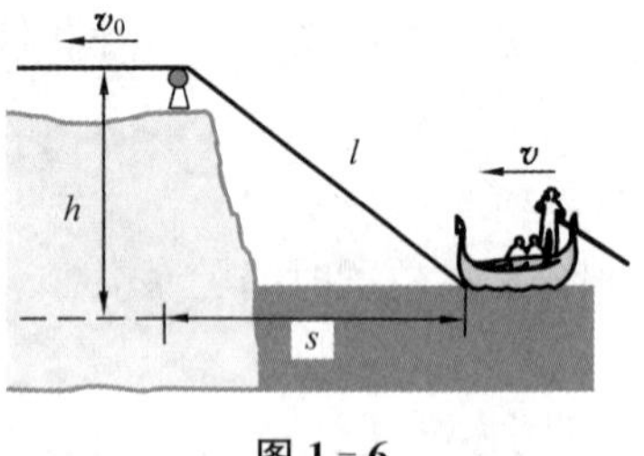

图 1-6

$$s=\sqrt{l^2-h^2},$$

或

$$s^2=l^2-h^2,$$

对时间求导,得

$$2s\frac{ds}{dt}=2l\frac{dl}{dt},$$

由定义

$$-\frac{dl}{dt}=v_0,$$

可得船的速度

$$v=-\frac{ds}{dt}=\left(\frac{l}{s}\right)v_0=\frac{\sqrt{s^2+h^2}}{s}v_0,$$

显然速度方向向左。

船的加速度

$$a=\frac{dv}{dt}=\frac{h^2}{s^3}v_0^2,$$

其方向也向左。

1.1.3 曲线运动

当质点在高于一维的空间里运动时,其轨迹一般是曲线,称为曲线运动。

1.1.3.1 质点的位矢

在运动学中,常用一个几何点代表质点,为了描述质点的运动我们选取一定的坐标系,而为了表示质点在该坐标系中的位置,引入位置矢量。位置矢量简称位矢,用矢量 $\boldsymbol{r}$ 来表示,它是从坐标原点出发,箭头指在质点上的一个矢量,如图 1-7 所示。显然,位矢 $\boldsymbol{r}$ 反映了质点相对原点的距离和方位,亦即确定了质点的空间位置。

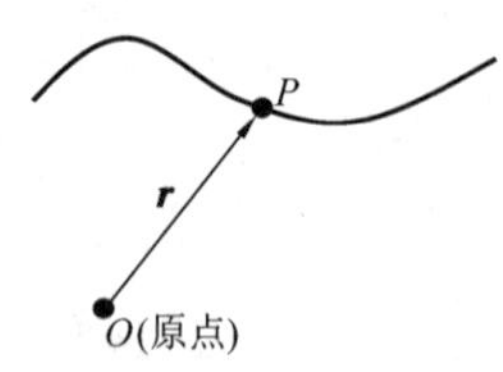

图 1-7

位矢 $\boldsymbol{r}$ 在具体的坐标系中可用分量来表示。

1) 直角坐标系

在直角坐标系中,质点的位置矢量用从坐标原点 O 指向质点 P 的有向线段

$\overrightarrow{OP}$ 来表示，如图 1－8 所示，即

$$\boldsymbol{r}=\overrightarrow{OP}, \tag{1-10}$$

其分量形式可表示为

$$\boldsymbol{r}=x\boldsymbol{i}+y\boldsymbol{j}+z\boldsymbol{k}, \tag{1-11}$$

式中 $\boldsymbol{i}$, $\boldsymbol{j}$ 和 $\boldsymbol{k}$ 分别为沿 x, y 和 z 轴正方向的单位矢量(大小为 1 的矢量)。位矢的大小为

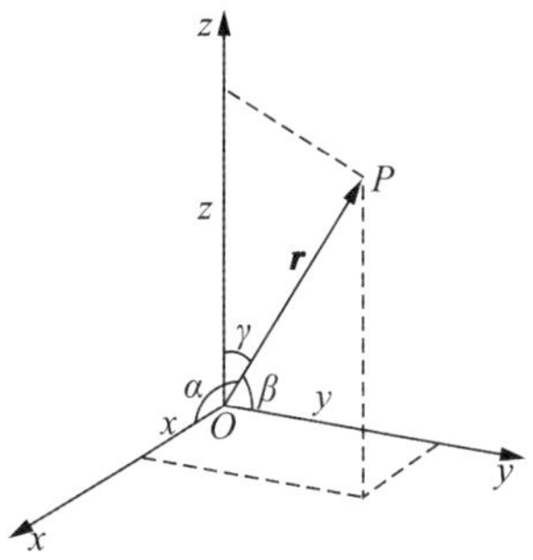

图 1－8

$$r=|\boldsymbol{r}|=\sqrt{x^2+y^2+z^2},$$

即 P 点距原点 O 的距离。位矢的方向由方向余弦 $\cos\alpha=\dfrac{x}{r}$, $\cos\beta=\dfrac{y}{r}$ 和 $\cos\gamma=\dfrac{z}{r}$ 决定，这里 α, β 和 γ 分别是位置矢量与 x, y 和 z 轴的夹角。由于方向余弦满足以下关系：

$$\cos^2\alpha+\cos^2\beta+\cos^2\gamma=1,$$

故 α, β 和 γ 只有两个是独立的，位矢由 3 个参数决定。

2) 平面极坐标系

当质点限制在一个平面内运动时，我们可以采用极坐标系。在极坐标系中质点的位置由坐标 r 和 θ 决定，如图 1－9 所示。这里 $\boldsymbol{e}_r$ 沿径向，大小为 1，称为径向单位矢量；$\boldsymbol{e}_\theta$ 沿横向(与径向垂直指向 θ 角增加的方向)，大小也为 1，称为横向单位矢量。质点的位置矢量可表示为

$$\boldsymbol{r}=r\boldsymbol{e}_r。 \tag{1-12}$$

质点在不同位置时 $\boldsymbol{e}_r$ 和 $\boldsymbol{e}_\theta$ 的大小虽然不变(恒等于 1)，但是它们的方向与质点的 θ 坐标有关，而 θ 本身又是时间的函数。

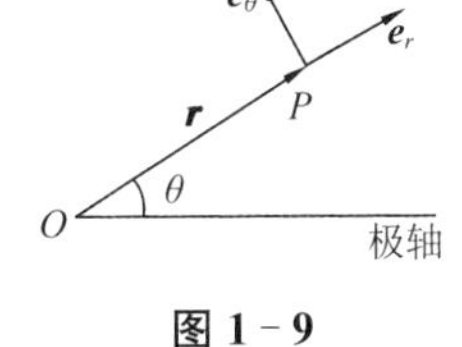

图 1－9

1.1.3.2　质点运动方程

随着质点在空间的运动，其位矢随时间而变化，是时间 t 的矢量函数，可表示为

$$\boldsymbol{r}=\boldsymbol{r}(t)。 \tag{1-13}$$

式(1－13)称为质点运动方程，它包含了质点运动的所有信息，而运动学的重要任务之一就是找出各种具体运动所遵循的运动方程。

1) 在直角坐标系中

质点运动方程可表示为

$$\boldsymbol{r}(t)=x(t)\boldsymbol{i}+y(t)\boldsymbol{j}+z(t)\boldsymbol{k},$$

上式可写成如下三个分量方程：

$$\begin{cases}x=x(t),\\y=y(t),\\z=z(t)。\end{cases}\tag{1-14}$$

比如,在 x，y 平面上一个质点的运动方程为

$$\begin{cases}x=r\cos\omega t,\\y=r\sin\omega t,\end{cases}$$

式中,r 和 ω 为两个恒量。这是一个以时间为参量的参数方程,消去时间参量,我们可以得到质点运动时坐标间的关系

$$x^2+y^2=r^2,$$

这就是质点运动时的轨道方程。质点运动方程所含信息多于轨道方程,从运动方程可以得到轨道方程,但仅从轨道方程得不到运动方程。

2) 在平面极坐标系中

当质点运动时,坐标 θ 随时间变化,$\boldsymbol{e}_r$ 也随之改变方向,是时间的函数。平面极坐标系中质点运动方程可表示为

$$\boldsymbol{r}(t)=r(t)\boldsymbol{e}_r(t),$$

极坐标系中质点的位置由坐标 r 和 θ 决定,上式可以写成如下两个分量方程：

$$\begin{cases}r=r(t),\\\theta=\theta(t)。\end{cases}\tag{1-15}$$

运动学方程在坐标系中可以用分量形式表示,就其物理本质而言反映了运动的叠加性。例如物体做抛体运动时,其运动可以分解为在水平方向上的匀速直线运动和竖直方向上的匀加速直线运动等。一个运动可以分解为几个分运动,这些分运动叠加起来就构成合运动,这一性质称为运动的叠加性,而位矢的矢量叠加性正是运动叠加性的反映。

1.1.3.3 位移

设质点沿如图 1-10 所示轨道运动,在 t 时刻位于点 P_1,在 $t+\Delta t$ 时刻运动到点 P_2。我们用 P_1 到 P_2 的有向线段 $\overrightarrow{P_1P_2}$ 表示 Δt 时间内质点位置的变化,称为质点在 Δt 时间内的位移。由图可知位移与初、末时刻位置矢量的关系为

$$\Delta\boldsymbol{r}=\overrightarrow{P_1P_2}=\boldsymbol{r}_2-\boldsymbol{r}_1,\tag{1-16}$$

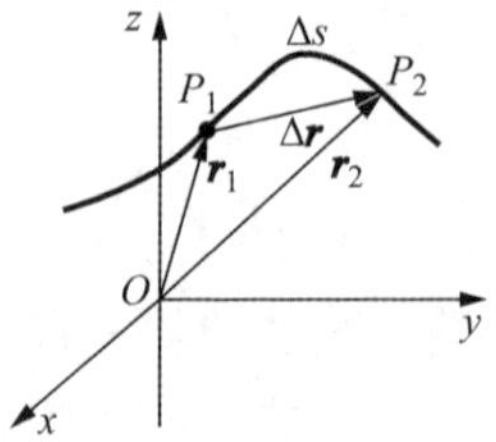

图 1-10

即 Δt 时间内质点的位置矢量的增量。位移反映了质点位置的变化，这种变化除了包括点 P_2 与点 P_1 之间的距离外，还包括点 P_2 相对点 P_1 的方位。

位移是矢量，除了上面提到的大小和方向外，其合成满足三角形法则或平行四边形法则。如图 1-11 所示，质点先从点 A 运动到点 B，再从点 B 运动到点 C，则质点由 A 运动到 C 的位移是 $\overrightarrow{AC}$。AC 是三角形 ABC 的一边，也是平行四边形 $ABCD$ 的对角线，相应的矢量表示式为

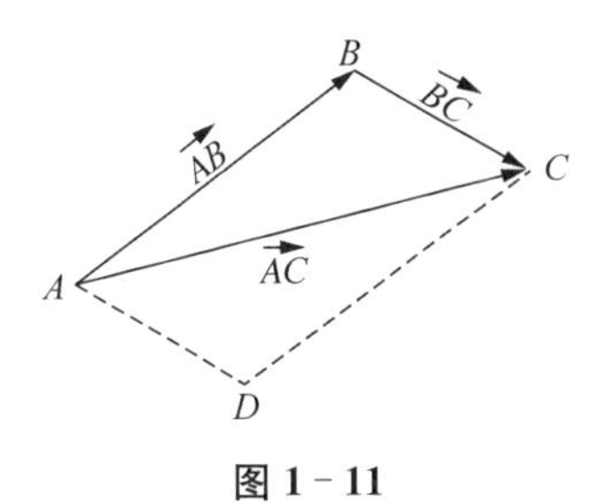

图 1-11

$$\overrightarrow{AC}=\overrightarrow{AB}+\overrightarrow{BC}。$$

既然位移是矢量，在具体的坐标系中就可以用分量来表示。例如，在直角坐标系中

$$\boldsymbol{r}_1=x_1\boldsymbol{i}+y_1\boldsymbol{j}+z_1\boldsymbol{k},$$
$$\boldsymbol{r}_2=x_2\boldsymbol{i}+y_2\boldsymbol{j}+z_2\boldsymbol{k},$$

则位移

$$\begin{aligned}\Delta\boldsymbol{r}&=(x_2-x_1)\boldsymbol{i}+(y_2-y_1)\boldsymbol{j}+(z_2-z_1)\boldsymbol{k}\\&=\Delta x\boldsymbol{i}+\Delta y\boldsymbol{j}+\Delta z\boldsymbol{k}。\end{aligned}$$

位移与路程不同，位移为矢量，路程(图 1-10 中曲线 P_1P_2 的长度 Δs)为标量。一般而言位移的大小与路程不等，即

$$\Delta s\neq|\Delta\boldsymbol{r}|,$$

只有当物体沿直线运动时，两者才可能相等。当时间间隔 Δt 很小时，两者近似相等；在 $\Delta t\rightarrow 0$ 时，两者相等，即

$$\Delta t\rightarrow 0,\ \Delta s=|\Delta\boldsymbol{r}|,$$

可简记为

$$\mathrm{d}s=|\mathrm{d}\boldsymbol{r}|。\tag{1-17}$$

这里还要强调一下，Δr 不能理解为位移的大小 $|\Delta\boldsymbol{r}|$。Δr 定义为 $\Delta r=|\boldsymbol{r}_2|-|\boldsymbol{r}_1|$，即位矢大小的增量，显然 $\Delta r\leqslant|\Delta\boldsymbol{r}|$。

1.1.3.4　速度

为了描述质点运动的快慢和运动方向，需要引入速度的概念。定义质点位移 $\Delta\boldsymbol{r}$ 和发生这段位移所经历的时间 Δt 的比值为质点在这段时间内的平均速度，即

$$\bar{\boldsymbol{v}}=\frac{\Delta\boldsymbol{r}}{\Delta t},\tag{1-18}$$

平均速度是矢量,它的方向与位移 $\Delta\boldsymbol{r}$ 的方向相同,大小为 $|\bar{\boldsymbol{v}}|=\left|\dfrac{\Delta\boldsymbol{r}}{\Delta t}\right|$。质点在运动过程中,运动方向和运动快慢时刻在变化着,用平均速度来描述质点运动时,我们得到的只是有限时间段 Δt 内的平均效果,而大量的信息被掩盖掉了。为了精确描述质点的瞬时运动情况,取平均速度 $\bar{\boldsymbol{v}}=\dfrac{\Delta\boldsymbol{r}}{\Delta t}$ 在 $\Delta t\to 0$ 时的极限,此极限称为质点的瞬时速度,简称速度,即

$$\boldsymbol{v}=\lim_{\Delta t\to 0}\frac{\Delta\boldsymbol{r}}{\Delta t}=\frac{\mathrm{d}\boldsymbol{r}}{\mathrm{d}t}。\tag{1-19}$$

由于位矢是时间的矢量函数,因此速度等于质点的位矢对时间的一阶导数。速度 $\boldsymbol{v}$ 也是矢量,其方向为 $\Delta t\to 0$ 时位移 $\Delta\boldsymbol{r}$ 的方向,如图 1-12 所示。当 $\Delta t\to 0$ 时,点 B 沿轨道无限接近点 A,此时位移 $\Delta\boldsymbol{r}$ 的方向就是点 A 处轨道的切线方向,即质点在点 A 处的速度方向沿该点处轨道的切线并指向质点的前进方向。

速度的大小称为速率,用 v 表示:

$$v=|\boldsymbol{v}|=\left|\frac{\mathrm{d}\boldsymbol{r}}{\mathrm{d}t}\right|=\lim_{\Delta t\to 0}\frac{|\Delta\boldsymbol{r}|}{\Delta t},$$

$\Delta t\to 0$ 时,$|\Delta\boldsymbol{r}|$ 与质点在 Δt 时间内所经过的路程 Δs 趋于一致,即

$$\lim_{\Delta t\to 0}\Delta s=\lim_{\Delta t\to 0}|\Delta\boldsymbol{r}|,$$

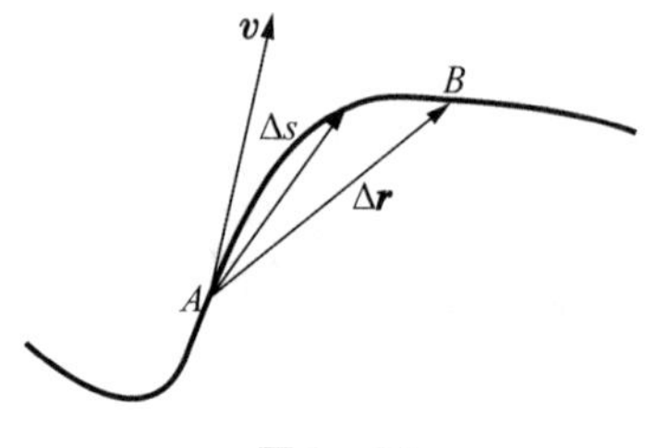

图 1-12

所以

$$v=\lim_{\Delta t\to 0}\frac{\Delta s}{\Delta t}=\frac{\mathrm{d}s}{\mathrm{d}t}。\tag{1-20}$$

式(1-20)表明速率等于质点所经过的路程对时间的一阶导数,它反映了质点运动的快慢程度。在国际单位制中,速度的单位为 m/s。表 1-3 中列出了一些典型的速度大小的数量级。

表 1-3 一些典型的速度大小的数量级 单位:m/s

事件	速度大小
光速	3.0×10^{8}
已知类星体最快的退行	2.7×10^{8}
电子绕核的运动	2.2×10^{8}
太阳绕银河中心的运动	2.0×10^{5}
地球绕太阳的运动	3.0×10^{4}

（续表）

事　件	速度大小
第二宇宙速度	1.1×10^{4}
第一宇宙速度	7.8×10^{3}
子弹出口速度	约 7×10^{2}
地球的自转(赤道)	4.6×10^{2}
空气分子热运动的平均速度(室温)	4.5×10^{2}
空气中的声速	3.3×10^{2}
民航喷气客机	2.7×10^{2}
人的最大速度	12
人的步行	1.3
蜗牛爬行	约 1×10^{-3}
冰河移动	约 1×10^{-6}
头发生长	3×10^{-9}
大陆漂移	1×10^{-9}

速度在几种常见坐标系中的表达形式如下。

1）直角坐标系

在直角坐标系中，位矢 $\boldsymbol{r}=x\boldsymbol{i}+y\boldsymbol{j}+z\boldsymbol{k}$，考虑到 $\boldsymbol{i}$，$\boldsymbol{j}$ 和 $\boldsymbol{k}$ 是大小和方向均不变的单位矢量，故有

$$\boldsymbol{v}=\frac{\mathrm{d}\boldsymbol{r}}{\mathrm{d}t}=\frac{\mathrm{d}}{\mathrm{d}t}(x\boldsymbol{i}+y\boldsymbol{j}+z\boldsymbol{k})=\frac{\mathrm{d}x}{\mathrm{d}t}\boldsymbol{i}+\frac{\mathrm{d}y}{\mathrm{d}t}\boldsymbol{j}+\frac{\mathrm{d}z}{\mathrm{d}t}\boldsymbol{k}, \tag{1-21}$$

若将速度记为

$$\boldsymbol{v}=v_x\boldsymbol{i}+v_y\boldsymbol{j}+v_z\boldsymbol{k},$$

则速度的分量形式为

$$v_x=\frac{\mathrm{d}x}{\mathrm{d}t},\ v_y=\frac{\mathrm{d}y}{\mathrm{d}t},\ v_z=\frac{\mathrm{d}z}{\mathrm{d}t}, \tag{1-22}$$

即速度在直角坐标系中的三个分量分别等于相应坐标分量对时间的一阶导数，速度的大小(即速率)为

$$v=|\boldsymbol{v}|=\sqrt{v_x^2+v_y^2+v_z^2}=\sqrt{\left(\frac{\mathrm{d}x}{\mathrm{d}t}\right)^2+\left(\frac{\mathrm{d}y}{\mathrm{d}t}\right)^2+\left(\frac{\mathrm{d}z}{\mathrm{d}t}\right)^2}。$$

2) 自然坐标系

在研究质点运动时,尤其在已知运动轨道的情况下,经常采用自然坐标系。建立这种坐标系的方法是在轨道上任取一点作为坐标原点 O,以质点到原点的轨道长度 s 确定质点的位置。当质点运动时,自然坐标作为时间的函数 $s=s(t)$,即为质点的运动方程。在质点做平面运动时,为了描述质点运动规律,定义坐标方向的单位矢量 $\boldsymbol{e}_{\mathrm{t}}$ 和 $\boldsymbol{e}_{\mathrm{n}}$。在质点所在处,取两个相互垂直的方向 $\boldsymbol{e}_{\mathrm{t}}$ 和 $\boldsymbol{e}_{\mathrm{n}}$,$\boldsymbol{e}_{\mathrm{t}}$ 沿轨道的切线方向并指向质点的运动方向,称其为切向单位矢量;$\boldsymbol{e}_{\mathrm{n}}$ 沿轨道的法线方向并指向轨道的凹侧,如图 1-13 所示,称其为法向单位矢量。随着质点的运动,质点在不同位置的 $\boldsymbol{e}_{\mathrm{t}}$ 和 $\boldsymbol{e}_{\mathrm{n}}$ 大小虽然不变(都等于 1),但是它们的方向均可能改变,这与直角坐标系中的单位矢量 $\boldsymbol{i}$, $\boldsymbol{j}$ 和 $\boldsymbol{k}$ 是不同的。

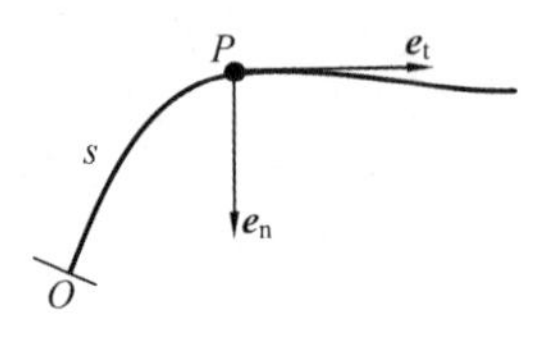

图 1-13

在自然坐标系中,质点从 t 到 $t+\Delta t$ 的时间内走过的路程为

$$\Delta s=s(t+\Delta t)-s(t),$$

质点的速率 $v=\lim\limits_{\Delta t\to 0}\dfrac{\Delta s}{\Delta t}=\dfrac{\mathrm{d}s}{\mathrm{d}t}$ 就是自然坐标对时间的一阶导数。考虑到当 $\Delta t\to 0$ 时 $\Delta\boldsymbol{r}\to\Delta s\boldsymbol{e}_{\mathrm{t}}$,则有

$$\boldsymbol{v}=\lim_{\Delta t\to 0}\frac{\Delta\boldsymbol{r}}{\Delta t}=\left(\lim_{\Delta t\to 0}\frac{\Delta s}{\Delta t}\right)\boldsymbol{e}_{\mathrm{t}}=\frac{\mathrm{d}s}{\mathrm{d}t}\boldsymbol{e}_{\mathrm{t}},\tag{1-23}$$

此即速度在自然坐标系中的表示。

3) 平面极坐标系

在质点做平面运动时,也可以在平面极坐标系中考虑速度的分量形式。在极坐标系中,质点的位矢可简单表示为

$$\boldsymbol{r}(t)=r(t)\boldsymbol{e}_r(t),$$

按照速度的定义

$$\boldsymbol{v}=\frac{\mathrm{d}\boldsymbol{r}}{\mathrm{d}t}=\frac{\mathrm{d}}{\mathrm{d}t}(r\boldsymbol{e}_r)=\frac{\mathrm{d}r}{\mathrm{d}t}\boldsymbol{e}_r+r\frac{\mathrm{d}\boldsymbol{e}_r}{\mathrm{d}t},$$

速度在极坐标系中由两项构成,第一项中 $\dfrac{\mathrm{d}r}{\mathrm{d}t}$ 表示质点与原点间距离的时间变化率,称为径向速度分量,以 v_r 表示。第二项中 $\dfrac{\mathrm{d}\boldsymbol{e}_r}{\mathrm{d}t}$ 为径向单位矢量的时间变化率,按定义

$$\frac{\mathrm{d}\boldsymbol{e}_r}{\mathrm{d}t}=\lim_{\Delta t\to 0}\frac{\Delta\boldsymbol{e}_r}{\Delta t},$$

式中 $\Delta \boldsymbol{e}_r = \boldsymbol{e}_r(t+\Delta t) - \boldsymbol{e}_r(t)$，$\boldsymbol{e}_r(t)$ 是在 t 时刻质点位于点 P_1 时的径向单位矢量，$\boldsymbol{e}_r(t+\Delta t)$ 是在 $t+\Delta t$ 时刻质点位于点 P_2 时的径向单位矢量，如图 1-14 所示。

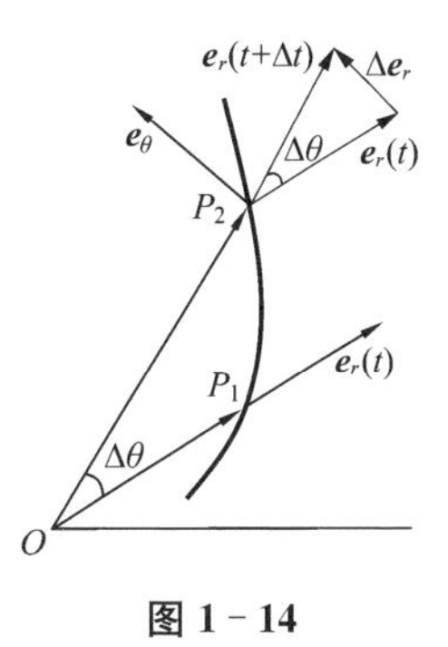

图 1-14

当 $\Delta t \to 0$ 时，点 P_2 无限接近于点 P_1，此时 $\Delta \boldsymbol{e}_r$ 的方向接近平行于 $\boldsymbol{e}_\theta$ 的方向，$\Delta \boldsymbol{e}_r$ 的大小趋于 $\Delta\theta|\boldsymbol{e}_r| = \Delta\theta(\Delta\theta \to 0)$，即 $|\Delta \boldsymbol{e}_r| = |\boldsymbol{e}_r|\Delta\theta = \Delta\theta$（$\Delta\theta$ 为 P_1 和 P_2 处径向单位矢量间的夹角），如图 1-14 所示。因此当 $\Delta t \to 0$ 时，$\Delta \boldsymbol{e}_r \to \Delta\theta \boldsymbol{e}_\theta$，故有

$$\frac{\mathrm{d}\boldsymbol{e}_r}{\mathrm{d}t} = \lim_{\Delta t \to 0} \frac{\Delta \boldsymbol{e}_r}{\Delta t} = \lim_{\Delta t \to 0} \frac{\Delta\theta}{\Delta t}\boldsymbol{e}_\theta = \frac{\mathrm{d}\theta}{\mathrm{d}t}\boldsymbol{e}_\theta,$$

在平面极坐标系中，质点的速度

$$\boldsymbol{v} = \frac{\mathrm{d}r}{\mathrm{d}t}\boldsymbol{e}_r + r\frac{\mathrm{d}\boldsymbol{e}_r}{\mathrm{d}t} = \frac{\mathrm{d}r}{\mathrm{d}t}\boldsymbol{e}_r + r\frac{\mathrm{d}\theta}{\mathrm{d}t}\boldsymbol{e}_\theta, \tag{1-24}$$

式中第二项与第一项垂直，$r\dfrac{\mathrm{d}\theta}{\mathrm{d}t}$ 称为横向速度分量，以 v_θ 表示。由此，得到平面极坐标系中质点运动的速度分量

$$\begin{cases} v_r = \dfrac{\mathrm{d}r}{\mathrm{d}t}, \\ v_\theta = r\dfrac{\mathrm{d}\theta}{\mathrm{d}t}, \end{cases} \tag{1-25}$$

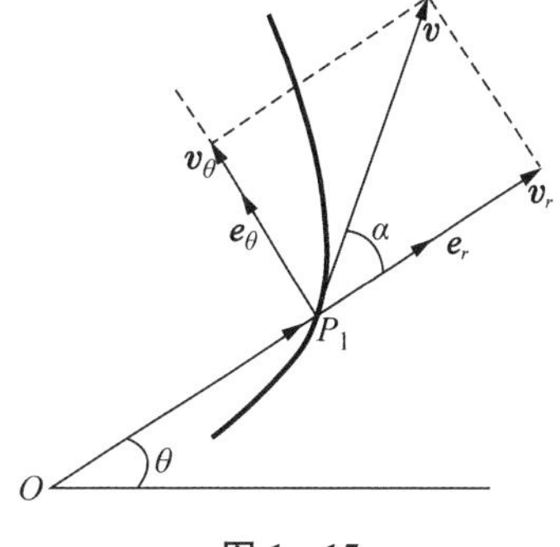

图 1-15

显然，v_r 和 v_θ 是速度在径向和横向的投影，如图 1-15 所示，即

$$v_r = v\cos\alpha,$$

$$v_\theta = v\sin\alpha,$$

其中 α 为速度与径向单位矢量之间的夹角。

1.1.3.5 加速度

一般情况下，质点的运动速度是随时间变化的，引入加速度来描述速度变化的快慢程度。如图 1-16 所示，质点在 t 时刻的速度为 $\boldsymbol{v}_1$，在 $t+\Delta t$ 时刻的速度为 $\boldsymbol{v}_2$，Δt 时间内质点速度的增量为

$$\Delta \boldsymbol{v} = \boldsymbol{v}_2 - \boldsymbol{v}_1,$$

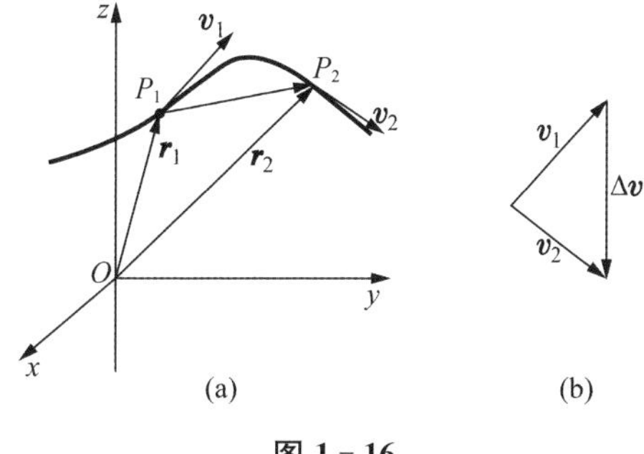

图 1-16

显然，速度增量反映了质点运动速度的变化，这种变化包括速度大小的变化，也包

括速度方向的改变。Δt 时间内质点的平均加速度定义为

$$\bar{\boldsymbol{a}}=\frac{\Delta \boldsymbol{v}}{\Delta t}。\tag{1-26}$$

平均加速度只是描述速度的平均变化率,为了精确描述质点在任意时刻 t 速度的变化率,引入瞬时加速度(简称加速度),将其定义为

$$\boldsymbol{a}=\lim_{\Delta t\to 0}\frac{\Delta \boldsymbol{v}}{\Delta t}=\frac{\mathrm{d}\boldsymbol{v}}{\mathrm{d}t},\tag{1-27}$$

根据 $\boldsymbol{v}=\frac{\mathrm{d}\boldsymbol{r}}{\mathrm{d}t}$,加速度 $\boldsymbol{a}$ 又可表示为

$$\boldsymbol{a}=\frac{\mathrm{d}^2\boldsymbol{r}}{\mathrm{d}t^2}。\tag{1-28}$$

由此可见,加速度等于质点的速度 $\boldsymbol{v}(t)$对时间 t 的一阶导数或位矢 $\boldsymbol{r}(t)$对时间 t 的二阶导数。加速度 $\boldsymbol{a}$ 也是矢量,其方向就是 $\Delta t\to 0$ 时 $\Delta \boldsymbol{v}$ 的极限方向,一般与速度的方向不同。在质点做曲线运动时,加速度的方向总是指向轨道凹的一侧,其与速度之间的夹角可以为锐角,此时质点速率增加;也可以为钝角,此时质点速率减小。当加速度与速度相互垂直时,质点速率不变,但速度改变方向(如匀速率圆周运动)。在国际单位制中,加速度的单位为 $\mathrm{m/s^2}$。表 1-4 列出了一些典型事件的加速度数值。

表 1-4 一些典型事件的加速度 单位:$\mathrm{m/s^2}$

事 件	加 速 度
电梯启动	1.9
飞机起飞	4.9
地球表面自由落体	9.8
月球表面自由落体	1.7
太阳表面自由落体	2.7×10^2
使人昏晕	约 70
火箭升空	50~100
子弹在枪膛中的运动	约 5×10^5
质子在加速器中的运动	$1\times10^{13}\sim1\times10^{14}$

下面在两个不同坐标系中讨论加速度的分量形式。

1) 直角坐标系

根据加速度的定义,在直角坐标系中加速度可以表示为

$$a = \frac{d\boldsymbol{v}}{dt} = \frac{d}{dt}(v_x\boldsymbol{i} + v_y\boldsymbol{j} + v_z\boldsymbol{k}) = \frac{dv_x}{dt}\boldsymbol{i} + \frac{dv_y}{dt}\boldsymbol{j} + \frac{dv_z}{dt}\boldsymbol{k}$$
$$= \frac{d^2x}{dt^2}\boldsymbol{i} + \frac{d^2y}{dt^2}\boldsymbol{j} + \frac{d^2z}{dt^2}\boldsymbol{k},$$

若将加速度记为

$$\boldsymbol{a} = a_x\boldsymbol{i} + a_y\boldsymbol{j} + a_z\boldsymbol{k},$$

则得加速度的分量形式

$$\begin{cases} a_x = \dfrac{dv_x}{dt} = \dfrac{d^2x}{dt^2}, \\ a_y = \dfrac{dv_y}{dt} = \dfrac{d^2y}{dt^2}, \\ a_z = \dfrac{dv_z}{dt} = \dfrac{d^2z}{dt^2}。 \end{cases} \tag{1-29}$$

因此,加速度在直角坐标系中的 3 个分量分别等于相应速度分量对时间的一阶导数,或相应坐标对时间的二阶导数。加速度的大小为

$$a = |\boldsymbol{a}| = \sqrt{a_x^2 + a_y^2 + a_z^2} = \sqrt{\left(\frac{d^2x}{dt^2}\right)^2 + \left(\frac{d^2y}{dt^2}\right)^2 + \left(\frac{d^2z}{dt^2}\right)^2}。$$

2) 自然坐标系

在自然坐标系中,质点的运动速度可表示为

$$\boldsymbol{v} = v\boldsymbol{e}_t = \frac{ds}{dt}\boldsymbol{e}_t,$$

由加速度定义,并考虑到质点运动速度的大小和方向$\boldsymbol{e}_t$ 均随时间变化,有

$$\boldsymbol{a} = \frac{d\boldsymbol{v}}{dt} = \frac{d(v\boldsymbol{e}_t)}{dt} = \frac{dv}{dt}\boldsymbol{e}_t + v\frac{d\boldsymbol{e}_t}{dt}, \tag{1-30}$$

加速度在自然标系中由两项构成,第一项称为切向加速度,方向沿着轨道切线方向,其中 $\frac{dv}{dt}$ 称为切向加速度分量,即质点速率的时间变化率。第二项中 $\frac{d\boldsymbol{e}_t}{dt}$ 为切向单位矢量的时间变化率。

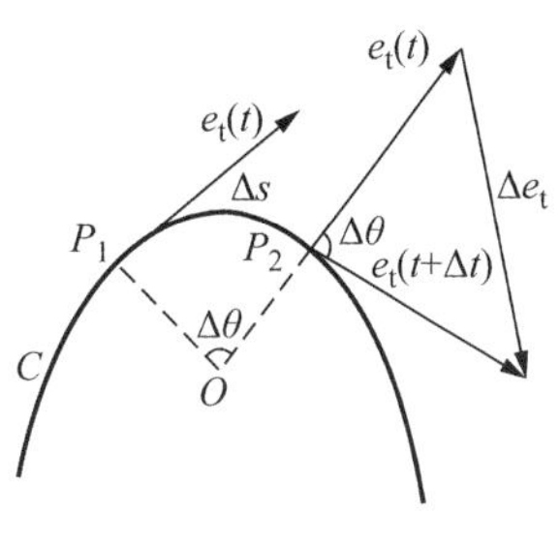

图 1-17

如图 1-17 所示,质点沿平面曲线 C 运动,在 t 时刻质点处于点 P_1 时轨道的切向单位矢量为 $\boldsymbol{e}_t(t)$, $t + \Delta t$

时刻质点到达点 P_2 时轨道的切向单位矢量为 $\boldsymbol{e}_{\mathrm{t}}(t+\Delta t)$，$\Delta\theta$ 为 P_1 和 P_2 两点切线间的夹角，Δs 为 P_1 和 P_2 两点间的路径。Δt 时间内切向单位矢量的增量为

$$\Delta\boldsymbol{e}_{\mathrm{t}}=\boldsymbol{e}_{\mathrm{t}}(t+\Delta t)-\boldsymbol{e}_{\mathrm{t}}(t),$$

当 $\Delta t\to 0$ 时，点 P_2 无限接近于点 P_1，此时 $\Delta\boldsymbol{e}_{\mathrm{t}}$ 的方向趋近于 $\boldsymbol{e}_{\mathrm{n}}$ 的方向，$\Delta\boldsymbol{e}_{\mathrm{t}}$ 的大小趋于 $\Delta\theta|\boldsymbol{e}_{\mathrm{t}}|=\Delta\theta(\Delta\theta\to 0)$，即 $|\Delta\boldsymbol{e}_{\mathrm{t}}|=|\boldsymbol{e}_{\mathrm{t}}|\Delta\theta=\Delta\theta$。当 $\Delta t\to 0$ 时，有 $\Delta\boldsymbol{e}_{\mathrm{t}}\to\Delta\theta\boldsymbol{e}_{\mathrm{n}}$。因此

$$\frac{\mathrm{d}\boldsymbol{e}_{\mathrm{t}}}{\mathrm{d}t}=\lim_{\Delta t\to 0}\frac{\Delta\boldsymbol{e}_{\mathrm{t}}}{\Delta t}=\lim_{\Delta t\to 0}\frac{\Delta\theta}{\Delta t}\boldsymbol{e}_{\mathrm{n}}=\frac{\mathrm{d}\theta}{\mathrm{d}t}\boldsymbol{e}_{\mathrm{n}}。$$

在自然坐标系中，质点的加速度

$$\boldsymbol{a}=\frac{\mathrm{d}v}{\mathrm{d}t}\boldsymbol{e}_{\mathrm{t}}+v\frac{\mathrm{d}\boldsymbol{e}_{\mathrm{t}}}{\mathrm{d}t}=\frac{\mathrm{d}v}{\mathrm{d}t}\boldsymbol{e}_{\mathrm{t}}+v\frac{\mathrm{d}\theta}{\mathrm{d}t}\boldsymbol{e}_{\mathrm{n}}。$$

设轨道 P_1 处的曲率半径为 ρ，则

$$\rho=\lim_{\Delta s\to 0}\frac{\Delta s}{\Delta\theta}=\frac{\mathrm{d}s}{\mathrm{d}\theta},$$

轨道任意处的曲率半径由下式给出：

$$\frac{1}{\rho}=\left|\frac{\dfrac{\mathrm{d}^2 y}{\mathrm{d}x^2}}{\left[1+\left(\dfrac{\mathrm{d}y}{\mathrm{d}x}\right)^2\right]^{3/2}}\right|,$$

式中 $y=y(x)$ 是质点平面运动的轨道曲线方程。根据复合函数求导法则，有

$$\frac{\mathrm{d}\theta}{\mathrm{d}t}=\frac{\mathrm{d}\theta}{\mathrm{d}s}\frac{\mathrm{d}s}{\mathrm{d}t}=\frac{1}{\rho}v,$$

由此可得质点在平面上沿确定轨道运动时的加速度

$$\boldsymbol{a}=\frac{\mathrm{d}v}{\mathrm{d}t}\boldsymbol{e}_{\mathrm{t}}+\frac{v^2}{\rho}\boldsymbol{e}_{\mathrm{n}}=\frac{\mathrm{d}^2 s}{\mathrm{d}t^2}\boldsymbol{e}_{\mathrm{t}}+\frac{1}{\rho}\left(\frac{\mathrm{d}s}{\mathrm{d}t}\right)^2\boldsymbol{e}_{\mathrm{n}},\tag{1-31}$$

式中第二项称为法向加速度，方向沿着法线方向，其中 $\dfrac{v^2}{\rho}$ 称为法向加速度分量。如果用 a_{t} 和 a_{n} 表示切向加速度分量和法向加速度分量，则

$$\boldsymbol{a}=a_{\mathrm{t}}\boldsymbol{e}_{\mathrm{t}}+a_{\mathrm{n}}\boldsymbol{e}_{\mathrm{n}},$$

式中

$$\begin{cases} a_{\mathrm{t}} = \dfrac{\mathrm{d}v}{\mathrm{d}t} = \dfrac{\mathrm{d}^2 s}{\mathrm{d}t^2}, \\ a_{\mathrm{n}} = \dfrac{1}{\rho} v^2。 \end{cases} \tag{1-32}$$

由此可见,在曲线运动中,加速度可分解为切向和法向两个分量,切向加速度分量反映了速度大小的变化率,而法向加速度分量反映了速度方向变化的快慢。当 $\dfrac{\mathrm{d}v}{\mathrm{d}t}>0$ 时,$a_{\mathrm{t}}\boldsymbol{e}_{\mathrm{t}}$ 与 $\boldsymbol{e}_{\mathrm{t}}$ 方向一致,表示质点速率随时间增加;当 $\dfrac{\mathrm{d}v}{\mathrm{d}t}<0$ 时,$a_{\mathrm{t}}\boldsymbol{e}_{\mathrm{t}}$ 与 $\boldsymbol{e}_{\mathrm{t}}$ 方向相反,表示质点速率随时间减小。

如图 1-18 所示,在自然坐标系中,加速度大小为

$$a=\sqrt{a_{\mathrm{t}}^2+a_{\mathrm{n}}^2}=\sqrt{\left(\frac{\mathrm{d}v}{\mathrm{d}t}\right)^2+\frac{v^4}{\rho^2}},$$

质点的加速度 $\boldsymbol{a}$ 与速度 $\boldsymbol{v}$ 之间的夹角 θ 满足

$$\tan\theta=\frac{a_{\mathrm{n}}}{a_{\mathrm{t}}}。$$

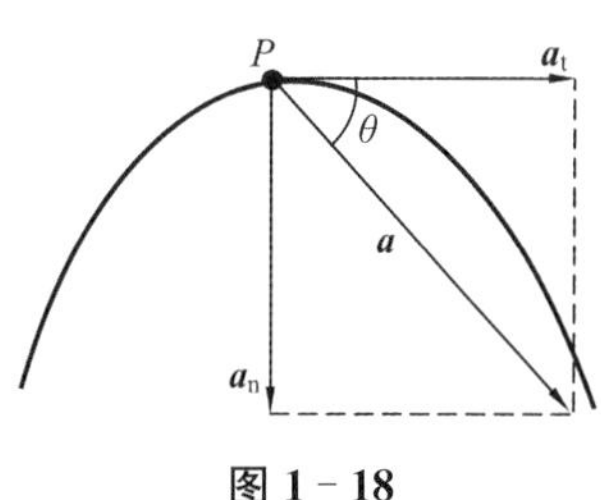

图 1-18

圆周运动是曲线运动的一种特例,当质点绕坐标原点 O 沿半径为 R 的圆轨道运动时,如图 1-19 所示,质点位矢大小不变但方向变化。令 θ 代表任意时刻质点位矢与 x 轴的夹角,$\Delta\theta$ 代表位矢在 Δt 时间内转过的角位移,质点绕 O 点的角速度定义为

$$\omega=\lim_{\Delta t\to 0}\frac{\Delta\theta}{\Delta t}=\frac{\mathrm{d}\theta}{\mathrm{d}t}, \tag{1-33}$$

它反映质点位矢转动的快慢。ω 有正负之分,当 θ 随时间增加时,ω 为正;反之为负。同样,质点绕 O 点的角加速度定义为

$$\beta=\lim_{\Delta t\to 0}\frac{\Delta\omega}{\Delta t}=\frac{\mathrm{d}\omega}{\mathrm{d}t}, \tag{1-34}$$

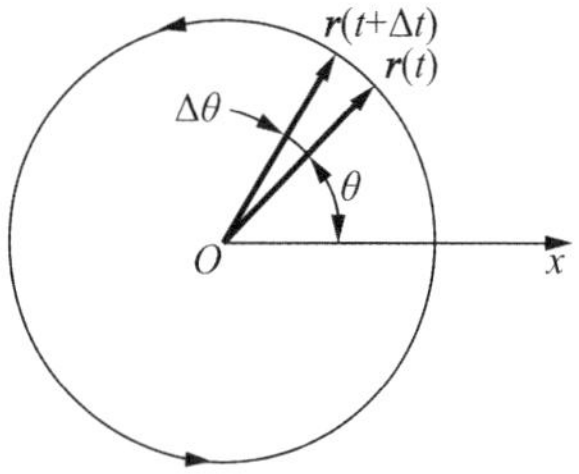

图 1-19

它反映角速度变化的快慢。在国际单位制中,角位移的单位是 rad,角速度的单位是 rad/s,角加速度的单位是rad/s^2。质点做圆周运动的速率

$$v=\frac{\mathrm{d}s}{\mathrm{d}t}=\frac{\mathrm{d}}{\mathrm{d}t}(R\theta)=R\,\frac{\mathrm{d}\theta}{\mathrm{d}t}=R\omega,$$

质点的切向加速度分量和法向加速度分量分别为

$$a_{\mathrm{t}}=\frac{\mathrm{d}v}{\mathrm{d}t}=R\,\frac{\mathrm{d}\omega}{\mathrm{d}t}=R\beta,$$

$$a_{\mathrm{n}}=\frac{1}{\rho}v^{2}=\frac{1}{R}(R\omega)^{2}=R\omega^{2}。$$

【例 1-4】 如图 1-20 所示，一质点位置由 $\boldsymbol{r}=A(\mathrm{e}^{\alpha t}\boldsymbol{i}+\mathrm{e}^{-\alpha t}\boldsymbol{j})$ 给出，式中 A 与 α 为正值常量。求：

(1) 轨道方程，并画出轨迹图线；

(2) 质点在 $t_1=-\frac{1}{\alpha}$ 到 $t_2=\frac{1}{\alpha}$ 之间的 $\Delta\boldsymbol{r}$，Δr 和 $\bar{\boldsymbol{v}}$；

(3) 质点在任意时刻的速度。

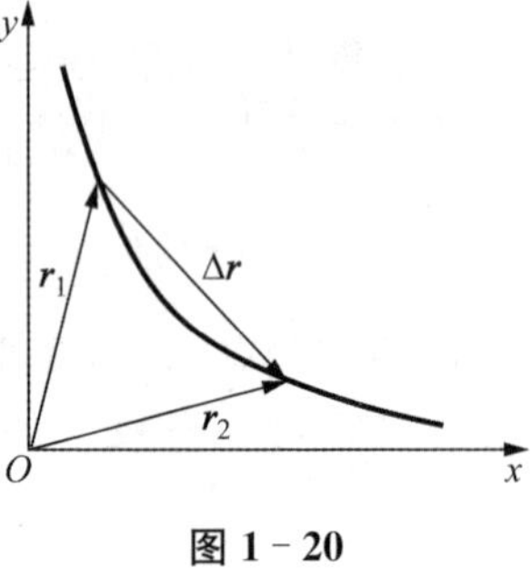

图 1-20

解 (1) 由分量式 $x=A\mathrm{e}^{\alpha t}$ 和 $y=A\mathrm{e}^{-\alpha t}$ 消去 t，得轨道方程 $xy=A^2$，轨迹为双曲线，如图 1-20 所示。

(2) 以 $t_1=-\frac{1}{\alpha}$ 和 $t_2=\frac{1}{\alpha}$ 代入 $\boldsymbol{r}=A(\mathrm{e}^{\alpha t}\boldsymbol{i}+\mathrm{e}^{-\alpha t}\boldsymbol{j})$，得

$$\boldsymbol{r}_1=A(\mathrm{e}^{-1}\boldsymbol{i}+\mathrm{e}\boldsymbol{j}),$$

$$\boldsymbol{r}_2=A(\mathrm{e}\boldsymbol{i}+\mathrm{e}^{-1}\boldsymbol{j}),$$

$$\Delta\boldsymbol{r}=\boldsymbol{r}_2-\boldsymbol{r}_1=(x_2-x_1)\boldsymbol{i}+(y_2-y_1)\boldsymbol{j}=A(\mathrm{e}-\mathrm{e}^{-1})\boldsymbol{i}+A(\mathrm{e}^{-1}-\mathrm{e})\boldsymbol{j},$$

$$\Delta r=r_2-r_1=A\sqrt{\mathrm{e}^{2}+\mathrm{e}^{-2}}-A\sqrt{\mathrm{e}^{-2}+\mathrm{e}^{2}}=0,$$

$$\bar{\boldsymbol{v}}=\frac{\Delta\boldsymbol{r}}{\Delta t}=\frac{A(\mathrm{e}-\mathrm{e}^{-1})\boldsymbol{i}+A(\mathrm{e}^{-1}-\mathrm{e})\boldsymbol{j}}{\frac{1}{\alpha}-\left(-\frac{1}{\alpha}\right)}=\frac{\alpha A}{2}[(\mathrm{e}-\mathrm{e}^{-1})\boldsymbol{i}+(\mathrm{e}^{-1}-\mathrm{e})\boldsymbol{j}]。$$

(3) 由速度定义：

$$\boldsymbol{v}=\frac{\mathrm{d}\boldsymbol{r}}{\mathrm{d}t}=\alpha A(\mathrm{e}^{\alpha t}\boldsymbol{i}-\mathrm{e}^{-\alpha t}\boldsymbol{j})。$$

【例 1-5】 质点 M 在水平面内的运动轨迹如图 1-21 所示，OA 段为直线，AB、BC 段分别为半径 15 m 与 30 m 的两个 1/4 圆周。设 $t=0$ 时，M 在 O 点，已知运动方程为 $s=30t+5t^2$。求 $t=2$ s 时刻，质点 M 的切向加速度分量和法向加速度分量。

解 首先求出 $t=2$ s 时质点在轨迹上的位置。此时 $s=80$ m，故质点在大圆上。

各时刻质点的速率为

$$v=\frac{\mathrm{d}s}{\mathrm{d}t}=30+10t,$$

故 $t=2$ s 时

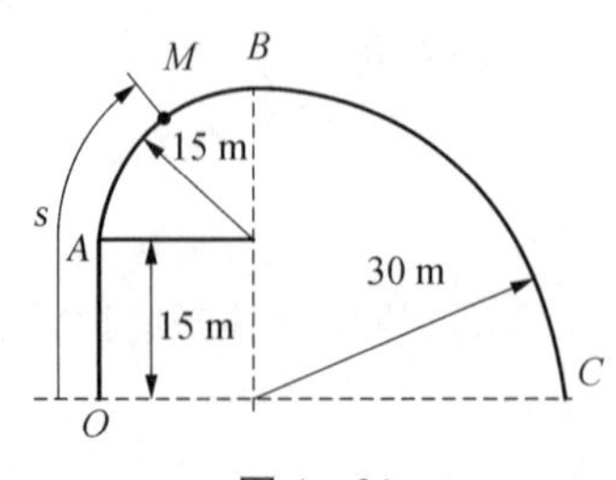

图 1-21

$$v = 50\ \mathrm{m/s},$$

因此，各时刻质点的切向加速度分量为

$$a_{\mathrm{t}} = \frac{\mathrm{d}v}{\mathrm{d}t} = \frac{\mathrm{d}^2 s}{\mathrm{d}t^2} = 10\ \mathrm{m/s^2},$$

而 $t = 2$ s 时法向加速度分量为

$$a_{\mathrm{n}} = \frac{v^2}{\rho} = \frac{50^2}{30}\ \mathrm{m/s^2} \approx 83.3\ \mathrm{m/s^2}。$$

【例 1－6】 半径为 R 的圆固定在竖直平面内，水平直棒 AB 位于同一平面，从固定圆的最高点 O' 由静止开始自由下落，如图 1－22 所示。求：当直棒 AB 下落到离圆心 O 距离为 $R/2$ 时，直棒与此圆交点 P 的速率、切向加速度分量和法向加速度分量。

解 当直棒 AB 自静止开始下落到离圆心 O 距离为 $R/2$ 时，其速度大小为

$$v_{P_y} = \sqrt{2g\,\frac{R}{2}} = \sqrt{gR},$$

此时直棒 AB 与半径间的夹角 θ 满足

$$\cos\theta = \frac{\sqrt{R^2 - \left(\frac{R}{2}\right)^2}}{R} = \frac{\sqrt{3}}{2},$$

$$\sin\theta = \frac{1}{2},$$

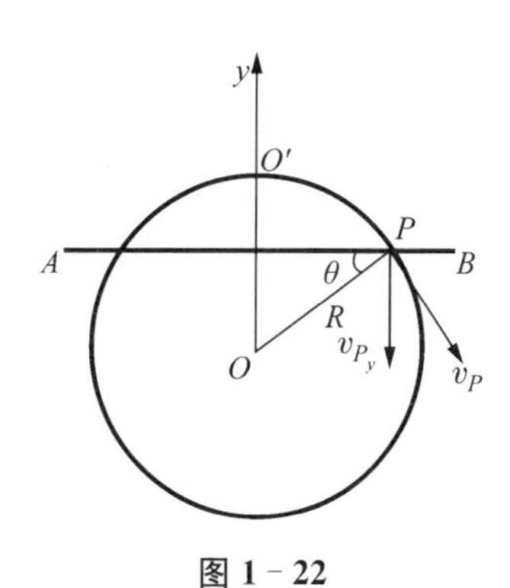

图 1－22

点 P 速度方向沿着切向，故由

$$v_P \cos\theta = v_{P_y},$$

得直棒与此圆的交点 P 的速率

$$v_P = 2\sqrt{\frac{gR}{3}},$$

交点 P 做圆周运动时法向加速度分量为

$$a_{\mathrm{n}} = \frac{v_P^2}{R} = \frac{4}{3}g,$$

由于直棒 AB 做自由落体运动，其加速度为 g，故有关系

$$a_{\mathrm{n}}\sin\theta + a_{\mathrm{t}}\cos\theta = g,$$

由此得直棒与此圆的交点 P 的切向加速度分量

$$a_t=\frac{g-a_n\sin\theta}{\cos\theta}=\frac{2\sqrt{3}}{9}g。$$

【例1-7】 零时刻一质点以初速度 $\boldsymbol{v}_0$ 在与水平成仰角 θ_0 角的方向被抛出，忽略空气阻力，求质点在时刻 t 的切向和法向加速度及该时刻质点所在处轨道的曲率半径 ρ 。

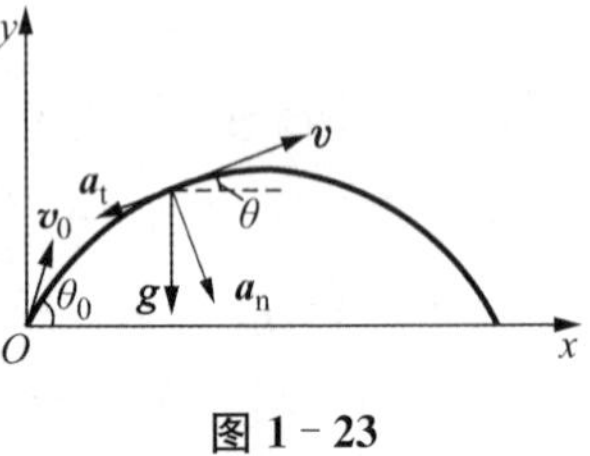

图 1-23

解 如图 1-23 所示，设 t 时刻速度 $\boldsymbol{v}$ 与水平方向成 θ 角，则

$$\boldsymbol{a}_n=g\cos\theta\boldsymbol{e}_n,\ \boldsymbol{a}_t=-g\sin\theta\boldsymbol{e}_t,$$

$$\sin\theta=\frac{v_y}{v},\ \cos\theta=\frac{v_x}{v},$$

其中 $v_x=v_0\cos\theta_0$，$v_y=v_0\sin\theta_0-gt$，$v=\sqrt{v_x^2+v_y^2}=\sqrt{v_0^2-2v_0gt\sin\theta_0+g^2t^2}$ 。由 $a_n=\frac{1}{\rho}v^2$，可得曲率半径

$$\rho=\frac{(v_0^2-2v_0gt\sin\theta_0+g^2t^2)^{\frac{3}{2}}}{v_0g\cos\theta_0}。$$

【例1-8】 如图 1-24 所示，一位网球运动员用拍朝水平方向击球，击球点高度为 H，第一只球落在自己一方场地上 B 处后弹跳起来刚好擦网而过，落在对方场地 A 处。第二只球直接擦网而过，也落在 A 处。球与地面碰撞时速度大小不变，速度水平分量不变，且空气阻力不计，求球网的高度 h 。

解 由题意第一只球运动时间为

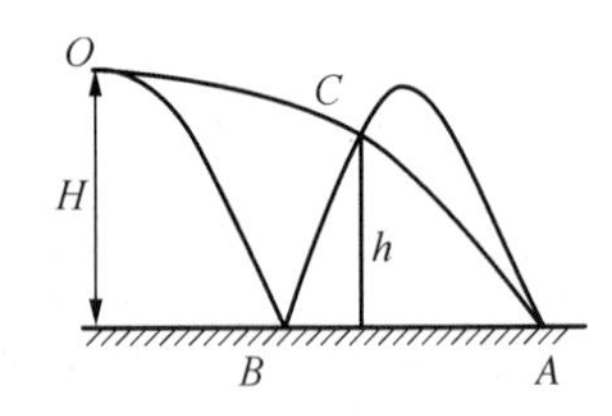

图 1-24

$$t_1=3\sqrt{\frac{2H}{g}},$$

由题意第二只球运动时间为

$$t_2=\sqrt{\frac{2H}{g}},$$

由于水平射程相同，根据平抛运动特点，两球水平速度之比为 $\frac{v_1}{v_2}=\frac{t_2}{t_1}$，故 $v_2=3v_1$。

显然击球点距网的水平距离为

$$v_2\sqrt{\frac{2(H-h)}{g}}=v_1\left[2\sqrt{\frac{2H}{g}}-\sqrt{\frac{2(H-h)}{g}}\right],$$

由此得 $2\sqrt{H-h}=\sqrt{H}$，

故球网的高度 $h = \dfrac{3H}{4}$。

【例 1-9】 离地面高度为 h 处，有一小球以初速度 $\boldsymbol{v}_0$ 做斜上抛运动，$\boldsymbol{v}_0$ 的方向与水平方向成 θ 角，如图 1-25(a)所示。那么当 θ 角为多大时，才能使小球的水平射程最大，这最大的水平射程又是多少？

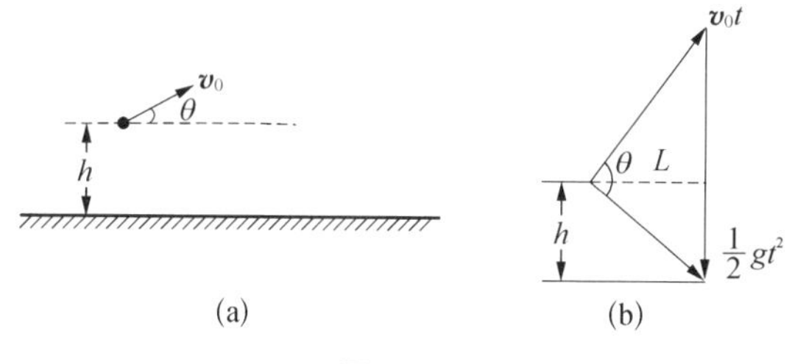

图 1-25

解　运动可以进行分解，但分解并不唯一。斜抛运动可以分解为水平方向的匀速直线运动及竖直方向的上抛运动，它也可以分解为以初速度做匀速运动加自由落体运动，此题我们按照后一种方式进行分解。如图 1-25(b)所示，设小球在空中飞行时间为 t，水平射程为 L，据勾股定理可得

$$L^2 = (v_0 t)^2 - \left(\frac{1}{2}gt^2 - h\right)^2,$$

整理后可得

$$L^2 = -\frac{1}{4}g^2 t^4 + (v_0^2 + gh)t^2 - h^2,$$

当 $t = \sqrt{\dfrac{2v_0^2 + 2gh}{g^2}}$ 时，L 有最大值，为 $L_{\max} = \dfrac{v_0}{g}\sqrt{v_0^2 + 2gh}$，

把 t 值代入 $-h = v_0 t \sin\theta - \dfrac{1}{2}gt^2$ 可解得

$$\theta = \arcsin\frac{v_0}{\sqrt{2v_0^2 + 2gh}}。$$

1.1.4　运动学的两类问题

描写质点运动的物理量有位矢、位移、速度和加速度等，而质点在某时刻的运动情况主要由位置和速度所确定，通常说的“质点运动状态”指的就是由它的位矢和速度确定的状态。质点的运动方程包含了质点运动学的所有信息，由其可确定

质点在任一时刻的运动状态。运动学中我们通常碰到的问题大体可以分为两类。

(1) 已知质点的运动方程 $\boldsymbol{r}=\boldsymbol{r}(t)$，求质点在任意时刻的速度和加速度。这时只需要利用公式

$$\begin{cases}\boldsymbol{v}=\dfrac{\mathrm{d}\boldsymbol{r}}{\mathrm{d}t},\\ \boldsymbol{a}=\dfrac{\mathrm{d}\boldsymbol{v}}{\mathrm{d}t}=\dfrac{\mathrm{d}^2\boldsymbol{r}}{\mathrm{d}t^2},\end{cases}$$

通过求导即可得出结论。

(2) 已知质点的运动速度求运动方程,或已知加速度求速度和运动方程。此类问题是第一类问题的逆问题,需要用积分的方法,并且需要知道 $t=0$ 时刻(初始时刻)质点的位矢 $\boldsymbol{r}_0$ 和速度 $\boldsymbol{v}_0$，即由 $\boldsymbol{a}=\dfrac{\mathrm{d}\boldsymbol{v}}{\mathrm{d}t}$，得

$$\mathrm{d}\boldsymbol{v}=\boldsymbol{a}\mathrm{d}t,$$

将上式两边积分得

$$\int_{\boldsymbol{v}_0}^{\boldsymbol{v}}\mathrm{d}\boldsymbol{v}=\int_0^t\boldsymbol{a}\mathrm{d}t,$$

t 时刻质点的速度为

$$\boldsymbol{v}=\boldsymbol{v}_0+\int_0^t\boldsymbol{a}\mathrm{d}t。$$

在直角坐标系中,上式可以写成如下分量的形式:

$$\begin{cases}v_x=v_{x_0}+\int_0^t a_x\mathrm{d}t,\\ v_y=v_{y_0}+\int_0^t a_y\mathrm{d}t,\\ v_z=v_{z_0}+\int_0^t a_z\mathrm{d}t。\end{cases}$$

类似地,由 $\boldsymbol{v}=\dfrac{\mathrm{d}\boldsymbol{r}}{\mathrm{d}t}$，可得

$$\mathrm{d}\boldsymbol{r}=\boldsymbol{v}\mathrm{d}t,$$

将上式两边积分,得

$$\int_{\boldsymbol{r}_0}^{\boldsymbol{r}}\mathrm{d}\boldsymbol{r}=\int_0^t\boldsymbol{v}\mathrm{d}t,$$

可得 t 时刻质点的位置矢量

$$\boldsymbol{r}=\boldsymbol{r}_0+\int_0^t \boldsymbol{v}\,\mathrm{d}t,$$

在直角坐标系中，上式可以写成如下分量的形式：

$$\begin{cases} x=x_0+\int_0^t v_x\,\mathrm{d}t, \\ y=y_0+\int_0^t v_y\,\mathrm{d}t, \\ z=z_0+\int_0^t v_z\,\mathrm{d}t。\end{cases}$$

【例 1-10】 云雾室是研究基本粒子的常用设备，其中充满大量的过饱和气体。当粒子穿过云雾室时，在粒子经过的路径上产生带电的离子，离子作为凝结核心会使过饱和气体凝结成液滴。这样，可以通过观测液滴形成的可见路径，测量粒子的物理性质。设粒子的运动方程为 $x=a-b\mathrm{e}^{-\alpha t}$，式中 a、b 和 α 均为正值常量，以粒子进入云雾室时刻为计时起点，讨论该粒子的运动状况。

解　粒子的运动为直线运动，按照速度和加速度的定义，得到

$$v_x=\frac{\mathrm{d}x}{\mathrm{d}t}=b\alpha\mathrm{e}^{-\alpha t},$$

以及

$$a_x=\frac{\mathrm{d}v_x}{\mathrm{d}t}=-b\alpha^2\mathrm{e}^{-\alpha t}=-\alpha v_x,$$

式中负号表示粒子运动的加速度与速度方向相反，粒子做减速运动，且加速度与其运动速度成正比。也就是说，开始时，粒子运动速度大时，加速度大，粒子减速快(此时，粒子受到的阻力大)；随着粒子运动速度的减小，其加速度也减小，粒子减速慢(此时，粒子受到的阻力小)。这是粒子在流体内运动速度不太高时的一种普遍规律。

按照题设条件，在 $t=0$ 时刻，粒子进入云雾室，位于 $x_0=a-b$ 处，此时粒子的速度为 $v_x=b\alpha$，加速度为 $a_x=-b\alpha^2$。粒子的极限速度和加速度为 $v_x=0$，$a_x=0$，最后静止于 $x_{t\to\infty}=a$ 处，粒子在云雾室中运动的总距离为 $x_{t\to\infty}-x_0=a-(a-b)=b$ 。

【例 1-11】 已知质点的运动方程为 $x=2t$，$y=6-2t^2$，求质点在任意时刻的切向加速度分量 a_t 和法向加速度分量 a_n。

解法 1　已知质点在任意时刻的位置矢量为 $\boldsymbol{r}=2t\boldsymbol{i}+(6-2t^2)\boldsymbol{j}$，由速度定义，得

$$\boldsymbol{v}=\frac{\mathrm{d}\boldsymbol{r}}{\mathrm{d}t}=2\boldsymbol{i}-4t\boldsymbol{j},$$

速度大小

$$v=2\sqrt{1+4t^2},$$

切向加速度分量

$$a_{\mathrm{t}}=\frac{\mathrm{d}v}{\mathrm{d}t}=\frac{\mathrm{d}}{\mathrm{d}t}(2\sqrt{1+4t^2})=\frac{8t}{\sqrt{1+4t^2}},$$

质点运动的轨道方程为

$$y=6-\frac{x^2}{2},$$

由此得

$$y'=-x,\ y''=-1。$$

按定义,t 时刻质点所处轨道位置的曲率半径 ρ 满足

$$\frac{1}{\rho}=\left|\frac{y''}{(1+y'^2)^{3/2}}\right|=\frac{1}{(1+x^2)^{3/2}}=\frac{1}{(1+4t^2)^{3/2}},$$

则 t 时刻质点的法向加速度分量为

$$a_{\mathrm{n}}=\frac{v^2}{\rho}=\frac{4}{\sqrt{1+4t^2}}。$$

解法 2 切向加速度分量可按前面的方法得到。为求法向加速度分量,先求质点的加速度,由定义

$$\boldsymbol{a}=\frac{\mathrm{d}\boldsymbol{v}}{\mathrm{d}t}=-4\boldsymbol{j},$$

利用关系式 $a_{\mathrm{n}}^2+a_{\mathrm{t}}^2=a^2$ 及 $a_{\mathrm{t}}=\dfrac{8t}{\sqrt{1+4t^2}}$,法向加速度分量

$$a_{\mathrm{n}}=\sqrt{a^2-a_{\mathrm{t}}^2}=\frac{4}{\sqrt{1+4t^2}}。$$

【例 1-12】 气球以速率 v_0 匀速上升,由于风的影响,在气球上升的过程中,其水平速度按 $v_x=by$ 的规律增大,其中 y 为气球离地的高度,$b(>0)$ 为常量。求气球的运动方程、切向加速度分量、法向加速度分量及轨道曲率与 y 的关系。

解 已知 $v_y=v_0$, $v_x=by$,设初始时刻质点的位置坐标为 $x_0=0$, $y_0=0$,则

$$y=v_0t,$$

以上式代入 $v_x=by$ 并积分,得

$$x=\frac{1}{2}bv_0t^2,$$

因此气球的运动方程为

$$\boldsymbol{r}=\frac{1}{2}bv_0t^2\boldsymbol{i}+v_0t\boldsymbol{j},$$

气球的轨道方程为

$$x=\frac{by^2}{2v_0},$$

气球的速度大小

$$v=\sqrt{v_x^2+v_y^2}=\sqrt{b^2y^2+v_0^2}=v_0\sqrt{1+b^2t^2},$$

气球的切向加速度分量为

$$a_{\mathrm{t}}=\frac{\mathrm{d}v}{\mathrm{d}t}=\frac{b^2v_0t}{\sqrt{1+b^2t^2}}=\frac{b^2v_0y}{\sqrt{v_0^2+b^2y^2}}。$$

气球轨道任意处的曲率半径可以由数学上的定义从轨道方程求得，也可先求气球的加速度

$$\boldsymbol{a}=\frac{\mathrm{d}^2\boldsymbol{r}}{\mathrm{d}t^2}=bv_0\boldsymbol{i},$$

由此得法向加速度分量

$$a_{\mathrm{n}}=\sqrt{a^2-a_{\mathrm{t}}^2}=\frac{bv_0^2}{\sqrt{b^2y^2+v_0^2}},$$

利用 $a_{\mathrm{n}}=\dfrac{v^2}{\rho}$，可由下式得轨道曲率：

$$\frac{1}{\rho}=\frac{a_{\mathrm{n}}}{v^2}=\frac{bv_0^2}{(b^2y^2+v_0^2)^{3/2}}。$$

1.1.5　相对运动　伽利略变换

我们知道，运动的描述具有相对性，即相对不同的参考系，对同一物体运动的描述不同。这里选取两个参考系，讨论在两个不同参考系中对同一质点运动的描述问题，研究两个参考系中质点的位移、速度和加速度之间的关系。

设有两个参考系(坐标系) S 和 S'，如图 1-26 所示，已知 S'系相对 S 系以速度 $\boldsymbol{u}$ 做平动。设某一时刻(t 或 t'，分别表示 S 和 S'系中的时间)，质点运动到点

P，其在两个参考系中的位矢、速度和加速度分别为 $\boldsymbol{r}$，$\boldsymbol{v}$，$\boldsymbol{a}$ 和 $\boldsymbol{r}'$，$\boldsymbol{v}'$，$\boldsymbol{a}'$。若用 $\boldsymbol{R}$ 表示 S' 系原点 O' 相对于 S 系原点 O 的位置矢量，则由图可知

$$\boldsymbol{r}=\boldsymbol{R}+\boldsymbol{r}', \tag{1-35}$$

或

$$\boldsymbol{r}'=-\boldsymbol{R}+\boldsymbol{r}, \tag{1-36}$$

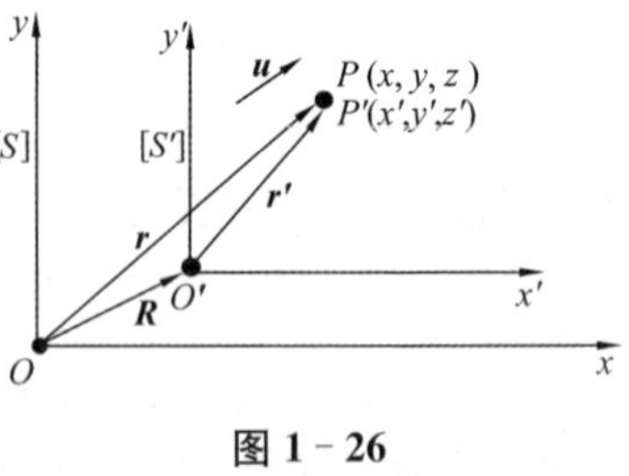

图 1-26

需要强调的是，上述两式的成立是有前提的。由于 $\boldsymbol{r}$ 和 $\boldsymbol{R}$ 是参考系 S 中的观测值，而 $\boldsymbol{r}'$ 是参考系 S' 中的观测值，而将不同参考系中的观测值放在一起相加是有问题的。只有认为 S' 系中点 P 相对点 O' 位矢的观测值与 S 系中点 P 相对点 O' 位矢的观测值相同，这两个关系式才成立。此前提意味着空间两点的距离无论从哪个参考系测量结果都相同，这一结论称为空间的绝对性。

将式(1-35)对 S 系的时间 t 求导得

$$\frac{\mathrm{d}\boldsymbol{r}}{\mathrm{d}t}=\frac{\mathrm{d}\boldsymbol{R}}{\mathrm{d}t}+\frac{\mathrm{d}\boldsymbol{r}'}{\mathrm{d}t},$$

显然，$\boldsymbol{v}=\dfrac{\mathrm{d}\boldsymbol{r}}{\mathrm{d}t}$ 为参考系 S 中测量的质点速度，而 $\boldsymbol{u}=\dfrac{\mathrm{d}\boldsymbol{R}}{\mathrm{d}t}$ 为参考系 S' 相对于参考系 S 的速度。如果认为 $t'=t$，则有 $\dfrac{\mathrm{d}\boldsymbol{r}'}{\mathrm{d}t}=\dfrac{\mathrm{d}\boldsymbol{r}'}{\mathrm{d}t'}$，代表了 S' 系中测出的质点速度 $\boldsymbol{v}'$，从而得到

$$\boldsymbol{v}=\boldsymbol{v}'+\boldsymbol{u}。 \tag{1-37}$$

通常将相对观察者静止的参考系 S 称为静止参考系，将相对于观察者运动的参考系 S' 称为运动参考系。物体相对静止参考系的速度称为绝对速度，相对于运动参考系的速度称为相对速度，运动参考系 S' 相对静止参考系 S 的速度称为牵连速度。由此可见，绝对速度等于相对速度与牵连速度的矢量和。式(1-37)成立的前提是时间与参考系无关，这一结论称为时间的绝对性。

空间的绝对性和时间的绝对性构成了牛顿的绝对时空观，这种观点是与大量的日常经验相符合的。

在绝对时空观的基础上，将式(1-37)对 S 系的时间 t 求一阶导数可得两参考系中加速度之间的变换关系

$$\frac{\mathrm{d}\boldsymbol{v}}{\mathrm{d}t}=\frac{\mathrm{d}\boldsymbol{v}'}{\mathrm{d}t}+\frac{\mathrm{d}\boldsymbol{u}}{\mathrm{d}t},\ \boldsymbol{a}=\boldsymbol{a}'+\frac{\mathrm{d}\boldsymbol{u}}{\mathrm{d}t}。 \tag{1-38}$$

物体相对静止参考系的加速度称为绝对加速度，相对于运动参考系的加速度称为相对加速度，运动参考系相对静止参考系的加速度称为牵连加速度。由此可见，绝对加速度等于相对加速度与牵连加速度的矢量和。

如果S'系的x'轴与S系的x轴方向相同且重合(见图1-27),S'系相对S系的速度$\boldsymbol{u}$为常矢量且沿着x轴正方向运动,并约定O'与O相重合的时刻$t=t'=0$,则有

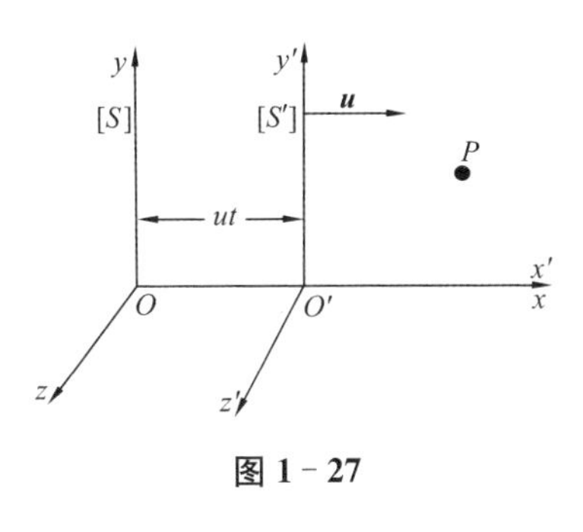

图1-27

$$\begin{cases}x=x'+ut,\\y=y',\\z=z',\\t=t',\end{cases}\quad 或 \begin{cases}x'=x-ut,\\y'=y,\\z'=z,\\t'=t,\end{cases}$$

上述关系称为伽利略变换。将上述关系对时间求一阶导数,得

$$\begin{cases}v_x=v'_x+u,\\v_y=v'_y,\\v_z=v'_z,\end{cases}\quad 或 \begin{cases}v'_x=v_x-u,\\v'_y=v_y,\\v'_z=v_z,\end{cases}$$

上述关系称为伽利略速度变换。再对时间求一阶导数,得

$$\begin{cases}a_x=a'_x,\\a_y=a'_y,\\a_z=a'_z,\end{cases}\quad 或 \begin{cases}a'_x=a_x,\\a'_y=a_y,\\a'_z=a_z,\end{cases}$$

上述关系式称为伽利略加速度变换。这一关系表明,质点的加速度对相对做匀速直线运动的参考系都是相同的。

由上述讨论可知,牛顿绝对时空观是伽利略变换成立的前提,而伽利略变换则是牛顿绝对时空观的数学抽象。由伽利略坐标变换,易得

$$\begin{aligned}\Delta x'&=x'_2-x'_1=(x_2-ut)-(x_1-ut)\\&=x_2-x_1=\Delta x,\end{aligned}$$

$$\Delta t'=\Delta t,$$

即空间间隔和时间间隔是与参考系无关的,这可以理解为是对牛顿绝对时空观的一种简单诠释。很显然,这一绝对时空观是与人们的日常经验相符的。但近代的一些实验表明,牛顿的绝对时空观只是一种近似。爱因斯坦革命性地提出了狭义相对论和广义相对论,建立起了新的时空理论。

【例1-13】 如图1-28所示,半径为R的半圆柱面在水平地面上向右做加速度为$\boldsymbol{a}_0$的匀加速运动。在柱面上有一系在绳子一端的小球P,绳子的另一端水平地连在墙上。当小球与半圆柱面截面中心Q的连线与竖直方向间夹角为θ时,半圆柱面的速度为$\boldsymbol{u}$,求此时小球相对地面的速度和加速度。

解　以半圆柱面为S'系,由题意,S'系相对地面做平动,在所求时刻向右以速度$\boldsymbol{u}$运动,并保持恒定向右的加速度$\boldsymbol{a}_0$。小球相对S'做半径为R的圆周运动,由

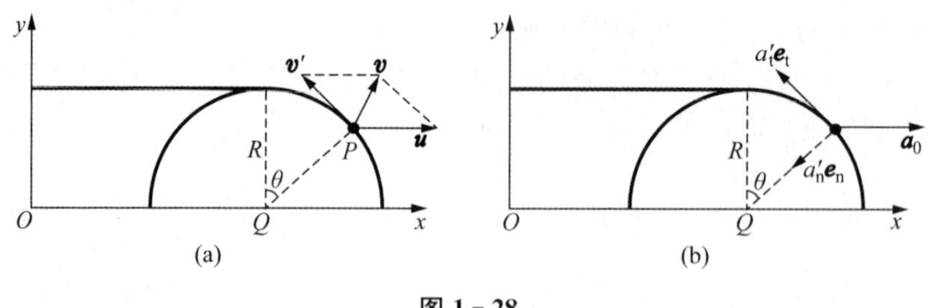

图 1-28

于绳子不可伸长,有

$$x_Q+R\theta=常量,\ \frac{\mathrm{d}x_Q}{\mathrm{d}t}+R\,\frac{\mathrm{d}\theta}{\mathrm{d}t}=0,$$

式中 C 为常量,$\frac{\mathrm{d}x_Q}{\mathrm{d}t}=u$,$R\,\frac{\mathrm{d}\theta}{\mathrm{d}t}=R\omega=-v'$;故小球的相对速度大小 $v'=u$,方向沿着半圆切线方向。同理,小球相对 S'系的切向加速度分量 $a'_{\mathrm{t}}=a_0$,法向加速度分量 $a'_{\mathrm{n}}=\frac{u^2}{R}=\frac{v'^2}{R}$。

由此可知小球相对地面的速度为

$$\boldsymbol{v}=\boldsymbol{v}'+\boldsymbol{u},$$

其分量

$$v_x=u-u\cos\theta,\ v_y=u\sin\theta。$$

小球相对地面的加速度为

$$\boldsymbol{a}=\boldsymbol{a}'+\frac{\mathrm{d}\boldsymbol{u}}{\mathrm{d}t}=\boldsymbol{a}'+\boldsymbol{a}_0,$$

其分量

$$a_x=a_0-a_0\cos\theta-\frac{u^2}{R}\sin\theta,\ a_y=a_0\sin\theta-\frac{u^2}{R}\cos\theta。$$

1.2　质点动力学

质点运动学关心的是如何描述质点的运动。本节将从动力学的角度研究引起质点运动状态变化的原因,讨论物体间的相互作用和质点运动之间的关系。牛顿所建立的三条运动定律是质点动力学的核心,并且是整个力学的基础。本节将首先讨论牛顿运动定律,然后介绍自然界中的基本相互作用和一些常见的力,在此基础上举例说明应用牛顿运动定律解题的方法,最后还将讨论非惯性参考系等问题。

1.2.1　牛顿运动定律

牛顿在伽利略、笛卡儿等前人研究的基础上，在1687年发表的《自然哲学的数学原理》中提出了牛顿运动三定律。他通过对各种机械运动的研究，抓住了惯性、加速度和作用力这三者的关系，以定量的形式揭示出机械运动的普遍规律。牛顿运动定律的发现是物理学理论的一次重大飞跃，是人类认识自然的一个里程碑。

1.2.1.1　牛顿第一定律

牛顿第一定律可表述如下：任何物体，如果没有受到其他物体的作用，都将保持静止或做匀速直线运动的状态。

牛顿第一定律形式简单，但内涵丰富，我们可以从下面几方面加以解读。

(1) 定义了物体惯性的概念。任何物体都有保持运动状态不变并且反抗其他物体改变其运动状态的属性，物体这种固有的属性通常称为物体的惯性。因此，牛顿第一定律又称为惯性定律。

(2) 定义了力的概念。自然界中有形形色色的力，给力下一个普遍的定义并不容易。牛顿第一定律给力下了一个定义，即力是改变物体运动状态的原因，或者说是使物体产生加速度的原因。

(3) 定义了惯性参考系与非惯性参考系的概念。关于这一点牛顿第一定律并未明说，但我们应该从更深的层次去理解，即物体运动遵从牛顿第一定律的参考系称为惯性参考系；反之，物体运动不遵从牛顿第一定律的参考系称为非惯性参考系。一个参考系到底是惯性参考系还是非惯性参考系，这要由实验来确定。比如，当汽车急刹车时，车上的乘客都会有向前冲的感觉。如果选择汽车为参考系，乘客的运动明显违反牛顿第一定律，所以相对于地面急刹车的汽车参考系是非惯性系。

1.2.1.2　牛顿第二定律

实验表明，在外力作用下，质点的加速度有以下性质：

(1) 加速度方向与外力方向相同，对于同一个物体，加速度与外力成正比，即$\boldsymbol{a} \propto \boldsymbol{F}$。

(2) 同一个力作用在不同物体上，加速度大小与物体的惯性质量m成反比，即$a \propto \dfrac{1}{m}$。惯性质量m是用来衡量物体惯性大小的物理量。具体而言，若同一个力$\boldsymbol{F}_0$分别作用在两个不同的物体上，两个物体的加速度分别为$\boldsymbol{a}_1$和$\boldsymbol{a}_2$，如果$a_1 > a_2$，这表明第一个物体的运动状态容易改变，其惯性小；相对第一个物体而言第二个物体的运动状态不容易改变，其惯性大。我们用惯性质量来衡量物体惯性的大小，以m_1和m_2分别表示第一个物体和第二个物体的惯性质量。为了确定两物体惯性质量的大小，规定

$$\frac{m_1}{m_2}=\frac{a_2}{a_1}, \tag{1-39}$$

由上式可得

$$m_2=\frac{a_1}{a_2}m_1。$$

若取物体 1 的惯性质量 m_1 作为标准质量，则物体 2 的惯性质量即可确定。进一步的研究指出，这两个物体的加速度之比与施加在它们上面的力无关，故式(1-39)的规定是有意义的。

实验还表明，力是矢量。当一个物体同时受到多个力的作用时，力满足矢量的平行四边形叠加法则，即质点所受的合力为所有作用在质点上的力的矢量和 $\boldsymbol{F}=\sum_i \boldsymbol{F}_i$ 。加速度也是矢量，也遵守平行四边形法则，因此，当几个力同时作用在一个物体上时，物体产生的加速度等于每个力单独作用时产生的加速度的矢量和，或等于这几个力的合力所产生的加速度。

综上所述，物体受到合力作用时，其加速度的方向与所受合力的方向相同，加速度的大小与合力的大小成正比，与物体的惯性质量成反比，此即牛顿第二定律，用数学公式表示为

$$\sum_i \boldsymbol{F}_i=m\boldsymbol{a}, \tag{1-40}$$

或

$$\sum_i \boldsymbol{F}_i=m\frac{\mathrm{d}\boldsymbol{v}}{\mathrm{d}t}。$$

牛顿第二定律的更一般形式为

$$\boldsymbol{F}=\frac{\mathrm{d}\boldsymbol{p}}{\mathrm{d}t}, \tag{1-41}$$

式中 $\boldsymbol{p}=m\boldsymbol{v}$ 为物体运动时的动量。当物体的速率接近于真空中的光速 c 时，物体的质量也将随速率增大而增大，满足关系式

$$m=\frac{m_0}{\sqrt{1-\frac{v^2}{c^2}}},$$

式中 m_0 是速度 $v=0$ 时的质量，称为静止质量。实验证明此时式(1-40)不再适用，而用式(1-41)表示的牛顿第二定律仍然是正确的。当 $v\ll c$ 时，有 $m\approx m_0$，即质量 m 可以看作不变的常量，这是经典力学适用的一个条件。

关于牛顿第二定律，还要注意两个问题：

(1) 牛顿第二定律的瞬时性。牛顿第二定律定量地表述了物体的加速度与所受外力之间的瞬时关系。加速度与外力同时存在，同时改变，同时消失。一旦作用在物体上的外力撤去，物体的加速度立即消失，这正是第一定律所要求的，也是物体惯性的表现。

(2) 牛顿第二定律的矢量性。力和物体的加速度都是矢量，$\boldsymbol{F}=m\boldsymbol{a}$ 是矢量方程，我们可以写出牛顿第二定律在具体坐标系中的分量形式。

在直角坐标系中

$$\boldsymbol{F}=F_x\boldsymbol{i}+F_y\boldsymbol{j}+F_z\boldsymbol{k}=m\boldsymbol{a}=ma_x\boldsymbol{i}+ma_y\boldsymbol{j}+ma_z\boldsymbol{k},$$

其分量形式为

$$\begin{cases} F_x=ma_x=m\dfrac{\mathrm{d}^2x}{\mathrm{d}t^2}, \\ F_y=ma_y=m\dfrac{\mathrm{d}^2y}{\mathrm{d}t^2}, \\ F_z=ma_z=m\dfrac{\mathrm{d}^2z}{\mathrm{d}t^2}。 \end{cases} \tag{1-42}$$

在自然坐标系中

$$\boldsymbol{F}=F_\mathrm{t}\boldsymbol{e}_\mathrm{t}+F_\mathrm{n}\boldsymbol{e}_\mathrm{n}=m\frac{\mathrm{d}v}{\mathrm{d}t}\boldsymbol{e}_\mathrm{t}+m\frac{v^2}{\rho}\boldsymbol{e}_\mathrm{n},$$

其分量形式为

$$\begin{cases} F_\mathrm{t}=ma_\mathrm{t}=m\dfrac{\mathrm{d}v}{\mathrm{d}t}, \\ F_\mathrm{n}=ma_\mathrm{n}=m\dfrac{v^2}{\rho}。 \end{cases} \tag{1-43}$$

1.2.1.3 牛顿第三定律

牛顿第三定律又称为作用和反作用定律。可表述如下：当物体1以力 $\boldsymbol{f}_{21}$ 作用于物体2时，物体2必定同时以大小相等、方向相反的同性质的力 $\boldsymbol{f}_{12}$，沿同一直线作用于物体1上。牛顿第三定律的数学表述为

$$\boldsymbol{f}_{12}=-\boldsymbol{f}_{21}。$$

牛顿第三定律表明，作用力和反作用力总是大小相等、方向相反地成对出现，它们同时出现，同时消失。由于作用力和反作用力分别作用于两个物体上，因此不能相互抵消。另外，作用力和反作用力属于同一种性质。当我们把两个物体看作一个系统时，相互作用力是系统的内力。由于内力在系统内是成对出现的，系统的

内力之和总是为零,所以它们不会对系统的整体运动产生影响。这里还要强调,牛顿第三定律所指的力是由物体相互接触产生的,或通过“超距作用”产生的。“超距作用”可以理解成力的传递过程不需要时间,或力的传递速度为无限大。如果力以有限的速度传递,牛顿第三定律就不一定成立了。如图1-29所示,设物体2静止不动,物体1以速度 $\boldsymbol{v}$ 向右运动,在 $t-\Delta t$ 时刻位于点 P, t 时刻运动到点 Q。由于力的传递速度是有限的,当物体1到达点 Q 时,它在点 P 处对物体2的作用力刚传到物体2处,因此物体2受到的作用力 $\boldsymbol{f}_{21}$ 方向向下;此时(t 时刻),物体1受到物体2的作用力 $\boldsymbol{f}_{12}$ 指向右上方,这是由于物体2一直静止不动,它产生的作用力已传递到空间各处。因此 $\boldsymbol{f}_{12} \neq -\boldsymbol{f}_{21}$。

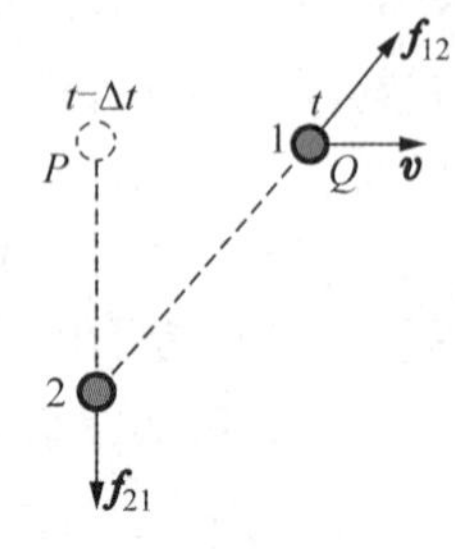

图1-29

相互作用的传递速度一般较大(例如万有引力和电磁力都以光速传递),而牛顿力学中物体运动速度远低于光速,可忽略延迟效应,因此在牛顿力学中,第三定律成立。在强电磁场作用下,带电粒子运动速度可接近光速,延迟效应很明显,带电粒子之间的相互作用力就不满足牛顿第三定律了。

1.2.1.4 牛顿运动定律的适用范围

牛顿运动定律的正确性被大量的事实所证明,因此它是质点动力学的基本定律,也是整个经典力学理论的基础。但是所有的物理定律都有自己的适用条件和适用范围,是人类知识长河中的相对真理,牛顿运动定律也不例外,具体表现在以下几个方面:

(1) 牛顿运动定律仅适用于惯性参考系,在像地面参考系这样的近似惯性系中利用牛顿运动定律处理某些力学问题时会有一定的误差。

(2) 牛顿运动定律仅适用于物体运动速度远比光速低的情况,不适用于接近光速的高速运动物体。在高速运动的情况下,必须用相对论力学来描述,牛顿力学是相对论力学的低速近似。

(3) 牛顿运动定律仅适用于宏观系统和介观系统的力学性质研究,对于微观系统($1\times10^{-15}\sim1\times10^{-10}$ m),要用量子力学来描述。

(4) 牛顿运动定律仅适用于实物间的相互作用问题,不适用于通过场所传递的相互作用。对于通过场所传递的相互作用,力以有限的速度传递,由于延迟效应,牛顿第三定律不严格成立。在这种情况下,必须把传递相互作用的场考虑在内,并以更普遍的动量守恒定律来代替牛顿第三定律。

1.2.1.5 经典力学相对性原理

设参考系 S' 相对参考系 S 以速度 $\boldsymbol{u}$ 做匀速直线运动,根据伽利略加速度变换可知,同一质点相对这两个参考系的加速度始终相同,即

$$\boldsymbol{a}=\boldsymbol{a}',$$

若 S 为惯性参考系，质点质量为 m，受力为 $\boldsymbol{F}$，则牛顿第二定律

$$\boldsymbol{F}=m\boldsymbol{a} \tag{1-44}$$

成立。牛顿力学认为，物体的质量以及相互作用力与参考系无关，即 $m'=m$，$\boldsymbol{F}'=\boldsymbol{F}$。因此在 S' 中必有

$$\boldsymbol{F}'=m'\boldsymbol{a}', \tag{1-45}$$

所以在 S' 中牛顿第二定律也成立，S' 也是惯性参考系。

因此，任何相对于惯性系做匀速直线运动的参考系都是惯性参考系。在不同惯性参考系中观测同一质点的运动时，除了质点的位置、速度可能不同外，其加速度是相同的，质点的运动都遵从牛顿运动定律。

由此可有如下结论：力学运动定律在所有惯性系中均成立且具有相同的形式，即一切惯性系在力学意义上是等价的、平权的。换言之，不可能通过惯性系内进行的任何形式的力学实验来确定该惯性系相对其他惯性系的速度。这就是经典力学相对性原理。

关于经典力学相对性原理这一重要思想，伽利略早在 1632 年曾给出如下生动的描述：

“把你和一些朋友关在一条大船的甲板下的主舱里，让你带着几只苍蝇、蝴蝶和其他小虫，舱内放一大碗水，其中有几条鱼。然后，挂上个水瓶，让水一滴一滴地滴到下面的一个宽口罐中。船停止不动时，你留神观察，小虫都以等速向舱内各个方向飞行；鱼向各个方向随便游动；水滴滴进下面的罐中；你把任何东西扔给你的朋友时，只要距离相等，向这一方向不必比另一方向用更多的力；你双脚齐跳，无论向哪个方向跳过的距离都相等，当你仔细观察这些事情之后，再使船以任何速度前进，只要运动是匀速的，也不忽左忽右地摆动，你将发现，所有上述现象丝毫没有变化，你也无法从其中任何一个现象来确定船是在运动还是停着不动，即使船运动得相当快。在跳跃时，你也将和以前一样，在船底板上跳过相同的距离，你跳向船尾也不会比跳向船头来得远些，虽然你跳到空中时，脚下的船底板向你跳的相反方向移动；你把不论什么东西扔给你的朋友时，如果你的朋友在船头而你在船尾，你所用的力并不比你们两个站在相反的位置时所用的力更大；水滴将像先前一样滴进下面的罐子，一滴也不会滴向船尾，虽然水滴在空中时，船在向前行进着；鱼在水中游向水碗前部所用的力并不比游向水碗后部来得大，它们一样悠闲地游向放在水碗边缘任何地方的食饵；最后，蝴蝶和苍蝇随便地到处飞行，它们也绝不会向船尾集中，并不因为它们可能长时间留在空中，脱离了船的运动，为赶上船的运动而显出累的样子。”

因为牛顿运动定律是在牛顿时空观理论框架内的力学运动规律，上述经典力学相对性原理有时也可以表述如下：牛顿运动定律在伽利略变换下保持形式不

变,或者说,牛顿运动定律在伽利略变换下具有协变性。

经典力学是一个非常严谨而自洽的理论体系,它可以描述20世纪以前人们遇到的几乎所有力学现象。但是,当麦克斯韦电磁理论提出后,人们发现电磁理论和经典力学体系是不相容的,在经典物理的两大理论体系之间存在着深刻的矛盾。正是这一矛盾导致了人们对于时空认识的一次变革,导致了狭义相对论的诞生。

1.2.2 相互作用力

自然界中存在着四种基本相互作用,即万有引力、电磁力、强力和弱力。我们在日常生活中遇到各种形式的力,比如重力、地面支持力、绳中的张力、摩擦力、流体中的阻力等,这些力从根本上看都是属于万有引力和电磁力两大范畴。地面支持力、绳中的张力、摩擦力、流体中的阻力等,从微观上看,都是原子、分子间电磁相互作用的宏观体现。强力和弱力只存在于核子或其他基本粒子之间,其作用距离在 1×10^{-15} m 之内,是一种短程相互作用。这里我们仅介绍与万有引力和电磁力相关的几种常见的力。

1.2.2.1 万有引力

任何两个物体之间都存在相互吸引力,即万有引力。根据牛顿万有引力定律,质量分别为 m 和 M 的两个质点,相距为 r 时(见图 1-30),它们之间的引力大小为

$$F=G\frac{Mm}{r^2},$$

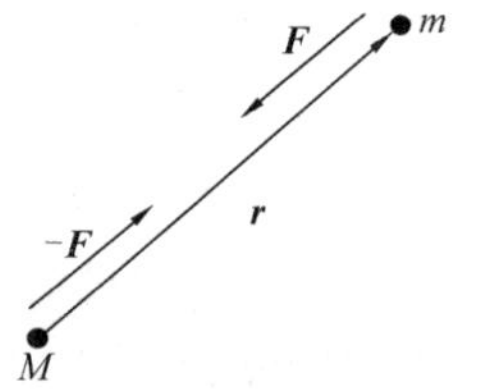

并可以表示为矢量形式

$$\boldsymbol{F}=-G\frac{Mm}{r^3}\boldsymbol{r}, \qquad (1-46)$$

图 1-30

式中 $\boldsymbol{F}$ 表示物体 M 对物体 m 的引力;$\boldsymbol{r}$ 表示 m 相对于 M 的位矢;G 为万有引力常量。这里的质量是物体间引力作用的量度,称为引力质量,它与牛顿运动定律中衡量物体惯性大小的惯性质量在物理意义上是完全不同的。

实验表明惯性质量与引力质量是成正比的,最简单的实验是在地球表面同一地点测定各种物体的重力加速度。设地球的引力质量为 M,半径为 R,物体的引力质量为 m_A,物体的惯性质量为 m_I,物体受到地球的引力而获得的重力加速度为 g_0,按万有引力定律及牛顿运动定律,有

$$G\frac{m_A M}{R^2}=m_I g_0,$$

物体的两种质量之比为

$$\frac{m_I}{m_A}=\frac{GM}{g_0R^2}。 \tag{1-47}$$

实验证明,在同一地点一切自由落体的加速度都相等,这意味着一切物体的惯性质量和引力质量之比都相等。当然,这个实验的精度并不高。历史上厄缶(R. Eötvös)曾以精密实验证明惯性质量和引力质量之比对一切物体都相同。引力常量 G 最初是以比例常数出现的,因此可以通过选择 G 的值以使物体的引力质量和惯性质量相等。在国际单位制中,取 $G=6.67\times10^{-11}\,\mathrm{N\cdot m^2/kg^2}$,则对任何物体有 $m_A=m_I$。我们以后将不再区分物体的引力质量和惯性质量,只统称其为质量。

万有引力定律本来是对质点而言的,但可以证明,对于两个质量均匀分布的球体,万有引力定律依然成立,此时式(1-46)中的 r 应理解为两球心之间的距离。

1.2.2.2 重力

由于地球的自转效应,地球不是一个惯性系。在某个惯性系看来,地面上的物体(质量为 m)将绕地轴做圆周运动。物体所受地球(质量为 M)的引力 $\boldsymbol{F}_e$(指向地心)有一部分提供了向心力 $\boldsymbol{F}_c$,剩余的分力 $\boldsymbol{P}$ 称为重力(见图1-31),即

$$\boldsymbol{P}=\boldsymbol{F}_e-\boldsymbol{F}_c,$$

其中地球引力大小为

$$F_e=G\frac{mM}{R^2},$$

而由于地球自转效应,向心力大小为

$$F_c=m\omega^2r,$$

式中 ω 为地球的自转角速度大小。当物体处于纬度 φ 时,物体到地轴的距离为

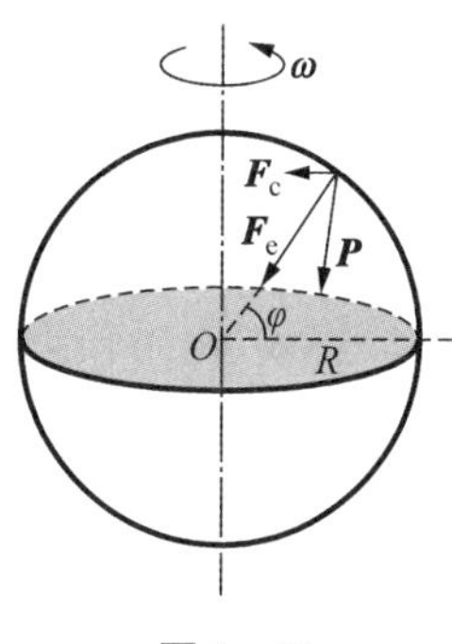

图1-31

$$r=R\cos\varphi。$$

由于 ω 较小($\omega\approx7.292\times10^{-5}\,\mathrm{rad/s}$),$\boldsymbol{F}_c$ 的大小远远小于 $\boldsymbol{F}_e$ 的大小,因此重力 $\boldsymbol{P}$ 的大小与 $\boldsymbol{F}_e$ 的大小差别很小,而 $\boldsymbol{P}$ 的方向很接近于 $\boldsymbol{F}_e$ 的方向。故可近似地得到重力 $\boldsymbol{P}$ 的大小为

$$P\approx F_e-F_c\cos\varphi=m\left(G\frac{M}{R^2}-R\omega^2\cos^2\varphi\right)=mg_0\left(1-\frac{R\omega^2}{g_0}\cos^2\varphi\right),$$

式中 $g_0=G\dfrac{M}{R^2}$。把地球的物理参数 M, R, ω 和引力常量 G 代入上式,可得地球表面附近物体的重力近似表达式

$$P \approx mg_0(1-0.003\,5\cos^2\varphi)。\tag{1-48}$$

1.2.2.3 弹力

固体由于发生形变而产生的恢复力称为弹力。所以，弹力以物体的形变为先决条件并产生在直接接触的两个物体之间。对于理想的弹簧，在弹性限度内，弹力遵从胡克(R. Hooke)定律

$$\boldsymbol{F}=-kx\boldsymbol{i},\tag{1-49}$$

式中 k 称为弹簧的劲度系数，$x\boldsymbol{i}$ 表示弹簧右端点相对其平衡位置 O 的位移，负号表示弹力的方向总是与弹簧右端点位移的方向相反，即弹力总是要使弹簧恢复原长，如图 1-32 所示。

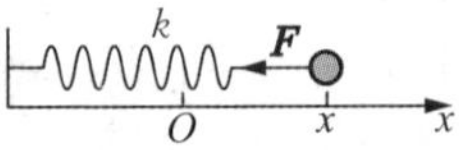

图 1-32

宏观物体间接触力的产生都来自物体接触时所发生的微小形变。当重物放在桌面上时，桌面受重物挤压而发生形变，产生一个向上的弹力。它们的大小取决于相互挤压而产生形变的程度，它们的方向总是垂直于接触面而指向对方。绳子内的张力是另一种弹力。当绳线受到拉伸时，在绳线任一截面两边的两段绳子之间存在拉力，即张力。这种力是因绳线发生了伸长形变而产生的，其大小取决于绳线的紧张程度，方向总是沿着绳线而指向绳线收紧的方向。

如图 1-33 所示，在外力 $\boldsymbol{F}$ 作用下，物体与绳线一起以加速度 $\boldsymbol{a}$ 向前运动，单位绳线长度的质量为 λ。考虑其中长度为 Δl 的一小段绳线，它受到左端绳线给它的张力 $\boldsymbol{T}(l)$ 向左，受到右端绳线给它的张力 $\boldsymbol{T}(l+\Delta l)$ 向右。对于长度为 Δl 的一小段绳线，由牛顿第二定律可知

$$\Delta T=T(l+\Delta l)-T(l)=\lambda\Delta l a,$$

显然，$T(l+\Delta l)>T(l)$，即绳上各点的张力都不相同。如果在所讨论的问题中不计绳线的质量时，绳线内部的张力处处相等，且等于外力的大小。

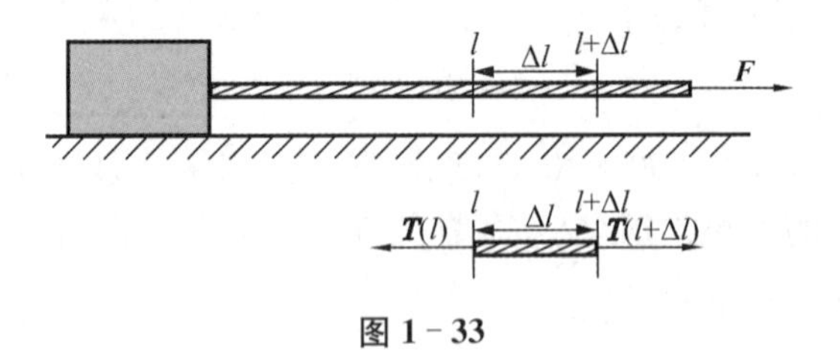

图 1-33

1.2.2.4 摩擦力

若两相互接触，而又相对静止的物体，在外力作用下只具有相对运动趋势，而未发生相对运动，则它们接触面之间出现的阻碍上述相对运动趋势的力，称为静摩擦力，这是一对作用力和反作用力。所谓相对运动趋势指的是，假如没有静摩擦物体将发生相对运动。正是静摩擦的存在阻止了物体相对运动的出现。静摩擦力的

大小随引起相对运动趋势的外力逐渐增大而增大，当静摩擦力增大到一定数值后就不能再增大了，这时的静摩擦力称为最大静摩擦力。实验表明，最大静摩擦力 f_s 与两个物体间的正压力 N 成正比，即

$$f_s = \mu_s N, \tag{1-50}$$

式中 μ_s 称为静摩擦因数，与两相互接触物体的材质、接触面的粗糙程度和干湿程度等因素有关。

当外力超过最大静摩擦力时，物体间将产生相对运动，这时仍然存在一对阻碍物体相对运动的摩擦力，称为滑动摩擦力。实验表明，滑动摩擦力 f_k 也与正压力 N 成正比

$$f_k = \mu N, \tag{1-51}$$

式中 μ 称为滑动摩擦因数，它不仅与两相互接触物体的材料及表面情况有关，而且还与物体的相对速度有关，如图 1-34 所示。在大多数情况下，它先随相对速度的增加而减小，之后又随相对速度的增大而增大。在通常的速率范围内，可认为 μ 与速率无关。

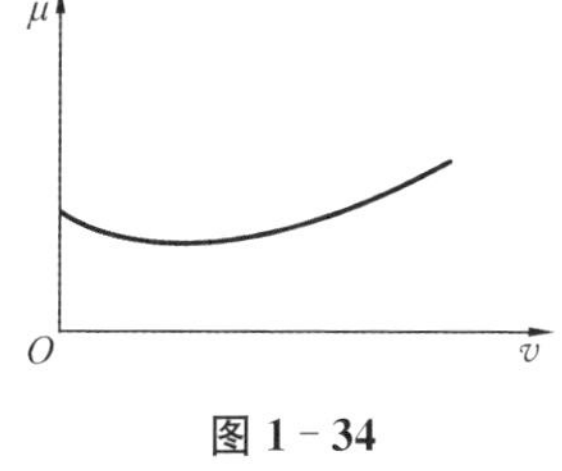

图 1-34

对于给定的一对接触面而言，$\mu_s > \mu$。关于这个问题，我们在日常生活中会有一定体验。例如，在路面上推一只箱子，开始箱子不动，当慢慢增大推力后，箱子突然开始运动起来。以后维持箱子运动所需要的力比使它开始运动所需的力要小。在这个过程中静摩擦力从零增大到最大，而后变为滑动摩擦力。

对于坚硬质料的物体，滑动摩擦力与接触表面积无关，这是因为两物体间的实际接触表面积并不等于表观上的接触面积。实际接触面积比表观上的接触表面积小得多，它是正比于正压力的。所以摩擦力正比于正压力，也就是正比于实际接触面积。

一般情况下，μ_s 和 μ 均小于 1。在一般问题的简要分析中，可以把 μ_s 和 μ 看成常量，且不加以区分。表 1-5 列出了几种常见材料之间的滑动摩擦因数。

表 1-5　几种常见材料之间的滑动摩擦因数

材　　料	μ
橡胶对木材	0.25
橡胶对混凝土	0.70
金属对木材	0.40
钢对钢	0.18
铁对混凝土	0.30
皮革对金属	0.56

摩擦是一种常见的物理现象,当你在路面行走时,由于鞋底与地面之间存在摩擦力(静摩擦力),你的脚才不会在地上打滑。相反,当你在雪地、冰面或极光滑的地砖上行走时,由于鞋底与“地面”之间摩擦力太小,一不小心就会滑倒。这一正一反的两方面经验告诉我们,对于我们走路来说,摩擦力是必不可少的。摩擦的害处是消耗了大量有用的能源,且由于热效应而损坏或烧毁机器的运转部件,这就需要对运转部件进行冷却。用湿摩擦替代干摩擦及用滚动摩擦替代滑动摩擦是减少摩擦的有效方法,故机器中要尽量使用加润滑油的滚珠轴承。当然,采用气垫悬浮和磁悬浮技术也是减少摩擦的有效方法。

1.2.2.5 流体阻力

一个物体在流体(液体或气体)中和流体有相对运动时会受到流体的阻力。阻力的方向与物体相对于流体的速度方向相反,其大小与相对速度的大小有关。在相对速率较小时,流体内部在运动物体周围形成平稳的层流,此时流体阻力与相对速率成正比:

$$f = bv, \tag{1-52}$$

式中 b 为常量,它与物体的几何形状以及流体的性质有关。

在相对速率较大以至于在物体的后方出现流体旋涡时,阻力的大小将与速率的平方成正比:

$$f = \frac{1}{2} cA\rho v^2, \tag{1-53}$$

式中 c 为流体拖曳系数;ρ 为流体密度;A 为物体有效截面积。

当物体运动速度更大(接近流体中弹性波的传播速度)时,流体阻力将按

$$f \propto v^3$$

迅速增大。

物体在流体中下落时,受到的阻力随速率增大而增大,当阻力和重力平衡时,物体以匀速下落。物体在流体中下落的最大速率称为终极速率,又称为收尾速率。

1.2.3 牛顿运动定律的应用

动力学问题通常可归结为两类:一类是已知作用在物体上的力求物体的运动规律;另一类是已知物体的运动规律或平衡状态求作用在物体上的力。在实际问题中,可能是两类问题兼而有之,所涉及的问题通常可分成以下两种情况。

(1) 作用在物体上的力均是恒力。此时通过分析各个物体的受力情况,按牛顿运动定律列出方程,计算各物体的加速度和某些未知力。由于可能包括多个物体,往往还需考虑各个物体运动之间的相互约束,从而列出一些必要的运动学辅助方程。

(2) 作用在物体上的力是变力。这个力可能是空间位置的函数,如作用在物体上的引力或弹性力等;也可能是时间的函数,如变化电磁场中带电粒子的受力、碰撞或受迫振动中物体的受力等;还可能是速度的函数,比如摩擦阻力、黏滞力等。一般在这样的问题中,列出物体的动力学方程并不复杂,但是要从它计算出物体的速度和运动学方程都较困难。因为在这种情况下得到的动力学方程通常是微分方程,需要通过解微分方程才能求出物体的速度和运动学方程。

利用牛顿运动定律解决问题的主要步骤如下:

(1) 分析各个物体受力情况,画隔离体图。

(2) 分析各个物体的运动状态,寻求可能的约束条件。

(3) 选择适当的坐标系,列出相应的动力学方程。

(4) 解方程,并对结果进行分析和讨论。

【例 1-14】 如图 1-35 所示,两质量均为 m 的小球 A 和 B 穿在一光滑的竖直圆环上,A 球在圆环的最高点,小球由一轻绳相连,并在 $\theta=45^\circ$ 位置由静止释放。问释放时绳上张力大小为多少?

解　设释放瞬间绳上张力大小为 T,A 球切向加速度分量为 a,由约束关系知释放瞬间 B 球切向加速度分量也为 a。分别写出释放瞬间 A、B 两球牛顿第二定律的切向分量表达式

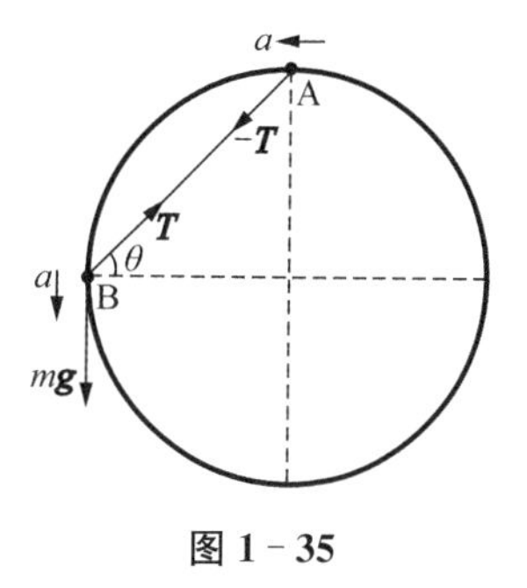

图 1-35

$$T\frac{\sqrt{2}}{2}=ma,$$

$$mg-T\frac{\sqrt{2}}{2}=ma,$$

由此得切向加速度分量 a 与绳上张力大小 T 为

$$a=\frac{g}{2},$$

$$T=\frac{\sqrt{2}}{2}mg。$$

【例 1-15】 一细绳两端分别拴着质量 $m_1=1\ \text{kg}$, $m_2=2\ \text{kg}$ 的物体 A 和 B,这两个物体分别放在两水平桌面上,与桌面间的摩擦因数都是 $\mu=0.1$。绳子分别跨过桌边的两个定滑轮吊着一个动滑轮,动滑轮下吊着质量 $m_3=1\ \text{kg}$ 的物体 C,如图 1-36 所示。设整个绳子在同一平面内,吊着动滑轮的两段绳子相互平行。如绳子与滑轮的质量以及滑轮轴上的摩擦可以略去不计,绳子不可伸长,求 A、B、C 相对地面加速度 $\boldsymbol{a}_1$、$\boldsymbol{a}_2$、$\boldsymbol{a}_3$ 的大小。(取 $g=10\ \text{m/s}^2$)

解　设绳中张力大小为 T,绳子相对动滑轮的加速度大小为 a,则

$$T-\mu m_1 g=m_1 a_1, \quad ①$$

$$T-\mu m_2 g=m_2 a_2, \quad ②$$

$$m_3 g-2T=m_3 a_3, \quad ③$$

$$a_1=a_3+a, \quad ④$$

$$a_2=a_3-a, \quad ⑤$$

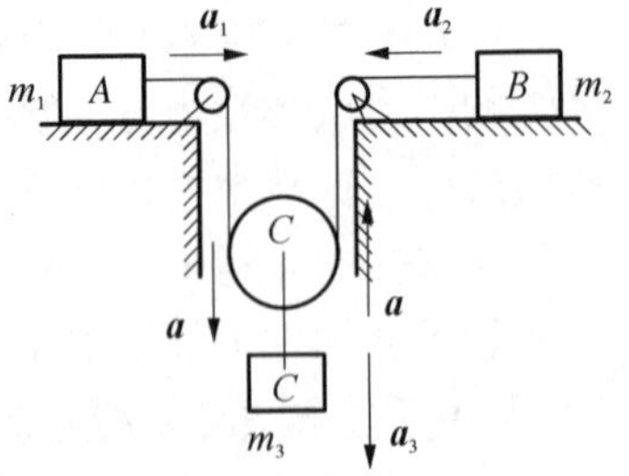

图 1-36

式④+式⑤得

$$a_3=\frac{1}{2}(a_1+a_2), \quad ⑥$$

由式①、式②得

$$\mu m_1 g+m_1 a_1=\mu m_2 g+m_2 a_2,$$

$$a_1=\frac{(m_2-m_1)\mu g}{m_1}+\frac{m_2 a_2}{m_1}=1+2a_2,$$

上式代入式⑥有

$$a_3=\frac{1+3a_2}{2},$$

由式②、式③得

$$m_3 g-2\mu m_2 g=2m_2 a_2+m_3 a_3=2m_2 a_2+\frac{m_3}{2}(1+3a_2),$$

代入数据最终得到 $a_1=3\ \mathrm{m/s^2}$，$a_2=1\ \mathrm{m/s^2}$，$a_3=2\ \mathrm{m/s^2}$。

【例 1-16】 在如图 1-37 所示的连接体中，已知物体 B 与滑块 A 的质量分别为 M 和 m，滑轮与绳的质量均不计，且绳无伸长，该机构仅在滑块与物体之间有摩擦，摩擦因数为 μ。

(1) 画出滑块 A 和物体 B 的隔离体受力图；

(2) 计算滑块 A 和物体 B 相对地面的加速度。

解 (1) 物体 B 和滑块 A 的受力如图 1-37 所示，其中一对正压力 $\boldsymbol{N}$ 与 $\boldsymbol{N}'$ 的大小都为 N，一对摩擦力 $\boldsymbol{f}$ 与 $\boldsymbol{f}'$ 的大小都为 f，作用在两物体上绳子的张力 $\boldsymbol{T}$，$\boldsymbol{T}'$ 和 $\boldsymbol{T}''$ 的大小都为 T，地面对物体 B 的支持力为 $\boldsymbol{N}''$，两物体受到的重力分别为 $m\boldsymbol{g}$ 与 $M\boldsymbol{g}$。

(2) 如图建立坐标系，滑块 A 运动满足方程

$$N=ma_x,$$

$$T+f-mg=ma_y,$$

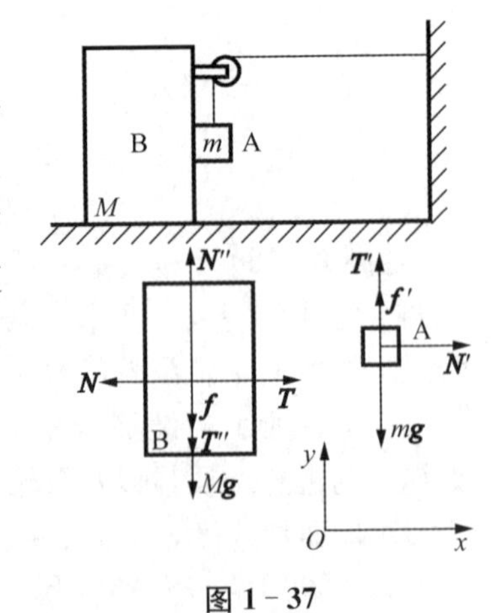

图 1-37

物体 B 运动满足方程

$$T-N=Ma_x,$$

摩擦力

$$f=\mu N,$$

约束关系

$$a_x=-a_y,$$

由上列各式,解得

$$a_x=\frac{mg}{M+(2+\mu)m},$$

$$a_y=-\frac{mg}{M+(2+\mu)m},$$

由此得滑块 A 和物体 B 的加速度

$$\boldsymbol{a}_{\mathrm{A}}=\frac{mg}{M+(2+\mu)m}(\boldsymbol{i}-\boldsymbol{j}),$$

$$\boldsymbol{a}_{\mathrm{B}}=\frac{mg}{M+(2+\mu)m}\boldsymbol{i}。$$

【例 1-17】 如图 1-38(a)所示,质量为 m 的物体在无摩擦的桌面上滑动,其运动被约束于固定在桌面上的挡板内,挡板由 AB、CD 平直板和半径为 R 的 1/4 圆弧形板 BC 组成。$t=0$ 时,物体以速度 $\boldsymbol{v}_0$ 沿 AB 的内壁运动,物体与挡板间的摩擦因数为 μ。求物体沿着 CD 板运动时的速度。

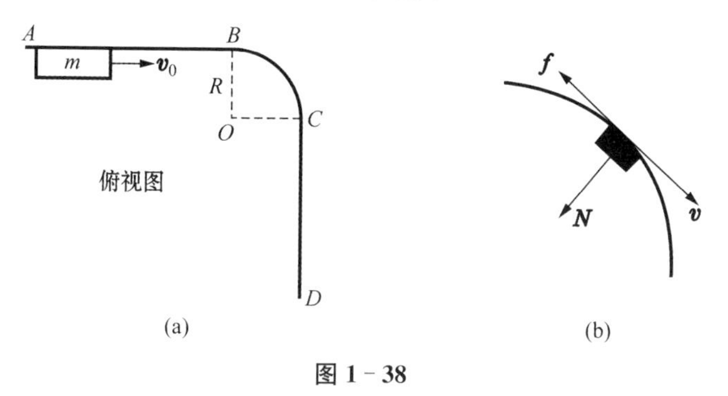

图 1-38

解 当物体沿直线段 AB 运动时,与挡板间没有相互作用。物体沿弧线段 BC 运动时与挡板间的作用力如图 1-38(b)所示。取自然坐标系,物体运动方程为

$$\begin{cases}-f=m\dfrac{\mathrm{d}v}{\mathrm{d}t},\\ N=m\dfrac{v^2}{R},\end{cases}$$

式中摩擦力沿切向,其大小

$$f=\mu N,$$

由上述关系,得

$$m\frac{\mathrm{d}v}{\mathrm{d}t}=-\mu m\frac{v^2}{R},$$

做变量代换

$$\frac{\mathrm{d}v}{\mathrm{d}t}=\frac{\mathrm{d}v}{\mathrm{d}s}\frac{\mathrm{d}s}{\mathrm{d}t}=\frac{\mathrm{d}v}{\mathrm{d}s}v,$$

则

$$\frac{\mathrm{d}v}{\mathrm{d}s}=-\mu\frac{v}{R},$$

分离变量得

$$\frac{\mathrm{d}v}{v}=-\frac{\mu}{R}\mathrm{d}s,$$

两边积分

$$\int_{v_0}^{v}\frac{\mathrm{d}v}{v}=\int_0^{\frac{\pi R}{2}}-\frac{\mu}{R}\mathrm{d}s,$$

得

$$\ln\frac{v}{v_0}=-\mu\frac{\pi}{2},$$

v 即为物体运动到 C 处的速度。因为物体沿 CD 段是直线运动,物体与板间无摩擦,其运动速度保持不变,所以物体在 CD 段运动速度大小为

$$v=v_0\mathrm{e}^{-\frac{\mu\pi}{2}}。$$

【例 1-18】 设雨滴下落过程中受到空气黏滞力的作用,黏滞力大小 $f=kv$(k 为正值常量),求雨滴下落的运动规律。

解 设雨滴初始时刻($t=0$)从原点由静止开始下落,如图 1-39 所示,即 $v_0=0$。根据受力分析,列出牛顿动力学方程

$$m\boldsymbol{g}+\boldsymbol{f}=m\boldsymbol{a},$$

考虑到阻力与雨滴运动方向相反,有

$$\boldsymbol{f}=-k\boldsymbol{v}。$$

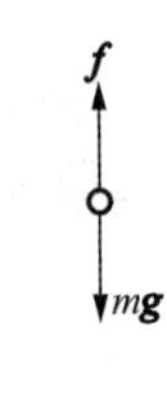

图 1-39

对于一维运动,可以简化为

$$mg - kv = m\frac{\mathrm{d}v}{\mathrm{d}t},$$

分离变量后得

$$\frac{\mathrm{d}v}{g - \frac{k}{m}v} = \mathrm{d}t,$$

两边积分

$$\int_0^v \frac{\mathrm{d}v}{g - \frac{k}{m}v} = \int_0^t \mathrm{d}t,$$

得

$$-\frac{m}{k}\ln\left(g - \frac{k}{m}v\right)\Big|_0^v = t,$$

则下落过程中,雨滴速度随时间的变化规律为

$$v = \frac{mg}{k}\left(1 - \mathrm{e}^{-\frac{k}{m}t}\right)。$$

从上式出发,可以用类似的办法得到任意时刻雨滴的位置坐标。由速度定义,我们有

$$v = \frac{\mathrm{d}x}{\mathrm{d}t} = \frac{mg}{k}\left(1 - \mathrm{e}^{-\frac{k}{m}t}\right),$$

分离变量后得

$$\mathrm{d}x = \frac{mg}{k}\left(1 - \mathrm{e}^{-\frac{k}{m}t}\right)\mathrm{d}t,$$

两边分别积分

$$\int_0^x \mathrm{d}x = \int_0^t \frac{mg}{k}\left(1 - \mathrm{e}^{-\frac{k}{m}t}\right)\mathrm{d}t,$$

得

$$x = \frac{mg}{k}\left[t - \frac{m}{k}\left(1 - \mathrm{e}^{-\frac{k}{m}t}\right)\right]。$$

讨论:

(1) 当 $t\to\infty$ 时,雨滴的下落速度趋于 $v_T=\dfrac{mg}{k}$,称为终极速度。需要说明的是,物理上的无穷大和数学上无穷大的概念不同。在雨滴下落问题中,有一个特征时间常量 $\tau=\dfrac{m}{k}$,从物理上考虑,当雨滴下落所经历的时间 t 为数个特征时间常量,如 5 个特征时间常量时,指数 $e^{-\frac{t}{\tau}}$ 已经从 1 下降到 0.006 7,此时我们完全可以认为雨滴的下落速度已经达到极限速度。

(2) 关于雨滴下落的终极速度,我们可以从另外一个角度很方便地求得。雨滴达到终极速度的条件是物体加速度为零,由牛顿第二定律,此时雨滴所受合外力应该为零,即 $mg-kv_T=0$。由此可得雨滴的终极速度为 $v_T=\dfrac{mg}{k}$。

(3) 如果物体在流体中运动时受到的流体阻力满足 $f=k'v^2$,物体运动规律以及终极速度也不相同。此时物体速度随时间的变化规律为

$$v=v_T\left(\frac{1-e^{-\frac{2gt}{v_T}}}{1+e^{-\frac{2gt}{v_T}}}\right),$$

其终极速度

$$v_T=\sqrt{\frac{mg}{k'}},$$

与前述结果明显不同。特别是,物体在流体中运动时所受到的流体阻力不简单地正比于速度或速度的平方。一般情况下,速度小时,阻力与速度大小成正比,速度增大时,阻力可能与速度的平方甚至速度的三次方有关。因此,物体在流体中的运动规律是相当复杂的。

【例1-19】 如图 1-40 所示,以外力 $\boldsymbol{F}$ 阻止一物体从斜面上下滑。斜面的倾角为 θ,θ 大于临界角 θ_c($\tan\theta_c=\mu_s$)。设物体的质量为 m,物体与斜面间的静摩擦因数为 μ_s。当外力与斜面成多大角度时,所需的力 $\boldsymbol{F}$ 最小?

解　建立直角坐标,摩擦力大小 $f=\mu_s N$,设 $\boldsymbol{F}$ 与斜面成 α 角并画隔离体图,如图 1-40 所示。物体处于平衡状态,满足力的平衡方程

$$\begin{cases}N-F\sin\alpha-mg\cos\theta=0,\\ mg\sin\theta-F\cos\alpha-\mu_s N=0,\end{cases}$$

解得

$$F=\frac{mg(\sin\theta-\mu_s\cos\theta)}{\cos\alpha+\mu_s\sin\alpha},$$

要使 F 最小,令分母对 α 微商为零,则

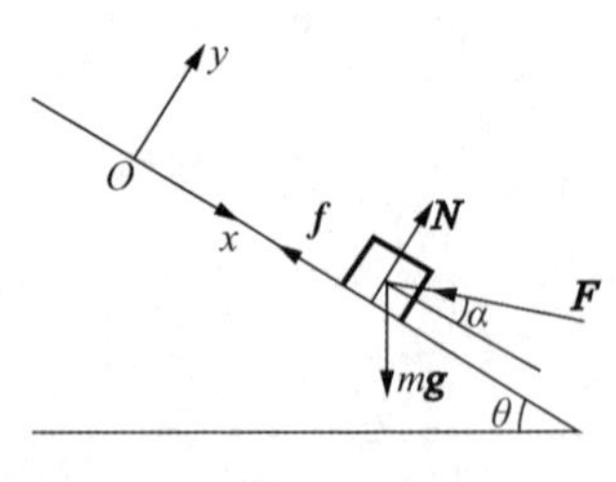

图 1-40

$$-\sin\alpha+\mu_s\cos\alpha=0,$$

得

$$\tan\alpha=\mu_s,$$

则 F 的最小值为

$$F=\frac{mg(\sin\theta-\mu_s\cos\theta)}{\sqrt{1+\mu_s^2}}。$$

已知斜面的临界角满足

$$\tan\theta_c=\mu_s,$$

则 F 的表达式可进一步化简为

$$\begin{cases}\alpha=\theta_c,\\F=mg\sin(\theta-\theta_c)。\end{cases}$$

有人可能会想当然地认为 F 沿斜面方向时所需的力最小,从上述结论来看显然不对,因为若 F 沿斜面方向,必然有 $F=mg\sin\theta-\mu_s mg\cos\theta=mg[\sin(\theta-\theta_c)/\cos\theta_c]$, 大于 $mg\sin(\theta-\theta_c)$, 当然不是最小值。因此,虽然经验可以帮助我们思考,但有时候会有错误的导引作用。

【例 1-20】 讨论重力加速度与物体离地面高度的关系。

解　对于地面附近的物体,当物体所在位置的高度变化与地球半径(约为 $R=6\,378\ \text{km}$)相比很小时,我们通常可以认为它到地心的距离就等于地球半径 R, 物体受地球引力近似与其位于地面时相同。但是,从万有引力定律可知地球对物体的引力(近似地等于重力,如前讨论)与物体的高度有关。设地面上的重力加速度为 g_0, 则地面物体受到地球的引力为

$$G\frac{mM}{R^2}=mg_0,$$

式中 m 为物体质量; M 为地球质量。在高度为 h 处的引力

$$F=G\frac{mM}{(R+h)^2},$$

由牛顿第二定律,设 $F=mg$, 则

$$g=G\frac{M}{(R+h)^2},$$

所以

$$g=g_0\left(1+\frac{h}{R}\right)^{-2},$$

由二项式定理,可得

$$\left(1+\frac{h}{R}\right)^{-2}=1-2\,\frac{h}{R}+3\,\frac{h^2}{R^2}+\cdots,$$

在地面附近 $h\ll R$,可略去高次项,由此可得重力加速度 g 随高度变化的近似公式

$$g\approx g_0\left(1-2\,\frac{h}{R}\right)。$$

【例 1-21】 质量为 m 的渡船在恒定动力 F_0 和与速度 v 成正比的河水阻力共同作用下能达到的极限速度为 v_0,则以此极限速度运动的渡船在离码头多少距离 l 就可关闭发动机,从而使船靠岸时的速度为零?为不使靠岸过程的时间过长,船实际上在离码头 $\frac{4}{5}l$ 处才关闭发动机,这样船靠岸时的速度为多少?从关闭发动机到船靠岸过程用了多少时间?

解 因为极限速度为 v_0,所以

$$F_0-kv_0=0,$$

由此得比例系数

$$k=\frac{F_0}{v_0},$$

关闭发动机后渡船受阻力作用运动的动力学方程为

$$-kv=m\,\frac{\mathrm{d}v}{\mathrm{d}t},$$

做变量代换

$$\frac{\mathrm{d}v}{\mathrm{d}t}=\frac{\mathrm{d}v}{\mathrm{d}x}\,\frac{\mathrm{d}x}{\mathrm{d}t}=v\,\frac{\mathrm{d}v}{\mathrm{d}x},$$

代入动力学方程,分离变量后得

$$-\frac{F_0}{v_0}\mathrm{d}x=m\mathrm{d}v,$$

两边分别积分

$$-\frac{F_0}{v_0}\int_0^l\mathrm{d}x=m\int_{v_0}^0\mathrm{d}v,$$

由此得

$$\frac{F_0}{v_0}l=mv_0,$$

即

$$l=\frac{mv_0^2}{F_0}。$$

实际上渡船在离码头 $\frac{4}{5}l$ 处才关闭发动机，因此有

$$-\frac{F_0}{v_0}\int_0^{4l/5}\mathrm{d}x=m\int_{v_0}^{v}\mathrm{d}v,$$

利用 $l=\frac{mv_0^2}{F_0}$，积分后得船靠岸时的船速

$$v=\frac{1}{5}v_0,$$

渡船离码头 $\frac{4}{5}l$ 处关闭发动机后，渡船受阻力作用运动的动力学方程为

$$-kv=m\frac{\mathrm{d}v}{\mathrm{d}t},$$

分离变量得

$$-\frac{F_0}{v_0}\mathrm{d}t=m\frac{\mathrm{d}v}{v},$$

两边分别积分

$$-\frac{F_0}{v_0}\int_0^t\mathrm{d}t=m\int_{v_0}^{v_0/5}\frac{\mathrm{d}v}{v},$$

得

$$-\frac{F_0}{v_0}t=m\ln\frac{v_0/5}{v_0},$$

从关闭发动机到船靠岸所用时间为

$$t=\frac{mv_0}{F_0}\ln 5。$$

【例 1-22】 如图 1-41(a)所示，绳索绕在圆柱上成张角 θ，绳与圆柱间的静摩擦因数为 μ，求绳处于即将顺时针滑动的临界状态时，两端的张力大小 F_{TA} 和 F_{TB} 间的关系(忽略绳的质量)。

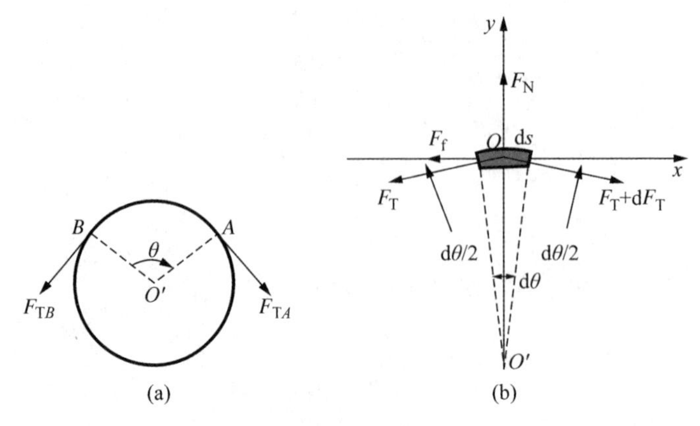

图 1-41

解 如图 1-41(b)所示,取一小段绕在圆柱上的绳子 ds 并建立坐标,其两端的张力大小分别为 F_T 和 F_T+dF_T,ds 所张的圆心角为 dθ。圆柱对 ds 的摩擦力大小为 F_f,圆柱对 ds 的支持力大小为 F_N。沿 x,y 方向列出 ds 满足的方程

$$(F_T+dF_T)\cos\frac{d\theta}{2}-F_T\cos\frac{d\theta}{2}-F_f=0,$$

$$-(F_T+dF_T)\sin\frac{d\theta}{2}-F_T\sin\frac{d\theta}{2}+F_N=0,$$

$$F_f=\mu F_N,$$

考虑到 $\sin\frac{d\theta}{2}\approx\frac{d\theta}{2}$, $\cos\frac{d\theta}{2}\approx 1$, 有

$$dF_T=F_f=\mu F_N,$$

$$\frac{1}{2}dF_T d\theta+F_T d\theta=F_N,$$

其中 $\frac{1}{2}dF_T d\theta$ 是二阶无穷小量,可忽略。由此得

$$F_T d\theta=\frac{dF_T}{\mu},$$

分离变量,两边分别积分

$$\int_{F_{TB}}^{F_{TA}}\frac{dF_T}{F_T}=\mu\int_0^{\theta}d\theta,$$

绳两端的张力 F_{TA} 和 F_{TB} 间的关系为

$$F_{TB}/F_{TA}=e^{-\mu\theta}。$$

取 $\mu=0.25$，则 $\theta=\pi$ 时，$F_{TB}/F_{TA}=0.46$；$\theta=2\pi$ 时，$F_{TB}/F_{TA}=0.21$；$\theta=10\pi$ 时，$F_{TB}/F_{TA}=0.00039$。这说明当绳索缠绕圆柱几圈后两端之间的张力将相差极大，船舶停靠码头时船员用缆绳在缆桩上缠绕数圈后，就可利用一个人的力量拉住船舶就是这个原因。

【例 1-23】 如图 1-42 所示，飞机以水平速度 v_0 飞离跑道后逐步上升，其上升轨道为抛物线，并测得 $x=l$ 时 $y=h$。设飞机的质量为 m，上升过程中水平速度 v_0 保持不变，求飞机在起飞时受到的空气升力。

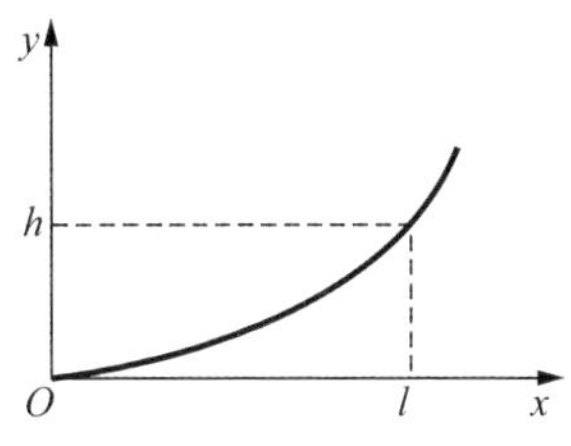

图 1-42

解 首先确定飞机的轨道方程，为此，令

$$y=kx^2,$$

由 $x=l$ 时，$y=h$ 得

$$k=h/l^2,$$

式 $y=kx^2$ 两边同时对时间求导，有

$$\frac{\mathrm{d}y}{\mathrm{d}t}=2kx\frac{\mathrm{d}x}{\mathrm{d}t},$$

由于飞机上升过程中水平速度 v_0 保持不变，故

$$\frac{\mathrm{d}x}{\mathrm{d}t}=v_0,$$

由此得

$$\frac{\mathrm{d}y}{\mathrm{d}t}=2kv_0x,$$

上式两边再对时间求导，得

$$a_y=\frac{\mathrm{d}^2y}{\mathrm{d}t^2}=2kv_0^2=2\frac{hv_0^2}{l^2},$$

应用牛顿第二定律得飞机在起飞时受到空气的升力为

$$f=m(a_y+g)=m\left(2\frac{hv_0^2}{l^2}+g\right)。$$

1.2.4 非惯性系　惯性力

1.2.4.1 惯性系与非惯性系

从运动学的角度而言，参考系的选择具有任意性，但对于牛顿运动定律则不然，它只在某些参考系里成立，这些参考系称为惯性系。反之，那些使得牛顿运动定律不成立的参考系称为非惯性系。由于牛顿运动定律是生活在地球表面上的人们对地面附近物体运动规律的总结,因此可以认为地面参考系就是惯性参考系。但是,地面参考系并不是严格意义上的惯性系,这是因为人们通过更加仔细的观测发现了一些违反牛顿运动定律的现象。比如,在赤道上空下落的物体并不是严格地竖直下落,而是略微偏东了一些。又如,地面附近的单摆的摆动平面并不固定,而是缓慢地转动。这些实验事实都表明,地面参考系不是严格意义上的惯性系。

实际上,惯性参考系只是一个理想物理模型。到目前为止,还没有找到严格意义上的惯性参考系。在实际工作中,一般只是根据具体情况选用一些近似惯性系。如在研究地面上物体的运动时,选用地面参考系就是一个很好的近似。在研究地球卫星运动时,选用地心参考系就是一个很好的近似。而研究在太阳系中飞行的宇宙飞船的运动时,选用太阳参考系也是一个很好的近似。

1.2.4.2 平动加速系

如图 1-43 所示,S 为惯性参考系,S'相对于 S 以加速度 $\boldsymbol{a}_{\mathrm{f}}$ 沿 x 轴正方向运动。由于 S'仅做平动而无转动,我们称其为平动加速系。

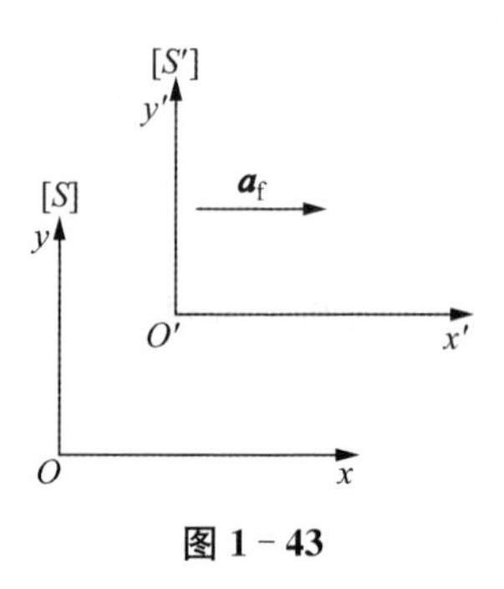

图 1-43

在惯性系中物体的运动满足牛顿第二定律,即

$$\boldsymbol{F}=m\boldsymbol{a},$$

而在非惯性系中物体的运动不满足牛顿第二定律,即

$$\boldsymbol{F}\neq m\boldsymbol{a}'。$$

这里 $\boldsymbol{F}$ 是质量为 m 的物体受到的其他物体对它的作用力,是可以通过实验测量的“真实”的力,与参考系无关;$\boldsymbol{a}$ 是物体相对惯性系 S 的加速度,而 $\boldsymbol{a}'$是物体相对非惯性系 S'的加速度。为说明在非惯性参考系 S'中牛顿第二定律不成立,考虑如图 1-44(a)所示的情况。

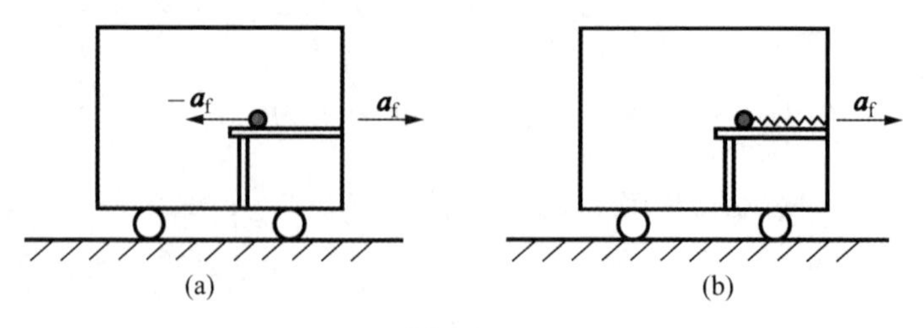

图 1-44

车厢相对地面沿直轨道以加速度 $\boldsymbol{a}_{\mathrm{f}}$ 前进,车厢内的光滑水平桌面上有一个质量为 m 的小球。对地面观察者而言,小球所受合力 $\boldsymbol{F}$ 为零,相对地面静止,小球运动规律符合牛顿第二定律。但对车厢内观察者而言,小球以$-\boldsymbol{a}_{\mathrm{f}}$ 的加速度后退,但其所受合力 $\boldsymbol{F}$ 仍为零,在车厢这个非惯性参考系中小球运动规律与牛顿第二定律不符。

为了在非惯性系中使牛顿第二定律形式上成立，设想小球还受到一个虚拟的力 $\boldsymbol{F}_{\mathrm{i}}$ 的作用，小球在外力与虚拟力共同作用下满足牛顿第二定律，即

$$\boldsymbol{F}+\boldsymbol{F}_{\mathrm{i}}=m\boldsymbol{a}'。 \tag{1-54}$$

在图 1-44(a)的情况下，外力 $\boldsymbol{F}=0$，小球相对车厢的加速度 $\boldsymbol{a}'=-\boldsymbol{a}_{\mathrm{f}}$，因此

$$\boldsymbol{F}_{\mathrm{i}}=-m\boldsymbol{a}_{\mathrm{f}}, \tag{1-55}$$

即虚拟力大小为 ma_{f}，方向与车厢加速方向相反，这样车厢内的观察者就可以解释小球向后加速的原因，就可以认为小球的运动符合牛顿第二定律。

对于图 1-44(b)的情况，同样可以通过引入虚拟力而使牛顿第二定律在形式上成立。此时小球系于弹簧的一端，弹簧的另一端固定于车厢前壁。当车厢相对地面沿着直轨道以恒定加速度 $\boldsymbol{a}_{\mathrm{f}}$ 前进时，弹簧被拉伸，但小球相对车厢桌面静止。对地面观察者而言，弹簧的弹力 $\boldsymbol{F}$ 使小球获得向右的加速度 $\boldsymbol{a}_{\mathrm{f}}$，故 $\boldsymbol{F}=m\boldsymbol{a}_{\mathrm{f}}$，小球的运动满足牛顿第二定律。对车厢内观察者而言，小球受弹簧的弹力 $\boldsymbol{F}=m\boldsymbol{a}_{\mathrm{f}}$ 的作用，却静止不动，不符合牛顿第二定律。如果设想小球还受到一个虚拟力 $\boldsymbol{F}_{\mathrm{i}}=-m\boldsymbol{a}_{\mathrm{f}}$ 的作用，则有 $\boldsymbol{F}+\boldsymbol{F}_{\mathrm{i}}=0$，小球的运动符合牛顿第二定律。可以证明，无论小球的运动状态如何，在平动加速系中物体受到的虚拟力都为 $\boldsymbol{F}_{\mathrm{i}}=-m\boldsymbol{a}_{\mathrm{f}}$，即物体的质量与平移加速系相对惯性系的加速度乘积的负值。在非惯性系中，这个为了使牛顿第二定律在形式上成立而引入的虚拟力称为惯性力。需要强调：惯性力不是作用在物体上的真实力，惯性力无施力者，也无反作用力。

1.2.4.3 匀速转动参考系

考虑一个相对于惯性参考系只有匀速转动的参考系。如图 1-45 所示，有一绕竖直轴以匀角速度 ω 旋转的水平平台，质量为 m 的小球处于平台上的径向滑槽中，滑槽中的弹簧一头连着小球另一头连到旋转平台的中心轴上。当弹簧被拉伸一定程度时，小球相对旋转平台静止，距中心 O 点的距离为 r。

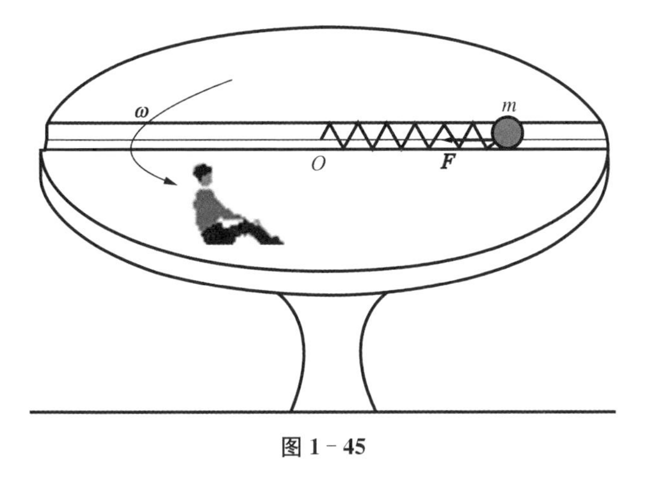

图 1-45

在地面参考系中,小球绕点 O 做圆周运动,向心加速度为

$$\boldsymbol{a}=-\omega^2 r\boldsymbol{e}_r,$$

式中 $\boldsymbol{e}_r$ 为径向单位矢量。弹簧的弹力对小球提供向心力,由牛顿第二定律,向心力

$$\boldsymbol{F}=m\boldsymbol{a}=-mr\omega^2\boldsymbol{e}_r。$$

在旋转平台参考系中,小球静止,即 $\boldsymbol{a}'=0$, 而弹簧的弹力 $\boldsymbol{F}$ 是小球真实受到的力(重力和平台对小球的支持力相互抵消),由式(1-54)得小球在转动系中应满足

$$\boldsymbol{F}+\boldsymbol{F}_{\mathrm{i}}=-mr\omega^2\boldsymbol{e}_r+\boldsymbol{F}_{\mathrm{i}}=0,$$

因此

$$\boldsymbol{F}_{\mathrm{i}}=mr\omega^2\boldsymbol{e}_r。\tag{1-56}$$

上式中的惯性力又称为惯性离心力。从旋转平台上看来,正是这个力与弹簧弹力达到平衡才使小球保持静止。

1.2.4.4 科里奥利力

由前述讨论可知,在匀角速转动参考系中要解释物体为什么处于静止状态时,必须引入惯性离心力的概念。同样,当物体在匀角速转动参考系中运动时,还需要引入新的惯性力才能应用牛顿定律。可以证明,在匀角速转动参考系中的惯性力为

$$\boldsymbol{F}_{\mathrm{i}}=mr\omega^2\boldsymbol{e}_r+2m\boldsymbol{v}'\times\boldsymbol{\omega},\tag{1-57}$$

式中 $\boldsymbol{v}'$是物体相对于匀角速转动参考系的速度,第一项就是前述的惯性离心力,第二项称为科里奥利力,它的方向总是与物体相对转动参考系运动的方向垂直。在讨论科里奥利力之前先介绍一下角速度的矢量表示。研究表明,角速度是矢量,其大小反映物体转动的快慢,其方向沿转轴,指向由如图 1-46 所示的右手定则确定,即以弯曲的四指代表旋转方向,翘起的拇指指向角速度矢量 $\boldsymbol{\omega}$ 的方向。

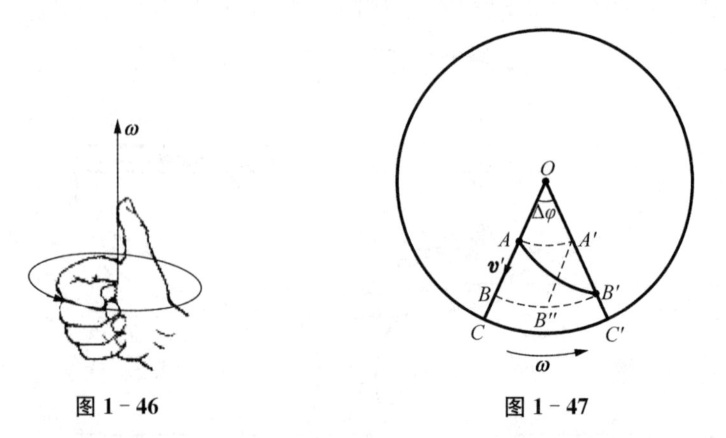

图 1-46　　图 1-47

下面以物体的两维运动为例,引入科里奥利力。如图 1-47 所示,以地面为参

考系 S，圆盘相对地面做匀角速转动，角速度为 ω。在圆盘上沿半径开一光滑槽，一物体在槽内相对圆盘以速度 $\boldsymbol{v}'$ 沿径向做匀速直线运动。设物体开始时在点 A，如果圆盘没有转动，在 Δt 时间内，物体将沿槽运动到点 B。如果物体相对转动的圆盘没有运动，在 Δt 时间内，物体将到达点 A'。若物体在以速度 $\boldsymbol{v}'$ 相对圆盘运动的同时，圆盘也以角速度 ω 转动，按运动合成法则，在 Δt 时间内，物体应该到达点 B''，但实际上物体沿曲线 AB' 由 A 运动到了点 B'。这是因为，由于矢径的增大，物体在与圆盘半径相垂直方向上的速度增大，即物体具有横向加速度分量 a_φ。为了求出 a_φ，考虑物体在 Δt 时间内多运动的横向路程 $\Delta s = B''B'$，即

$$\Delta s \approx BB' - AA' = \overline{OB}\omega\Delta t - \overline{OA}\omega\Delta t = v'\omega(\Delta t)^2,$$

由于 Δt 很小，$B''B'$ 可近似地看成直线。与匀变速直线运动公式 $\Delta s = \frac{1}{2}a_\varphi(\Delta t)^2$ 相比较，可得

$$a_\varphi = 2v'\omega,$$

要使物体获得这一加速度，必须由其他物体施力于该物体，其大小为

$$f_\varphi = 2mv'\omega,$$

方向沿切线方向。在上述问题中，物体在圆盘上的径向滑槽中运动，那么该切向力应该是由槽壁提供的，否则，物体不可能相对圆盘以速度 $\boldsymbol{v}'$ 沿径向做匀速直线运动。

在圆盘参考系(非惯性参考系) S' 中观察，物体仅沿径向做匀速直线运动而无横向运动，但又受到槽壁的作用力 $\boldsymbol{f}_\varphi$，根据牛顿第二定律，物体必然还受到一个附加的力 $\boldsymbol{f}_c$ 与 $\boldsymbol{f}_\varphi$ 相平衡。这个力即科里奥利力，其大小为

$$f_c = 2mv'\omega,$$

方向垂直于 $\boldsymbol{v}'$。考虑到方向，科里奥利力可用矢量表示为

$$\boldsymbol{f}_c = 2m\boldsymbol{v}' \times \boldsymbol{\omega}。\tag{1-58}$$

在以地球表面为参考系时，如果对物体运动描述要求精度很高，则应把地球看作匀速转动参考系。在描述地球表面静止的物体时要附加一惯性离心力，在描述地球表面运动的物体时除了惯性离心力外，还应考虑科里奥利力的作用。由于地球自转角速度很小，所以科里奥利力也很小。如果物体的运动速度 $\boldsymbol{v}'$ 很小，科里奥利力就更小。

由科里奥利力表达式，可以计算地面上运动的物体所受的科里奥利力对物体运动的影响。在北半球运动的物体总受到垂直于运动方向的从左侧指向右侧的力，如图 1-48(a)所示，因此北半球河床的右岸受到的冲刷较厉害(在南半球正好

相反)。科里奥利力还使流动的大气形成气旋,如图 1-48(b)所示。沿着赤道的信风也是科里奥利力作用的结果,如图 1-48(c)所示。

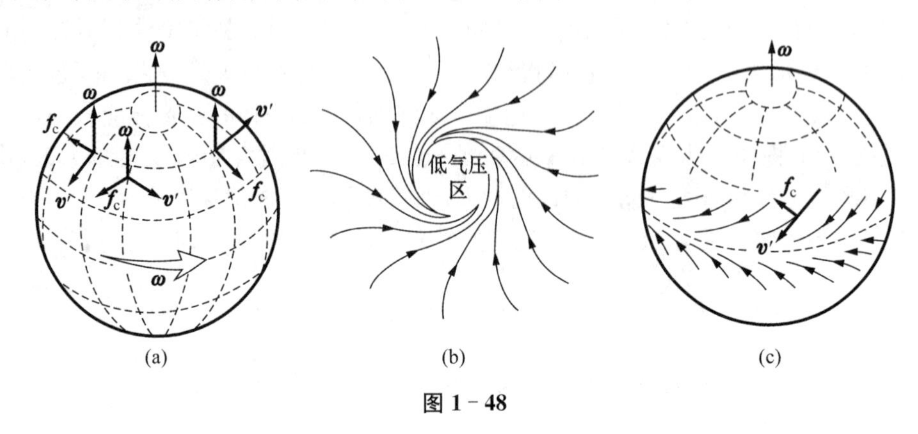

图 1-48

落体偏东问题也可以用科里奥利力的作用来说明。图 1-49 为从地球北极上空向下看的俯视图,一物体从赤道上空静止落下。由于该俯视图中地球逆时针转动,角速度矢量垂直纸面向外,根据式(1-58),下落物体受到的科里奥利力方向向东,故物体的落地点并非点 O,而是偏东一点的点 P,这个现象称为落体偏东。

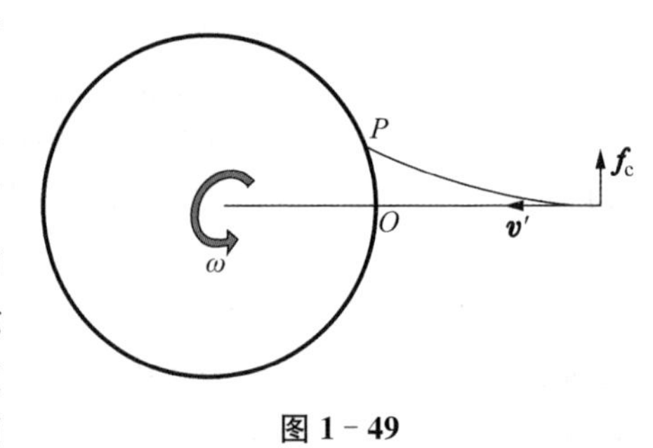

图 1-49

1851 年,法国物理学家傅科(J. B. L. Foucault)在巴黎巨神殿的大圆屋顶下做了著名的傅科摆实验,证明了地球是一个转动的非惯性参考系。他把一个质量为 28 kg 的铁球系于 67 m 长的细铁丝下。实验发现,单摆摆动面发生转动,从上往下看是顺时针方向的。

为了解释这个结果,我们不妨把傅科摆实验放在北极做。从太阳惯性参考系观察,摆球受悬线张力及重力作用,摆动面不变。由于地球自西向东自转,从上往下看是逆时针方向的,所以摆动面相对地面做顺时针方向的转动,转动周期为 $\frac{2\pi}{\omega}$, ω 是地球自转角速度。从地面非惯性参考系观察,摆球除受悬线张力及重力作用外,还要受到科里奥利力作用,使得摆动面向右偏转,从上往下看就做顺时针方向的转动。

傅科摆平面转动的周期与它所处的纬度有关,在北纬 φ 处的傅科摆,其摆平面转动的周期为 $\frac{2\pi}{\omega\sin\varphi}$。

【例 1-24】 如图 1-50 所示,将质量为 m 的小球用细线挂在倾角为 θ 的光滑斜面上。

(1) 若斜面以加速度 $\boldsymbol{a}$ 沿着图示方向运动,求细线的张力及小球对斜面的正压力；

(2) 求当加速度 $\boldsymbol{a}$ 取何值时，小球刚能离开斜面。

解　以斜面为参考系，它是平动加速系。小球受到的力为细线的张力 $\boldsymbol{T}$，斜面的支持力 $\boldsymbol{N}$，重力 $m\boldsymbol{g}$ 及惯性力 $\boldsymbol{F}_i$，如图 1-50 所示。

小球沿斜面和垂直于斜面的运动方程分别为

$$ma\cos\theta + mg\sin\theta - T = 0,$$

$$N + ma\sin\theta - mg\cos\theta = 0,$$

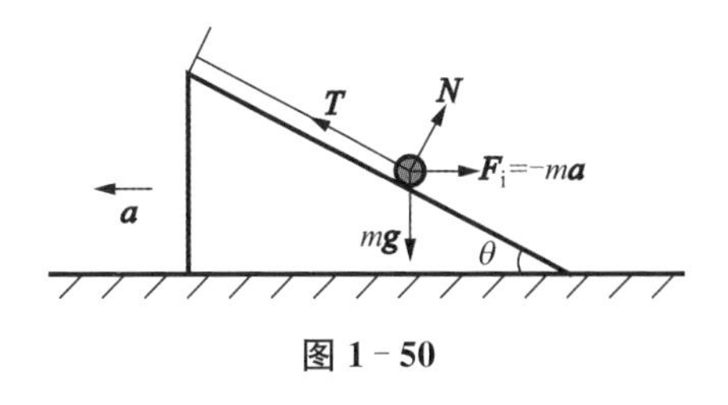

图 1-50

由此得细线的张力

$$T = ma\cos\theta + mg\sin\theta,$$

小球对斜面的正压力

$$N = mg\cos\theta - ma\sin\theta,$$

令 $N=0$，得小球刚能离开斜面时的加速度

$$a = g\cot\theta。$$

【例 1-25】　一根弯成如图 1-51(a)所示形状的光滑金属丝，其上套一小环，当金属丝以匀角速度绕竖直对称轴转动（角速度为 ω）时，若要求小环在金属丝上任何位置都能平衡，金属丝应弯成什么形状？

解　在匀速转动参考系中，小环受力如图 1-51(b)所示，包括金属丝的支持力 $\boldsymbol{N}$（与竖直方向夹角为 α），重力 $m\boldsymbol{g}$ 以及惯性力 $\boldsymbol{F}_i$。惯性力大小为 $F_i = mx\omega^2$，其中 x 为小环所处位置到旋转轴的距离。由小环在转动参考系中的平衡条件，得

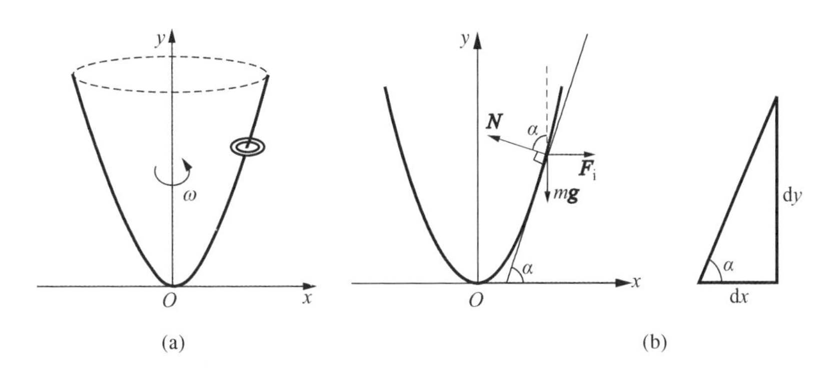

图 1-51

$$\begin{cases} N\cos\alpha - mg = 0, \\ N\sin\alpha - m\omega^2 x = 0, \end{cases}$$

角 α 满足

$$\tan\alpha=\frac{\omega^2 x}{g}。$$

如图 1－51(b)所示，α 角同时也是小环所处位置金属丝曲线的切线与 x 轴的夹角，即 $\tan\alpha=\frac{\mathrm{d}y}{\mathrm{d}x}$，则

$$\frac{\mathrm{d}y}{\mathrm{d}x}=\frac{\omega^2 x}{g},$$

分离变量并积分

$$\int_0^y \mathrm{d}y=\int_0^x \frac{\omega^2 x}{g}\mathrm{d}x,$$

即得到金属丝形状所满足的方程

$$y=\frac{\omega^2 x^2}{2g}。$$

1.2.5 质心和质心运动定理

前面讨论了一个质点的动力学规律，这里将研究一组质点的动力学规律，它们一面受到相互作用力，一面还受到外力。

如图 1－52 所示，在某个惯性系中研究由 N 个质点组成的质点系，系统内第 i 个质点的动力学方程为

$$\boldsymbol{F}_i+\sum_{j\neq i}\boldsymbol{f}_{ij}=m_i\boldsymbol{a}_i,\ (i=1,\ 2,\ \cdots,\ N) \tag{1-59}$$

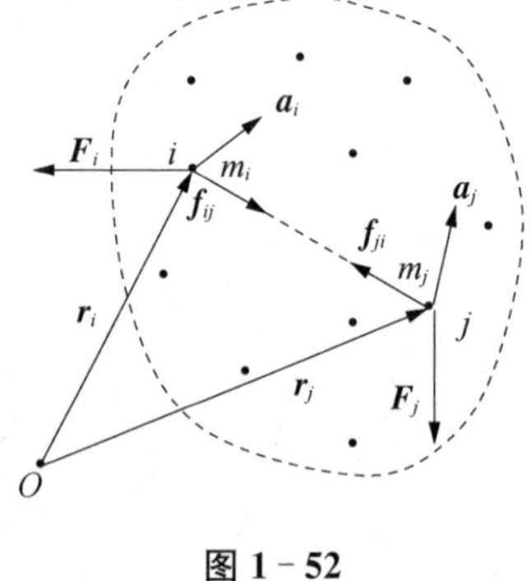

图 1－52

式中 m_i 为第 i 个质点的质量；$\boldsymbol{r}_i$ 为第 i 个质点相对 O 点的位矢；$\boldsymbol{a}_i$ 为第 i 个质点的加速度；$\boldsymbol{F}_i$ 为第 i 个质点受到系统外的作用力；$\boldsymbol{f}_{ij}$ 为第 i 个质点受到系统内第 j 个质点的作用力，这个力称为内力，即系统内部各个质点间的相互作用力。因为系统内部相互作用总是发生在两两质点之间的，因此，对 j 求和过程中不包括 $j=i$ 项。这样的方程共有 N 个，对所有这些方程求和得

$$\sum_{i=1}^{N}\boldsymbol{F}_i+\sum_{i=1}^{N}\sum_{j\neq i}\boldsymbol{f}_{ij}=\sum_{i=1}^{N}m_i\boldsymbol{a}_i。 \tag{1-60}$$

按照牛顿第三定律，因内力总是成对出现(如 $\boldsymbol{f}_{ij}$ 和 $\boldsymbol{f}_{ji}$)，所以，$\sum_{i=1}^{N}\sum_{j\neq i}\boldsymbol{f}_{ij}=0$。

因此，我们有

$$\sum_{i=1}^{N}\boldsymbol{F}_i=\sum_{i=1}^{N}m_i\boldsymbol{a}_i\text{。}\tag{1-61}$$

如图 1-52 所示，设第 i 个质点相对 O 点的位置矢量为 $\boldsymbol{r}_i$，根据运动学知识有 $\boldsymbol{a}_i=\dfrac{\mathrm{d}^2\boldsymbol{r}_i}{\mathrm{d}t^2}$，这样上式可改写为

$$\sum_{i=1}^{N}\boldsymbol{F}_i=\sum_{i=1}^{N}m_i\frac{\mathrm{d}^2\boldsymbol{r}_i}{\mathrm{d}t^2},$$

式中右面求和与求微商的顺序可以互换，即

$$\sum_{i=1}^{N}m_i\frac{\mathrm{d}^2\boldsymbol{r}_i}{\mathrm{d}t^2}=\frac{\mathrm{d}^2}{\mathrm{d}t^2}\left(\sum_{i=1}^{N}m_i\boldsymbol{r}_i\right),$$

则

$$\sum_{i=1}^{N}\boldsymbol{F}_i=\frac{\mathrm{d}^2}{\mathrm{d}t^2}\left(\sum_{i=1}^{N}m_i\boldsymbol{r}_i\right),\tag{1-62}$$

引入系统的总质量 $m=\sum\limits_{i=1}^{N}m_i$，上式可改写为

$$\sum_{i=1}^{N}\boldsymbol{F}_i=\left(\sum_{i=1}^{N}m_i\right)\frac{\mathrm{d}^2}{\mathrm{d}t^2}\left(\frac{\sum\limits_{i=1}^{N}m_i\boldsymbol{r}_i}{\sum\limits_{i=1}^{N}m_i}\right)=m\frac{\mathrm{d}^2}{\mathrm{d}t^2}\left(\frac{\sum\limits_{i=1}^{N}m_i\boldsymbol{r}_i}{m}\right)\text{。}\tag{1-63}$$

如图 1-53 所示，把式(1-63)括号中的项记为 $\boldsymbol{r}_C$，即

$$\boldsymbol{r}_C=\frac{\sum\limits_{i=1}^{N}m_i\boldsymbol{r}_i}{m}=\frac{m_1\boldsymbol{r}_1+m_2\boldsymbol{r}_2+\cdots+m_N\boldsymbol{r}_N}{m_1+m_2+\cdots+m_N}\tag{1-64}$$

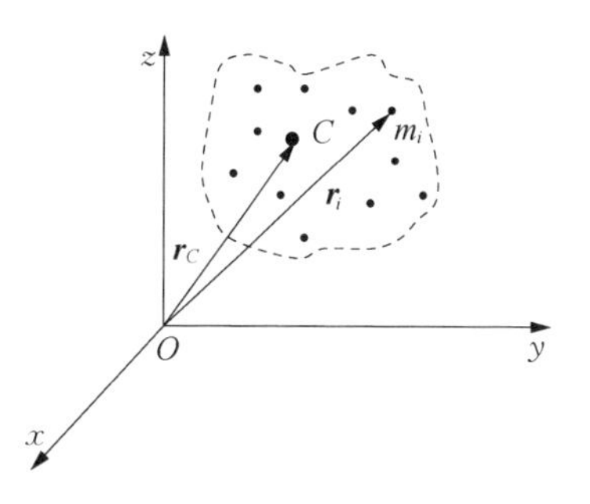

图 1-53

显然 $\boldsymbol{r}_C$ 是矢量，具有与位置矢量相同的量纲。而 $\boldsymbol{v}_C=\dfrac{\mathrm{d}\boldsymbol{r}_C}{\mathrm{d}t}$ 具有速度的量纲，$\boldsymbol{a}_C=\dfrac{\mathrm{d}^2\boldsymbol{r}_C}{\mathrm{d}t^2}$ 具有加速度的量纲。这样式(1-63)可简写成

$$\sum_{i=1}^{N}\boldsymbol{F}_i=m\frac{\mathrm{d}\boldsymbol{v}_C}{\mathrm{d}t}=m\boldsymbol{a}_C,$$

其中 $\sum\limits_{i=1}^{N} \boldsymbol{F}_i = \boldsymbol{F}$ 为质点系所受的外力的矢量和，故

$$\boldsymbol{F} = m\boldsymbol{a}_C。\tag{1-65}$$

非常复杂的质点系遵循如此简单的规律，$\boldsymbol{r}_C$ 包含了质点系非常重要的信息，是研究质点系运动的一个非常重要的物理量，将其定义为质点系质心的位置矢量(相对 O 点)。

质心实际上是与质点系质量分布相关的一个代表点，它的位置在系统意义上代表着系统质量的分布中心。$\boldsymbol{v}_C$ 和 $\boldsymbol{a}_C$ 分别称为质心的速度和质心的加速度。

式(1-65)表明，不管系统内质点分布如何，不管系统内各质点间如何发生相互作用，质点系质心的运动等同于一个质点的运动，这个质点具有质点系总的质量，它受到的外力为质点系所受所有外力的矢量和。这个结论称为质心运动定理。

对于实际物体，总可以在系统内或系统外找到一个"代表点"——质心。尽管系统的运动可能很复杂，系统内各点的速度和加速度可能不同，但是，我们总可以用质心的运动来代替系统的整体运动。图 1-54 所示为一锤子在重力场中的抛体运动，锤子上每个点的运动均非常复杂。但是由于它只受重力作用(忽略摩擦力)，故其质心的运动非常简单，严格沿着抛物线运动。

如果系统的质量是连续分布的，式(1-64)可以改写为积分形式

$$\boldsymbol{r}_C = \frac{\int \boldsymbol{r}\,\mathrm{d}m}{\int \mathrm{d}m},\tag{1-66}$$

图 1-54

式中 $\boldsymbol{r}$ 为质量元 $\mathrm{d}m$ 的位置矢量。在直角坐标系中，式(1-66)可以表示成如下分量形式：

$$x_C = \frac{\int x\,\mathrm{d}m}{\int \mathrm{d}m},\ y_C = \frac{\int y\,\mathrm{d}m}{\int \mathrm{d}m},\ z_C = \frac{\int z\,\mathrm{d}m}{\int \mathrm{d}m}。\tag{1-67}$$

根据质量分布情况，质量元又可表示为具体的形式。若为线分布时，$\mathrm{d}m = \rho_l \mathrm{d}l$；若为面分布时，$\mathrm{d}m = \rho_s \mathrm{d}s$；若为体分布时，$\mathrm{d}m = \rho \mathrm{d}V$。这里 ρ_l，ρ_s 和 ρ 分别为质量线密度、质量面密度和质量体密度。

【例 1-26】 求半径为 R、顶角为 2α 的匀质扇形板(见图 1-55)的质心位置。

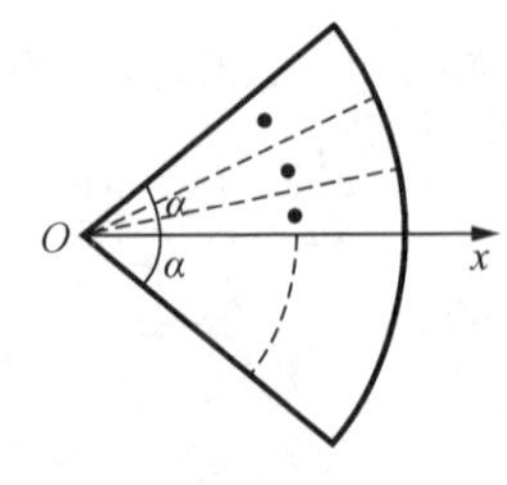

图 1-55

解 由对称性知，该扇形的质心在 x 轴上。先把大扇形分割成很多顶角 $\Delta\alpha$ 很小的相同的小扇形，这些小扇形近似于三角形。因为三角形的质心位于中线的 2/3 位置，所以当顶角 $\Delta\alpha$ 趋于零时，各扇形的质心位置就分布

在 $r=\frac{2}{3}R$ 的圆弧上，问题简化为求半径 $r=\frac{2}{3}R$、张角为 2α 的匀质圆弧的质心。设圆弧单位长度的质量为 λ，在圆弧上取长度为 $r\mathrm{d}\theta$ 的质量元 $\mathrm{d}m$，$\mathrm{d}m=\lambda r\mathrm{d}\theta$，由此写出

$$x\,\mathrm{d}m=r\cos\theta\lambda r\mathrm{d}\theta=\lambda r^2\cos\theta\,\mathrm{d}\theta,$$

式中 θ 为质量元与圆心的连线与 x 轴间的夹角。由质心定义，匀质扇形板的质心位置

$$x_C=\frac{\int x\,\mathrm{d}m}{m}=\frac{\int_{-\alpha}^{\alpha}\lambda r^2\cos\theta\,\mathrm{d}\theta}{\lambda r2\alpha}=r\,\frac{\sin\alpha}{\alpha}=\frac{2}{3}R\,\frac{\sin\alpha}{\alpha},$$

作为特例，若 $\alpha=\frac{\pi}{2}$，即得匀质半圆薄板的质心

$$x_C=\frac{2}{3}R\,\frac{\sin\frac{\pi}{2}}{\frac{\pi}{2}}=\frac{4R}{3\pi}。$$

物体的重心和质心是两个不同的概念，它们的空间位置也不一定相同。只有当物体处于均匀的重力场中时，物体的重心才与质心重合。一般情况下，我们考虑的物体线度都比较小，因此，地面附近的重力场可近似看作均匀场，物体的重心与质心重合。

【例 1-27】 如图 1-56 所示，质量为 M、长为 L 的匀质细绳在水平面内以角速度 ω 绕点 O 匀速转动，并始终保持伸直状态。求绳子内离中心 r 处的张力。

解 细绳线密度 $\lambda=\frac{M}{L}$，选取从离中心 r 处到 L 处的一段细绳为研究对象，其质量

$$m=\lambda(L-r)=(L-r)\frac{M}{L},$$

其质心 C 到点 O 的距离为 $\frac{1}{2}(L+r)$。

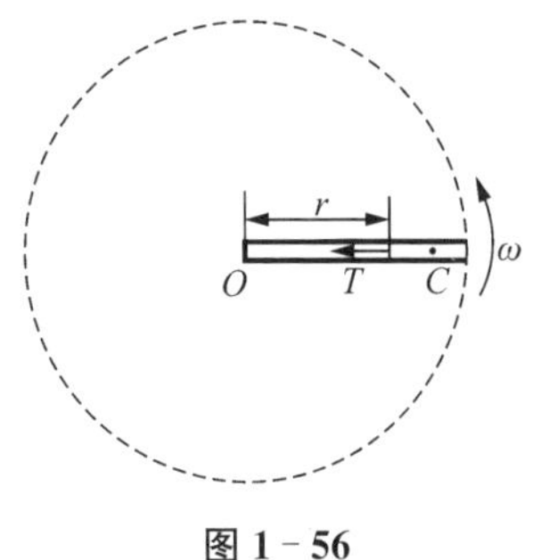

图 1-56

根据质心运动定理，离中心 r 处绳子张力

$$T=\lambda(L-r)\frac{1}{2}(L+r)\omega^2$$

$$=\frac{M}{2L}\omega^2(L^2-r^2)。$$

【例1-28】 如图1-57所示,三棱体C、滑块A和B各面均光滑,初始时三者相对光滑的水平面静止。已知$m_C=4m_A=16m_B$,$\alpha=30°$,$\beta=60°$。求A下降$h=10$ cm时三棱体C在水平方向的位移。

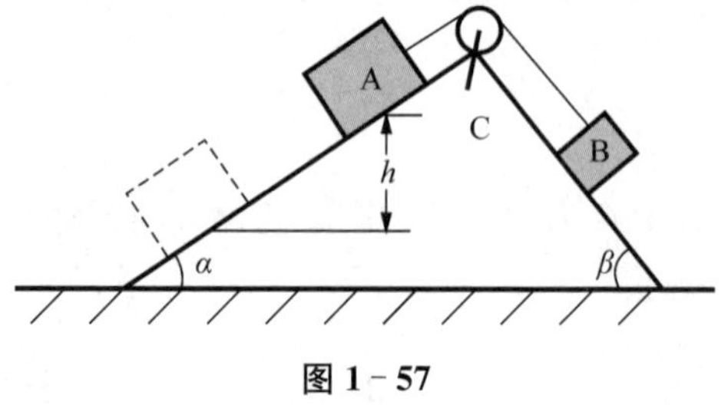

图1-57

解 三棱体C、滑块A和B三者组成的系统在水平方向不受外力作用,而初始时三者都静止,故系统质心的水平位置不变。

设A下降$h=10$ cm时三棱体C在水平方向的位移为Δx_C,A和B相对三棱体在水平方向的位移分别为Δx_A和Δx_B,以向右为正,由质心定义,有

$$m_A(\Delta x_C-\Delta x_A)+m_B(\Delta x_C-\Delta x_B)+m_C\Delta x_C=0,$$

其中

$$\Delta x_A=\frac{h}{\tan\alpha},$$

$$\Delta x_B=\frac{h\cos\beta}{\sin\alpha},$$

由此得三棱体C在水平方向的位移

$$\Delta x_C=\frac{m_A\Delta x_A+m_B\Delta x_B}{m_A+m_B+m_C}=3.8\ \text{cm}。$$

习 题 1

1-1 路灯距地面的高度为h_1,一身高为h_2的人在路灯下以匀速v_1沿直线行走。试证明:人影的顶端做匀速运动,并求其速度v_2。

1-2 一质点沿直线运动,其运动方程为$x=2+4t-2t^2$(m),在t从0 s到3 s的时间间隔内,质点走过的路程为多少?

1-3 一质点沿x轴运动,其加速度a与位置坐标x的关系为$a=2+6x^2$,如果质点在原点处的速度为零,试求其在任意位置处的速度。

1-4 有一质点沿x轴做直线运动,t时刻的坐标为$x=4.5t^2-2t^3$。试求:

(1) 第2秒内的平均速度;

(2) 第2秒末的瞬时速度;

(3) 第2秒内的路程。

1-5 一质点沿x轴运动,其加速度为$a=4t$,已知$t=0$时,质点位于$x_0=10$ m处,初速度$v_0=0$。试求其位置和时间的关系式。

1－6　一质点从静止开始做直线运动，开始时加速度为 a_0，此后加速度随时间均匀增加，经过时间 τ 后，加速度为 $2a_0$，经过时间 2τ 后，加速度为 $3a_0$，依此类推。求经过时间 $n\tau$ 后，该质点的速度和走过的路程。

1－7　质点沿 x 轴正向运动，加速度 $a=-kv$（k 为常数）。设从原点出发时速度为 v_0，求运动方程 $x=x(t)$。

1－8　跳水运动员自 10 m 跳台自由下落，入水后因受水的阻碍而减速，设加速度 $a=-kv^2$，$k=0.4\ \text{m}^{-1}$。求运动员速度减为入水速度的 10%时的入水深度。

1－9　一质点由倾角为 θ 斜面上端水平向左抛出，落到斜面上的位置距抛出点为 L，对题图所示坐标系求质点运动方程及初速度 v_0。

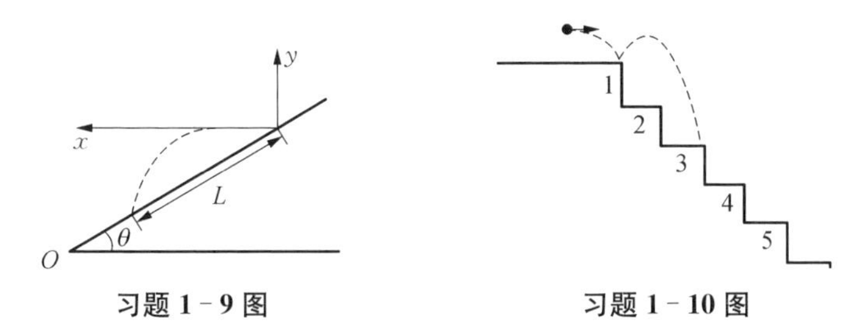

习题 1－9 图　　　**习题 1－10 图**

1－10　如题图所示，一小球从某一高度水平抛出后，恰好落在第 1 级台阶的紧靠右边缘处，反弹后再次下落至第 3 级台阶的紧靠右边缘处。已知小球第一、二次与台阶相碰之间的时间间隔为 0.3 s，每级台阶的宽度和高度均为 18 cm。小球每次与台阶碰撞后速度的水平分量保持不变，而竖直分量大小变为碰前的 1/4。重力加速度 g 取 $10\ \text{m/s}^2$。

(1) 求第一次落点与小球抛出点间的水平距离和竖直距离；

(2) 分析说明小球是否能够与第 5 级台阶碰撞。

1－11　在与水平面成 θ 角的山坡上，一石块以初速度 v_0 做斜抛运动，如题图所示。

(1) 若抛射角为 φ，求石块沿山坡方向的射程 s；

(2) 问抛射角 φ 为多大时，s 最大?

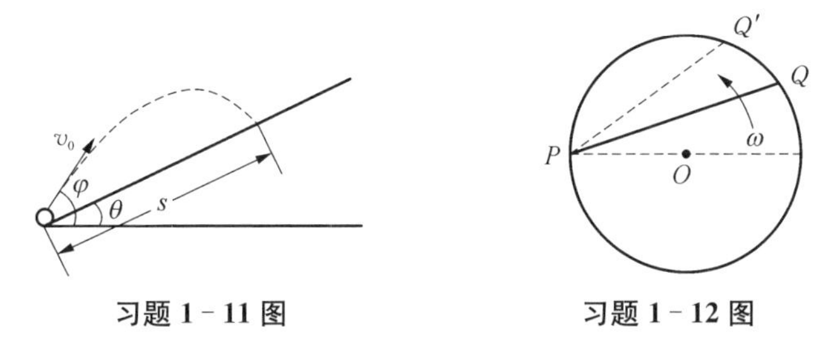

习题 1－11 图　　　**习题 1－12 图**

1－12　如题图所示，激光器放在半径为 r 的圆上 P 点处，并绕 P 点以角速度 ω 沿逆时针方向匀速旋转。当细光束转过一段时间，光束从 Q 点扫描到 Q' 点，求此时光点加速度的大小。

1－13　已知质点位矢随时间变化的函数形式为 $\boldsymbol{r}=R(\cos\omega t\boldsymbol{i}+\sin\omega t\boldsymbol{j})$，其中 R 与 ω 均为常量。求：

(1) 质点的轨道；

(2) 质点的速度和速率。

1-14　已知质点位矢随时间变化的函数形式为 $\boldsymbol{r}=4t^2\boldsymbol{i}+(3+2t)\boldsymbol{j}$，式中 $\boldsymbol{r}$ 的单位为 m，t 的单位为 s。求：

(1) 质点的轨道；

(2) 从 $t=0$ 到 $t=1$ s 质点的位移；

(3) $t=0$ 和 $t=1$ s 两时刻质点的速度。

1-15　一飞行火箭的运动学方程为 $x=ut+u\left(\frac{1}{b}-t\right)\ln(1-bt)$，其中 b 是与燃料燃烧速率有关的恒量，u 为燃气相对火箭的喷射速度，也视为恒量。求：

(1) 火箭飞行速度与时间的关系；

(2) 火箭的加速度。

1-16　质点的运动方程为 $x=R\cos\omega t$，$y=R\sin\omega t$，$z=\frac{h}{2\pi}\omega t$，式中 R、h 和 ω 为正的常量。求：

(1) 质点运动的轨道方程；

(2) 质点的速度大小；

(3) 质点的加速度大小。

1-17　如题图所示，一质量为 m 的小球在高度 h 处以初速度 $\boldsymbol{v}_0$ 水平抛出。求：

(1) 小球的运动方程；

(2) 小球在落地之前的轨迹方程；

(3) 落地前瞬时小球的 $\frac{\mathrm{d}\boldsymbol{r}}{\mathrm{d}t}$，$\frac{\mathrm{d}\boldsymbol{v}}{\mathrm{d}t}$，$\frac{\mathrm{d}v}{\mathrm{d}t}$。

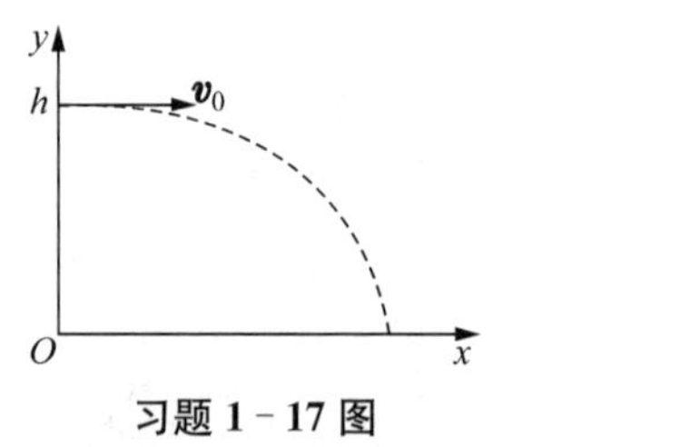

习题 1-17 图

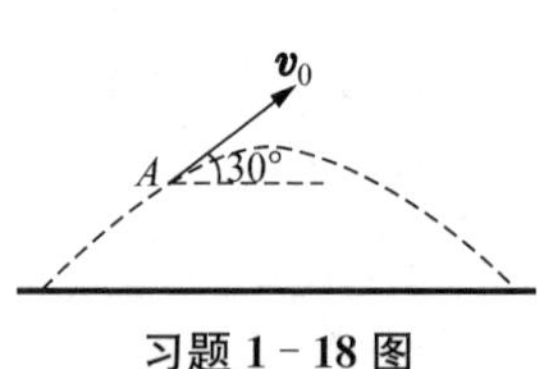

习题 1-18 图

1-18　一物体做如题图所示的斜抛运动，测得在轨道点 A 处速度的大小为 v_0，其方向与水平方向夹角为 30°。求物体在点 A 的切向加速度分量和轨道的曲率半径。

1-19　小球以 10 m/s 的初速从楼顶水平抛出，当小球的法向加速度分量为 5 m/s^2 时，求小球的下降高度及所在处轨道的曲率半径。

1-20　一质点沿半径为 R 的圆周运动。质点所经过的弧长与时间的关系为 $s=bt+\frac{1}{2}ct^2$，其中 b、c 是大于零的常量，求从 $t=0$ 开始到切向加速度与法向加速度大小相等时所经历的时间。

1-21　一质点做半径为 R 的圆周运动，在 $t=0$ 时刻经过点 P。此后它的速率按 $v=A+Bt$ 变化(A，B 为正的已知常量)。求质点沿圆周运动一周再经过点 P 时的切向加速度分量与法向加速度分量。

1-22　如题图所示装置,绕 O 轴转动的定滑轮,半径 $R=0.1\ \mathrm{m}$,设重物 m 下落的规律为 $y=3t^2+5$(t 以 s 计,y 以 m 计)。在 t 时刻,求:

(1) 重物 m 的速度和加速度;

(2) 距离 O 轴 $\frac{1}{2}R$ 处轮上点 P 的速度和加速度。

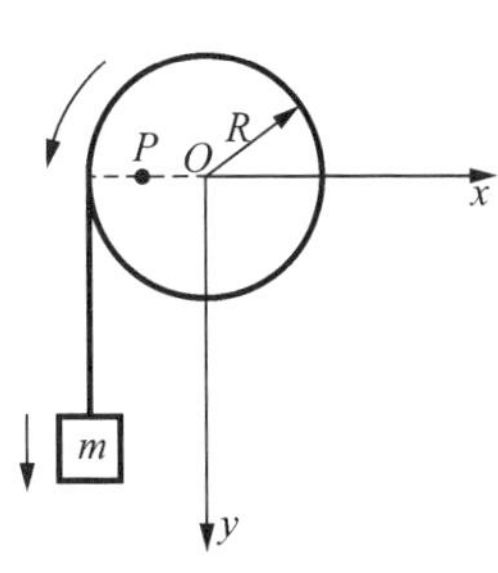

习题 1-22 图

1-23　如题图所示,abc 是一立交桥面,桥面中部区间按 $y=H-Kx^2$ 的规律变化。若一质量为 m 的汽车驶过桥面时,保持 x 方向的分速度 $v_x=v$ 不变。试计算汽车在桥中部区间任一点的:

(1) 速度矢量和加速度矢量;

(2) 切向加速度和法向加速度。

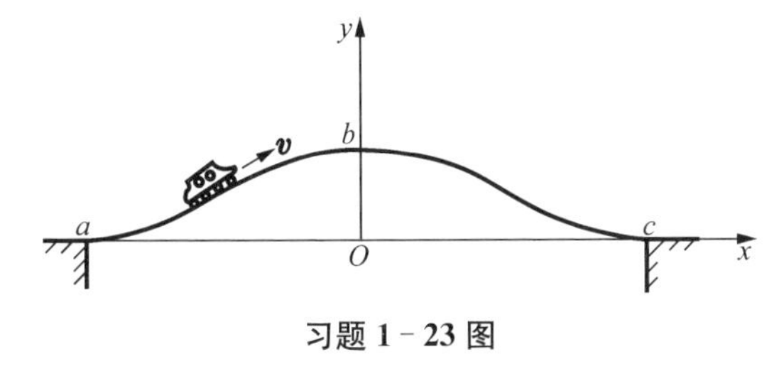

习题 1-23 图

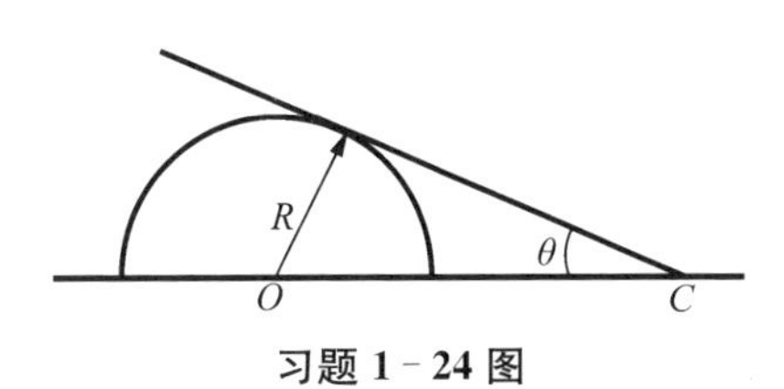

习题 1-24 图

1-24　如题图所示,一细杆可以绕通过点 C 的水平轴转动,半径为 R 的半圆环向右以匀速 v 运动,运动过程中细杆恒与半圆环相切。当细杆与水平线的交角为 θ 时,求其绕水平转轴转动角速度的大小。

1-25　从离地面等高且相距为 l 的 A, B 两点同时抛出两小石块(见题图), A 处石块以初速 $\boldsymbol{v}_1$ 垂直上抛,B 处石块以初速度 $\boldsymbol{v}_2$ 向 A 方向做平抛,求在以后的运动中两石块之间的最短距离(两石块均未落地)。

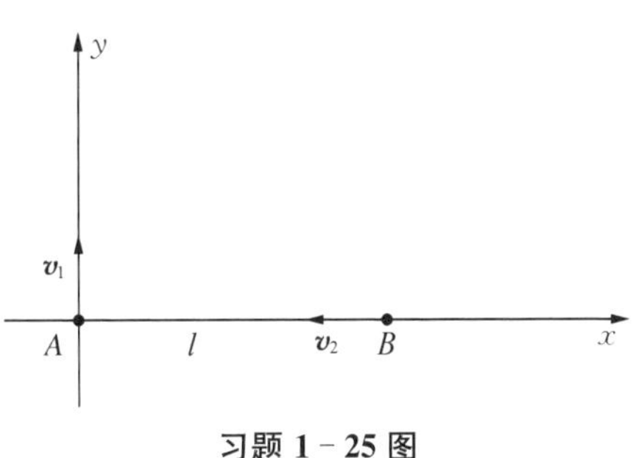

习题 1-25 图

1-26　当火车静止时,乘客发现雨滴下落方向偏向车头,偏角为 30°,当火车以 35 m/s 的速度沿水平直路行驶时,发现雨滴下落方向偏向车尾,偏角为 45°,假设雨滴相对于地的速度保持不变,试计算雨滴相对地的速度大小。

1-27　一小船相对于河水以速度 $\boldsymbol{v}$ 划行,当它在流速为 $\boldsymbol{u}$ 的河水中逆流而上之时,有一木桨落入水中顺流而下,船上人两秒钟后发觉,即返回追赶,问几秒钟后可追上此桨?

1-28　骑自行车的人以 20 km/h 的速度向东行驶,感到风从正北方吹来,以 40 km/h 的速度向东行驶,感到风从东北方向吹来,试求风向和风速。

1-29　一男孩乘坐一铁路平板车,在平直铁路上匀加速行驶,其加速度为 $\boldsymbol{a}$。他向车前进的斜上方抛出一球,设抛球过程对车的加速度 $\boldsymbol{a}$ 的影响可忽略,如果他不必移动在车中的位置就能接住球,则抛出的方向与竖直方向的夹角 θ 应为多大?

1-30　一飞机相对于空气以恒定速度 $\boldsymbol{v}$ 沿正方形轨道飞行,在无风天气其运动周期为 T。若有恒定小风沿平行于正方形的一对边吹来,风速为 $\boldsymbol{v}=k\boldsymbol{v}$ ($k\ll 1$)。求飞机仍沿原正方形(对地)轨道飞行时其周期的增量。

1-31 有一宽为 l 的大江,江水由北向南流去。设江中心流速为 $\boldsymbol{u}_0$,靠两岸的流速为零,而江中任一点的流速与江中心流速之差和江心至该点距离的平方成正比。今有相对于水的速度为 $\boldsymbol{v}_0$ 的汽船由西岸出发,沿向东偏北 45°方向航行,试求其航线的轨迹方程以及到达东岸的地点。

1-32 题图中半径为 R 的半圆柱体沿水平方向做加速度为 $\boldsymbol{a}$ 的运动。半圆柱上有一只能沿竖直方向运动的直杆。当半圆柱速度为 $\boldsymbol{v}$ 时,直杆与接触点 P 到柱心的连线夹角为 θ。求此时直杆对地的速度和加速度。

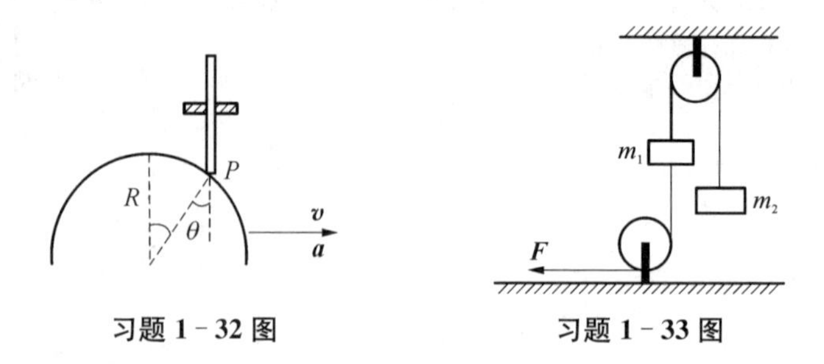

习题 1-32 图　　习题 1-33 图

1-33 在如题图所示装置中,若两个滑轮与绳子的质量以及滑轮与其轴之间的摩擦都忽略不计,绳子不可伸长,则在外力 F 的作用下,求物体 m_1 和 m_2 的加速度大小及 m_1 与 m_2 间绳子张力。

1-34 质量 $m = 2.0\ \text{kg}$ 的均匀细绳,长 $L = 1.0\ \text{m}$,两端分别连接重物 A 和 B,$m_A = 8.0\ \text{kg}$,$m_B = 5.0\ \text{kg}$,今在 B 端施以大小为 $F = 180\ \text{N}$ 的竖直拉力,使绳和物体向上运动,求距离绳的下端为 x 处绳中的张力 $T(x)$。

1-35 在题图所示装置中,一条轻绳跨过一轻滑轮(滑轮与轴间摩擦可忽略),在绳的一端挂一质量为 m_1 的物体,在另一侧有一质量为 m_2 的环,求当环相对于绳以恒定的加速度 a_2 沿绳向下滑动时,物体和环相对地面的加速度各是多少?环与绳间的摩擦力多大?

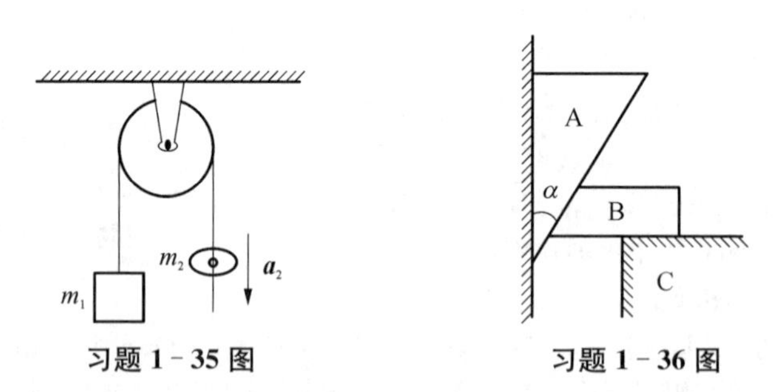

习题 1-35 图　　习题 1-36 图

1-36 如题图所示,劈尖 A 的倾角为 α、质量为 m_A,其一面靠在光滑的竖直墙上,另一面与质量为 m_B 的光滑棱柱 B 接触,而 B 可沿光滑水平面 C 滑动。求 A、B 加速度 a_A 和 a_B 的大小及 A 对 B 的压力。

1-37 如题图所示,一质量为 M 的楔形物体 A,放在倾角为 α 的固定光滑斜面上,在此楔形物体的水平表面上又放一质量为 m 的物体 B,如题图所示。设 A 与 B 间,A 与斜面间均光滑接触。开始时,A 与 B 均处于静止状态,当 A 沿斜面下滑时,在 B 接触到斜面之前,求 A、B 相对地面的加速度。

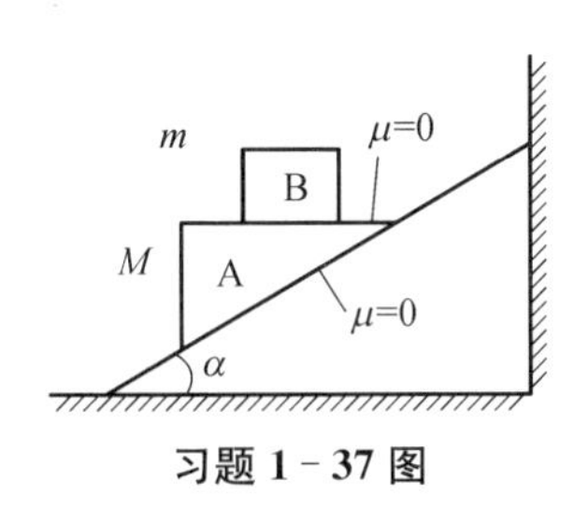

习题 1-37 图

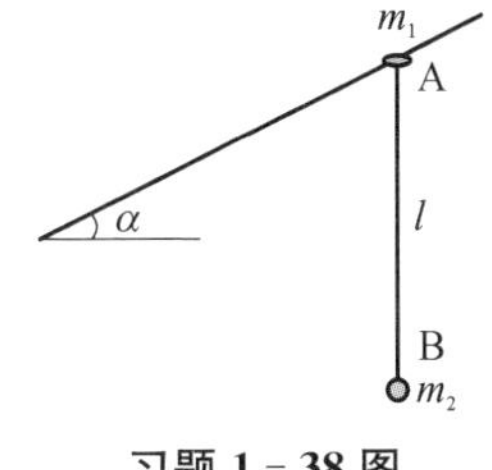

习题 1-38 图

1-38　在一根与水平成 α 角的固定光滑细杆上，套有一质量为 m_1 的小环 A，小环通过一根长为 l 的细线与质量为 m_2 的小球 B 相连(见题图)。求：

(1) 系统从 A、B 间细线为图示的竖直位置静止释放瞬间，线中的张力；

(2) 系统从 A、B 间细线与竖直线成多大角的位置静止释放后，细线将不发生摆动？

1-39　质量为 16 kg 的质点在 xOy 平面内运动，受一恒力作用，力的分量为 $f_x = 6$ N，$f_y = 7$ N，当 $t = 0$ 时，$x = y = 0$，$v_x = -2$ m/s，$v_y = 0$。当 $t = 2$ s 时，求：

(1) 质点的位矢；

(2) 质点的速度。

1-40　高空形成的雨滴质量为 m，设它的初速度为零，下落时质量不变而其受到的空气阻力与它的速率成正比，比例系数为 k。求雨滴下落的过程中任一时刻它的速率与时间的函数关系。

1-41　摩托快艇以速率 v_0 行驶，它受到的摩擦阻力与速率平方成正比，可表示为 $F = -kv^2$(k 为正值常量)。设摩托快艇的质量为 m，当摩托快艇发动机关闭后，求：

(1) 速率 v 随时间 t 的变化规律；

(2) 路程 x 随时间 t 的变化规律。

(3) 证明速度 v 与路程 x 之间的关系为 $v = v_0 e^{-k'x}$，其中 $k' = k/m$。

1-42　如题图所示，一质量为 M 的机动船，在进入河弯道前于点 Q 处关闭发动机，以初速度 $\boldsymbol{v}_0$ 在静水中行驶，设水的阻力与船速成正比，且方向相反，比例系数为 k。

(1) 若点 Q 至弯道处点 P 的距离为 l_0，求船行至点 P 时的速率 v_P；

(2) 若船行至点 P 时开动发动机，给船以 $\boldsymbol{F}_0$ 的转向力，$\boldsymbol{F}_0$ 与速度方向的夹角为 α，如题图所示，则求船在该点的切向加速度分量及航道的曲率半径。

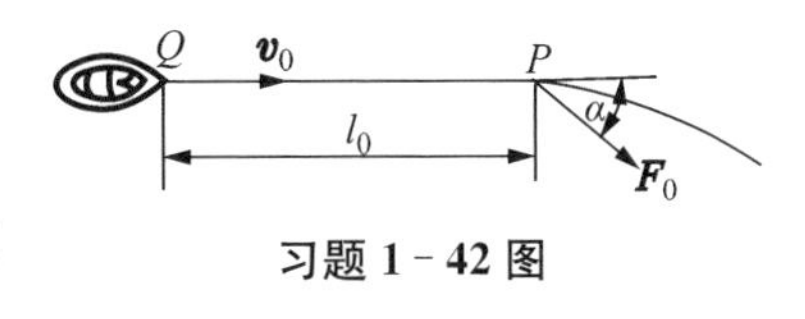

习题 1-42 图

1-43　质量为 m 的子弹以速度 v_0 水平射入沙土中，设子弹所受阻力与速度反向，大小与速度成正比，比例系数为 k，忽略子弹的重力。求：

(1) 子弹射入沙土后，速度随时间变化的函数式；

(2) 子弹进入沙土的最大深度。

1-44　如题图所示，一条质量分布均匀的绳子，质量为 M，长度为 L，一端拴在点 O，另一端连一质量为 m 的小球，在光滑的水平面上绕点 O 以恒定的角速度 ω 旋转。求距点 O 为 r 处绳中的张力 $T(r)$。

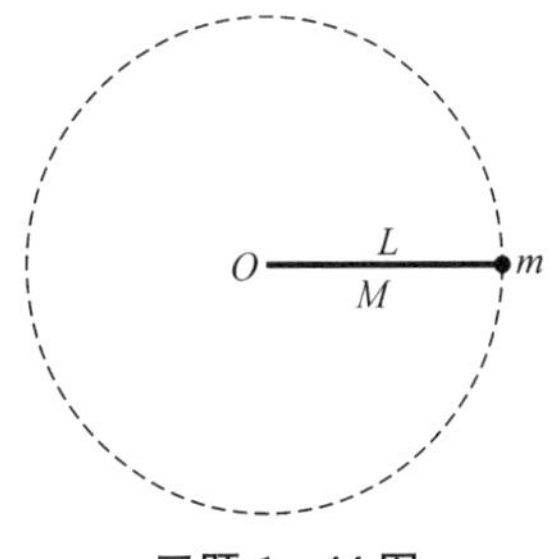

习题 1-44 图

1-45　已知一质量为 m 的质点在 x 轴上运动，质点只受到指向原点的引力作用，引力大小与质点离原点的距离 x 的平方成反比，即

$f=-k/x^2$，k 是比例常数。设质点在 $x=A$ 时的速度为零。求质点在 $x=A/4$ 处的速度的大小。

1-46 一质量为 2 kg 的质点，在 xy 平面上运动，受到外力 $\boldsymbol{F}=4\boldsymbol{i}-24t^2\boldsymbol{j}$ 的作用，$t=0$ 时，它的初速度为 $\boldsymbol{v}_0=3\boldsymbol{i}+4\boldsymbol{j}$。求 $t=1$ s 时质点的速度及受到的法向力 $\boldsymbol{F}_n$。

1-47 如题图所示，用质量为 m_1 的板车运载一质量为 m_2 的木箱，板车与箱底间的摩擦因数为 μ，车与路面间的滚动摩擦可不计。计算拉车的力 F 为多少才能保证木箱不致滑动？

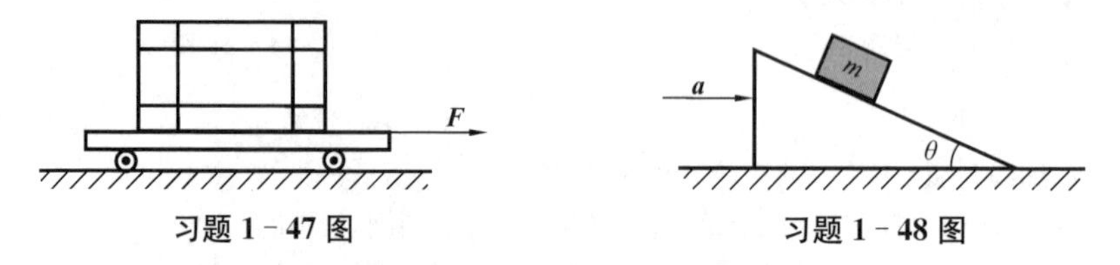

习题 1-47 图　　习题 1-48 图

1-48 如题图所示，一倾角为 θ 的斜面放在水平面上，斜面上放一木块，两者间摩擦因数为 $\mu(<\tan\theta)$。为使木块相对斜面静止，求斜面加速度 a 的范围。

1-49 如题图所示，一条轻绳两端各系着质量为 m_1 和 m_2 的两个物体，通过滑轮挂在车厢顶上。绳与滑轮的摩擦忽略不计，$m_1>m_2$。若车厢以加速度 a 向右加速运动时，m_1 静止在地板上不动，试求：

(1) 绳对重物的拉力 T 为多大？

(2) 地板与 m_1 之间的动摩擦因数至少要多大？

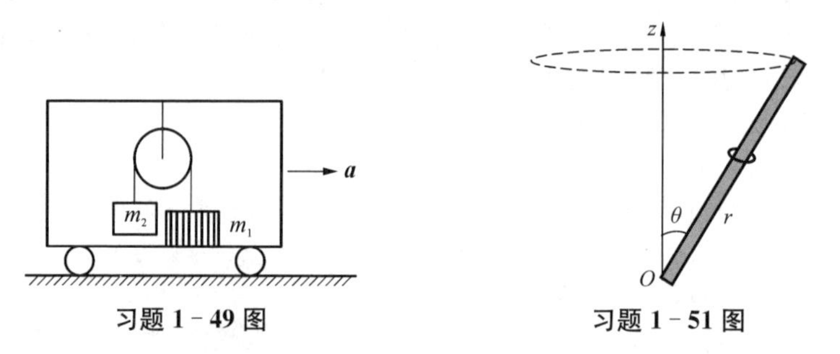

习题 1-49 图　　习题 1-51 图

1-50 圆柱形容器内装有一定量的液体，若它们一起绕圆柱轴以角速度 ω 匀速转动，试问稳定旋转时液面的形状如何？

1-51 如题图所示，一小环套在光滑细杆上，细杆以倾角 θ 绕竖直轴做匀角速度转动，角速度为 ω。求小环平衡时距杆端点 O 的距离 r。

1-52 如题图所示，在光滑的水平桌面上设置一竖直的固定无底圆筒，半径为 R，一小球紧靠圆筒内壁的水平桌面上运动，小球与圆筒间的摩擦因数为 μ，在 $t=0$ 时，球的速率为 v_0。求任一时刻球的速率和运动路程。

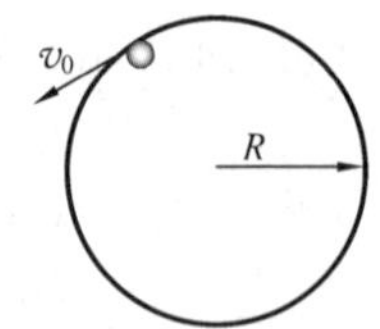

习题 1-52 图

1-53 一物体在光滑的水平面上以速度 $v=5$ m/s 沿 x 正方向运动，突然由于内部作用在水平面内分裂成 A、B 和 C 3 个碎片，它们的质量为 $m_A=m_B=3m_C$。取物体分裂处为坐标原点，经 2 s 后其中两个碎片的位置为 A(15，−6)和 C(4，9)，试求碎片 B 的位置。

1-54 如题图所示，一浮吊质量 $M=20$ t，由岸上吊起 $m=2$ t 的重物后保持静止，然后再将吊杆 AO 与铅直方向的夹角 θ 由 60°转到 30°，设杆长 $l=OA=8$ m，水的阻力与杆重忽略不计，求浮吊在水平方向上移动距离，并指明朝哪方面移动。

1 - 55　气球质量为 200 kg，载有质量为 50 kg 的人，从地面开始以 $v = 2\ \mathrm{m/s}$ 的速度匀速上升，气球下悬一根质量可忽略不计的绳子。当气球升到距地面 20 m 高时，此人想在 10 s 内从气球上沿绳下滑至地面，则这根绳长至少应为多少米(不计人的高度)？

1 - 56　如题图所示，长为 3 m，质量为 4 kg 的小车静止在光滑水平面上，车两端的护栏上各装有质量不计的钉子，小车上距车右端 1 m 处放着质量分别为 $m_A = 3\ \mathrm{kg}$，$m_B = 2\ \mathrm{kg}$ 的小滑块 A 和 B，小滑块 A 和 B 的宽度都可忽略。A 和 B 之间有质量和长度都不计的已压缩的弹簧。现释放这弹簧，滑块 A 和 B 相对小车沿相反方向运动，最后都碰到车护栏上的钉子而被钉住，试求小车在整个过程中通过的位移。

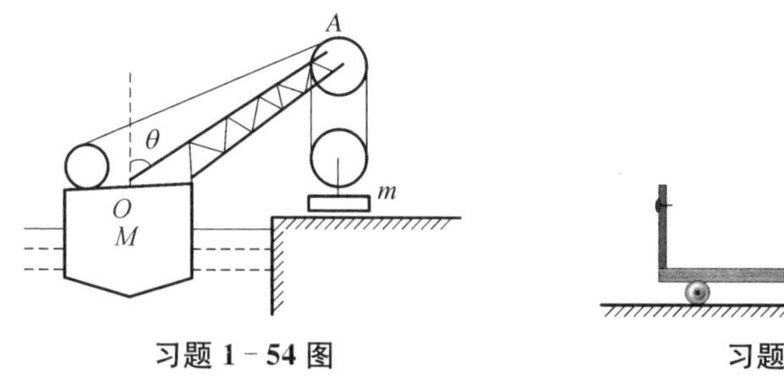

习题 1 - 54 图

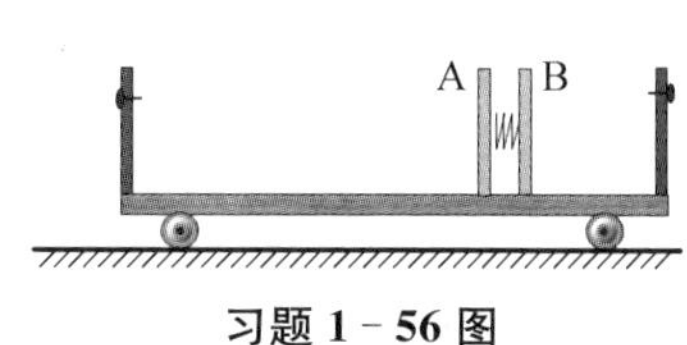

习题 1 - 56 图

思 考 题 1

1 - 1　质点做曲线运动，其瞬时速度为 $\boldsymbol{v}$，瞬时速率为 v，平均速度为 $\bar{\boldsymbol{v}}$，平均速率为 $\bar{v}$，则它们之间的下列 4 种关系中正确的是(　　)。

(A) $|\boldsymbol{v}| = v$，$|\bar{\boldsymbol{v}}| = \bar{v}$；　　(B) $|\boldsymbol{v}| \neq v$，$|\bar{\boldsymbol{v}}| = \bar{v}$；

(C) $|\boldsymbol{v}| = v$，$|\bar{\boldsymbol{v}}| \neq \bar{v}$；　　(D) $|\boldsymbol{v}| \neq v$，$|\bar{\boldsymbol{v}}| \neq \bar{v}$。

1 - 2　质点的 x-t 关系如题图所示，图中 a、b、c 3 条线表示 3 个速度不同的运动。问它们属于什么类型的运动？哪一个速度大？哪一个速度小？

1 - 3　结合 v-t 图，说明平均加速度和瞬时加速度的几何意义。

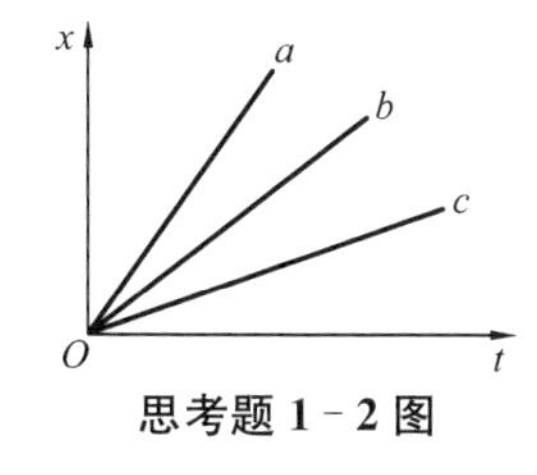

思考题 1 - 2 图

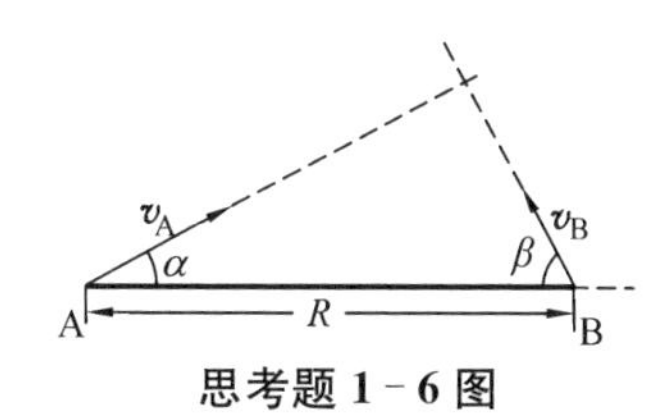

思考题 1 - 6 图

1 - 4　运动物体的加速度随时间减小，而速度随时间增加，这种情况可能吗？

1 - 5　用置于地面的水桶盛雨水，在刮风与不刮风两种情况下，哪一种情况盛得快些？设风的方向与地面平行。

1 - 6　如题图所示，两船 A 和 B 相距 R，分别以速度 $\boldsymbol{v}_A$ 和 $\boldsymbol{v}_B$ 匀速直线行驶，它们会不会相碰？若不相碰，求两船相靠最近的距离。图中 α 和 β 为已知。

1－7　已知质点的运动方程为 $x(t)$、$y(t)$ 和 $z(t)$，为计算质点的速度和加速度的大小，有人先求出 $r=\sqrt{x^2+y^2+z^2}$，从而得出速度 $v=\frac{\mathrm{d}r}{\mathrm{d}t}$，加速度 $a=\frac{\mathrm{d}^2 r}{\mathrm{d}t^2}$；有人先求出 $v_x=\frac{\mathrm{d}x}{\mathrm{d}t}$，$v_y=\frac{\mathrm{d}y}{\mathrm{d}t}$，$v_z=\frac{\mathrm{d}z}{\mathrm{d}t}$，从而得出速度

$$v=\sqrt{\left(\frac{\mathrm{d}x}{\mathrm{d}t}\right)^2+\left(\frac{\mathrm{d}y}{\mathrm{d}t}\right)^2+\left(\frac{\mathrm{d}z}{\mathrm{d}t}\right)^2},$$

再求出 $a_x=\frac{\mathrm{d}^2 x}{\mathrm{d}t^2}$，$a_y=\frac{\mathrm{d}^2 y}{\mathrm{d}t^2}$，$a_z=\frac{\mathrm{d}^2 z}{\mathrm{d}t^2}$，从而得出加速度

$$a=\sqrt{\left(\frac{\mathrm{d}^2 x}{\mathrm{d}t^2}\right)^2+\left(\frac{\mathrm{d}^2 y}{\mathrm{d}t^2}\right)^2+\left(\frac{\mathrm{d}^2 z}{\mathrm{d}t^2}\right)^2},$$

你认为谁的做法对？为什么？

1－8　若质点限于在平面上运动，试指出符合下列条件的各应是什么样的运动？

(1) $\frac{\mathrm{d}r}{\mathrm{d}t}=0$，$\frac{\mathrm{d}\boldsymbol{r}}{\mathrm{d}t}\neq 0$；

(2) $\frac{\mathrm{d}v}{\mathrm{d}t}=0$，$\frac{\mathrm{d}\boldsymbol{v}}{\mathrm{d}t}\neq 0$；

(3) $\frac{\mathrm{d}a}{\mathrm{d}t}=0$，$\frac{\mathrm{d}\boldsymbol{a}}{\mathrm{d}t}\neq 0$。

1－9　一质点从零时刻开始做斜抛运动，用 t_1 代表落地时刻。

(1) 说明下面 3 个积分的意义：$\int_0^{t_1} v_x\,\mathrm{d}t$，$\int_0^{t_1} v_y\,\mathrm{d}t$，$\int_0^{t_1} v\,\mathrm{d}t$；

(2) 用 A 和 B 代表抛出点和落地点位置，说明下面三个积分的意义：

$$\int_A^B \mathrm{d}\boldsymbol{r},\ \int_A^B |\mathrm{d}\boldsymbol{r}|,\ \int_A^B \mathrm{d}r。$$

1－10　飞机在无风天气沿某一水平圆轨道匀速飞行一周需时间 T，当刮风（风向水平）时，若保持相对空气的速率不变，飞机沿同一圆轨道（相对地面而言）飞行一周需时间 T'。问：

(1) T 与 T' 是否相同？为什么？

(2) 为使飞机能保持沿该圆轨道飞行，对风速有什么限制？

1－11　质量为 m 的小球，放在光滑的木板和光滑的墙壁之间，并保持平衡，如题图所示。设木板和墙壁之间的夹角为 α，当 α 逐渐增大时，小球对木板的压力将怎样变化？

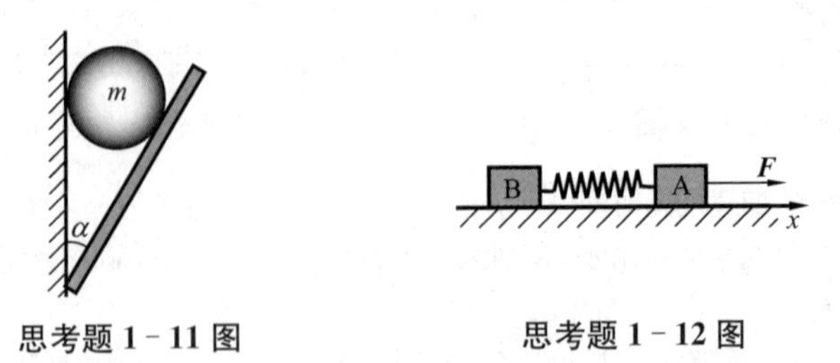

思考题 1－11 图　　思考题 1－12 图

1－12　质量分别为 m_1 和 m_2 的两滑块 A 和 B 通过一轻弹簧水平连接后置于水平桌面上，

滑块与桌面间的摩擦因数均为 μ，系统在水平拉力 F 作用下匀速运动，如题图所示。如突然撤销拉力，则刚撤销后瞬间，两者的加速度 a_A 和 a_B 分别为多少？

1-13　在汽车行驶过程中，汽车与地面的摩擦力究竟是推力还是阻力？试分析之。

1-14　如题图所示，用一斜向上的力 $\boldsymbol{F}$（与水平成 30°角），将一重为 $\boldsymbol{G}$ 的木块压靠在竖直壁面上，如果不论用怎样大的力 $\boldsymbol{F}$，都不能使木块向上滑动，则木块与壁面间的静摩擦因数 μ 至少为多少？

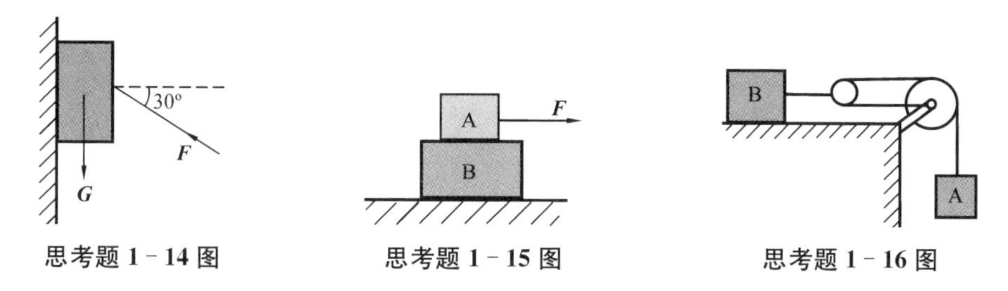

思考题 1-14 图　　思考题 1-15 图　　思考题 1-16 图

1-15　质量分别为 m 和 M 的滑块 A 和 B，叠放在光滑水平桌面上，如题图所示。A、B 间静摩擦因数为 μ_s，滑动摩擦因数为 μ_k，系统原处于静止。今有一水平力作用于 A 上，要使 A、B 不发生相对滑动，则 F 应取什么范围？

1-16　如题图所示，物体 A、B 质量相同，B 在光滑水平桌面上。滑轮与绳的质量以及空气阻力均不计，滑轮与其轴之间的摩擦也不计。系统无初速度地释放，则物体 A 下落的加速度是多少？

1-17　如题图所示，假设物体沿着竖直面上圆弧形轨道下滑，轨道是光滑的，在从 A 至 C 的下滑过程中，下面说法正确的是（　　）。

(A) 它的加速度大小不变，方向永远指向圆心　(B) 它的速率均匀增加

(C) 它的合外力大小变化，方向永远指向圆心　(D) 它的合外力大小不变

(E) 轨道支持力的大小不断增加

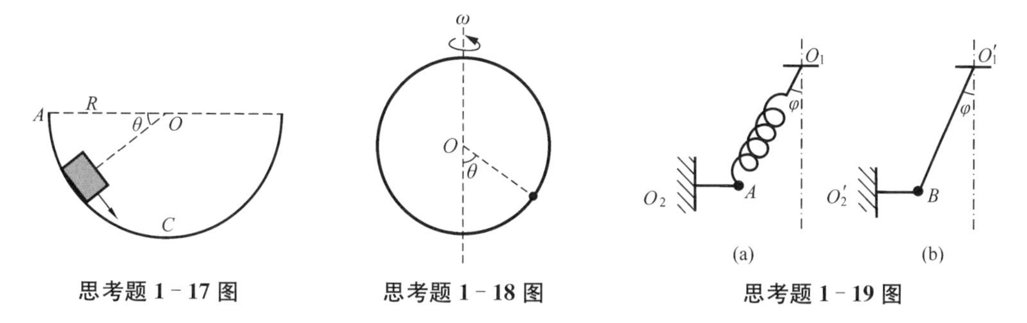

思考题 1-17 图　　思考题 1-18 图　　思考题 1-19 图

1-18　如题图所示，一小珠可在半径为 R 的竖直圆环上无摩擦地滑动，且圆环能以其竖直直径为轴转动。当圆环以一适当的恒定角速度 ω 转动，小珠偏离圆环转轴而且相对圆环静止时，小珠所在处圆环半径偏离竖直方向的角度为多大？

1-19　如题图所示，小球 A 用轻弹簧 O_1A 与轻绳 O_2A 系住，小球 B 用轻绳 $O_1'B$ 与 $O_2'B$ 系住，今剪断 O_2A 绳和 $O_2'B$ 绳，在刚剪断的瞬间，A、B 球的加速度量值和方向是否相同？

1-20　一小球在匀速转动的光滑圆盘上相对地面静止不动，因而相对圆盘做匀速圆周运动。在圆盘参考系上，如何解释小球的运动？

第2章　功 与 能

能量守恒定律表明，能量既不会凭空产生，也不会凭空消失，它只能从一种形式转化为其他形式，或者从一个物体转移到别的物体，在转化或转移的过程中其总量不变。能量守恒是自然界的一条基本规律。

不同形式的能量之间可以相互转化，能量转化的形式可以多种多样，包括外力做功、外界传热、热辐射和系统与外界间直接的物质交换等可能的方式。做功是力学范围内常见的能量转换方式，是力的空间累积效应。外力对系统做功，可以引起系统能量的变化，这种能量的变化可用外界作用力对系统做功的多少来量度。

本章将重点讨论功、保守力和机械能（包括动能和势能）等概念，并从牛顿运动定律出发推导质点（系）运动的动能定理、功能原理和机械能守恒定律。

2.1　功　动能定理

2.1.1　功

1）恒力做功

如图 2－1 所示，质点受恒力 $\boldsymbol{F}$ 作用从 a 运动到 b，恒力 $\boldsymbol{F}$ 对质点做功定义为恒力沿质点位移方向的投影与质点位移大小的乘积，即

$$A=(F\cos\theta)|\Delta\boldsymbol{r}|,$$

因为 $\boldsymbol{F}$ 和 $\Delta\boldsymbol{r}$ 都是矢量，可以把上式改写为两个矢量的标量积的形式

$$A=F|\Delta\boldsymbol{r}|\cos\theta=\boldsymbol{F}\cdot\Delta\boldsymbol{r},\quad(2-1)$$

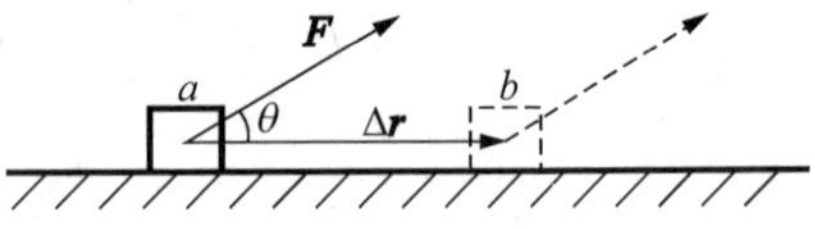

图 2－1

在质点做曲线运动的情况下，这种定义依然有效。

2）变力做功

如图 2－2 所示，在变力作用下，质点沿曲线从 a 运动到 b。为求变力做功，我们可将质点沿曲线的运动分解为 N 个小段，第 i 个小段质点的位移为 $\Delta\boldsymbol{r}_i$，由于对应的时间 Δt_i 极短，相应的力 $\boldsymbol{F}_i$ 可视为恒力，它对质点所做的功为

$$\Delta A_i=\boldsymbol{F}_i\cdot\Delta\boldsymbol{r}_i,$$

质点沿曲线从位置 a 运动到 b，变力对质点做的总功近似等于在各个位移上力所做的功之和：

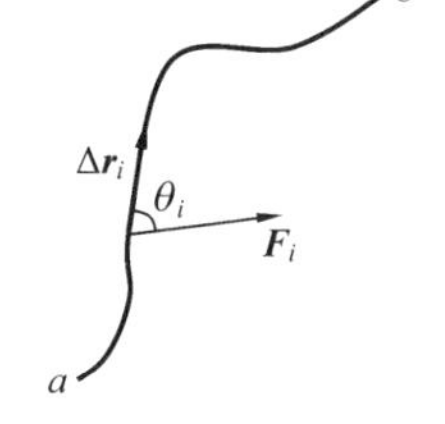

图 2-2

$$A = \sum_{i=1}^{N} \Delta A_i = \sum_{i=1}^{N} \boldsymbol{F}_i \cdot \Delta \boldsymbol{r}_i 。$$

取 $\Delta \boldsymbol{r}_i \to 0$ 的极限情况，就得到功的精确值

$$A = \lim_{N \to \infty} \sum_{i=1}^{N} \Delta A_i = \int_a^b \boldsymbol{F} \cdot \mathrm{d}\boldsymbol{r} 。 \qquad (2-2)$$

由此可见，功的普遍计算公式就是力与质点元位移标积的积分。

讨论：

(1) 由于功是力与位移的标积沿曲线路径的积分，故通常功既与质点运动的始末位置有关，又与运动过程有关，是一个过程量。

(2) 功是标量，其正负取决于力与位移间的夹角 θ。当 $0 \leqslant \theta < \dfrac{\pi}{2}$ 时，$\mathrm{d}A > 0$，力对物体做正功。当 $\theta = \dfrac{\pi}{2}$ 时，$\mathrm{d}A = 0$，力对物体不做功。当 $\dfrac{\pi}{2} < \theta \leqslant \pi$ 时，$\mathrm{d}A < 0$，力对物体做负功。

"力对物体做负功"实际上是物体在运动中克服外力 $\boldsymbol{F}$ 而对外做了功。行星在太阳引力的作用下在确定的椭圆轨道上运行，在行星绕太阳运动的过程中，引力有时对行星做负功，有时做正功，有时不做功。

(3) 在牛顿力学中，相互作用力与参考系的选择无关，而位移与参考系的选择有关，因此，功与参考系的选择有关。对于同一个力的作用过程，在不同参考系中的观测者看来，力做功多少是不一样的。

(4) 当质点同时受到 n 个力作用时，其合力的功等于各分力功的代数和，即

$$A = \int_a^b \left(\sum_{i=1}^{n} \boldsymbol{F}_i \right) \cdot \mathrm{d}\boldsymbol{r} = \sum_{i=1}^{n} \left(\int_a^b \boldsymbol{F}_i \cdot \mathrm{d}\boldsymbol{r} \right) = \sum_{i=1}^{n} A_i 。$$

(5) 任一力的功在直角坐标系中可表示为

$$\mathrm{d}A = \boldsymbol{F} \cdot \mathrm{d}\boldsymbol{r} = F_x \mathrm{d}x + F_y \mathrm{d}y + F_z \mathrm{d}z$$

和

$$A = \int_{x_a}^{x_b} F_x \mathrm{d}x + \int_{y_a}^{y_b} F_y \mathrm{d}y + \int_{z_a}^{z_b} F_z \mathrm{d}z ,$$

式中 (x_a, y_a, z_a)，(x_b, y_b, z_b) 分别为 a，b 两点的空间坐标。在自然坐标系中

$$A = \int_a^b \boldsymbol{F} \cdot \mathrm{d}\boldsymbol{r} = \int_a^b F_{\mathrm{t}} \left| \mathrm{d}\boldsymbol{r} \right| = \int_a^b F_{\mathrm{t}} \mathrm{d}s = \int_a^b F \cos\theta \mathrm{d}s ,$$

式中 F_t 为外力 $\boldsymbol{F}$ 在位移 $\mathrm{d}\boldsymbol{r}$ 方向上的分量。

(6) 在实际问题中,往往不仅需要知道力做了多少功,还要知道做功的快慢程度。力在单位时间内做的功称为功率。若力在 Δt 时间内做功 ΔA,则平均功率定义为

$$\overline{P}=\frac{\Delta A}{\Delta t}。$$

功率愈大,做同样的功所花费的时间就愈少,做功的效率也愈高。若两台机器的功率不同,在相同时间内所做的功就不同,因此,功率是衡量机器性能的重要指标之一。表 2-1 中列出了一些典型物理过程或机器功率的数量级。为了精确描述力做功的快慢程度,可令 Δt 趋于零,定义瞬时功率 P,即

$$P=\lim_{\Delta t\to 0}\frac{\Delta A}{\Delta t}=\frac{\mathrm{d}A}{\mathrm{d}t}。\tag{2-3}$$

由功的定义可得

$$P=\frac{\boldsymbol{F}\cdot\mathrm{d}\boldsymbol{r}}{\mathrm{d}t}=\boldsymbol{F}\cdot\boldsymbol{v}。\tag{2-4}$$

表 2-1 一些典型的功率 单位: W

事 件	功 率
太阳辐射	3.9×10^{26}
地球所受的太阳辐射	1.7×10^{17}
洲际火箭的推进	2×10^{13}
大发电站	约 1×10^{9}
喷气客机的发动机	2.1×10^{8}
汽车发动机	1.5×10^{5}
大功率无线电发射台	1×10^{5}
地球表面每平方米接收的太阳辐射	1.4×10^{3}
运动员的输出功率	2×10^{2}
人的平均输出功率	1×10^{2}
原子发射光子	约 1×10^{-10}

在国际单位制中,力的单位是 N,位移的单位是 m,因此功的单位是 N · m,用 J(焦耳)表示。功率的单位是 J/s,用 W(瓦)表示。

3）内力做功

由于系统内力作用总是发生在两两质点之间的，因此，系统的内力总是成对出现的。这样第 j 个质点对第 i 个质点的作用力 $\boldsymbol{f}_{ij}$ 和第 i 个质点对第 j 个质点的作用力 $\boldsymbol{f}_{ji}$ 所做的功总是同时出现在内力做功的求和过程中。如图 2－3 所示，这一对作用力和反作用力（$\boldsymbol{f}_{12}=-\boldsymbol{f}_{21}$）所做的元功之和为

$$\begin{aligned} \mathrm{d}A_{\text{对}} &= \boldsymbol{f}_{12}\cdot\mathrm{d}\boldsymbol{r}_1+\boldsymbol{f}_{21}\cdot\mathrm{d}\boldsymbol{r}_2 \\ &= \boldsymbol{f}_{21}\cdot(\mathrm{d}\boldsymbol{r}_2-\mathrm{d}\boldsymbol{r}_1) \\ &= \boldsymbol{f}_{21}\cdot\mathrm{d}(\boldsymbol{r}_2-\boldsymbol{r}_1) \\ &= \boldsymbol{f}_{21}\cdot\mathrm{d}\boldsymbol{r}_{21}。 \end{aligned} \tag{2-5}$$

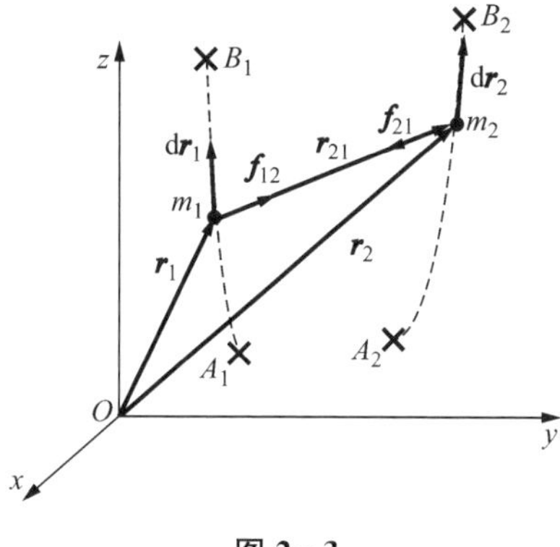

图 2－3

这里 $\boldsymbol{r}_1$ 和 $\boldsymbol{r}_2$ 为第 1 个质点和第 2 个质点的位置矢量，$\boldsymbol{r}_{21}=\boldsymbol{r}_2-\boldsymbol{r}_1$ 为第 2 个质点相对于第 1 个质点的相对位置矢量，$\mathrm{d}\boldsymbol{r}_{21}=\mathrm{d}(\boldsymbol{r}_2-\boldsymbol{r}_1)$ 为 $\mathrm{d}t$ 时间内的相对元位移。可见，一对作用力和反作用力所做的总功只与作用力 $\boldsymbol{f}_{21}$ 及相对元位移有关。

设(1)表示两质点的初位形，即质点 1 在 A_1，质点 2 在 A_2；(2)表示两质点的末位形，即质点 1 在 B_1，质点 2 在 B_2。当两质点系从位形(1)运动到位形(2)时，一对作用力和反作用力所做的总功为

$$A_{\text{对}}=\int_{(1)}^{(2)}\boldsymbol{f}_{21}\cdot\mathrm{d}\boldsymbol{r}_{21}=\int_{(1)}^{(2)}\boldsymbol{f}_{12}\cdot\mathrm{d}\boldsymbol{r}_{12}。\tag{2-6}$$

讨论：

（1）因相对位置矢量 $\boldsymbol{r}_{12}$ 及其元位移 $\mathrm{d}\boldsymbol{r}_{12}$ 与参考系无关，故一对内力做功之和与所选参考系无关。

（2）一般情况下，一对内力做功之和不为零，但是，如果在运动过程中，质点系内各个质点的相对位形不变（如刚体），$\mathrm{d}\boldsymbol{r}_{21}=0$，则一对内力做功之和等于零。另外，在相对位移与内力垂直的情况下，即 $\boldsymbol{f}_{21}\perp\mathrm{d}\boldsymbol{r}_{21}$ 时，总功也必为零。

【例 2－1】 小球在水平变力 $\boldsymbol{F}$ 的作用下从最低点开始缓慢移动，直到绳子与竖直方向成 θ 角，如图 2－4 所示。由于小球移动缓慢，在任何位置上都可认为小球处在平衡状态。求在小球运动过程中：

（1）$\boldsymbol{F}$ 做的功；

（2）重力做的功。

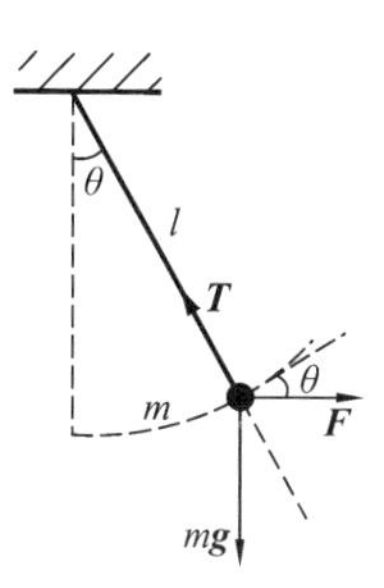

图 2－4

解　设小球受绳子的拉力为 $\boldsymbol{T}$，按题设条件，有

$$\boldsymbol{F}+\boldsymbol{T}+m\boldsymbol{g}=0,$$

写为分量形式

$$\begin{cases}T\sin\theta=F,\\T\cos\theta=mg,\end{cases}$$

则

$$F=mg\tan\theta,$$

按功的定义，$\boldsymbol{F}$ 做功为

$$A_F=\int\boldsymbol{F}\cdot\mathrm{d}\boldsymbol{r}=\int F_{\mathrm{t}}\mathrm{d}s,$$

其中

$$\begin{cases}F_{\mathrm{t}}=F\cos\theta=mg\sin\theta,\\\mathrm{d}s=l\mathrm{d}\theta,\end{cases}$$

则

$$A_F=\int F_{\mathrm{t}}\mathrm{d}s=\int_0^{\theta}mg\sin\theta\cdot l\mathrm{d}\theta=mgl(1-\cos\theta),$$

重力做功为

$$A_G=\int m\boldsymbol{g}\mathrm{d}\boldsymbol{r}=\int_0^{\theta}-mg\sin\theta\, l\mathrm{d}\theta=-mgl(1-\cos\theta)。$$

【例 2-2】 如图 2-5 所示，一颗子弹射入厚为 l 的木块后停留在木块前部，同时木块在水平桌面上向前移动了距离 s，求这一过程中子弹与木块间摩擦力做的总功。

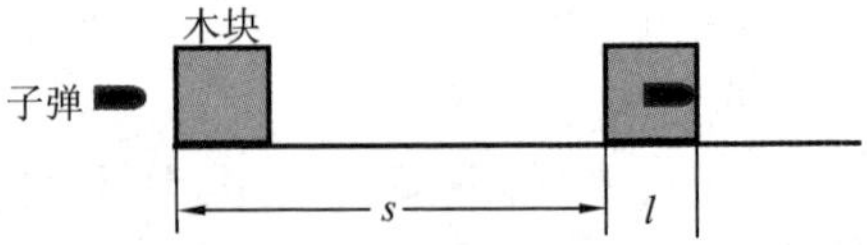

图 2-5

解 分别以木块、子弹、桌面为参考系计算子弹和木块间的一对摩擦力做功总和。

(1) 在木块参考系中，木块位移为 0，子弹位移为 l，则摩擦力对木块做功 $A_{f1}=0$，对子弹做功 $A_{f2}=-fl$，因此一对摩擦力做功

$$A_f=A_{f1}+A_{f2}=-fl。$$

(2) 在子弹参考系中，木块位移为 $-l$，子弹位移为 0，则摩擦力对木块做功 $A_{f1}=-fl$，对子弹做功 $A_{f2}=0$，因此一对摩擦力做功

$$A_f=A_{f1}+A_{f2}=-fl。$$

(3) 在地面参考系中，木块位移为 s，子弹位移为 $s+l$，则摩擦力对木块做功 $A_{f1}=fs$，对子弹做功 $A_{f2}=-f(s+l)$，因此一对摩擦力做功

$$A_f = A_{f1} + A_{f2} = -fl。$$

由上述讨论可知，一对内力做功之和与参考系无关，其大小取决于相对位移。

2.1.2　动能定理

质量为 m 的质点以速率 v 运动时，其动能定义为

$$E_{\mathrm{k}} = \frac{1}{2}mv^2, \tag{2-7}$$

动能是标量，且与坐标系的选取有关。

设质量为 m 的质点在合力 $\boldsymbol{F}$ 作用下，从点 a 沿曲线运动到点 b，如图 2-6 所示，$\boldsymbol{v}_a$，$\boldsymbol{v}_b$ 分别表示质点在起点 a 和终点 b 处的速度。运动过程中合力对质点做的功为

$$A = \int_a^b \boldsymbol{F} \cdot \mathrm{d}\boldsymbol{r} = \int_a^b F_{\mathrm{t}} |\mathrm{d}\boldsymbol{r}| = \int_a^b F_{\mathrm{t}} \mathrm{d}s = \int_a^b F\cos\theta \mathrm{d}s, \tag{2-8}$$

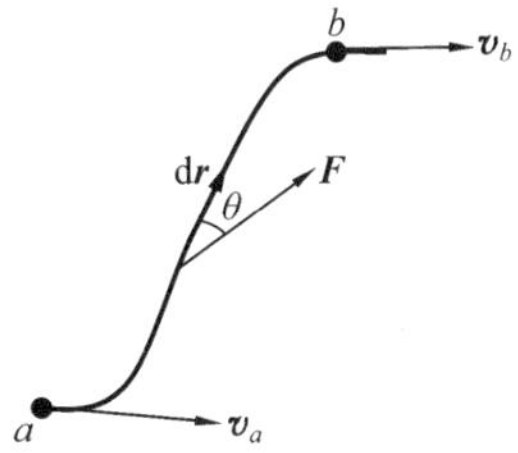

图 2-6

质点运动满足牛顿第二定律

$$\boldsymbol{F} = m\boldsymbol{a} = m\frac{\mathrm{d}\boldsymbol{v}}{\mathrm{d}t},$$

其在切线上的分量表达式为

$$F\cos\theta = ma_{\mathrm{t}} = m\frac{\mathrm{d}v}{\mathrm{d}t},$$

式中 a_{t} 为质点的切向加速度分量。将上式代入式(2-8)，得

$$A = \int_a^b F\cos\theta \mathrm{d}s = \int_a^b m\frac{\mathrm{d}v}{\mathrm{d}t}\mathrm{d}s = \int_a^b m\frac{\mathrm{d}s}{\mathrm{d}t}\mathrm{d}v = \int_a^b mv\mathrm{d}v$$

$$= \int_{v_a}^{v_b} mv\mathrm{d}v = \frac{1}{2}mv_b^2 - \frac{1}{2}mv_a^2 = E_{\mathrm{k}b} - E_{\mathrm{k}a}。$$

上式表明，在物体运动过程中，合外力对质点做的功等于质点动能的增量，此即动能定理。

几点说明：

(1) 当 $A > 0$ 时，作用于质点上的合外力做正功，其结果是使质点的动能增加；当 $A < 0$ 时，作用于质点上的合外力做负功，其结果是使质点的动能减小，或称质点可以通过减小动能而对外做功。由此可见，物体的动能越大，对外的做功本领越大，即动能是用来衡量物体做功本领的物理量，而这种做功本领与物体的运动有

关。由于总能量是守恒的,动能定理还表明,通过做功可以实现能量的转换,即功是能量转换的一种量度。

(2) 动能定理只在惯性系中成立,因为动能定理的理论基础是牛顿第二定律,而牛顿第二定律只对惯性系成立。功和动能都依赖于参考系的选择,在不同惯性系中,它们各有不同的量值,而在每个惯性系中却都存在着各自的动能定理,即动能定理的形式与惯性系的选择无关。

(3) 由于位移和速度与观测者所处的参考系有关,因此,功和动能的大小都与参考系的选择有关。如一只鸟相对于地面的速度一般不大,它所对应的动能也比较小,对摩天大楼中的人没有任何威胁;但是,如果以飞机为参考系,飞鸟的速度将相当大,其动能也将相当大!这对于飞机而言将是灾难性的。所以,在飞机场经常配备有大音量的干扰设备以驱赶飞鸟,以免在飞机起飞过程中发生碰撞而造成严重的空难事故。

(4) 虽然动能定理由牛顿第二定律积分而得,但由于合外力对物体做的功总是取决于物体始末动能之差,可以无须研究物体在每一时刻的运动情况。这样,动能定理在解决某些力学问题时,往往比直接运用牛顿第二定律要方便得多。

(5) 由功率的定义

$$P=\frac{\boldsymbol{F}\cdot\mathrm{d}\boldsymbol{r}}{\mathrm{d}t}=\boldsymbol{F}\cdot\boldsymbol{v}$$

和动能定理

$$\mathrm{d}A=\mathrm{d}E_{\mathrm{k}},$$

可得

$$\boldsymbol{F}\cdot\boldsymbol{v}=\frac{\mathrm{d}E_{\mathrm{k}}}{\mathrm{d}t},$$

称为动能定理的微分形式。

【例2-3】 如图2-7所示,在密度为ρ_1的液面上方,悬挂一根长为l、密度为ρ_2的均匀棒,棒的下端恰与液面接触。剪断细绳,设细棒只在浮力和重力作用下运动,在$\frac{\rho_1}{2}<\rho_2<\rho_1$的条件下,求细棒下落过程中的最大速度$v_{\mathrm{m}}$,以及细棒能进入液体的最大深度$H$。

解 由于$\rho_2<\rho_1$,棒下落至具有最大速度时,并未全部没入液体。设棒的横截面积为S,下端进入液面x处($x<l$)浮力F做功为

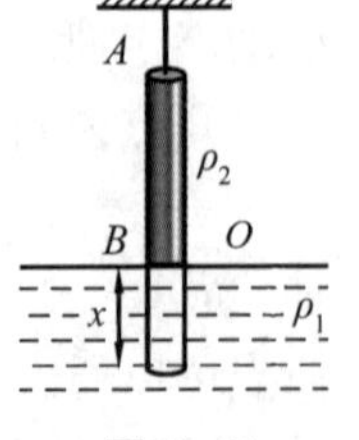

图2-7

$$A_F=-\int_0^x\rho_1 Sxg\,\mathrm{d}x=-\frac{1}{2}\rho_1 Sgx^2,$$

重力做功为

$$A_G = mgx = \rho_2 Sglx,$$

由动能定理，得

$$E_k = A_G + A_F = \rho_2 Sglx - \frac{1}{2}\rho_1 Sgx^2,$$

细棒达最大速度 v_m 时其动能也达最大值，用上式对 x 求导，并令其等于零，则

$$\frac{dE_k}{dx} = \rho_2 Sgl - \rho_1 Sgx = 0,$$

解得

$$x = \frac{\rho_2}{\rho_1} l,$$

此时细棒有最大动能。将其代入动能表达式，有

$$\frac{1}{2} m v_m^2 = \rho_2 Sgl \frac{\rho_2}{\rho_1} l - \frac{1}{2}\rho_1 Sg\left(\frac{\rho_2}{\rho_1} l\right)^2,$$

由此解得细棒最大速度为

$$v_m = \sqrt{\frac{\rho_2}{\rho_1} gl}。$$

设棒能进入液体的最大深度 $H > l$，在最大深度时棒的速度为零。此过程中浮力 F 做功为

$$A_F = -\int_0^l \rho_1 Sxg\,dx - \int_l^H \rho_1 Sgl\,dx = -\frac{1}{2}\rho_1 Sgl^2 - \rho_1 Sgl(H - l),$$

重力做功为

$$A_G = mgH = \rho_2 SglH,$$

由 $A_F + A_G = 0$，棒进入液体的最大深度

$$H = \frac{\rho_1}{\rho_1 - \rho_2} \frac{l}{2}。$$

令 $H > l$，解得 $\rho_2 > \frac{\rho_1}{2}$，此为题设条件，故假设细棒能进入液体的最大深度 $H > l$ 合理。

【例 2-4】 如图 2-8 所示，质量为 m 的物体在无摩擦的桌面上滑动，其运动被约束于固定在桌面上的挡板内，挡板是由 AB、CD 平直板和半径为 R 的 1/4 圆弧形板 BC 组成。若 $t = 0$ 时，物体以速度 $\boldsymbol{v}_0$ 沿着 AB 的内壁运动，物体与挡板间的摩擦因数为 μ。求物体从点 A 运动到点 D 过程中摩擦力所做的功。

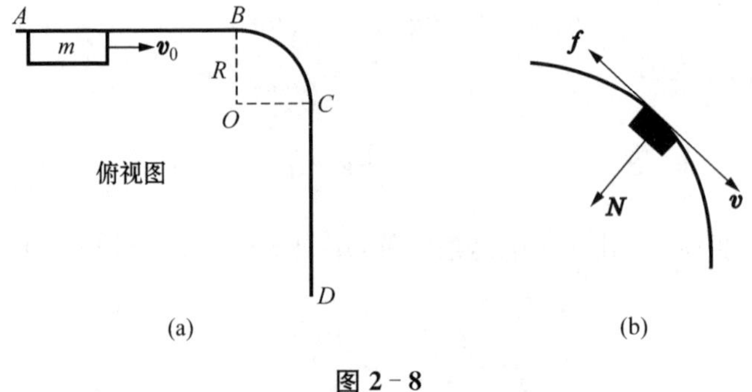

图 2-8

解 此问题在例 1-17 中已应用牛顿第二定律给出了部分解答,即得到了在物体运动到 D 时的速度大小为

$$v_f = v_0 e^{-\frac{\mu\pi}{2}},$$

物体只有在 BC 段运动时,摩擦力才做功,由动能定理,可得

$$A_f = \int \boldsymbol{f} \cdot d\boldsymbol{r} = \Delta E_k = \frac{1}{2}mv_f^2 - \frac{1}{2}mv_0^2,$$

以 v_f 代入后,得

$$A_f = \frac{1}{2}mv_0^2(e^{-\mu\pi} - 1),$$

由于 $e^{-\mu\pi} < 1, A_f < 0$,即摩擦力做负功。

【例 2-5】 3 个相同的物体分别沿如图 2-9 所示的斜面、凸面和凹面滑下。3 个面的高度和水平长度都相同,分别为 h 和 l。3 个面与物体的摩擦因数均为 μ。分析物体由哪个面下滑到地面时速度最大。

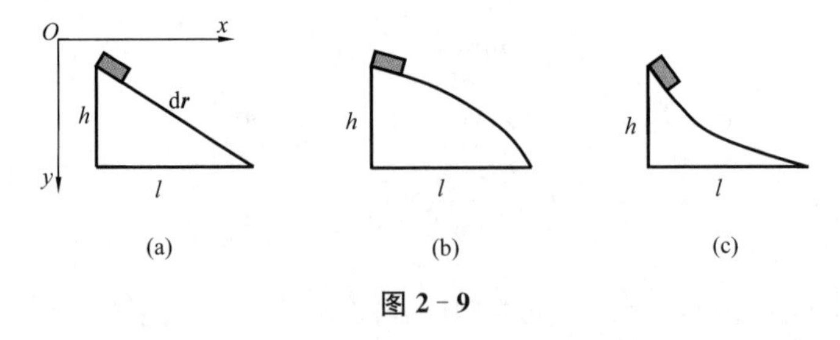

图 2-9

解 建立坐标如图,由功的定义

$$dA = \boldsymbol{F} \cdot d\boldsymbol{r} = F_t ds,$$

式中 F_t 为自然坐标系中作用在物体上的合力 $\boldsymbol{F}$ 沿轨道切线方向(或位移方向)上的分量。物体运动过程中,分别受到重力 $m\boldsymbol{g}$、斜面支持力 $\boldsymbol{N}$ 和摩擦力 $\boldsymbol{f}$(其大小为 $f = \mu N$)的作用。其中只有 $m\boldsymbol{g}$ 和 $\boldsymbol{f}$ 在位移方向上的分量不为零。对于图(a)

中的斜面，有

$$dA_1 = mg\sin\theta ds - f ds = mg\sin\theta ds - \mu mg\cos\theta ds = mg dy - \mu mg dx,$$

式中 θ 为斜面倾角。沿图(a)斜面下滑过程中，外力做功

$$A_1 = \int_0^h mg dy - \int_0^l \mu mg dx = mgh - \mu mgl。$$

对于图(b)中的凸面，有

$$mg\cos\theta - N = m\frac{v^2}{\rho},$$

其中 θ 为轨道切线与水平方向的夹角；ρ 为轨道的曲率半径。由此得

$$dA_2 = mg\sin\theta ds - f ds = mg dy - \mu m\left(g dx - \frac{v^2}{\rho} ds\right),$$

沿图(b)中的凸面下滑过程中，外力做功为

$$A_2 = \int_0^h mg dy - \int_0^l \mu mg dx + \int_0^s \mu m\frac{v^2}{\rho} ds = mgh - \mu mgl + \mu m\int_0^s \frac{v^2}{\rho} ds,$$

式中最后一项虽然没有给出明确结果，但我们知道它一定大于零。

对于图(c)中的凹面，因为

$$N - mg\cos\theta = m\frac{v^2}{\rho},$$

有

$$dA_3 = mg\sin\theta ds - f ds = mg dy - \mu m\left(g dx + \frac{v^2}{\rho} ds\right),$$

沿图(c)中的凹面下滑过程中，外力做功为

$$A_3 = \int_0^h mg dy - \int_0^l \mu mg dx - \int_0^s \mu m\frac{v^2}{\rho} ds = mgh - \mu mgl - \mu m\int_0^s \frac{v^2}{\rho} ds,$$

式中最后一项很显然一定小于零。由上述结果可知，$A_2 > A_1 > A_3$，由动能定理 $A = \Delta E_k$，当物体从静止状态沿图(b)凸面下滑的过程中，获得的动能最大。因此，物体沿图(b)凸面下滑到地面时速度最大。

2.2 保守力做功与势能

2.2.1 几种力做功

功是一个过程量，一般而言，力对物体做功的大小除了与物体的始末位置有关

外,还与物体具体运动路径有关。但是,自然界也存在一类力,其做功与路径无关,这类力称为保守力。

1) 重力做功

如图 2-10 所示,质量为 m 的物体从点 a 沿任一曲线 ab 移动到点 b,在 ab 路径上的元位移 $\mathrm{d}\boldsymbol{r}$ 中,重力所做的元功为

$$\mathrm{d}A = m\boldsymbol{g}\cdot\mathrm{d}\boldsymbol{r},$$

其中

$$m\boldsymbol{g} = -mg\boldsymbol{k},\ \mathrm{d}\boldsymbol{r} = \mathrm{d}x\boldsymbol{i} + \mathrm{d}y\boldsymbol{j} + \mathrm{d}z\boldsymbol{k},$$

因此

$$\mathrm{d}A = -mg\boldsymbol{k}\cdot(\mathrm{d}x\boldsymbol{i} + \mathrm{d}y\boldsymbol{j} + \mathrm{d}z\boldsymbol{k}) = -mg\,\mathrm{d}z,$$

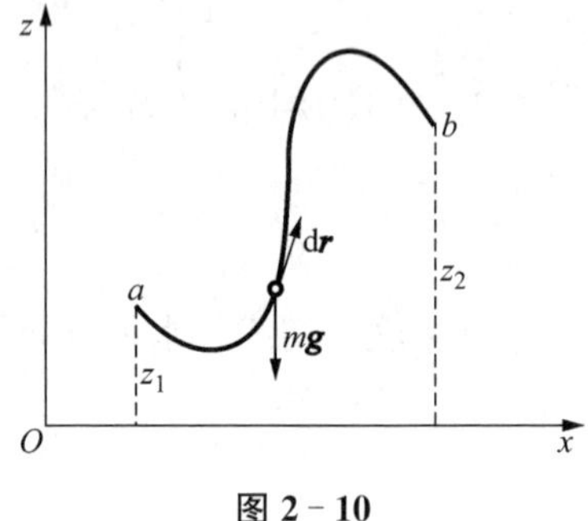

图 2-10

物体沿 ab 路径从点 a 移动到点 b 重力做功

$$A = \int_a^b m\boldsymbol{g}\cdot\mathrm{d}\boldsymbol{r} = -mg\int_{z_1}^{z_2}\mathrm{d}z = mgz_1 - mgz_2。\tag{2-9}$$

显然,重力做功只与质点的始末位置有关,而与所经过的路径无关,重力是保守力!

2) 万有引力做功

首先讨论有心力做功的特点。有心力是指作用在物体上的力的方向总是从物体指向某一确定的空间点(称为力心),或从确定的空间点指向物体,可以表示为

$$\boldsymbol{F}(\boldsymbol{r}) = f(r)\boldsymbol{e}_r,\tag{2-10}$$

式中 $\boldsymbol{r}$ 为力心 O 到物体的有向线段;$\boldsymbol{e}_r$ 为其单位矢量,r 为其大小;$f(r)$ 为 $\boldsymbol{F}(r)$的大小,只与距离 r 有关。设物体分别沿两条路径(路径 1 和路径 2)从 a 运动到 b,如图 2-11 所示。考虑沿两条路径运动时有心力做功的情况。首先,用如图所示的半径为 r 和 $r+\Delta r$ 的圆弧切割路径 1 和路径 2,分别切出两个相对应的路径元 $\Delta\boldsymbol{r}_1$ 和 $\Delta\boldsymbol{r}_2$。当物体沿两个路径分别移动 $\Delta\boldsymbol{r}_1$ 和 $\Delta\boldsymbol{r}_2$ 时,有心力做功分别为

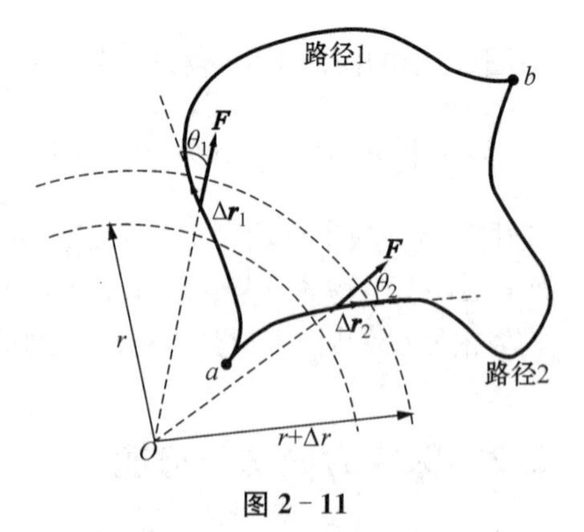

图 2-11

$$\boldsymbol{F}_1\cdot\Delta\boldsymbol{r}_1 = f(r)\boldsymbol{e}_r\cdot\Delta\boldsymbol{r}_1 = f(r)\,|\Delta\boldsymbol{r}_1|\cos\theta_1 = f(r)\Delta r$$

和

$$\boldsymbol{F}_2 \cdot \Delta \boldsymbol{r}_2 = f(r)\boldsymbol{e}_r \cdot \Delta \boldsymbol{r}_2 = f(r)|\Delta \boldsymbol{r}_2|\cos\theta_2 = f(r)\Delta r,$$

从上述结果可以看到

$$\boldsymbol{F}_1 \cdot \Delta \boldsymbol{r}_1 = \boldsymbol{F}_2 \cdot \Delta \boldsymbol{r}_2。$$

用相同的办法可以把两个路径分别切割成两组对应的路径元集合$\{\Delta \boldsymbol{r}_{1i}\}$和$\{\Delta \boldsymbol{r}_{2i}\}$，其中$i=1, 2,\cdots,N$。对于第$i$对路径元$\Delta \boldsymbol{r}_{1i}$和$\Delta \boldsymbol{r}_{2i}$，同样有

$$\boldsymbol{F}_{1i} \cdot \Delta \boldsymbol{r}_{1i} = \boldsymbol{F}_{2i} \cdot \Delta \boldsymbol{r}_{2i}。$$

当$N \to \infty$时,有

$$\int_{a路径1}^{b} \boldsymbol{F}_1 \cdot \mathrm{d}\boldsymbol{r}_1 = \int_{a路径2}^{b} \boldsymbol{F}_2 \cdot \mathrm{d}\boldsymbol{r}_2。 \tag{2-11}$$

因此,当物体分别沿两条路径1和路径2从A运动到B时,有心力做功是相同的。由于图2-11所设的两条路径是任意的,因此,可以得出一般结论:有心力做功与物体运动的路径无关。

万有引力是一种常见的有心力,如图2-12所示,设质量为m_1的物体固定在空间点O,质量为m_2的物体在m_1的球对称引力场中沿路径ab从a运动到b。物体受到m_1的引力为

$$\boldsymbol{F} = -G\frac{m_1 m_2}{r^3}\boldsymbol{r},$$

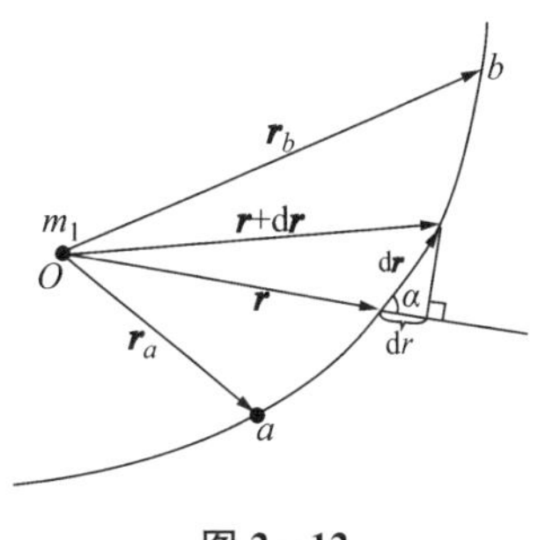

图2-12

式中$\boldsymbol{r}$为物体m_2相对于力心O的位置矢量。沿路径ab从a运动到b,万有引力做功为

$$A = \int_a^b \boldsymbol{F} \cdot \mathrm{d}\boldsymbol{r} = \int_a^b -G\frac{m_1 m_2}{r^3}\boldsymbol{r} \cdot \mathrm{d}\boldsymbol{r} = \int_a^b -G\frac{m_1 m_2}{r^2}|\mathrm{d}\boldsymbol{r}|\cos\alpha,$$

将$|\mathrm{d}\boldsymbol{r}|\cos\alpha = |\boldsymbol{r}+\mathrm{d}\boldsymbol{r}| - |\boldsymbol{r}| = \mathrm{d}r$代入上式,得

$$A = -Gm_1 m_2\int_{r_a}^{r_b}\frac{\mathrm{d}r}{r^2} = Gm_1 m_2\left(\frac{1}{r_b} - \frac{1}{r_a}\right), \tag{2-12}$$

式中r_a、r_b分别为a、b两点到引力中心O的距离。可见万有引力做功大小仅由物体的始末位置决定,与物体具体的运动路径无关,万有引力是保守力。

3) 弹性力做功

如图2-13所示,劲度系数为k的轻弹簧放在光滑水平桌面上,一端固定,另一端连接质量为m的质点。以弹簧自然伸长时质点的位置为原点O,当质点相对于原点O的位移为$x\boldsymbol{i}$时,其受到弹簧的弹性力为

$$\boldsymbol{F} = -kx\boldsymbol{i},$$

其中 $\boldsymbol{i}$ 为 x 方向单位矢量。由功的定义

$$A_{ab}=\int_a^b \boldsymbol{F}\cdot \mathrm{d}\boldsymbol{r}=-\int_a^b kx\boldsymbol{i}\cdot(\boldsymbol{i}\mathrm{d}x)=-\int_{x_1}^{x_2} kx\mathrm{d}x,$$

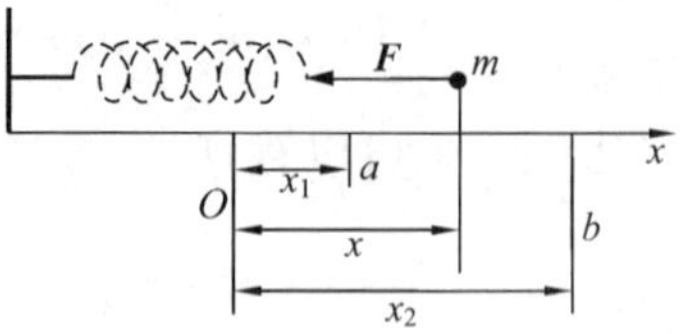

得

$$A_{ab}=\frac{1}{2}kx_1^2-\frac{1}{2}kx_2^2。\qquad (2-13)$$

图 2-13

可见弹性力做功也只与质点的始末位置有关,与质点运动的路径无关,弹性力也是保守力。

4) 回旋力做功

若质点在空间各处受到的力都沿着一系列同心圆弧的切向,这种力被称为回旋力。例如电子在感应加速器中受到的电场力、流体旋涡中质点受到流体的冲击力等就属于这种力。设回旋力满足

$$\boldsymbol{F}=\beta r\boldsymbol{e}_\theta,$$

式中 β 为常数; r 是质点在平面极坐标中的径向坐标; $\boldsymbol{e}_\theta$ 为横向单位矢量。质点在平面上由点 a 运动到点 b,如图 2-14 所示,回旋力做功为

$$A=\int_a^b \boldsymbol{F}\cdot \mathrm{d}\boldsymbol{r}=\int_a^b \beta r\boldsymbol{e}_\theta\cdot \mathrm{d}\boldsymbol{r},$$

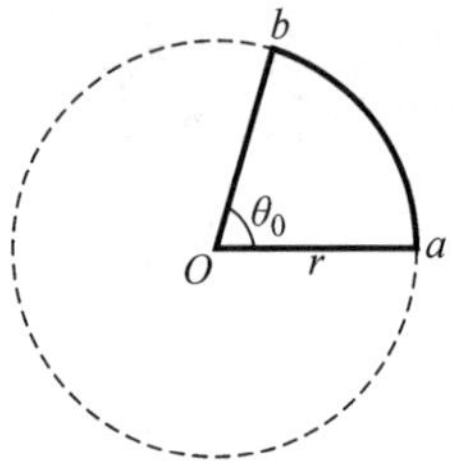

a 和 b 在半径为 r 的圆弧上,从 a 到 b 有无穷多种路径,这里取两条特殊路径。首先设质点沿半径为 r 的圆弧 ab 从 a 运动到 b,此时

$$\boldsymbol{e}_\theta\cdot \mathrm{d}\boldsymbol{r}=|\boldsymbol{e}_\theta||\mathrm{d}\boldsymbol{r}|\cos 0^\circ=|\mathrm{d}\boldsymbol{r}|=r\mathrm{d}\theta,$$

图 2-14

因此

$$A=\int_a^b \beta r|\mathrm{d}\boldsymbol{r}|=\int_0^{\theta_0}\beta r^2\mathrm{d}\theta=\beta r^2\theta_0。$$

其次设质点沿 aOb 路径运动,由于质点受到的作用力与位移处处垂直,回旋力不做功,即有

$$A=0。$$

因此,回旋力做功与前述 3 种力不同,其大小不仅取决于质点的始末位置,也与质点具体的运动路径有关,具有这种性质的力称为非保守力。

5) 摩擦力做功

如图 2-15 所示,质量为 m 的物体在水平桌面上沿曲线路径从点 a 运动到点 b,设物体与桌面的摩擦因数为 μ。物体在运动过程中,受到桌面摩擦力为

$$f=-\mu mg\boldsymbol{e}_t,$$

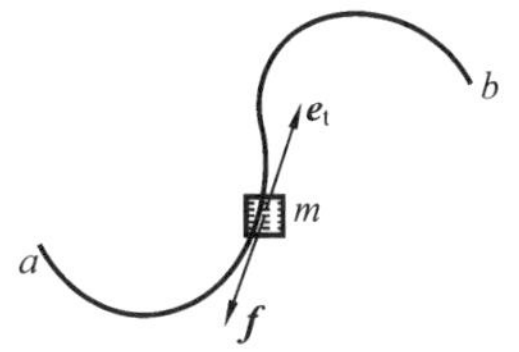

摩擦力的功

$$A=\int_a^b \boldsymbol{f}\cdot d\boldsymbol{r}=\int_a^b -\mu mg\boldsymbol{e}_t\cdot d\boldsymbol{r}=\int_a^b -\mu mg\,ds$$

$$=-\mu mg\int_a^b ds=-\mu mgs_{ab}, \qquad (2-14)$$

图 2-15

式中 s_{ab} 为物体沿曲线路径运动的路程。因此,从相同的点 a 运动到点 b,如果物体经过的路径不同,则摩擦力所做的功不等。可见摩擦力做功与物体运动的具体路径有关,是非保守力。由于一对滑动摩擦力做功之和总是负值,这种非保守力又称为耗散力。

根据各种力做功的特点,可以将力分为保守力和非保守力两类。保守力做功与路径无关,只与始末位置有关。而非保守力做功不仅与始末位置有关,还与路径有关。重力、万有引力、弹性力、静电力等都是保守力;而摩擦力、回旋力等都是非保守力。

因为保守力 $\boldsymbol{F}$ 做功与路径无关,质点由图 2-16 中的点 a 分别沿路径 acb 和 adb 运动到点 b 的过程应有

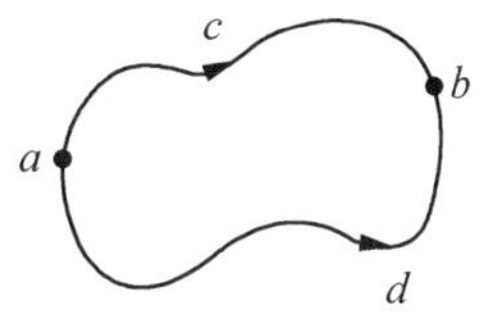

$$\int_{acb}\boldsymbol{F}\cdot d\boldsymbol{r}=\int_{adb}\boldsymbol{F}\cdot d\boldsymbol{r},$$

图 2-16

$\boldsymbol{F}$ 沿闭合路径对质点做功为

$$\oint_{acbda}\boldsymbol{F}\cdot d\boldsymbol{r}=\int_{acb}\boldsymbol{F}\cdot d\boldsymbol{r}+\int_{bda}\boldsymbol{F}\cdot d\boldsymbol{r}=\int_{acb}\boldsymbol{F}\cdot d\boldsymbol{r}-\int_{adb}\boldsymbol{F}\cdot d\boldsymbol{r}\equiv 0,$$

所以,保守力沿任意空间闭合路径的积分为零。

【例 2-6】 作用于质点的力 $\boldsymbol{F}=xy\boldsymbol{i}+(x+y)\boldsymbol{j}$。质点自 O 点分别经图 2-17 所示路径 OAB、ODB 和 OB 到达点 B,求力 $\boldsymbol{F}$ 做的功(力的单位为 N,位移的单位为 m)。

解 物体沿 OAB 路径运动,$\boldsymbol{F}$ 做功为

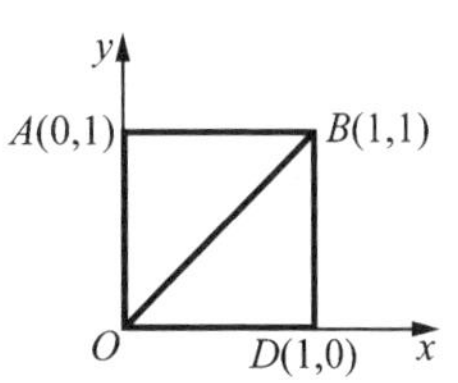

$$A_{OAB}=\int_O^B \boldsymbol{F}\cdot d\boldsymbol{r}=\int_O^A \boldsymbol{F}\cdot d\boldsymbol{r}+\int_A^B \boldsymbol{F}\cdot d\boldsymbol{r}=A_{OA}+A_{AB},$$

图 2-17

其中

$$A_{OA}=\int_O^A \boldsymbol{F}\cdot d\boldsymbol{r}=\int_0^1 F_y\,dy=\int_0^1 (x+y)|_{x=0}\,dy=\int_0^1 y\,dy=\frac{1}{2}\ \text{J},$$

$$A_{AB}=\int_A^B \boldsymbol{F}\cdot d\boldsymbol{r}=\int_0^1 F_x\,dx=\int_0^1 xy|_{y=1}\,dx=\int_0^1 x\,dx=\frac{1}{2}\ \text{J},$$

因此

$$A_{OAB}=A_{OA}+A_{AB}=\frac{1}{2}+\frac{1}{2}=1(\mathrm{J})。$$

物体沿 ODB 路径运动，$\boldsymbol{F}$ 做功为

$$A_{ODB}=\int_O^B \boldsymbol{F}\cdot \mathrm{d}\boldsymbol{r}=\int_O^D \boldsymbol{F}\cdot \mathrm{d}\boldsymbol{r}+\int_D^B \boldsymbol{F}\cdot \mathrm{d}\boldsymbol{r}=A_{OD}+A_{DB},$$

其中

$$A_{OD}=\int_O^D \boldsymbol{F}\cdot \mathrm{d}\boldsymbol{r}=\int_0^1 F_x \mathrm{d}x=\int_0^1 xy\big|_{y=0}\mathrm{d}x=\int_0^1 0\mathrm{d}x=0(\mathrm{J}),$$

$$A_{DB}=\int_D^B \boldsymbol{F}\cdot \mathrm{d}\boldsymbol{r}=\int_0^1 F_y \mathrm{d}y=\int_0^1 (x+y)\big|_{x=1}\mathrm{d}y=\int_0^1 (1+y)\mathrm{d}y=1\,\frac{1}{2}(\mathrm{J}),$$

因此

$$A_{ODB}=A_{OD}+A_{DB}=0+1\,\frac{1}{2}=1\,\frac{1}{2}(\mathrm{J})。$$

物体沿 OB 路径运动，$x=y$，$\boldsymbol{F}$ 做功为

$$A_{OB}=\int_O^B \boldsymbol{F}\cdot \mathrm{d}\boldsymbol{r}=\int_0^1 F_x \mathrm{d}x+\int_0^1 F_y \mathrm{d}y=\int_0^1 x^2 \mathrm{d}x+\int_0^1 2y\mathrm{d}y=1\,\frac{1}{3}(\mathrm{J})。$$

从以上计算结果可知，物体的始末位置相同，但沿不同路径运动时，外力做功不同，故此力为非保守力。

2.2.2 势能

1) 势能的引入

能量是衡量物体做功本领的物理量，动能用来衡量物体由于运动所具有的做功本领。而当质点在保守力作用下从一点运动到另一点，只要两点位置确定，其能量的相应变化也是确定的。由此可以设想，质点处在某个位置时就应具有某种能量，这种与质点所在位置有关的能量称为势能。质点所处的位置不同，其势能也不同。如果质点从点 a 运动到点 b 保守力做正功，就有相应的一份势能释放出来转变为质点的动能或其他形式的能量；反之，若用外力将质点从点 b 送回点 a，外力就要抵抗保守力做功，即保守力做了负功，这时就有一份势能被储存起来。质点的势能是质点位置的单值函数，又称为势能函数，用 $E(\boldsymbol{r})$ 表示。规定当质点从点 a 运动到点 b 保守力做的功等于势能的减少，即

$$A_{ab}=\int_a^b \boldsymbol{F}\cdot \mathrm{d}\boldsymbol{r}=E_{pa}-E_{pb},$$

用势能的增量 $\Delta E_p=E_{pb}-E_{pa}$ 表示，则有

$$\Delta E_p=E_{pb}-E_{pa}=-\int_a^b \boldsymbol{F}\cdot \mathrm{d}\boldsymbol{r}。\tag{2-15}$$

其含义为势能的增量等于保守力所做的负功。

与重力做功相对应的为重力势能，质点在 a，b 两点的重力势能差为

$$E_{pb}-E_{pa}=mgz_b-mgz_a。$$

同理，质点在 a，b 两点的引力势能差为

$$E_{pb}-E_{pa}=\left(-G\frac{m_1m_2}{r_b}\right)-\left(-G\frac{m_1m_2}{r_a}\right),$$

弹性势能差为

$$E_{pb}-E_{pa}=\frac{1}{2}kx_b^2-\frac{1}{2}kx_a^2。$$

必须强调，势能属于相互作用质点的系统。通常所说的“质点（或物体）的势能”只是为了叙述方便。严格地讲，因为势能与相互作用有关，称势能为“两个质点的相互作用势能”或“多质点系统相互作用势能”更确切。比如，重力势能属于地-物系统，是地球与物体间的相互作用势能。

若系统由两个质点构成，如果它们之间的相互作用内力为保守力，则当两质点从相对位矢 $\boldsymbol{r}_{ij}$ 改变为 $\boldsymbol{r}'_{ij}$ 的过程中，一对保守内力做功之和仅与始末两质点的相对位置有关，与两质点的具体运动路径无关（见图 2-18）。这表明两质点在相互作用的一对保守内力作用下，处在一定相对位置时具有一定的势能。在相对位矢由 $\boldsymbol{r}_{ij}$ 改变为 $\boldsymbol{r}'_{ij}$ 的过程中，势能的减少 $E_p(\boldsymbol{r}_{ij})-E_p(\boldsymbol{r}'_{ij})$ 就是这一对保守内力在此过程中做功之和。

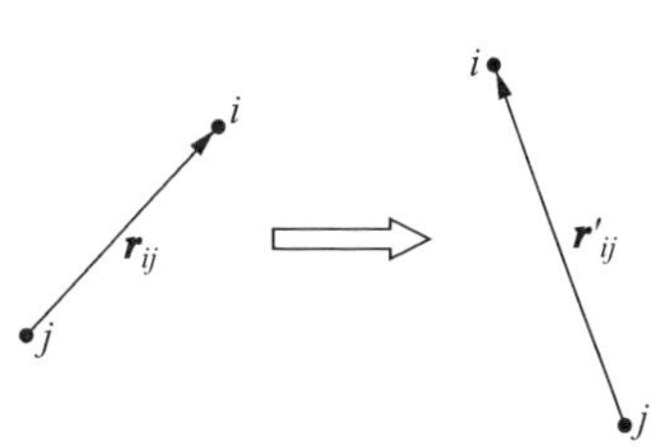

图 2-18

对于多个质点构成的系统，若两两质点间的相互作用内力均为保守力，质点系相互作用总势能为两两质点间的相互作用势能之和，即

$$E_p=\sum_i\sum_{j>i}E_{pij},$$

这里 E_{pij} 为第 i 个质点与第 j 个质点间的相互作用势能，而求和中 $j>i$ 是为了避免重复计算。

讨论：

(1) 势能的引入是以保守力做功为前提的。因为非保守力做功与路径有关，所以不能引入相应的势能的概念。

(2) 势能的大小只有相对意义,只有选好势能零点才能确定各个位置势能的确切数值。一般情况下,势能零点可以任意选取,以势能的表达式简单为原则。

(3) 当质点在保守力作用下从一点运动到另一点时,上述关于系统势能零点的任意选择并不影响保守力对质点做功大小。这是因为,当质点处于两个不同位置时的势能差是绝对的,与势能零点的选取无关。

2) 由保守力确定势能函数

根据势能的定义,势能的增量等于保守力所做的负功,即

$$\Delta E_{\mathrm{p}}=E_{\mathrm{p}b}-E_{\mathrm{p}a}=-\int_a^b \boldsymbol{F}\cdot \mathrm{d}\boldsymbol{r},$$

若选取点 b 为势能零点,则点 a 势能值

$$E_{\mathrm{p}a}=\int_a^b \boldsymbol{F}\cdot \mathrm{d}\boldsymbol{r},$$

即任一点的势能值等于将质点由该点移动到势能为零的点的过程中保守力做的功。

对于重力势能,通常取地面为势能零点,即 $E_{\mathrm{p}}|_{z=0}=0$,则质点的重力势能为

$$E_{\mathrm{p}}=mgz。\tag{2-16}$$

对于引力势能,通常取无限远处为势能零点,则

$$E_{\mathrm{p}}=-\frac{GmM}{r}。\tag{2-17}$$

对于弹性势能,通常取弹簧原长($x=0$)位置为势能零点,则

$$E_{\mathrm{p}}=\frac{1}{2}kx^2。\tag{2-18}$$

一般情况下,“势能的增量等于保守力所做的负功”可表示为

$$\mathrm{d}E_{\mathrm{p}}=-F(\boldsymbol{r})\cdot \mathrm{d}\boldsymbol{r},$$

积分可得

$$E_{\mathrm{p}}=-\int \boldsymbol{F}(\boldsymbol{r})\cdot \mathrm{d}\boldsymbol{r}=-V(\boldsymbol{r})+C,$$

不定积分中的常数 C 由选定的势能零点确定。比如对于弹性力 $\boldsymbol{F}(x)=-kx\boldsymbol{i}$,选定 $x=x_0$ 处为势能零点,则势能函数为

$$E_{\mathrm{p}}=-\int -kx\boldsymbol{i}\cdot \mathrm{d}x\boldsymbol{i}=\int kx\,\mathrm{d}x=\frac{1}{2}kx^2+C,$$

用 $x=x_0$, $E_{\mathrm{p}}(x_0)=0$ 代入,得 $C=-\frac{1}{2}kx_0^2$,故对应的势能函数为

$$E_p=\frac{1}{2}kx^2-\frac{1}{2}kx_0^2。$$

3）由势能函数确定保守力

保守力与势能（函数）之间有一一对应的关系，已知保守力，通过积分可得势能函数；反之，已知势能函数，则通过微分可得相应的保守力。

根据势能与保守力做功的关系

$$\mathrm{d}E_p=-\boldsymbol{F}(\boldsymbol{r})\cdot\mathrm{d}\boldsymbol{r}。\tag{2-19}$$

在直角坐标系中

$$\boldsymbol{F}\cdot\mathrm{d}\boldsymbol{r}=F_x\mathrm{d}x+F_y\mathrm{d}y+F_z\mathrm{d}z,$$

对于多元函数 $E_p(x, y, z)$：

$$\mathrm{d}E_p=\frac{\partial E_p}{\partial x}\mathrm{d}x+\frac{\partial E_p}{\partial y}\mathrm{d}y+\frac{\partial E_p}{\partial z}\mathrm{d}z,$$

把以上两式代入式(2-19)，得

$$F_x\mathrm{d}x+F_y\mathrm{d}y+F_z\mathrm{d}z=-\left(\frac{\partial E_p}{\partial x}\mathrm{d}x+\frac{\partial E_p}{\partial y}\mathrm{d}y+\frac{\partial E_p}{\partial z}\mathrm{d}z\right),$$

式中 $\frac{\partial E_p}{\partial x}$，$\frac{\partial E_p}{\partial y}$，$\frac{\partial E_p}{\partial z}$ 分别为势能函数 $E_p(x, y, z)$ 对 x，y，z 的偏导数，上式可以改写为

$$\left(F_x+\frac{\partial E_p}{\partial x}\right)\mathrm{d}x+\left(F_y+\frac{\partial E_p}{\partial y}\right)\mathrm{d}y+\left(F_z+\frac{\partial E_p}{\partial z}\right)\mathrm{d}z=0,$$

因为 $\mathrm{d}x$，$\mathrm{d}y$ 和 $\mathrm{d}z$ 为相互独立的变量，要使上式成立，$\mathrm{d}x$，$\mathrm{d}y$ 和 $\mathrm{d}z$ 的系数必须分别为零。因此，必然有如下关系式：

$$\begin{cases}F_x=-\dfrac{\partial E_p}{\partial x},\\[2mm] F_y=-\dfrac{\partial E_p}{\partial y},\\[2mm] F_z=-\dfrac{\partial E_p}{\partial z}。\end{cases}\tag{2-20}$$

若已知相互作用势能函数 $E_p(x, y, z)$ 的表达式，由式(2-20)就可以得到质点间相互作用保守力的 3 个分量 F_x，F_y 和 F_z，并进而得到

$$\boldsymbol{F}=-\left(\frac{\partial E_p}{\partial x}\boldsymbol{i}+\frac{\partial E_p}{\partial y}\boldsymbol{j}+\frac{\partial E_p}{\partial z}\boldsymbol{k}\right),$$

可简记为

$$\boldsymbol{F}=-\nabla E_{\mathrm{p}},$$

其中 ∇ 在数学上称为梯度算子，即

$$\nabla=\boldsymbol{i}\frac{\partial}{\partial x}+\boldsymbol{j}\frac{\partial}{\partial y}+\boldsymbol{k}\frac{\partial}{\partial z},$$

它是一个矢量形式的微分算子，当它作用到势能函数 $E_{\mathrm{p}}(x, y, z)$ 上时，可以给出相互作用保守力的信息。势能梯度 ∇E_{p} 是一个矢量，其方向沿势能函数 $E_{\mathrm{p}}(x, y, z)$ 变化最大的方向。$\boldsymbol{F}=-\nabla E_{\mathrm{p}}$ 表示相互作用力 $\boldsymbol{F}$ 与势能梯度 ∇E_{p} 大小相等，方向相反。

如果已知质点-弹簧系统的势能函数 $E_{\mathrm{p}}(x, y, z)=\frac{1}{2}kx^2+\frac{1}{2}ky^2+\frac{1}{2}kz^2$，则弹性力

$$\boldsymbol{F}=-\nabla E_{\mathrm{p}}(x,y,z)=-\left(\boldsymbol{i}\frac{\partial}{\partial x}+\boldsymbol{j}\frac{\partial}{\partial y}+\boldsymbol{k}\frac{\partial}{\partial z}\right)\left(\frac{1}{2}kx^2+\frac{1}{2}ky^2+\frac{1}{2}kz^2\right),$$

即

$$\boldsymbol{F}=-kx\boldsymbol{i}-ky\boldsymbol{j}-kz\boldsymbol{k}=-k(x\boldsymbol{i}+y\boldsymbol{j}+z\boldsymbol{k})=-k\boldsymbol{r},$$

其中 $\boldsymbol{r}=x\boldsymbol{i}+y\boldsymbol{j}+z\boldsymbol{k}$ 表示物体相对于弹性力心的相对位置矢量。$\boldsymbol{F}=-k\boldsymbol{r}$ 表示作用在物体上的力是具有球对称性的弹性力。

4) 势能曲线

在很多情况下，将系统的势能与物体相对位置的关系绘成曲线，讨论物体在保守力作用下的运动将十分方便和直观，这个曲线就称为势能曲线。图 2-19 中分别为重力势能曲线、引力势能曲线和弹性势能曲线。

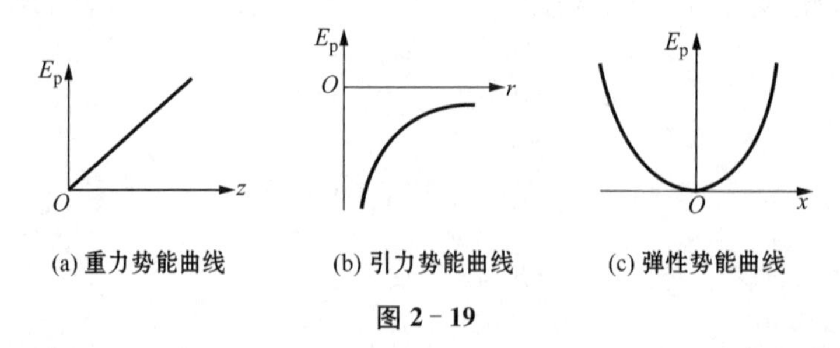

(a) 重力势能曲线　(b) 引力势能曲线　(c) 弹性势能曲线

图 2-19

利用势能曲线和关系式 $\boldsymbol{F}=-\nabla E_{\mathrm{p}}$，可以对质点的运动情况做出定性的判断，包括关于质点在各个位置所受保守力的大小和方向等。比如，在万有引力作用下[见图 2-19(b)]，如果质点从空间某一点由静止开始运动，按 $\boldsymbol{F}=-\nabla E_{\mathrm{p}}$，质点运动将是向力心作用下的单向运动。而对于如图 2-19(c)所示的弹性势能曲线，质

点一定是在力心 O 附近做往复运动。

双原子分子系统的势能曲线如图 2-20 所示，其中一个原子位于坐标原点 O，r 表示另一个原子到原点的距离，E_p 表示两个原子的相互作用势能。如果两个原子的总能量 $E_1 = E_k + E_p > 0$，并保持不变，在势能曲线图上可以用一平行于横轴的直线 $E = E_1$ 来表示。那么，就可在图上看出该系统在不同的相对距离下的动能性质（$E_k = E_1 - E_p$）。由于动能必须满足 $E_k \geqslant 0$，因此，根据势能曲线的形状就可以知道，在原子运动过程中，它们的相对距离不可能小于 r_1，因为当 $r = r_1$ 时，$E_p = E_1$，$E_k = 0$；而当 $r < r_1$ 时，$E_p > E_1$，$E_k < 0$。因此，$r < r_1$ 是当双原子分子系统总能量为 E_1 时原子运动的禁区。当原子运动到 $r = r_1$ 时，所有能量全部转化为系统势能而停止运动。由 $\boldsymbol{F} = -\nabla E_p$ 可知，在 $r = r_1$ 处原子间有排斥力的作用，该作用力会使原子向相对距离增大的方向加速运动，一直加速运动到 $r = r_0$。在 r_0 处，原子受力为零 $\left(-\dfrac{\partial E_p}{\partial r} = 0\right)$，所有能量全部转化为系统的动能。此后，原子间的作用力变为引力 $\left(-\dfrac{\partial E_p}{\partial r} < 0\right)$，但由于系统有足够大的动能而向相对远离的方向继续运动，一直到相距无限远。在无限远处，势能趋于零，而动能接近 E_1。因此，当两个原子的总能量 $E_1 > 0$ 时，不可能结合成稳定的双原子分子。

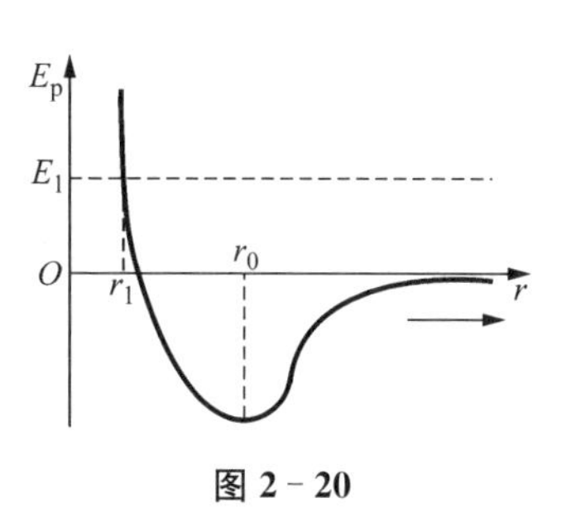

图 2-20

如果两个原子的总能量为 $E_2 = E_k + E_p < 0$，如图 2-21 所示，两原子系统的运动会与上述情况有很大区别。同样可以在势能曲线图上用一平行于横轴的直线 $E = E_2$ 来表示该总能量。

直线 $E = E_2$ 与势能曲线分别相交于 $r = r_2$ 和 $r = r_3$ 两点。用上述相同的方法分析可以得到以下结论：

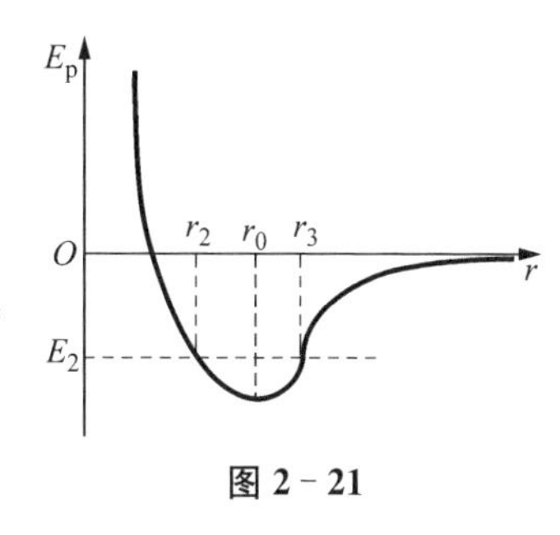

图 2-21

(1) $r < r_2$ 和 $r > r_3$ 是当双原子分子总能量为 E_2 时原子运动的禁区。

(2) 在 $r = r_2$ 处原子间有排斥力的作用，该作用力会使原子向相对距离增大的方向加速运动，一直加速运动到 $r = r_0$。在 r_0 处，原子不受力 $\left(-\dfrac{\partial E_p}{\partial r} = 0\right)$，此时系统动能最大。越过 $r = r_0$ 后原子又受到吸引力 $\left(-\dfrac{\partial E_p}{\partial r} < 0\right)$ 作用，但由于系统有足够大的动能，仍能继续向相对远离的方向运动，一直运动到 $r = r_3$。然后，原子在引力作用下反向加速运动。因此原子只能在 $r_2 \leqslant r \leqslant r_3$ 的空间范围内来回运动。

(3) 显然,当两个原子的总能量 $E_2<0$ 时,可以结合成稳定的双原子分子。

另外,若设想原子的能量由于某种原因而不断损耗的话,双原子系统最终将停止在 $r=r_0$ 的状态。因此势能曲线的谷底是一稳定平衡位置。当然,如果双原子系统处于一定的热背景下,由于热激发作用,原子将在 $r=r_0$ 附近很小的范围内做不规则的往复运动。

图 2-22 为宇宙飞船与地、月系统的相互作用势能图。

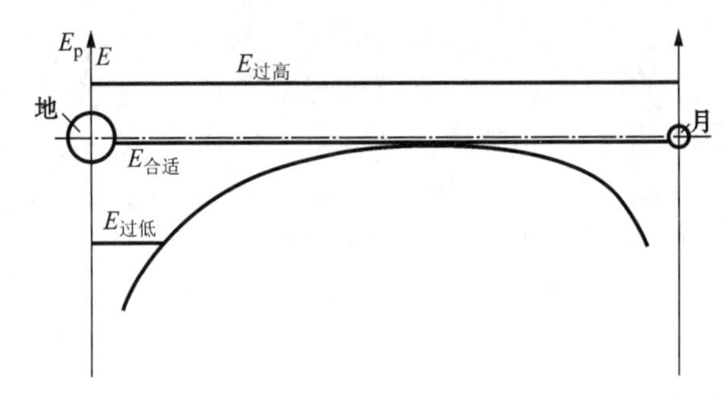

图 2-22

由图可以分析从地球发射宇宙飞船到月球的相关问题。可以看到,如果飞船的发射速度过低,即飞船的总能量 E 过低,飞船只能在地球附近运动,不能脱离地球而飞向月球。另外,如果飞船的发射速度过大,总能量 E 过高,飞船会越过月球继续飞行,脱离地、月系统而成为太阳的人造行星,不可能被月球的引力束缚而围绕月球运动。所以,在发射飞船时,一定要控制飞船的发射能量,使其在一个很小的范围内(见图 2-22)才能使飞船离开地球到达月球的引力束缚范围而实现绕月球运动,或通过进一步的减速而落到月球表面。另外,除了对飞船的发射能量控制外,还要精确控制飞船的发射轨道在一个很狭窄的空间区域,这样,飞船才有可能到达月球。

【例 2-7】 质点在三维空间中运动,已知相应的势能函数为 $E_p=-ax^2+bxy+cz$。求:

(1) 保守力 $\boldsymbol{F}$;

(2) 质点由原点运动到 $x=3$, $y=3$ 和 $z=3$ 位置保守力做的功。

解 (1) 由保守力和势能的关系 $\boldsymbol{F}=-\nabla E_p$,有

$$\begin{aligned}\boldsymbol{F}&=-\left(\frac{\partial}{\partial x}\boldsymbol{i}+\frac{\partial}{\partial y}\boldsymbol{j}+\frac{\partial}{\partial z}\boldsymbol{k}\right)(-ax^2+bxy+cz)\\&=(2ax-by)\boldsymbol{i}-bx\boldsymbol{j}-c\boldsymbol{k}。\end{aligned}$$

(2) 保守力做功与路径无关,所以可取一个比较简单的积分路径,即连接(0, 0, 0)和(3, 3, 3)两点的直线,这样

$$A=\int_{(0,\,0,\,0)}^{(3,\,3,\,3)}\boldsymbol{F}\cdot\mathrm{d}\boldsymbol{r}=\int_{(0,\,0,\,0)}^{(3,\,3,\,3)}[(2ax-by)\boldsymbol{i}-bx\boldsymbol{j}-c\boldsymbol{k}]\cdot(\mathrm{d}x\boldsymbol{i}+\mathrm{d}y\boldsymbol{j}+\mathrm{d}z\boldsymbol{k})$$

$$=\int_{(0,0,0)}^{(3,3,3)}[(2ax-by)\mathrm{d}x-bx\mathrm{d}y-c\mathrm{d}z]$$
$$=\int_{(0,0,0)}^{(3,3,3)}(2ax\mathrm{d}x-by\mathrm{d}x-bx\mathrm{d}y-c\mathrm{d}z)$$
$$=\int_{(0,0,0)}^{(3,3,3)}(2ax\mathrm{d}x-b\mathrm{d}(xy)-c\mathrm{d}z)=ax^2\Big|_0^3-bxy\Big|_{0,0}^{3,3}-cz\Big|_0^3$$
$$=9a-9b-3c,$$

或根据保守力做功等于势能函数增量的负值,得

$$A=-(-ax^2+bxy+cz)\Big|_{0,0,0}^{3,3,3}=9a-9b-3c。$$

【例 2 - 8】 如图 2 - 23(a)所示,双原子分子的势函数 $E_p=\frac{a}{x^{12}}-\frac{b}{x^6}$,式中 a, b 为正值常量,x 为双原子间距。如果双原子分子的总能量为零,求:

(1) 原子之间的最小距离;

(2) 原子之间平衡位置的距离;

(3) 原子之间最大引力时两原子距离;

(4) 势阱深度 E_d;

(5) 画出与势能曲线相应的原子之间的相互作用力曲线。

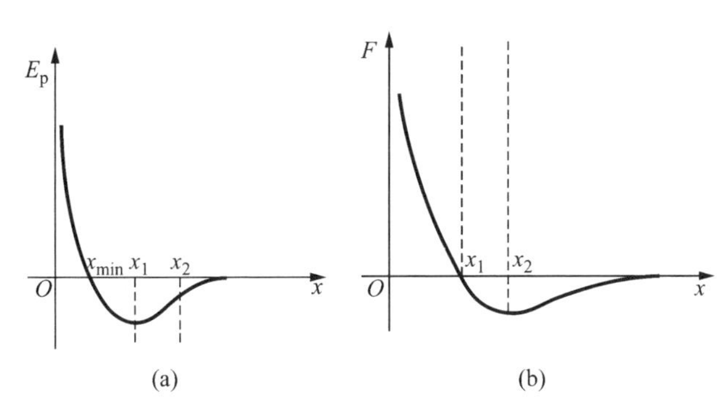

图 2 - 23

解 (1) 由题意,双原子的总能量为零,即

$$E=E_p+E_k=0,$$

当动能 $E_k=0$ 时,E_p 为最大,故由方程

$$0=\frac{a}{x^{12}}-\frac{b}{x^6},$$

可得两原子之间最小距离 $x_{min}=\sqrt[6]{\frac{a}{b}}$。

(2) 平衡位置的条件为 $F=0$。根据势函数与两原子相互作用力的关系:

$$F=-\frac{\mathrm{d}E_{\mathrm{p}}}{\mathrm{d}x}=-\frac{\mathrm{d}}{\mathrm{d}x}\left(\frac{a}{x^{12}}-\frac{b}{x^{6}}\right)=\frac{12a}{x^{13}}-\frac{6b}{x^{7}},$$

可得双原子之间平衡位置的距离 $x_1=\sqrt[6]{\dfrac{2a}{b}}$。

(3) 引力最大的条件为 $\dfrac{\mathrm{d}F}{\mathrm{d}x}=0$,即

$$\frac{\mathrm{d}}{\mathrm{d}x}\left(\frac{12a}{x^{13}}-\frac{6b}{x^{7}}\right)=0,$$

求导得 $-\dfrac{12\times 13a}{x^{14}}+\dfrac{6\times 7b}{x^{8}}=0$,原子间引力最大时两原子距离 $x_2=\sqrt[6]{\dfrac{26}{7}\cdot\dfrac{a}{b}}$。

(4) 将平衡时原子间距 $x_1=\sqrt[6]{\dfrac{2a}{b}}$ 代入势函数公式,可得势阱深度

$$E_{\mathrm{d}}=\frac{a}{x_0^{12}}-\frac{b}{x_0^{6}}=\frac{a}{\left(\dfrac{2a}{b}\right)^{2}}-\frac{b}{\dfrac{2a}{b}}=-\frac{b^{2}}{4a}。$$

(5) 分子间相互作用势能曲线如图 2-23(a)所示,由保守力与势能函数的关系 $F=-\dfrac{\mathrm{d}E_{\mathrm{p}}}{\mathrm{d}x}$ 可知,势能曲线斜率的负值应为保守力的大小。势能曲线上极小值的位置 x_1 处应有

$$\left.\frac{\mathrm{d}E_{\mathrm{p}}}{\mathrm{d}x}\right|_{x=x_1}=0,$$

即在 x_1 处,保守力 F 为零。在势能曲线的拐点 x_2 处,有

$$\left.\frac{\mathrm{d}^2E_{\mathrm{p}}}{\mathrm{d}x^2}\right|_{x=x_2}=\left.\frac{\mathrm{d}}{\mathrm{d}x}\left(\frac{\mathrm{d}E_{\mathrm{p}}}{\mathrm{d}x}\right)\right|_{x=x_2}=\left.-\frac{\mathrm{d}F}{\mathrm{d}x}\right|_{x=x_2}=0,$$

是保守力 F 的最小值的位置,由此可画出如图 2-23(b)所示的分子间相互作用力随位置变化的大致曲线。

2.3 功能原理 能量守恒定律

2.3.1 质点系动能定理

对质点系中的第 i 个质点应用质点动能定理,有

$$A_{ie}+A_{i\mathrm{I}}=\frac{1}{2}m_i v_i^2-\frac{1}{2}m_i v_{i0}^2,$$

等式右边为质点始末状态动能的增量,左边为合力对其做的功,包括外力的功 A_{ie} 和内力的功 $A_{i\mathrm{I}}$。对于由 N 个质点构成的质点系,可写出 N 个方程,累加后,得

$$\sum_i A_{ie}+\sum_i A_{i\mathrm{I}}=\sum_i \frac{1}{2}m_i v_i^2-\sum_i \frac{1}{2}m_i v_{i0}^2, \tag{2-21}$$

令 $\sum\limits_i A_{ie}=A_e$ 表示外力对质点系做的总功,$\sum\limits_i A_{i\mathrm{I}}=A_{\mathrm{I}}$ 表示内力对质点系做的总功,$\sum\limits_i \frac{1}{2}m_i v_{i0}^2=E_{k0}$ 和 $\sum\limits_i \frac{1}{2}m_i v_i^2=E_k$ 分别为质点系始末状态的总动能,式(2-21)可改写为

$$A_e+A_{\mathrm{I}}=E_k-E_{k0}=\Delta E_k。 \tag{2-22}$$

式(2-22)即质点系的动能定理表示式,它表明,所有外力和内力对质点系所做的总功等于质点系总动能的增量。

2.3.2 功能原理

质点系的内力可分为两部分:保守内力和非保守内力。因此,内力的总功 A_{I} 也可分成保守内力的总功 A_{CI} 和非保守内力的总功 A_{NI},式(2-22)可表示为

$$A_e+(A_{\mathrm{NI}}+A_{\mathrm{CI}})=\Delta E_k。$$

由势能定义,保守内力做功可以表示为质点系势能增量的负值,即

$$A_{\mathrm{CI}}=-(E_p-E_{p0})=-\Delta E_p,$$

代入并移项后,得

$$A_e+A_{\mathrm{NI}}=\Delta E_k+\Delta E_p=\Delta(E_k+E_p)。$$

系统动能与势能之和 $E=E_k+E_p$ 为系统的总机械能,因此

$$A_e+A_{\mathrm{NI}}=\Delta E, \tag{2-23}$$

式中 ΔE 为质点系机械能的增量。

式(2-23)称为质点系的功能原理。它表明,在质点系运动过程中,外力和非保守内力对系统做的总功等于系统机械能的增量。

当汽车下坡时,由于重力的作用,如果不采取制动措施,汽车运动速度会越来越大,甚至会失去控制。汽车制动就是利用刹车装置的摩擦作用将汽车的动能消耗并转换成热能,使汽车失去部分动能而减慢速度。对于汽车而言,由于下坡过程

中其重力势能的快速减小而转化为汽车相应的动能的值很大,通过刹车装置转换成热能的值也很大。因此,刹车装置的散热对制动系统十分重要。如果刹车装置经常处于高温状态,就会造成制动性能下降。解决好刹车装置的散热问题,对提高汽车的制动性能可以起到事半功倍的作用。

【例 2-9】 如图 2-24 所示,劲度系数为 k 的轻弹簧,一端固定在墙上,另一端与质量为 m 的物体相连,物体与桌面间的摩擦因数为 μ,开始时物体静止于平衡位置(弹簧自然伸长位置)。若物体受水平向右的恒力 $\boldsymbol{F}$($F > \mu mg$)作用,求物体位移最大时系统的势能。

解 以弹簧、物体和桌面为系统。设物体的最大位移为 x_{m},系统内、外力做功分别为 $A_{\mathrm{NI}} = -fx_{\mathrm{m}} = -\mu mgx_{\mathrm{m}}$ 和 $A_{\mathrm{e}} = Fx_{\mathrm{m}}$。利用功能原理 $A_{\mathrm{e}} + A_{\mathrm{NI}} = \Delta E$,可得

$$Fx_{\mathrm{m}} - \mu mgx_{\mathrm{m}} = \Delta E,$$

由于物体在最大位移时速度为零,有

$$\Delta E = \left(\frac{1}{2}kx_{\mathrm{m}}^2 + 0\right) - (0+0) = \frac{1}{2}kx_{\mathrm{m}}^2,$$

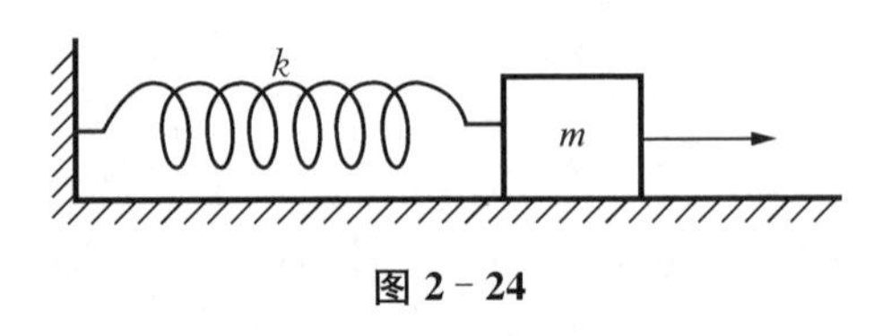

图 2-24

代入功能原理表达式,则

$$Fx_{\mathrm{m}} - \mu mgx_{\mathrm{m}} = \frac{1}{2}kx_{\mathrm{m}}^2,$$

$$x_{\mathrm{m}} = \frac{2}{k}(F - \mu mg),$$

系统最大弹性势能为

$$E_{\mathrm{pm}} = \frac{1}{2}kx_{\mathrm{m}}^2 = \frac{2}{k}(F - \mu mg)^2。$$

【例 2-10】 质量为 m 的卫星在近似圆形轨道上运行,受到尘埃微弱阻力 $\boldsymbol{f}$ 的作用,阻力与速度成正比,比例系数 k 为常数,即 $\boldsymbol{f} = -k\boldsymbol{v}$。求卫星从离地心 $r_0 = 4R$(R 为地球半径)陨落到地面所需的时间。

解 卫星运行 $\mathrm{d}t$ 时间内,阻力 f 所做的功为

$$\mathrm{d}A_f = -kv\mathrm{d}s = -kv^2\mathrm{d}t, \quad ①$$

卫星在半径为 r 的轨道上运行,万有引力提供向心力为

$$m\frac{v^2}{r} = G\frac{Mm}{r^2}, \quad ②$$

由此得卫星的动能

$$E_k = \frac{1}{2}mv^2 = \frac{1}{2}G\frac{Mm}{r},$$

卫星的势能为

$$E_p = -G\frac{Mm}{r},$$

卫星在运行轨道 r 处的总机械能

$$E = E_k + E_p = \frac{1}{2}G\frac{Mm}{r} - G\frac{Mm}{r} = -G\frac{Mm}{2r}, \qquad ③$$

由功能原理：

$$dA_f = dE = d\left(-G\frac{Mm}{2r}\right) = G\frac{Mm}{2r^2}dr,$$

将式②代入上式，有

$$dA_f = \frac{1}{2}\frac{mv^2}{r}dr, \qquad ④$$

比较式①和式④，得

$$-kv^2 dt = \frac{1}{2}m\frac{v^2}{r}dr,$$

即

$$dt = -\frac{m}{2k}\frac{dr}{r},$$

积分后得卫星陨落到地面所需的时间

$$t = -\frac{m}{2k}\int_{r_0}^{R}\frac{dr}{r} = -\frac{m}{2k}\ln\frac{R}{r_0} = -\frac{m}{2k}\ln\frac{R}{4R} = \frac{m}{k}\ln 2。$$

2.3.3　能量转换和守恒定律

由功能原理可知，欲改变系统的机械能，可通过外力对系统做功，也可利用系统内的非保守力做功。前者是外界与系统间的能量交换，后者则是系统内部机械能与非机械能之间的转换。对于与外界没有任何相互作用的孤立系统，有 $A_e = 0$，因此功能原理简化为

$$A_N = \Delta E, \qquad (2-24)$$

即系统非保守内力做功可以使系统的机械能发生变化。例如,对于一个孤立系统,当系统内的摩擦力做功时,系统内的机械能必定减小,减小部分转化成系统内的热能;而当系统内发生爆炸时,爆炸力做正功,一部分转化成系统的机械能,系统机械能必定增大;另一部分转化为系统内的热能。

实验证明:在孤立系统中机械能增加或减少时,就有等量的非机械能减少或增加,从而保持系统的总能量(机械能与非机械能之和)不变。无论系统内发生什么样的物理过程,无论过程如何复杂,能量不能被创造,也不能被消灭,只能从一种形式转化成另一种形式,其总和保持不变。这就是能量转换和守恒定律,是自然界最基本的规律之一。

2.3.4　机械能守恒定律

由功能原理可知,当外力对系统不做功,系统内也无非保守内力做功(或非保守内力做功总和为零)时,有

$$\Delta E = 0$$

或

$$E_k + E_p = 常数。\tag{2-25}$$

以上结果表明,在孤立系统中非保守内力不做功时,系统中的动能与势能可以彼此转化。当系统内保守力做正功时,系统势能减小,动能增大;而当系统内保守力做负功时,系统势能增大,动能减小,但系统的总机械能为恒量。这就是机械能守恒定律。

【例 2-11】　计算三种宇宙速度。

解　(1) 第一宇宙速度。

第一宇宙速度是指从地面发射物体,使其在地面附近(离地面的高度与地球半径相比很小)轨道绕地球飞行所需的最小发射速度,通常用 $\boldsymbol{v}_1$ 表示。

设地球半径为 R,质量为 M,物体质量为 m,在距地面 h 高度绕地球做匀速圆周运动,绕地球的运动速度为 $\boldsymbol{v}$。由机械能守恒

$$\frac{1}{2}mv_1^2 - G\frac{Mm}{R} = \frac{1}{2}mv^2 - G\frac{Mm}{R+h},$$

万有引力提供物体绕地球圆周运动的向心力

$$G\frac{Mm}{(R+h)^2} = m\frac{v^2}{R+h},$$

联立两方程,解得

$$v_1 = \sqrt{\frac{2GM}{R} - \frac{GM}{R+h}}\text{。}$$

因为

$$mg = G\frac{mM}{R^2},$$

则

$$\frac{GM}{R} = gR,$$

v_1 可表示为

$$v_1 = \sqrt{gR\left(2 - \frac{R}{R+h}\right)},$$

因为 $h \ll R = 6.37 \times 10^6\ \mathrm{m}$，所以

$$v_1 \approx \sqrt{gR} = 7.9\ \mathrm{km/s}\text{。}$$

(2) 第二宇宙速度。

第二宇宙速度是指从地面发射物体，使其脱离地球引力而成为绕太阳运动的人造行星所必须具有的最小发射速度，通常用 $\boldsymbol{v}_2$ 表示。这就要求物体脱离地球引力时，其动能必须大于或等于零。

所谓脱离地球引力是指物体与地球的相互作用势能为零。设物体脱离地球引力时的动能为零，由机械能守恒，得

$$\frac{1}{2}mv_2^2 - G\frac{Mm}{R} = 0,$$

由此得

$$v_2 = \sqrt{\frac{2GM}{R}} = \sqrt{2gR} = 11.2\ \mathrm{km/s}\text{。}$$

(3) 第三宇宙速度。

第三宇宙速度是指从地面发射物体，使其脱离太阳系所必须具有的最小发射速度，通常用 $\boldsymbol{v}_3$ 表示。

首先讨论只考虑太阳引力作用时，使物体脱离太阳所需的最小速度 $\boldsymbol{v}'_3$。类似于第二宇宙速度，$\boldsymbol{v}'_3$应满足

$$\frac{1}{2}mv_3'^2 - G\frac{M_s m}{r} = 0,$$

其中 $M_s=1.987\times10^{30}$ kg 为太阳的质量，$r=1.5\times10^{11}$ m 为地球到太阳的距离。代入各量，得

$$v_3'=\sqrt{\frac{2GM_s}{r}}=42.2\ \text{km/s}。$$

v_3'是物体相对太阳的速度大小。在地球表面发射物体时，物体与地球一起具有地球绕太阳的公转速度，即 $v_0=29.8$ km/s。如果使物体发射方向与地球公转速度方向一致，发射时物体相对地球的速度只需要

$$v_3''=(42.2-29.8)\text{km/s}=12.4\ \text{km/s}。$$

由于物体是从地球发射，物体必须还同时具有脱离地球引力的动能，所以第三宇宙速度要满足

$$\frac{1}{2}mv_3^2=\frac{1}{2}mv_2^2+\frac{1}{2}m(v_3'')^2,$$

所以第三宇宙速度大小为

$$v_3=\sqrt{v_2^2+(v_3'')^2}=16.7\ \text{km/s}。$$

【例 2-12】 如图 2-25 所示，轻弹簧上端 A 固定，下端 B 悬挂质量为 m 的重物。已知弹簧原长 l_0，劲度系数为 k，重物在点 O 达到平衡，此时弹簧伸长了 x_0。取 x 轴向下为正，且坐标原点位于：① 弹簧原长位置 O'；② 物体的平衡位置为 O。若取原点为重力势能和弹性势能的零点，试分别计算重物在任一位置 P 时系统的总势能。

解　以弹簧原长位置 O' 点为坐标原点，系统总势能

$$E_p=\frac{1}{2}kx'^2-mgx'。$$

以重力和弹性力的平衡位置 O 为原点，有

$$mg-kx_0=0,\ x_0=\frac{mg}{k},$$

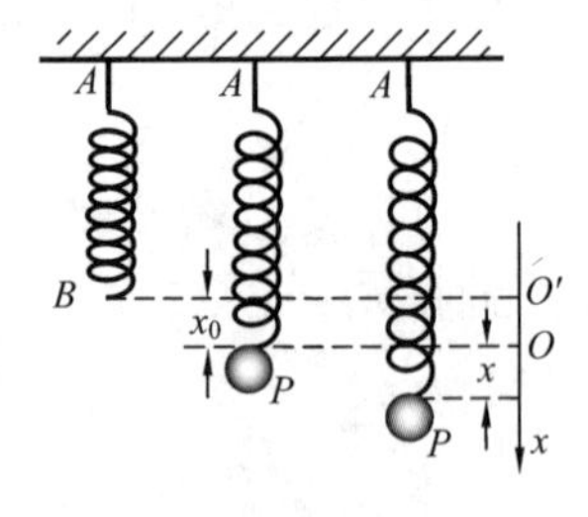

图 2-25

任意位置 x 处的系统总势能为

$$E_p=\frac{1}{2}k(x_0+x)^2-\frac{1}{2}kx_0^2-mgx=kx_0x+\frac{1}{2}kx^2-mgx=\frac{1}{2}kx^2。$$

由此可知，以重力和弹性力的平衡位置为原点和势能零点，系统总势能与只具有弹性势能是等效的。这一结果还可从另一方面来理解，重力和弹性力都是保守力，它们的合力也应是保守力，现取重力和弹性力的平衡位置为坐标原点，则合力大小

$$F=mg-k(x_0+x)=-kx,$$

与单纯只有弹性力一样,因此它的总势能就应为

$$E_p=\frac{1}{2}kx^2。$$

【例 2-13】 某惯性系中质量各为 m、M 的质点 A、B,开始相距 l_0,A 静止,B 具有沿 A、B 连线延伸方向速度 v_0,为抵消 B 受 A 的万有引力,可以如图 2-26 所示对 B 施加一个与 v_0 同方向的变力 F,使 B 从此做匀速直线运动。

(1) 试求 A、B 间距可以达到的最大值 l_{max};

(2) 计算从开始时刻到 A、B 间距达最大的过程中,变力 F 所做的总功 W;

(3) 对以上结果进行讨论。

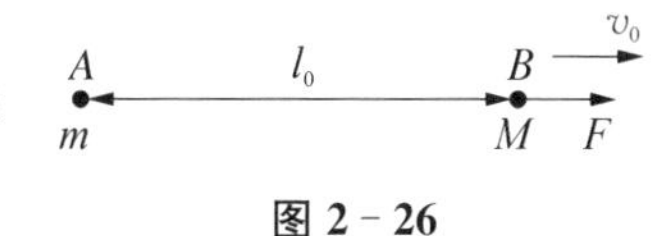

图 2-26

解　取随 B 一起运动的惯性系为参考系,系统机械能守恒

$$-G\frac{Mm}{l_{max}}=\frac{1}{2}mv_0^2-G\frac{Mm}{l_0}$$

得最大距离

$$l_{max}=\frac{2l_0GM}{(2GM-l_0v_0^2)}。$$

在原惯性系中,由功能原理得

$$W=\left[\frac{1}{2}(m+M)v_0^2-G\frac{Mm}{l_{max}}\right]-\left(\frac{1}{2}Mv_0^2-G\frac{Mm}{l_0}\right)=mv_0^2,$$

讨论上述结果只适用于

$$v_0<\sqrt{\frac{2GM}{l_0}}。$$

如果

$$v_0\geqslant\sqrt{\frac{2GM}{l_0}},$$

取随 B 一起运动的惯性系,系统机械能

$$\frac{1}{2}mv_0^2-G\frac{Mm}{l_0}\geqslant 0,$$

得

$$l_{max}\Rightarrow\infty。$$

设 A、B 间距无穷大时,A 速度大小为 V_∞,系统机械能守恒

$$\frac{1}{2}mv_\infty^2=\frac{1}{2}mv_0^2-G\frac{Mm}{l_0},$$

得

$$v_\infty=\sqrt{v_0^2-2\frac{GM}{l_0}}。$$

在原惯性系中,A、B 间距无穷大时 A 的速度大小为 v_0-v_∞,由功能原理得

$$W=\left[\frac{1}{2}m(v_0-v_\infty)^2+\frac{1}{2}Mv_0^2\right]-\left(\frac{1}{2}Mv_0^2-G\frac{Mm}{l_0}\right)$$
$$=mv_0\left(v_0-\sqrt{v_0^2-2\frac{GM}{l_0}}\right)。$$

习 题 2

2-1 如题图所示,一质点在几个力作用下沿半径为 $R=20\ \mathrm{m}$ 的圆周运动,其中有一恒力 $\boldsymbol{F}=0.6\boldsymbol{i}\ \mathrm{N}$,求质点从 A 开始沿逆时针方向经 3/4 圆周到达点 B 的过程中,力 $\boldsymbol{F}$ 所做的功。

2-2 质量为 $m=0.5\ \mathrm{kg}$ 的质点,在 xOy 坐标平面内运动,其运动方程为 $x=5t^2$, $y=0.5$(SI),从 $t=2\ \mathrm{s}$ 到 $t=4\ \mathrm{s}$ 这段时间内,外力对质点做的功为多少?

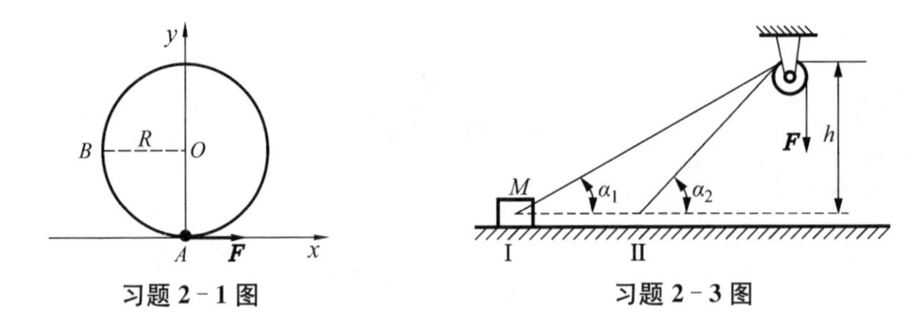

习题 2-1 图　　　习题 2-3 图

2-3 在如题图所示装置中,定滑轮高度为 $h=2\ \mathrm{m}$,重物质量 $M=50\ \mathrm{kg}$,拉力 $F=256\ \mathrm{N}$,方向竖直向下,若不计滑轮与轴承间摩擦和重物与地面间的摩擦,将重物自静止开始从位置Ⅰ($\alpha_1=30°$)拉到位置Ⅱ($\alpha_2=45°$)时的速度。

2-4 如题图所示,一质量为 m 的质点,在半径为 R 的半球形容器中,由静止开始自边缘上的点 A 滑下,到达最低点 B 时,它对容器的正压力数值为 N,求质点自点 A 滑到点 B 的过程中,摩擦力对其做的功。

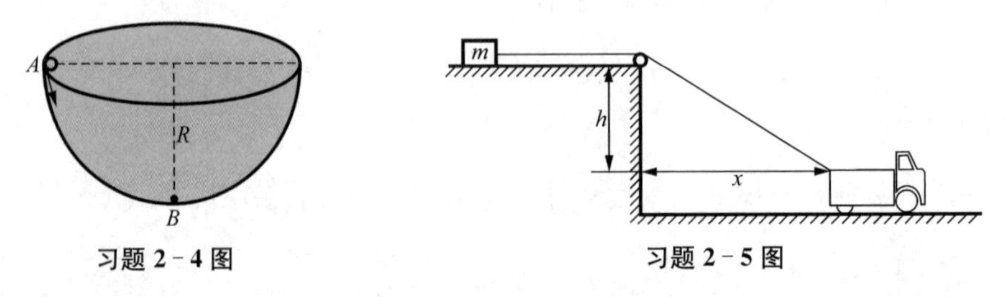

习题 2-4 图　　　习题 2-5 图

2-5 如题图所示,一汽车在水平地面上用绳子拉一质量为 m 的重物。重物位于高 h 的水平台面上,重物与水平台面的摩擦因数为 μ。汽车从原点 $x=x_0$ 处启动开到 $x=x_1$ 处时,汽车的速度为 $\boldsymbol{v}$,求此过程中汽车对重物所做的功。

2-6　一弹簧并不遵守胡克定律,其弹力与形变的关系为 $\boldsymbol{F}=(-52.8x-38.4x^2)\boldsymbol{i}$,其中 $\boldsymbol{F}$ 和 x 的单位分别为 N 和 m。求:

(1) 当弹簧由 $x_1=0.522$ m 拉伸至 $x_2=1.34$ m 过程中,外力所做之功;

(2) 此弹力是否为保守力?

2-7　一质量为 m 的物体,在力 $\boldsymbol{F}=(at\boldsymbol{i}+bt^2\boldsymbol{j})$ 的作用下,由静止开始运动,求在任一时刻 t 此力所做功的功率。

2-8　一链条放置在光滑桌面上,如题图所示,用手揿住一端,另一端有四分之一长度由桌边下垂,设链条长为 L,质量为 m,试问将链条全部拉上桌面要做多少功?

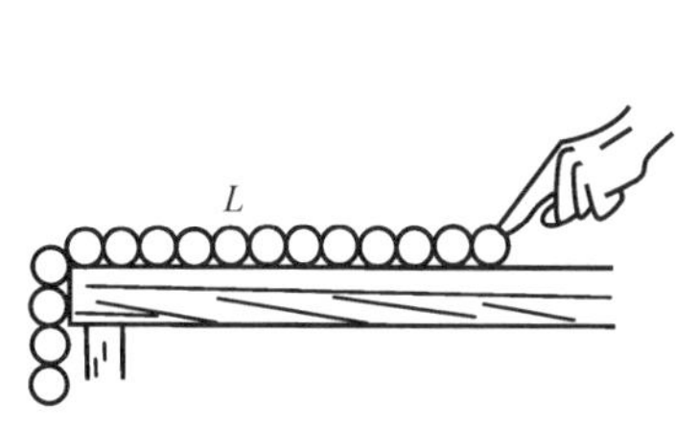

习题 2-8 图

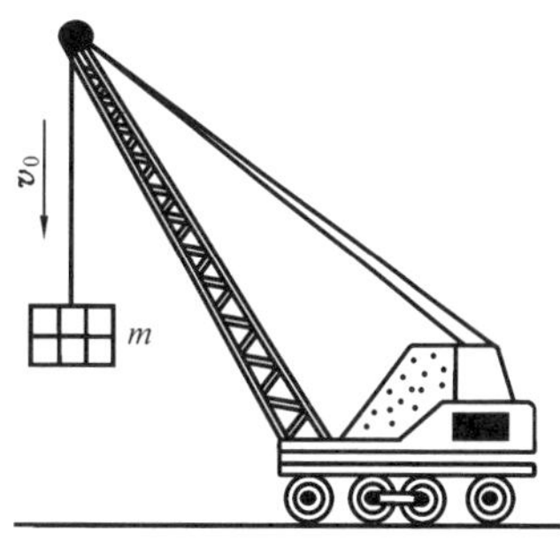

习题 2-9 图

2-9　起重机(见题图)用钢丝绳吊运质量为 m 的物体时以速率 v_0 匀速下降,当起重机突然刹车时,因物体仍有惯性运动使钢丝绳有微小伸长。设钢丝绳劲度系数为 k,求它伸长多少?所受最大拉力多大?(不计钢丝绳本身质量)

2-10　如题图所示,在光滑水平面上,平放一轻弹簧,弹簧一端固定,另一端连一物体 A,A 边上再放一物体 B,它们的质量分别为 m_A 和 m_B,弹簧劲度系数为 k,原长为 l。用力推 B,使弹簧压缩 x_0,然后释放。求:

(1) 当 A 与 B 开始分离时,它们的位置和速度;

(2) 分离之后,A 还能往前移动多远?

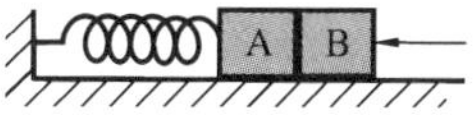

习题 2-10 图

2-11　已知地球对一个质量为 m 的质点的引力为 $\boldsymbol{F}=-\dfrac{Gm_em}{r^3}\boldsymbol{r}$ (m_e、R_e 为地球的质量和半径)。

(1) 若选取无穷远处势能为零,计算地面处的势能;

(2) 若选取地面处势能为零,计算无穷远处的势能,比较两种情况下的势能差。

2-12　质量为 m 的卫星,沿圆轨道绕地球运行。地球的质量为 M,半径为 R。试求:

(1) 要使卫星进入 $r=2R$ 的圆轨道,其发射速度至少应多大?

(2) 要使卫星飞离地球至无穷远处,至少应做多少功?

2-13　如题图所示,轻弹簧的一端固定在倾角为 α 的光滑斜面的底端 E,另一端与质量为 m 的物体 C 相连,点 O 为弹簧原长处,点 A 为物体 C 的平衡位置,x_0 为弹簧被压缩的长度。如果在一外力作用下,物体由点 A 沿斜面向上缓慢移动了 $2x_0$ 距离而到达点 B,求

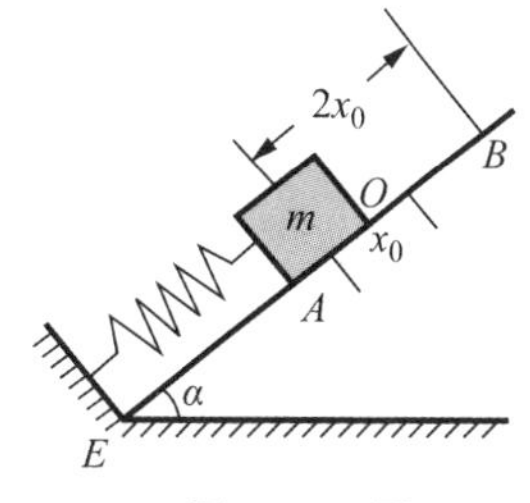

习题 2-13 图

该外力所做的功。

2-14 弹簧原长 l_0 正好等于圆环半径 R,弹簧下悬挂一质量为 m 的重环,当弹簧的总长 $l=2R$ 时,重环正好达到平衡状态。现将弹簧的一端系于竖直放置的圆环上端点 A,将重环套在光滑圆环上,AB 长为 $1.6R$,重环在点 B 由静止释放沿圆环滑动,如题图所示。试求:重环滑到最低点 C 处时的加速度以及对圆环的压力。

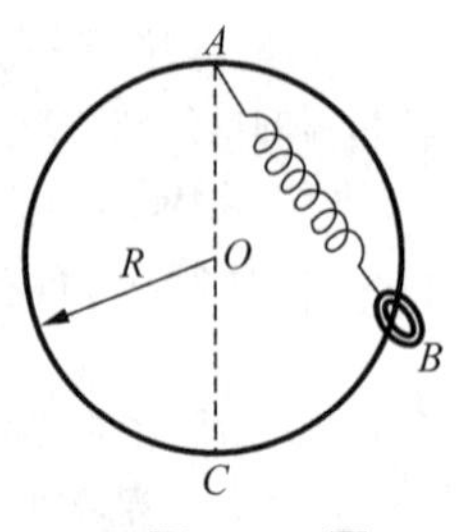

习题 2-14 图

思 考 题 2

2-1 求证:一对内力做功与参考系的选择无关。

2-2 A和B两物体放在水平面上,它们受到的水平恒力为 $\boldsymbol{F}$,位移 s 也一样,但一个接触面光滑,另一个粗糙。$\boldsymbol{F}$ 力做的功是否一样?两物体动能增量是否一样?

2-3 人由静止开始向前行进,其动能来自何方?有人说来自地面静摩擦力对人做的功,你认为正确吗?为什么?

2-4 按质点动能定理,下列式子:

$$\int_{x_1}^{x_2} F_x \mathrm{d}x = \frac{1}{2}mv_{x_2}^2 - \frac{1}{2}mv_{x_1}^2,$$

$$\int_{y_1}^{y_2} F_y \mathrm{d}y = \frac{1}{2}mv_{y_2}^2 - \frac{1}{2}mv_{y_1}^2,$$

$$\int_{z_1}^{z_2} F_z \mathrm{d}z = \frac{1}{2}mv_{z_2}^2 - \frac{1}{2}mv_{z_1}^2$$

是否成立?这3个式子是不是质点动能定理的3个分量式?试做分析。

2-5 在劲度系数为 k 的弹簧下,如将质量为 m 的物体挂上并慢慢放下,试问弹簧伸长多少?如瞬间将其挂上并让其自由下落,弹簧又伸长多少?

2-6 试根据力场的力矢量分布图(见题图)判断哪些力场一定是非保守的?

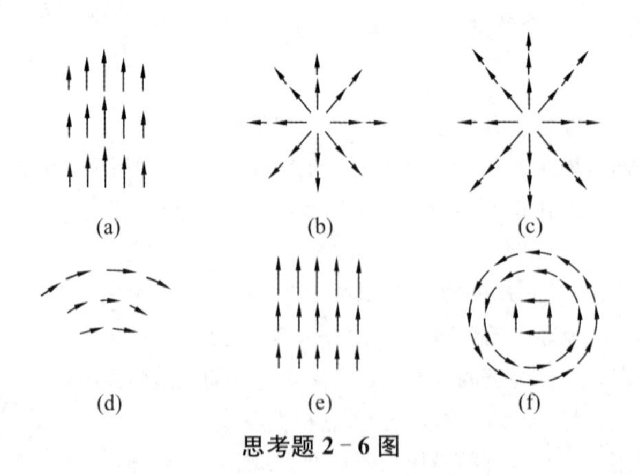

思考题 2-6 图

2-7 当质量为 m 的人造卫星在轨道上运动时,常常列出下列3个方程:

$$\frac{1}{2}mv_2^2-\frac{Gm_em}{r_2}=\frac{1}{2}mv_1^2-\frac{Gm_em}{r_1},$$

$$mv_2\sin\theta_2=mv_1\sin\theta_1,$$

$$\frac{mv^2}{r}=\frac{Gm_em}{r^2},$$

试分析上述 3 个方程各在什么条件下成立。

2-8　一个物体系在参考系 S 中观察,其机械能守恒,在参考系 S' 中观察,其机械能不守恒。下面几条理由中,可以解释这一点的是(　　)。

(A) 因为在两参考系看来,外力对体系所做的功不同

(B) 因为在两参考系看来,保守内力对体系所做的功不同

(C) 因为在两参考系看来,非保守内力对体系所做的功不同

2-9　一人抓住橡皮绳的下端悬在空中,使橡皮绳由静长 l_0 伸长为 l。试问,若他攀绳缓慢上升至顶,需做多少功? 如果他攀着不可伸长的长为 l 的绳缓慢上升至顶,需做多少功?

第3章　动量与角动量

动量与角动量是描述系统动力学性质的重要物理量。

在牛顿力学的理论体系中，动量守恒定律是牛顿运动定律的推论。但动量守恒定律是比牛顿运动定律更普遍、更基本的定律，它在宏观或微观领域范围内、低速或高速情况下均适用。可以说，动量守恒定律是物理学中最基本的普适原理之一。从科学实践的角度来看，迄今为止，人们尚未发现动量守恒定律有任何例外。相反，每当在实验中观察到似乎是违反动量守恒定律的现象时，物理学家们就会提出新的假设，并以最终有新的发现而告终。

角动量是描述质点或质点系转动状态的物理量，其重要性也是由于它的守恒性而凸显出来。在研究天体的运动、原子中电子的运动等问题时，角动量提供了一种有效的手段。

3.1　冲量与动量

3.1.1　动量与冲量

一个质量为 m 的质点以速度 $\boldsymbol{v}$ 运动时，定义其动量为

$$\boldsymbol{p}=m\boldsymbol{v}, \tag{3-1}$$

动量是描述物体运动状态的一个状态量，它是矢量，其方向和速度的方向一致。

冲量反映了力在时间上的累积效应。设一个恒力 $\boldsymbol{F}$ 作用在物体上，从时刻 t_1 持续到时刻 t_2，则把该力与其作用时间的乘积称为该力的冲量，用 $\boldsymbol{I}$ 表示，即

$$\boldsymbol{I}=\boldsymbol{F}(t_2-t_1)。$$

当力随时间变化时，冲量可以通过力对时间的积分来确定。把时间段 $t_1\rightarrow t_2$ 分割成 N 等份，即 $\{\Delta t_i\}(i=1,\ 2,\ \cdots,\ N)$，其中每一小时间段 $\Delta t_i=(t_2-t_1)/N$，且 $\sum\limits_{i=1}^{N}\Delta t_i=t_2-t_1$。当 N 很大时，在 Δt_i 时间内，$\boldsymbol{F}$ 可以看成恒量 $\boldsymbol{F}(t_i)$，相应的冲量为 $\Delta\boldsymbol{I}_i=\boldsymbol{F}(t_i)\Delta t_i$。在时间段 $t_1\rightarrow t_2$ 内力 $\boldsymbol{F}$ 的冲量为

$$\boldsymbol{I}=\sum_{i=1}^{N}\Delta\boldsymbol{I}_i=\sum_{i=1}^{N}\boldsymbol{F}(t_i)\Delta t_i。$$

当 N 趋于无限大时

$$\boldsymbol{I}=\lim_{N\to\infty}\sum_{i=1}^{N}\boldsymbol{F}(t_i)\Delta t_i=\int_{t_1}^{t_2}\boldsymbol{F}\mathrm{d}t, \tag{3-2}$$

在国际单位制中，动量的单位是 kg·m/s，冲量的单位是 N·s，这两者是一致的，因为 1 N·s=(1 kg·m/s^2)·s=1 kg·m/s。

3.1.2　动量定理

3.1.2.1　质点动量定理

牛顿第二定律的一般表示式为

$$\boldsymbol{F}=\frac{\mathrm{d}(m\boldsymbol{v})}{\mathrm{d}t}=\frac{\mathrm{d}\boldsymbol{p}}{\mathrm{d}t},$$

上式两边同乘以 $\mathrm{d}t$ 后，得

$$\boldsymbol{F}\mathrm{d}t=\mathrm{d}\boldsymbol{p},$$

式中 $\boldsymbol{F}\mathrm{d}t$ 是力 $\boldsymbol{F}$ 在 $\mathrm{d}t$ 时间内的冲量。在 t_1 到 t_2 时间内对上式求积分，可得

$$\boldsymbol{I}=\int_{t_1}^{t_2}\boldsymbol{F}\mathrm{d}t=\int_{\boldsymbol{p}_1}^{\boldsymbol{p}_2}\mathrm{d}\boldsymbol{p}=\boldsymbol{p}_2-\boldsymbol{p}_1, \tag{3-3}$$

式中 $\boldsymbol{p}_1$，$\boldsymbol{p}_2$ 分别为质点在 t_1 和 t_2 时刻的动量。这表明，当合力 $\boldsymbol{F}$ 作用到质点上一段时间后，质点动量的增量等于所受合力 $\boldsymbol{F}$ 对质点的冲量。这个结论称为质点动量定理。

几点说明：

(1) 冲量是矢量，冲量的大小和方向与整个过程中力的性质有关。如果 $\boldsymbol{F}$ 是一个方向和大小都在变化的变力，则式(3-2)中 $\boldsymbol{I}$ 的方向和大小要由这段时间内所有元冲量 $\Delta\boldsymbol{I}_i=\boldsymbol{F}(t_i)\Delta t_i$ 的矢量和来决定，而不是由某一瞬时的 $\boldsymbol{F}$ 来决定。在质点运动过程中，尽管外力时刻改变着，质点的运动速度大小和方向也在时刻改变着，但质点的动量改变总是遵从动量定理。不管质点在运动过程中动量变化的细节如何，质点始末动量的矢量差总是等于该过程中合力的冲量。

(2) 动量定理是个矢量方程，在具体坐标系中可以写成分量形式。比如，在平面直角坐标系中

$$\begin{cases} I_x=\int_{t_1}^{t_2}F_x\mathrm{d}t=mv_{2x}-mv_{1x}, \\ I_y=\int_{t_1}^{t_2}F_y\mathrm{d}t=mv_{2y}-mv_{1y}, \\ I_z=\int_{t_1}^{t_2}F_z\mathrm{d}t=mv_{2z}-mv_{1z}。\end{cases} \tag{3-4}$$

(3) 在诸如冲击、爆炸等过程中，力的作用时间极短，而作用力(一般称为冲力)随时间的变化既大又复杂，通常无法通过力对时间的积分计算冲量。但是，根据动量定理，可以从实验测出物体在外力冲击前后的动量差，从而求出冲量的量值。并且，如果能测定冲力的平均作用时间，就可对冲力的平均性质 $\overline{\boldsymbol{F}}$ 做出估算，即假设 $\overline{\boldsymbol{F}}(t_2-t_1)=\int_{t_1}^{t_2}\boldsymbol{F}\mathrm{d}t$，则

$$\overline{\boldsymbol{F}}=\frac{\boldsymbol{p}_2-\boldsymbol{p}_1}{t_2-t_1}。\tag{3-5}$$

在实际生产中，我们时常要利用冲力来达到一定的目的。例如，利用冲床冲压钢板，由于冲头受到钢板给它的冲量的作用，冲头的动量很快地减到零，相应的冲击力很大。根据牛顿第三定律，钢板所受的冲击力也很大，所以钢板在模具中可冲压成一定的形状。

澳大利亚生长着一种鹰，以山龟为食。由于龟壳十分坚硬，鹰嘴对坚硬的龟壳是无能为力的。但是，鹰有一种天生的好办法来打开龟壳。它用双爪抓住龟，盘旋升入高空，然后随龟一起下落，通过翅膀控制下落方向以使龟能对准地上的岩石。当快落到地面时，突然放开双爪，龟壳会由于巨大的冲击力而破碎。

(4) 在不同惯性系中，同一质点的动量不同，但动量的增量总相同。在牛顿力学中，通常认为力和时间都与参考系无关，所以在不同惯性系中，同一作用力的冲量相同。由此可见，动量定理适用于所有惯性系。

【例 3-1】 $m=10$ kg 的木箱，在水平拉力作用下，由静止开始运动，拉力随时间变化如图 3-1 所示。已知木箱与地面间的摩擦因数 $\mu=0.2$，求：

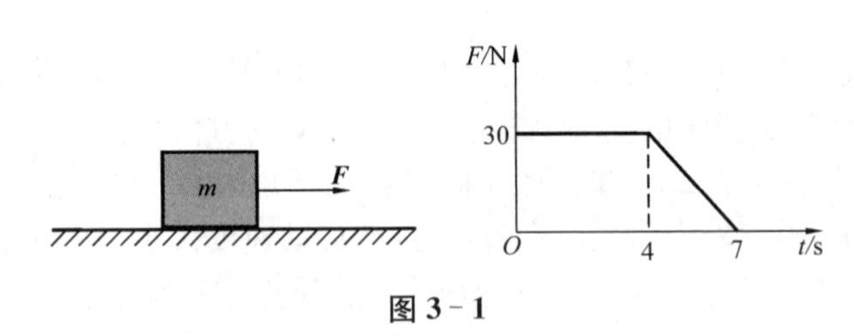

图 3-1

(1) $t=4$ s 时木箱速度；

(2) $t=7$ s 时木箱速度。

解 (1) 物体受水平方向的合力为

$$F'=F-\mu N=F-\mu mg,$$

根据动量定理

$$\int_0^4 F'\mathrm{d}t=mv_4-mv_0,$$

按题意 $v_0 = 0$，则

$$(F - \mu mg)\Delta t = mv_4,$$

在 $t = 0$ 到 $t = 4$ s 内，$F = 30$ N，则

$$v_4 = \left(\frac{F}{m} - \mu g\right)\Delta t = \left(\frac{30}{10} - 0.2 \times 10\right) \times (4 - 0) = 4 \text{ m/s}。$$

(2) 类似地，有

$$\int_4^7 F' \mathrm{d}t = mv_7 - mv_4,$$

$$F = 70 - 10t (4 \text{ s} \leqslant t \leqslant 7 \text{ s}),$$

$$mv_7 = \int_4^7 (70 - 10t - \mu mg) \mathrm{d}t + mv_4,$$

由此得

$$v_7 = \int_4^7 (5 - t) \mathrm{d}t + 4 = 2.5 \text{ m/s}。$$

【例 3-2】 如图 3-2 所示，质量为 m 的行李，垂直地轻放到传送带上，传送带的速度为 $\boldsymbol{v}$，它与行李间的摩擦因数为 μ。求：

(1) 行李将在传送带上滑动多长时间？

(2) 行李在这段时间内运动多远？

(3) 有多少能量被摩擦所损耗？

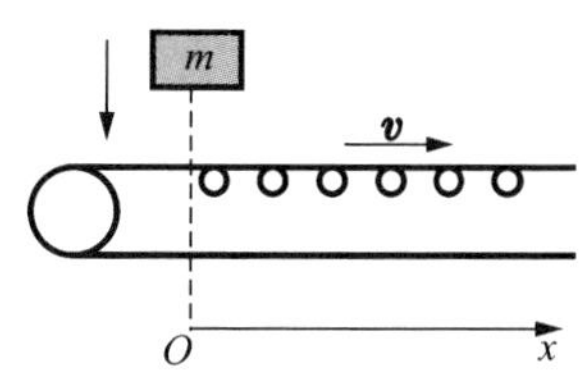

图 3-2

解 (1) 以地面为参考系。行李刚放到传送带上时，水平速度为零。受摩擦力 F_f 的作用开始加速运动，直到与传送带速度相同。利用动量定理，得

$$F_f t = \mu mgt = mv - 0,$$

行李在传送带上滑动的时间为

$$t = \frac{v}{\mu g}。$$

(2) 由质点动能定理

$$A = F_f x = \mu mgx = \frac{1}{2}mv^2 - 0,$$

则行李在这段时间内运动的路程为

$$x = \frac{v^2}{2\mu g}。$$

(3) 被摩擦力损耗的能量等于行李与传送带间一对摩擦力做的总功。以传送带为参考系,行李相对于传送带运动的距离为

$$s = x - vt = \frac{v^2}{2\mu g} - vv/\mu g = -\frac{v^2}{2\mu g},$$

即向后运动了一段距离。因此,我们有

$$\Delta E = F_f s = \mu mg\left(-\frac{v^2}{2\mu g}\right) = -\frac{1}{2}mv^2。$$

3.1.2.2　质点系的动量定理

如图 3-3 所示,设质点系由 N 个质点组成,系统内第 i 个质点的动力学方程为

$$\boldsymbol{F}_i + \sum_{j\neq i}\boldsymbol{f}_{ij} = \frac{\mathrm{d}\boldsymbol{p}_i}{\mathrm{d}t}(i = 1,\ 2,\ \cdots,\ N),$$

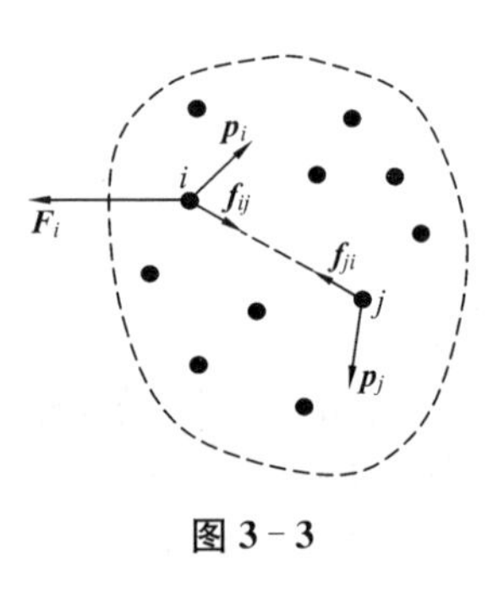

图 3-3

式中 $\boldsymbol{p}_i$ 为第 i 个质点的动量;$\boldsymbol{F}_i$ 为第 i 个质点受到系统外的作用力(称为外力);$\boldsymbol{f}_{ij}$ 为第 i 个质点受到系统内第 j 个质点的作用力(称为内力)。由于系统内部相互作用总是发生在两两质点之间,因此,对 j 求和的过程中不包括 $j = i$ 项。这样的方程共有 N 个,对所有这些方程求和,得

$$\sum_{i=1}^{N}\boldsymbol{F}_i + \sum_{i=1}^{N}\sum_{j\neq i}\boldsymbol{f}_{ij} = \sum_{i=1}^{N}\frac{\mathrm{d}\boldsymbol{p}_i}{\mathrm{d}t},$$

等式右面求和与求微商的顺序可以互换,即

$$\sum_{i=1}^{N}\frac{\mathrm{d}\boldsymbol{p}_i}{\mathrm{d}t} = \frac{\mathrm{d}}{\mathrm{d}t}\left(\sum_{i=1}^{N}\boldsymbol{p}_i\right),$$

则

$$\sum_{i=1}^{N}\boldsymbol{F}_i + \sum_{i=1}^{N}\sum_{j\neq i}\boldsymbol{f}_{ij} = \frac{\mathrm{d}}{\mathrm{d}t}\left(\sum_{i=1}^{N}\boldsymbol{p}_i\right),$$

式中 $\sum\limits_{i=1}^{N}\boldsymbol{p}_i = \boldsymbol{p}$ 为质点系的总动量;$\sum\limits_{i=1}^{N}\boldsymbol{F}_i = \boldsymbol{F}$ 为质点系所受到外力的矢量和。因为内力总是成对出现(如 $\boldsymbol{f}_{ij}$ 和 $\boldsymbol{f}_{ji}$),所以,$\sum\limits_{i=1}^{N}\sum\limits_{j\neq i}\boldsymbol{f}_{ij} = 0$。因此有

$$\sum_{i=1}^{N}\boldsymbol{F}_i = \frac{\mathrm{d}}{\mathrm{d}t}\left(\sum_{i=1}^{N}\boldsymbol{p}_i\right), \tag{3-6}$$

即

$$\boldsymbol{F}=\frac{\mathrm{d}\boldsymbol{p}}{\mathrm{d}t}。\tag{3-7}$$

式(3-7)表明质点系总动量对时间的变化率等于质点系所受外力的矢量和，此即质点系的动力学方程。由此，我们可得质点系的动量定理

$$\int_{t_1}^{t_2}\left(\sum_{i=1}^{N}\boldsymbol{F}_i\right)\mathrm{d}t=\boldsymbol{p}_2-\boldsymbol{p}_1,\tag{3-8}$$

即质点系的动量增量等于它所受外力矢量和的冲量。内力对系统内各个质点的动量会有影响，但内力对系统的总动量没有影响，系统总动量的变化仅与外力有关。

3.1.3　动量守恒定律

根据式(3-8)，若质点系所受外力矢量和为零，即 $\sum_i \boldsymbol{F}_i=0$，则质点系总动量不随时间变化

$$\boldsymbol{p}=\sum_{i=1}^{N}\boldsymbol{p}_i=\text{常矢量},\tag{3-9}$$

这个结论称为质点系动量守恒定律。

讨论与说明：

(1) 动量守恒是指质点系总动量不变，但系统内各个质点通过内力作用可以进行动量传递或交换。

(2) 在某些情况下，如碰撞、打击、爆炸等过程，外力与内力相比小很多。在极短的时间内，外力的时间累积效应(冲量)相比之下可以忽略不计，此时可以近似地应用动量守恒定律。

(3) 式(3-9)是一个矢量方程，在具体坐标系中可以写成分量式。比如，在直角坐标系中可表示为

$$\begin{cases}p_x=\sum\limits_{i=1}^{N}m_iv_{ix}=\text{常量},\\ p_y=\sum\limits_{i=1}^{N}m_iv_{iy}=\text{常量},\\ p_z=\sum\limits_{i=1}^{N}m_iv_{iz}=\text{常量}。\end{cases}\tag{3-10}$$

因此，如果外力矢量和不为零，但外力在某一方向上分量的代数和为零，则虽

然就系统整体而言动量不守恒,但系统动量在该方向上的分量守恒。

(4) 动量守恒定律只适用于惯性系。

(5) 在牛顿力学的理论体系中,动量守恒定律是牛顿定律的推论。但动量守恒定律是比牛顿运动定律更普遍、更基本的定律,它在宏观或微观领域范围内、低速或高速情况下均适用。按现代物理学的观点,动量守恒定律是物理学中最基本的普适原理之一。从科学实践的角度来看,迄今为止,人们尚未发现动量守恒定律有任何例外。相反,每当在实验中观察到似乎是违反动量守恒定律的现象时,物理学家们就会提出新的假设加以解释,并且最后总是以有新的发现而告终。例如静止的原子核发生 β 衰变放出电子时,按动量守恒,反冲核应该沿电子的反方向运动。但云室照片显示,两者径迹不在一条直线上。为解释这一反常现象,1930 年泡利提出了中微子假设。由于中微子既不带电又几乎无质量,在实验中极难测量,直到 1956 年人们才首次证明了中微子的存在。又如人们发现,两个运动着的带电粒子在电磁相互作用下动量似乎也是不守恒的。这时物理学家把动量的概念推广到了电磁场,把电磁场的动量也考虑进去,总动量就又守恒了。

【例 3-3】 质量为 M 的平板车开始时静止于光滑直轨道上,车上 n 个质量均为 m 的人相对车以速度 $\boldsymbol{u}$ 向后跳离。

(1) 若所有人同时跳离,平板车的最终速度是多少?

(2) 若一个一个地跳离,平板车的最终速度又为多少?

(3) 以上两种情况中哪一种的最终速度大些?

解 由于平板车与轨道间无摩擦,系统总动量守恒。

(1) 设跳离后车获得的相对于地面的速度为 $\boldsymbol{v}$,则人相对地面的速度为$(\boldsymbol{u}-\boldsymbol{v})$。根据动量守恒定律,取向前为正方向,有 $0=M\boldsymbol{v}-nm(\boldsymbol{u}-\boldsymbol{v})$,得

$$\boldsymbol{v}=\frac{nm\boldsymbol{u}}{M+nm}。$$

(2) 若 n 个人相继跳离,则第一个人跳离时,有

$$0=[M+(n-1)m]\boldsymbol{v}_1-m(\boldsymbol{u}-\boldsymbol{v}_1),$$

得

$$\boldsymbol{v}_1=\frac{m}{M+nm}\boldsymbol{u},$$

第二个人跳离时,车速由 $\boldsymbol{v}_1$ 增大到 $\boldsymbol{v}_2$,则

$$[M+(n-1)m]\boldsymbol{v}_1=[M+(n-2)m]\boldsymbol{v}_2-m(\boldsymbol{u}-\boldsymbol{v}_2),$$

得

$$\boldsymbol{v}_2-\boldsymbol{v}_1=\frac{m}{M+(n-1)m}\boldsymbol{u},$$

第三个人跳离时,车速由 $\boldsymbol{v}_2$ 增大为 $\boldsymbol{v}_3$,则

$$[M+(n-2)m]\boldsymbol{v}_2=[M+(n-3)m]\boldsymbol{v}_3-m(\boldsymbol{u}-\boldsymbol{v}_3),$$

得

$$\boldsymbol{v}_3-\boldsymbol{v}_2=\frac{m}{M+(n-2)m}\boldsymbol{u},$$

依此类推,第 n 个人跳离时,车速由 $\boldsymbol{v}_{n-1}$ 增大到最终速度 $\boldsymbol{v}_n$,于是可得

$$\boldsymbol{v}_n-\boldsymbol{v}_{n-1}=\frac{m}{M+m}\boldsymbol{u},$$

把上述 n 个等式相加,得到小车的最终速度

$$\boldsymbol{v}_n=\sum_{k=1}^{n}\frac{m}{M+km}\boldsymbol{u}。$$

(3) 因为

$$\frac{m}{M+m}>\frac{m}{M+2m}>\cdots>\frac{m}{M+nm},$$

所以

$$\sum_{k=1}^{n}\frac{m}{M+km}>\frac{nm}{M+nm},$$

即

$$v_n>v,$$

即 n 个人相继跳离后的车速大于 n 个人同时跳离后的车速。

【例 3-4】 如图 3-4 所示,炮车质量为 M,炮弹质量为 m,炮筒与水平方向夹角为 θ。若炮车与地面有摩擦,摩擦因数为 μ,打炮后炮弹相对于炮身的速度为 $\boldsymbol{u}$,求炮身相对地面反冲速度 $\boldsymbol{v}$ 的大小。

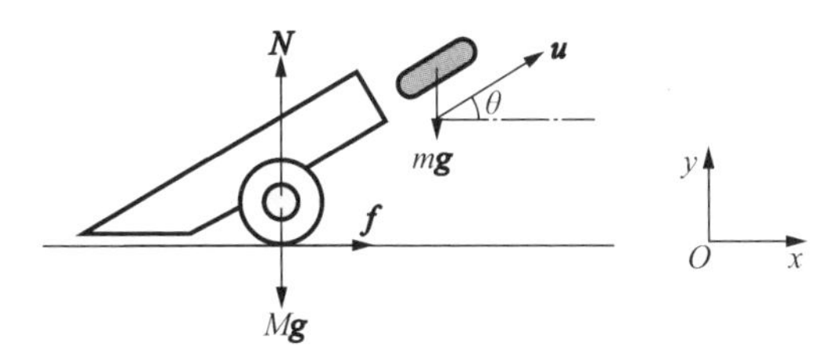

图 3-4

解 取炮车和炮弹组成系统,受力情况如图 3-4 所示。由于水平方向摩擦力很大,水平方向动量并不守恒,故以地面为参考系,运用质点系的动量定理,有

$$(M\boldsymbol{g}+m\boldsymbol{g}+\boldsymbol{N}+\boldsymbol{f})\tau=M\boldsymbol{v}+m(\boldsymbol{v}+\boldsymbol{u})-0,$$

式中 τ 为炮弹出膛时间;$\boldsymbol{N}$, $\boldsymbol{f}$ 分别为地面支持力和地面摩擦力的平均值,它们的关系为 $f=\mu N$。将上式写为分量形式:

$$\begin{cases}\mu N\tau=-Mv+m(-v+u\cos\theta),\\(N \quad Mg-mg)\tau=mu\sin\theta,\end{cases}$$

因为炮弹出膛时间 τ 很短,所以 $N\tau\gg(Mg+mg)\tau$,重力的影响可以忽略,上式可简化为

$$\begin{cases}\mu N\tau=-Mv+m(-v+u\cos\theta),\\N\tau=mu\sin\theta,\end{cases}$$

解得

$$v=\frac{mu(\cos\theta-\mu\sin\theta)}{M+m}。$$

讨论:

(1) 若炮车与地面没有摩擦,$\mu=0$,则 $v=\dfrac{mu\cos\theta}{M+m}$。

(2) 若炮车与地面有摩擦,但水平发射炮弹,即 $\theta=0$,则 $v=\dfrac{mu}{M+m}$,结果与摩擦无关。这主要是因为在水平发射时,冲击力发生在水平方向上,因此,地面对炮车的支持力不大,摩擦力也不大。这样,我们可以在水平方向上近似地应用动量守恒来求解问题。

(3) 自锁现象。当炮车的发射角度及与地面摩擦满足一定条件时,在炮弹发射过程中,炮车不会产生反冲,即 $v=0$。由上述结果可知需满足的条件是 $\mu=\cot\theta$。

【例 3-5】 如图 3-5 所示,水平路面上有一质量 $m_1=5$ kg 的无动力小车以匀速率 $v_0=2$ m/s 运动。小车由不可伸长的轻绳与另一质量 $m_2=25$ kg 的车厢连接,车厢前端有一质量 $m_3=20$ kg 的物体,物体与车厢间的摩擦因数 $\mu=0.2$。开始时车厢静止,绳未拉紧。求:

(1) 当小车、车厢、物体以共同速度运动时,物体相对车厢的位移;

(2) 从绳绷紧到三者达到共同速度所需的时间(车与路面间摩擦不计,取 $g=$

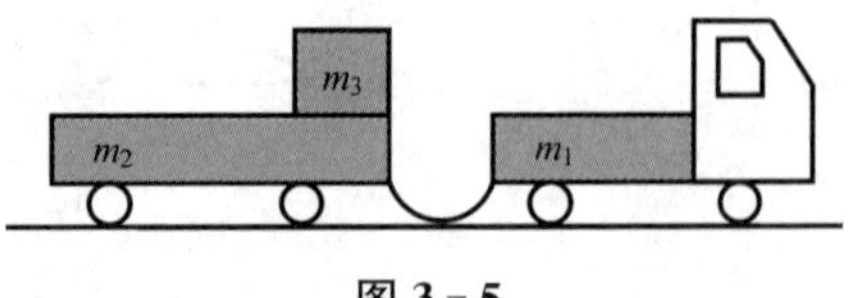

图 3-5

$10\ \text{m/s}^2$)。

解　(1) 将小车、车厢和物体看成一个系统,利用动量守恒

$$m_1 v_0 = (m_1 + m_2 + m_3) v',$$

得小车、车厢和物体的共同速度

$$v' = 0.2\ \text{m/s},$$

将小车和车厢看成一个系统,利用动量守恒,有

$$m_1 v_0 = (m_1 + m_2) v,$$

得小车和车厢的共同速度

$$v = \frac{m_1}{m_1 + m_2} v_0 = \frac{5 \times 2}{5 + 25} = \frac{1}{3}\ \text{m/s},$$

对整个系统应用功能原理

$$-\mu m_3 g s = \frac{1}{2}(m_1 + m_2 + m_3) v'^2 - \frac{1}{2}(m_1 + m_2) v^2,$$

得物体相对车厢的位移

$$s = \frac{\frac{1}{2}(m_1 + m_2) v^2 - \frac{1}{2}(m_1 + m_2 + m_3) v'^2}{\mu m_3 g} = \frac{1}{60}\ \text{m}。$$

(2) 对 m_3 应用动量定理

$$m_3 v' = \mu m_3 g t,$$

从绳绷紧到三者达到共同速度所需的时间

$$t = \frac{v'}{\mu g} = \frac{0.2}{0.2 \times 10} = 0.1\ \text{s}。$$

【例 3-6】　如图 3-6 所示,在光滑水平面上有一半径为 R、质量为 m_0 的表面光滑的半球,在半球顶部放一质量为 m 的小物块,小物块受微小扰动而下滑。

(1) 求物块滑至 θ 角位置时相对半球的速率,设此时小球未脱离半球;

(2) 如物块脱离半球时 $\theta = 45°$,求 $\frac{m_0}{m}$ 的值。

解　(1) 设物块滑至 θ 角位置时,m 的速度为 $\boldsymbol{v}$,其相对半球的速度为 $\boldsymbol{v}'$,而半球的速度为 $\boldsymbol{v}_0$,由机械能守恒定律,得

$$mgR(1 - \cos\theta) = \frac{1}{2} m v^2 + \frac{1}{2} m_0 v_0^2。$$

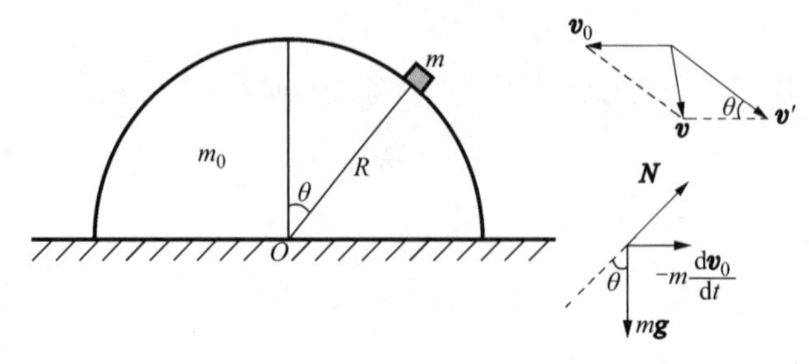

图 3-6

根据相对运动关系

$$\boldsymbol{v}=\boldsymbol{v}_0+\boldsymbol{v}',$$

利用余弦定理,可得

$$v^2=v'^2+v_0^2-2v'v_0\cos\theta,$$

由于小物块和半球组成的系统在水平方向不受外力作用,系统水平方向动量守恒,有

$$0=-m_0v_0+m(v'\cos\theta-v_0),$$

联立以上各式,得物块滑至θ角位置时相对半球的速率

$$v'=\sqrt{\frac{2gR(1-\cos\theta)(m+m_0)}{m_0+m\sin^2\theta}}。$$

(2) 以半球为参考系,在物块脱离半球前物块做圆周运动,物块受重力$m\boldsymbol{g}$与半球支持力$\boldsymbol{N}$外,还要受到惯性力$-m\frac{\mathrm{d}\boldsymbol{v}_0}{\mathrm{d}t}$的作用。物块沿径向的动力学方程为

$$m\frac{v'^2}{R}=mg\cos\theta-N-m\frac{\mathrm{d}v_0}{\mathrm{d}t}\sin\theta,$$

物块脱离半球时,有

$$N=0\text{ 及}\frac{\mathrm{d}v_0}{\mathrm{d}t}=0,$$

此刻半球参考系为惯性系,有

$$m\frac{v'^2}{R}=mg\cos\theta,$$

以v'代入得

$$\frac{2(1-\cos\theta)(m+m_0)}{m_0+m\sin^2\theta}=\cos\theta,$$

以 $\theta=45^\circ$ 代入上式，可得

$$\frac{m_0}{m}=\frac{8-5\sqrt{2}}{6\sqrt{2}-8}=1.914。$$

3.1.4　质点系总动量与质心坐标系

3.1.4.1　质点系总动量

设有 N 个质点 $\{m_i\}$，$i=1, 2, \cdots, N$，组成质点系，各质点相对某参考系中 O 点的位置矢量为 $\{\boldsymbol{r}_i\}$，$i=1, 2, \cdots, N$，相对该参考系的速度为 $\{\boldsymbol{v}_i\}$，$i=1, 2, \cdots, N$。

质点系相对该参考系的总动量为

$$\boldsymbol{p}=\sum_{i=1}^{N}m_i\boldsymbol{v}_i=\sum_{i=1}^{N}m_i\frac{\mathrm{d}\boldsymbol{r}_i}{\mathrm{d}t},\tag{3-11}$$

式中右面求和与求微商的顺序可以互换，即

$$\boldsymbol{p}=\frac{\mathrm{d}}{\mathrm{d}t}\left(\sum_{i=1}^{N}m_i\boldsymbol{r}_i\right),$$

引入系统的总质量 $m=\sum_{i=1}^{N}m_i$，上式可改写为

$$\boldsymbol{p}=m\frac{\mathrm{d}}{\mathrm{d}t}\left(\frac{\sum_{i=1}^{N}m_i\boldsymbol{r}_i}{m}\right),$$

前面式(1-64)定义质心的位置矢量为 $\boldsymbol{r}_C=\frac{\sum_{i=1}^{N}m_i\boldsymbol{r}_i}{m}$，故质点系总动量为

$$\boldsymbol{p}=m\frac{\mathrm{d}\boldsymbol{r}_C}{\mathrm{d}t}=m\boldsymbol{v}_C,\tag{3-12}$$

式中 $\boldsymbol{v}_C$ 为质心的运动速度。上式表明：质点系的总动量等于它的总质量乘以质心的速度，即可以看作是所有质点均以质心速度运动时的动量。由此可知，质心的运动可以代表质点系整体的运动。

3.1.4.2　质心坐标系

如果取质心为参考系，并以质心为坐标原点建立坐标系，且坐标系与质心一起

平动(即坐标轴方向无转动),这样的坐标系称为质心系。在质心系中,显然有 $\boldsymbol{r}_C \equiv 0$, $\boldsymbol{v}_C \equiv 0$。按照前面的讨论,必然有

$$\sum_{i=1}^{N} m_i \boldsymbol{v}_i = 0。 \tag{3-13}$$

式(3-13)表明,无论系统如何运动,在质心系中它的总动量始终保持为零,故质心系又称零动量系。质心系还有如下两个重要性质:

(1) 质心系可以是惯性系,也可以是非惯性系。若质点系所受外力矢量和为零,质心加速度为零,质心系是惯性系。若质点系所受外力矢量和不为零,质心有加速度,质心系就不再是惯性系。

(2) 可以证明,若质心系为非惯性系,对质点系而言,惯性力做的总功为零,惯性力对质心的总力矩也等于零,故不论质心系是惯性系还是非惯性系,在质心系中质点系的功能原理和角动量定理及各自的守恒定律仍然成立。

3.1.5 碰撞问题

3.1.5.1 碰撞过程

碰撞是自然界中十分普遍的现象,泛指一类"物体"间的"相互作用"。

碰撞过程的特点是:"碰撞"前,物体间无相互作用,接近(或接触)时发生相互作用,"碰撞"后,相互作用消失。并且,相互作用时间极短,作用力极其复杂。碰撞前后,物体为自由运动状态。碰撞过程涉及物体间动量和能量的交换过程。

由于碰撞过程中物体间相互作用很强,力的形式复杂,无法直接测量和记录碰撞过程,因此难以直接研究"碰撞"过程中的相互作用规律。但是,由于"碰撞"前后,"物体"的性质容易测量和记录,所以可以根据"碰撞"前后"物体"性质的变化来推知"物体"间的相互作用性质。比如,在高能粒子对撞实验中,通过高能粒子间的碰撞会产生新粒子,因此可以通过记录新产生粒子的性质来研究粒子间的基本相互作用。

宏观世界中,如果两个或多个物体之间的相互作用仅持续一个极为短暂的时间,它们之间的相互作用过程就是我们通常所说的碰撞过程。如击球、打桩、锻压等冲击过程。此外,如子弹打入木块等,在一定条件下也可看作碰撞。

3.1.5.2 碰撞理论

首先讨论两个小球沿水平方向运动发生正碰的情况。所谓正碰即碰撞前后小球的运动速度都沿着两个小球的连心线方向。如图 3-7 所示,设两个小球的质量分别为 m_1 和 m_2,碰撞前的速度分别

$\boldsymbol{v}_{10}$ $\boldsymbol{v}_{20}$ $\boldsymbol{v}_1$ $\boldsymbol{v}_2$

m_1 m_2 m_1 m_2

图 3-7

为 $\boldsymbol{v}_{10}$ 和 $\boldsymbol{v}_{20}$，碰撞后的速度分别为 $\boldsymbol{v}_1$ 和 $\boldsymbol{v}_2$。由于碰撞过程中物体间相互作用时间极为短暂，但相互作用的冲力很大，因此物体所受的其他常规作用力(如与地面的摩擦力等)可以忽略，可应用动量守恒定律：

$$m_1 v_{10} + m_2 v_{20} = m_1 v_1 + m_2 v_2。\tag{3-14}$$

牛顿从实验中总结出一条规律：碰撞后两球的分离速度 ($v_2 - v_1$) 与碰撞前两球的接近速度 ($v_{10} - v_{20}$) 成正比，即

$$e = \frac{v_2 - v_1}{v_{10} - v_{20}},\tag{3-15}$$

e 称为恢复系数，其取值范围为 $0 \leqslant e \leqslant 1$。恢复系数与两球碰撞前后的运动状态无关，仅与两球的材料性质有关。

由式(3-14)和式(3-15)可得碰撞后两小球的速度为

$$v_1 = v_{10} - m_2 \frac{(1+e)(v_{10} - v_{20})}{m_1 + m_2},$$

$$v_2 = v_{20} + m_1 \frac{(1+e)(v_{10} - v_{20})}{m_1 + m_2},$$

还可得到碰撞过程中总动能的损失

$$\Delta E_{\mathrm{k}} = \frac{1}{2}(1 - e^2) \frac{m_1 m_2}{m_1 + m_2}(v_{10} - v_{20})^2。$$

下面讨论两种极端情况：

1) 完全弹性碰撞

如果 $e=1$，则 $v_2 - v_1 = v_{10} - v_{20}$，即分离速度等于接近速度，这种碰撞称为完全弹性碰撞(或弹性碰撞)。对于完全弹性碰撞，$\Delta E_{\mathrm{k}} = 0$，即系统动能无损失，动能守恒。碰撞前后小球无形变，无发热。

两小球碰撞后的速度为

$$v_1 = \frac{(m_1 - m_2)v_{10} + 2m_2 v_{20}}{m_1 + m_2}\tag{3-16}$$

和

$$v_2 = \frac{(m_2 - m_1)v_{20} + 2m_1 v_{10}}{m_1 + m_2}。\tag{3-17}$$

讨论：

(1) 当 $m_1 = m_2$ 时，有 $v_1 = v_{20}$，$v_2 = v_{10}$。表明在一维弹性碰撞中，质量相等的两个质点在碰撞后交换彼此的速度。

(2) 如果 $v_{20}=0$，且 $m_2 \gg m_1$，有 $v_1 \approx -v_{10}$，$v_2 \approx 0$，即质量很小的质点与质量很大的静止质点碰撞后，以几乎不变的速度大小反向运动，而质量很大的质点几乎保持不动。在分子运动理论中，我们考虑分子与器壁碰撞问题时，就是认为器壁碰撞前后保持静止。

2) 完全非弹性碰撞

如果 $e=0$，则 $v_2=v_1$，即两球碰撞后以同一速度运动，并不分开，这种碰撞称为完全非弹性碰撞。碰撞后，两球的运动速度为

$$v_1 = v_2 = \frac{m_1 v_{10} + m_2 v_{20}}{m_1 + m_2}。 \tag{3-18}$$

在完全非弹性碰撞过程中的动能损失为

$$\Delta E_{\mathrm{k}} = \frac{m_1 m_2 (v_{10} - v_{20})^2}{2(m_1 + m_2)}。 \tag{3-19}$$

如果碰撞前 m_2 静止，即 $v_{20}=0$，则

$$\Delta E_{\mathrm{k}} = \frac{m_1 m_2 v_{10}^2}{2(m_1 + m_2)} = \frac{m_2}{(m_1 + m_2)} E_{\mathrm{k},10},$$

式中 $E_{\mathrm{k},10} = \frac{1}{2} m_1 v_{10}^2$ 为系统原来的动能。可见，m_2 越大，能量损失越大；m_1 越大，能量损失越小。损失的动能转变为系统的内能。

在建筑物地基的打桩过程中，人们正是利用重锤与桩碰撞后的剩余动能使锤和桩一起克服土层的阻力而进入土层的，为此需要碰撞后剩余更多的能量。因此，重锤的质量(m_1)越大越好。铁匠打铁时，为了使被锻制的铁件更快地变形，需要更多的动能损失来提供铁块的形变能。这时，铁锤的质量相对而言应小一些。但是，在锻制小件铁制品时，上述要求是不可能实现的。因此，为了满足该条件要求，人们常常在被锻制的物品下垫上大块的砧子。这样，被打击的物体(铁件加砧子)质量 m_2 就远大于铁锤的质量 m_1。

两球碰撞前后的运动速度不沿着两球连心线方向的情况称为斜碰。在一般情况下，斜碰是个三维问题，碰撞后速度 $\boldsymbol{v}_1$ 和 $\boldsymbol{v}_2$ 不一定在碰撞前速度 $\boldsymbol{v}_{10}$ 和 $\boldsymbol{v}_{20}$ 所构成的平面上。如果碰撞前一个小球处于静止状态，则这种碰撞是二维问题，利用动量和动能守恒定律，有

$$m_1 \boldsymbol{v}_{10} = m_1 \boldsymbol{v}_1 + m_2 \boldsymbol{v}_2,$$

$$\frac{1}{2} m_1 v_{10}^2 = \frac{1}{2} m_1 v_1^2 + \frac{1}{2} m_2 v_2^2,$$

在 m_1、m_2 和 $\boldsymbol{v}_{10}$ 已知的情况下，因为 $\boldsymbol{v}_1$ 和 $\boldsymbol{v}_2$ 各有两个分量，故共有 4 个未知

数,而方程只有 3 个,此时还必须对碰撞过程有更多的了解。比如对于图 3-8 的情况,碰撞结果还与碰撞前两小球中心在垂直于 x 方向($\boldsymbol{v}_{10}$ 方向)的距离 b 有关,b 称为碰撞参数。$b=0$ 对应正碰的情况。

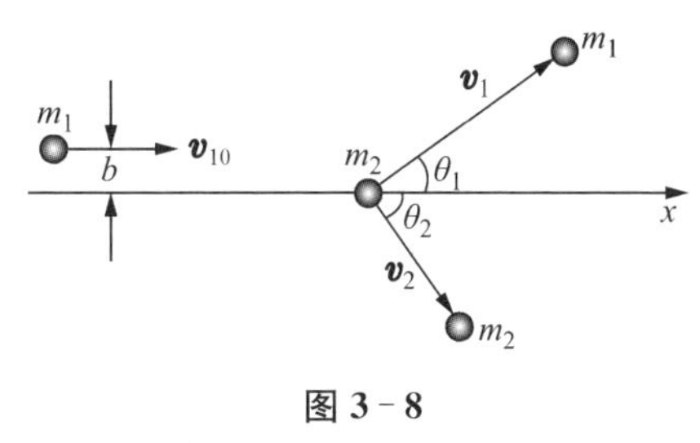

图 3-8

通常,应用实验的方法测出一个小球碰撞后的运动方向与碰撞前入射小球运动方向之间的夹角 θ_1 或 θ_2,就可以解决二维斜碰的问题。

【例 3-7】 如图 3-9 所示,在光滑的水平地面上静置一质量为 m 的箱子,在箱内光滑的底面上质量也为 m 的物块以某一初速开始运动,并与箱子的两壁反复碰撞,已知碰撞的恢复系数 $e=0.95$。求物块与箱壁至少发生多少次碰撞,才能使系统总动能的损失大于 40%。

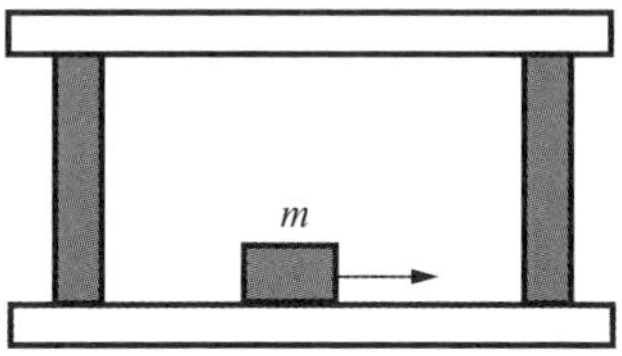

图 3-9

解 质量为 m_1 和 m_2 的物体,以初速度 $\boldsymbol{v}_{10}$ 和 $\boldsymbol{v}_{20}$ 发生恢复系数为 e 的正碰后,总动能的损失为

$$\Delta E_\mathrm{k}=\frac{1}{2}(1-e^2)\frac{m_1m_2}{m_1+m_2}(v_{10}-v_{20})^2。$$

设物块的初速度为 v,则第一次碰撞后动能的损失为 $\Delta E_{\mathrm{k}1}=\frac{1}{2}(1-e^2)\frac{m}{2}v^2$,碰撞后物块相对箱子的速度(即分离速度)为 ev。

第二次碰撞后动能的损失为 $\Delta E_{\mathrm{k}2}=\frac{1}{2}(1-e^2)\frac{m}{2}(ev)^2$,碰撞后物块相对箱子的速度为 e^2v。

第三次碰撞后动能的损失为 $\Delta E_{\mathrm{k}3}=\frac{1}{2}(1-e^2)\frac{m}{2}(e^2v)^2$,碰撞后物块相对箱子的速度为 e^3v。依此类推,得系统总动能的损失为

$$\begin{aligned}\Delta E_\mathrm{k}&=\Delta E_{\mathrm{k}1}+\Delta E_{\mathrm{k}2}+\Delta E_{\mathrm{k}3}+\cdots=\frac{1}{2}(1-e^2)\frac{m}{2}v^2(1+e^2+e^3+\cdots)\\&=\frac{1}{4}mv^2(1-e^{2n}),\end{aligned}$$

这里 n 为碰撞次数。由题意,令

$$\frac{1}{4}mv^2(1-e^{2n})=\frac{1}{2}mv^2\times 40\%,$$

代入 $e=0.95$,解得 $n=15.688$,故物块与箱壁至少要发生 16 次碰撞,才能使系统总动能的损失大于 40%。

【例 3-8】 如图 3-10 所示,在光滑桌面上,质量为 m_1 的小球以速度 $\boldsymbol{u}$ 碰在质量为 m_2 的静止小球上,$\boldsymbol{u}$ 与两球的连心线成 θ 角。设两球表面光滑,它们相互撞击力的方向沿着两球的连心线,恢复系数为 e,求碰撞后两球的速度。

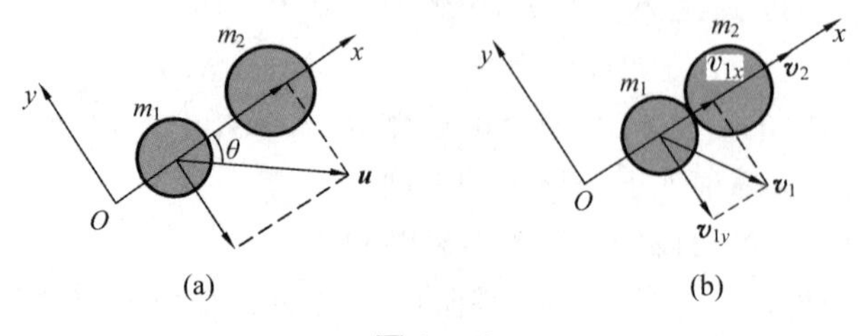

图 3-10

解 建立坐标系如图 3-10 所示。设碰后两球速度分别为 $\boldsymbol{v}_1$ 和 $\boldsymbol{v}_2$,由于两球的作用力沿连线方向,$\boldsymbol{v}_2$ 只能沿两球的连线方向(见图 3-10)。系统在 x, y 方向动量守恒,得

$$\begin{cases} m_1 v_{1x} + m_2 v_2 = m_1 u\cos\theta, \\ m_1 v_{1y} = -m_1 u\sin\theta, \end{cases}$$

由恢复系数的定义

$$e = \frac{v_2 - v_{1x}}{u\cos\theta},$$

联立上述方程求解,得

$$\begin{cases} v_{1x} = \dfrac{(m_1 - e m_2)u\cos\theta}{m_1 + m_2}, \\ v_{1y} = -u\sin\theta \end{cases}$$

和

$$v_2 = \frac{m_1(1+e)u\cos\theta}{m_1 + m_2}。$$

讨论:两个质量相等的小球发生弹性斜碰时,由 $m_1 = m_2$, $e = 1$ 可得

$$\begin{cases} v_{1x} = 0, \\ v_{1y} = -u\sin\theta, \\ v_2 = u\cos\theta, \end{cases}$$

即 $\boldsymbol{v}_1 \perp \boldsymbol{v}_2$,碰后两个小球运动方向垂直。

台球运动员打台球时,就是根据以上结论,通过控制母球击打目标球的方向来控制目标球的运动方向。当然,为了使母球停到理想的位置,台球运动员还要通过

控制球杆击打母球上的具体位置，使母球带有一定的旋转。这时，母球不能被简单地看作一个质点，母球的运动是一个刚体的运动。

3.1.6 火箭的运动

火箭飞行是靠所携带的燃料在燃烧过程中从尾部连续喷出高速气体而获得巨大推力的。如图3-11所示，设在 t 时刻，火箭质量为 m，速度为 $\boldsymbol{v}$；在 $t+\mathrm{d}t$ 时刻，火箭质量为 $m+\mathrm{d}m$（$\mathrm{d}m<0$），速度为 $\boldsymbol{v}+\mathrm{d}\boldsymbol{v}$，$\mathrm{d}t$ 时间内喷出的气体质量为 $(-\mathrm{d}m)$。气体相对火箭的速度为 $\boldsymbol{u}$（向后）。假设火箭受到合外力 $\boldsymbol{F}$ 的作用，则火箭和燃料组成的系统满足动量定理

$$[(m+\mathrm{d}m)(\boldsymbol{v}+\mathrm{d}\boldsymbol{v})+(-\mathrm{d}m)(\boldsymbol{v}+\mathrm{d}\boldsymbol{v}+\boldsymbol{u})]-m\boldsymbol{v}=\boldsymbol{F}\mathrm{d}t, \tag{3-20}$$

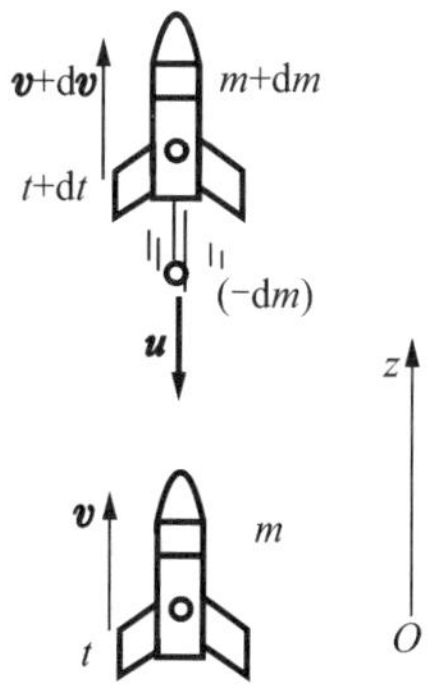

图3-11

由此得

$$m\mathrm{d}\boldsymbol{v}-\mathrm{d}m\boldsymbol{u}=\boldsymbol{F}\mathrm{d}t,$$

用 $\mathrm{d}t$ 除上式两端得

$$m\frac{\mathrm{d}\boldsymbol{v}}{\mathrm{d}t}-\frac{\mathrm{d}m}{\mathrm{d}t}\boldsymbol{u}=\boldsymbol{F},$$

或

$$m\frac{\mathrm{d}\boldsymbol{v}}{\mathrm{d}t}=\boldsymbol{F}+\frac{\mathrm{d}m}{\mathrm{d}t}\boldsymbol{u}。\tag{3-21}$$

式(3-21)为描述火箭飞行的动力学方程。式中 $\boldsymbol{u}$ 的方向与火箭速度 $\boldsymbol{v}$ 方向相反，因 $\mathrm{d}m<0$，$\frac{\mathrm{d}m}{\mathrm{d}t}<0$，而 $\frac{\mathrm{d}m}{\mathrm{d}t}\boldsymbol{u}=\left(-\frac{\mathrm{d}m}{\mathrm{d}t}\right)(-\boldsymbol{u})=\left|\frac{\mathrm{d}m}{\mathrm{d}t}\right|(-\boldsymbol{u})$ 与火箭速度 $\boldsymbol{v}$ 方向相同。因此，$\frac{\mathrm{d}m}{\mathrm{d}t}\boldsymbol{u}$ 为箭体受到的等效推力，它来自喷射燃烧气体的反作用力，反作用力大于火箭受到的重力，从而推动箭体向上飞行。

设火箭竖直飞行，且不考虑空气阻力，并设重力为常量，即 $\boldsymbol{F}=m\boldsymbol{g}$。代入式(3-21)，在如图3-11所示坐标系下，式(3-21)可以写成如下形式：

$$m\frac{\mathrm{d}v}{\mathrm{d}t}=-mg-\frac{\mathrm{d}m}{\mathrm{d}t}u,$$

即

$$\mathrm{d}v=-\left(\frac{\mathrm{d}m}{m}\right)u-g\mathrm{d}t,$$

方程两边同时积分得

$$\int_0^v \mathrm{d}v = -u\int_{M_0}^{M_\mathrm{f}}\left(\frac{\mathrm{d}m}{m}\right) - g\int_0^t \mathrm{d}t,$$

式中 M_0, M_f 分别为火箭在起飞前($t=0$ 时刻)和燃料全部燃烧后(t 时刻)的质量。积分后,得

$$v = u\ln\left(\frac{M_0}{M_\mathrm{f}}\right) - gt, \tag{3-22}$$

式中的 M_0/M_f 称为火箭的质量比。

由上式可见,要提高火箭的最终飞行速度可以采取两项措施:

(1) 增大 u 值,即提高燃料喷射速度;

(2) 增大火箭的质量比 (M_0/M_f)。

但这两项措施均受技术方面限制。目前火箭发动机的喷射速度大约能达到 $u=2\sim3$ km/s;而质量比 (M_0/M_f) 的提高也受到材料、结构等方面的限制。

为了进一步提高火箭飞行速度,通常采用多级火箭技术。设 N_1, N_2, N_3,… 为各级火箭的质量比,第一级火箭燃料耗尽后,火箭速度大小为 $v_1 = u\ln N_1$,第一级火箭的外壳自动脱落,第二级火箭开始工作,火箭再依次加速 $v_2 - v_1 = u\ln N_2$, $v_3 - v_2 = u\ln N_3$, …,其最终速度达到

$$v = \sum_i u\ln N_i = u\ln(N_1 N_2 N_3 \cdots),$$

这样可以提高消耗单位质量燃料所获得的有效速度。现代火箭一般采用 3 级,或另外采用附加的捆绑式火箭来增加推力。

【例 3-9】 质量为 M 的匀质链条,全长为 L,手持其上端,使下端正好碰到桌面。然后放手让它自由下落到桌面上,如图 3-12 所示。求链条落到桌面的长度为 l 时,桌面所受链条作用力的大小。

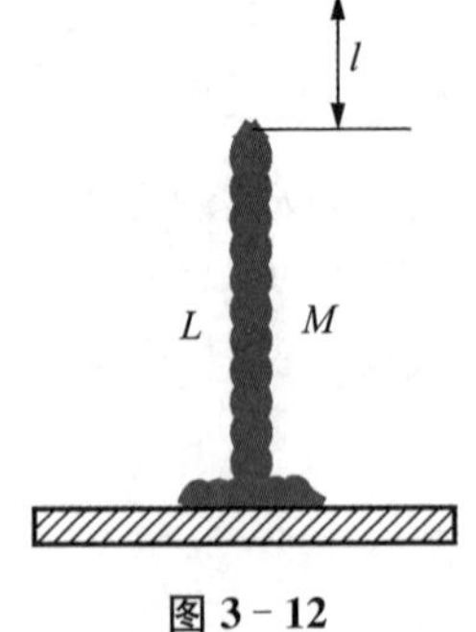

图 3-12

解法 1 以落到桌面的链条为研究对象,利用变质量系统动力学方程

$$m\frac{\mathrm{d}\boldsymbol{v}}{\mathrm{d}t} = \boldsymbol{F} + \frac{\mathrm{d}m}{\mathrm{d}t}\boldsymbol{u},$$

式中 $\boldsymbol{F}$ 为系统受到的合外力,包括重力和桌面的支持力,即

$$\boldsymbol{F} = m\boldsymbol{g} + \boldsymbol{N},$$

以向下为正方向,得方程

$$m\frac{\mathrm{d}v}{\mathrm{d}t} = mg - N + \frac{\mathrm{d}m}{\mathrm{d}t}u,$$

式中 $m=\rho_l l$，$\dfrac{\mathrm{d}v}{\mathrm{d}t}=0$，则有

$$\frac{\mathrm{d}m}{\mathrm{d}t}=\frac{\mathrm{d}(\rho_l l)}{\mathrm{d}t}=\rho_l\frac{\mathrm{d}l}{\mathrm{d}t}=\rho_l v'=\rho_l u,$$

式中 ρ_l 为链条的质量线密度，v' 为链条自由下落长度 l 时的速度，显然有

$$\rho_l=\frac{M}{L},\ v'=\sqrt{2gl},$$

因此桌面的支持力为

$$N=mg+\frac{\mathrm{d}m}{\mathrm{d}t}u=\rho_l lg+\rho_l v'^2=3\frac{M}{L}gl,$$

此即桌面所受链条作用力的大小。

解法2 链条下落长度 l 时，桌面所受压力分两部分，其中静止在桌面的链条的压力大小为

$$N_1=\frac{M}{L}gl,$$

另一部分为下落链条对桌面的压力 N_2。以在 $\mathrm{d}t$ 时间内下落到桌面的一小段链条为研究对象，其速度从 $v'=\sqrt{2gl}$ 变为零，应用动量定理，有

$$N_2\mathrm{d}t=\mathrm{d}p=\mathrm{d}mv'=\left(\frac{M}{L}v'\mathrm{d}t\right)v'。$$

由此得

$$N_2=2\frac{M}{L}gl,$$

桌面所受合力大小

$$N=N_1+N_2=3\frac{M}{L}gl。$$

解法3 将链条作为一个整体考虑。链条受重力 $M\boldsymbol{g}$ 和支持力 $\boldsymbol{N}$ 的作用，取向下为正方向，有

$$Mg-N=\frac{\mathrm{d}p}{\mathrm{d}t},$$

链条动量

$$p=\frac{L-l}{L}Mv',$$

考虑到 $l=\frac{v'^2}{2g}$ 和 $\frac{\mathrm{d}v'}{\mathrm{d}t}=g$，有

$$\frac{\mathrm{d}p}{\mathrm{d}t}=Mg-3\frac{M}{L}gl,$$

由此得

$$N=3\frac{M}{L}gl。$$

3.2 冲量矩与角动量

在研究物体转动时经常用角动量来描述物体的运动状态，角动量是物理学中又一个重要物理量。特别是在有些过程中系统的动量和机械能都不守恒，但系统的角动量是守恒的，这就为求解相关问题开辟了新的途径。

3.2.1 质点的角动量 角动量守恒定律

3.2.1.1 力矩的定义

如图 3-13 所示，质点相对参考点 O 的位置矢量为 $\boldsymbol{r}$，作用在质点上的作用力为 $\boldsymbol{F}$，定义力相对于参考点 O 的力矩为

$$\boldsymbol{M}=\boldsymbol{r}\times\boldsymbol{F}, \tag{3-23}$$

力矩 $\boldsymbol{M}$ 的方向由右手定则确定，即 $\boldsymbol{r}$，$\boldsymbol{F}$ 和 $\boldsymbol{M}$ 三者构成右手螺旋系统。$\boldsymbol{M}$ 的大小 $M=rF\sin\varphi$，其中 φ 为 $\boldsymbol{r}$ 和 $\boldsymbol{F}$ 间夹角。在直角坐标系中，力矩 $\boldsymbol{M}$ 可用行列式表示为

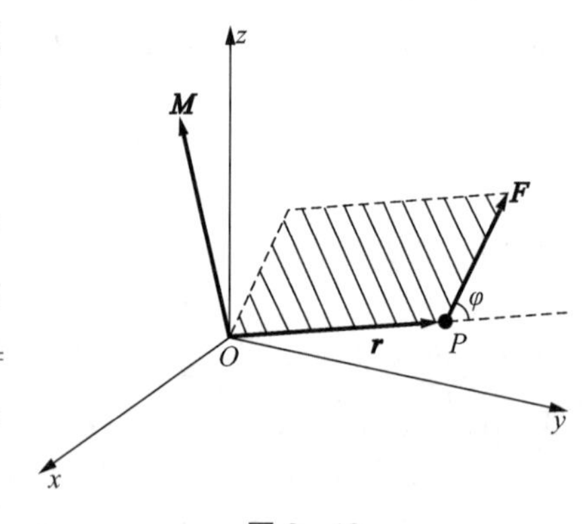

图 3-13

$$\boldsymbol{M}=\boldsymbol{r}\times\boldsymbol{F}=\begin{vmatrix}\boldsymbol{i} & \boldsymbol{j} & \boldsymbol{k}\\ x & y & z\\ F_x & F_y & F_z\end{vmatrix}$$

$$=M_x\boldsymbol{i}+M_y\boldsymbol{j}+M_z\boldsymbol{k}。$$

3.2.1.2 质点的角动量和角动量定理

人们从大量的事实中发现了一个能描述物体转动规律的物理量，称为角动量。如图 3-14 所示，若质点相对惯性系中固定参考点 O 的位矢为 $\boldsymbol{r}$，动量为 $\boldsymbol{p}=m\boldsymbol{v}$，则质点相对参考点 O 的角动量定义为

$$\boldsymbol{L}=\boldsymbol{r}\times\boldsymbol{p}=\boldsymbol{r}\times(m\boldsymbol{v}),\quad(3-24)$$

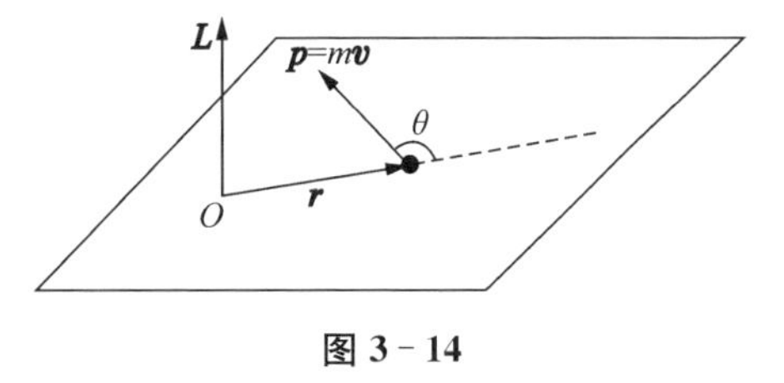

图 3 - 14

角动量 $\boldsymbol{L}$ 的方向由右手定则确定，即 $\boldsymbol{r}$、$m\boldsymbol{v}$ 和 $\boldsymbol{L}$ 三者构成右手螺旋系统。角动量 $\boldsymbol{L}$ 的大小 $L=rp\sin\theta$，θ 为 $\boldsymbol{r}$ 和 $\boldsymbol{v}$ 间夹角。

根据矢量微商规则

$$\frac{\mathrm{d}(\boldsymbol{A}\times\boldsymbol{B})}{\mathrm{d}t}=\boldsymbol{A}\times\frac{\mathrm{d}\boldsymbol{B}}{\mathrm{d}t}+\frac{\mathrm{d}\boldsymbol{A}}{\mathrm{d}t}\times\boldsymbol{B},$$

有

$$\frac{\mathrm{d}\boldsymbol{L}}{\mathrm{d}t}=\frac{\mathrm{d}(\boldsymbol{r}\times m\boldsymbol{v})}{\mathrm{d}t}=\boldsymbol{r}\times m\frac{\mathrm{d}\boldsymbol{v}}{\mathrm{d}t}+\frac{\mathrm{d}\boldsymbol{r}}{\mathrm{d}t}\times m\boldsymbol{v}=\boldsymbol{r}\times m\frac{\mathrm{d}\boldsymbol{v}}{\mathrm{d}t}+\boldsymbol{v}\times m\boldsymbol{v},$$

因为 $\boldsymbol{v}\times\boldsymbol{v}=0$ 以及 $\boldsymbol{F}=m\frac{\mathrm{d}\boldsymbol{v}}{\mathrm{d}t}$，可得

$$\frac{\mathrm{d}\boldsymbol{L}}{\mathrm{d}t}=\boldsymbol{r}\times\boldsymbol{F}+0,$$

即

$$\frac{\mathrm{d}\boldsymbol{L}}{\mathrm{d}t}=\boldsymbol{M},\quad(3-25)$$

此即质点相对参考点 O 的角动量定理，它表明质点相对某固定参考点角动量的变化率等于质点所受合力对同一参考点的力矩。

力矩在时间上的累积称为冲量矩，定义相对参考点 O 的力矩在 t_1 到 t_2 时间内的冲量矩为 $\int_{t_1}^{t_2}\boldsymbol{M}\mathrm{d}t$，由式(3 - 25)，得

$$\int_{t_1}^{t_2}\boldsymbol{M}\mathrm{d}t=\int_{t_1}^{t_2}\left(\frac{\mathrm{d}\boldsymbol{L}}{\mathrm{d}t}\right)\mathrm{d}t=\boldsymbol{L}_2-\boldsymbol{L}_1,\quad(3-26)$$

式中 $\boldsymbol{L}_1$，$\boldsymbol{L}_2$ 分别为 t_1 时刻和 t_2 时刻质点相对点 O 的角动量。上式表明，当合力 $\boldsymbol{F}$ 作用于质点一段时间后，质点角动量的增量等于所受合力 $\boldsymbol{F}$ 相对点 O 力矩的冲量矩，这是角动量定理的另一种表述形式。

对于不同的参考点，同一个质点运动的角动量是不同的。因此，在说质点的角动量(和力矩)等概念时，一定要说明是相对哪个参考点的。

在国际单位制中，冲量矩的单位是 N·m·s，角动量的单位是 $\mathrm{kg\cdot m^2/s}$，这两者一致，因为 $1\,\mathrm{N\cdot m\cdot s}=(1\,\mathrm{kg\cdot m/s^2})\cdot\mathrm{m\cdot s}=1\,\mathrm{kg\cdot m^2/s}$。

3.2.1.3　质点角动量守恒定律

由式(3 - 25)，若 $\boldsymbol{M}=0$，则有

$$\frac{\mathrm{d}\boldsymbol{L}}{\mathrm{d}t}=0, \tag{3-27}$$

即质点的角动量

$$\boldsymbol{L}=\text{常矢量。}$$

上述表明，当外力相对点 O 的力矩为零时，质点相对点 O 的角动量保持不变，这个结论称为质点的角动量守恒定律。因为角动量是一个矢量，角动量守恒要求角动量的大小和方向都不变。当 $\boldsymbol{M}\neq 0$ 时，质点角动量不守恒，但如果 $\boldsymbol{M}$ 沿某个方向的分量为零时，则该方向上的角动量分量守恒。

考虑如图 3-15 所示情况，质量为 m 的行星绕恒星中心点 O 运动。因为行星受恒星的引力作用 $\boldsymbol{F}$ 是有心力，如果选择点 O 为参考点，则 $\boldsymbol{F}$ 相对点 O 的力矩 $\boldsymbol{M}=\boldsymbol{r}\times\boldsymbol{F}=0$，因此行星相对恒星中心的角动量 $\boldsymbol{L}$ 保持不变，即角动量守恒。

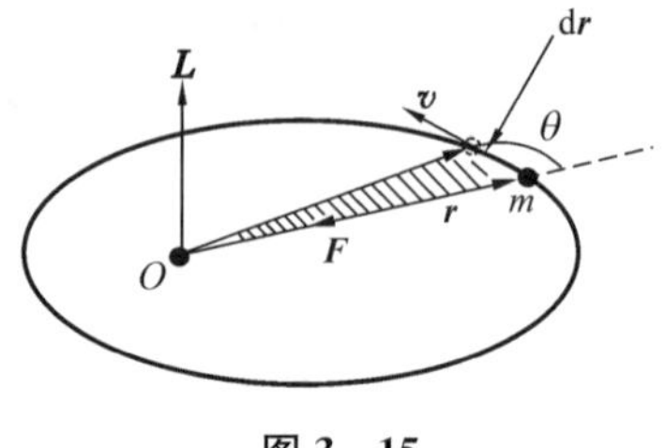

图 3-15

行星相对恒星中心的角动量守恒要求角动量的方向保持不变，因此行星的运动轨道只能在一个固定平面内，角动量守恒还要求角动量的大小 $L=mvr\sin\theta$ 保持不变。角动量的大小可改写为

$$L=mvr\sin\theta=m\frac{|\mathrm{d}\boldsymbol{r}|}{\mathrm{d}t}r\sin\theta=2m\frac{\frac{1}{2}r(|\mathrm{d}\boldsymbol{r}|\sin\theta)}{\mathrm{d}t},$$

其中 $\mathrm{d}\boldsymbol{r}$ 为 $\mathrm{d}t$ 时间内行星的位移，而 $\frac{1}{2}r(|\mathrm{d}\boldsymbol{r}|\sin\theta)$ 表示位移 $\mathrm{d}\boldsymbol{r}$ 对点 O 所张的面积，也就是 $\mathrm{d}t$ 时间内行星到点 O 的连线所扫过的面积 $\mathrm{d}S$，如图 3-15 阴影部分所示。由此可知

$$L=2m\frac{\mathrm{d}S}{\mathrm{d}t}=\text{常量,}$$

即

$$\frac{\mathrm{d}S}{\mathrm{d}t}=\text{常量。}$$

这就是著名的开普勒第二定律，行星与恒星中心的连线在相等的时间内扫过相等的面积。

【例 3-10】 如图 3-16 所示，质点受轻绳的约束在光滑的水平桌面上运动。开始时质点绕点 O 做半径为 R_0 的匀速圆周运动，速率为 v_0。若用外力 $\boldsymbol{F}$ 通过轻绳使质点的圆周运动半径减小到 R_1，问质点的运动速率变为多少？动能如何变化？

解　质点受到重力 $m\boldsymbol{g}$、桌面支持力 $\boldsymbol{N}$ 和绳子拉力 $\boldsymbol{T}$ 的共同作用。选 O 为参考点，$m\boldsymbol{g}$ 和 $\boldsymbol{N}$ 平衡，对点 O 的合力矩为零。绳子拉力 $\boldsymbol{T}$ 通过点 O，它的力矩也为零。因此，所有作用力对点 O 的合力矩等于零。质点 m 在运动过程中相对点 O 的角动量守恒，即

$$R_1 m v_1 = R_0 m v_0,$$

得

$$v_1 = \frac{R_0}{R_1} v_0,$$

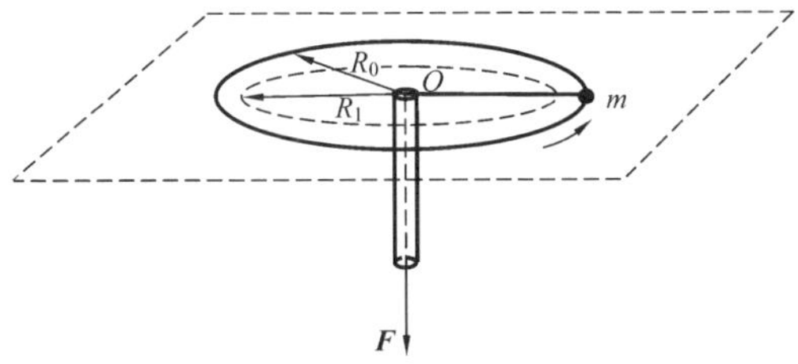

图 3 - 16

质点动能的变化

$$\Delta E_{\mathrm{k}} = \frac{1}{2} m v_1^2 - \frac{1}{2} m v_0^2 = \frac{1}{2} m v_0^2 \left[\left(\frac{R_0}{R_1} \right)^2 - 1 \right]。$$

因为 $R_1 < R_0$，所以 $\Delta E_{\mathrm{k}} > 0$，即质点的动能增加。增加的这部分能量来源于力 $\boldsymbol{F}$ 所做的功。

【例 3 - 11】　将一小球沿一个半径为 r 的光滑半球形碗的内表面水平地投射，碗保持静止，如图 3 - 17 所示（O 为球心）。设 $\boldsymbol{v}_0$ 是质点恰好能到达碗口所需的初速度。

(1) 说明小球为什么能到达碗口？

(2) 求 $\boldsymbol{v}_0$ 与 θ_0 的关系（θ_0 是质点的初始角位置）。

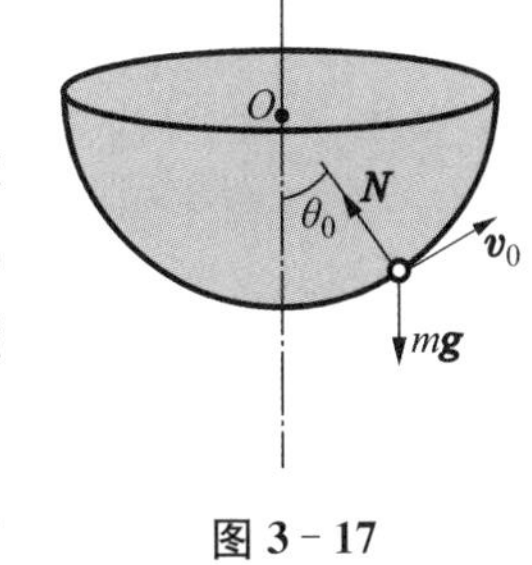

图 3 - 17

解　(1) 如图 3 - 17 所示，设碗对小球的支持力为 $\boldsymbol{N}$，其水平分量提供了小球绕 z 轴做圆周运动的向心力，小球圆周运动的速度 v_0 越大，N 就越大，当 $N\cos\theta > mg$ 时，小球将向上加速，向碗口运动。当 v_0 大到一定程度时，小球能到达甚至飞出碗口。

(2) 由题设条件，v_0 与 θ_0 满足小球刚好能到达碗口。相对参考点 O，小球所受重力矩不为零，即 $\boldsymbol{M} \neq 0$，小球对点 O 的角动量不守恒。但是，由于重力矩 $\boldsymbol{M}$ 在 z 方向的分量为零，即 $M_z = 0$，所以，小球对点 O 的角动量 $\boldsymbol{L}$ 在 z 方向的分量守恒，即

$$m v_0 r \sin\theta_0 = m v r,$$

等式两边分别为小球在初始时刻和到达碗口瞬间角动量的 z 方向分量。小球上升过程系统的机械能守恒，即

$$\frac{1}{2} m v_0^2 - m g r \cos\theta_0 = \frac{1}{2} m v^2,$$

联立求解,得

$$v_0=\sqrt{\frac{2gr}{\cos\theta_0}}。$$

【例 3-12】　如图 3-18 所示,人造地球卫星近地点离地心 $r_1=2R$ (R 为地球半径),远地点离地心 $r_2=4R$。求:

(1) 卫星在近地点及远地点的速率 v_1 和 v_2(用地球半径 R 以及地球表面附近的重力加速度 g 表示);

(2) 卫星运行轨道在近地点的曲率半径 ρ。

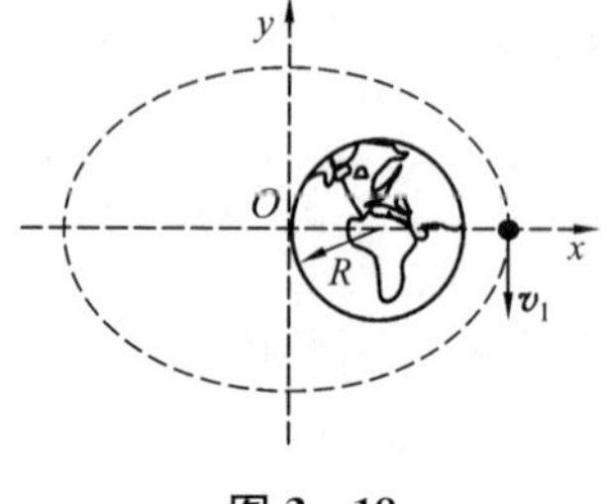

图 3-18

解　(1) 系统内的作用力是有心力,且为保守力,因此系统对地心的角动量守恒,机械能守恒,即

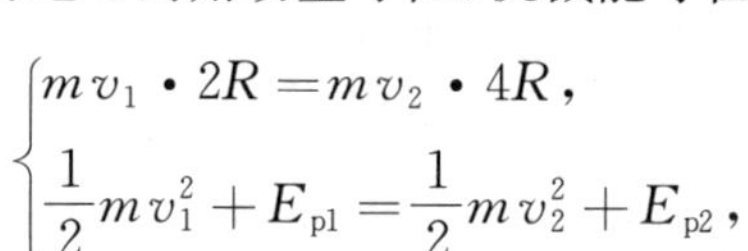

$$\begin{cases}mv_1\cdot 2R=mv_2\cdot 4R,\\ \dfrac{1}{2}mv_1^2+E_{p1}=\dfrac{1}{2}mv_2^2+E_{p2},\end{cases}$$

等式两边分别为卫星在近地点和远地点时的角动量及机械能。引力势能的一般表示式为 $E_p=-G\dfrac{Mm}{r}$,考虑到在地面附近 $F_{地面}=G\dfrac{Mm}{R^2}\equiv mg$,则

$$\begin{cases}E_{p1}=-G\dfrac{Mm}{2R}=-mg\dfrac{R}{2},\\ E_{p2}=-G\dfrac{Mm}{4R}=-mg\dfrac{R}{4},\end{cases}$$

联立求解,得

$$\begin{cases}v_1=\sqrt{\dfrac{2}{3}Rg},\\ v_2=\sqrt{\dfrac{Rg}{6}}。\end{cases}$$

(2) 人造地球卫星在近地点处的法向加速度分量为

$$a_n=G\frac{M}{(2R)^2}=\frac{g}{4},$$

利用

$$a_n=\frac{v_1^2}{\rho},$$

近地点处轨道的曲率半径

$$\rho=\frac{v_1^2}{a_n}=\frac{\frac{2}{3}Rg}{\frac{g}{4}}=\frac{8}{3}R。$$

【例3-13】 如图3-19所示，质量为m的飞船绕质量为M的地球做匀速圆周运动，轨道半径为$3R$(R为地球半径)，它的运行速率v_0为多少？飞船在此处要将它的运动速度至少增加到v_1为多少时，才能飞离地球？若飞船在$3R$处将速度增加到v_1后关闭发动机，在离地心为$12R$处，它的切向加速度分量a_t为多少？该处轨道的曲率半径ρ为多少(用地球半径R以及地球表面附近的重力加速度g表示结果)？

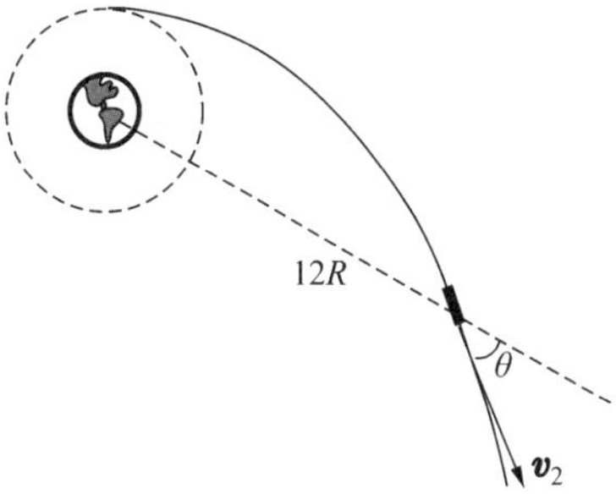

解 在地面处$mg=G\dfrac{mM}{R^2}$，$g=G\dfrac{M}{R^2}$。

飞船在$3R$处绕地球做匀速圆周运动：

$$m\frac{v_0^2}{3R}=G\frac{mM}{(3R)^2}=\frac{mg}{9},$$

由此得

$$v_0=\sqrt{\frac{Rg}{3}}。$$

图3-19

以无穷远为势能零点，为脱离地球，系统机械能至少为零：

$$\frac{1}{2}mv_1^2-G\frac{mM}{3R}=\frac{1}{2}mv_1^2-\frac{mgR}{3}=0,$$

所以

$$v_1=\sqrt{\frac{2Rg}{3}}。$$

飞船从$3R$处运动到$12R$处，系统机械能守恒：

$$\frac{1}{2}mv_2^2-\frac{mgR}{12}=0,$$

由此得

$$v_2=\sqrt{\frac{Rg}{6}},$$

在此过程中，飞船相对地心角动量守恒：

$$mv_1\cdot 3R=mv_2\cdot 12R\sin\theta,$$

其中θ为飞船在离地心$12R$处的速度与径向之间的夹角(见图3-19)，由此可得

$$\sin\theta=\frac{1}{2},$$

在离地心$12R$处飞船加速度大小

$$a = G\frac{M}{(12R)^2} = \frac{g}{144},$$

其切向加速度分量

$$a_t = -a\cos\theta = -\frac{\sqrt{3}}{288}g,$$

法向加速度分量

$$a_n = a\sin\theta = \frac{g}{288},$$

由此得该处轨道的曲率半径为

$$\rho = \frac{v_2^2}{a_n} = 48R。$$

3.2.2 质点系的角动量定理与角动量守恒定律

3.2.2.1 质点系的角动量定理

设质点系有 N 个质点 $\{m_i\}(i=1, 2, \cdots, N)$，如图 3 - 20 所示。

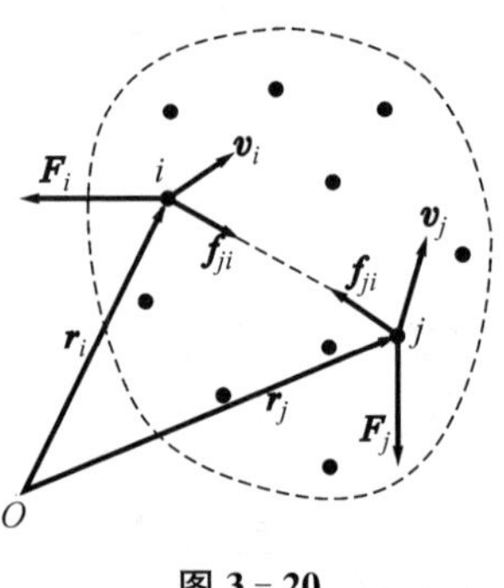

图 3 - 20

相对惯性系中的固定参考点 O，质点系的总角动量为

$$\boldsymbol{L} = \sum_i \boldsymbol{L}_i = \sum_i (\boldsymbol{r}_i \times m_i \boldsymbol{v}_i), \qquad (3-28)$$

用式(3 - 28)对时间求微商，得

$$\frac{d\boldsymbol{L}}{dt} = \frac{d\left(\sum_i \boldsymbol{r}_i \times m_i \boldsymbol{v}_i\right)}{dt}$$

$$= \sum_i \frac{d\boldsymbol{r}_i}{dt} \times m_i \boldsymbol{v}_i + \sum_i \boldsymbol{r}_i \times m_i \frac{d\boldsymbol{v}_i}{dt},$$

式中

$$\sum_i \frac{d\boldsymbol{r}_i}{dt} \times m_i \boldsymbol{v}_i = \sum_i \boldsymbol{v}_i \times m_i \boldsymbol{v}_i = 0,$$

利用牛顿第二定律

$$m_i \frac{d\boldsymbol{v}_i}{dt} = \boldsymbol{F}_i + \sum_{j \neq i} \boldsymbol{f}_{ij},$$

式中 $\boldsymbol{F}_i$ 为第 i 个质点受到的外力，$\boldsymbol{f}_{ij}$ 为第 i 个质点受到的第 j 个质点的作用力，由此得

$$\frac{\mathrm{d}\boldsymbol{L}}{\mathrm{d}t}=\sum_i \boldsymbol{r}_i\times\left(\boldsymbol{F}_i+\sum_{j\neq i}\boldsymbol{f}_{ij}\right)=\sum_i \boldsymbol{r}_i\times\boldsymbol{F}_i+\sum_i \boldsymbol{r}_i\times\sum_{j\neq i}\boldsymbol{f}_{ij}$$

$$=\sum_i \boldsymbol{M}_{外,i}+\sum_i \boldsymbol{M}_{内,i},$$

式中，$\boldsymbol{M}_{外,i}=\boldsymbol{r}_i\times\boldsymbol{F}_i$ 表示作用在第 i 个质点上的外力 $\boldsymbol{F}_i$ 对参考点 O 的力矩，$\sum\limits_i \boldsymbol{M}_{外,i}$ 表示外力矩的矢量和。$\boldsymbol{M}_{内,i}=\sum\limits_{j\neq i}\boldsymbol{r}_i\times\boldsymbol{f}_{ij}$ 表示作用在第 i 个质点上的所有内力对参考点 O 的力矩，而 $\sum\limits_i \boldsymbol{M}_{内,i}$ 表示所有内力矩的矢量和。由于内力总是成对出现，而作用在质点 i 和 j 上的一对内力 $\boldsymbol{f}_{ij}$ 和 $\boldsymbol{f}_{ji}$ 相对参考点 O 的力矩的矢量和为零，因此可以证明，$\sum\limits_i \boldsymbol{M}_{内,i}=0$，即

$$\sum_i\sum_{j\neq i}\boldsymbol{r}_i\times\boldsymbol{f}_{ij}=0,$$

由此得系统角动量的时间变化率

$$\frac{\mathrm{d}\boldsymbol{L}}{\mathrm{d}t}=\sum_i \boldsymbol{r}_i\times\boldsymbol{F}_i=\boldsymbol{M}_{外}。\tag{3-29}$$

式(3－29)表明，质点系对参考点 O 的总角动量的时间变化率等于作用于质点系的所有外力对同一参考点外力矩的矢量和，这称为质点系的角动量定理。

3.2.2.2　质点系的角动量守恒定律

由质点系的角动量定理可知，若对于某参考点，质点系所受外力矩的矢量和为零，即 $\boldsymbol{M}_{外}=0$，则有 $\dfrac{\mathrm{d}\boldsymbol{L}}{\mathrm{d}t}=0$，即质点系对该点的角动量不随时间改变：

$$\boldsymbol{L}=\sum_i \boldsymbol{L}_i=常矢量,\tag{3-30}$$

系统的总角动量将保持守恒。这个结论称为质点系的角动量守恒定律。

必须注意 $\sum\limits_i \boldsymbol{F}_i=0$ 和 $\sum\limits_i \boldsymbol{r}_i\times\boldsymbol{F}_i=\boldsymbol{M}_{外}=0$ 是相互独立的两个条件，因为外力的矢量和为零时，外力矩的矢量和可以不为零；而外力矩的矢量和为零时，外力的矢量和也可以不为零。所以，质点系动量守恒定律和角动量守恒定律是相互独立的两个定律。

应用角动量定理和角动量守恒定律可以解释如下问题：

(1) 太阳系为什么不坍缩？天体系统中的相互作用力主要是引力，而引力是有心力，引力相对力心的力矩为零，因此天体系统的角动量守恒。而如果太阳系会

坍缩,则意味着行星会掉入。产生这一结果的前提是在太阳系形成时行星相对太阳的角动量为零。所以,只要太阳系形成时具有一定的角动量,则不管天体系统如何演化,太阳系是不可能坍缩的。

地球有时会通过流星带,但落入地球大气层的流星数目很少。这是因为,流星受地球引力的作用,它们相对地球的角动量守恒,只有极少数原来正对着地球的那些流星(它们的角动量为零)才可能掉到地球上来,而大部分的流星只会与地球擦肩而过。

(2) 人造地球卫星为什么会掉下来?人造卫星陨落是地球周围的大气对卫星持续的摩擦作用导致的结果。摩擦力相对地心的力矩不为零,它使卫星的角动量不断减小,导致最后的陨落。

(3) 地球自转周期为什么变长?地质研究表明:在 3 亿年前,地球绕太阳一周,自转 398 圈,现在为 365.25 圈,并且地球的自转速度有继续减慢的趋势。

地球自转速度减慢是由月球在地球上引起的潮汐造成的。因为潮汐的周期是一个农历月,与月球绕地球的周期相同,而地球自转周期为一天。所以,地球主体和海面突出部分与潮汐间有相对运动,形成一定的摩擦力。该摩擦力相对地心有力矩存在,使地球的自转角动量变小,自转速度变慢,周期变得越来越长。

3.3 对称性与守恒定律

3.3.1 对称性

自然界中充满着对称,如球对称的天体、六角对称的雪花、晶体内部结构的对称、生物体的对称、各种建筑的对称等。那么什么叫"对称性"呢?德国大数学家魏尔(H. Weyl)给对称性下了这样一个严格的定义,所谓对称性就是系统在某种变换下具有的不变性。比如,轴对称性指系统在绕着某直线轴做任意角度旋转的变换下具有的不变性;球对称性指系统在绕着某点做任意旋转的变换下具有的不变性;一个系统若在左右变换下保持不变,则称这一系统具有左右对称性;把一个系统平移一下,它不发生变化,就称这个系统具有空间平移对称性。由于系统在变换后完全复原,因此变换前后是不能区分的,也无法作出辨别性的测量。故物理学中将对称性、在变换下的不变性、不可区分性和不可认测性四者给予相同的含义。

3.3.2 物理定律的对称性

在物理学中讨论对称性问题时,尤其重要的是物理定律的对称性,即物理定律在某种变换下的不变性。物理定律的时间平移不变性指的是,物理定律不会随着时间的流逝而改变。一个实验只要实验的条件和所使用的仪器不变,无论是今天做还是明天去做，都应得到相同的结果。物理定律的空间平移不变性指的是，物理定律不会随着空间位置的变化而改变。比如牛顿万有引力理论无论在太阳系还是在遥远星系中的某处，都获得同样的成功，都具有相同的形式。物理定律的空间转动不变性指的是，物理定律在空间所有方向上都相同。不管将物理实验仪器在空间如何转向，只要实验条件相同，都应得到相同的实验结果。物理定律的惯性系变换不变性指的是，当从一个惯性系变换到另一个惯性系中时，物理定律保持不变。在低速情况下，牛顿运动定律在伽利略变换下保持不变，但在高速情形下，洛伦兹变换替代了伽利略变换，牛顿运动定律则被相对论力学定律所替代，而相对论力学定律在洛伦兹变换下保持不变。

3.3.3　对称性与守恒定律

对称性与守恒定律之间的关系最早是由德国女数学家诺特(E. Neother)揭示出来的，她所创建的诺特定理认为连续对称性和守恒定律之间有一一对应的关系。比如由空间平移对称性可以导出动量守恒定律。

设一个孤立系统由两个相互作用着的粒子组成，两粒子的位矢分别为 $\boldsymbol{r}_1$ 和 $\boldsymbol{r}_2$，而系统的相互作用势能为 $E_p(\boldsymbol{r}_1, \boldsymbol{r}_2)$。对系统进行一个平移量为 $\Delta\boldsymbol{r}$ 的操作后，两粒子的位矢分别变为 $\boldsymbol{r}_1+\Delta\boldsymbol{r}$ 和 $\boldsymbol{r}_2+\Delta\boldsymbol{r}$，而系统的势能为 $E_p(\boldsymbol{r}_1+\Delta\boldsymbol{r}, \boldsymbol{r}_2+\Delta\boldsymbol{r})$。由于系统具有空间平移不变性，故有

$$E_p(\boldsymbol{r}_1, \boldsymbol{r}_2)=E_p(\boldsymbol{r}_1+\Delta\boldsymbol{r}, \boldsymbol{r}_2+\Delta\boldsymbol{r})$$

满足上式的函数形式只能为 $E_p(\boldsymbol{r}_1-\boldsymbol{r}_2)$。两粒子相互作用力 $\boldsymbol{F}_1$ 和 $\boldsymbol{F}_2$ 分别为

$$\boldsymbol{F}_1=-\nabla_1 E_p(\boldsymbol{r}_1-\boldsymbol{r}_2),$$

$$\boldsymbol{F}_2=-\nabla_2 E_p(\boldsymbol{r}_1-\boldsymbol{r}_2),$$

由于

$$\nabla_1 E_p(\boldsymbol{r}_1-\boldsymbol{r}_2)=-\nabla_2 E_p(\boldsymbol{r}_1-\boldsymbol{r}_2),$$

故有

$$\boldsymbol{F}_1+\boldsymbol{F}_2=0,$$

利用 $\boldsymbol{F}_1=\dfrac{\mathrm{d}\boldsymbol{p}_1}{\mathrm{d}t}$ 和 $\boldsymbol{F}_2=\dfrac{\mathrm{d}\boldsymbol{p}_2}{\mathrm{d}t}$，得到

$$\frac{\mathrm{d}(\boldsymbol{p}_1+\boldsymbol{p}_2)}{\mathrm{d}t}=0,$$

即

$$\boldsymbol{p}_1+\boldsymbol{p}_2=\text{恒量},$$

这就是动量守恒定律。

同样地,可以从时间平移对称性导出能量守恒定律,从空间转动对称性导出角动量守恒定律。不同的对称性对物理定律产生不同的限制,对系统的运动产生不同的制约,这种制约使得系统在运动中保持某个物理量为恒量,于是物理定律的一种对称性就导致一种守恒定律。

习 题 3

3-1 如题图所示的圆锥摆,绳长为 l,绳子一端固定,另一端系一质量为 m 的质点,以匀角速 ω 绕铅直线做圆周运动,绳子与铅直线的夹角为 θ。在质点旋转一周的过程中,试求:

(1) 质点所受合外力的冲量 $\boldsymbol{I}$;

(2) 质点所受张力 $\boldsymbol{T}$ 的冲量$\boldsymbol{I}_T$。

3-2 质量为 m 的质点在 Oxy 平面内运动,运动学方程为 $\boldsymbol{r}=a\cos\omega t\boldsymbol{i}+b\sin\omega t\boldsymbol{j}$。求:

(1) 质点在任一时刻的动量;

(2) 从 $t=0$ 到 $t=2\pi/\omega$ 的时间内质点受到的冲量。

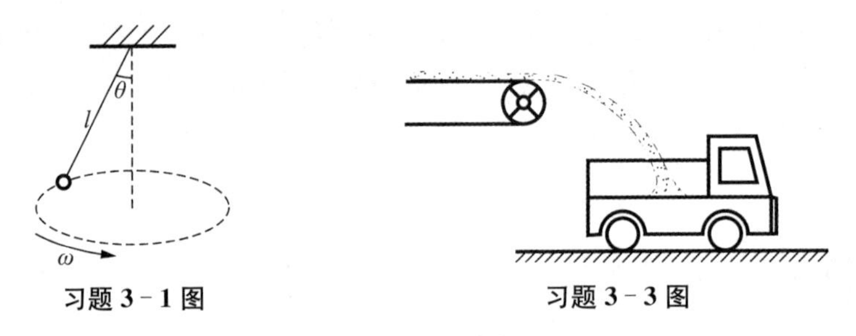

习题 3-1 图　　习题 3-3 图

3-3 如题图所示,一运煤的传送带以 2 m/s 的恒定水平速率传动,每秒运煤 20 kg。若传送带与运输车厢高度差为 0.8 m,且运输车静止不动,求煤对运输车的冲力(取 $g=10\ \text{m/s}^2$)。

3-4 质量为 $M=2.0\ \text{kg}$ 的物体(不考虑体积),用一根长为 $l=1.0\ \text{m}$ 的细绳悬挂在天花板上。今有一质量为 $m=20\ \text{g}$ 的子弹以 $v_0=600\ \text{m/s}$ 的水平速度射穿物体。刚射出物体时子弹的速度大小 $v=30\ \text{m/s}$。设穿透时间极短,求:

(1) 子弹刚穿出时绳中张力的大小;

(2) 子弹在穿透过程中所受的冲量。

3-5 一静止的原子核经放射性衰变产生出一个电子和一个中微子,已知电子的动量为 $1.2\times10^{-22}\ \text{kg}\cdot\text{m/s}$,中微子的动量为 $6.4\times10^{-23}\ \text{kg}\cdot\text{m/s}$,两动量方向彼此垂直。

(1) 求核反冲动量的大小和方向;

(2) 已知衰变后原子核的质量为 $5.8\times10^{-26}\ \text{kg}$,求其反冲动能。

3-6 一颗子弹在枪筒里前进时所受的合力大小为 $F=400-\dfrac{4}{3}\times10^5 t\ (\text{N})$,子弹从枪口射出时的速率为 300 m/s。设子弹离开枪口处合力刚好为零,求:

（1）子弹走完枪筒全长所用的时间；

（2）子弹在枪筒中所受合力的冲量；

（3）子弹的质量。

3-7　如题图所示，一帆船在静水中顺风漂行，风速为 $\boldsymbol{v}_0$，问船速 $\boldsymbol{v}$ 为多大时，风供给船的功率最大？设帆面与风向垂直，且风吹到帆面后相对帆面静止。

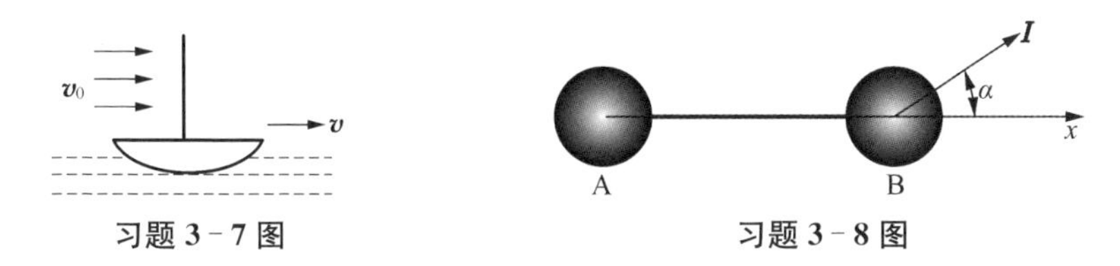

习题 3-7 图　　　习题 3-8 图

3-8　大小相同，质量分别为 m_A 和 m_B 的 A、B 两球，系在一细柔绳的两端，放在光滑的水平桌面上，细绳被两球拉直在两球的连心线上，如题图所示。当 B 球在极短时间内受到一大小未知、方向与 x 轴成 α 角度且通过 B 球中心的水平冲量作用时，获得大小为 v_B 的速度。忽略细柔绳的质量和变形，试求 B 球的速度方向和作用在 B 球上冲量的大小。

3-9　有质量为 $2m$ 的弹丸，从地面斜抛出去，它的落地点为 x_c。如果它在飞行到最高点处爆炸成质量相等的两碎片。其中一碎片铅直自由下落，另一碎片水平抛出，它们同时落地。问第二块碎片落在何处。

3-10　质量为 M、长为 l 的船浮在静止的水面上，船上有一质量为 m 的人，开始时人与船也相对静止，然后人以相对于船的速度 $\boldsymbol{u}$ 从船尾走到船头，当人走到船头后人就站在船头上，经长时间后，人与船又都静止下来了。设船在运动过程中受到的阻力与船相对水的速度成正比，即 $f=-kv$。求在整个过程中船的位移 Δx。

3-11　如题图所示，某人以恒力 $\boldsymbol{F}$ 拉煤车时，由于煤车底部出现漏洞，煤粉以 q (kg/s)的速率漏掉。设煤车原来静止，质量为 m_0，自 $t=0$ 时刻开始拉车，同时出现漏煤现象，忽略煤车与地面之间的摩擦，试求 t 时刻煤车的速率。

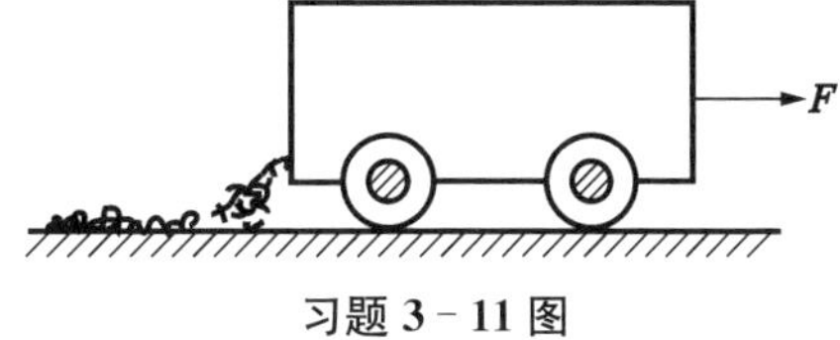

习题 3-11 图

3-12　质量为 6 000 kg 的火箭，竖直发射，假定喷气速度为 1 000 m/s，问每秒内必须喷出多少气体，才能满足下列条件：

（1）能克服火箭重量所需要的推力；

（2）能使火箭最初向上的加速度为 19.6 m/s^2。

3-13　宇宙飞船以初速 $\boldsymbol{v}_0$ 在宇宙尘埃中飞行，飞船质量为 m_0，前表面积为 S，尘埃密度为 ρ。假设宇宙尘埃在飞船上的淀积速率 $\dfrac{\mathrm{d}m}{\mathrm{d}t}=\rho S v$，求飞船的速度与其在尘埃中飞行的时间的关系。

3-14　质量 $m_1=0.20$ kg 的框子，用一弹簧悬挂起来，弹簧伸长 0.10 m。现有质量 $m_2=0.20$ kg 的油灰由距离框底 0.30 m 的高处自由落到框上，如题图所示。求油灰冲撞框子而使框向下移动的最大距离。

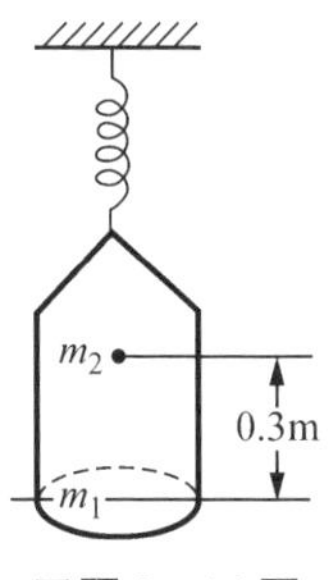

习题 3-14 图

3-15　如题图所示，两个质量分别为 m_1 和 m_2 的木块 A 和 B，用一劲度系数为 k 的轻弹簧连接，放在光滑的水平面上。A 紧靠墙。今用力推 B 块，

使弹簧压缩 x_0 然后释放(已知 $m_1 = m$，$m_2 = 3m$)。求：

(1) 释放后 A 和 B 两滑块速度相等时速度的大小；

(2) 弹簧的最大伸长量。

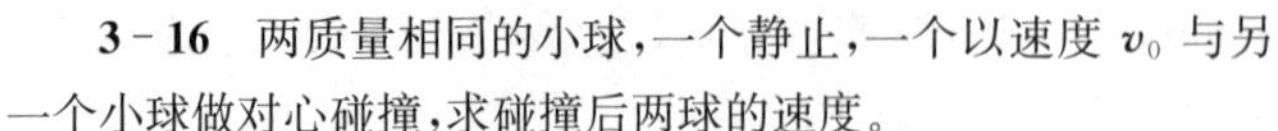

习题 3-15 图

3-16 两质量相同的小球，一个静止，一个以速度 $\boldsymbol{v}_0$ 与另一个小球做对心碰撞，求碰撞后两球的速度。

(1) 假设碰撞是完全非弹性的；

(2) 假设碰撞是完全弹性的；

(3) 假设碰撞的恢复系数 $e = 0.5$。

3-17 如题图所示，光滑斜面与水平面的夹角为 $\alpha = 30°$，轻质弹簧上端固定。今在弹簧的另一端轻轻地挂上质量为 $M = 1.0\,\text{kg}$ 的木块，木块沿斜面从静止开始向下滑动。当木块向下滑 $x = 30\,\text{cm}$ 时，恰好有一质量 $m = 0.01\,\text{kg}$ 的子弹沿水平方向以速度 $v = 200\,\text{m/s}$ 射中木块并陷在其中。设弹簧的劲度系数为 $k = 25\,\text{N/m}$。求子弹打入木块后它们的共同速度。

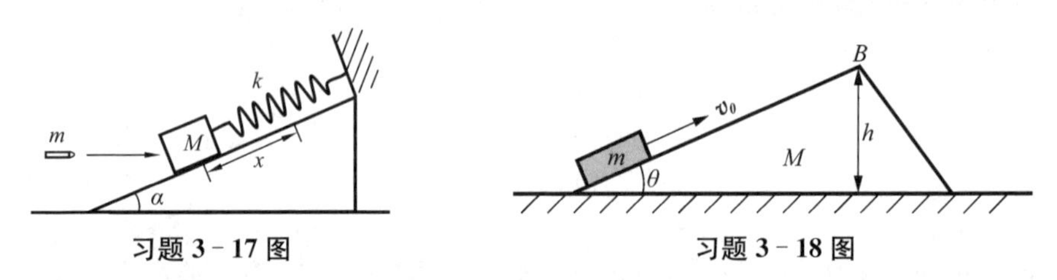

习题 3-17 图　　习题 3-18 图

3-18 如题图所示，一质量 m 的物体，以初速 $\boldsymbol{v}_0$ 沿一质量 M 的光滑楔形物体的斜面上滑，已知斜面与光滑水平面夹角为 θ，楔形物体的斜面的高度为 h，求初速 v_0 至少为多大，方能越过楔形物体的顶点 B。

3-19 如题图所示，长为 l 的木板 A 的质量为 M，板上右端有质量为 m 的物块 B(不计大小)，物块与木板间的滑动摩擦因数为 μ，它们一起静止在光滑的水平面上。质量为 m 的物块 C 以一定的速率与木板左端发生完全非弹性碰撞，结果 B 正好脱离 A 板，求物块 C 碰撞木板的速率。

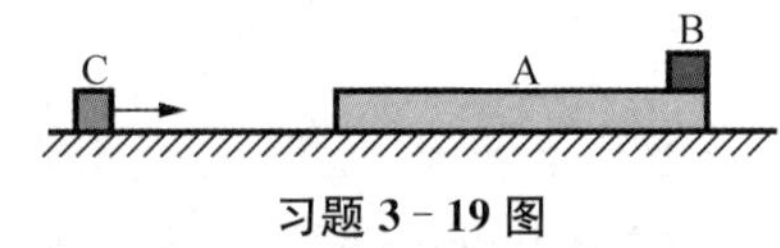

习题 3-19 图

3-20 如题图所示，质点以恒定的速率 v 沿半圆路径从坐标原点 O 运动到点 $P(2R, 0)$，其中作用在质点上的力包括 $\boldsymbol{F}_1 = c\boldsymbol{v}$ 等，式中 c 为恒量。求力 $\boldsymbol{F}_1$ 在此过程中所做的功及力 $\boldsymbol{F}_1$ 给予质点的冲量。

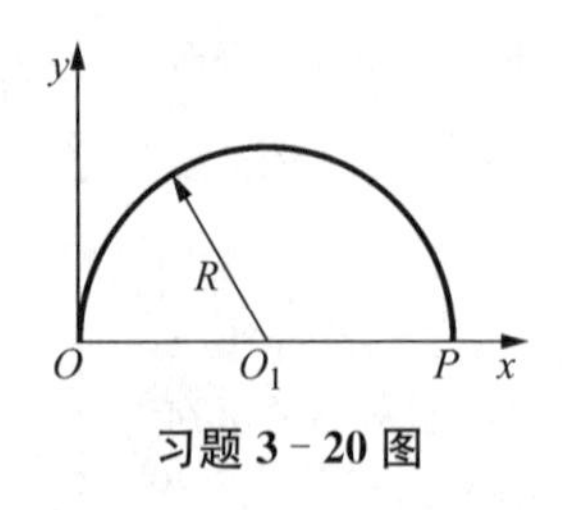

习题 3-20 图

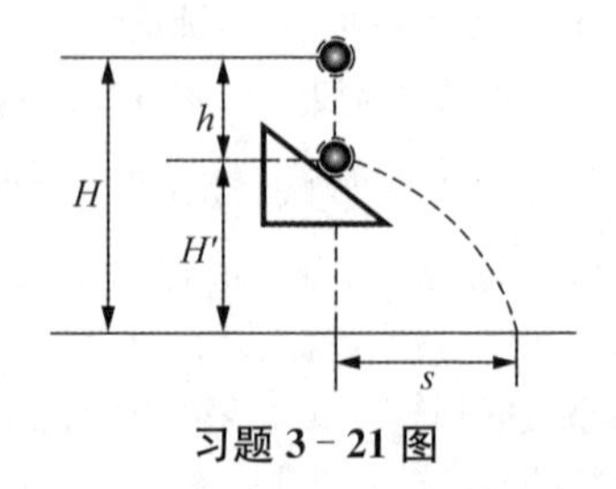

习题 3-21 图

3-21 如题图所示，有一小球从高为 H 处自由下落，在下落到 h 处碰到一个 45°的光滑固定斜面与其做完全弹性碰撞。为了使小球落地时的距离 s 最远，求小球撞击斜面处离地面的高

度 H'。

3-22　如题图所示，小球从 h 高处以初速 $\boldsymbol{v}_0$ 水平抛出，其后落在光滑的硬地面上。设小球与地面碰撞的恢复系数为 e，图中 θ_1 表示入射角，θ_2 表示反射角。求 θ_1 和 θ_2 满足的关系。

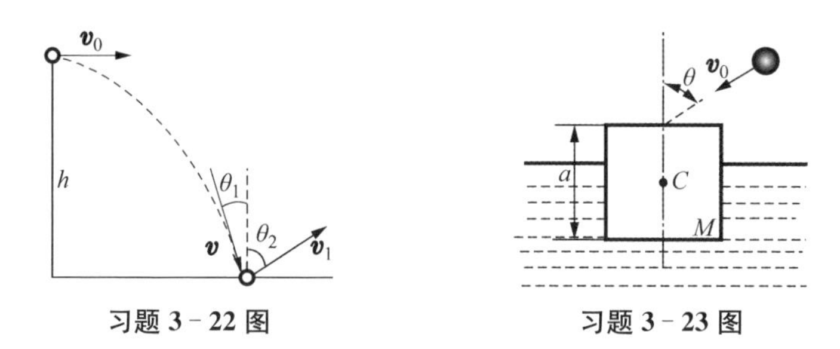

习题 3-22 图　　习题 3-23 图

3-23　题图为浮在一种液体中的立方体木块，木块边长为 a，质量为 M，平衡时木块 2/3 部分浸在液体里。现有质量为 m 的小球，以速度 $\boldsymbol{v}_0$ 沿 $\theta=60°$ 方向与木块碰撞。设木块与小球之间光滑，恢复系数 $e=\dfrac{2}{3}$，$\dfrac{M}{m}=4$。试求：

(1) 碰撞后瞬时小球速度的水平和竖直分量值；

(2) 要使木块能够全部沉入液体，小球的初速度 v_0 至少应为多大？

3-24　如题图所示，光滑水平面上有两只相同的光滑钢球，开始时 A 球沿 x 轴以动量 p_{A_0} 运动，B 球静止在 $x=0$、$y=R$ 的位置。当 A，B 发生碰撞之后，B 球动量的大小 $p_B=\dfrac{1}{2}p_{A_0}$。试在图(b)中画出 A 球所受到的冲量和碰撞后 A 球的动量。

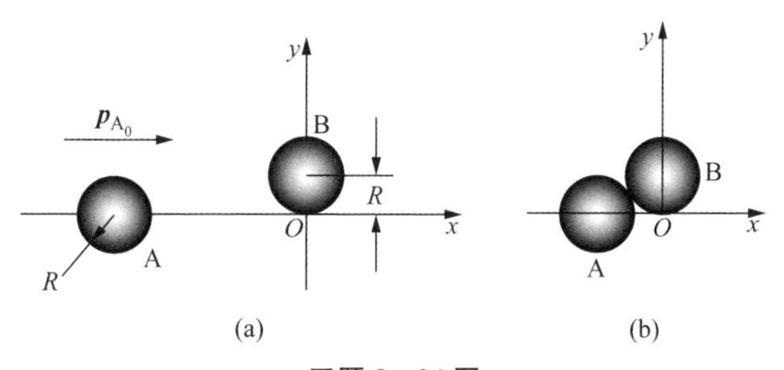

习题 3-24 图

3-25　一质量为 m 的质点在直角坐标下的运动方程为 $\boldsymbol{r}=a\cos(\omega t)\boldsymbol{i}+b\sin(\omega t)\boldsymbol{j}$，其中 a、b 和 ω 皆为常数。求此质点所受合力对原点的力矩 $\boldsymbol{M}$ 及质点对原点的角动量 $\boldsymbol{L}$。

3-26　如题图所示，火箭以第二宇宙速度 $v_2=\sqrt{2Rg}$ 沿地球表面切向飞出，如题图所示。在飞离地球过程中，火箭发动机停止工作，不计空气阻力，求火箭在距地心 $4R$ 的 A 处的速度。

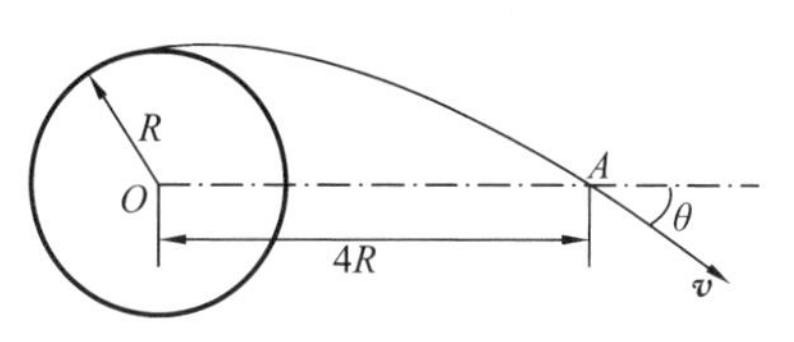

习题 3-26 图

3-27　如题图所示，一根不可伸长的轻绳长为 l，其一端固定于光滑水平面上的点 O，另一端系一质量为

m 的小球,开始时绳子是松弛的,小球与点 O 的距离为 h。使小球以某个初速率沿该光滑水平面上一直线运动,该直线垂直于小球初始位置与点 O 的连线。当小球与点 O 的距离达到 l 时,绳子绷紧从而使小球沿一个以点 O 为圆心的圆形轨迹运动。求小球做圆周运动时的动能 E_k 与初动能 E_{k0} 的比值 E_k/E_{k0}。

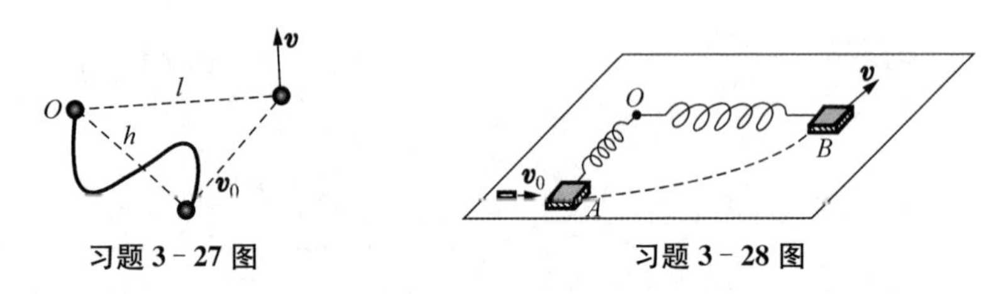

习题 3-27 图　　习题 3-28 图

3-28　如题图所示,在光滑的水平桌面上,放有一质量为 M 的木块,木块与一轻弹簧相连,弹簧的另一端固定在点 O 上,其劲度系数为 k。一质量为 m 的子弹以初速度 $\boldsymbol{v}_0$ 射向 M,并嵌在木块内,初始时弹簧原长为 L_0,撞击之后木块 M 运动到点 B 时,弹簧长度为 L。求在点 B 时木块的运动速度 $\boldsymbol{v}$ 的量值及与弹簧 OB 的夹角。

思 考 题 3

3-1　质心与重心是否一定重合?

3-2　如题图所示,一 α 粒子初时沿 x 轴负向以速度 $\boldsymbol{v}$ 运动,后被位于坐标原点的金核所散射,使其沿与 x 轴成 120°的方向运动(速度大小不变)。试用矢量在图上表出 α 粒子所受到的冲量的大小和方向。

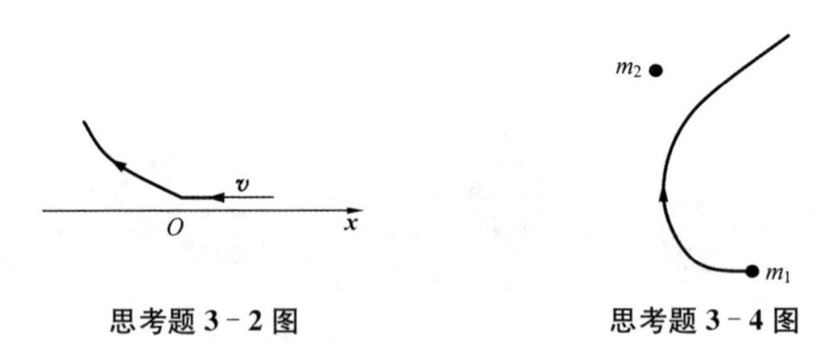

思考题 3-2 图　　思考题 3-4 图

3-3　试用所学的力学原理解释逆风行舟现象。

3-4　两个有相互作用的质点 m_1 和 m_2 $\left(m_2=\dfrac{m_1}{2}\right)$,已知在不受外力时它们的总动量为零,$m_1$ 的轨迹如题图所示,试画出 m_2 质点的运动轨迹。

3-5　在水平冰面上以一定速度向东行驶的炮车,向东南(斜向上)方向发射一炮弹,对于炮车和炮弹这一系统,在此过程中(忽略冰面摩擦力及空气阻力)哪些量守恒?

3-6　体重相同的甲、乙两人,分别用双手握住跨过无摩擦滑轮的绳子两端,当他们由同一高度向上爬时,相对于绳子,甲的速度是乙的 2 倍,则到达顶点情况是(　　)。

(A) 甲先到达　　(B) 乙先到达

(C) 同时到达　　(D) 谁先到达不能确定

3-7　船浮于静水中，一只狗站在船的一端，一竹竿插在水中，恰贴近船的中间，竿上挂着一块肉，当狗以恒定速度 v（相对船）跑去抓肉时，问：

（1）所花时间是否与 v 有关？

（2）在船上所走的路程是否与 v 有关？

第 4 章　刚体力学基础

我们已经学习了质点和质点系的运动规律,这一部分将讨论刚体的运动问题。刚体和质点一样是物理学中的一个理想模型,在任何情况下,其形状和大小都不会发生变化。

实际物体的大小和形状在运动过程中或多或少会有变化,物体内部的各个部分的运动情况往往不同,这就使得问题变得相当复杂,令人无法下手。但是在很多情况下物体形变非常小,形变对物体运动规律的影响可以忽略不计。因此,对这些物体,我们就可以用刚体这个理想化的模型来替代。

对于刚体,总可以把它分成无穷多个小的质量元,每个质量元可以看作一个质点,这样刚体可以看成是由无穷多个相对位置保持不变的质点组成的特殊质点系。对每个质量元应用力学规律,再考虑到刚体的特点,就能推演出刚体的运动规律。

4.1　刚体运动学

4.1.1　刚体运动的基本形式

4.1.1.1　平动

如图 4－1 所示,在刚体运动过程中,如果连接刚体内任意两点间的直线的方向在任意时刻总是保持不变,则这样的运动称为刚体的平动。

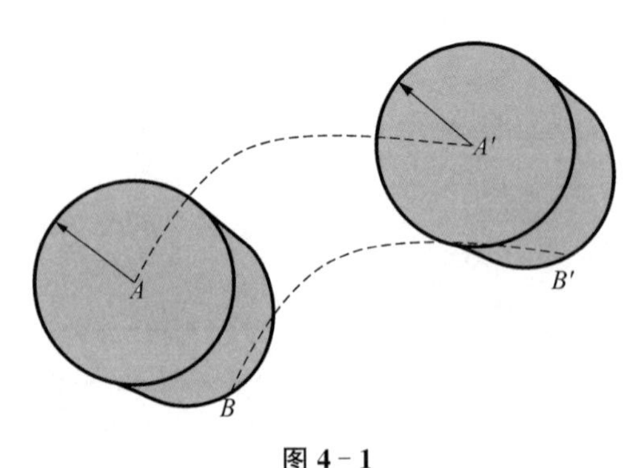

图 4－1

刚体平动时,刚体上所有点的运动都相同,包括位移、速度和加速度等。因此,我们可用刚体的质心或刚体上任何一点的运动来代表刚体的整体运动。

4.1.1.2　转动

刚体的转动可分为定轴转动和定点转动两种基本形式。刚体在运动时各质元都绕同一条直线做圆周运动,而直线相对所选参考系固定不动,刚体的这种运动称为定轴转动,这直线称为转轴,如图 4-2 所示。门窗、电机转子等的转动都是定轴转动。刚体在运动时如转轴上有一点固定不动,而转轴的方向在改变,刚体的这种运动称为定点转动,如图 4-3 所示。陀螺的运动、雷达天线的转动、舞池上方旋转的射灯等物体的转动都可视为刚体的定点转动。

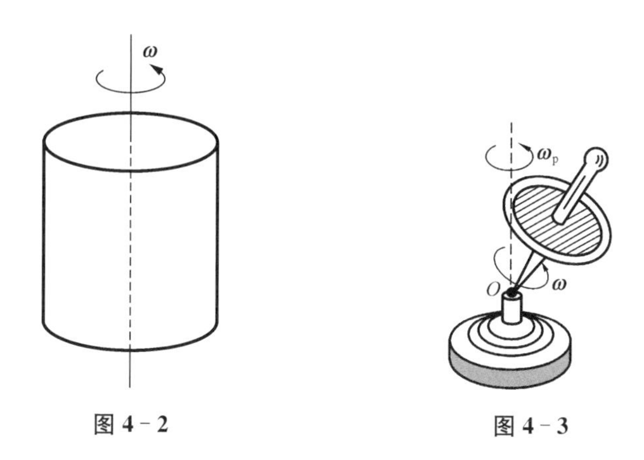

图 4-2　　　　图 4-3

4.1.1.3　平面平行运动

刚体上各点都做平行于某一固定平面的运动称为刚体的平面运动,又称为刚体的平面平行运动,如图 4-4 所示。车轮的直线滚动、汽车的自动变速箱内的行星齿轮等的运动都可视为刚体的平面平行运动。刚体的平面平行运动可以分解为刚体的两个基本运动形式:刚体随质心在确定的平面内的平动和绕过质心且垂直于运动平面的定轴转动。

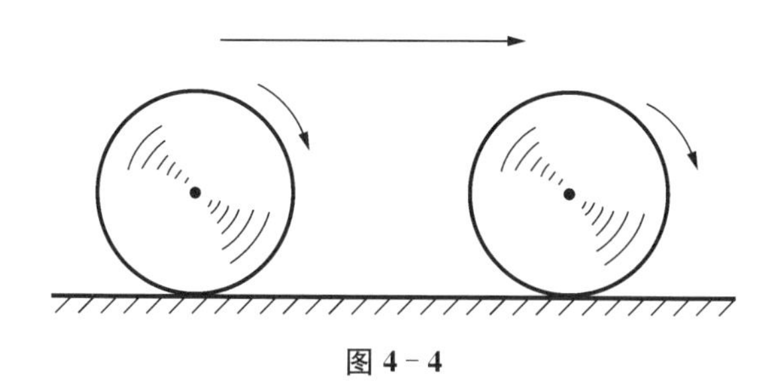

图 4-4

4.1.1.4　一般运动

刚体不受任何限制的任意运动,称为刚体的一般运动。刚体的一般运动可视为两种刚体的基本运动形式的叠加:随基点 O(基点可任选)的平动和绕通过基点 O 的瞬时轴的定点转动。

如图 4-5 所示,可以任选两个基点(O 或 O')。基点选取不同时,刚体的平动描述不同(如图中虚线所示),相对于基点的转动也可以不同,但都可以给出刚体一般运动的完全描述。

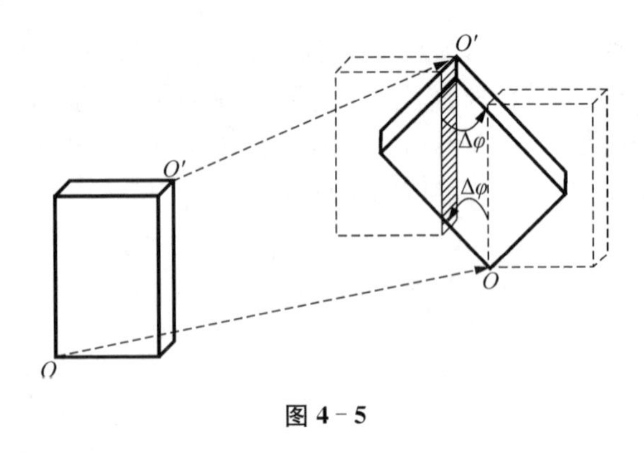

图 4-5

4.1.2 刚体定轴转动的运动学描述

4.1.2.1 刚体的角速度

如图 4-6 所示,刚体绕 z 轴转动时,刚体上任意点都绕同一轴线在各自的(转动)平面内做圆周运动。对刚体的定轴转动而言,选好一个参考方向,可用单一角坐标 φ 来确定刚体上点 P 的位置。当刚体转动时,刚体上各点在相同时间内绕转轴转过的角位移 $\Delta\varphi$ 都相同,故称其为刚体转动的角位移。

为了反映刚体转动的方向及转动快慢等性质,引入角速度矢量 $\boldsymbol{\omega}$。其大小为

$$|\boldsymbol{\omega}|=\omega=\frac{\mathrm{d}\varphi}{\mathrm{d}t},$$

即角坐标的时间变化率。角速度矢量 $\boldsymbol{\omega}$ 的方向沿着转轴,与刚体转动呈右手螺旋关系。

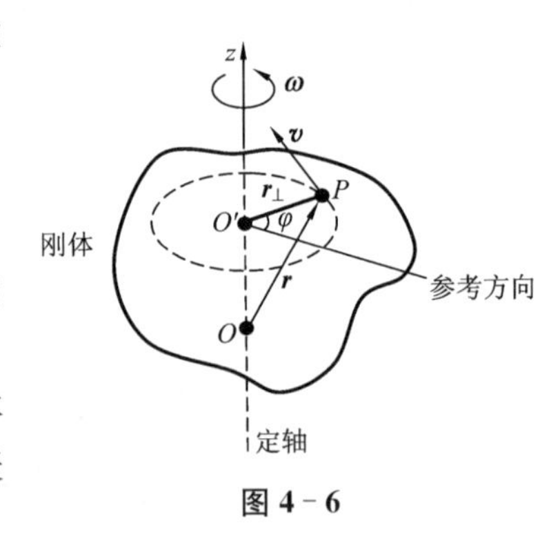

图 4-6

如图 4-6 所示,在刚体做定轴转动时,刚体上任一质元 P 的速度 $\boldsymbol{v}$ 可用角速度矢量 $\boldsymbol{\omega}$ 表示为

$$\boldsymbol{v}=\boldsymbol{\omega}\times\boldsymbol{r}。$$

4.1.2.2 刚体的角加速度

在定轴转动情况下,为了反映刚体转动快慢的变化,我们引入角加速度矢量:

$$\boldsymbol{\beta}=\frac{\mathrm{d}\boldsymbol{\omega}}{\mathrm{d}t},$$

其大小为 $\beta=\frac{\mathrm{d}\omega}{\mathrm{d}t}$,方向沿着转轴,根据角速度大小的变化情况,与角速度矢量 $\boldsymbol{\omega}$ 平行或反平行。

显然，刚体上点 P 线速度大小为

$$v=r_{\perp}\omega,$$

式中 $r_{\perp}$ 为 P 到转轴的垂直距离。

点 P 切向加速度大小为

$$a_{\mathrm{t}}=\frac{\mathrm{d}v}{\mathrm{d}t}=r_{\perp}\beta,$$

点 P 法向加速度大小为

$$a_{\mathrm{n}}=r_{\perp}\omega^{2}。$$

当刚体做匀角加速转动时，β 为常量，φ，ω 和 β 间有如下运动学关系：

$$\begin{cases}\omega=\omega_{0}+\beta t,\\(\varphi-\varphi_{0})=\omega_{0}t+\dfrac{1}{2}\beta t^{2},\\\omega^{2}-\omega_{0}^{2}=2\beta(\varphi-\varphi_{0}),\end{cases}$$

其中 φ_0 和 ω_0 分别为 $t=0$ 时刻刚体的角位置和角速度。

从形式上来看，它们和质点做一维匀变速运动时的规律类似。

4.2 定轴转动

这部分将从动力学角度对刚体定轴转动问题进行研究和讨论。

4.2.1 刚体定轴转动定理

4.2.1.1 作用于定轴刚体的合外力矩

刚体可以看成是由无穷多个质量元组成的特殊质点系，质点系内部的作用力对刚体的运动没有影响，所有内力对任意参考点的合力矩为零，故这里只需要考虑外力的力矩。设第 i 个质元受外力 $\boldsymbol{F}_i$ 的作用。对于定轴 z 轴，任何平行于 z 轴方向上的外力作用都不会产生任何效果。因此，我们可以假设外力 $\boldsymbol{F}_i$ 垂直于 z 轴。如图 4－7 所示，O' 为质量元 Δm_i 对转轴的垂足，而 $\boldsymbol{R}_i$ 为从原点 O 引向 Δm_i 的矢量，O'对原点 O 的位矢为 $\overrightarrow{OO'}$，$\boldsymbol{r}_i$ 则为 Δm_i 对 O'的位矢。

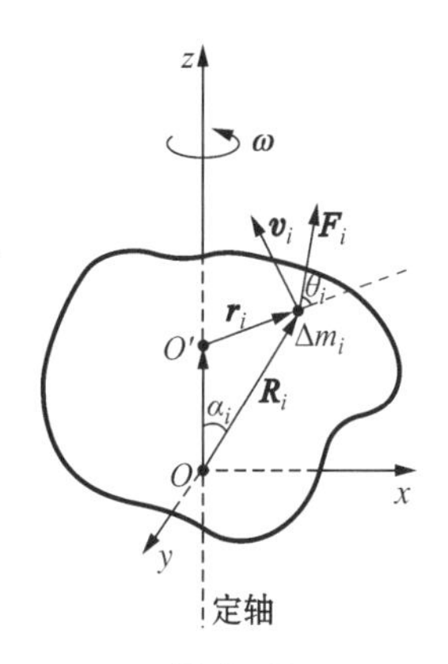

图 4－7

外力 $\boldsymbol{F}_i$ 对点 O 的力矩为

$$\boldsymbol{M}_i = \boldsymbol{R}_i \times \boldsymbol{F}_i。 \tag{4-1}$$

由图 4-7 可知,因为 $\boldsymbol{R}_i = \overrightarrow{OO'} + \boldsymbol{r}_i$,有

$$\boldsymbol{M}_i = \boldsymbol{R}_i \times \boldsymbol{F}_i = \overrightarrow{OO'} \times \boldsymbol{F}_i + \boldsymbol{r}_i \times \boldsymbol{F}_i。 \tag{4-2}$$

因为其中 $\overrightarrow{OO'} \times \boldsymbol{F}_i$ 垂直于 z 轴,外力矩在垂直于转轴方向上的分量 $\overrightarrow{OO'} \times \boldsymbol{F}_i$ 会被固定转轴的轴承反力矩所抵消,不会使刚体有任何转动状态的改变,因此可以不计!故在研究刚体绕 z 轴的定轴转动问题时,只需考虑外力产生的沿转轴方向的力矩 $\boldsymbol{M}_{zi} = \boldsymbol{r}_i \times \boldsymbol{F}_i$ 即可,其大小为 $M_{iz} = (\boldsymbol{r}_i \times \boldsymbol{F}_i)_z = r_i F_i \sin\theta_i$,这里 θ_i 为 $\boldsymbol{F}_i$ 与 $\boldsymbol{r}_i$ 之间的夹角,此力矩又称为力 $\boldsymbol{F}_i$ 对转轴的力矩。所有外力产生的力矩沿转轴方向分量的代数和为

$$M_z = \sum_i M_{iz}, \tag{4-3}$$

M_z 称为合外力矩的 z 分量,其可改变刚体绕 z 轴的转动状态。

4.2.1.2 定轴转动刚体的角动量和转动惯量

刚体绕 z 轴转动时,只有沿 z 轴的力矩可以引起刚体转动状态的变化,因此质点系的角动量定理 $\boldsymbol{M} = \dfrac{\mathrm{d}\boldsymbol{L}}{\mathrm{d}t}$ 沿 z 轴的分量式

$$M_z = \frac{\mathrm{d}L_z}{\mathrm{d}t}$$

就是刚体定轴转动角动量定理,它是描述刚体做定轴转动的动力学方程。这里 L_z 为角动量沿 z 轴上的分量,又称为刚体相当于转轴的角动量。

如图 4-8 所示,第 i 个质元对点 O 的角动量为

$$\boldsymbol{L}_i = \boldsymbol{R}_i \times \Delta m_i \boldsymbol{v}_i,$$

由于 $\boldsymbol{R}_i$ 与 $\boldsymbol{v}_i$ 垂直,故其大小为

$$L_i = R_i \Delta m_i v_i,$$

而其在 z 轴方向上的分量为

$$L_{iz} = R_i \Delta m_i v_i \sin\alpha_i = r_i \Delta m_i v_i,$$

考虑到 $v_i = r_i \omega$,则

$$L_{iz} = r_i \Delta m_i v_i = \Delta m_i r_i^2 \omega,$$

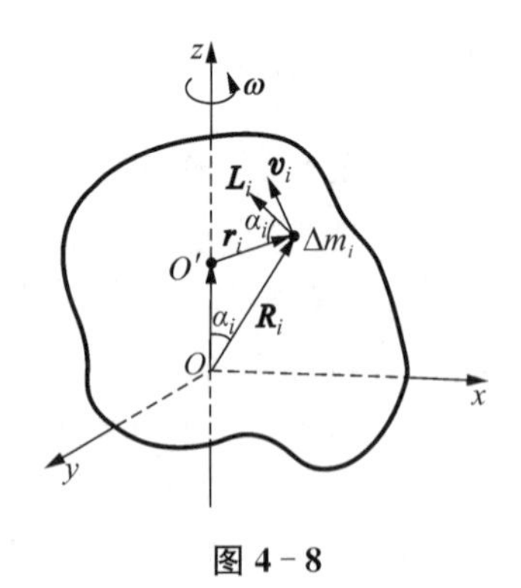

图 4-8

刚体总的角动量 z 分量为

$$L_z = \sum_i L_{iz} = (\sum_i \Delta m_i r_i^2)\omega, \tag{4-4}$$

可记为

$$L_z = J\omega, \tag{4-5}$$

式中

$$J = \sum_i \Delta m_i r_i^2 \tag{4-6}$$

称为刚体对 z 轴的转动惯量,与刚体的质量及其分布有关,并与转轴的具体位置有关。

4.2.1.3　刚体定轴转动定理

根据刚体绕 z 轴做定轴转动的角动量定理:

$$M_z = \frac{\mathrm{d}L_z}{\mathrm{d}t}, \tag{4-7}$$

考虑到 $L_z = J\omega$,则

$$M_z = \frac{\mathrm{d}(J\omega)}{\mathrm{d}t}, \tag{4-8}$$

略去 M_z 的下标,于是得到

$$M = \frac{\mathrm{d}(J\omega)}{\mathrm{d}t}, \tag{4-9}$$

因为刚体的 J 为常数,$\frac{\mathrm{d}J}{\mathrm{d}t} = 0$,故又可写为

$$M = J\frac{\mathrm{d}\omega}{\mathrm{d}t} = J\beta。 \tag{4-10}$$

这就是刚体定轴转动定理,它与牛顿第二定律很相似。牛顿第二定律 $F = ma$ 中,m 反映了质点运动的惯性。这里,$M = J\beta$ 中的 J 反映了刚体做定轴转动时的惯性,因此,我们称 J 为转动惯量。

根据式(4-9),可得到

$$M\mathrm{d}t = \mathrm{d}(J\omega),$$

在 t_0 到 t 时间内对上式积分,又可得到

$$\int_{t_0}^{t} M\mathrm{d}t = \int_{J_0\omega_0}^{J\omega} \mathrm{d}(J\omega) = J\omega - J_0\omega_0, \tag{4-11}$$

式中 $\int_{t_0}^{t} M\mathrm{d}t$ 称为在 t_0 到 t 时间内作用在刚体上的外力矩的冲量矩,J_0、ω_0 和 J、ω 分别对应于 t_0 和 t 时刻刚体的转动惯量和角速度。式(4-11)就是刚体定轴转

动角动量定理的积分形式。

【例 4-1】 设电风扇的功率 P 恒定不变,风叶受到的空气阻力矩与风叶旋转的角速度 ω 成正比,比例系数为 k,并已知风叶转子的总转动惯量为 J(功率 P 与电动力矩 M 间有关系 $P=M\omega$)。

(1) 原来静止的电扇通电后 t 秒时刻的角速度;

(2) 电扇稳定转动时的角速度。

解 (1) 电风扇的功率 $P=M\omega$,电动力矩 $M=\dfrac{P}{\omega}$,而阻力矩 $M_{\mathrm{f}}=-k\omega$,由刚体定轴转动定理,有

$$\frac{P}{\omega}-k\omega=J\,\frac{\mathrm{d}\omega}{\mathrm{d}t},$$

将此微分方程分离变量,有

$$\frac{J\,\mathrm{d}\omega}{\dfrac{P}{\omega}-k\omega}=\mathrm{d}t,$$

积分后可化成

$$\int_0^{\omega}\frac{\mathrm{d}(P-k\omega^2)}{P-k\omega^2}=-\int_0^t\frac{2k}{J}\mathrm{d}t,$$

由此得角速度

$$\omega=\sqrt{\frac{P}{k}\left(1-\mathrm{e}^{-\frac{2kt}{J}}\right)}。$$

(2) 当 $t\to\infty$ 时,可得风叶稳定时的转速

$$\omega_{\mathrm{f}}=\sqrt{\frac{P}{k}},$$

或者直接从刚体定轴转动定理来求,因为稳定时电动转矩和与阻力矩平衡,角加速度为零,即

$$\frac{P}{\omega_{\mathrm{f}}}-k\omega_{\mathrm{f}}=0,$$

由此得

$$\omega_{\mathrm{f}}=\sqrt{\frac{P}{k}}。$$

【例 4-2】 “打击中心”问题。如图 4-9 所示,设匀质细杆长度为 l,质量为 m,可以绕轴 O 自由旋转,开始时在竖直位置静止。若在某时刻有水平力 $\boldsymbol{F}$ 作用在 A 处,求轴对杆的作用力。

解　可先通过定轴转动定理研究细杆的转动，再求其质心加速度，然后利用质心运动定理求轴对杆的支反力。图 4-9 中除力 $\boldsymbol{F}$ 外，系统还受重力、轴的支反力 (F_x, F_y)，但这两个力对轴的力矩为零，只有 $\boldsymbol{F}$ 对细杆的转动有影响。$\boldsymbol{F}$ 对转轴 O 的力矩为

$$M = l_0 F,$$

图 4-9

细杆遵从如下动力学方程：

$$\begin{cases} M = J\beta, \\ \boldsymbol{F} + m\boldsymbol{g} + (F_x\boldsymbol{i} + F_y\boldsymbol{j}) = m\boldsymbol{a}_C, \end{cases}$$

其中

$$\beta = \frac{M}{J} = \frac{l_0 F}{J} = \frac{3l_0 F}{ml^2},$$

式中利用了细杆的转动惯量式 $J = \frac{1}{3}ml^2$。

由质心运动定理分量式，得

$$\begin{cases} F_{\mathrm{t}} = F + F_x = ma_{C\mathrm{t}} = m\left(\frac{l}{2}\beta\right) = \frac{3l_0}{2l}F, \\ F_{\mathrm{n}} = F_y - mg = ma_{C\mathrm{n}} = m\left(\frac{l}{2}\omega^2\right) \approx 0, \end{cases}$$

其中应用了近似结果 $\omega \approx 0$，因为受外力作用瞬间细杆的旋转角速度可以不大。这样

$$\begin{cases} F_x = \left(\frac{3l_0}{2l} - 1\right)F, \\ F_y \approx mg。 \end{cases}$$

可以看出：F_x 和外力作用点的位置有关！依据 $F_x = \left(\frac{3l_0}{2l} - 1\right)F$，我们知道：

(1) 当 $l_0 < \frac{2}{3}l$ 时，$F_x < 0$；

(2) 当 $l_0 = \frac{2}{3}l$ 时，$F_x = 0$；

(3) 当 $l_0 > \frac{2}{3}l$ 时，$F_x > 0$。

需要强调的是，当 $l_0 = 2l/3$ 时，F_x 为零！此时，如图所示的冲击点 A 就称为细杆的“打击中心”。

“打击中心”与刚体的形状及质量分布有关，不同形状和质量分布的刚体的“打

击中心"位置不同。在使用工具敲打东西时,要注意用工具的打击中心处去击打,以免有较大的反作用力而对人体造成伤害。

【例 4-3】 如图 4-10 所示,一半径为 R,质量为 m 的均匀圆盘平放在粗糙的水平面上。若它以初角速度 ω_0 绕中心 O 旋转,问经过多长时间圆盘才停止?停止旋转前圆盘转过的角度为多少$\left(\text{已知摩擦因数为 }\mu\text{,圆盘转动惯量为 } J=\frac{1}{2}mR^2\right)$?

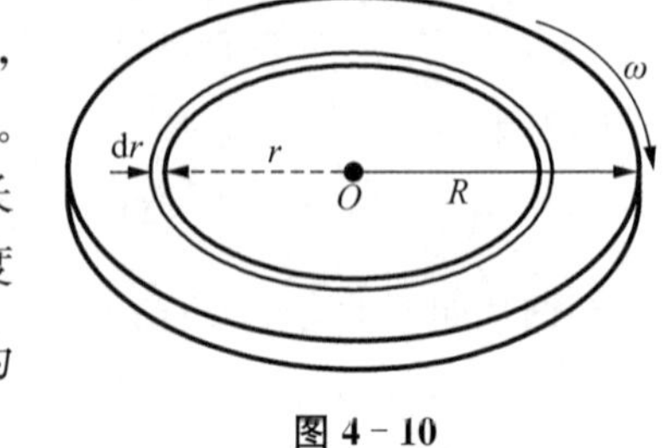

图 4-10

解 在圆盘上以 O 为中心取半径为 r,宽度为 $\mathrm{d}r$ 的细圆环。细圆环的质量为

$$\mathrm{d}m=\frac{m}{\pi R^2}(2\pi r\mathrm{d}r)=\frac{2mr\mathrm{d}r}{R^2},$$

细圆环受到桌面的摩擦力对通过点 O 的垂直转轴的力矩为

$$\mathrm{d}M=|\boldsymbol{r}\times\mathrm{d}\boldsymbol{F}|=\mu\mathrm{d}mgr=\frac{2m\mu gr^2\mathrm{d}r}{R^2},$$

因此,圆盘受到桌面的摩擦力总力矩为

$$M=\int\mathrm{d}M=\int_0^R\frac{2\mu mgr^2\mathrm{d}r}{R^2}=\frac{2}{3}\mu mgR,$$

利用刚体定轴转动定理,有

$$-M=J\frac{\mathrm{d}\omega}{\mathrm{d}t},$$

得

$$-\frac{2}{3}\mu mgR=\frac{1}{2}mR^2\frac{\mathrm{d}\omega}{\mathrm{d}t},$$

两边分别积分,得

$$\int_0^t\mathrm{d}t=-\int_{\omega_0}^0\frac{3R}{4\mu g}\mathrm{d}\omega。$$

圆盘经过如下时间后停止转动:

$$t=\frac{3R\omega_0}{4\mu g}。$$

另外,从刚体定轴转动定理出发,可做如下变量替换:

$$-\frac{2}{3}\mu mgR=\frac{1}{2}mR^2\frac{d\omega}{dt}=\frac{1}{2}mR^2\frac{d\omega}{d\theta}\frac{d\theta}{dt}=\frac{1}{2}mR^2\frac{d\omega}{d\theta}\omega,$$

两边同乘以 $d\theta$,变形后,得

$$d\theta=-\frac{3R}{4\mu g}\omega d\omega,$$

两边分别积分,得

$$\int_0^\theta d\theta=-\int_{\omega_0}^0\frac{3R}{4\mu g}\omega d\omega,$$

则停止旋转前圆盘转过的角度为

$$\theta=\frac{3R}{8\mu g}\omega_0^2。$$

4.2.2　刚体转动惯量的计算

4.2.2.1　刚体转动惯量及其计算

刚体转动惯量的定义式是

$$J=\sum_i \Delta m_i r_i^2,\tag{4-12}$$

式中 r_i 表示组成刚体的质量元 Δm_i 到转轴的距离。在实际应用时会碰到两种情况。

(1) 若刚体为分立结构,即由多个质点组成的刚性质点系,用 m_i 替代 Δm_i,则系统转动惯量为

$$J=\sum_i m_i r_i^2。\tag{4-13}$$

(2) 若刚体为连续体,可采用如下积分办法计算刚体的转动惯量

$$J=\int r^2 dm,\tag{4-14}$$

其中,根据质量分布情况,质量元又可分别表示为如下的具体形式。若为线分布时,$dm=\rho_l dl$,其中 ρ_l 为单位长度具有的质量,称为质量线密度;若为面分布时,$dm=\rho_S dS$,其中 ρ_S 为单位面积具有的质量,称为质量面密度;若为体分布时,$dm=\rho dV$,其中 ρ 为单位体积具有的质量,称为质量体密度。很明显,转动惯量与刚体的质量及其分布有关,并与转轴的具体位置有关。

在国际单位制中,转动惯量的单位为 $kg\cdot m^2$。

下面举例说明刚体转动惯量的计算方法。

【例4-4】 求如图4-11所示的匀质细棒的转动惯量。设细棒的长度为l，质量为m。分两种情况：

(1) 转轴通过中心且与棒垂直；

(2) 转轴通过棒的一端且与棒垂直。

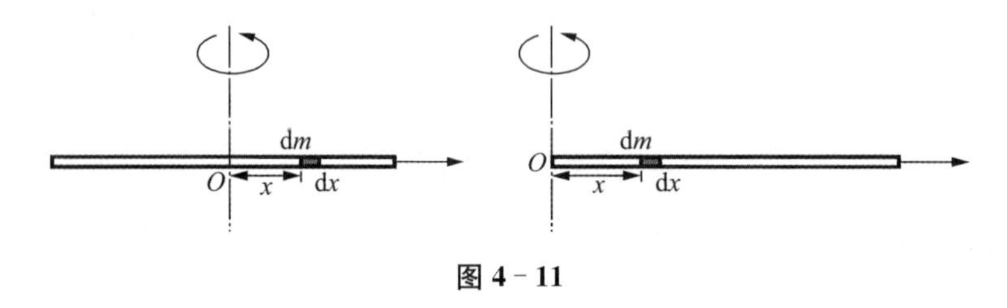

图4-11

解 (1) 建立如图4-11所示坐标系，把细棒做切割，在x处切出长度为$\mathrm{d}x$的质量元

$$\mathrm{d}m=\frac{m}{l}\mathrm{d}x,$$

按照式(4-14)，转轴通过中心且与棒垂直时，转动惯量为

$$J=\int x^2\mathrm{d}m=\int_{-\frac{l}{2}}^{\frac{l}{2}}\frac{m}{l}x^2\mathrm{d}x=\frac{1}{12}ml^2。$$

(2) 转轴通过细棒一端且与棒垂直时，转动惯量为

$$J=\int_0^l\frac{m}{l}x^2\mathrm{d}x=\frac{1}{3}ml^2。$$

可见，转动惯量因转轴位置而变，因此在说某刚体的转动惯量时，必须指明是相对于哪个轴的转动惯量。

【例4-5】 计算质量为m半径为R的均质球体绕其轴线的转动惯量。

解法1 由转动惯量的定义，由积分法求解。如图4-12所示，体密度为ρ的球体中一薄片圆盘的转动惯量为

$$\mathrm{d}J=\frac{1}{2}r^2\mathrm{d}m=\frac{1}{2}r^2\rho\pi r^2\mathrm{d}z=\frac{1}{2}\rho\pi r^4\mathrm{d}z$$

$$=\frac{1}{2}\rho\pi R^4\cos^4\theta\,\mathrm{d}(R\sin\theta),$$

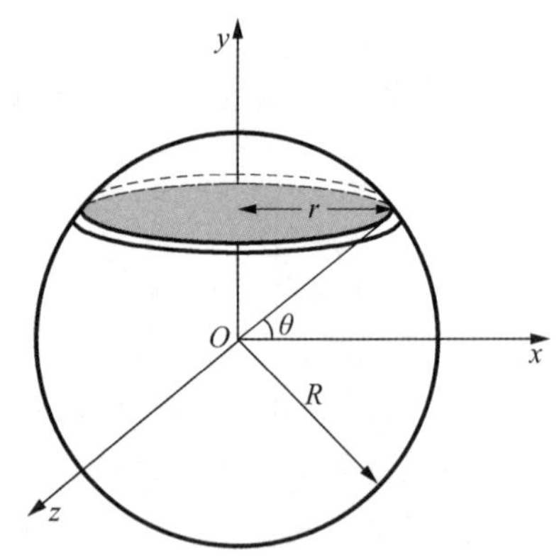

图4-12

积分得

$$J=\int_{-\frac{\pi}{2}}^{\frac{\pi}{2}}\frac{1}{2}\frac{m}{\frac{4}{3}\pi R^3}R^5(1-\sin^2\theta)^2\mathrm{d}(\sin\theta)=\frac{2}{5}mR^2。$$

解法 2　利用对称性求解。设均质球体绕 x，y 及 z 轴的转动惯量分别为 J_x，J_y 和 J_z，则

$$J_x=\int(y^2+z^2)\mathrm{d}m,$$

$$J_y=\int(z^2+x^2)\mathrm{d}m,$$

$$J_z=\int(x^2+y^2)\mathrm{d}m。$$

根据对称性，有

$$\begin{aligned}J_x=J_y=J_z&=\frac{1}{3}(J_x+J_y+J_z)=\frac{2}{3}\int(x^2+y^2+z^2)\mathrm{d}m\\&=\frac{2}{3}\int r^2\mathrm{d}m=\frac{2}{3}\int_0^R r^2\rho\,4\pi r^2\cdot\mathrm{d}r=\frac{2}{3}\rho\,4\pi\,\frac{R^5}{5}\\&=\frac{2}{5}\rho\,\frac{4}{3}\pi R^3R^2=\frac{2}{5}mR^2。\end{aligned}$$

4.2.2.2　平行轴定理

如图 4-13 所示，有两个平行转轴。一条转轴通过刚体质心 C，另外一条转轴通过点 O'。下面讨论刚体对两个平行轴的转动惯量间的关系。

过质量元 Δm_i 与两平行轴垂直的平面分别交两平行轴于点 O 和点 O'，质量元 Δm_i 相对于点 O 和点 O' 的位矢分别为 $\boldsymbol{r}_i$ 和 $\boldsymbol{r}_i'$，相对质心 C 的位矢为 $\boldsymbol{R}_i$，点 O' 相对 O 点的位矢为 $\boldsymbol{d}$，而点 O 相对质心 C 的位矢为 $\boldsymbol{r}_{iz}$。按照定义，刚体对 O' 轴的转动惯量为

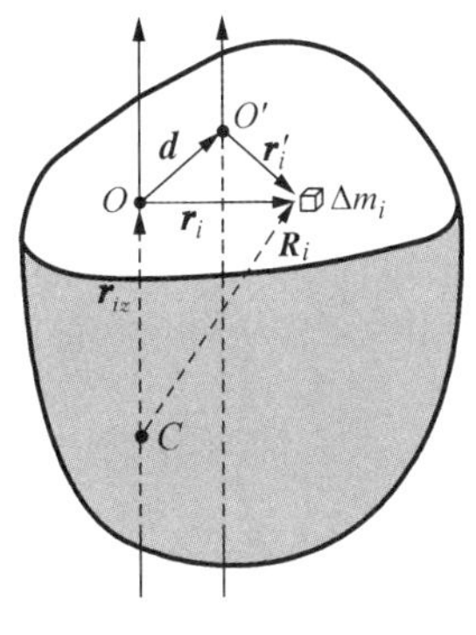

图 4-13

$$\begin{aligned}J&=\sum_i\Delta m_i r_i'^2=\sum_i\Delta m_i\boldsymbol{r}_i'\cdot\boldsymbol{r}_i'\\&=\sum_i\Delta m_i(\boldsymbol{r}_i-\boldsymbol{d})\cdot(\boldsymbol{r}_i-\boldsymbol{d})\\&=\sum_i\Delta m_i r_i^2+\sum_i\Delta m_i d^2-2\boldsymbol{d}\cdot\sum_i\Delta m_i\boldsymbol{r}_i,\end{aligned}$$

由于 C 为质心，故

$$\frac{\sum_i\Delta m_i\boldsymbol{R}_i}{m}=\frac{\sum_i\Delta m_i\boldsymbol{r}_{iz}+\sum_i\Delta m_i\boldsymbol{r}_i}{m}=0,$$

矢量 $\sum_i \Delta m_i \boldsymbol{r}_i$ 与矢量 $\sum_i \Delta m_i \boldsymbol{r}_{iz}$ 垂直,而它们的和为零矢量,这只有一种可能,即它们两个都为零矢量,故有

$$\sum_i \Delta m_i \boldsymbol{r}_i = 0,$$

这样得到

$$J = \sum_i \Delta m_i r_i^2 + md^2,$$

即

$$J = J_C + md^2, \tag{4-15}$$

式中 $J_C = \sum_i \Delta m_i r_i^2$ 为转轴通过刚体质心 C 时刚体的转动惯量。因此,刚体对任一转轴的转动惯量 J,等于对通过质心的平行转轴的转动惯量 J_C 加上刚体质量 m 乘以两平行转轴间距离 d 的平方。

【例 4-6】 求如图 4-14 所示的挂钟摆锤的转动惯量。其中均质细杆质量为 m_1,长度为 l;均质圆盘质量为 m_2,半径为 R。

解 挂钟摆锤对 O 的转动惯量为细杆与圆盘转动惯量之和,即

$$J = J_l + J_R,$$

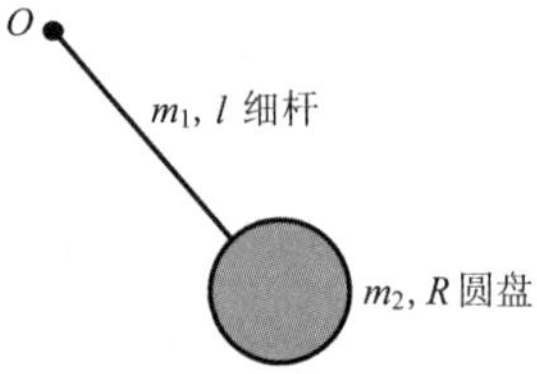

其中细杆的转动惯量为

$$J_l = \frac{1}{3} m_1 l^2,$$

由平行转轴定理,圆盘的转动惯量为

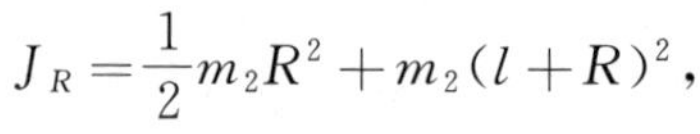

$$J_R = \frac{1}{2} m_2 R^2 + m_2 (l+R)^2,$$

图 4-14

则

$$J = \frac{1}{3} m_1 l^2 + \frac{1}{2} m_2 R^2 + m_2 (l+R)^2。$$

4.2.2.3 薄平板刚体的垂直轴定理

如图 4-15 所示,设有一厚度可以忽略的薄平板位于 xOy 平面内。求薄平板刚体对 x, y 和 z 三条垂直轴的转动惯量间的关系。

按照定义,刚体对 z 轴的转动惯量为

$$J_z = \sum_i \Delta m_i r_i^2,$$

从图中可以看出

$$r_i^2=x_i^2+y_i^2,$$

则

$$J_z=\sum_i \Delta m_i(x_i^2+y_i^2),$$

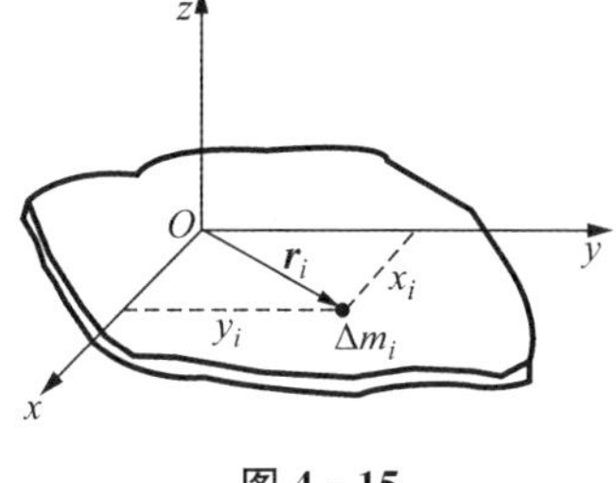

图 4-15

式中 x_i 为质量元 Δm_i 到 y 轴的距离，而 y_i 为质量元 Δm_i 到 x 轴的距离，则

$$J_z=J_y+J_x, \tag{4-16}$$

其中

$$\begin{cases} J_x=\sum_i \Delta m_i\, y_i^2, \\ J_y=\sum_i \Delta m_i\, x_i^2。\end{cases}$$

式(4-16)称为垂直轴定理(仅适用于薄平板)。

【例 4-7】 如图 4-16 所示，求质量为 m、半径为 R 的均质圆盘对通过直径的转轴的转动惯量。

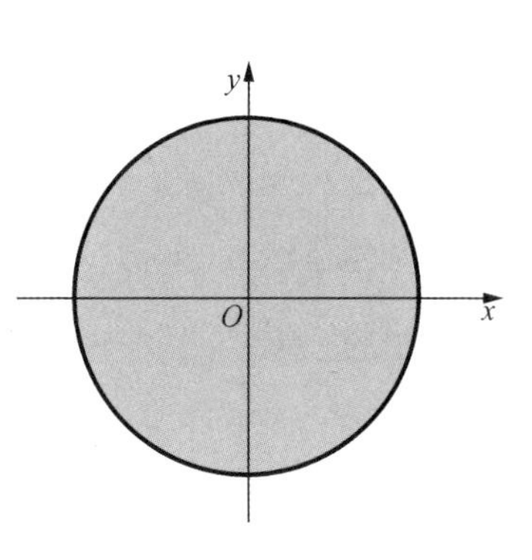

图 4-16

解　利用垂直轴定理，$J_z=J_y+J_x$。因为 $J_z=\frac{1}{2}mR^2$，而由对称性，$J_x=J_y$，则均质圆盘对通过直径的转轴的转动惯量为

$$J_x=J_y=\frac{1}{2}J=\frac{1}{4}mR^2。$$

表 4-1 给出了不同形状的刚体对不同转轴的转动惯量。

表 4-1　常用的转动惯量

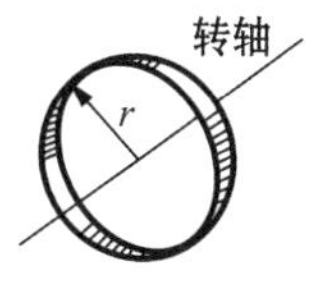	圆环 转轴通过中心 与环面垂直 $J=mr^2$	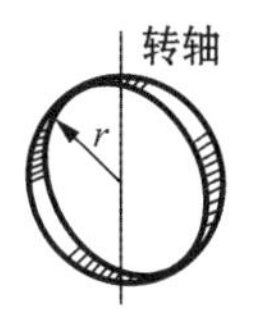	圆环 转轴沿直径 $J=\frac{mr^2}{2}$

(续表)

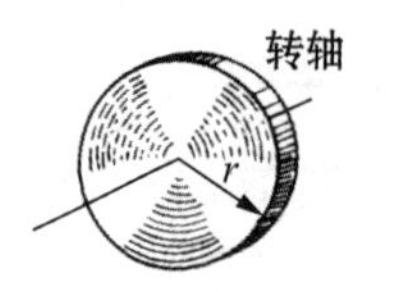 薄圆盘 转轴通过中心 与盘面垂直 $J=\frac{mr^2}{2}$	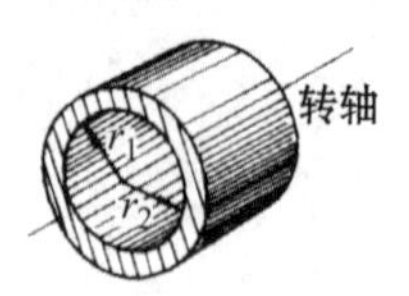 圆筒 转轴沿几何轴 $J=\frac{m}{2}(r_1^2+r_2^2)$
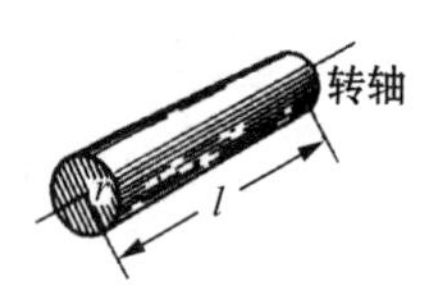 圆柱体 转轴沿几何轴 $J=\frac{mr^2}{2}$	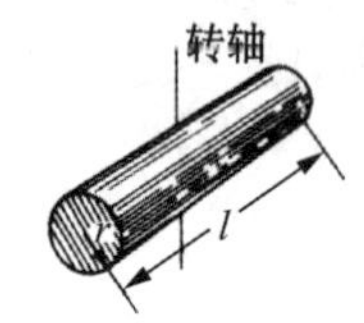 圆柱体 转轴通过中心 与几何轴垂直 $J=\frac{mr^2}{4}+\frac{ml^2}{12}$
 细棒 转轴通过中心 与棒垂直 $J=\frac{ml^2}{12}$	 细棒 转轴通过端点 与棒垂直 $J=\frac{ml^2}{3}$
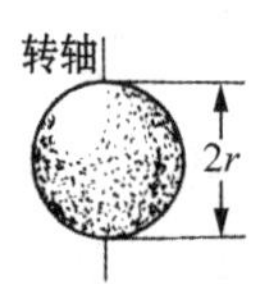 球体 转轴沿直径 $J=\frac{2mr^2}{5}$	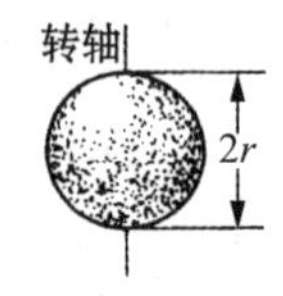 球壳 转轴沿直径 $J=\frac{2mr^2}{3}$

4.2.3 定轴转动角动量守恒定律

根据定轴转动定理

$$M=\frac{\mathrm{d}(J\omega)}{\mathrm{d}t},$$

当合外力矩 $M=0$ 时，有

$$J\omega=\text{恒量}, \tag{4-17}$$

即物体在定轴转动中，当对转轴的合外力矩为零时，物体对转轴的角动量保持不变，这一规律就是定轴转动的角动量守恒定律。

系统角动量守恒情况分如下几种情况：

(1) J 和 ω 都不变，所以 $L=J\omega=$ 恒量，如轴固定在地面上的飞轮的转动。

(2) J 和 ω 都有变化，但保持 $L=J\omega=$ 恒量，如花样滑冰、芭蕾舞、体操和跳水等运动员通过改变肢体的动作，改变系统的转动惯量，以达到改变身体旋转的角速度。

(3) 刚体组角动量守恒。若刚体由几部分组成，且都绕同一轴转动。每一部分的角动量都可以变化，但保持刚体组的总角动量 $\sum_i L_i=\sum_i J_i\omega_i$ 为恒量。这时角动量可在刚体组内不同部分间相互传递。

如图 4-17 所示，有一人立在能绕竖直轴转动的转台上，两手臂平伸，各握一个很重的哑铃，先在别人的推动下使人和转台一起转动起来，当他收拢双臂时，人和转台的旋转就随着加快；如果再伸出双臂，旋转又变慢。这是因为人的双臂用力是内力，并不产生对转轴的外力矩，在略去转轴受到外界轴承的摩擦的情况下，转台和人的角动量应保持守恒。在人伸缩双臂改变转动惯量时，系统的角速度就随之发生变化。

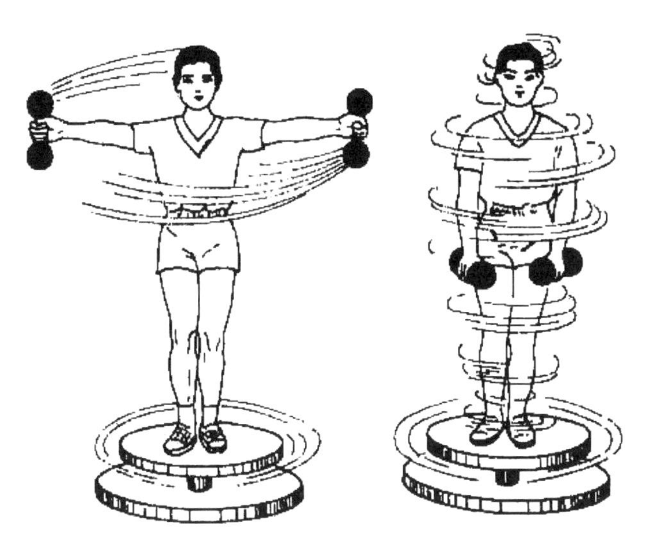

图 4-17

再如直升机，如果没有尾翼，当直升机的螺旋桨转动时，根据角动量守恒定律，机身将向相反的方向转动，这是人们不愿意看到的情况。为了保持直升机机身的平衡，就要开动尾翼。在尾翼的旋转过程中，由于空气被吹动，尾翼要给原来静止的空气一定的冲量(或作用力)。反过来，空气对尾翼也有反作用力。这个反作用力对于机身的质心来讲，有一个力矩存在，该力矩会阻止机身的转动，使机身达到平衡状态。

【例 4-8】　如图 4-18 所示的摩擦离合器，设飞轮 1 的转动惯量为 J_1，角速度为 ω_1；摩擦轮 2 的转动惯量为 J_2，原来静止。若两轮沿轴向啮合，求啮合后两轮达到的共同角速度。

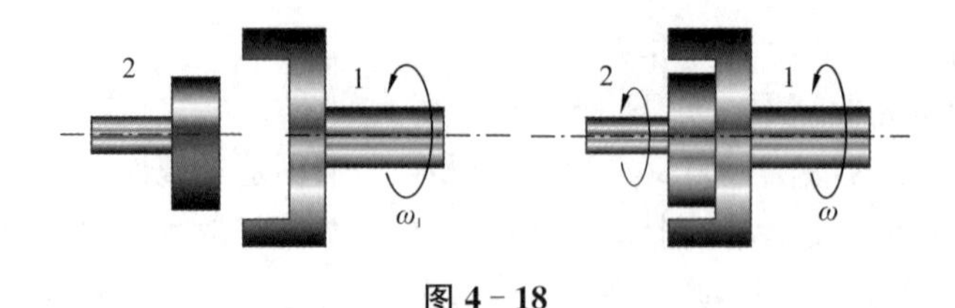

图 4-18

解 因两轮间的摩擦力为内力,无外力存在,则两轮对共同转轴的角动量守恒,即

$$J_1\omega_1=(J_1+J_2)\omega,$$

可得啮合后两轮达到的共同角速度为

$$\omega=\frac{J_1\omega_1}{(J_1+J_2)}。$$

试把本例的摩擦离合器与下例的齿轮啮合过程作比较。

【例 4-9】 如图 4-19 所示,两圆盘形齿轮半径分别为 r_1, r_2,对通过盘心垂直于盘面转轴的转动惯量为 J_1, J_2,开始时,1 轮以 ω_0 转动,然后两轮正交啮合,求啮合后两轮的角速度 ω_1 与 ω_2。

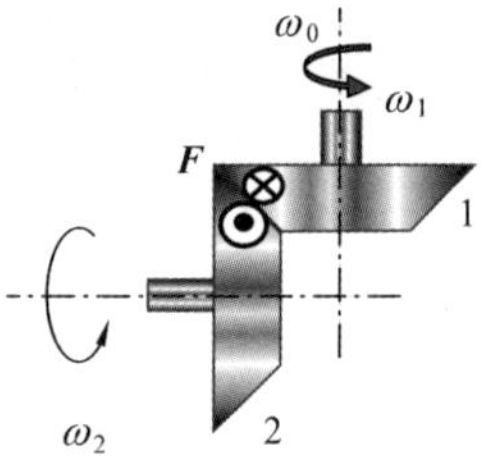

解 两轮绕不同轴转动,不能用角动量守恒来解决本问题,这是同学经常会犯的错误。对两齿轮分别用角动量定理,有

$$-\int Fr_1\mathrm{d}t=J_1\omega_1-J_1\omega_0$$

图 4-19

和

$$\int Fr_2\mathrm{d}t=J_2\omega_2,$$

式中 F 为两齿轮间的啮合力。第一个方程中左边的负号是因为啮合力的力矩与齿轮原来的角动量方向相反。另外,当两个齿轮完全啮合后,它们的角速度满足如下约束条件

$$r_1\omega_1=r_2\omega_2,$$

联立解上述方程,可得

$$\begin{cases}\omega_1=\dfrac{J_1\omega_0r_2^2}{J_2r_1^2+J_1r_2^2},\\[2ex]\omega_2=\dfrac{J_1\omega_0r_1r_2}{J_2r_1^2+J_1r_2^2}。\end{cases}$$

【例 4 - 10】 如图 4 - 20 所示，长为 l 的轻杆，两端各固定质量分别为 m 和 $2m$ 的小球，杆可绕水平光滑固定轴 O 在竖直面内转动，转轴 O 距两端分别为 $\frac{1}{3}l$ 和 $\frac{2}{3}l$。轻杆原来静止在竖直位置。今有一质量为 m 的小球，以水平速度 $\boldsymbol{v}_0$ 与杆下端小球 m 做对心碰撞，碰后以 $\frac{1}{2}\boldsymbol{v}_0$ 的速度水平返回，试求碰撞后瞬间轻杆所获得的角速度。

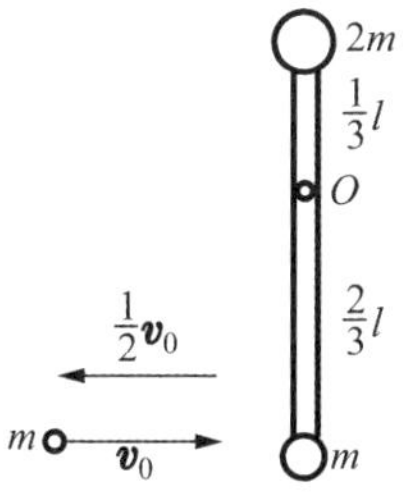

解　碰撞前后极短时间内，可以认为杆一直处于竖直位置，整个系统对定轴 O 角动量守恒。设垂直于纸面向外为正向，有

$$m v_0 \frac{2}{3} l = -m \frac{1}{2} v_0 \frac{2}{3} l + m\left(\frac{2l}{3}\right)^2 \omega + 2m\left(\frac{l}{3}\right)^2 \omega,$$

由此解得

$$\omega = \frac{3v_0}{2l},$$

杆逆时针转动。

图 4 - 20

此题还可以这样来处理：首先以水平运动小球为研究对象，设在碰撞过程中受到的力大小为 f，向右为正向，利用动量定理，有

$$-\int f \mathrm{d}t = -\frac{1}{2} m v_0 - m v_0 = -\frac{3}{2} m v_0,$$

设垂直于纸面向外为正向，对杆用角动量定理，有

$$\int f \frac{2}{3} l \mathrm{d}t = m\left(\frac{2l}{3}\right)^2 \omega + 2m\left(\frac{l}{3}\right)^2 \omega,$$

联立求解，得

$$\omega = \frac{3v_0}{2l}。$$

可见用角动量守恒解决问题给我们带来很大方便，当然一定要分析清楚过程中系统角动量是否守恒。

4.2.4　定轴转动中的功能关系

4.2.4.1　刚体定轴转动的动能

如刚体绕定轴转动角速度为 $\boldsymbol{\omega}$，则刚体的转动动能为

$$E_{\mathrm{kr}}=\sum_i \frac{1}{2}\Delta m_i v_i^2=\sum_i \frac{1}{2}\Delta m_i (r_i \omega)^2$$
$$=\frac{1}{2}\Big(\sum_i \Delta m_i r_i^2\Big)\omega^2=\frac{1}{2}J\omega^2。 \tag{4-18}$$

利用平行轴定理,可以把刚体绕某转轴的转动惯量 J 表示为刚体绕通过质心且与该转轴平行的转轴转动惯量 J_C,加上刚体质量 m 乘以两平行转轴间距离 d 的平方,即 $J=J_C+md^2$,则

$$E_{\mathrm{kr}}=\frac{1}{2}(J_C+md^2)\omega^2$$
$$=\frac{1}{2}J_C\omega^2+\frac{1}{2}md^2\omega^2$$
$$=\frac{1}{2}mv_C^2+\frac{1}{2}J_C\omega^2, \tag{4-19}$$

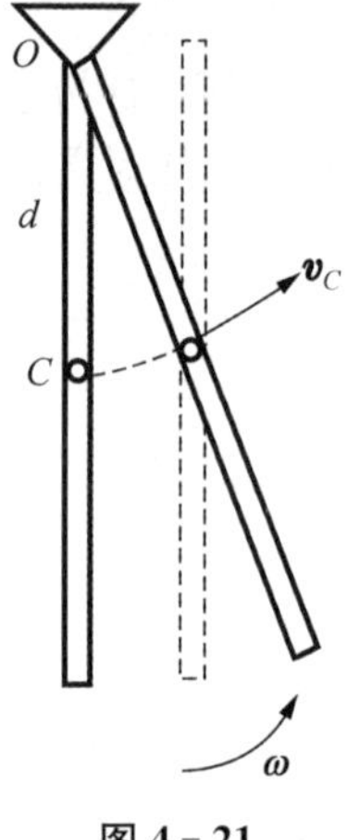

图 4-21

式中 $v_C=d\omega$ 为刚体质心的转动速度。这样,刚体绕定轴的动能可分解为质心携总质量绕该轴做圆周运动时的动能 $\frac{1}{2}mv_C^2$ 与刚体绕通过质心平行转轴的转动动能 $\frac{1}{2}J_C\omega^2$ 的和,如图 4-21 所示。

4.2.4.2 力矩的功

对于刚体,因各质量元间的相对距离不变,系统内力不做功,只需要考虑外力做功的情况。

如图 4-22 所示,由于平行于转轴的力不做功,故设作用在质量元 Δm_i 上的外力 $\boldsymbol{F}_i$ 处于质元的转动平面内。当刚体转过角度 $\mathrm{d}\varphi$ 时 Δm_i 的位移为 $\mathrm{d}\boldsymbol{r}_i$,则力 $\boldsymbol{F}_i$ 做功为

$$\mathrm{d}A_i=\boldsymbol{F}_i\cdot\mathrm{d}\boldsymbol{r}_i=F_i\cos\theta_i|\mathrm{d}\boldsymbol{r}_i|$$
$$=F_i\cos\theta_i r_i\mathrm{d}\varphi$$
$$=M_i\mathrm{d}\varphi, \tag{4-20}$$

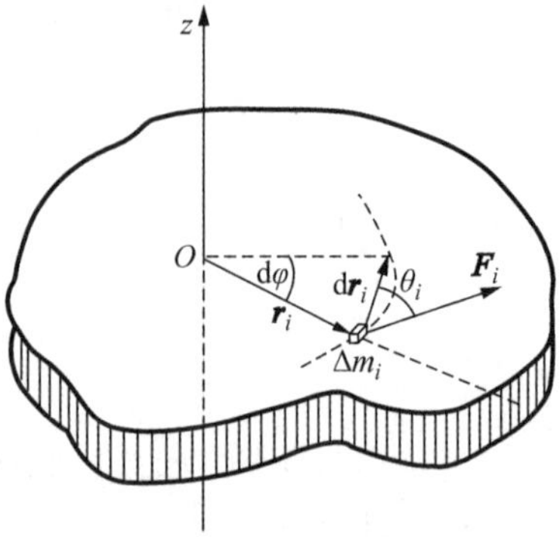

图 4-22

式中 $M_i=F_i\cos\theta_i r_i$ 为 $\boldsymbol{F}_i$ 对转轴的力矩。

设刚体从角位置 φ_0 转到 φ,则力 $\boldsymbol{F}_i$ 做功为

$$A_i=\int_{\varphi_0}^{\varphi}M_i\mathrm{d}\varphi, \tag{4-21}$$

对各个外力的功求和,得到所有外力做功为

$$A=\sum_i A_i=\sum_i\left(\int_{\varphi_0}^{\varphi}M_i\,\mathrm{d}\varphi\right)=\int_{\varphi_0}^{\varphi}\left(\sum_i M_i\right)\mathrm{d}\varphi=\int_{\varphi_0}^{\varphi}M\,\mathrm{d}\varphi,\qquad(4-22)$$

式中 $M=\sum_i M_i$ 为刚体所受到的合外力矩。

4.2.4.3　刚体定轴转动的动能定理

根据定轴转动定理 $M=J\dfrac{\mathrm{d}\omega}{\mathrm{d}t}$，通过变量代换得

$$M=J\frac{\mathrm{d}\omega}{\mathrm{d}t}=J\frac{\mathrm{d}\omega}{\mathrm{d}\varphi}\frac{\mathrm{d}\varphi}{\mathrm{d}t}=J\omega\frac{\mathrm{d}\omega}{\mathrm{d}\varphi},$$

则

$$M\mathrm{d}\varphi=J\omega\,\mathrm{d}\omega,$$

两边分别积分，得

$$\int_{\varphi_0}^{\varphi}M\,\mathrm{d}\varphi=\int_{\omega_0}^{\omega}J\omega\,\mathrm{d}\omega=\frac{1}{2}J\omega^2-\frac{1}{2}J\omega_0^2,\qquad(4-23)$$

式中 ω_0 和 ω 分别对应于 t_0 和 t 时刻刚体的转动角速度。

式(4－23)称为刚体定轴转动动能定理，即合外力矩对定轴转动刚体所做的功等于定轴转动刚体转动动能的增量。

4.2.4.4　刚体的重力势能

刚体的重力势能等于各个质量元重力势能之和。以地面 $z=0$ 为势能零点位置，则高度为 z_i 处质量元 Δm_i 的重力势能为

$$E_{\mathrm{p}i}=\Delta m_i\,g\,z_i,$$

刚体的重力势能为

$$E_{\mathrm{p}}=\sum_i\Delta m_i\,g\,z_i=mg\left(\frac{\sum_i\Delta m_i\,z_i}{m}\right)=mg\,z_C,\qquad(4-24)$$

式中 z_C 为刚体质心的高度。

因此，刚体的重力势能可以按所有质量都集中在质心上来计算。

4.2.4.5　刚体定轴转动的功能原理与机械能守恒定律

在重力矩 M_{g} 存在情况下，刚体定轴转动动能定理可表示为

$$\int_{\varphi_0}^{\varphi}(M+M_{\mathrm{g}})\mathrm{d}\varphi=\frac{1}{2}J\omega^2-\frac{1}{2}J\omega_0^2,$$

式中 M 为除重力以外的所有其他外力矩，而重力矩做功可用系统重力势能差来表示，即

$$\int_{\varphi_0}^{\varphi} M_g \, d\varphi = -(mgz_C - mgz_{C0}), \tag{4-25}$$

移项后得

$$\int_{\varphi_0}^{\varphi} M d\varphi = \left(mgz_C + \frac{1}{2}J\omega^2\right) - \left(mgz_{C0} + \frac{1}{2}J\omega_0^2\right), \tag{4-26}$$

这就是刚体做定轴转动时的功能原理表达式。

若 $M=0$，则

$$mgz_C + \frac{1}{2}J\omega^2 = \text{恒量}, \tag{4-27}$$

即为刚体定轴转动的机械能守恒定律。

【例 4-11】 如图 4-23 所示，设匀质细杆长度为 l，质量为 m，可以绕轴 O 自由旋转，开始在水平位置静止。若在某时刻由静止释放，求：

(1) 水平位置放手时，细杆的质心加速度；

(2) 摆到竖直位置时，细杆的角速度。

解 (1) 因轴的支反力未知，不可能通过质心运动定理求杆的质心加速度。然而，支反力对转轴 O 的力矩为零，则可先通过定轴转动定理求杆的转动角加速度，再求质心加速度。细杆作用在细杆上的重力对 O 的力矩为

$$M_z = mg\,\frac{l}{2},$$

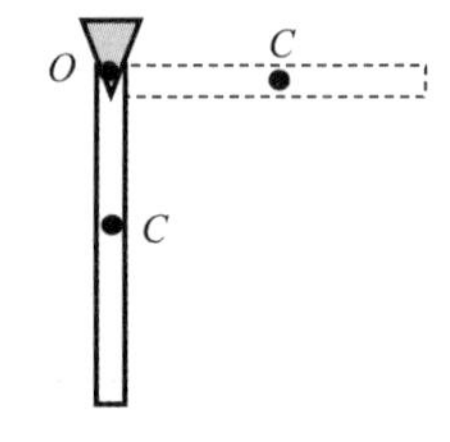

图 4-23

则细杆的角加速度为

$$\beta = \frac{M_z}{J} = \frac{lmg/2}{ml^2/3} = \frac{3g}{2l},$$

细杆的质心加速度为

$$\begin{cases} a_{C,\mathrm{t}} = \dfrac{l}{2}\beta = \dfrac{l}{2} \times \dfrac{3g}{2l} = \dfrac{3}{4}g, \\ a_{C,\mathrm{n}} = \dfrac{l}{2}\omega_0^2 = 0, \end{cases}$$

式中 $\omega_0=0$ 为初始时刻细杆的角速度。

(2) 选点 O 为重力势能零点，依机械能守恒得

$$\frac{1}{2}J\omega^2 - mg\,\frac{l}{2} = 0,$$

其中等式左边为系统转动到竖直位置时的机械能，ω 为细杆相应的角速度；等式右边为细杆位于水平位置时的机械能，因为开始时细杆静止，则细杆的总机械能为零。

由上式可得

$$\omega=\sqrt{\frac{3g}{l}}。$$

【例 4－12】　如图 4－24 所示，圆锥体底面半径为 R，高为 h，转动惯量为 J，表面有浅槽。设圆锥体开始时以角速度 ω_0 绕对称轴转动，质量为 m 的小球从顶端下滑，不计摩擦作用，求小球滑到底部时相对于圆锥体的速率 u。

解　设小球滑到底时系统的角速度为 ω，应用系统对竖直轴的角动量守恒，得

$$J\omega_0=(J+mR^2)\omega,$$

则

$$\omega=\frac{J\omega_0}{J+mR^2}。$$

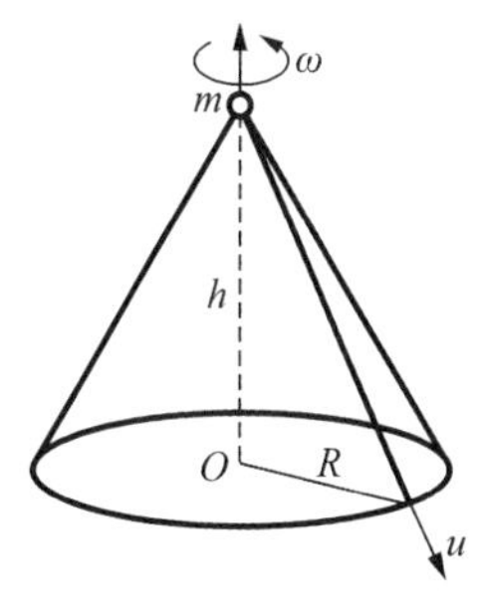

图 4－24

另外，系统的机械能守恒，即

$$\frac{1}{2}J\omega_0^2+mgh=\frac{1}{2}J\omega^2+\frac{1}{2}m(u^2+\omega^2R^2),$$

则

$$u=\sqrt{\frac{J\omega_0^2R^2}{J+mR^2}+2gh}。$$

【例 4－13】　如图 4－25 所示，滑轮转动惯量为 0.01 kg・m^2，半径为 7 cm；物体的质量为 5 kg，用一细绳与劲度系数 $k=200$ N/m 的弹簧相连，若绳与滑轮间无相对滑动，滑轮轴上的摩擦忽略不计。求：

(1) 当绳拉直、弹簧无伸长时使物体由静止而下落的最大距离；

(2) 物体的速度达最大值时的位置及最大速率。

解　(1) 设弹簧的伸长量为 x，下落最大距离对应的最大伸长量为 x_{max}。此系统只有保守力做功，故机械能守恒。初始时刻系统动能为零，而下落最大距离时系统动能也为零，故重力势能转为弹性势能，有

$$\frac{1}{2}kx_{max}^2=mgx_{max},$$

由此得

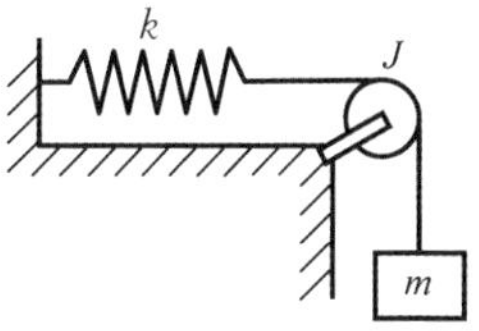

$$x_{max}=\frac{2mg}{k}=0.49\text{ m}。$$

图 4－25

(2) 取初始状态为势能零点，当物体下落 x 时，重力势能 mgx 转为弹性势能

与系统的动能。根据机械能守恒,有

$$\frac{1}{2}kx^2+\frac{1}{2}mv^2+\frac{1}{2}J\omega^2-mgx=0,$$

考虑到 $\omega=\frac{v}{r}$,得到

$$\frac{1}{2}kx^2+\frac{1}{2}mv^2+\frac{1}{2}J\left(\frac{v}{r}\right)^2-mgx=0。$$

欲求速度最大值,将上式两边对 x 求导,有

$$kx+mv\frac{\mathrm{d}v}{\mathrm{d}x}+J\frac{v}{r^2}\frac{\mathrm{d}v}{\mathrm{d}x}-mg=0。$$

令 $\frac{\mathrm{d}v}{\mathrm{d}x}=0$,有

$$x=\frac{mg}{k}=0.245\ \mathrm{m},$$

故当 $x=0.245\ \mathrm{m}$ 时,物体速度达最大值。由 $\frac{1}{2}kx^2+\frac{1}{2}mv^2+\frac{1}{2}J\left(\frac{v}{r}\right)^2=mgx$,得

$$v^2=\frac{mgx-\frac{1}{2}kx^2}{\frac{1}{2}\left(m+\frac{J}{r^2}\right)},$$

由具体数值确定物体最大速率为 $v_{\max}=1.31\ \mathrm{m/s}$。

4.3 陀螺的运动

下面,我们以具有高度对称性的物体为例,讨论刚体的定点转动问题。当处于重力场中的物体绕对称轴高速旋转时,有奇特的回转效应,称为刚体的进动。

如图 4-26 所示的高速旋转的陀螺运动,就是刚体进动的一个常见的例子。此时,陀螺除了绕自转轴高速旋转以外,其自转轴还绕过陀螺不动点 O 的竖直轴转动,这就是陀螺的进动。当高速旋转的陀螺一开始就处于直立状态时,它将保持长时间自转而不倒!

这种情况,用刚体对点 O 的角动量守恒定律可以很方便地做出解释。因为陀螺直立时,其重心在点 O 的正上方,重力方向通过点 O。因此,陀螺受到的重力对点 O 的力矩为零,即 $\boldsymbol{M}=0$。所以,陀螺对点 O 的角动量守恒,即

$$\boldsymbol{L}=J_C\boldsymbol{\omega}=\text{恒矢量}, \tag{4-28}$$

式中 J_C 为陀螺绕对称轴的转动惯量,这样

$$\boldsymbol{\omega}=\text{恒矢量}。 \tag{4-29}$$

所以,陀螺立而不倒,以保持其角速度的方向不变!

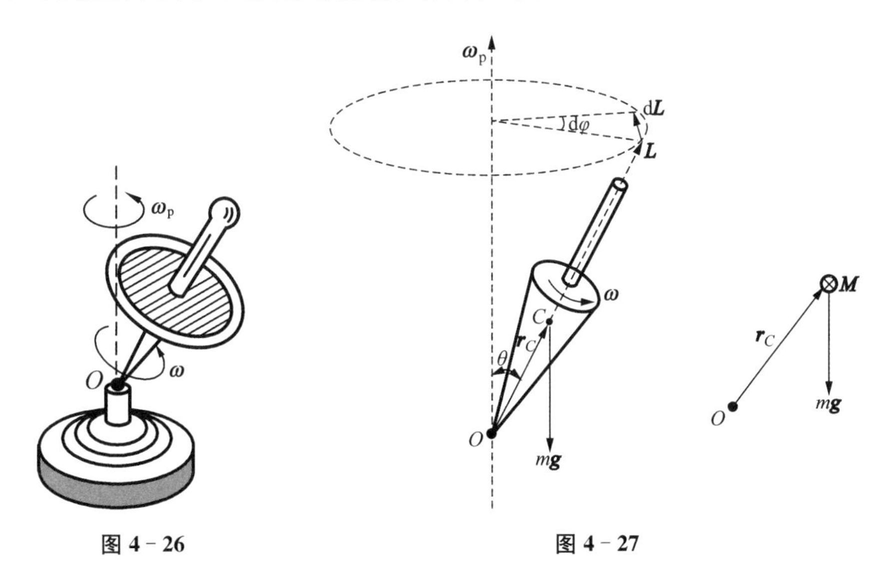

图 4-26　　图 4-27

对于图 4-26 所示的一般情况,用刚体对点 O 的角动量定理也可以很方便地做出解释。为了方便分析起见,我们作示意图 4-27,其中 O 为不动点。已知 $\overrightarrow{OC}=\boldsymbol{r}_C$,刚体受到的重力 $m\boldsymbol{g}$ 通过重心 C,对点 O 的力矩为

$$\boldsymbol{M}=\boldsymbol{r}_C\times m\boldsymbol{g}, \tag{4-30}$$

$\boldsymbol{M}$ 的方向垂直于 $\boldsymbol{r}_C$ 和 $m\boldsymbol{g}$,如图 4-27 所示。刚体对点 O 的角动量近似为 $\boldsymbol{L}=J_C\boldsymbol{\omega}$,满足角动量定理

$$\frac{\mathrm{d}\boldsymbol{L}}{\mathrm{d}t}=\boldsymbol{M}, \tag{4-31}$$

即

$$\mathrm{d}\boldsymbol{L}=\boldsymbol{M}\mathrm{d}t=(\boldsymbol{r}_C\times m\boldsymbol{g})\mathrm{d}t。 \tag{4-32}$$

因此,$\mathrm{d}\boldsymbol{L}$ 的方向永远保持垂直于 $\boldsymbol{r}_C$ 和 $m\boldsymbol{g}$,同时,$\mathrm{d}\boldsymbol{L}$ 的方向永远保持垂直于 $\boldsymbol{L}$。所以,$\boldsymbol{L}=J_C\boldsymbol{\omega}$ 的大小保持不变,但时刻改变方向,绕竖直轴转动而不倒,这就是刚体的进动!

若陀螺不自转,很显然会立刻倾倒!

设刚体进动的角速度用 ω_p 来表示,由图 4-27 可以看出,$\omega_p=\frac{d\varphi}{dt}$。另外,由图 4-27 所示几何关系,可得

$$dL=(L\sin\theta)d\varphi=J_C\omega\sin\theta\, d\varphi。\tag{4-33}$$

同时,由式(4-32),得

$$dL=Mdt=mgr_C\sin\theta\, dt,\tag{4-34}$$

则

$$mgr_C\sin\theta\, dt=J_C\omega\sin\theta\, d\varphi,\tag{4-35}$$

所以,刚体进动的角速度大小为

$$\omega_p=\frac{mgr_C}{J_C\omega}。\tag{4-36}$$

ω_p 与陀螺的倾斜角度 θ 无关,但与陀螺的自转角速度大小 ω 成反比。ω 越小,刚体进动角速度越大;ω 越大,刚体进动角速度越小。

另外,要说明如下两点:

(1) 当刚体自转角速度方向相反时,刚体角动量将反向!按照如上相同的分析,陀螺进动的方向也将反向!从上向下看为顺时针进动,如图 4-28 所示。

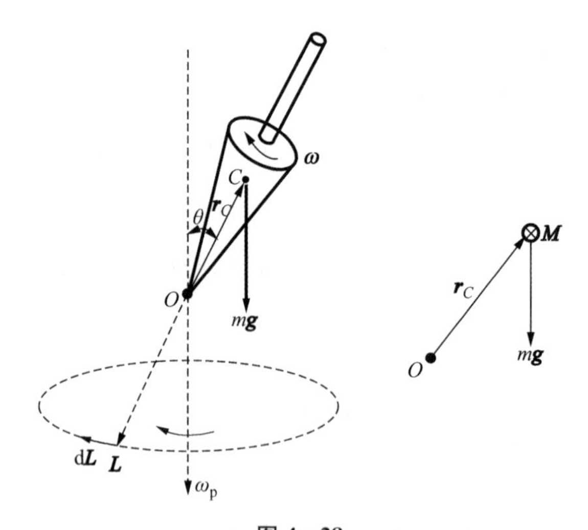

图 4-28

(2) 以上的分析只是近似结果,因为当刚体进动发生后,刚体总角速度为 $\boldsymbol{\omega}_{总}=\boldsymbol{\omega}+\boldsymbol{\omega}_p$,只有当刚体高速自转,使 $\boldsymbol{\omega}\gg\boldsymbol{\omega}_p$ 时,才有 $\boldsymbol{\omega}_{总}\approx\boldsymbol{\omega}$。这样,我们才有 $\boldsymbol{L}\approx J_C\boldsymbol{\omega}$ 和以上的各个表示式。当考虑到 $\boldsymbol{\omega}_p$ 对 $\boldsymbol{\omega}$ 的贡献时,自转轴在进动过程中还会出现微小的上下周期性摆动,这种运动称为章动(nutation)。

如图 4－29 所示，称为杠杆回转仪。圆盘高速绕自转轴转动。当圆盘与支点 O 另一端的重物 m 平衡时，圆盘保持 $\boldsymbol{\omega}$ 大小和方向都不变，系统处于稳定状态。

当重物 m 移近支点 O 时，系统所受重力对 O 点不再平衡，系统受到重力矩 $\boldsymbol{M}$ 的作用，从而出现回转现象，如图 4－30 所示。

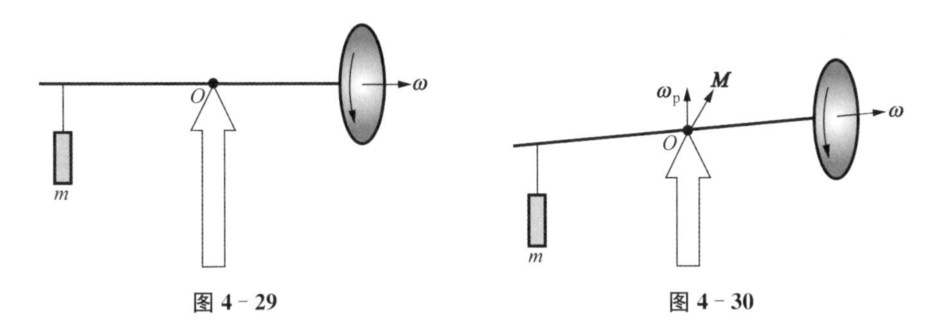

图 4－29　　　　图 4－30

当不受到外力矩作用时，回转仪具有保持其转动轴的空间指向不变的倾向，故常用来做导航设备，即惯性导航仪。这种导航设备具有不受地磁影响和电磁辐射干扰的优点，而大量用于飞机、轮船、导弹等的导航。

枪膛、炮膛中的来复线，可以使子弹和炮弹出膛后具有高速绕对称轴旋转的角速度。这样，炮弹在飞行过程中受到空气阻力作用时，尽管空气阻力并不一定通过质心而对质心有阻力矩存在，但是，炮弹并不会在空气中不断地翻转，而只是像陀螺一样，绕平行于阻力的方向(即炮弹的质心飞行方向)进动，从而可以提高炮弹等的打击精度。

日常生活中，我们也常见到一些进动现象。比如，正常行驶的自行车，当其稍有倾斜时，并不会马上倾倒，而是有向倾斜一方转弯的倾向。这就是旋转着的车轮在重力作用下的进动现象。正是基于此道理，很多年轻人在骑自行车时，可以双手大撒把，而自行车仍然有比较稳定的行进状态。自行车行进的速度愈快(车轮旋转的角速度愈大)，自行车行进愈平稳。

【例 4－14】　图 4－31(a)为一简易杠杆回转仪，A 是质量为 m_A 的回转体，绕自转轴的角动量为 $\boldsymbol{L}=L\boldsymbol{j}$，B 为平衡块。在自转轴 $O'O$ 的中点以悬绳垂直悬吊，A、B 距悬线距离均为 l。现该装置以进动角速度 $\boldsymbol{\Omega}$ 在水平面内旋转，且 $\boldsymbol{\Omega}=\Omega\boldsymbol{k}$，试求：

(1) 系统对悬点 C 的合力矩方向；

(2) 平衡块的质量 m_B。

解　(1)根据角动量定理 $\dfrac{\mathrm{d}\boldsymbol{L}}{\mathrm{d}t}=\boldsymbol{M}$，合力矩方向为 $\mathrm{d}\boldsymbol{L}$ 的方向，由于此时角动量沿 y 轴正向，进动角速度沿 z 轴正向，故对悬点 C 的合力矩方向沿 x 轴反向。

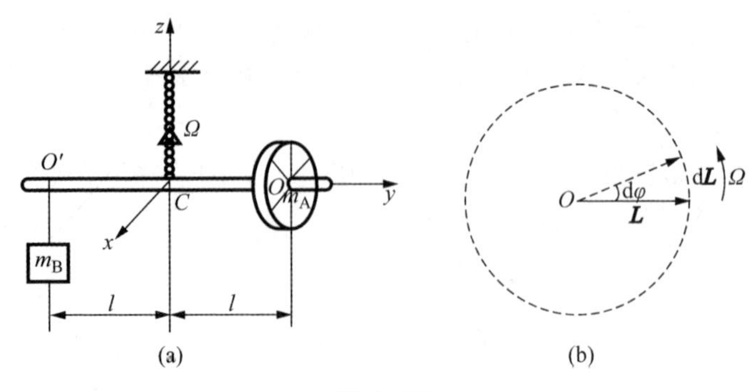

图 4 - 31

(2) 图 4 - 31(b)为角动量变化示意图,由几何关系,可得

$$\mathrm{d}L = L\mathrm{d}\varphi。$$

根据角动量定理确定合力矩的大小:

$$M = \frac{\mathrm{d}L}{\mathrm{d}t} = L\frac{\mathrm{d}\varphi}{\mathrm{d}t} = L\Omega,$$

此力矩由回转体与平衡块受到的重力矩提供,故有

$$m_A g l - m_B g l = L\Omega,$$

平衡块的质量为

$$m_B = m_A - \frac{L\Omega}{gl}。$$

4.4 刚体平面平行运动

刚体做平面平行运动时,刚体的运动可以分解为刚体随质心的平动和刚体绕通过质心且垂直于运动平面的转轴的定轴转动。

对于质心的平动,可以用质心运动定理

$$\sum_i \boldsymbol{F}_i = m\boldsymbol{a}_C \tag{4-37}$$

来描述,其中 m 为刚体总质量。

对于绕质心的定轴转动,由于质心系不是惯性参考系,不能够直接应用前面讨论中给出的惯性参考系中刚体定轴转动的转动定理 $\boldsymbol{M} = J\boldsymbol{\beta}$。需要考虑作用到每一个质量元 Δm_i 上惯性力 $\boldsymbol{F}_{\mathrm{I},i}$ 的力矩 $\boldsymbol{M}_{\mathrm{I},i}$。但是,通过下面的讨论,我们可以证明:在质心坐标系中,作用在刚体上所有惯性力对质心的力矩矢量和为零,即 $\boldsymbol{M}_\mathrm{I} = 0$。

证明 $\boldsymbol{M}_\mathrm{I} = 0$。如图 4 - 32 所示,质量元 Δm_i 受到的惯性力为 $\boldsymbol{F}_{\mathrm{I},i} = -\Delta m_i \boldsymbol{a}_C$,

对过质心转轴的力矩为 $\boldsymbol{M}_{\mathrm{I},i}=\boldsymbol{r}_i'\times\boldsymbol{F}_{\mathrm{I},i}=\boldsymbol{r}_i'\times(-\Delta m_i\boldsymbol{a}_C)$，则总的惯性力力矩为

$$\boldsymbol{M}_{\mathrm{I}}=\sum_i\boldsymbol{M}_{\mathrm{I},i}=\sum_i\boldsymbol{r}_i'\times(-\Delta m_i\boldsymbol{a}_C)=-\Big(\sum_i\Delta m_i\boldsymbol{r}_i'\Big)\times\boldsymbol{a}_C。\tag{4-38}$$

按照质心坐标的定义，可知 $\sum_i\Delta m_i\boldsymbol{r}_i'=m\boldsymbol{r}_C'$。因为$\boldsymbol{r}_i'$是质量元 Δm_i 在质心坐标系中的位置矢量，所以 $\boldsymbol{r}_C'$应为刚体质心在质心坐标系中的位置矢量，则$\boldsymbol{r}_C'\equiv0$。所以，我们有

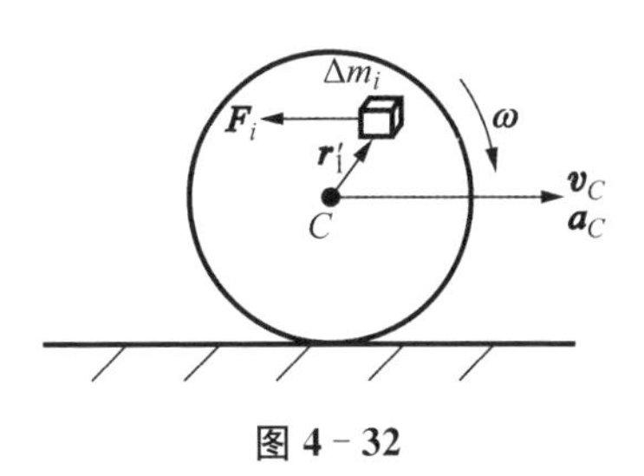

图 4-32

$$\boldsymbol{M}_{\mathrm{I}}=\boldsymbol{r}_C'\times\boldsymbol{a}_C\equiv0。\tag{4-39}$$

因为在质心坐标系中，惯性力总力矩为零，则质心坐标系中的定轴转动定理为

$$\boldsymbol{M}_C=J_C\boldsymbol{\beta}。\tag{4-40}$$

它在形式上与惯性参考系中相同，其中 $\boldsymbol{M}_C$ 为作用在刚体上相对绕过质心转轴的所有外力矩，J_C 为刚体绕过质心转轴的转动惯量。

另外，在地面惯性参考系中，刚体的总动能为

$$E_{\mathrm{k}}=\sum_i\frac{1}{2}\Delta m_i\boldsymbol{v}_i^2=\frac{1}{2}\sum_i\Delta m_i\boldsymbol{v}_i\cdot\boldsymbol{v}_i=\frac{1}{2}\sum_i\Delta m_i(\boldsymbol{v}_C+\boldsymbol{v}_i')\cdot(\boldsymbol{v}_C+\boldsymbol{v}_i'),$$

其中$\boldsymbol{v}_C$ 为刚体质心相当于地面的速度；$\boldsymbol{v}_i'$为质量元 Δm_i 相对于质心的速度矢量。因此，质量元 Δm_i 相对于地面的速度矢量为$\boldsymbol{v}_i=\boldsymbol{v}_C+\boldsymbol{v}_i'$。把上式展开后，得

$$E_{\mathrm{k}}=\frac{1}{2}\sum_i\Delta m_iv_i'^2+\frac{1}{2}\sum_i\Delta m_iv_C^2+\boldsymbol{v}_C\cdot\sum_i\Delta m_i\boldsymbol{v}_i',$$

因为质心坐标系中系统总动量为零，即 $\sum_i\Delta m_i\boldsymbol{v}_i'=0$，则

$$\begin{aligned}E_{\mathrm{k}}&=\frac{1}{2}\sum_i\Delta m_iv_i'^2+\frac{1}{2}\sum_i\Delta m_iv_C^2=\frac{1}{2}\sum_i\Delta m_i(r_i'\omega)^2+\frac{1}{2}mv_C^2\\&=\frac{1}{2}\omega^2\sum_i\Delta m_ir_i'^2+\frac{1}{2}mv_C^2,\end{aligned}$$

其中用到关系式 $v_i'=r_i'\omega$。因 $\sum_i\Delta m_ir_i'^2=J_C$，则刚体的动能为

$$E_{\mathrm{k}}=\frac{1}{2}mv_C^2+\frac{1}{2}J_C\omega^2,\tag{4-41}$$

即刚体做平面平行运动时的总动能，可看作刚体质心的平动动能与刚体绕通过其质心与运动平面垂直的转轴的转动动能之和。

刚体做平面平行运动时，可以用质心运动定理式(4-37)和定轴转动定理式

(4-40)来解决相关问题。有时也可以借助于刚体做平面平行运动时的功能原理或机械能守恒定律使问题的解决更加简单(参看以下例题)。

【例4-15】 如图4-33所示,一半径为r、质量为m的匀质圆球从静止开始沿一粗糙斜面纯滚动而下。斜面倾角为α,球从上端滚到下端球心高度相差为h,计算小球滚到下端时质心的速度和转动角速度。

解 球体的滚动是刚体平面平行运动,受力分析如图所示,应用质心运动定理和定轴转动定理,得

$$\begin{cases} mg\sin\alpha - F_t = ma_C, \\ N - mg\cos\alpha = 0 \end{cases}$$

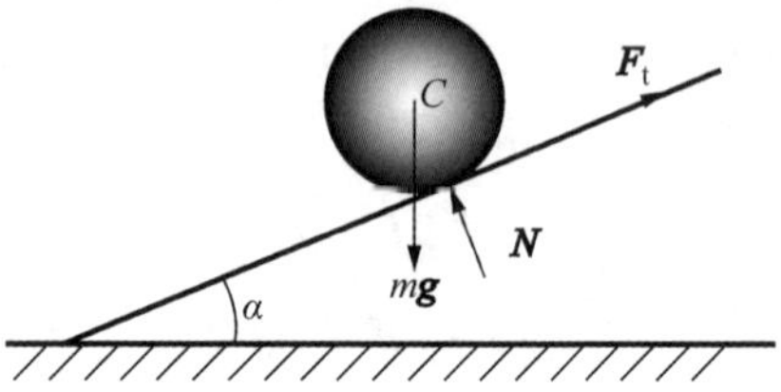

图 4-33

和

$$F_t r = J_C\beta,$$

其中$J_C = \frac{2}{5}mr^2$。另外,因为刚体运动为无滑动的纯滚动,有约束条件$a_C = r\beta$,可得

$$a_C = \frac{5}{7}g\sin\alpha。$$

刚体的运动是匀加速运动。当球从上端滚到下端球心高度相差为h时,需要时间为

$$\Delta t = \sqrt{\frac{2(h/\sin\alpha)}{a_C}} = \sqrt{\frac{14h}{5g}}\ \frac{1}{\sin\alpha},$$

则球体滚到下端时质心的速度和转动角速度分别为

$$v_C = a_C\Delta t = \frac{5}{7}g\sin\alpha\ \sqrt{\frac{14h}{5g}}\ \frac{1}{\sin\alpha} = \sqrt{\frac{10gh}{7}}$$

和

$$\omega = \beta\Delta t = \frac{a_C}{r}\Delta t = \frac{1}{r}\sqrt{\frac{10}{7}gh}。$$

如果用机械能守恒式

$$0 + mgh = \frac{1}{2}J\omega^2 + \frac{1}{2}mv_C^2$$

和纯滚动约束条件

$$v_C = r\omega,$$

就可以直接得到上述相同的结果。因此,用机械能守恒的办法可以大大地简化问题的计算。

另外,同学们可以考虑如果球体在下滑过程中与斜面之间有滑动时情况会如何?

【例 4-16】 如图 4-34 所示,有一均匀圆柱体,其质量为 m,半径为 R。在其中部绕一根细绳,绳的一端固定。设圆柱体初速度为零。求:当圆柱体从静止开始下落 h 时,圆柱体轴心的速度和绳子拉力。

解　设绳子对圆柱体的拉力为 $\boldsymbol{T}$,圆柱体受到的重力为 $m\boldsymbol{g}$,则有

$$\begin{cases} mg-T=ma_C, \\ TR=\dfrac{1}{2}mR^2\beta, \end{cases}$$

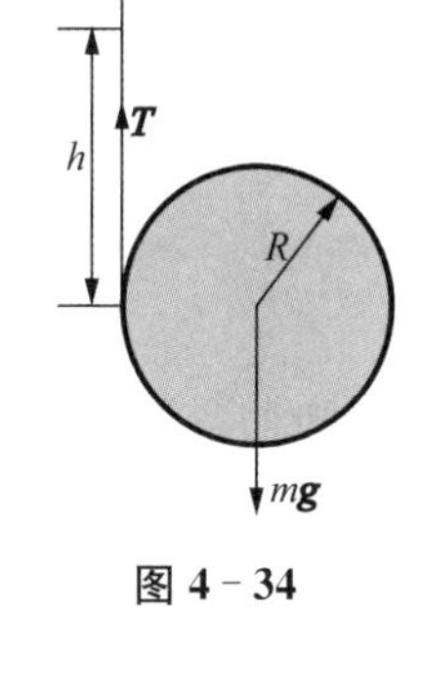

图 4-34

利用约束条件 $\beta=\dfrac{a_C}{R}$,可得

$$a_C=\frac{2}{3}g,$$

则当圆柱体从静止开始下落 h 时,其质心速度大小为

$$v_C=\sqrt{2a_Ch}=\frac{2}{3}\sqrt{3gh},$$

绳子的拉力为

$$T=m(g-a_C)=\frac{1}{3}mg。$$

当然,我们也可由机械能守恒定律计算本问题,即用

$$mgh=\frac{1}{2}mv_C^2+\frac{1}{2}J_C\omega^2$$

和约束条件 $v_C=r\omega$,可很方便地求得 v_C。

【例 4-17】 讨论如图 4-35 所示的拉线轴问题。线轴的两端是半径为 R 的圆柱体,中间是半径为 r 的同轴圆柱体。设线轴的质量为 m,绕对称轴的转动惯量为 J_C。设图示的拉力 $\boldsymbol{F}$ 与水平面成 θ 角$\left(0<\theta<\dfrac{\pi}{2}\right)$。

解　设线轴受到的摩擦力为 $\boldsymbol{f}$,先来判断摩擦力的真实方向。若 $\boldsymbol{f}$ 不存在时,线轴的动力学方程为

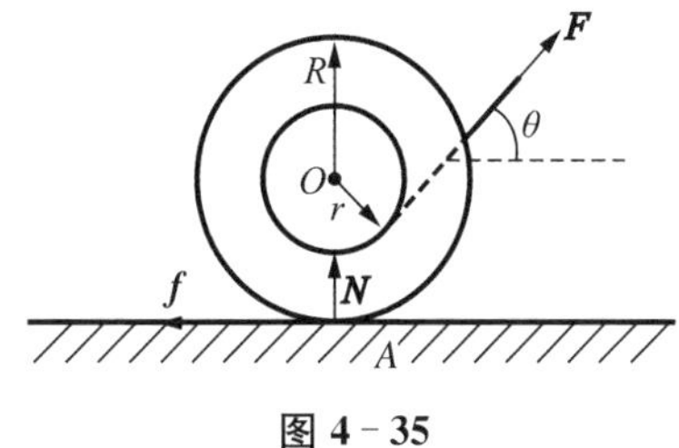

图 4-35

$$\begin{cases}F\cos\theta = ma_C,\\ N+F\sin\theta - mg = 0,\\ -Fr = J_C\beta,\end{cases}$$

这里设垂直纸面向里为 β 正方向。与地面接触处点 A 的加速度为

$$a_A = a_C + R\beta = F\left(\frac{\cos\theta}{m} + R\frac{r}{J_C}\right),$$

当 $\theta < \frac{\pi}{2}$ 时,a_A 恒大于零,所以点 A 与地面间有相对滑动。因此,地面摩擦力 $\boldsymbol{f}$ 的方向向左,如图 4-35 所示。

考虑到摩擦力 $\boldsymbol{f}$ 后,线轴无滑动滚动时的动力学方程应为

$$\begin{cases}F\cos\theta - f = ma_C,\\ N+F\sin\theta - mg = 0,\\ fR - Fr = J_C\beta\end{cases}$$

和附加条件

$$a_C = R\beta,$$

解联立方程,得

$$a_C = \frac{RF(R\cos\theta - r)}{J_C + mR^2}。$$

从结果可以看出:

(1) 当 $\theta < \arccos\left(\frac{r}{R}\right)$ 时, $a_C > 0$, 线轴向前滚动;

(2) 当 $\theta > \arccos\left(\frac{r}{R}\right)$ 时, $a_C < 0$, 线轴向后滚动;

(3) 当 $\theta = \arccos\left(\frac{r}{R}\right)$ 时, $a_C = 0$, $\boldsymbol{f}$ 和 $\boldsymbol{F}$ 在水平方向上平衡,线轴不动。

线轴也有可能在 $\boldsymbol{F}$ 的作用下匀速运动,即 $a_C = 0$。这时,线轴是做无滚动的匀速滑动,地面的摩擦力是滑动摩擦力。

习 题 4

4-1 如题图所示,一轻绳跨过两个质量为 m、半径为 r 的均匀圆盘状定滑轮,绳的两端分别挂着质量为 $2m$ 和 m 的重物,绳与滑轮间无相对滑动,滑轮轴光滑,两个定滑轮的转动惯量均为 $mr^2/2$。将由两个定滑轮以及质量为 $2m$ 和 m 的重物组成的系统从静止释放,求重物的加速度和两滑轮之间绳内的张力。

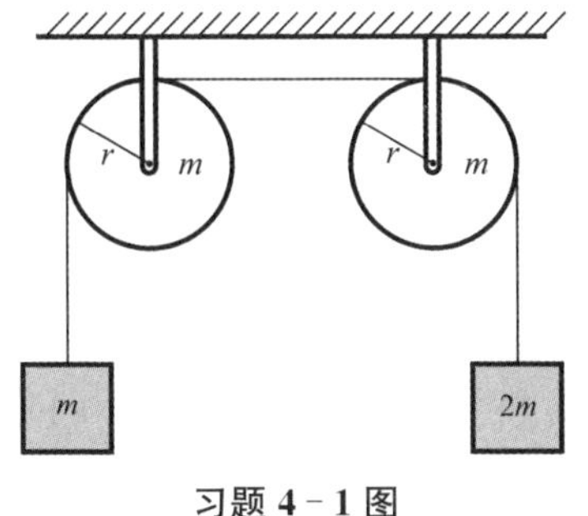

习题 4 - 1 图

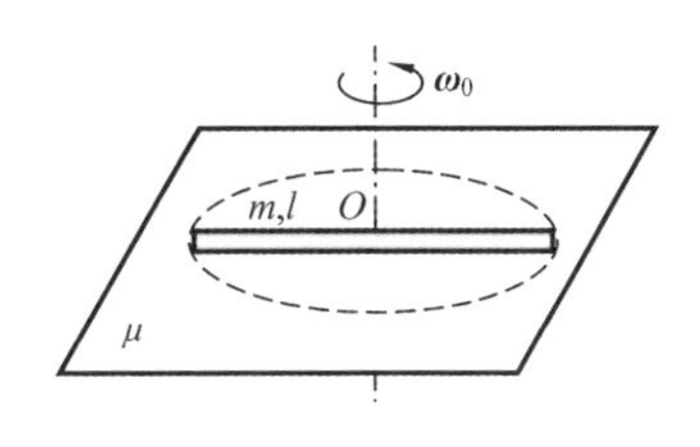

习题 4 - 2 图

4 - 2　如题图所示，一均匀细杆长为 l，质量为 m，平放在摩擦因数为 μ 的水平桌面上，设开始时杆以角速度 $\boldsymbol{\omega}_0$ 绕过中心 O 且垂直于桌面的轴转动。试求：

(1) 作用于杆的摩擦力矩；

(2) 经过多长时间杆才会停止转动。

4 - 3　如题图所示，一个质量为 m 的物体与绕在定滑轮上的绳子相连，绳子的质量可以忽略，它与定滑轮之间无滑动。假设定滑轮质量为 M，半径为 R，其转动惯量为 $MR^2/2$。试求该物体由静止开始下落的过程中，下落速度与时间的关系。

习题 4 - 3 图　　习题 4 - 4 图

4 - 4　轻绳绕过一定滑轮，滑轮轴光滑，滑轮的质量为 $M/4$，均匀分布在其边缘上，绳子 A 端有一质量为 M 的人抓住了绳端，而在绳的另一端 B 系了一质量为 $M/4$ 的重物，如题图所示。已知滑轮对 O 轴的转动惯量 $J = MR^2/4$，设人从静止开始以相对绳匀速向上爬时，绳与滑轮间无相对滑动，求 B 端重物上升的加速度。

4 - 5　计算如题图所示的薄圆盘绕与盘缘相切的水平轴 OO' 的转动惯量，圆盘半径为 a，质量为 M。

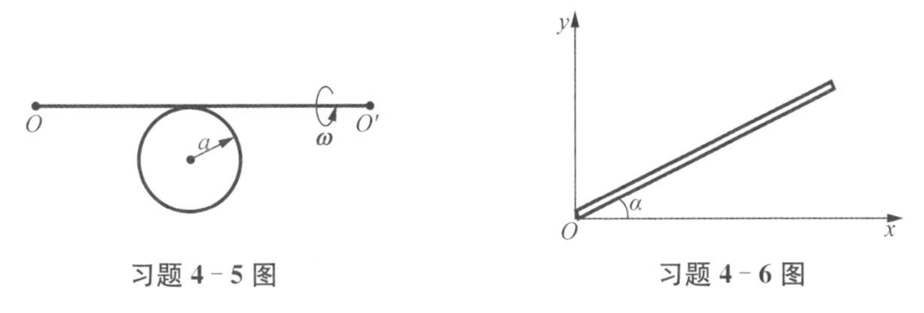

习题 4 - 5 图　　习题 4 - 6 图

4 - 6　如题图所示，质量为 m、长度为 l 的均匀细杆在 xOy 平面内，与 x 轴夹角为 α，其一端在原点 O。求此杆对 x 轴和 y 轴的转动惯量。

4－7　质量为 m、宽度为 a、高度为 b 的薄板门，以初角速度 $\boldsymbol{\omega}_0$ 绕 AB 轴转动，此时薄板每一部分均受到空气阻力，阻力方向恒垂直薄板平面，阻力大小与受力面积和速度平方成正比，比例系数为 k。求：

(1) 薄板对 AB 轴的转动惯量；

(2) 经多长时间，薄板的角速度减小到初角速度的一半。

4－8　质量为 m 的小孩站在半径为 R、转动惯量为 J 的可以自由转动的水平平台边缘上(平台可以无摩擦地绕通过中心的竖直轴转动)。平台和小孩开始时均静止。当小孩突然以相对地面为 v 的速率沿台边缘逆时针走动时，此平台相对地面旋转的角速度 ω 为多少？

4－9　如题图所示，在一光滑的水平桌面上，有一长为 l、质量为 M 的均匀细棒以速度 $\boldsymbol{v}$ 运动，与一固定在桌面上的钉子 O 相碰撞(尺寸如题图)。碰撞后，细棒将绕 O 点转动。求：

(1) 细棒绕点 O 转动时对点 O 的转动惯量；

(2) 碰撞前棒对点 O 的角动量；

(3) 碰撞后棒绕点 O 的角速度。

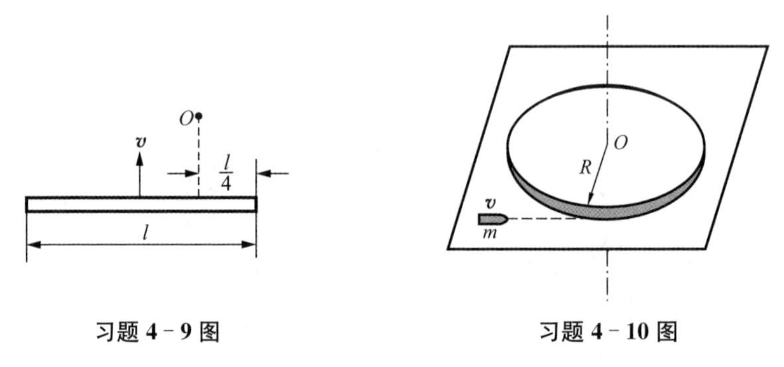

习题 4－9 图　　　　习题 4－10 图

4－10　如题图所示，一质量均匀分布的圆盘，质量为 M，半径为 R，放在一粗糙水平面上(圆盘与水平面之间的摩擦因数为 μ)，圆盘可绕通过其中心 O 的竖直固定光滑轴转动。开始时，圆盘静止，一质量为 m 的子弹以水平速度 $\boldsymbol{v}$ 垂直于圆盘半径打入圆盘边缘并嵌在盘边上。求：

(1) 子弹击中圆盘后，盘所获得的角速度；

(2) 经过多少时间后，圆盘停止转动(圆盘绕通过 O 的竖直轴的转动惯量为 $\frac{1}{2}MR^2$，忽略子弹重力造成的摩擦阻力矩)？

4－11　如题图所示，一半径为 R、质量为 m_0 的均质圆盘在水平面内绕通过圆心且垂直于盘面的垂直轴转动。现加一轴向的恒力矩 $\boldsymbol{M}$，使盘从静止开始加速转动。若从运动一开始，沙漏以 $q=\frac{\mathrm{d}m}{\mathrm{d}t}$ 的质量增加率均匀地将沙子落在盘上离轴线 r 处，当沙子落下的质量恰好等于圆盘质量 m_0 时，圆盘的角速度为多大？

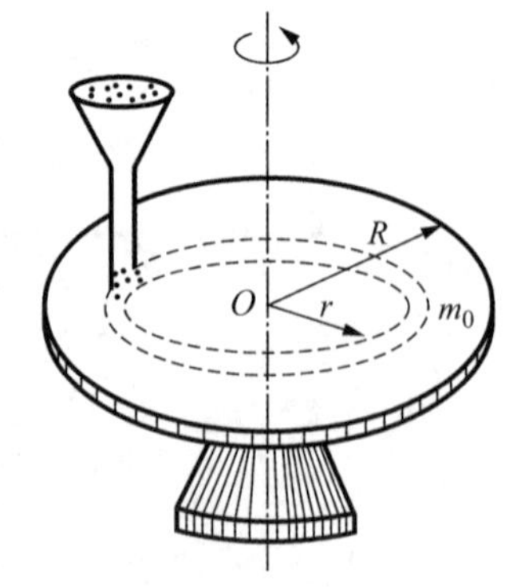

习题 4－11 图

4－12　一轻质弹簧与一均匀细棒连接，装置如题图所示，已知弹簧的劲度系数 $k=40\ \mathrm{N/m}$，当 $\theta=0^\circ$ 时弹簧无形变，细棒的质量 $m=5.0\ \mathrm{kg}$，求在 $\theta=0^\circ$ 的位置上细棒至少应具有多大的角速度 ω 才能转动到水平位置。

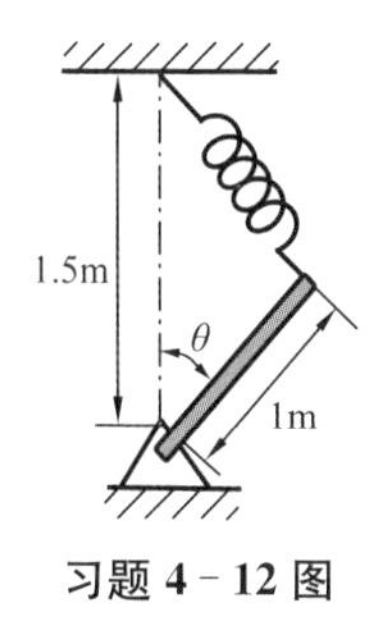

习题 4 - 12 图

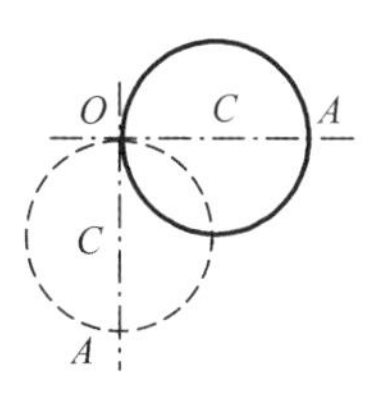

习题 4 - 13 图

4 - 13　如题图所示，一质量为 m、半径为 R 的圆盘，可绕 O 轴在铅直面内转动。若盘自静止下落，略去轴承的摩擦。求：

(1) 盘到虚线所示的铅直位置时，质心 C 和盘缘 A 点的速率；

(2) 在虚线位置轴对圆盘的作用力。

4 - 14　如题图所示，物体 A 放在粗糙的水平面上，与水平桌面之间的摩擦因数为 μ，细绳的一端系住物体 A，另一端缠绕在半径为 R 的圆柱形转轮 B 上，物体与转轮的质量相同。开始时，物体与转轮皆静止，细绳松弛。若转轮以 $\boldsymbol{\omega}_0$ 绕其转轴转动，试问：细绳刚绷紧的瞬时，物体 A 的速度多大？物体 A 运动后，细绳的张力多大？

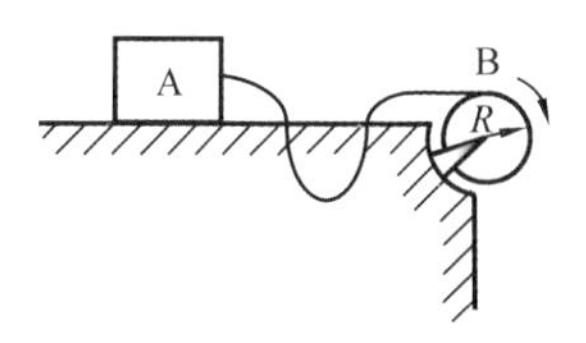

习题 4 - 14 图

4 - 15　如题图所示，一均匀细棒，长为 l，质量为 m，可绕过棒端且垂直于棒的光滑水平固定轴 O 在竖直平面内转动。棒被拉到水平位置从静止开始下落，当它转到竖直位置时，与放在地面上一静止的质量亦为 m 的小滑块碰撞，碰撞时间极短。小滑块与地面间的摩擦因数为 μ，碰撞后滑块移动距离 s 后停止，而棒继续沿原转动方向转动，直到达到最大摆角。求碰撞后棒的中点 C 离地面的最大高度 h。

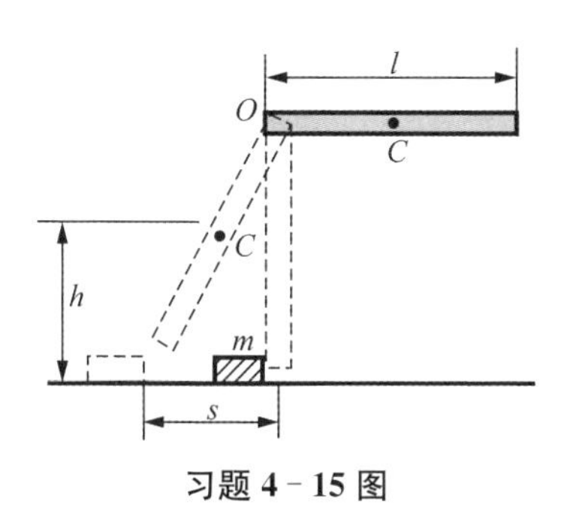

习题 4 - 15 图

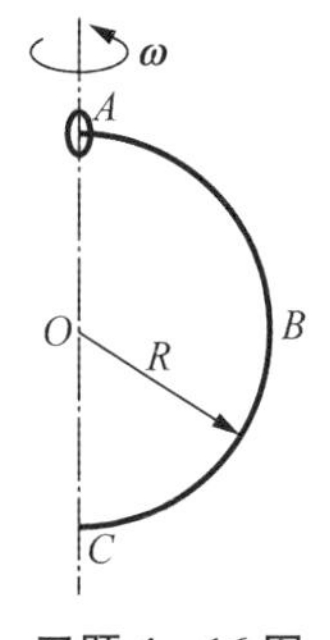

习题 4 - 16 图

4 - 16　将质量为 m 的均匀金属丝弯成一半径为 R 的半圆环，其上套有一质量也等于 m 的小珠，小珠可在此半圆环上无摩擦地运动，这一系统可绕固定在地面上的竖直轴转动，如题图所示。开始时小珠(可看作质点)位于半圆环顶部 A 处，系统绕轴旋转的角速度为 $\boldsymbol{\omega}_0$。已知半圆环相对竖直轴的转动惯量 $J=\dfrac{1}{2}mR^2$，试分别计算小珠滑到环的中点 B 处和底部 C 处时：

(1) 环的角速度量值；

(2) 小球相对环和相对地面的速度值。

4-17　如题图所示,长为 l 的匀质细杆,可绕过杆的一端 O 点的水平光滑固定轴转动,开始时静止于竖直位置。紧挨 O 点悬一单摆,轻质摆线的长度也是 l,摆球质量为 m。单摆从水平位置由静止开始自由摆下,摆球与细杆做完全弹性碰撞,且碰撞后摆球正好静止。求:

(1) 细杆的质量 M;

(2) 细杆摆起的最大角度 θ。

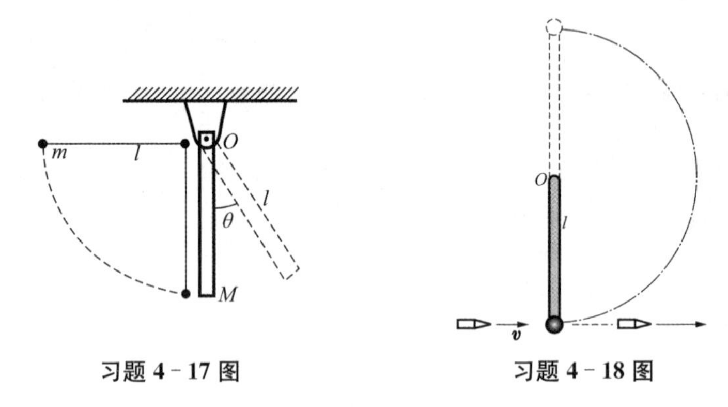

习题 4-17 图　　习题 4-18 图

4-18　有一质量为 M、长为 l 的均匀细棒,其一端固定一质量也为 M 的小球,另一端可绕垂直于细棒的水平轴 O 自由转动,组成一球摆。现有一质量为 m 的子弹,以水平速度 $\boldsymbol{v}$ 射向小球,子弹穿过小球后速率减为 $\frac{v}{2}$,方向不变,如题图所示。试求:

(1) 要使球摆能在铅直平面内完成一个完全的圆周运动,子弹射入速度 $\boldsymbol{v}$ 的大小为多大?

(2) 如当球摆摆到水平位置时瞬时角速度为 ω_1,求在该位置时球摆的角加速度及支点 O 对棒的作用力。

4-19　如题图所示,质量为 m 的陀螺绕自转轴的转动惯量为 J_C,其质心到支点的距离为 r_C,并以角速度 $\boldsymbol{\omega}$ 转动。若自转轴与竖直方向间的夹角为 θ,则

(1) 从上往下看,其进动方向如何?

(2) 进动角速度的大小为多少?

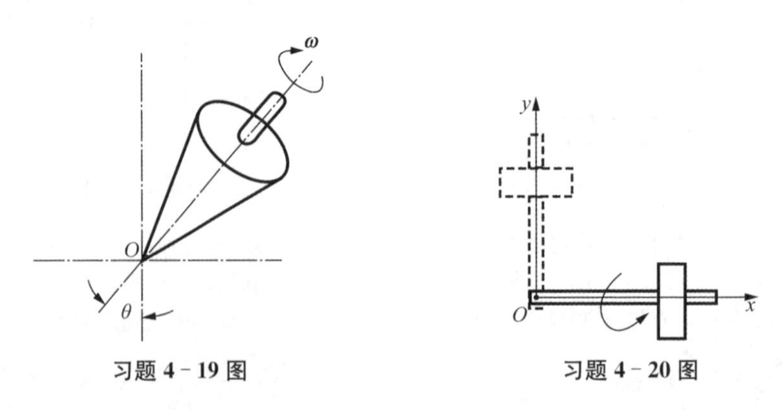

习题 4-19 图　　习题 4-20 图

4-20　题图为一自转轴在水平方向的回转仪的俯视图。设 x,y 方向的单位矢量分别为 $\boldsymbol{i}$,

$\boldsymbol{j}$，在 $t=0$ 时刻回转仪绕自转轴的角动量为 $\boldsymbol{L}=L\boldsymbol{i}$。

(1) 欲使回转仪逆时针进动，确定该时刻对它加的外力矩的方向；

(2) 若经过时间 t，回转仪进动到它的角动量指向 y 方向，而大小不变，那么在这段时间内，回转仪所受到的冲量矩为多少？

4-21　如题图所示，质量为 m 的均质圆盘，半径为 R，圆盘的侧圆柱面上绕有不可伸长的细绳，绳的一端悬挂在上方（悬挂的细绳可近似看作垂直于地面），求圆盘在下落过程中质心的加速度 $\boldsymbol{a}_C$ 及细绳所受到的拉力 $\boldsymbol{T}$。

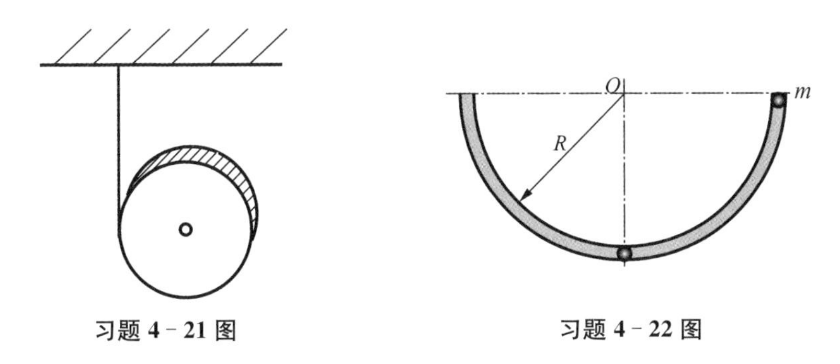

习题 4-21 图　　习题 4-22 图

4-22　一质量为 m、半径为 r 的均质实心小球沿圆环形导轨自静止开始无滑滚下，圆环形导轨在铅直面内，半径为 R。最初，小球质心与圆环中心同高度。求小球运动到最低点时质心的速率以及其作用于导轨的压力$\left(\text{半径为 } r \text{ 的均质实心小球绕其对称轴的转动惯量为 } J=\dfrac{2}{5}mr^2\right)$。

4-23　在极短时间内，将一水平方向的冲量 $\boldsymbol{I}$ 作用在质量为 m、半径为 R 的原先静止的均质实心小球上，作用点在球心的下方，距地面的高度为 h，作用线位于过球心而平行于纸面的平面内，如题图所示。试求小球最终做纯滚动时的角速度（做纯滚动前小球与地面有摩擦）。

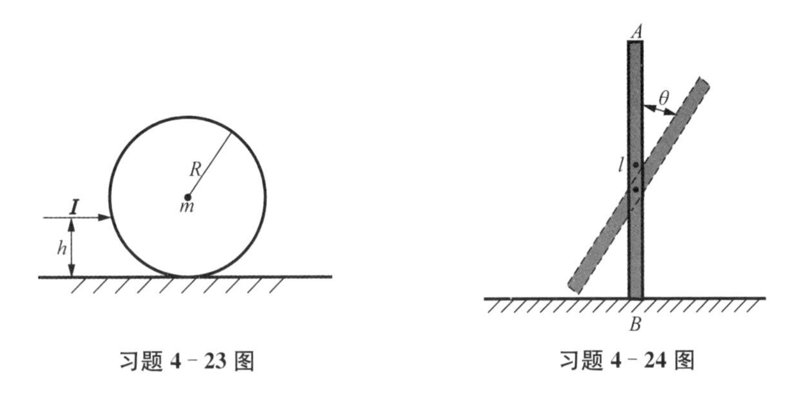

习题 4-23 图　　习题 4-24 图

4-24　如题图所示，长为 l、质量为 m 的均匀杆，在光滑桌面上由竖直位置自然倒下，当夹角为 θ 时，试求：

(1) 质心的速度；

(2) 杆的角速度。

思 考 题 4

4-1 一圆盘绕过盘心且与盘面垂直的轴 O 以角速度 $\boldsymbol{\omega}$ 按图示方向转动,若如题图所示的情况那样,将两个大小相等方向相反但不在同一条直线的力 $\boldsymbol{F}$ 沿盘面方向同时作用到盘上,则盘的角速度 $\boldsymbol{\omega}$ 怎样变化?

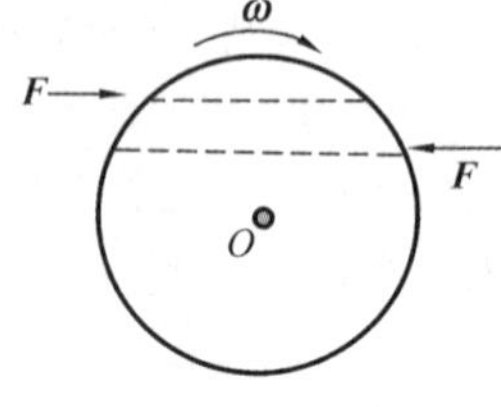

思考题 4-1 图

4-2 一个人站在有光滑固定转轴的转动平台上,双臂伸直水平地举起两个哑铃,在该人把此两个哑铃水平收缩到胸前的过程中,人、哑铃与转动平台组成的系统(　　)。

(A) 机械能守恒,角动量守恒　　(B) 机械能守恒,角动量不守恒

(C) 机械能不守恒,角动量守恒　　(D) 机械能不守恒,角动量不守恒

4-3 在边长为 a 的六边形顶点上,分别固定有质量都是 m 的 6 个质点,如图所示。试求此系统绕下列转轴的转动惯量:

(1) 设转轴Ⅰ,Ⅱ在质点所在的平面内,如题图(a)所示;

(2) 设转轴Ⅲ垂直于质点所在的平面,如题图(b)所示。

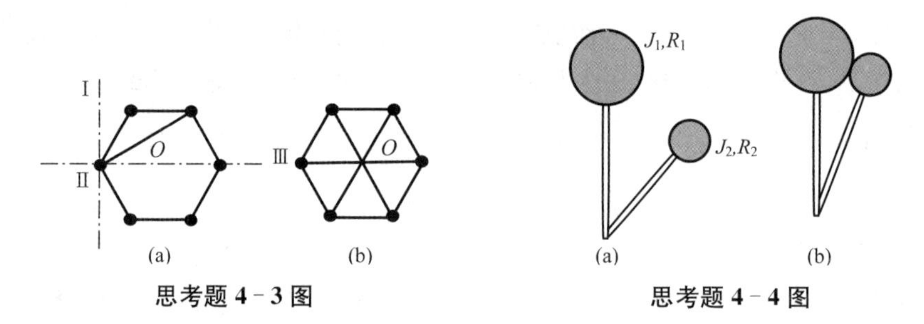

思考题 4-3 图　　思考题 4-4 图

4-4 如题图(a)所示,半径分别是 R_1 和 R_2、转动惯量分别是 J_1 和 J_2 的两个圆柱体,可绕垂直于图面的轴转动,最初大圆柱体的角速度为 $\boldsymbol{\omega}_0$,现在将小圆柱体向左靠近,直到它碰到大圆柱体为止[见图(b)]。由于相互间的摩擦力,小圆柱体被带着转动,最后,当相对滑动停止时,两圆柱体各以恒定角速度沿相反方向转动。试问这种情况角动量是否守恒?为什么?小圆柱的最终角速度多大?

4-5 如题图所示,均质细棒的质量为 M,长为 L,开始时处于水平方位,静止于支点 O 上。一锤子沿竖直方向在 $x = d$ 处撞击细棒,给棒的冲量为 $I_0\boldsymbol{j}$。试讨论细棒被球撞击后的运动情况。

4-6 试从角动量和转动惯量的概念出发说明荡秋千的原理。

4-7 为什么走钢丝的杂技演员拿一根水平长棒容易使自己保持平衡?

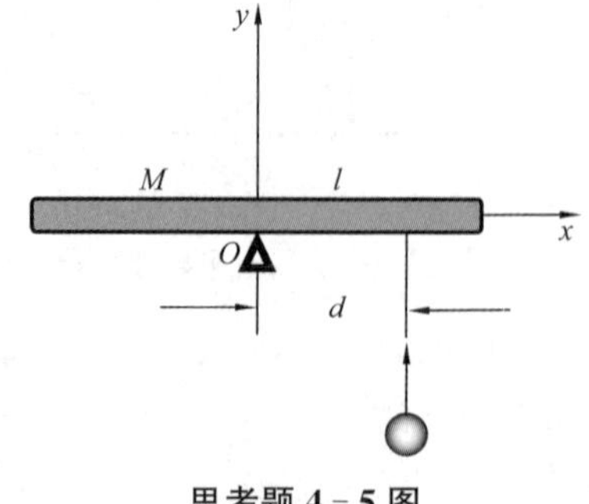

思考题 4-5 图

第 5 章　狭义相对论基础

相对论分为狭义相对论和广义相对论。前者分析了时间、空间和运动的关系，后者揭示了时间、空间和引力的关系。牛顿力学(又称经典力学)是建立在绝对时空观的基础上的。按照这种绝对时空观，在所有的惯性参考系中，时间和空间的量度是绝对的，它们与进行量度时所在的参考系无关。时间和空间是可以独立存在的，它们与物体本身的运动方式无关。惯性参考系之间的时空变换关系为伽利略变换，伽利略变换保证了经典力学规律在不同惯性系中具有相同的形式。爱因斯坦在 20 世纪初，创立了狭义相对论体系，建立了新的时空理论，给出了高速运动物体的力学规律，并揭示了质量与能量的内在联系。按狭义相对论时空观，时间和空间的量度不是绝对的，它们与进行量度时所在的参考系有关。与狭义相对论时空观对应的惯性参考系之间的时空变换关系为洛伦兹变换，洛伦兹变换保证了所有的物理学基本规律在不同惯性系中具有相同的形式。

5.1　狭义相对论时空观

5.1.1　狭义相对论的基本假设

5.1.1.1　牛顿时空观的困难

1) 电磁场理论与伽利略变换的不相容性

1865 年麦克斯韦建立了描述电磁现象的麦克斯韦方程组，它的一个重要推论是存在着电磁波，并且给出真空中电磁波的传播速度 c 是一个常量，即 $c = 2.997\,924\,58 \times 10^8$ m/s，它与当时实验测量到的光在真空中的传播速度非常接近。显然这不是巧合，光本身就是一种特殊频率的电磁波，在此基础上光的电磁理论建立起来了。

从伽利略变换(或牛顿时空观)来看，电磁波的传播显然不满足相对性原理。如图 5-1 所示，S' 和 S 两参考系的 x' 轴和 x 轴方向相同且重合，它们都是惯性系，S'系相对 S 系的速度 $\boldsymbol{u}$ 为常矢量且沿着 x 轴正方向运动。如果 P 点产生的电磁波在

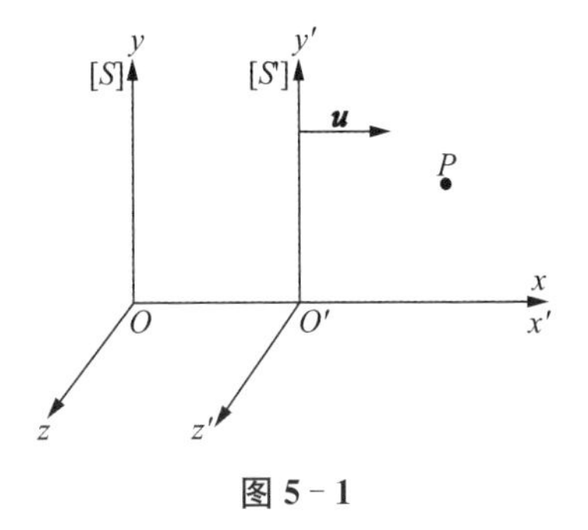

图 5-1

S 系中沿各方向的传播速度都为 c，则在 S' 系中沿 $\boldsymbol{u}$ 方向电磁波的传播速度为 $c-u$，沿 $-\boldsymbol{u}$ 方向电磁波的传播速度为 $c+u$。在 S 系中电磁波传播速度各向同性，大小均为 c；而在所有相对 S 系运动的 S' 系中电磁波的传播速度不再各向同性。从伽利略变换(或牛顿时空观)来看，真空中电磁波的传播速度对不同的惯性系并非是同一个常量，麦克斯韦的电磁场理论并非在所有的惯性系中成立。

反之，如果麦克斯韦的电磁场理论在所有的惯性系中都成立，这意味着相对性原理可以推广到电磁规律，而伽利略变换(或牛顿时空观)不适用于电磁现象，牛顿的绝对时空概念必须摒弃，需要建立新的时空观。由此可见，麦克斯韦的电磁场理论与伽利略变换(或牛顿时空观)是不相容的，是针锋相对的。

由于经典力学的辉煌成就，当时人们毫不怀疑牛顿时空观的正确性，认为伽利略变换(或牛顿时空观)对于电磁现象仍然适用，但麦克斯韦方程组只在一个特殊的惯性系里成立，这个惯性系被称为绝对静止惯性系，相对这个惯性系的静止称为绝对静止，而相对这个惯性系的运动称为绝对运动。这个绝对静止惯性系历史上又称为“以太”参考系，电磁波相对于“以太”参考系的运动速度在任意方向上都是 c。所谓“以太”，是人们为了说明电磁波传播机制而引入的一种假想的媒质，认为“以太”是电磁波的载体。“以太”无处不在，能够渗透到一切物质的内部，用来传播电磁波。这样，按照伽利略变换，我们就可以用电磁学(包括光学)的方法来确认“以太”的存在，或测出地球参考系相对绝对静止参考系(“以太”参考系)的速度有多大。

可以设想如图 5-2 所示的一个理想实验来寻找“以太”，确定惯性系对“以太”的绝对运动速度。在一车厢的中点装一闪光灯，车厢的前后壁上装两个光接收器 A 和 B，当闪光灯发生瞬时闪光时，如果光真是在静止的“以太”中传播的话，光就会相对“以太”向前和向后以相同的速度传播。只要车厢相对“以太”静止，A，B 就会同时接收到光信号。如果车厢相对“以太”有运动，比如车厢相对“以太”向前的速度为 $\boldsymbol{u}$，光在“以太”中传播的速度为 c，则车厢内观察者测出光向前的速度和向后的速度应符合伽利略速度变换，即应分别等于 $c-u$ 和 $c+u$，在距离相同的情况下，A 将较 B 迟收到信号。利用这两个信号到达 A、B 的时间差，很容易计算出车厢相对“以太”的运动速度。如果上述光学实验成功了，这就意味着绝对静止的“以太”参考系和对“以太”的绝对运动是确实存在的；人们可利用光学实验测出惯性系的绝对运动速度；一切惯性系均等价的相对性原理对光学不成立。

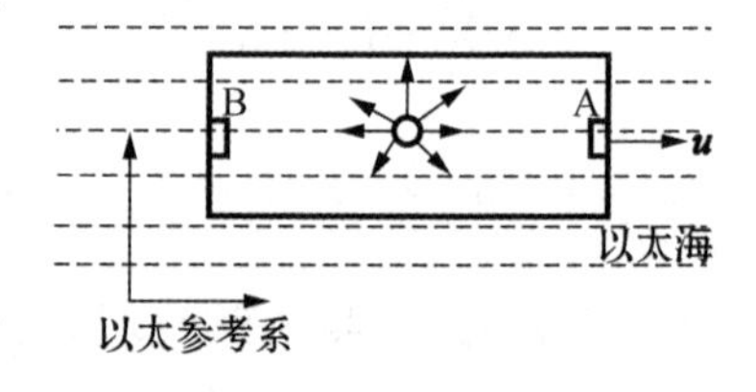

图 5-2

真正的实验是由迈克耳孙(A. A. Michelson)和莫雷(E. W. Morley)在 1887 年进行的，但结果却否定了“以太”的存在，亦即否定了所谓绝对静止惯性参考系的存在。麦克斯韦的电磁场理论应该对任意惯性参考系成立，是普适的理论！或者说：一切电磁现象具有相对性，在任意的惯性参考系中，电磁现象遵从相同的规律。换言之，伽利略变换（牛顿时空观）是错误的，必须建立新的时空理论，寻找新的时空坐标变换关系，才能与电磁规律相容。

2) 迈克耳孙-莫雷实验

迈克耳孙-莫雷实验装置如图 5－3 所示。它由光源 S，两相互垂直的反射镜 M_1、M_2，与 M_1、M_2 均成 45°角放置的半透半反镜 M 以及望远镜 E 组成。M 至 M_1，M_2 的连线称为迈克耳孙干涉仪的两条臂，两臂相互垂直，臂长分别以 l_1 和 l_2 表示。发自光源 S 的光束被 M 分为 1 和 2 两束，光束 1 经臂长 l_1 到达反射镜 M_1 后反射回 M；光束 2 经臂长 l_2 到达反射镜 M_2 后也反射回 M，然后都到达望远镜 E，在 E 中能观察到光的干涉条纹。干涉条纹的位置排列是由两光束从 M 分束再反射回到 M 的时间差来决定的。假设以太相对仪器以速度 $\boldsymbol{u}$ 沿着从 M_1 到 M 的方向流动，光相对以太的速度为 c，根据伽利略速度变换公式，相对仪器，光束 1 从 M 到 M_1 再反射回 M，来回一次所用时间为

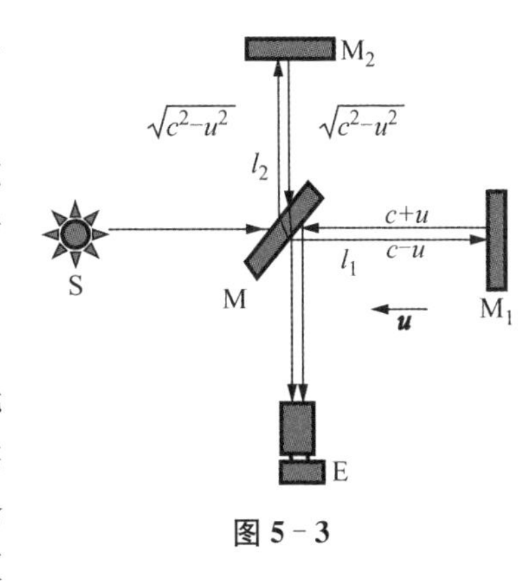

图 5－3

$$t_1=\frac{l_1}{c-u}+\frac{l_1}{c+u}。$$

对于光束 2，根据伽利略速度变换公式，光沿 l_2 的速度 $\boldsymbol{v}$ 满足关系

$$\boldsymbol{v}=\boldsymbol{c}+\boldsymbol{u}。$$

如图 5－4 所示，$\boldsymbol{c}$ 为光相对于以太的速度，$\boldsymbol{u}$ 为以太相对于仪器的速度，光沿 l_2 从 M 到 M_2 和从 M_2 到 M 的速度大小都为 $\sqrt{c^2-u^2}$。相对于仪器，光束 2 沿 l_2 来回一次所用时间

$$t_2=\frac{2l_2}{\sqrt{c^2-u^2}}。$$

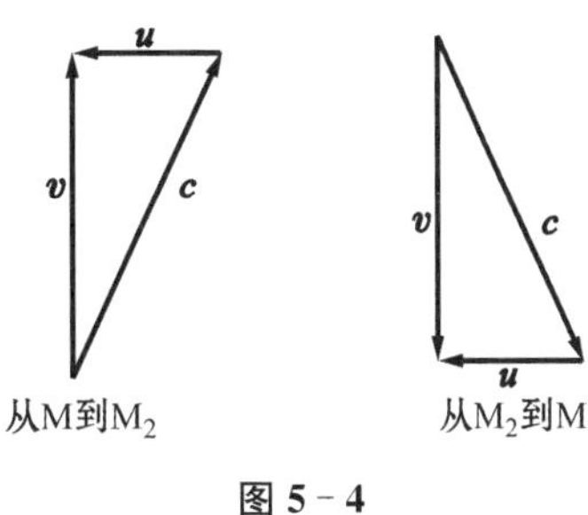

图 5－4

光束 1 和 2 到达 M 的时间差

$$\Delta t=t_2-t_1=\frac{2}{c}\left(\frac{l_2}{\sqrt{1-\frac{u^2}{c^2}}}-\frac{l_1}{1-\frac{u^2}{c^2}}\right)。$$

如果将整个装置在水平面上旋转 90°，使光束 1 和光束 2 的方向对调，则两光束到达 M 的时间差为

$$\Delta t' = t'_2 - t'_1 = \frac{2}{c}\left(\frac{l_2}{1-\frac{u^2}{c^2}} - \frac{l_1}{\sqrt{1-\frac{u^2}{c^2}}}\right)。$$

由于两光束产生的干涉条纹的位置排列决定于两光束到达望远镜的时间差，随着整个装置的转动，干涉条纹也应随之变化。根据干涉理论，与此时间差改变所对应的干涉条纹的移动数为

$$\Delta N = \frac{c}{\lambda} \mid \Delta t' - \Delta t \mid ,$$

式中 λ 为光波的波长。

在迈克耳孙与莫雷的合作实验中，他们将仪器安装在很重的石台上以维持观察的稳定性，整个石台又悬浮在水银里，使它可以做水平转动。他们以钠光做光源，波长 $\lambda = 589.3$ nm，取 $u = 3 \times 10^4$ m/s（地球的公转速度），利用多次反射的方法使臂长延长至 $l_1 = l_2 = 11$ m，由此确定的条纹移动数为

$$\Delta N = 0.4,$$

尽管实验的精度能够测量 $\Delta N = 0.01$ 条条纹的移动，但实验中并未观察到条纹移动。

迈克耳孙-莫雷实验的结果，使寻找以太、寻找绝对参考系以失败而告终。而如果认为光速在地面参考系中（即实验室中）的各个方向上都等于 c，自然就解释了迈克耳孙-莫雷实验的结果。这一事实显然违反伽利略速度变换的规律，亦即与时空的绝对性相矛盾，从而在根本上动摇了整个经典力学的基础。

5.1.1.2　狭义相对论的基本假设

爱因斯坦从迈克耳孙-莫雷实验结果认识到，不存在绝对静止的参考系，相对性原理不仅对于力学，而且对于电磁学，亦即对整个物理学都是成立的。爱因斯坦还认识到麦克斯韦的电磁场理论与伽利略变换（或牛顿时空观）不一致的原因不是由于麦克斯韦的电磁场理论，而是出自伽利略变换（或牛顿时空观）。1895 年，16 岁的爱因斯坦还在读中学时，提出了一个著名的“追光”问题，将麦克斯韦的电磁场理论与伽利略变换（或牛顿时空观）之间的矛盾淋漓尽致地揭示了出来。设想我们能以光速 c 运动去追随一束光线，究竟会看到什么现象呢？如果能看到在空间振荡着而停滞不前的电磁场，则麦克斯韦的电磁场理论就要失效；如果仍看到光以速度 c 前进，则显然又与伽利略速度变换相抵触。爱因斯坦以超人的智慧和对事物的高度洞察力选择了光速不变而放弃了伽利略速度变换。爱因斯坦经过 10 年的不断思考，于 1905 年 9 月发表了题为《论动体的电动力学》这篇著名论文，彻底抛弃了“以太”理论和绝对参考系的假设，肯定了相对性原理在物理学中的普遍性和真空中光速的特殊性，建立了崭新的时空理论——狭义相

对论。

爱因斯坦提出了下述两条假设，作为狭义相对论的两条基本原理：

(1) 物理定律在一切惯性系中都是相同的，可以表示为相同的数学表达形式。或者说，惯性参考系对所有物理规律都是等价的。这称为狭义相对性原理。

(2) 光在真空中的传播速度与参考系无关，相对于任何惯性参考系恒为 c，即光速与光源运动或观测者的运动无关。这称为光速不变原理。

很明显，第一条假设是力学相对性原理在光的"以太"理论被否定的前提下很自然的推广和发展。物理学虽然有不同的分支，研究不同物理系统的运动规律，但是，物理学作为一个整体，其各个分支并不是完全互不相干的。例如，没有一个力学实验不与物质的电磁结构相关等。既然力学满足相对性原理，作为一个整体，物理学也应该满足相对性原理，包括电磁学和光学在内。

光速不变原理是在麦克斯韦电磁理论的实验基础上的合理假设。比如，从麦克斯韦电磁理论来看，电磁波在真空中的传播速度为 $c=\dfrac{1}{\sqrt{\varepsilon_0\mu_0}}$，其中 ε_0 和 μ_0 是反映真空电磁性质的常量。由于真空是均匀各向同性的，因此 ε_0 和 μ_0(以及 c)应该也是各向同性的并且与参考系的选择无关。另外，光速不变原理也得到了现代物理学实验的支持。比如，以接近光速($v=0.999\,75c$)运动的粒子 π^0 衰变后变为能量为 6 GeV 的光子，实验测得相应辐射光的光速仍为 c。德国一个研究小组于 2002 年 3 月 12 日发表了关于光速的测量结果，他们通过特别的实验仪器测得真空中光速的不确定度为 $\Delta c/c=4.6\times10^{-16}$，实验进行了 192 天！

5.1.2 狭义相对论的时空观

根据光速不变原理，光在真空中的传播速度与参考系无关，相对于任何惯性系恒为 c。这显然与伽利略变换是矛盾的，而伽利略变换与牛顿绝对时空观是紧密联系在一起的。因此，承认了光速不变原理，就必须抛弃伽利略变换，抛弃绝对空间和绝对时间的概念。取而代之的是爱因斯坦的狭义相对论时空观，即空间距离和时间间隔是相对的！这是对经典力学的时空观以及人们传统观念的一次巨大变革。

5.1.2.1 同时的相对性

同时性的概念在物理测量中非常重要，即使在日常生活中同时性的概念也同样重要。

牛顿时空观认为同时性的概念是绝对的，与观测者所处的参考系无关。这与人们的日常生活经验相符。比如，我们可以规定两架飞机分别从首都机场和上海虹桥机场同时起飞，去执行某项任务，而不会出现任何麻烦。但是，如果承认光速是有限值时，同时性必然是相对的，即如果在某一惯性系中观测到不同地点同时发生了两个事件，在其他任意的惯性系中这两个事件不再是同时的。

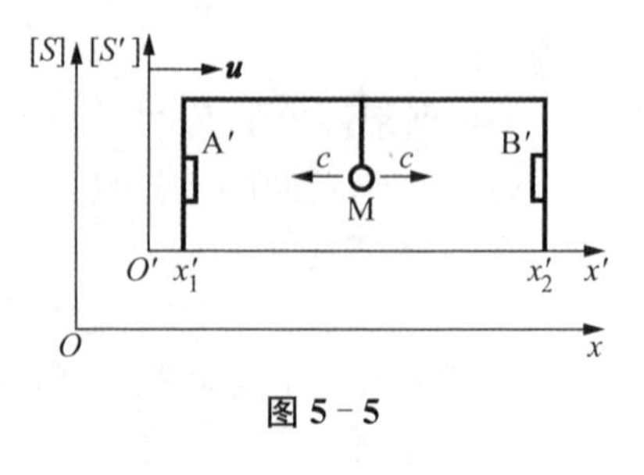

图 5-5

如图 5-5 所示,设以地面为 S 系,相对地面以速度 $\boldsymbol{u}$ 沿 x 和 x' 的共同方向运动的车厢为 S'系。在车厢中点有一闪光灯 M,车厢前后壁设置的光接收器 A′和 B′的坐标分别为 x'_1 和 x'_2,让灯发出一次闪光,并在 S'系中观测。由于光源位于 A′, B′的中点,光的传播速度在两个方向上均等于 c,故 A′和 B′同时接收到光信号,即 A′收到信号和 B′收到信号是同时事件。

若在 S 系中观测,当闪光发生后,因光速与参考系无关,故光沿左右两方向的传播速度仍均为 c。但在光到达接收器这一段时间中 A′迎着光走了一段距离,而 B′则背着光走了一段距离,所以 A′必先收到光信号,B′后收到,即在 S 系中看来,A′收到信号与 B′收到信号不是同时事件。

上述结果表明,对于 S'系中不同地点同时发生的两个事件,在其他惯性系中观测这两个事件时,它们不是同时发生的,沿着运动方向,后方的事件先发生。因此,同时性与观测者所处的参考系有关,这就是同时的相对性。

5.1.2.2 时间膨胀

既然在不同惯性系中同时性具有相对性,那么,两个事件的时间间隔或一个过程的持续时间也会与参考系的选取有关。如图 5-6 所示,S'系相对 S 系以速度 $\boldsymbol{u}$ 沿 x 轴正方向运动。两平面反射镜相距为 d,静止于 S'系并沿 y' 轴方向相对放置,一面反射镜中心有一个发射光脉冲的光源,所发出的光脉冲可以在两镜间来回反射,往复一次所经历的时间可视为一个基本计时单位,从而构成一个“光钟”。

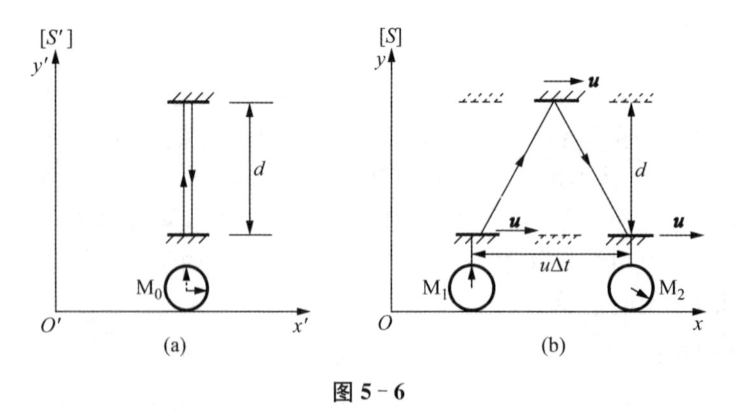

图 5-6

在 S'系中光脉冲往返一次所花的时间,亦即发射光脉冲和接收光脉冲两事件之间的时间间隔 $\Delta t'$ 为

$$\Delta t' = \frac{2d}{c},$$

从 S' 系看，光脉冲的发射和接收是在同一地点发生的，其时间间隔 $\Delta t'$ 可认为是用固定于发射和接收点的钟 M_0 测得的。通常将在参考系中同一地点发生的两事件间的时间间隔称为固有时间或本征时间，并用 Δt_0 来表示，显然，$\Delta t'$ 就是固有时间 Δt_0。

如图 5-6(b)所示，对 S 系中的观测者而言，S' 系以速度 $\boldsymbol{u}$ 向右运动，光脉冲沿等腰三角形的两条边传播。设每边长为 l，则

$$l=\sqrt{d^2+\left(\frac{u\Delta t}{2}\right)^2}。$$

根据光速不变原理，在 S 系光速仍为 c，光脉冲往返一次的时间 Δt 应满足

$$\Delta t=\frac{2l}{c}=\frac{2}{c}\sqrt{d^2+\left(\frac{u\Delta t}{2}\right)^2},$$

由此解得

$$\Delta t=\frac{2d}{c}\frac{1}{\sqrt{1-\frac{u^2}{c^2}}}=\frac{\Delta t'}{\sqrt{1-\frac{u^2}{c^2}}},$$

即

$$\Delta t=\frac{\Delta t_0}{\sqrt{1-\frac{u^2}{c^2}}}。\tag{5-1}$$

从 S 系看，光脉冲的发射和接收发生在不同地点。为此 S 系的观测者必须在发射处和接收处各设置一个钟，即需用两个钟 M_1 和 M_2 来测量，且 M_1 和 M_2 应是完全校准的两个钟。为此，需考虑两只异地钟校准问题。我们不能在同一地点校准好时钟，然后分发到不同空间点去。因为钟在移动时要经过加速和减速等过程。按照爱因斯坦的广义相对论，在这样的加速或减速过程中，钟等价于处在引力场中，而引力场会对钟的计时产生影响。这就会使分发到空间各点的钟不再同步。为此，爱因斯坦提出了如下校钟办法：对于位于不同空间点的钟，采用等距光信号方法来校准钟，即在两个相距为 L 的异地钟的中间位置（为方便起见，设在坐标系原点）安置一个光发射装置。以原点处的钟为准，在某一时刻 t，分别向两个异地钟发射一个光信号。根据光速不变原理，向两个异地钟发射的光信号的传播速度均为 c，经过 $\Delta t=\frac{L}{2c}$ 时间后，两个光信号分别到达两个异地钟。两个异地钟接收到光信号的同时把钟的指示值调整到 $t_1=t_2=t+\Delta t=t+\frac{L}{2c}$。用类似的办法，

可以校准同一惯性参考系中位于空间各点的所有时钟。

由式(5-1)可知 $\Delta t > \Delta t_0$，故 S 系的观测者认为动钟 M_0 比静钟 M_1 和 M_2 走得慢，这一效应称为动钟变慢或时间膨胀。

应该说明：

(1) 动钟变慢是由时空本身的基本属性决定的，与时钟的内部具体结构以及计时过程的具体机制无关。因为若在 S'系中按其他原理工作的钟不变慢，则 S' 系中静止的光钟与别的钟测量的时间间隔将不一致，于是就可以利用这个不一致来确定 S'系的运动速度，这就违背了相对性原理！故所有运动的钟都同样变慢。

(2) 由于运动的相对性，在 S 系中的观测者看来，静止于 S'系中的时钟变慢了。而在 S'系中的观测者看来，静止于 S 系中的时钟也变慢了。所以，动钟变慢或时间膨胀是一种相对效应。

(3) 当 $u \ll c$ 时，$\Delta t \approx \Delta t_0$，这又回到了与日常经验相符合的情况。

【例 5-1】 宇宙射线进入大气层(距离地面约 10 km)时与大气微粒碰撞产生 μ^- 介子，μ^- 介子的质量为 $m_{\mu^-} \approx 207 m_e$，速度为 $u \approx 0.998c$。μ^- 介子在相对自身静止的惯性系中的平均寿命大约为 2.15×10^{-6} s。试解释为什么在地平面上也能检测到大量的 μ^- 介子。

解 已知 μ^- 介子的平均寿命为 $\tau = 2.15 \times 10^{-6}$ s，在这段时间内 μ^- 介子的运动距离为

$$s_0 = u\tau \approx 644 \text{ m},$$

远远不可能到达地面。但是，如果考虑到运动时间的膨胀效应，在地面观测者看来，μ^- 介子的寿命

$$\Delta t = \frac{\tau}{\sqrt{1 - \frac{u^2}{c^2}}} \approx 3.40 \times 10^{-5} \text{ s},$$

运行的距离为

$$s = u\Delta t \approx 1.02 \times 10^4 \text{ m},$$

由于 μ^- 介子寿命的变长，所以我们也可以在地面检测到大量的 μ^- 介子。

5.1.2.3 长度收缩

如图 5-7 所示，设有两参考系 S 和 S'，它们的坐标轴彼此平行，S'系相对 S 系以速度 $\boldsymbol{u}$ 沿 x 轴正方向运动。有一杆尺固定于 S'系且沿 x' 轴放置。在 S'系中测得其长度为 l'，在 S 系测得的长度为 l。

在 S 系中取一点 x_1 作为标记。从 S'系中观测到 x_1 向左运动相继经过尺的 B

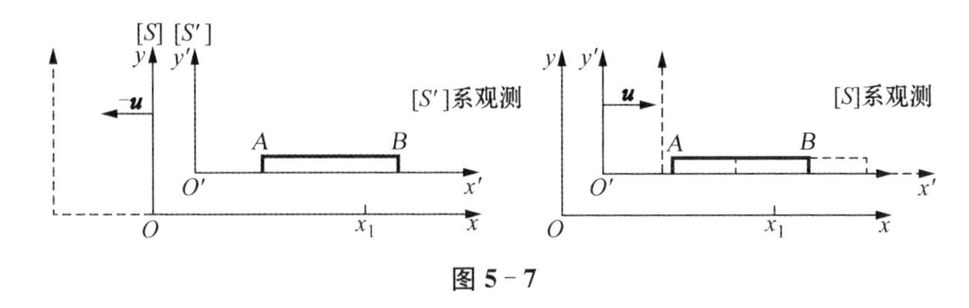

图 5－7

端和 A 端的时间差为 $\Delta t'$，而 x_1 向左运动的速率为 u，于是在 S' 系中测得尺的长度为

$$l' = u\Delta t',$$

在 S 系中，由于尺向右以速度 $\boldsymbol{u}$ 运动，B 端和 A 端相继经过 x_1 的时间差为 Δt，因此在 S 系中测得尺的长度为

$$l = u\Delta t,$$

以 B 与 x_1 相遇和 A 与 x_1 相遇作为两个事件。在 S 系中两事件发生在同一位置，故 Δt 是固有时间；在 S' 系中两个事件相距 l'，不在同一位置，不是固有时间。由公式 $\Delta t' = \dfrac{\Delta t}{\sqrt{1-\dfrac{u^2}{c^2}}}$，得到

$$l = l'\sqrt{1-\frac{u^2}{c^2}}, \tag{5-2}$$

l' 是尺在其静止参考系中的长度，通常称为尺的固有长度，并用 l_0 表示。

由式(5－2)可知 $l < l_0$，即当尺运动时其长度总是比固有长度小，或者说运动物体的长度变短了，物体的长度在与其相对静止的参考系中测量时最长。

应该说明：

(1) 与运动时钟变慢效应一样，运动物体长度缩短也是由时空的基本属性决定的，与物体内部结构无关。

(2) 运动物体的长度缩短是指物体在相对运动方向上缩短，在与相对运动垂直的方向上物体的运动长度没有缩短。

(3) 根据相对性原理，运动物体长度的缩短也是相对的。在 S 系中测量固定于 S' 系上的物体长度缩短了。同样，在 S' 系中测量固定于 S 系上的物体长度也是缩短的。

(4) 上述讨论也是对某一惯性系中两个固定空间点的间距(或空间间隔)的测量。因此，运动长度缩短也可称为空间间隔的相对性。

(5) 当 $u \ll c$ 时，$l \approx l_0$，牛顿时空观是狭义相对论时空观在低速下的近似。

【例 5-2】 如例 5-1 中的问题,用运动长度变短来解释为什么在地面也能检测到大量的 μ^- 介子。

解 在固定于 μ^- 介子的参考系中的观测者看来,它的寿命没有延长。但是,大气层相对于 μ^- 介子以速度 $u \approx 0.998c$ 做高速运动。因而,大气层的厚度由 10 km 缩短为

$$l = 10\,000 \times \sqrt{1-\frac{u^2}{c^2}} = 632\ \mathrm{m},$$

在 μ^- 介子的平均寿命 $\tau = 2.15\times10^{-6}\,\mathrm{s}$ 这段时间内,地面向 μ^- 介子"运行"的距离为

$$s_0 = u\tau \approx 644\ \mathrm{m},$$

因此,地面可以与 μ^- 介子相遇。

通过上述讨论可知,虽然两个惯性系中的观测者对同一物理事实的解释不同,但是结论必须是一致的。

本节对狭义相对论的时空观进行了简单的讨论,主要包括同时性的相对性,时间间隔的相对性,空间间隔的相对性。相对论的时空观认为,我们的时空从本质上来讲是四维时空,是不可分割的整体。因而,单独对时间和空间的量度都是相对的,与参考系的选择有关。物质的运动会对时空的性质产生影响。在低速情况下,运动的影响可以忽略,从而回到牛顿时空观。因此,狭义相对论时空理论是一种更具普遍性的时空理论,它不但适用于低速运动情况,还适用于高速运动情况。

5.1.3 洛伦兹坐标变换

如图 5-8 所示,设有两个惯性参考系 S 和 S', x 轴和 x' 轴方向相同且重合,S'系相对于 S 系以速度 $\boldsymbol{u}$ 沿 x 轴正方向运动。两个惯性系分别有自己的计时系统——在每个惯性系中都由分布在所有空间点的无穷多个各自同步的钟构成,至于同一惯性系中位于空间各点的时钟如何校准,前面已做介绍。当两个参考系的坐标原点重合时,两个参考系内的计时系统同时开始计时(即 $t=t'=0$)。对同一物理事件 P,两个参考系的时空坐标分别为 (x, y, z, t) 和 (x', y', z', t')。因为这两组时空坐标描述的是同一个物理事件,它们之间必有确定的联系,即时空坐标变换。

由于两参考系在 y, z 方向上没有相对运动,应有 $y'=y$, $z'=z$,在 x 方向上考虑到 x'对参考系 S 是动长,故在 S 系中测得 P 点的坐标

$$x = ut + x'\sqrt{1-\frac{u^2}{c^2}},$$

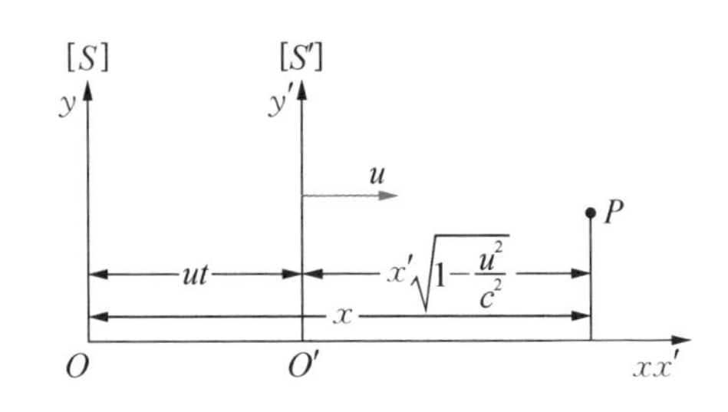

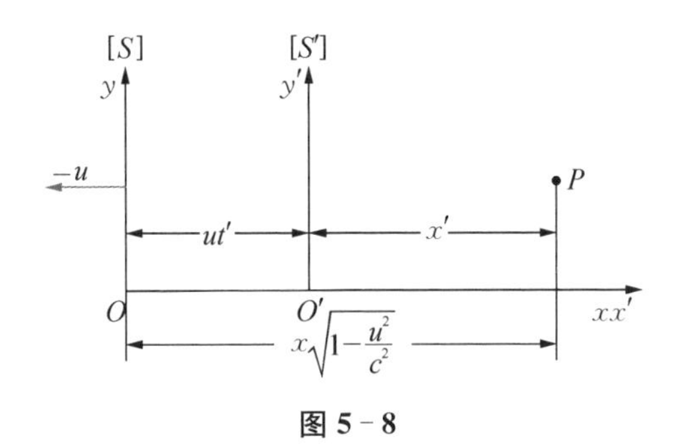

图 5-8

得

$$x' = \frac{x - ut}{\sqrt{1 - \frac{u^2}{c^2}}}。$$

考虑到 x 对 S' 系是动长，故在 S' 系中测得 P 点的坐标

$$x' = x\sqrt{1 - \frac{u^2}{c^2}} - ut',$$

由此得

$$x = \frac{x' + ut'}{\sqrt{1 - \frac{u^2}{c^2}}},$$

再从以上两式消去 x' 后得

$$t' = \frac{t - \frac{u}{c^2}x}{\sqrt{1 - \frac{u^2}{c^2}}},$$

消去 x 后得

$$t = \frac{t' + \frac{u}{c^2}x'}{\sqrt{1 - \frac{u^2}{c^2}}},$$

于是得到如下两组变换公式

$$\begin{cases} x' = \dfrac{x - ut}{\sqrt{1 - \frac{u^2}{c^2}}}, \\ y' = y, \\ z' = z, \\ t' = \dfrac{t - \frac{u}{c^2}x}{\sqrt{1 - \frac{u^2}{c^2}}}, \end{cases} \tag{5-3}$$

和

$$\begin{cases} x = \dfrac{x' + ut'}{\sqrt{1 - \dfrac{u^2}{c^2}}}, \\ y = y', \\ z = z', \\ t = \dfrac{t' + \dfrac{u}{c^2}x'}{\sqrt{1 - \dfrac{u^2}{c^2}}}, \end{cases} \tag{5-4}$$

变换式(5-3)和式(5-4)统称为洛伦兹变换。它是同一物理事件在两个不同惯性系中观测时的时空坐标关系。

令 $\dfrac{1}{\sqrt{1-\dfrac{u^2}{c^2}}}=\gamma$，这时洛伦兹变换可写为

$$\begin{cases} x' = \gamma(x - ut), \\ y' = y, \\ z' = z, \\ t' = \gamma\left(t - \dfrac{u}{c^2}x\right), \end{cases} \tag{5-5}$$

$$\begin{cases} x = \gamma(x' + ut'), \\ y = y', \\ z = z', \\ t = \gamma\left(t' + \dfrac{u}{c^2}x'\right)。 \end{cases} \tag{5-6}$$

由洛伦兹变换可知:

(1) 在低速情况下 ($u \ll c$, $\gamma \to 1$)，洛伦兹变换退化到伽利略变换。这个事实表明:洛伦兹变换更具普遍性，而伽利略变换只是洛伦兹变换在低速情况下的一个近似。

(2) 与伽利略变换不同，在洛伦兹变换中，时间坐标明显地与空间坐标有关。这说明，按相对论的观点，对时间和空间的测量是不能分割的。因此，相对论的时空实际上是一个四维空间，这个空间与物质的运动有关。

(3) 当 $u \geqslant c$ 时，变换式将出现无穷大或虚数值，这是没有物理意义的。因此，任意两个惯性系之间的相对运动速度 u 不能大于或等于 c。由于惯性参考系总是

选择在一定的运动物体上的，所以物体对于任意惯性系的速度一定小于 c。即真空中的光速是物体运动速度所不能达到和逾越的极限值。

应用洛伦兹变换可以讨论同时性的相对性、动钟变慢与长度收缩等问题。作为一个例子，下面从洛伦兹变换公式出发，讨论动钟变慢问题。

设在 S' 系中观测两个物理事件的时空坐标为 (x'_1, t'_1) 和 (x'_2, t'_2)，且 $x'_2=x'_1$，并设 $t'_2>t'_1$。两个物理事件发生的时间间隔为 $\Delta t'=t'_2-t'_1$。根据洛伦兹变换，在 S 系中观测这两个物理事件的时空坐标 (x_1, t_1) 和 (x_2, t_2) 应该满足

$$t_2-t_1=\gamma\left[(t'_2-t'_1)+\frac{u}{c^2}(x'_2-x'_1)\right]=\frac{t'_2-t'_1}{\sqrt{1-\frac{u^2}{c^2}}}。$$

设 $\Delta t=t_2-t_1$，则

$$\Delta t=\frac{\Delta t'}{\sqrt{1-\frac{u^2}{c^2}}},$$

其中 $\Delta t'=t'_2-t'_1$ 是 S' 系中同地发生的两个物理事件的时间间隔，是由静止于事件发生地的同一时钟测量的时间间隔，即固有时间或本征时间，并用 Δt_0 来代表。而 $\Delta t=t_2-t_1$ 为相对于事件发生地运动的 S 系中两个不同地点的时钟所记录的两个事件的时间间隔，因此同样得出动钟变慢的结果

$$\Delta t=\frac{\Delta t_0}{\sqrt{1-\frac{u^2}{c^2}}}。$$

5.1.4　洛伦兹速度变换公式

伽利略速度变换是与光速不变原理相矛盾的，既然狭义相对论要求用洛伦兹坐标变换替代伽利略坐标变换，这就应该以洛伦兹坐标变换为基础来讨论两个惯性系中同一质点运动速度之间的关系，即洛伦兹速度变换。

设在惯性系 S 和 S' 中测得同一质点的运动速度分别为 $\boldsymbol{v}(v_x, v_y, v_z)$ 和 $\boldsymbol{v}'(v'_x, v'_y, v'_z)$。由速度定义

$$\begin{cases} v_x=\dfrac{\mathrm{d}x}{\mathrm{d}t},\ v_y=\dfrac{\mathrm{d}y}{\mathrm{d}t},\ v_z=\dfrac{\mathrm{d}z}{\mathrm{d}t}, \\ v'_x=\dfrac{\mathrm{d}x'}{\mathrm{d}t'},\ v'_y=\dfrac{\mathrm{d}y'}{\mathrm{d}t'},\ v'_z=\dfrac{\mathrm{d}z'}{\mathrm{d}t'}, \end{cases}$$

式中 (x, y, z, t) 和 (x', y', z', t') 分别为质点运动过程中在惯性系 S 和 S' 中的时空坐标。

利用洛伦兹变换,在 $\mathrm{d}t(\mathrm{d}t')$ 时间内质点的位移、时间间隔满足

$$\begin{cases} \mathrm{d}x' = \dfrac{\mathrm{d}x - u\mathrm{d}t}{\sqrt{1-\dfrac{u^2}{c^2}}}, \\ \mathrm{d}y' = \mathrm{d}y, \\ \mathrm{d}z' = \mathrm{d}z, \\ \mathrm{d}t' = \dfrac{\mathrm{d}t - \dfrac{u}{c^2}\mathrm{d}x}{\sqrt{1-\dfrac{u^2}{c^2}}}, \end{cases}$$

则

$$v'_x = \frac{\mathrm{d}x'}{\mathrm{d}t'} = \frac{\mathrm{d}x'}{\mathrm{d}t}\ \frac{\mathrm{d}t}{\mathrm{d}t'} = \frac{\dfrac{\mathrm{d}x'}{\mathrm{d}t}}{\dfrac{\mathrm{d}t'}{\mathrm{d}t}} = \frac{\left(\dfrac{\mathrm{d}x}{\mathrm{d}t} - u\right)}{1 - \dfrac{u}{c^2}\ \dfrac{\mathrm{d}x}{\mathrm{d}t}},$$

即

$$v'_x = \frac{v_x - u}{1 - \dfrac{uv_x}{c^2}}, \tag{5-7}$$

同理可得

$$\begin{cases} v'_y = \dfrac{v_y\sqrt{1-\dfrac{u^2}{c^2}}}{1-\dfrac{uv_x}{c^2}}, \\ v'_z = \dfrac{v_z\sqrt{1-\dfrac{u^2}{c^2}}}{1-\dfrac{uv_x}{c^2}}, \end{cases} \tag{5-8}$$

式(5-7)和式(5-8)统称为洛伦兹速度变换。其逆变换式为

$$\begin{cases} v_x = \dfrac{v'_x + u}{1 + \dfrac{u v'_x}{c^2}}, \\ v_y = \dfrac{v'_y \sqrt{1 - \dfrac{u^2}{c^2}}}{1 + \dfrac{u v'_x}{c^2}}, \\ v_z = \dfrac{v'_z \sqrt{1 - \dfrac{u^2}{c^2}}}{1 + \dfrac{u v'_x}{c^2}}。 \end{cases} \tag{5-9}$$

在低速极限下，即 $u \ll c$ 和 $|v| \ll c$ 时，有

$$\begin{cases} v'_x \approx v_x - u, \\ v'_y \approx v_y, \\ v'_z \approx v_z, \end{cases}$$

洛伦兹速度变换公式即过渡到经典的伽利略速度变换公式。

【例 5-3】 如图 5-9 所示，设想一飞船以 $0.80c$ 的速度在地球上空飞行，如果这时从飞船上沿飞行方向发射一物体，物体相对于飞船速度为 $0.90c$。问：从地面上看，物体速度多大？

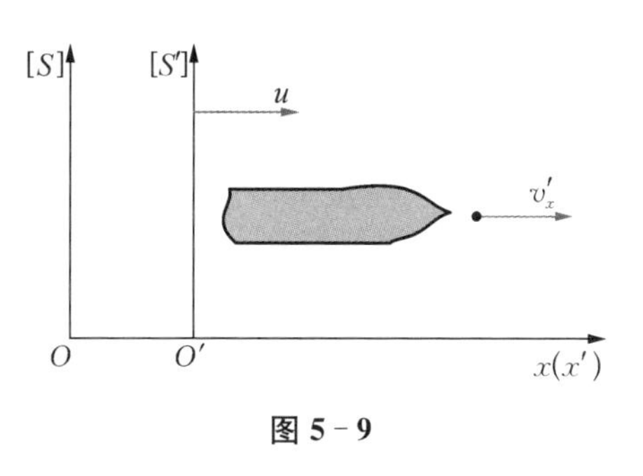

图 5-9

解 选飞船参考系为 S'系，地面参考系为 S 系，则两个惯性参考系的相对运动速度为 $u = 0.80c$。已知物体相对于飞船的速度为 $v'_x = 0.90c$，按照洛伦兹速度变换，我们得

$$v_x = \frac{v'_x + u}{1 + \frac{u}{c^2} v'_x} = \frac{0.90c + 0.80c}{1 + 0.80 \times 0.90} = 0.99c,$$

远比按照伽利略速度变换给出的 $v_x = 0.90c + 0.80c = 1.70c$ 小很多。

【例 5-4】 有 A，B 两根相互平行的米尺，相对地面各以 $v = 0.6c$ 的速度相背运动，运动方向平行于尺的长度方向。求从任一尺上测得的另一尺的长度。

解 如图 5-10 所示，在 A 尺上建立 S 系，地面参考系 S'相对 S 系以 $u = 0.6c$ 的速度向右运动，B 尺相对 S'系向右的速度为 $v'_x = 0.6c$。利用洛伦兹速度变换可得 B 尺相对 S 系的速度，即相对 A 尺的速度

$$v_x=\frac{v_x'+u}{1+\frac{u}{c^2}v_x'}=\frac{0.6c+0.6c}{1+0.6\times0.6}=0.88c,$$

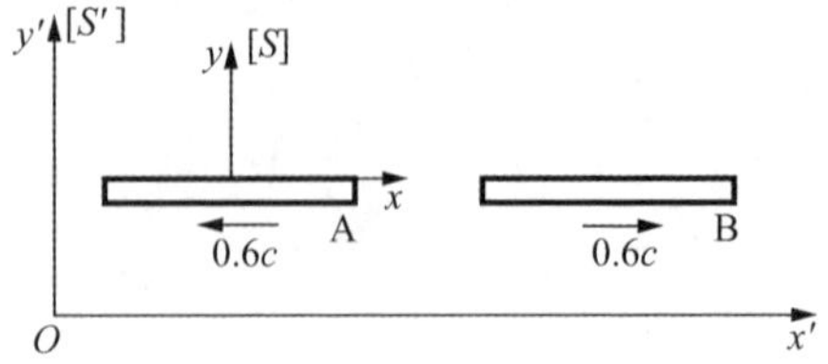

再利用长度收缩公式,便得出从任一尺上测得的另一尺的长度

$$l=l_0\sqrt{1-\frac{v_x^2}{c^2}}=0.47\ \text{m}。$$

图 5-10

【例 5-5】 静止长度为 l_0 的车厢,以速度 u 相对地面做匀速直线运动。从车厢后壁相对车厢以速度 v_0 向前推动一个小球,求地面观测者测得的小球从后壁运动到前壁所经历的时间。

解法 1 在车厢上建立 S' 系,以地面为 S 系。设小球从车厢后壁离开为事件 1,小球到达车厢前壁为事件 2,在两参考系中相应的时空坐标分别为 $(x_1,\ t_1)$, $(x_2,\ t_2)$ 和 $(x_1',\ t_1')$, $(x_2',\ t_2')$。由洛伦兹变换,得

$$t_2-t_1=\frac{1}{\sqrt{1-\frac{u^2}{c^2}}}\left[(t_2'-t_1')+\frac{u}{c^2}(x_2'-x_1')\right],$$

按题设条件 $x_2'-x_1'=l_0$, 且 $t_2'-t_1'=\frac{l_0}{v_0}$, 则地面观测者测得小球从车厢后壁运动到前壁所经历的时间为

$$\Delta t=t_2-t_1=\frac{\left(\frac{l_0}{v_0}+\frac{u}{c^2}l_0\right)}{\sqrt{1-\frac{u^2}{c^2}}}=\frac{\left(1+\frac{uv_0}{c^2}\right)}{\sqrt{1-\frac{u^2}{c^2}}}\frac{l_0}{v_0}。$$

解法 2 在 S 系中观测,小球的运动速度为 v, 由洛伦兹速度变换,得

$$v=\frac{v_0+u}{1+\frac{v_0u}{c^2}},$$

在 S 系中观测,当小球从车厢后壁向前壁运动过程中(设经历的时间为 Δt),车厢前壁同时也在向前运动。因此,小球到达前壁时所走过的路程 ΔS 应该为车厢的运动长度 l 与车厢在 Δt 时间内的运动距离 Δs 之和,即 $\Delta S=\Delta s+l$。而

$$\Delta S=v\Delta t,\ \Delta s=u\Delta t,\ l=l_0\sqrt{1-\frac{u^2}{c^2}},$$

即

$$v\Delta t = u\Delta t + l_0\sqrt{1-\frac{u^2}{c^2}}。$$

由此可得出地面观测者测得的小球从后壁运动到前壁所经历的时间为

$$\Delta t = \frac{l_0\sqrt{1-\frac{u^2}{c^2}}}{v-u} = \frac{\left(1+\frac{uv_0}{c^2}\right)}{\sqrt{1-\frac{u^2}{c^2}}}\frac{l_0}{v_0}。$$

与解法 1 得到的结果相同。从求解过程看，解法 1 较简单，但解法 2 更直观。

【例 5 - 6】 如图 5 - 11 所示，A 钟静止在 S 系的原点 O，B 钟静止在 S'系的原点 O'。S'系相对 S 系以恒定速度向右运动，当 O' 与 O 重合时，A，B 两钟都调在零点上，在 A 钟读数为 T_A 时，从 A 钟发出一个光信号，B 钟接收到该信号时其读数为 T_B，求 B 钟相对 A 钟的速度 u。

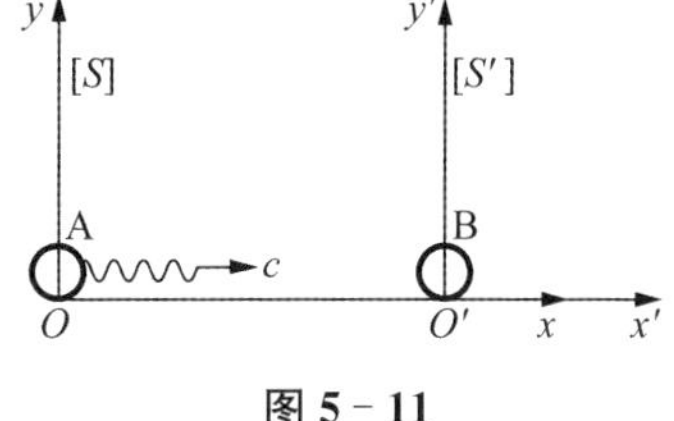

图 5 - 11

解　B 钟接收到 A 钟发出的光信号时，B 钟与 A 钟间的距离和光信号通过的距离相等，即

$$u\Delta t_B = c(\Delta t_B - T_A),$$

式中 Δt_B 是在 S 系中测量的从 O' 与 O 重合到 B 钟接收到光信号的时间间隔，这一时间间隔在 S'系中测量应为 $\Delta t'_B = T_B$，根据时间膨胀效应，应有

$$\Delta t_B = \frac{\Delta t'_B}{\sqrt{1-\frac{u^2}{c^2}}} = \frac{T_B}{\sqrt{1-\frac{u^2}{c^2}}},$$

由以上两式解得 B 钟相对 A 钟运动的速度为

$$u = \frac{T_B^2 - T_A^2}{T_A^2 + T_B^2}c。$$

【例 5 - 7】 远方一星体以 $u = 0.8c$ 相对地球运动，地球上接收到它辐射出的两次闪光之间的时间间隔为 5 昼夜。求在下列两种情况下，在该星体上测得的闪光周期。

(1) 星体远离地球运动；

(2) 星体接近地球运动。

解　(1) 设在该星体上的闪光周期为 $\Delta T'$，在地球上测得的闪光周期为 ΔT，

则有

$$\Delta T=\frac{\Delta T'}{\sqrt{1-\frac{u^2}{c^2}}},$$

相对地球而言，星体在 A 位置发出第一次闪光，经过 ΔT 时间后它已运动到 B 位置，并辐射第二次闪光，如图 5 - 12 所示。两闪光之间的距离为

$$\Delta l=(c+u)\Delta T,$$

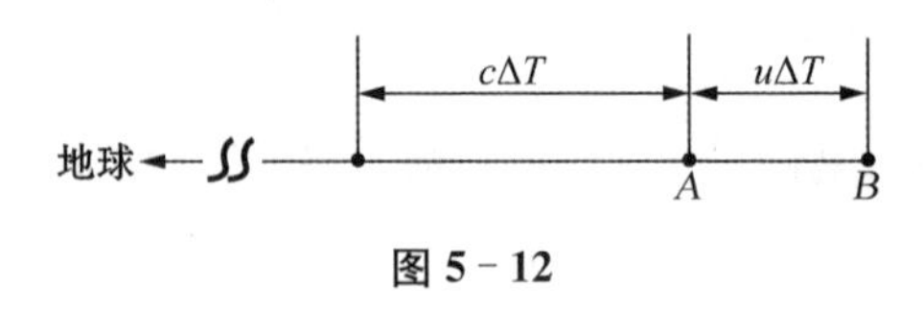

图 5 - 12

由于两闪光均以光速 c 传播，因此地球上接收到两闪光之间的时间间隔为

$$\Delta t=\frac{\Delta l}{c},$$

联立以上各式，并代入 $\Delta t=5$ 昼夜，解得在该星体上测得的闪光周期

$$\Delta T'=\sqrt{\frac{c-u}{c+u}}\Delta t=\frac{5}{3}\text{ 昼夜。}$$

实际上，这是光源以高速远离观察者运动时光的多普勒效应。观测到的周期变长，频率减小，是一种“红移”现象。

(2) 如果星体向着地球运动，应用相同的分析方法可得闪光的周期缩短，频率变大，产生“紫移”现象。这是光源以高速向着观测者运动时光的多普勒效应。

5.2 相对论能量和动量

牛顿力学是建立在绝对时空观基础上的，并且其基本定律都具有伽利略变换下的不变性，但经过洛伦兹变换后，其形式会发生变化，因而违反狭义相对论的相对性原理。因此，必须建立符合相对性原理且不与狭义相对论基本结论相矛盾的新力学——相对论动力学。在相对论动力学中，一些基本物理量，如动量、质量、能量等，都面临重新定义和认识的问题。

5.2.1 相对论动量和质量

动量守恒定律和能量守恒定律是经典力学的两个基本定律。有理由推测它们

是自然界具有普适性的定律，即使在高速运动情况下仍能成立。动量在力学中占有重要地位，这里仍将质量与速度的乘积作为相对论力学中动量的定义，即

$$\boldsymbol{p}=m\boldsymbol{v}。$$

但是在相对论力学中，物体的速度 $\boldsymbol{v}$ 满足洛伦兹速度变换关系。

实验研究表明，物体的质量随速率增大而增大，满足如下质速关系式：

$$m=\frac{m_0}{\sqrt{1-\frac{v^2}{c^2}}},\tag{5-10}$$

这里 m_0 是物体在速率 $v=0$ 时的质量，称为静止质量。当 $v\ll c$ 时，有 $m\approx m_0$，即质量 m 可以看作不变的常量，这是经典力学适用的一个条件。根据质速关系，当 $v\rightarrow c$ 时，如果 $m_0\neq 0$，$m\rightarrow\infty$，因此物体运动速度的上限值是 c，如图 5－13 所示。目前，在高能粒子加速器上，电子可以加速到 $v=0.999\,999\,999\,987c$，运动质量和静止质量的比值可达 $\frac{m}{m_0}=10^5\sim10^6$。宇宙射线中某些高能粒子的质量比可达 10^{11} 量级。质速关系已经被人们普遍接受，并成为狭义相对论的一个基本公式。

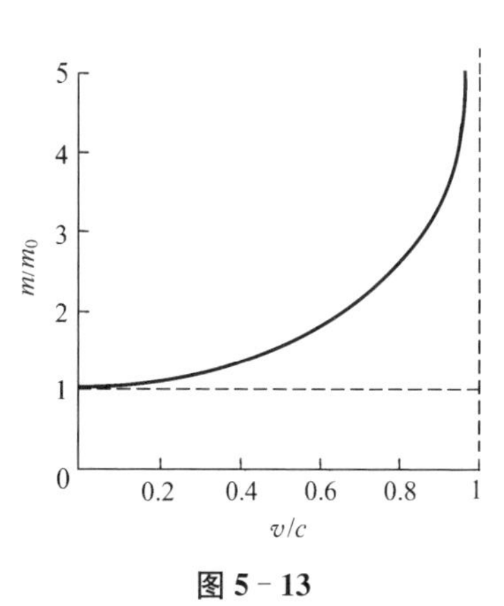

图 5－13

对于 $v=c$ 这个极限值的情况，只有当 $m_0=0$ 时才有可能。就目前所知，自然界中，以与真空中的光速 c 相同速度运动的粒子只有光子、引力子和胶子等少数几种粒子。按照相对论的基本假设，相对任意惯性系，真空中的光速都是 c。因此，真空中光子是不能静止的，光子的静止质量只能为零。$m=m(v)$ 又称为物体的运动质量，与物体的运动状态有关。由于运动的相对性，同一物体在不同惯性系中的运动速度不同，其质量也不同。由质速关系，物体的相对论动量为

$$\boldsymbol{p}=m(v)\boldsymbol{v}=\frac{m_0}{\sqrt{1-\frac{v^2}{c^2}}}\boldsymbol{v}。$$

【例 5－8】　试由动量守恒定律求质速关系。

解　如图 5－14 所示，在惯性系 S' 中有一粒子，原来静止于原点 O'，在某一时刻粒子分裂为完全相同的两个粒子 A 和 B，分别以速率 u 沿 x' 轴的正向和反向运动。设另一参考系 S 以速率 u 沿 x' 轴负方向运动。在 S' 系中，粒子原来静止，动量为零；分裂的粒子 A 和 B 完全相同，分别以速率 u 沿 x' 轴的正向和反向运动，总动量也为零，故相对 S' 系粒子分裂前后总动量守恒。

在 S 系中,分裂前粒子相对 S 系以速率 u 沿 x 轴正方向运动。由相对论速度变换关系可求出分裂后 A, B 两粒子的速度

$$v_{\mathrm{A}}=\frac{-u+u}{1-\frac{u^2}{c^2}}=0,$$

$$v_{\mathrm{B}}=\frac{2u}{1+\frac{u^2}{c^2}}, \qquad ①$$

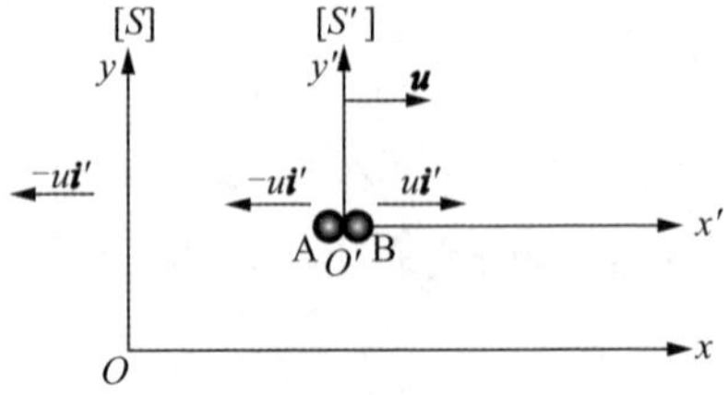

图 5 - 14

故在 S 系中 A 粒子静止,B 粒子以速率 v_{B} 沿 x 轴正方向运动。假设在 S 系中粒子分裂前的质量为 M,分裂后 A 和 B 两粒子的质量为 m_{A} 和 m_{B}。由相对性原理,在 S 系中粒子分裂前后总动量依然守恒,故有

$$Mu=m_{\mathrm{A}}v_{\mathrm{A}}+m_{\mathrm{B}}v_{\mathrm{B}},$$

且假定分裂前后系统总质量不变,即

$$M=m_{\mathrm{A}}+m_{\mathrm{B}},$$

即

$$(m_{\mathrm{A}}+m_{\mathrm{B}})u=\frac{2m_{\mathrm{B}}u}{1+\frac{u^2}{c^2}},$$

由此得

$$m_{\mathrm{B}}=m_{\mathrm{A}}\frac{1+\frac{u^2}{c^2}}{1-\frac{u^2}{c^2}}。$$

为了将速率 u 用 B 粒子相对 S 系的速率 v_{B} 来表示,做一些数学上的处理:

$$m_{\mathrm{B}}=m_{\mathrm{A}}\sqrt{\frac{\left(1+\frac{u^2}{c^2}\right)^2}{\left(1-\frac{u^2}{c^2}\right)^2}}=m_{\mathrm{A}}\sqrt{\frac{\left(1+\frac{u^2}{c^2}\right)^2}{\left(1+\frac{u^2}{c^2}\right)^2-\frac{4u^2}{c^2}}}$$

$$=m_{\mathrm{A}}\frac{1}{\sqrt{1-\frac{1}{c^2}\left[\frac{2u}{1+\frac{u^2}{c^2}}\right]^2}},$$

以式①代入得

$$m_{\mathrm{B}}=\frac{m_{\mathrm{A}}}{\sqrt{1-\frac{v_{\mathrm{B}}^{2}}{c^{2}}}}。$$

由于在 S 系中 A 粒子静止，故 m_{A} 即为 A 粒子的静止质量，用 m_0 表示；又由于 A 粒子和 B 粒子完全相同，故 m_0 也为 B 粒子的静止质量。因此有

$$m_{\mathrm{B}}=\frac{m_{0}}{\sqrt{1-\frac{v_{\mathrm{B}}^{2}}{c^{2}}}}。$$

考虑到 B 粒子的任意性，上式可表示为

$$m=\frac{m_{0}}{\sqrt{1-\frac{v^{2}}{c^{2}}}},$$

即静止质量为 m_0 的任何物体，相对某参考系以速率 v 运动时，其质量按上式变化，此关系即质速关系。

5.2.2　相对论动力学方程

在相对论中将力定义为

$$\boldsymbol{F}=\frac{\mathrm{d}\boldsymbol{p}}{\mathrm{d}t}=\frac{\mathrm{d}}{\mathrm{d}t}\left(\frac{m_{0}\boldsymbol{v}}{\sqrt{1-\frac{v^{2}}{c^{2}}}}\right), \tag{5-11}$$

此即相对论动力学方程。在 $v \ll c$ 情况下，有

$$\boldsymbol{F}=\frac{\mathrm{d}\boldsymbol{p}}{\mathrm{d}t}\approx\frac{\mathrm{d}}{\mathrm{d}t}(m_{0}\boldsymbol{v})=m_{0}\frac{\mathrm{d}\boldsymbol{v}}{\mathrm{d}t}=m_{0}\boldsymbol{a}。$$

回到经典力学的动力学方程。在一般情况下

$$\boldsymbol{F}=\frac{m_{0}v\boldsymbol{v}\frac{\mathrm{d}v}{\mathrm{d}t}}{c^{2}\left(1-\frac{v^{2}}{c^{2}}\right)^{\frac{3}{2}}}+\frac{m_{0}\frac{\mathrm{d}\boldsymbol{v}}{\mathrm{d}t}}{\left(1-\frac{v^{2}}{c^{2}}\right)^{\frac{1}{2}}},$$

与经典力学的动力学方程不再相同。对于质点的一维运动，若外力为一恒力 F_0，则

$$F_0=\frac{\mathrm{d}}{\mathrm{d}t}\left(\frac{m_0 v}{\sqrt{1-\frac{v^2}{c^2}}}\right)=\frac{m_0}{\sqrt{1-\frac{v^2}{c^2}}}\frac{\mathrm{d}v}{\mathrm{d}t}+\frac{m_0 v}{\left(\sqrt{1-\frac{v^2}{c^2}}\right)^3}\frac{v}{c^2}\frac{\mathrm{d}v}{\mathrm{d}t}$$

$$=\frac{m_0}{\left(\sqrt{1-\frac{v^2}{c^2}}\right)^3}\frac{\mathrm{d}v}{\mathrm{d}t},$$

质点加速度大小

$$\frac{\mathrm{d}v}{\mathrm{d}t}=\left(1-\frac{v^2}{c^2}\right)^{3/2}\frac{F_0}{m_0}。$$

随着加速时间的增加,质点的速率 v 增大。而当 $v\to c$ 时,$(1-v^2/c^2)^{3/2}\to 0$,从而$\frac{\mathrm{d}v}{\mathrm{d}t}\to 0$,即粒子的加速度值趋于零!因此,质点的运动速度不可能达到极限值 c,只能接近于 c。

5.2.3 相对论动能

设质点在外力 $\boldsymbol{F}$ 的作用下位移 $\mathrm{d}\boldsymbol{r}$,外力做功

$$\boldsymbol{F}\cdot\mathrm{d}\boldsymbol{r}=\frac{\mathrm{d}\boldsymbol{p}}{\mathrm{d}t}\cdot\mathrm{d}\boldsymbol{r}=\mathrm{d}(m\boldsymbol{v})\cdot\boldsymbol{v}=\mathrm{d}m\boldsymbol{v}\cdot\boldsymbol{v}+m\mathrm{d}\boldsymbol{v}\cdot\boldsymbol{v},$$

对恒等式 $\boldsymbol{v}\cdot\boldsymbol{v}=v^2$ 左右求微分有 $2\boldsymbol{v}\cdot\mathrm{d}\boldsymbol{v}=2v\mathrm{d}v$,由此得

$$\boldsymbol{F}\cdot\mathrm{d}\boldsymbol{r}=v^2\mathrm{d}m+mv\mathrm{d}v。$$

由 $m=\frac{m_0}{\sqrt{1-\frac{v^2}{c^2}}}$ 平方后,得

$$m^2c^2=m_0^2c^2+m^2v^2,$$

对等式两边求微分

$$2m\mathrm{d}mc^2=2m^2v\mathrm{d}v+2mv^2\mathrm{d}m,$$

即

$$v^2\mathrm{d}m+mv\mathrm{d}v=c^2\mathrm{d}m,$$

所以有

$$\boldsymbol{F}\cdot\mathrm{d}\boldsymbol{r}=c^2\mathrm{d}m。$$

设质点由静止运动到速度 $\boldsymbol{v}$，对应的质量从 m_0 变到 m，位置由 1 变到 2，对上式积分：

$$\int_1^2 \boldsymbol{F} \cdot \mathrm{d}\boldsymbol{r} = \int_{m_0}^{m} c^2 \mathrm{d}m = mc^2 - m_0 c^2。$$

质点静止时动能为零，故上述过程中外力做的功等于末状态质点速度为 $\boldsymbol{v}$ 时的动能：

$$E_{\mathrm{k}} = mc^2 - m_0 c^2, \tag{5-12}$$

此即相对论动能表达式。

从形式上看，相对论动能表达式与经典力学的动能表达式完全不同，但在 $v \ll c$ 情况下，相对论动能

$$E_{\mathrm{k}} = \frac{m_0 c^2}{\sqrt{1-\dfrac{v^2}{c^2}}} - m_0 c^2 = \left(1 + \frac{1}{2}\frac{v^2}{c^2} + \frac{3}{8}\frac{v^4}{c^4} + \cdots\right) m_0 c^2 - m_0 c^2$$

$$\approx \frac{1}{2} m_0 v^2,$$

与经典情况一致。

根据 $E_{\mathrm{k}} = mc^2 - m_0 c^2$，有

$$v = c\left[1 - \left(1 + \frac{E_{\mathrm{k}}}{m_0 c^2}\right)^{-2}\right]^{1/2}。$$

当质点动能 E_{k} 增大时，质点速率 v 也增大。当 $E_{\mathrm{k}} \to \infty$时，$v \to c$。如欧洲核子中心(CERN)的加速器 LEP 上，原来单束电子能量为 50 GeV，把常规电磁铁更换成超导电磁铁后，单束电子能量提高一倍，达到了 100 GeV。电子的速率由 $v = 0.999\,999\,999\,948\,c$ 提高到了 $v = 0.999\,999\,999\,987c$。速度只提高了 $\Delta v \sim 10^{-3}$ m/s，几乎可以忽略，但其动能已经提高了一倍！

5.2.4　相对论总能量

相对论动能 $E_{\mathrm{k}} = mc^2 - m_0 c^2$ 表示为两项之差，其中 $m_0 c^2$ 称为质点的静止能量，即静能。而第一项

$$mc^2 = E_{\mathrm{k}} + m_0 c^2$$

等于动能与静能之和，称为质点的总能量，如用 E 表示，则有

$$E = mc^2。 \tag{5-13}$$

式(5-13)表明,质点的总能量等于其质量与光速平方的乘积,此即相对论中著名的质能关系,这一关系使经典力学中认为完全独立的质量守恒和能量守恒融合为统一的整体。

对于孤立系统而言,系统的总能量守恒与系统的总质量守恒紧密地联系在一起,统一在一起。总能量等于动能与静能之和,系统总能量守恒告诉我们,随着系统动能增加或减少,系统的静能也发生相应的减少或增加。

当一个系统的能量发生变化时,它的质量将随之发生变化,反之亦然。两者有关系

$$\Delta E=\Delta m c^2。\tag{5-14}$$

在核裂变或核聚变反应中,反应前后系统存在质量差Δm,称为质量亏损,按照质能关系,系统释放的能量为$\Delta E=\Delta m c^2$。在人类面临日益严峻的能源短缺的情况下,核能的利用更显其重要性。目前,人们已经实现了核裂变的和平利用。人类已实现的人工热核反应(核聚变)是氢弹爆炸,它能产生剧烈而不可控制的聚变反应,而可以被实际应用的可控制的热核反应尚未实现。一些实验性的研究工作正在进行,比如,在中国等离子物理研究所的托卡马克装置上,热核反应持续放电时间可以维持到10.71 s。但热核反应离实际的应用还有相当的距离。如果可控热核反应研究取得成功,人类将能利用海水中的重氢获得极其丰富的能源。

2005年6月28日,国际原子能委员会决定,世界第一个实验型热核反应堆将在法国的卡达拉舍建造。国际热核实验反应堆计划是一项研究核聚变发电的大型国际科研项目。参与国际热核实验反应堆计划的六方是欧盟、美国、俄罗斯、日本、韩国和中国。该项目总费用为130亿美元,其中47亿美元用于反应堆的前期投资。其中法国将承担该项目50%的费用,另外五方分别承担10%的费用。

5.2.5 相对论的动量能量关系式

由质速关系$m=\dfrac{m_0}{\sqrt{1-\dfrac{v^2}{c^2}}}$,平方后可得

$$m^2c^2=m_0^2c^2+m^2v^2,$$

上式左右同乘c^2,有

$$m^2c^4=m_0^2c^4+m^2v^2c^2,$$

由质能关系$E=mc^2$和动量的定义$\boldsymbol{p}=m\boldsymbol{v}$,得

$$E^2=p^2c^2+m_0^2c^4,\tag{5-15}$$

此即相对论的动量能量关系式。对于光子，由于其静质量为零，即 $m_0=0$，上式为

$$E=pc。$$

如果光子的频率为 ν，能量 $E=h\nu$，则光子的质量

$$m=\frac{E}{c^2}=\frac{h\nu}{c^2}, \tag{5-16}$$

动量

$$p=\frac{E}{c}=\frac{h\nu}{c}=\frac{h}{\lambda}, \tag{5-17}$$

其中 h 为普朗克常量，$h=6.626\ 176\times10^{-34}\ \text{J}\cdot\text{s}$。

【例 5-9】　计算在核反应

$$^2_1\text{H}+^3_1\text{H}\rightarrow^4_2\text{He}+^1_0\text{n}$$

中释放的能量。已知各粒子的静止质量为

$$m_0(^2_1\text{H})=3.343\ 7\times10^{-27}\ \text{kg},\ m_0(^3_1\text{H})=5.004\ 9\times10^{-27}\ \text{kg},$$

$$m_0(^4_2\text{He})=6.642\ 5\times10^{-27}\ \text{kg},\ m_0(^1_0\text{n})=1.675\ 0\times10^{-27}\ \text{kg}。$$

解　反应前后粒子的静止质量之和分别为

$$m_{10}=m_0(^2_1\text{H})+m_0(^3_1\text{H})=8.348\ 6\times10^{-27}\ \text{kg},$$

$$m_{20}=m_0(^4_2\text{He})+m_0(^1_0\text{n})=8.317\ 5\times10^{-27}\ \text{kg},$$

反应前后质量亏损为

$$\Delta m_0=m_{10}-m_{20}=0.031\ 1\times10^{-27}\ \text{kg},$$

聚变反应中释放的能量为

$$\begin{aligned}\Delta E&=(\Delta m_0)c^2=0.031\ 1\times10^{-27}\times(3\times10^8)^2\\&=2.80\times10^{-12}\ \text{J}=17.5\ \text{MeV}。\end{aligned}$$

【例 5-10】　两静止质量都为 m_0 的粒子相对地面分别以 $0.8c$ 和 $0.6c$ 的速度在一直线上做同方向运动，碰撞后形成一个复合粒子，求复合粒子相对地面的运动速率及静止质量。

解　设复合粒子质量为 M，速度为 $\boldsymbol{v}$。碰撞过程动量守恒，即

$$\frac{m_0}{\sqrt{1-0.8^2}}\times0.8c+\frac{m_0}{\sqrt{1-0.6^2}}\times0.6c=Mv。$$

由能量(质量)守恒，得

$$\frac{m_0c^2}{\sqrt{1-0.8^2}}+\frac{m_0c^2}{\sqrt{1-0.6^2}}=Mc^2,$$

解得

$$M=\frac{35}{12}m_0,\ v=\frac{5}{7}c,$$

复合粒子的静止质量

$$M_0=M\sqrt{1-\frac{v^2}{c^2}}=\frac{5\sqrt{6}}{6}m_0。$$

【例 5-11】 讨论光子的吸收和发射。

(1) 质量为 m_0 的静止原子核(或原子),受到能量为 E 的光子撞击,原子核(或原子)将光子的能量全部吸收,此合并系统的速度(反冲速度)以及静止质量各为多少?

(2) 静止质量为 M_0 的静止原子发出能量为 E 的光子,发射光子后原子的静止质量为多大?

解 (1) 设原子吸收光子后的静质量为 M_0,由能量守恒定律有

$$m_0c^2+E=\frac{M_0c^2}{\sqrt{1-\frac{u^2}{c^2}}},\qquad ①$$

由动量守恒定律有

$$\frac{E}{c}=\frac{M_0u}{\sqrt{1-\frac{u^2}{c^2}}},\qquad ②$$

$\frac{式①}{式②}$可得

$$\frac{m_0c^2+E}{E}=\frac{c}{u},$$

合并系统的速度为

$$u=\frac{Ec}{m_0c^2+E},$$

将 u 代入式①,得

$$M_0=\frac{m_0c^2+E}{c^2}\sqrt{1-\frac{u^2}{c^2}}=\frac{m_0c^2+E}{c^2}\sqrt{1-\frac{\left(\frac{Ec}{m_0c^2+E}\right)^2}{c^2}}=m_0\sqrt{1+\frac{2E}{m_0c^2}}。$$

(2) 设发射光子后原子的静质量为 M_0'，速度为 $\boldsymbol{u}$，由能量守恒定律，有

$$M_0c^2 - E = \frac{M_0'c^2}{\sqrt{1-\frac{u^2}{c^2}}},$$

由动量守恒定律，有

$$\frac{E}{c} = \frac{M_0'u}{\sqrt{1-\frac{u^2}{c^2}}},$$

联立解得

$$M_0' = M_0\sqrt{1-\frac{2E}{M_0c^2}}。$$

习　题　5

5-1　设固有长度 $l_0 = 2.50\ \mathrm{m}$ 的汽车，以 $v = 30.0\ \mathrm{m/s}$ 的速度沿直线行驶，问站在路旁的观测者按相对论计算该汽车长度缩短了多少？

5-2　在参考系 S 中，一粒子沿直线运动，从坐标原点运动到了 $x = 1.5\times10^8\ \mathrm{m}$ 处，经历时间为 $\Delta t = 1.00\ \mathrm{s}$，试计算该过程对应的固有时间。

5-3　从加速器中以速度 $v = 0.8c$ 飞出的粒子在它的运动方向上又发射出光子。求这光子相对于加速器的速度。

5-4　一根直杆静止在 S 系中，长度为 l，与 x 轴间的夹角为 θ。若 S' 系以速度 u 相对于 S 系沿 x 轴正向运动，试求在 S' 系中观测直杆的长度以及直杆与 x 轴间的夹角。

5-5　一门宽为 a，今有一固有长度 l_0（$l_0 > a$）的水平细杆，在门外贴近门的平面内沿其长度方向匀速运动。若站在门外的观测者认为此杆的两端可同时被拉进此门，则该杆相对于门的运动速率 u 至少为多少？

5-6　π^+ 介子是一种不稳定粒子，在静止参考系中测得的平均寿命为 $2.6\times10^{-8}\ \mathrm{s}$。若此种粒子相对于实验室以 $0.8c$ 的速度运动。

(1) 在实验室参考系中测量，π^+ 介子的寿命多长？

(2) 该 π^+ 介子在衰变前运动了多长距离？

5-7　一惯性系中同一地点发生的两个事件，其先后时间间隔为 $0.2\ \mathrm{s}$；在另一惯性系中测得此两事件的时间间隔为 $0.3\ \mathrm{s}$。求这两个惯性系之间的相对运动速度大小。

5-8　宇航员要到离地球为5光年的星球去旅行，如果宇航员希望把这路程缩短为3光年，则他所乘的火箭相对于地球的速度是多少？

5-9　两个宇宙飞船相对于恒星参考系以 $0.8c$ 的速度沿相反方向飞行，求两飞船的相对速度。

5-10　从 S 系观测到有一粒子在 $t_1 = 0$ 时，由 $x_1 = 100\ \mathrm{m}$ 处以速度 $v = 0.98c$ 沿 x 方向

运动,10 s 后到达点 x_2,如在 S' 系(相对 S 系以速度 $u=0.96c$ 沿 x 方向运动)观测,粒子出发和到达的时空坐标 t_1', x_1', t_2' 和 x_2' 各为多少?($t=t'=0$ 时,S' 系与 S 系的原点重合),并算出粒子相对 S' 系的速度。

5-11 一个静止的 K^0 介子能衰变成一个 π^+ 介子和一个 π^- 介子,这两个 π 介子的速率均为 $0.85c$。现有一个以速率 $0.90c$ 相对于实验室运动的 K^0 介子发生上述衰变。以实验室为参考系,两个 π 介子可能有的最大速率和最小速率是多少?

5-12 原长 600 m 的火箭垂直从地面起飞,到达某一高度后匀速飞离地球。为测定此时火箭的速度,在 $t=0$ 时刻,由地面发射一光脉冲,并在火箭的尾部和头部的镜上反射。若在 $t=200$ s 时,地面同一地点接收到尾部反射光,收到头部反射光的脉冲比尾部光脉冲迟了 17.4×10^{-6} s。计算:

(1) 火箭相对地球的速度;

(2) 火箭上观测者测得头尾两反射镜收到光脉冲的时间差。

5-13 一个电子从静止开始加速到 $0.1c$,需对它做多少功?若速度从 $0.9c$ 增加到 $0.99c$ 又要做多少功?

5-14 已知一粒子的动能等于其静止能量的 n 倍。求:

(1) 粒子的速率;

(2) 粒子的动量。

5-15 μ 介子的静质量是电子的静质量 m_e 的 207 倍,静止时的平均寿命为 2×10^{-6} s。如果测得 μ 介子在实验室中的平均寿命是 7×10^{-6} s,此时的质量为多少?动能为多少?

5-16 有两个中子 A 和 B,沿同一直线相向运动,在实验室中测得每个中子的速率为 βc。试证明:相对中子 A 静止的参考系中测得的中子 B 的总能量为

$$E=\frac{1+\beta^2}{1-\beta^2}m_0c^2,$$

其中 m_0 为中子的静质量。

5-17 一电子在电场中从静止开始加速,电子的静止质量为 9.11×10^{-31} kg。

(1) 问电子应通过多大的电势差才能使其质量增加 0.4%?

(2) 此时电子的速率是多少?

5-18 太阳的辐射能来源于内部一系列核反应,其中之一是氢核($^1_1$H)和氘核($^2_1$H)聚变为氦核($^3_2$He),同时放出 γ 光子,反应方程为

$$^1_1\mathrm{H}+^2_1\mathrm{H}\rightarrow ^3_2\mathrm{He}+\gamma。$$

已知氢、氘和 ^{3}He 的原子质量依次为 1.007 825 u,2.014 102 u 和 3.016 029 u。原子质量单位 $1\ \mathrm{u}=1.66\times10^{-27}$ kg。试估算 γ 光子的能量。

5-19 一中性 π 介子相对于观察者以速度 $v=kc$ 运动,后衰变成为两个光子。两光子的运动轨迹与 π 介子原来方向成相等的角度 θ,如题图所示。试证:

(1) 两光子有相等的能量;

(2) $\cos\theta=k$。

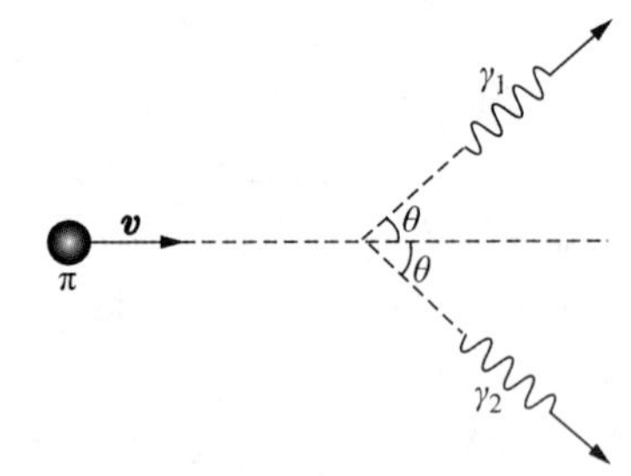

习题 5-19 图

思 考 题 5

5-1　何谓本征长度和本征时间间隔，有人说，本征长度就是物体的真实长度，你同意这种说法吗？

5-2　相对某一参考系，发生在同一地点的 A、B 两事件的次序是 A 先于 B，对所有其他参考系，事件 A 是否总是先于事件 B？相对其他参考系，这两事件是否发生在同一地点？

5-3　迈克耳孙实验能否作为光速不变原理的证明，为什么？能否把这实验作为狭义相对论的实验基础？

5-4　关于狭义相对论，下列几种说法中错误的是(　　)。

(A) 一切运动物体的速度都不能大于真空中的光速

(B) 在任何惯性系中，光在真空中沿任何方向的传播速率都相同

(C) 在真空中，光的速度与光源的运动状态无关

(D) 在真空中，光的速度与光的频率有关

5-5　在惯性系 S 和 S' 中，分别观测同一个空间曲面。如果在 S 系观测该曲面是球面，在 S' 系观测必定是椭球面。反过来，如果在 S' 系观测是球面，则在 S 系观测定是椭球面，这一结论是否正确？

5-6　一列以速度 v 行驶的火车，其中点 C' 与站台中点 C 对准时，从站台上观测到火车首尾两端同时发出闪光。从火车上来看，这两次闪光是否同时？何处在先？

5-7　一高速列车穿过一山底隧道，列车和隧道静止时有相同的长度 l_0，山顶上有人看到当列车完全进入隧道中时，在隧道的进口和出口处同时发生了雷击，但并未击中列车。试按相对论理论定性分析列车上的旅客应观察到什么现现象？这现象是如何发生的？

5-8　频率为 ν 的光子，它的能量、质量、动量、动能各为多少？

第6章　机械振动

振动是物质运动的一种重要运动形式。所谓振动，是指某一物理量在某一定值附近随时间做周期性的往复变化。在自然界中，振动可以表现为各种运动形态，如机械振动、电磁振动、晶格振动等。

机械振动是指物体在某一平衡位置附近所做的来回往返运动，即位置矢量 $\boldsymbol{r}$ 随时间 t 的周期性变化；电磁振动是指电磁学的某些物理量（如电路中的电流、空间的电磁场等）的周期性变化；晶格振动是指晶体内部的原子（离子）在各自确定的空间位置附近做周期性的运动。因此，振动是自然界中一种很普遍的运动形式，物理学的任务是将其抽象出来，研究其基本的运动规律。

本章主要讨论简谐振动的运动规律。所谓简谐振动，是指某一物理量随时间以正弦或余弦函数的规律变化的运动，简谐振动是最基本、最简单的振动形式。尽管如此，它已经包含了振动的基本特征，一切更复杂的振动都可以看作由许多不同频率、不同振幅的简谐振动的叠加。

6.1　简谐振动

6.1.1　简谐振动的判据

考虑一个熟悉的模型——弹簧振子。如图 6-1 所示，一符合胡克定律的轻弹簧一端固定，一端与一可以视为质点、质量为 m 的物体相连，物体置于光滑水平面上，物体在水平方向上除受弹簧的弹性力外，不受其他外力的作用。以弹簧未伸长时物体所在位置为坐标原点建立 Ox 轴，当物体位于某一位置 x 处时，在水平方向物体仅受弹性力作用，设弹簧的劲度系数为 k，则物体受力

$$F=-kx, \tag{6-1}$$

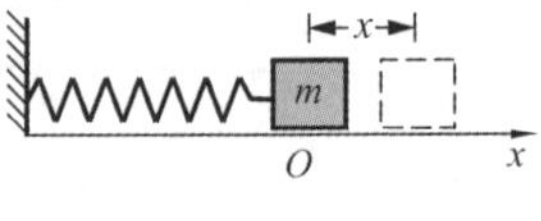

由牛顿第二定律

$$-kx=m\frac{\mathrm{d}^2x}{\mathrm{d}t^2},$$

图 6-1

即

$$\frac{d^2x}{dt^2}+\frac{k}{m}x=0,$$

令 $\omega^2=\frac{k}{m}$，式(6-1)可表示为

$$\frac{d^2x}{dt^2}+\omega^2x=0, \tag{6-2}$$

通常称式(6-2)为弹簧振子运动所满足的动力学方程。这是一个二阶线性齐次微分方程，通过求解相应的特征方程，或通过二次积分可以解得

$$x=A\cos(\omega t+\varphi), \tag{6-3}$$

式中 A、φ 为积分常量，由初始条件决定。设 $t=0$ 时，物体位于 $x=x_0$，其速度 $v=v_0$，将此条件代入式(6-3)，得

$$\begin{cases} x_0=A\cos\varphi, \\ v_0=\left.\dfrac{dx}{dt}\right|_{t=0}=-\omega A\sin\varphi。\end{cases}$$

由此解出

$$A=\sqrt{x_0^2+\left(\frac{v_0}{\omega}\right)^2}, \tag{6-4}$$

$$\tan\varphi=-\frac{v_0}{\omega x_0}。 \tag{6-5}$$

上述式(6-1)、式(6-2)和式(6-3)均可作为是否做简谐振动的判据，但其意义与适用范围不同。

式(6-1)表示物体受到了一个线性恢复力的作用，在机械运动范畴，如果物体受到这一形式的外力作用，则可以判定，物体将做简谐振动。当然式中的 k 可以不一定是弹簧的劲度系数，仅表示 $F\propto -x$，k 为比例常量，这类力称为“准弹性力”。

在力学中，用式(6-1)和式(6-2)作为物体是否做简谐振动的判据是等价的，但如果研究电路中的电量、电流等物理量的运动规律，如 LC 电路，根据电磁学规律，电容器上所带电量 Q 满足方程

$$\frac{d^2Q}{dt^2}+\frac{1}{LC}Q=0。 \tag{6-6}$$

此方程的形式与式(6-2)一致，其解也是正弦或余弦函数，说明电量随时间也以简谐振动的规律变化，但这并不是机械运动，因此也就不存在如式(6-1)所表示

的线性恢复力。式(6-6)表明,在 LC 电路中,电容器极板上的电量随时间变化的规律同样可以用形如式(6-2)的动力学方程描述。由此可见,式(6-2)可以作为任一物理量 x 是否做简谐振动的判据,可以适用于各类形式的运动。

式(6-3)通常称为简谐振动的运动方程。虽然由式(6-2)可以解得该方程,但式(6-3)形式的方程不一定就是简谐振动的动力学方程式(6-2)的解。如物体受到一个周期性外力而做受迫振动时,虽然动力学方程已不是式(6-2)的形式,但物体做受迫振动的稳定解同样可以表示为

$$x = A\cos(\omega' t + \phi)。\tag{6-7}$$

式(6-7)虽然与式(6-3)形式上一致,但式中的 $\omega' \neq \sqrt{k/m}$, A 和 ϕ 也不是由初始条件确定。因此,如果用式(6-3)作为简谐振动的判据,则必须对 ω 做出限定,即应由振动系统自身的性质决定。

根据上述讨论可知,用动力学方程作为简谐振动的判据,适用范围更广,更普遍。

【例 6-1】 如图 6-2(a)所示,质量为 m 的板水平置于两个相同的圆柱上,圆柱可分别绕通过各自对称轴的固定转轴相向转动,转速相同。板与圆柱间的摩擦因数为 μ,两转轴间距为 $2l$。证明:板沿水平方向做简谐振动。

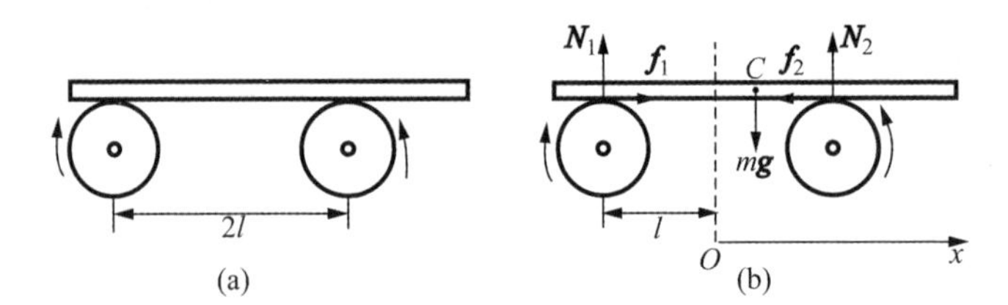

图 6-2

解 如图 6-2(b)所示,设板质心为 C,以两转轴中点为坐标原点建立坐标,板受重力、圆柱的支持力及摩擦力。

由于板不能脱离圆柱运动,因此以板的质心为参考点可列出平衡方程

$$N_1 + N_2 - mg = 0,$$

$$(l + x)N_1 - (l - x)N_2 = 0,$$

解得

$$N_1 = \frac{l - x}{2l}mg,$$

$$N_2 = \frac{l + x}{2l}mg,$$

板沿水平方向动力学方程为

$$f_1 - f_2 = m\frac{d^2x}{dt^2}。$$

以 $f_1 = \mu N_1 = \frac{l-x}{2l}\mu mg$，$f_2 = \mu N_2 = \frac{l+x}{2l}\mu mg$ 代入上式并化简后得

$$\frac{d^2x}{dt^2} + \frac{\mu g}{l}x = 0。$$

在上式中令 $\omega^2 = \frac{\mu g}{l}$，即为如式(6-2)形式的动力学方程，可知板在水平方向做简谐振动。

6.1.2　描述简谐振动的物理量

6.1.2.1　周期、频率、圆频率

从运动学的角度，任一物理量随时间以正弦或余弦函数形式变化就是在做简谐振动，通常约定以余弦函数的形式表示，即

$$x = A\cos(\omega t + \varphi),$$

上式描述了做简谐振动的物理量 x 随时间 t 的变化关系，这是一个周期函数，表明物理量 x 的运动具有周期性。这意味着当经过一个周期后，振动状态将完全复原，即

$$x(t+T) = x(t), \tag{6-8}$$

式中 T 表示完成一次振动全过程所需要的时间，称为周期，单位为秒(s)。由式(6-3)可知，T 必须满足 $\omega T = 2\pi$，即

$$T = \frac{2\pi}{\omega}, \tag{6-9}$$

周期的倒数称为频率，用 ν 表示，其意义是单位时间内完成的振动次数，单位为赫兹(Hz)。ω，T 和 ν 三者间满足

$$\omega = \frac{2\pi}{T} = 2\pi\nu。 \tag{6-10}$$

由于 ω 仅由振动系统自身的物理性质决定，因此当一个振动系统确定后，其简谐振动的周期就是确定的，与外界条件无关，所以 ω 通常被称为系统的固有圆频率，单位为弧度每秒(rad/s)。

6.1.2.2 振幅

在简谐振动的运动方程 $x = A\cos(\omega t + \varphi)$ 中,常量 A 称为振幅。由于余弦函数的值域为 ± 1,因此从运动的描述而言,A 表示做简谐振动的物理量离开原点最大位移的绝对值。A 的大小取决于振动的初始状态或振动系统的总能量。仍以弹簧振子为例,为使其运动,需要先用外力将弹簧拉伸或压缩,并使振子获得一定的速度。设初始时振子位移为 x_0,速度为 v_0,则弹簧振子系统由外界获得的能量为

$$E = \frac{1}{2}mv_0^2 + \frac{1}{2}kx_0^2。$$

由于在以后的运动中该系统机械能守恒,因此有

$$E = \frac{1}{2}mv_0^2 + \frac{1}{2}kx_0^2 = \frac{1}{2}kA^2, \tag{6-11}$$

由此可得振幅

$$A = \sqrt{x_0^2 + \left(\frac{v_0}{\omega}\right)^2} = \sqrt{\frac{2E}{k}} = \sqrt{\frac{2E}{m\omega^2}}。 \tag{6-12}$$

6.1.2.3 相位

由简谐振动的特点可知,仅用位置 x 描述做简谐振动物体的运动状态是不够的,因为在某一个位置上,物体可能向 x 轴的正方向运动,也可能向 x 轴的负方向运动。因此除了位置之外,还需要同时知道物体在该位置处的速度才能确定某一时刻的运动状态。但无论是位置 $x = A\cos(\omega t + \varphi)$ 还是速度 $v = \frac{\mathrm{d}x}{\mathrm{d}t} = -\omega A\sin(\omega t + \varphi)$,其取值均由 $\Phi = \omega t + \varphi$ 决定,因此可以用 Φ 来确定振动的状态,把 Φ 称为相位,单位为弧度(rad)。只要物体在某一时刻的相位确定了,则物体的位置、速度、加速度、能量乃至下一时刻的变化趋势都唯一地确定了下来。

振动的一个基本特征是运动的周期性,对于一个周期性运动,我们感兴趣的是一个周期内运动状态的变化规律,一个周期内的运动规律清楚了,则整个运动就确定了,而用一个周期内不同时刻的变化描述周期性运动要比用连续的时间描述更简洁。因此,当用相位 Φ 描述简谐振动时,Φ 的取值为 $\varphi \sim 2\pi + \varphi$。

由定义 $\Phi = \omega t + \varphi$ 可知,圆频率表示了相位变化的快慢,而 φ 则反映了 $t = 0$ 时刻的运动状态,故把 φ 称为初相位,它取决于初始运动状态 x_0, v_0,即

$$\tan\varphi = -\frac{v_0}{\omega x_0},$$

所在象限由 x_0 和 v_0 的正负确定。

振动的相位与物体的振动状态直接对应，因此可以用相位比较两个简谐振动状态的差异。设两个频率相同的简谐振动分别为

$$\begin{cases} x_1 = A_1\cos(\omega t + \varphi_1), \\ x_2 = A_2\cos(\omega t + \varphi_2), \end{cases}$$

它们的相位差为

$$\Delta\Phi = \Phi_2 - \Phi_1 = (\omega t + \varphi_2) - (\omega t + \varphi_1) = \varphi_2 - \varphi_1。$$

这两个简谐振动的运动规律并无原则区别，只是在“步调”上相差了一段时间(见图 6-3)

$$\Delta t = \frac{\varphi_2 - \varphi_1}{\omega}。\tag{6-13}$$

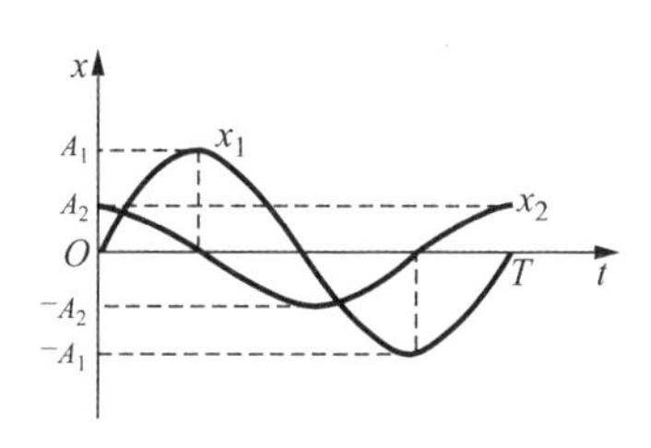

图 6-3

由于 $\varphi_2 - \varphi_1$ 可正可负，故做如下约定：$\varphi_2 - \varphi_1 > 0$，称振动 x_2 超前振动 x_1；$\varphi_2 - \varphi_1 < 0$，称振动 x_2 落后振动 x_1；$\varphi_2 - \varphi_1 = 0$，称振动 x_2 与振动 x_1 同相，在此种情况下，两个振动的“步调”完全一致；$\varphi_2 - \varphi_1 = \pi$，称振动 x_2 与振动 x_1 反相，在此种情况下，两个振动的“步调”恰好相反。为明确起见，规定 $\varphi_2 - \varphi_1$ 在 $-\pi \sim \pi$ 之间。

6.1.3　简谐振动的速度、加速度

设物体做简谐振动的运动方程为

$$x = A\cos(\omega t + \varphi),$$

由速度、加速度的定义可得简谐振动的速度

$$\begin{aligned} v &= \frac{\mathrm{d}x}{\mathrm{d}t} = -\omega A\sin(\omega t + \varphi) \\ &= v_{\mathrm{m}}\cos\left[(\omega t + \varphi) + \frac{\pi}{2}\right]。 \end{aligned}\tag{6-14}$$

简谐振动的加速度

$$\begin{aligned} a &= \frac{\mathrm{d}v}{\mathrm{d}t} = -\omega^2 A\cos(\omega t + \varphi) \\ &= a_{\mathrm{m}}\cos[(\omega t + \varphi) \pm \pi]。 \end{aligned}\tag{6-15}$$

可见 v，a 均随 t 以余弦函数规律做周期性变化，但 v 比 x 相位超前 $\pi/2$，a 比 x 相

位超前(或落后)π。

简谐振动的位移、速度和加速度随时间的变化曲线 $x(t)$、$v(t)$ 和 $a(t)$ 如图 6-4 所示,其中 $x(t)$ 曲线称为振动曲线。由图 6-4 可知,当做简谐振动物体的位移最大时,其速度为零,加速度最大但方向与位移方向相反。

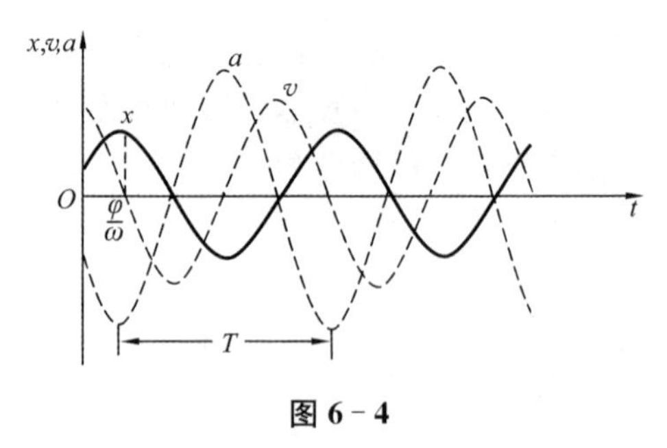

图 6-4

6.1.4 简谐振动的能量

仍以水平弹簧振子系统为例讨论。振子的动能

$$E_k = \frac{1}{2}mv^2 = \frac{1}{2}m\omega^2 A^2 \sin^2(\omega t + \varphi), \tag{6-16}$$

以余弦函数表示,则

$$E_k = \frac{1}{2}m\omega^2 A^2 \cos^2\left[(\omega t + \varphi) + \frac{\pi}{2}\right]。 \tag{6-17}$$

系统的势能为

$$E_p = \frac{1}{2}kx^2 = \frac{1}{2}kA^2 \cos^2(\omega t + \varphi), \tag{6-18}$$

因 $k = m\omega^2$,故势能又可写成

$$E_p = \frac{1}{2}m\omega^2 x^2 = \frac{1}{2}m\omega^2 A^2 \cos^2(\omega t + \varphi)。 \tag{6-19}$$

于是总能量

$$E = E_k + E_p = \frac{1}{2}kA^2 = \frac{1}{2}m\omega^2 A^2。 \tag{6-20}$$

可见,在简谐振动过程中 E_k, E_p 分别随时间按余弦规律变化[见图 6-5,其中实线 $x(t)$为振动曲线],它们的幅值相等,且等于总机械能,而总机械能守恒,其大小取决于振幅 A,即取决于开始时外界对简谐振动系统输入的能量。

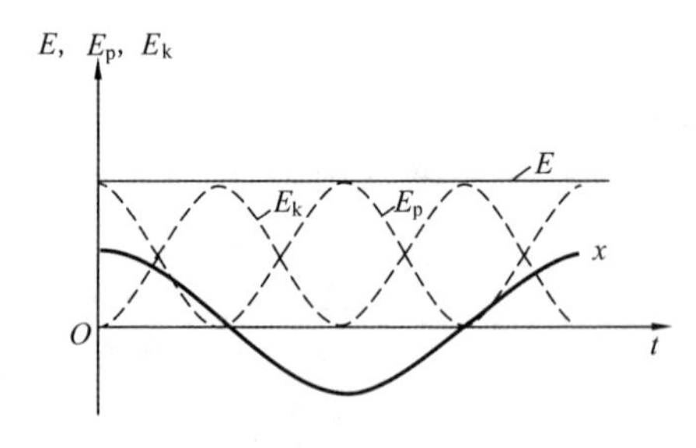

图 6-5

由图 6-5 还可看到,E_k, E_p 交替达到最大值,它们之间的相位差为 π,且它们的变

化频率是振动频率的两倍。

6.1.5　简谐振动的几何表示

如图 6-6 所示，对于某一确定的简谐振动 $x = A\cos(\omega t + \varphi)$，画一坐标轴 x，在 x 轴上取一点 O 为原点，自 O 出发作一矢量 $\boldsymbol{A}$，其长度等于简谐振动的振幅 A，它与 x 轴正方向间夹角为 φ。$\boldsymbol{A}$ 称为振幅矢量，它在 x 轴上的投影 $x = A\cos\varphi$ 即为初位移。

令 $\boldsymbol{A}$ 自 $t=0$ 开始，以数值等于圆频率 ω 的角速度沿逆时针方向匀速转动。在任一时刻 t，$\boldsymbol{A}$ 与 x 轴正方向间夹角为 $\omega t + \varphi$，此时它在 x 轴上的投影 $x = A\cos(\omega t + \varphi)$ 可以表示质点沿 x 轴做简谐振动的运动方程。把这样的表示方法称为简谐振动的几何表示法，或称矢量表示法。

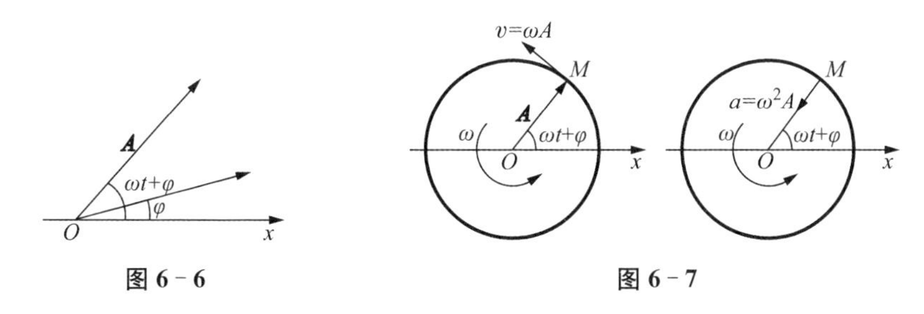

图 6-6　　　　　　图 6-7

通常把 $\boldsymbol{A}$ 的端点 M 称为参考点，参考点的运动轨迹称为参考圆，O 为参考圆中心，如图 6-7 所示。参考点在 x 轴上的投影即为质点位置，而参考点以 ω 转动时，它的投影点的运动就是简谐振动。在任一时刻，参考点 M 的速度、加速度大小分别为 ωA 和 $\omega^2 A$，它们在 x 轴上的投影分别为

$$v = -\omega A\sin(\omega t + \varphi),$$

$$a = -\omega^2 A\cos(\omega t + \varphi),$$

这正是振子简谐振动的速度和加速度。因此利用旋转矢量图可以形象地描述一个周期内简谐振动的运动规律。

【例 6-2】　物体沿 x 轴做简谐振动，振幅 $A = 0.12$ m，$t = 0$ 时，物体由 $x = 0.06$ m 处开始向 x 轴正方向运动，经过 1 s 时间，物体第一次回到出发点。求：

(1) 振动表达式；

(2) $t = 0.5$ s 时物体的位移、速度和加速度；

(3) 物体从 $x = -0.06$ m 向 x 轴负方向运动，第一次回到平衡位置所需的时间。

解　(1) 物体做简谐振动，其振动表达式为

$$x = A\cos(\omega t + \varphi),$$

其中振幅已知，为 $A = 0.12\ \text{m}$。将 $t = 0$，$x_0 = 0.06\ \text{m}$，$A = 0.12\ \text{m}$ 代入简谐振动的表达式，有

$$0.06 = 0.12\cos\varphi,$$

得

$$\cos\varphi = \frac{1}{2},\ \varphi = \pm\frac{\pi}{3}。$$

可见，仅由 x_0 不能唯一确定振动的初相位 φ。根据"向 x 轴正方向运动"可知，$t = 0$ 时，$v_0 > 0$，即

$$v_0 = -\omega A\sin\varphi > 0,$$

故应取

$$\varphi = -\frac{\pi}{3}。$$

利用旋转矢量图可以方便地确定初相位 φ。如图 6-8(a)所示，$t = 0$ 时，只有当矢量 $\boldsymbol{A}$ 在第四象限时，其端点在 x 轴上的投影点的运动状态是 $x_0 > 0$，$v_0 > 0$。由几何关系易知

$$\varphi = -\frac{\pi}{3},$$

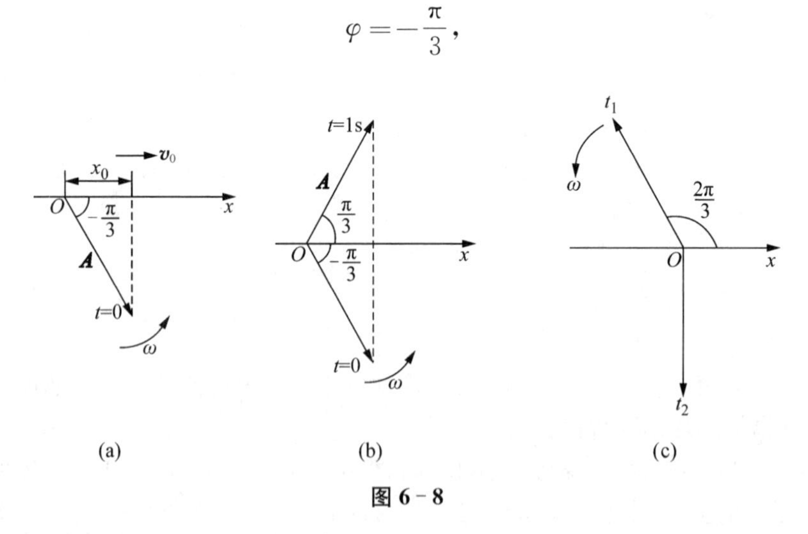

图 6-8

为确定圆频率 ω，同样可以利用旋转矢量图。如图 6-8(b)所示，当 $t = 1\ \text{s}$ 时，物体位于 $x = 0.06\ \text{m}$ 处，但向 x 轴负方向运动，与此对应的旋转矢量应位于第一象限，且与 x 轴正方向间夹角

$$\varphi = \frac{\pi}{3},$$

而 $t=0$ 与 $t=1$ s 时刻所对应的矢量间夹角为

$$\omega\cdot 1=\frac{2\pi}{3},$$

由此即得

$$\omega=\frac{2\pi}{3},$$

简谐振动表达式为

$$x=0.12\cos\left(\frac{2\pi}{3}t-\frac{\pi}{3}\right)\ \mathrm{m}。$$

（2）由振动表达式，利用对时间 t 的求导运算，可以分别得到 v 和 a 的表达式，代入 $t=0.5$ s，即得该时刻的位移、速度和加速度。

$$x\big|_{t=0.5}=0.12\cos\left(\frac{2\pi}{3}\times 0.5-\frac{\pi}{3}\right)=0.12\ \mathrm{m},$$

$$v\big|_{t=0.5}=\frac{\mathrm{d}x}{\mathrm{d}t}\bigg|_{t=0.5}=-0.08\pi\sin\left(\frac{2\pi}{3}\times 0.5-\frac{\pi}{3}\right)=0,$$

$$a\big|_{t=0.5}=\frac{\mathrm{d}^2x}{\mathrm{d}t^2}\bigg|_{t=0.5}=-0.053\pi^2\cos\left(\frac{2\pi}{3}\times 0.5-\frac{\pi}{3}\right)=-0.52\ \mathrm{m/s^2},$$

即 $t=0.5$ s 时物体位于 x 轴正方向最大位移处。

（3）利用矢量表示法确定先后两个振动状态后，即可求出所需的时间。这两个振动状态分别是：

$t=t_1$ 时，$x_1=-0.06$ m，$v_1<0$。

矢量 $\boldsymbol{A}$ 位于第二象限：

$$\Phi_1=\frac{2\pi}{3}t_1-\frac{\pi}{3}=\frac{2\pi}{3},$$

$t=t_2$ 时，$x_2=0$，$v_2>0$。

矢量 $\boldsymbol{A}$ 垂直向下：

$$\Phi_2=\frac{2\pi}{3}t_2-\frac{\pi}{3}=\frac{3\pi}{2},$$

如图 6-8(c)所示。由式(6-13)，得

$$\Delta t=\frac{\Delta\Phi}{\omega}=\frac{\frac{3\pi}{2}-\frac{2\pi}{3}}{\frac{2\pi}{3}}=\frac{5}{4}=1.25\ \mathrm{s}。$$

【例6-3】 如图6-9(a)所示,质量为 m 的木板水平固定于轻弹簧上端,轻弹簧下端固定于地面。开始时木板静止,弹簧被压缩了 l_0;在木板上方高 $h=l_0$ 处自由落下一与木板质量相同的泥块,与木板做完全非弹性碰撞。求:

(1) 碰撞后木板的运动方程;

(2) 从泥块与木板相碰到它们第一次回到相碰位置所用的时间。

解 由于泥块与板碰撞后合为一体,因此是质量为 $2m$ 的竖直放置的弹簧振子的运动,其简谐振动的圆频率为

$$\omega=\sqrt{\frac{k}{2m}}。$$

由 $kl_0=mg$ 得

$$\omega=\sqrt{\frac{g}{2l_0}}。$$

(1) 碰撞后泥块与木板的平衡位置已不是原来木板的平衡位置了,而应满足

$$2mg-k\Delta l=0,$$

得

$$\Delta l=\frac{2mg}{k}=2l_0。$$

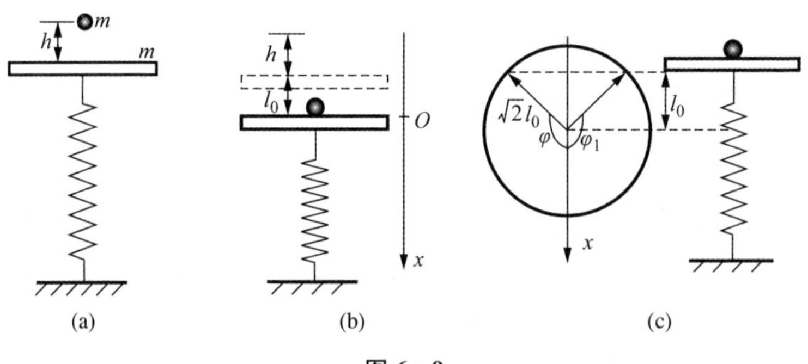

图6-9

因此泥块落上后弹簧新的平衡位置在原来木板平衡位置下方 l_0 处,以新的平衡位置为坐标原点作 Ox 坐标轴,如图6-9(b)所示,则泥块与木板碰撞瞬时的位置 $x_0=-l_0$。碰撞后谐振动的运动方程为

$$x=A\cos(\omega t+\varphi),$$

式中 ω 为已知,A, φ 为待求量,可由初始条件求出。

泥块与木板碰撞过程满足动量守恒:

$$m_{泥}v=(m_{泥}+m_{木})v_0,$$

式中 v 为泥块与木板碰撞前的速度，v_0 为碰撞后的共同速度，即 $m\sqrt{2gl_0}=2mv_0$，$v_0=\sqrt{\dfrac{gl_0}{2}}$，由此得

$$A=\sqrt{x_0^2+\frac{v_0^2}{\omega^2}}=\sqrt{(-l_0)^2+\frac{gl_0/2}{g/2l_0}}=\sqrt{2}\,l_0,$$

$$\tan\varphi=-\frac{v_0}{\omega x_0}=-\frac{\sqrt{\dfrac{gl_0}{2}}}{\sqrt{\dfrac{g}{2l_0}}\cdot(-l_0)}=1,$$

因为 $t=0$ 时，x_0 为负，v_0 为正，应取

$$\varphi=-\frac{3}{4}\pi。$$

上述结果也能利用矢量图[见图 6-9(c)]直接得出。碰撞后木板的谐振动方程为

$$x=\sqrt{2}\,l_0\cos\left(\sqrt{\frac{g}{2l_0}}t-\frac{3}{4}\pi\right)。$$

(2) 木板经过最低点第一次回到原来位置时，$x_1=-l_0$，应有

$$-l_0=\sqrt{2}\,l_0\cos\left(\sqrt{\frac{g}{2l_0}}t_1-\frac{3}{4}\pi\right),$$

即

$$\cos\left(\sqrt{\frac{g}{2l_0}}t_1-\frac{3}{4}\pi\right)=-\frac{\sqrt{2}}{2},$$

则

$$\sqrt{\frac{g}{2l_0}}t_1-\frac{3}{4}\pi=(2n+1)\pi\pm\frac{\pi}{4},$$

$$\sqrt{\frac{g}{2l_0}}t_1=\begin{cases}2n\pi+\pi+\dfrac{\pi}{4}+\dfrac{3}{4}\pi=2(n+1)\pi,\\[2ex]2n\pi+\pi-\dfrac{\pi}{4}+\dfrac{3}{4}\pi=2n\pi+\dfrac{3}{2}\pi。\end{cases}$$

由题意，t_1 大于零的最小值为

$$\sqrt{\frac{g}{2l_0}}t_1=\frac{3}{2}\pi,$$

即
$$t_1=\frac{3}{2}\pi\sqrt{\frac{2l_0}{g}}。$$

上述解析方法比较烦琐,若利用矢量图法将更简洁[见图 6-9(c)],当泥块第一次回到相碰位置 $x_1=-l_0$ 时,$\varphi_1=\frac{3}{4}\pi$。矢量以匀角速 ω 转动,可得

$$t_1=\frac{\Delta\varphi}{\omega}=\frac{\varphi_1-\varphi}{\omega}=\frac{\frac{3}{4}\pi-\left(-\frac{3}{4}\pi\right)}{\sqrt{g/2l_0}}=\frac{3}{2}\pi\sqrt{\frac{2l_0}{g}}。$$

其实从参考圆中可以看出矢量转过 $\frac{3}{4}$ 个圆周,所以用时为

$$t_1=\frac{3}{4}T=\frac{3}{4}2\pi\sqrt{\frac{2l_0}{g}}=\frac{3}{2}\pi\sqrt{\frac{2l_0}{g}}。$$

6.2 微振动近似

除弹簧振子的无阻尼振动为简谐振动外,小角度摆动的单摆、复摆的运动也是简谐振动。

6.2.1 单摆和复摆

一质点用不可伸长的轻绳悬挂起来,并使质点保持在一竖直平面内摆动,就构成一个单摆。设质点的质量为 m,绳长为 l,当绳偏离竖直方向 θ 角时,质点受重力和绳的张力作用,重力的切向分力 $mg\sin\theta$ 决定质点沿圆周的切向加速度,如图 6-10 所示。质点的切向运动方程为

$$ml\frac{\mathrm{d}^2\theta}{\mathrm{d}t^2}=-mg\sin\theta, \tag{6-21}$$

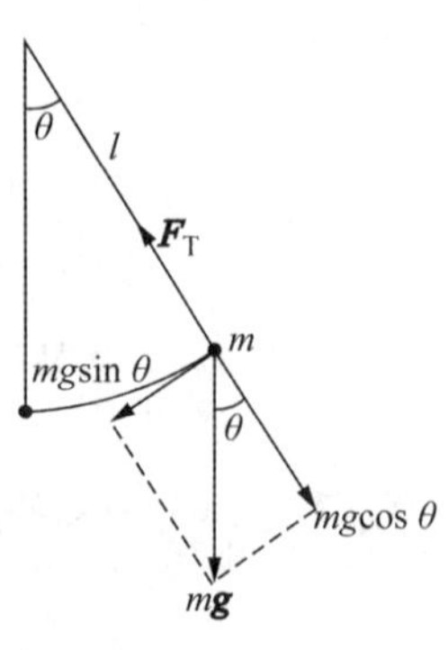

图 6-10

式中负号表示切向加速度总与摆角 θ 增大的方向相反。当 θ 很小时,$\sin\theta\approx\theta$,式(6-21)变为

$$ml\frac{\mathrm{d}^2\theta}{\mathrm{d}t^2}=-mg\theta,$$

整理后得

$$\frac{\mathrm{d}^2\theta}{\mathrm{d}t^2}+\frac{g}{l}\theta=0。 \tag{6-22}$$

此方程与弹簧振子的动力学方程(6-2)有相同的形式,因此做小角度摆动的规律也是简谐振动。其运动方程为

$$\theta=\Theta\cos(\omega t+\varphi),$$

式中

$$\omega=\sqrt{\frac{g}{l}}$$

为单摆的圆频率。单摆的周期

$$T_0=2\pi\sqrt{\frac{l}{g}},\tag{6-23}$$

角振幅 Θ、初相位 φ 由初始条件决定。

在单摆中,物体所受的切向力并不是弹性力,而是重力的分力。在 θ 很小时,此力与 θ 成正比,方向指向平衡位置,此乃本章开始时所说的准弹性力。

单摆的振动周期完全决定于振动系统本身的性质,仅与重力加速度 g 和摆长 l 有关,而与摆球的质量 m 无关。因此,在小摆角情况下,单摆可用作计时,也可用于测定重力加速度 g。

当 θ 不是很小时,

$$\sin\theta=\theta-\frac{\theta^3}{3}+\frac{\theta^5}{5}-\cdots,$$

物体所受的回复力与摆角 θ 不成简单的正比关系,因此物体也不再做简谐振动。分析表明,在摆角较大时,做非简谐振动单摆的周期 T 将随角振幅 Θ 的增大而增大,如图 6-11 所示,图中 T_0 是单摆做小角度摆动时的周期。

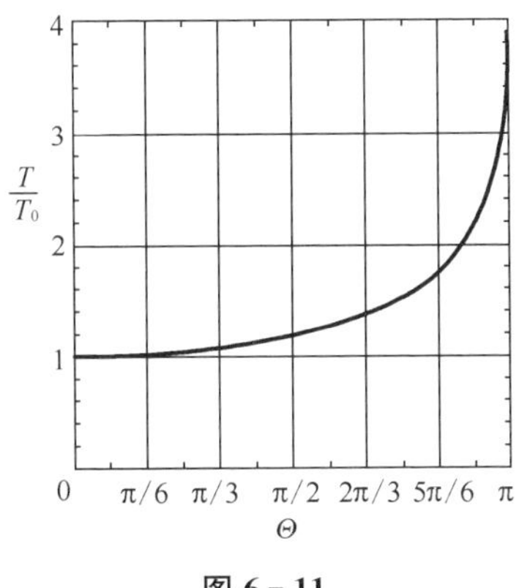

图 6-11

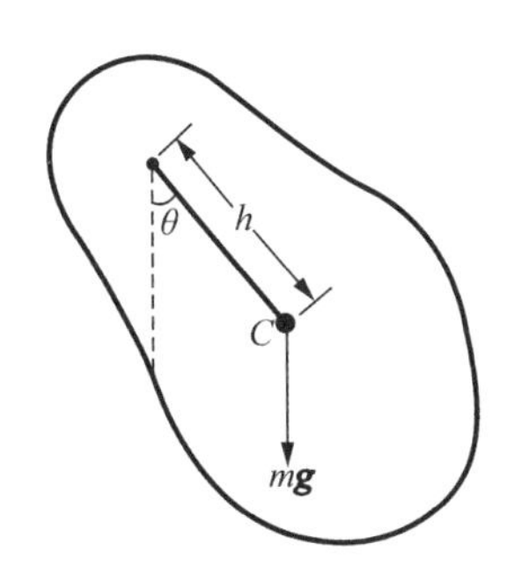

图 6-12

绕不通过质心的水平固定轴摆动的刚体称为复摆,如图 6-12 所示。若复摆的转动惯量为 J,质量为 m,质心 C 到固定转轴的垂直距离为 h,则当摆角 θ 较小

时,复摆的运动方程为

$$J\frac{\mathrm{d}^2\theta}{\mathrm{d}t^2}=-mgh\sin\theta\approx-mgh\theta,$$

即
$$\frac{\mathrm{d}^2\theta}{\mathrm{d}t^2}+\frac{mgh}{J}\theta=0,\tag{6-24}$$

式中
$$\frac{mgh}{J}=\omega^2。$$

由式(6-24)可知,在摆角 θ 较小情况下,复摆的运动也是简谐振动,其动力学方程为

$$\theta=\Theta\cos(\omega t+\varphi),$$

周期为
$$T=2\pi\sqrt{\frac{J}{mgh}}。\tag{6-25}$$

6.2.2 微振动近似

由上述讨论可知,单摆及复摆只有在做小角度摆动的情况下,其运动才是简谐振动。其原因就在于它们所受的回复力 $F\propto-\sin\theta$ 都是非线性力。若 θ 很小,则可做泰勒展开并略去高阶项,近似取

$$\sin\theta=\theta-\frac{\theta^3}{3!}+\frac{\theta^5}{5!}-\cdots\approx\theta,$$

由此得到简谐振动所满足的动力学方程

$$\frac{\mathrm{d}^2\theta}{\mathrm{d}t^2}+\omega^2\theta=0。$$

上述处理方法在数学上称为线性近似,其前提条件是 $\theta\to0$,如图 6-13 所示,只有在 $\theta=0$ 附近的小区域中,直线与正弦曲线才近似重合。

也可以从势能的角度对此问题进行分析。单摆或复摆在运动过程中重力势能的变化可以表示为

$$E_{\mathrm{p}}=mgr_C(1-\cos\theta),$$

式中 r_C 是质心到转轴的距离。由于

$$\cos\theta=1-\frac{\theta^2}{2!}+\frac{\theta^4}{4!}-\cdots,$$

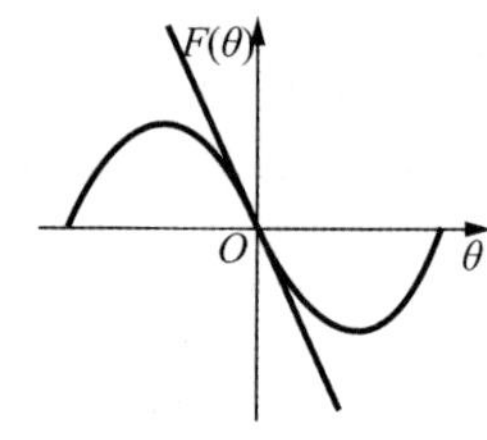

图 6-13

在小角度摆动情况下,略去 θ^4 及以上各高阶项,势能函数

$$E_p \approx \frac{1}{2}mgr_C\theta^2,$$

其形式与弹簧振子的弹性势能相仿,如图 6－14 所示。

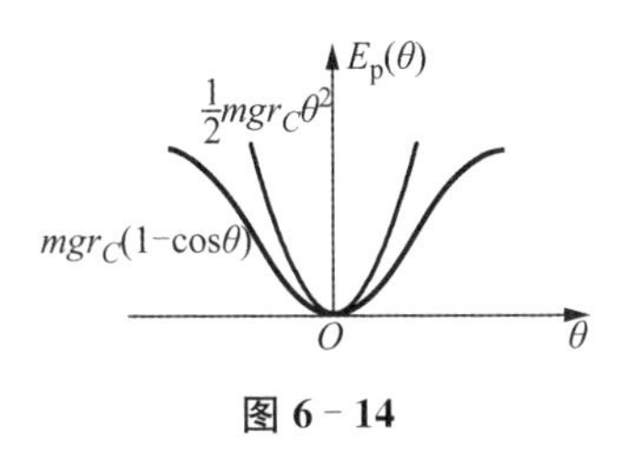

图 6－14

由上述讨论可知,一个做微振动的系统一般都可以当作简谐振动处理,这是有实际意义的结论。比如晶体中的原子在其平衡位置附近的运动就可以近似看作简谐振动。

【例 6－4】 如图 6－15(a)所示,长为 l 的轻杆,一端与质量为 m 的小球相连,另一端 O 可绕水平固定轴在竖直平面内转动。劲度系数为 k 的轻弹簧一端连接小球,另一端固定于墙面。开始时杆处于垂直位置,弹簧无伸长且处于水平状态。证明:该系统在小角度摆动时为简谐振动并求其周期。

解　当摆角 θ 很小时,弹簧伸长量 $\Delta l \approx l\sin\theta$,小球所受弹性力方向沿水平向左,如图 6－15(b)所示。小球切向受力

$$F_t = mg\sin\theta + k\Delta l\cos\theta = (mg + kl\cos\theta)\sin\theta,$$

切向运动方程为

$$-(mg + kl\cos\theta)\sin\theta = ml\frac{d^2\theta}{dt^2}。$$

因为 θ 很小, $\sin\theta \approx \theta$, $\cos\theta \approx 1$, 上式可近似表示为

$$\frac{d^2\theta}{dt^2} + \left(\frac{g}{l} + \frac{k}{m}\right)\theta = 0。$$

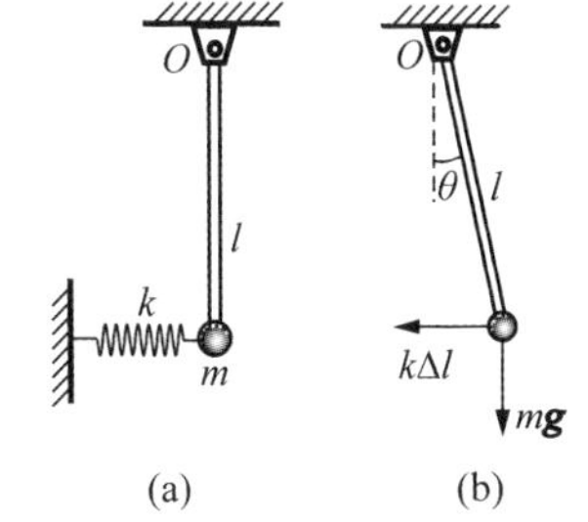

图 6－15

由此可知,系统在小角度摆动时为简谐振动,圆频率 $\omega = \sqrt{\dfrac{mg + kl}{ml}}$, 周期 $T = 2\pi\sqrt{\dfrac{ml}{mg + kl}}$。

6.3　阻尼振动　受迫振动

6.3.1　阻尼振动

在实际的振动过程中,由于受到各种阻力的作用,一个不受其他外力作用的振动系统的机械能将逐渐减少,从而振幅也逐渐变小,经一段时间后振动停止,这样的振动称为阻尼振动。

产生阻尼的因素很多,比如摩擦、空气的黏滞阻力等,由于这些阻力的作用,振

动系统的机械能会逐渐转化为其他形式的能量而消耗掉。除此之外,在弹性介质中做机械振动的物体会带动周围的介质运动,从而把振动能量变为波的能量向外辐射出去,这种由于辐射所引起的能量损耗,同样可以看作是由于阻尼所引起的。

仍以弹簧振子为例,在存在阻力的情况下,振子受到弹性力和黏滞阻力的作用。假定黏滞阻力与物体速度成正比,方向与速度方向相反,即

$$f=-\gamma v, \tag{6-26}$$

式中 γ 为与阻尼介质有关的比例系数。振子的运动方程为

$$m\frac{\mathrm{d}^2x}{\mathrm{d}t^2}=-kx-\gamma v,$$

即

$$\frac{\mathrm{d}^2x}{\mathrm{d}t^2}+\frac{\gamma}{m}\frac{\mathrm{d}x}{\mathrm{d}t}+\frac{k}{m}x=0。$$

定义阻尼系数 $\beta=\frac{\gamma}{2m}$,固有圆频率 $\omega_0=\sqrt{\frac{k}{m}}$,则

$$\frac{\mathrm{d}^2x}{\mathrm{d}t^2}+2\beta\frac{\mathrm{d}x}{\mathrm{d}t}+\omega_0^2x=0, \tag{6-27}$$

此即阻尼振动的动力学方程,这是一个二阶线性齐次方程。为得到方程的解,可以先大致分析一下振子的运动情况。

振子在两个力的作用下运动,如果只存在弹性力,物体将做简谐振动,如果有了黏滞阻力,在运动过程中机械能将逐渐损耗,从而振幅会逐渐减小,即有衰减。为分析衰减的规律,不妨先看一看以一定速度运动的物体在只受黏滞阻力作用时的运动情况。

在只存在阻力的情况下,物体的动力学方程为

$$\frac{\mathrm{d}^2x}{\mathrm{d}t^2}+2\beta\frac{\mathrm{d}x}{\mathrm{d}t}=0,$$

做变量代换 $\frac{\mathrm{d}^2x}{\mathrm{d}t^2}=\frac{\mathrm{d}v}{\mathrm{d}t}$, $\frac{\mathrm{d}x}{\mathrm{d}t}=v$,则

$$\frac{\mathrm{d}v}{\mathrm{d}t}=-2\beta v,$$

分离变量并积分,有

$$\int_{v_0}^{v}\frac{\mathrm{d}v}{v}=-2\beta\int_0^t\mathrm{d}t,$$

解得

$$v=v_0\mathrm{e}^{-2\beta t}。$$

可见在阻力的作用下，动能 $E_k=\frac{1}{2}mv_0^2e^{-4\beta t}$ 随时间做 e 指数规律的衰减。

可以设想，在阻尼不太大时，振子一方面在弹性力作用下振动，同时由于阻力的存在，振幅随时间以 e 指数规律衰减。由此可以写出式(6-27)的试探解

$$x=A_0e^{-\delta t}\cos(\omega t+\varphi_0), \tag{6-28}$$

式中 δ、ω 为待定常量。将上式代入式(6-27)可知，只有当 $\delta=\beta$, $\omega=\sqrt{\omega_0^2-\beta^2}$ 时，式(6-28)才是式(6-27)的解。因此振子做阻尼振动的运动学方程为

$$x=A_0e^{-\beta t}\cos(\sqrt{\omega_0^2-\beta^2}\,t+\varphi_0), \tag{6-29}$$

式中 A_0、φ_0 由初始条件确定。

式(6-29)表明，有阻尼时，位移随时间的变化关系由两项组成。其中随时间做余弦函数规律变化的项反映了在弹性力作用下的周期运动，但由于阻力的影响，振动频率变小；而随时间衰减项则反映了阻尼的影响，阻尼越大，衰减越快，由 β 表征。严格说来，这只是一种准周期运动，其周期定义为相邻两个振动位移极大值间的时间间隔，即

$$T=\frac{2\pi}{\sqrt{\omega_0^2-\beta^2}}, \tag{6-30}$$

阻尼振动的周期大于无阻尼振动周期。阻尼振动规律如图 6-16 所示，称为阻尼振动曲线。

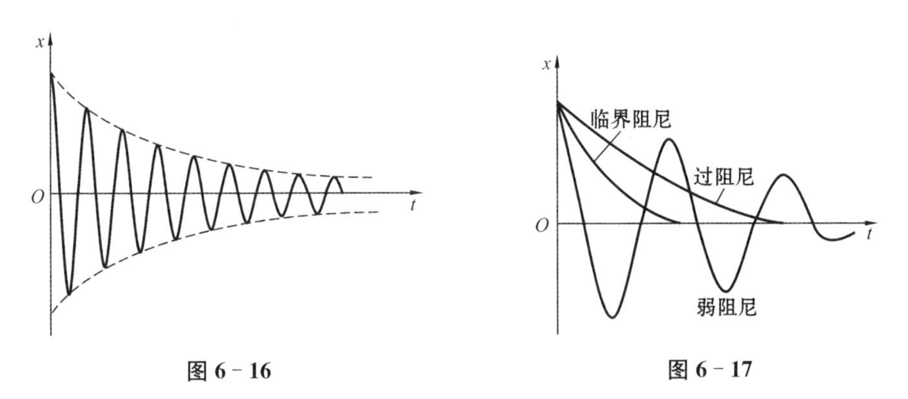

图 6-16　　图 6-17

由 $\omega=\sqrt{\omega_0^2-\beta^2}$ 可知，只有当 $\beta^2<\omega_0^2$(称为弱阻尼)时，式(6-29)成立，因此式(6-29)是在阻尼不太大时式(6-27)的解。当阻尼过大以致 $\beta^2>\omega_0^2$(称为过阻尼)或 $\beta^2=\omega_0^2$(称为临界阻尼)时，振子只能由初始位置慢慢回到平衡位置而静止，此时运动已不再有周期性。弱阻尼、过阻尼及临界阻尼的位移随时间变化规律如图 6-17 所示。

【例6-5】 摆长 $l=1.0\ \mathrm{m}$ 的单摆,在阻尼系数 $\beta=6.04\times10^{-4}\ \mathrm{s}^{-1}$ 的空气中做阻尼振动。求:

(1) 摆的周期;

(2) 振幅减小 10%所需的时间;

(3) 能量减小 10%所需的时间。

解 (1) 单摆的固有圆频率 $\omega_0=\sqrt{\frac{g}{l}}=3.16\ \mathrm{s}^{-1}$,可见 $\beta\ll\omega_0$,因此有阻尼时摆的周期

$$T=\frac{2\pi}{\sqrt{\omega_0^2-\beta^2}}\approx\frac{2\pi}{\omega_0}\approx2\ \mathrm{s}。$$

(2) 设振幅减小 10%需时为 t,则

$$0.9A_0=A_0\mathrm{e}^{-\beta t},$$

$$t=\frac{\ln\frac{1}{0.9}}{\beta}=174\ \mathrm{s}。$$

(3) 能量与振幅的平方成正比,设能量减小 10%需时 t',则

$$\frac{E'}{E}=0.9=\mathrm{e}^{-2\beta t'},$$

$$t'=\frac{\ln\frac{1}{0.9}}{2\beta}=87\ \mathrm{s}。$$

由以上结果可见,空气阻力对摆的周期几乎没有影响,但对其振幅和能量影响显著,并且能量的衰减更快。因此要维持摆的等幅振动,必须以一定的方式不断地补充能量。

在阻尼振动中,品质因数 Q 的定义为 2π 乘以每一周期内相对能量损失的倒数。设振子在某时刻的最大位移为 A_0,经过一个周期后的最大位移为 $A_0\mathrm{e}^{-\beta T}$,根据定义

$$Q=2\pi\frac{\frac{1}{2}kA_0^2}{\frac{1}{2}kA_0^2-\frac{1}{2}kA_0^2\mathrm{e}^{-2\beta T}}=\frac{2\pi}{1-\mathrm{e}^{-2\beta T}}。$$

若阻尼很弱,$\beta\ll\omega_0$,则 $\beta T\ll1$, $\mathrm{e}^{-2\beta T}\approx1-2\beta T$,品质因数可近似表示为

$$Q=\frac{\pi}{\beta T}。$$

Q 值与振动系统所具有的能量无关，其大小取决于系统性质及所受阻尼，反映了能量损耗的快慢程度，Q 值越大，系统振动经一个周期相对能量损失越小，越接近无阻尼状态。

6.3.2 受迫振动

在有阻尼的情况下，若无外界对振动系统补充能量，振动将不能持续进行。受迫振动是在周期性外力策动下的振动。

仍以弹簧振子为例，设振子除受弹性力、阻尼力外，还受到一个周期性外力

$$F = F_0 \cos \omega t,$$

则运动方程为

$$\frac{d^2 x}{dt^2} + 2\beta \frac{dx}{dt} + \omega_0^2 x = \frac{F_0}{m} \cos \omega t, \tag{6-31}$$

其解为

$$x = A_0 e^{-\beta t} \cos(\sqrt{\omega_0^2 - \beta^2}\, t + \varphi_0) + B\cos(\omega t + \phi), \tag{6-32}$$

式中第一项为阻尼振动，反映的是一个暂态过程，可以认为经过不太长的时间将衰减为零。因此达到稳定时振子的运动规律为

$$x = B\cos(\omega t + \phi), \tag{6-33}$$

式中 ω 即为外力的圆频率，而 B、φ 与振子的性质、阻尼的大小以及外力的特征有关。以式(6-33)代入式(6-31)，即可得到

$$B = \frac{F_0/m}{\sqrt{(\omega_0^2 - \omega^2)^2 + 4\beta^2\omega^2}}, \tag{6-34}$$

$$\tan \phi = -\frac{2\beta\omega}{\omega_0^2 - \omega^2}, \tag{6-35}$$

由式(6-34)可知，若保持外力的幅值不变，则振幅 B 随外力的圆频率变化而改变。计算 $B(\omega)$的极值可得，当 $\omega = \sqrt{\omega_0^2 - 2\beta^2}$ 时

$$B_{\max} = \frac{F_0/m}{2\beta\sqrt{\omega_0^2 - \beta^2}}。$$

在一般工程问题中，把这种振幅达到最大值的情况称为共振，此时外力的频率

ω 略小于系统的固有频率 ω_0，当阻尼越小时，ω 就越接近 ω_0，如图 6-18 所示。

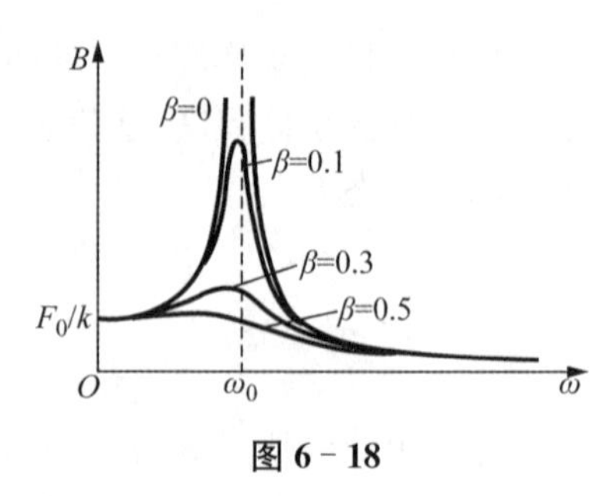

图 6-18

振子做稳定受迫振动时的速度

$$v=\frac{\mathrm{d}x}{\mathrm{d}t}=-\omega B\sin(\omega t+\phi)$$

$$=v_0\cos\left(\omega t+\phi+\frac{\pi}{2}\right), \quad (6-36)$$

式中 v_0称为速度振幅。由式(6-35)可知，当外力频率等于系统的固有频率时，$\phi=-\frac{\pi}{2}$，此时速度振幅达到最大

$$v_{0\max}=\frac{F_0}{2m\beta},$$

称这种情况为速度共振。在这种情况下，振子速度 $v=v_{0\max}\cos\omega t$，与外力相位相同，这意味着外力的方向始终与运动方向一致，外力始终做正功。

6.4 振动的叠加与分解

在现实中，很多系统的振动并不是严格的简谐振动，但任何复杂的振动都可以看作由许多不同频率、不同振幅的简谐振动的叠加。

6.4.1 同方向同频率振动的叠加

设一质点在直线上同时参与了两个独立的同频率的简谐振动，其振动方程可分别表示为

$$x_1=A_1\cos(\omega t+\varphi_1),$$

$$x_2=A_2\cos(\omega t+\varphi_2)。$$

根据运动叠加原理，该质点的合运动应为 $x=x_1+x_2$，由和化积公式，可以得到合运动的规律。从物理上考虑，可以利用旋转矢量对其运动进行分析。

如图 6-19 所示，在旋转矢量图中分别作 x_1，x_2在 $t=0$ 时的振幅矢量 $\boldsymbol{A}_1$，$\boldsymbol{A}_2$，其合矢量 $\boldsymbol{A}$ 即为合运动的振幅矢量。由于 x_1，x_2以相同的频率做简谐振动，它们绕点 O 的转动角速度相同，其值就是它们做简谐振动的圆频率 ω，因此在运动过程中振幅矢量 $\boldsymbol{A}_1$，$\boldsymbol{A}_2$ 间的夹角不变。由此可知合矢量 $\boldsymbol{A}$ 以相同的角速度绕 O 旋转，并且其大小保持不变。由旋转矢量图的意义即有如下结论：两个同方向同频率简谐振动的合运动仍然是简谐振动，其振动频率即为两个分运动的频率，因此

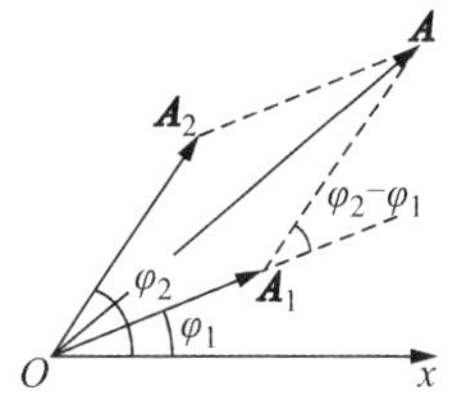

可写出

$$x = A\cos(\omega t + \varphi)。$$

由图 6－19 中的几何关系即可得到

$$A = \sqrt{A_1^2 + A_2^2 + 2A_1A_2\cos(\varphi_2 - \varphi_1)}, \qquad (6-37)$$

$$\tan\varphi = \frac{A_1\sin\varphi_1 + A_2\sin\varphi_2}{A_1\cos\varphi_1 + A_2\cos\varphi_2}。 \qquad (6-38)$$

图 6－19

由式(6－37)或从图 6－19 可知，合运动的振幅大小不仅取决于两个分运动的振幅，还与它们的相位差有关。当 A_1，A_2 一定时，合振幅由相位差 $\Delta\varphi = \varphi_2 - \varphi_1$ 决定。当两分振动相位相同，即 $\Delta\varphi = \pm 2k\pi (k = 0, 1, 2, \cdots)$ 时，合振动的振幅 $A = A_1 + A_2$ 为最大；当两分振动相位相反，即 $\Delta\varphi = \pm(2k+1)\pi (k = 0, 1, 2, \cdots)$ 时，合振动的振幅 $A = |A_1 - A_2|$ 为最小；当两分振动相位取其他值时，合振动的振幅介于 $A_1 + A_2$ 和 $|A_1 - A_2|$ 之间。

若质点同时参与了 n 个同方向同频率的简谐振动，由以上讨论可知，其合运动仍为简谐振动。为简化问题，同时也为使所得结果有意义，考虑 n 个振幅相等、相位差依次有一恒定值 δ 的同方向简谐振动的叠加。设相应的分振动为

$$x_j = A\cos[\omega t + (j-1)\delta] \quad (j = 1, 2, \cdots, n)。$$

为方便计算，将其表示为复数形式

$$x_j = A\mathrm{e}^{-\mathrm{i}[\omega t + (j-1)\delta]} \quad (j = 1, 2, \cdots, n),$$

合运动

$$\begin{aligned} x &= \sum_{j=1}^{n} x_j = \sum_{j=1}^{n} A\mathrm{e}^{-\mathrm{i}[\omega t + (j-1)\delta]} = A\mathrm{e}^{-\mathrm{i}\omega t}\sum_{j=1}^{n}\mathrm{e}^{-\mathrm{i}(j-1)\delta} \\ &= A\mathrm{e}^{-\mathrm{i}\omega t}(1 + \mathrm{e}^{-\mathrm{i}\delta} + \mathrm{e}^{-\mathrm{i}2\delta} + \cdots + \mathrm{e}^{-\mathrm{i}(n-1)\delta}) \\ &= A\mathrm{e}^{-\mathrm{i}\omega t}\frac{1 - \mathrm{e}^{-\mathrm{i}n\delta}}{1 - \mathrm{e}^{-\mathrm{i}\delta}} = A\mathrm{e}^{-\mathrm{i}\omega t}\frac{\mathrm{e}^{-\mathrm{i}n\delta/2}}{\mathrm{e}^{-\mathrm{i}\delta/2}}\frac{\mathrm{e}^{\mathrm{i}n\delta/2} - \mathrm{e}^{-\mathrm{i}n\delta/2}}{\mathrm{e}^{\mathrm{i}\delta/2} - \mathrm{e}^{-\mathrm{i}\delta/2}} \\ &= A\mathrm{e}^{-\mathrm{i}\omega t}\mathrm{e}^{-\mathrm{i}(n-1)\delta/2}\frac{\sin n\dfrac{\delta}{2}}{\sin\dfrac{\delta}{2}} = A\frac{\sin n\dfrac{\delta}{2}}{\sin\dfrac{\delta}{2}}\mathrm{e}^{-\mathrm{i}[\omega t + (n-1)\delta/2]}, \end{aligned}$$

取实部后

$$x = A\frac{\sin n\dfrac{\delta}{2}}{\sin\dfrac{\delta}{2}}\cos\left[\omega t + \frac{(n-1)\delta}{2}\right]。 \qquad (6-39)$$

可知合运动仍为简谐振动，其振幅大小与分振动的相位差 δ 有关。当

$\delta=\pm 2k\pi(k=0, 1, 2, \cdots)$时,合振动振幅最大,为$nA$;当$n\delta=\pm 2k\pi(k=0, 1, 2, \cdots, n-1, n+1, \cdots, 2n-1, 2n+1, \cdots)$时,合振动振幅为零。

6.4.2 两个同方向不同频率振动的叠加 拍

若两个同方向简谐振动的频率不等,则由旋转矢量图可知,其合振动振幅将随时间做周期性变化,因此这样的运动已不再是等幅的简谐振动了。但若两个分振动的频率相差不大,则它们的合振动仍可近似地看作简谐振动,只是其振幅随时间缓慢地发生周期性的变化。同时敲击两个频率相同的音叉,我们听到的是某种音调的声音,并且其强度不发生变化。若在其中一个音叉上加上一小质量的物体,则两个音叉的频率将略有差别,此时再同时敲击它们,将听到两音叉发出声音的音调并未发生明显变化,但强度在随时间缓慢地做周期性变化,即听到的是"嗡……,嗡……,嗡……,……"的声音,这就是"拍"现象。

设形成"拍"的两个分振动的圆频率分别为ω_1,ω_2,且$\omega_1\approx\omega_2$,它们的振幅、初相位相等。则振动方程为

$$x_1=A\cos(\omega_1 t+\varphi),\ x_2=A\cos(\omega_2 t+\varphi),$$

合振动为

$$x=x_1+x_2=2A\cos\left(\frac{\omega_1-\omega_2}{2}t\right)\cos\left(\frac{\omega_1+\omega_2}{2}t+\varphi\right)。\tag{6-40}$$

由于$\omega_1\approx\omega_2$,式(6-40)中第一项为随时间缓变项,可认为是振幅的变化;第二项为振动项,其圆频率近似为ω_1。因此当形成拍时振幅随时间缓慢地做周期性变化,由于振幅只考虑其绝对值,最大振幅为$2A$,最小振幅为零,因此振幅变化的周期满足

$$\frac{|\omega_1-\omega_2|}{2}T=\pi,$$

把振幅变化的频率称为拍频,其大小

$$\Delta\nu=\frac{1}{T}=\frac{|\omega_1-\omega_2|}{2\pi}=|\nu_1-\nu_2|,$$

x_1、x_2和x随时间变化关系如图6-20所示。

拍现象有许多实际应用,如人们常用拍现象的规律来校准乐器发音的频率;多普勒超声波测速仪通过记录由发出和反射回来的信号所产生的拍频来测量速度;在无线电技术中也广泛地应用到拍的规律。

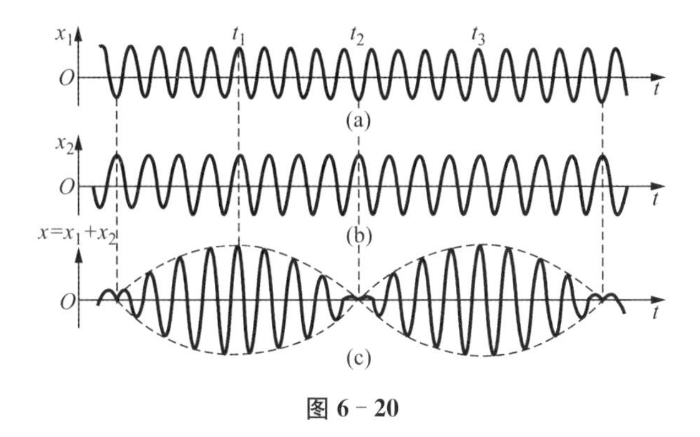

图 6-20

6.4.3 振动的频谱

一般而言,很多实际的振动现象要比简谐振动复杂得多,这些振动既可以是周期性的,也可以是非周期性的。但无论振动的形式多么复杂,总可以将其看作是一系列不同频率、不同振幅简谐振动的叠加。如前述"拍",就是具有一定周期性的振动。从前面的讨论可知,这种运动实际上是由两个同方向、振幅相等但频率不同的振动所构成。换言之,可以将"拍"分解为两个不同频率的简谐振动。这种分析某一复杂振动所包含的各种不同振幅、不同频率简谐振动成分的方法,称为频谱分析。这是一种研究各种振动的重要手段。在实验室中,可以借助各种仪器对各种规律的振动进行频谱分析,从而得到其所包含的简谐振动成分。在理论上,同样可以借助一定的数学方法对周期性或非周期性的振动进行频谱分析,这就是傅里叶级数和傅里叶积分。图 6-21(b)是一个周期性的振动,它可以由图 6-21(a)所给

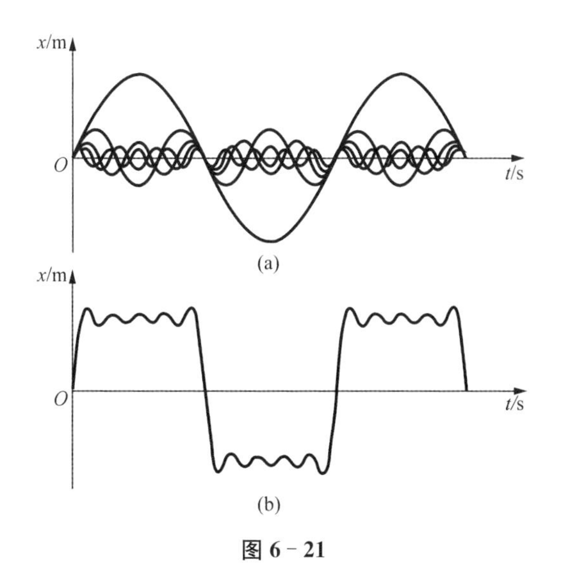

图 6-21

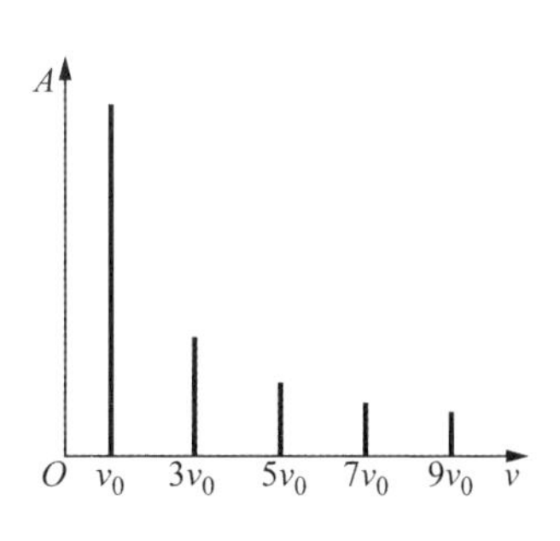

图 6-22

出的 5 个简谐振动叠加而成，这 5 个简谐振动的振幅和频率均不同。如果将构成一个周期性运动的简谐振动成分的振幅与频率分别作为纵轴与横轴，则可以给出构成该周期运动的频谱图，上述振动的频谱如图 6－22 所示。

根据傅里叶理论，任意周期或非周期性运动都可以分解为许多具有不同频率、不同振幅的简谐振动的叠加，至于这些简谐振动的频率和振幅到底是连续还是分立地取值，则取决于运动的具体情况。如果运动是周期性的，则组成这一运动的各简谐分量的频率和振幅取分立值，反之则取连续值。图 6－23 给出了一个方脉冲的时间分布以及相应的频谱分布，由于这是一个非周期的运动，因此可以将其分解为在一定频率范围内频率与振幅均连续变化的无穷多个简谐振动因子。

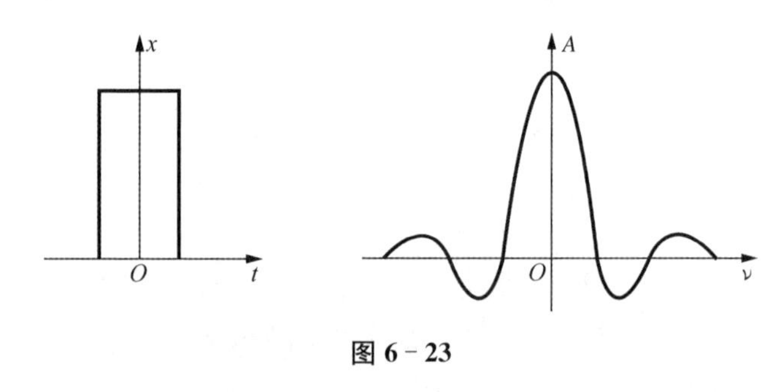

图 6－23

6.4.4 相互垂直振动的叠加

若一质点同时参与了两个方向相互垂直的简谐振动，则按照叠加原理，其合运动一般而言应为平面上的曲线运动，其运动轨迹取决于两个相互垂直的分运动的振幅、频率及初相位。设质点在 x，y 方向的振动方程分别为

$$x = A_1\cos(\omega t + \varphi_1),$$

$$y = A_2\cos(\omega t + \varphi_2),$$

显然，这是两个方向垂直、频率相同的简谐振动，消去方程中的时间因子，得到轨道方程为

$$\frac{x^2}{A_1^2} + \frac{y^2}{A_2^2} - \frac{2xy}{A_1A_2}\cos(\varphi_2 - \varphi_1) = \sin^2(\varphi_2 - \varphi_1), \qquad (6-41)$$

这是一个椭圆方程。因此两个同频率、方向相互垂直的简谐振动的合运动依然是一个周期运动，其运动轨迹为椭圆，当振幅与初相位不同时，轨迹的大小、形状也不同。

当 $\varphi_2 - \varphi_1 = 0$，即两相互垂直振动同相时，式(6－41)简化为

$$y=\frac{A_2}{A_1}x,$$

这是 xOy 平面内的一条斜率为 A_1/A_2 的直线，即此时合运动仍为直线上的简谐振动，周期与分振动的周期相等。

当 $\varphi_2-\varphi_1=\pm\pi$，即两相互垂直振动反相时，式(6-41)简化为

$$y=-\frac{A_2}{A_1}x,$$

此时合运动也是周期与分振动相等的简谐振动，只是其运动轨道为位于第二、第四象限中的直线。

当 $\varphi_2-\varphi_1=\pm\pi/2$ 时，式(6-41) 简化为

$$\frac{x^2}{A_1^2}+\frac{y^2}{A_2^2}=1,$$

这表明，此时质点做轨道为正椭圆的周期性运动，运动周期与分振动的周期相等。进一步的分析可知，当 $\varphi_2-\varphi_1>0$，即 y 方向的振动比 x 方向的振动超前时，质点沿椭圆做顺时针运动，将其称为右旋；当 $\varphi_2-\varphi_1<0$，即 x 方向的振动比 y 方向的振动超前时，质点沿椭圆做逆时针运动，称为左旋。

在上述情况下，如果两个相互垂直振动的振幅相等，即 $A_1=A_2=A$，则有

$$x^2+y^2=A^2,$$

此时质点做圆运动，至于该圆运动为左旋还是右旋，仍取决于两个分振动相位的超前或落后。

当相位差 $\varphi_2-\varphi_1$ 为除上述特殊值外的其他值时，合运动为一般椭圆运动，图 6-24 给出了两分振动的相位差取不同值时质点的合运动轨迹。

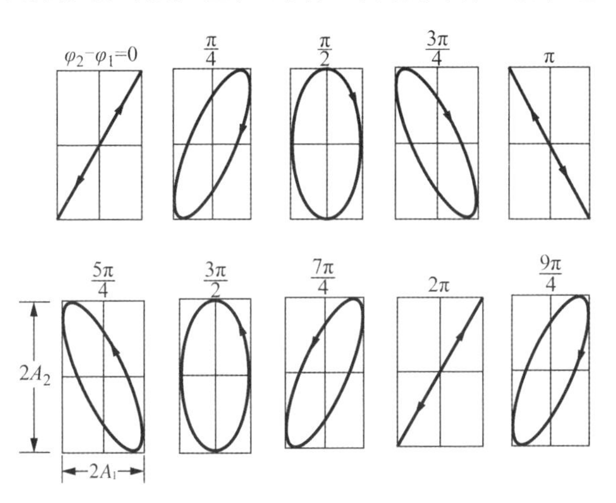

图 6-24

【例 6-6】 质点同时参与了两个相互垂直的简谐振动，其振动方程为

$$x = A_1\cos\left(2\pi t - \frac{\pi}{3}\right),\ y = A_2\cos\left(2\pi t + \frac{\pi}{2}\right),$$

画出质点在 xOy 平面内的轨迹。

解 质点的轨迹可以用作图的方法得到，如图 6-25 所示，分别作出 x 与 y 方向简谐振动的旋转矢量图。由于简谐振动的周期为 1 s，故从 $t=0$ 开始，每隔 1/12 s 在 xOy 平面内画出质点的坐标点，在一个振动周期内共画出 12 个坐标点，然后将这些坐标点用曲线光滑连接，即得到质点的运动轨迹。

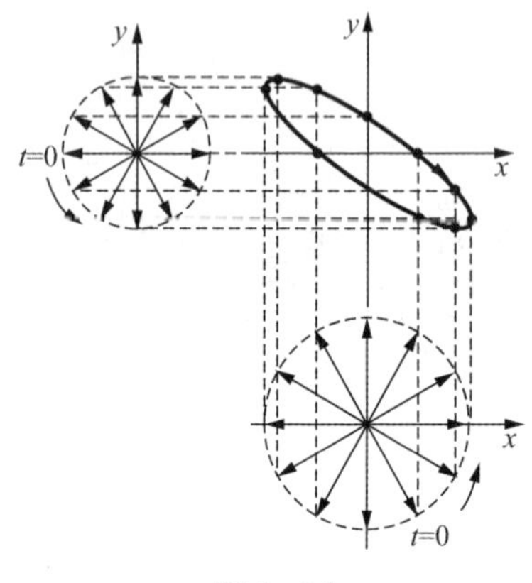

图 6-25

若两个相互垂直振动的频率不等时，一般而言，质点在 xOy 平面内的运动将是一条复杂的曲线，其运动也不一定具有周期性。但如果这两个简谐振动的频率成整数比时，合运动仍为周期运动，其运动轨道具有规则的图形，如图 6-26 所示，这样的图形称为李萨如图形。此时轨道仍然闭合，但无法用普通的函数描述，用作图的方法同样可以得到其轨迹。

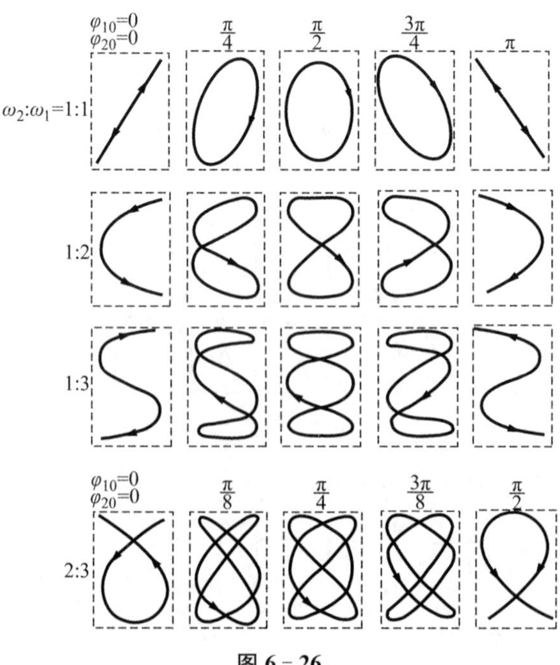

图 6-26

习　题　6

6-1　物体沿 x 轴做简谐运动，振幅 $A=0.12$ m。$t=0$ 时，物体由 $x=0.06$ m 处开始向 x 轴负方向运动，经过 1 s 时间，物体第一次回到出发点。求：

(1) 振动表达式；

(2) 物体从 $x=-0.06$ m 向 x 轴正方向运动，第一次到达 $x=0.12$ m 所需的时间。

6-2　如题图所示为一弹簧振子的振动曲线，求该弹簧振子的周期。

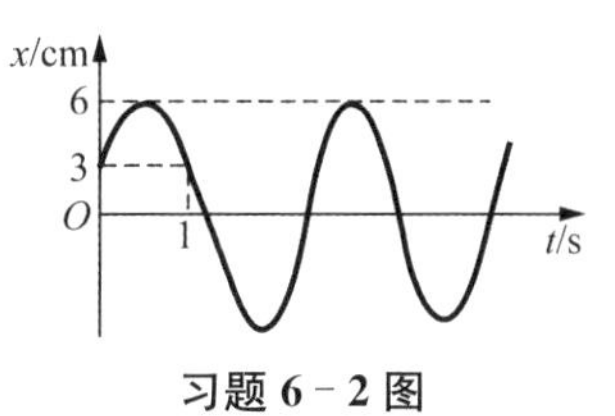

习题 6-2 图

6-3　原长为 0.5 m 的弹簧，上端固定，下端挂一质量为 0.1 kg 的物体，当物体静止时，弹簧长为 0.6 m。现将物体上推，使弹簧缩回到原长，然后放手，以放手时开始计时，取竖直向下为正向，写出振动表达式。

6-4　有一单摆，摆长 $l=1.0$ m，小球质量 $m=10$ g，$t=0$ 时，小球正好经过 $\theta=-0.06$ rad 处，并以角速度 $\dot{\theta}=0.2$ rad/s 向平衡位置运动。设小球的运动可看作简谐振动，求：

(1) 角频率、频率、周期；

(2) 用余弦函数形式写出小球的振动表达式(重力加速度 g 取 9.8 $\mathrm{m/s^2}$)。

6-5　一竖直悬挂的弹簧下端挂一物体，最初用手将物体在弹簧原长处托住，然后放手，此系统便上下振动起来，已知物体最低位置是初始位置下方 10.0 cm 处，求：

(1) 振动频率；

(2) 物体在初始位置下方 8.0 cm 处的速度大小。

6-6　一质点沿 x 轴做简谐振动，振幅为 12 cm，周期为 2 s。当 $t=0$ 时，位移为 6 cm，且向 x 轴正方向运动。求 $t=0.5$ s 时，质点的位置、速度和加速度。

6-7　两质点做同方向、同频率的简谐振动，振幅相等。当质点 1 在 $x_1=A/2$ 处，且向左运动时，另一个质点 2 在 $x_2=-A/2$ 处，且向右运动。求这两个质点的相位差。

6-8　竖直悬挂的弹簧振子由劲度系数为 k 的轻弹簧与质量为 m 的小球构成，证明该弹簧振子在竖直线上的运动是简谐振动。

6-9　如题图所示，质量为 m 的密度计，放在密度为 ρ 的液体中。已知密度计圆管的直径为 d。证明密度计在竖直方向的运动为简谐振动，并计算周期。

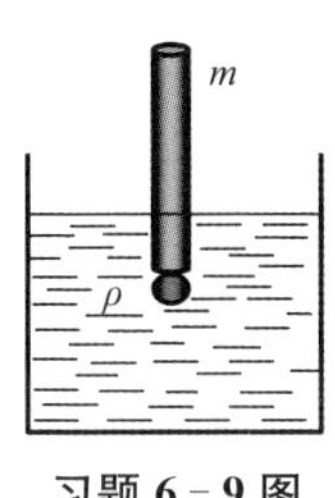

习题 6-9 图

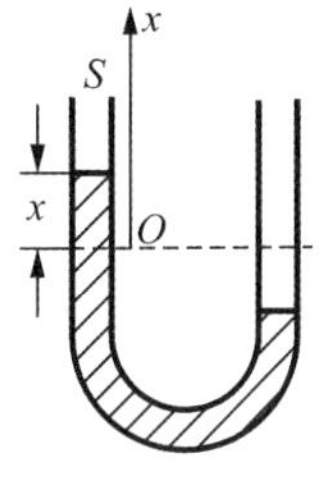

习题 6-10 图

6-10　如题图所示，截面积为 S，竖直放置粗细均匀的 U 形管内装有密度为 ρ、质量为 m、

总长度为 L 的液体，证明在竖直方向液体做简谐振动。

6-11 质量为 m、长为 L 的均质杆可绕位于其一端的固定水平轴在竖直平面内做小角度转动。

(1) 求运动周期；

(2) 证明若转轴位于杆端的三分之一处，杆做小角度转动的周期不变。

6-12 证明如题图所示系统的运动为简谐振动，其圆频率 $\omega=\sqrt{\dfrac{k_1k_2}{(k_1+k_2)m}}$。

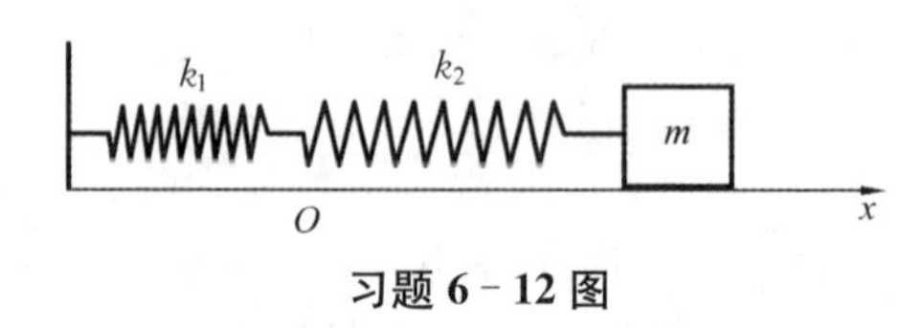

习题 6-12 图

6-13 当简谐振动的位移为振幅的一半时，其动能和势能各占总能量的多少？物体在什么位置时其动能和势能各占总能量的一半？

6-14 题图为两个同方向简谐振动的振动曲线。求：

(1) 合振动的振幅；

(2) 合振动的振动表达式。

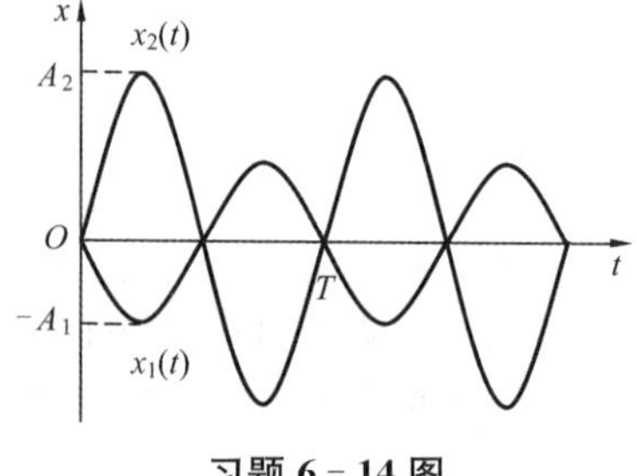

习题 6-14 图

6-15 某一简谐振动是由两个同方向、同频率的简谐振动Ⅰ、Ⅱ叠加而成。合振动的振幅为 20 cm，振动Ⅰ的振幅为 $10\sqrt{3}$ cm，合振动与振动Ⅰ的相位差为$\dfrac{\pi}{6}$。求：

(1) 振动Ⅱ的振幅；

(2) 振动Ⅰ、Ⅱ的相位差。

6-16 桌面上有一质量为 m 的小球，其上连接一竖直轻弹簧，弹簧的劲度系数为 k。开始时弹簧处于原长状态，其上端在外力作用下以匀速 v 向上运动。求从弹簧上端开始运动到弹簧第一次达到最大伸长过程中外力做的功。

6-17 一弹簧振子做简谐振动的位移-时间曲线如题图所示，画出该弹簧振子动能随时间的变化关系。

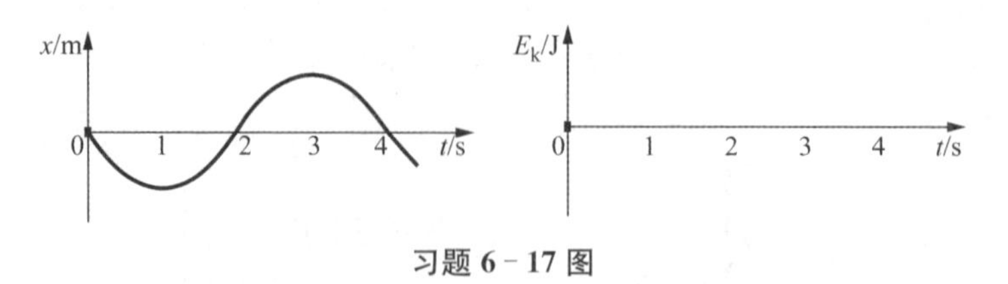

习题 6-17 图

6-18 如题图所示，质量为 m_1 的弹簧振子在光滑水平面上做简谐振动，其上放着一个质量为 m_2 的小物体，两物体之间的静摩擦因数为 μ。为使两物体不致相对滑动，振子的最大速度为多少？已知弹簧的劲度系数为 k。

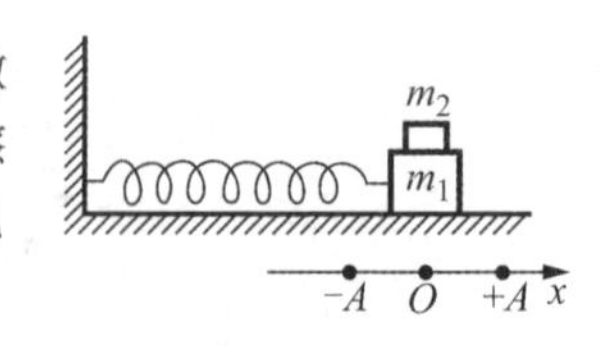

习题 6-18 图

6-19 由劲度系数为 k，质量为 M 的滑块组成的弹簧振子在光滑水平面上做振幅为 A 的简谐振动时，另一质量为 m 的黏土从高处自由下落在滑块上，随后两者一起运动。求两种情况下黏土和滑块共同运动的圆频率和振幅：

(1) 滑块位于最大位移时黏土落于其上；

(2) 滑块位于平衡位置时黏土落于其上。

6-20　做简谐振动的单摆在摆动过程中悬线的张力在 $f_{\max}$ 和 $f_{\min}$ 之间变化，已知悬线长度为 l，求单摆的最大摆角和摆锤质量。

6-21　若用质量为 m_s、劲度系数为 k 的弹簧与质量为 m 的滑块构成弹簧振子，求其振动周期。

6-22　做阻尼振动的振子在某时刻振幅 $A_0=3\ \text{cm}$，经过 $t_1=10\ \text{s}$ 后，振幅变为 $A_1=1\ \text{cm}$。由振幅为 A_0 时起，经多长时间其振幅减为 $A_2=0.3\ \text{cm}$？

6-23　某弹簧振子在真空中自由振动的周期为 T_0，将该弹簧振子浸入水中，由于水的阻尼作用，经过每个周期振幅降为原来的 90%，求：

(1) 振子在水中的振动周期 T；

(2) 如果开始时振幅 $A_0=10\ \text{cm}$，从开始到振子静止，振子经过的路程为多少？

6-24　质点分别参与下列三组互相垂直的简谐振动：

(1) $\begin{cases} x=4\cos\left(8\pi t+\dfrac{\pi}{6}\right), \\ y=4\cos\left(8\pi t-\dfrac{\pi}{6}\right); \end{cases}$　　(2) $\begin{cases} x=4\cos\left(8\pi t+\dfrac{\pi}{6}\right), \\ y=4\cos\left(8\pi t-\dfrac{5\pi}{6}\right); \end{cases}$

(3) $\begin{cases} x=4\cos\left(8\pi t+\dfrac{\pi}{6}\right), \\ y=4\cos\left(8\pi t+\dfrac{2\pi}{3}\right)。 \end{cases}$

分析并确定质点运动的轨迹。

6-25　在示波器的水平和垂直输入端分别加上余弦式交变电压，荧光屏上出现如题图所示的李萨如图形。已知水平方向振动频率为 $2.7\times10^4\ \text{Hz}$，求垂直方向的振动频率。

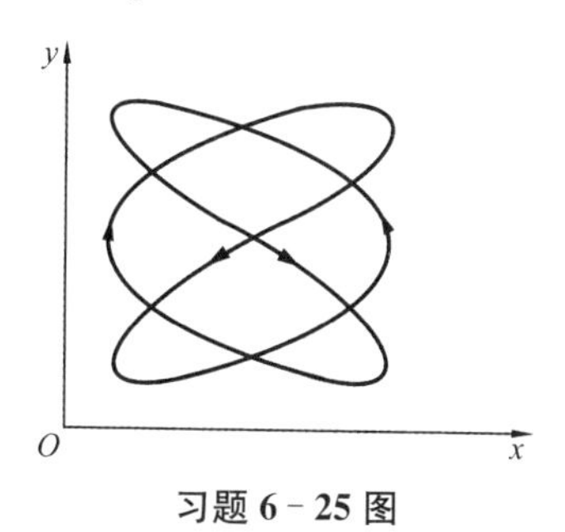

习题 6-25 图

思 考 题 6

6-1　说明下列运动是否为简谐振动：

(1) 小球在地面上做完全弹性的上下跳动；

(2) 小球在半径很大的光滑凹球面底部做小幅度的摆动。

6-2　简谐振动的速度和加速度在什么情况下是同号的？在什么情况下是异号的？加速度为正值时，振动质点的速率是否一定在增加？反之，加速度为负值时，速率是否一定在减小？

6-3　分析下列表述是否正确，为什么？

(1) 若物体受到一个总是指向平衡位置的合力，则物体必然做振动，但不一定是简谐振动；

(2) 简谐振动过程是能量守恒的过程，凡是能量守恒的过程就是简谐振动。

6-4　用两种方法使某一弹簧振子做简谐振动。

方法 1：使其从平衡位置压缩 Δl，由静止开始释放；

方法 2：使其从平衡位置压缩 $2\Delta l$，由静止开始释放。

若两次振动的周期和总能量分别用 T_1，T_2 和 E_1，E_2 表示，则它们满足下面关系中的(　　)。

(A) $T_1 = T_2 \quad E_1 = E_2$　　(B) $T_1 = T_2 \quad E_1 \neq E_2$

(C) $T_1 \neq T_2 \quad E_1 = E_2$　　(D) $T_1 \neq T_2 \quad E_1 \neq E_2$

6-5　一质点沿 x 轴做简谐振动，周期为 T，振幅为 A，质点从 $x_1 = \frac{A}{2}$ 运动到 $x_2 = A$ 处所需要的最短时间为多少？

6-6　一弹簧振子，沿 x 轴做振幅为 A 的简谐振动，在平衡位置 $x = 0$ 处，弹簧振子的势能为零，系统的机械能为 50 J，问振子处于 $x = A/2$ 处时，其势能的瞬时值为多少？

第 7 章　机　械　波

波动是自然界中一种常见的运动形式，当振动状态以某种方式传播时便形成了波，因此波是振动的传播过程。当机械振动在弹性介质中传播时形成机械波，如声波、水波、地震波等；而电磁波即电磁振动的传播并不需要弹性介质，它是由变化的电场与磁场相互激发而形成；微观粒子的运动也满足波的规律，把微观粒子运动所满足的规律称为概率波（物质波）。机械波、电磁波与概率波的物理本质虽然不同，但在对其运动规律的描述上有很多相同之处。

本章讨论机械波，即机械振动在弹性介质中的传播过程，由于机械波是弹性介质中大量质元的集体运动效应，因此质元运动方式的不同导致了波动方式的不同。与单个质点的振动类似，任何复杂的波动都可以看作是一系列不同频率的简谐波的叠加。由于平面简谐波是最简单的波动形式，是研究任何复杂波动过程的基础，本章将以此为研究对象讨论机械波传播的描述方法与基本规律。

7.1　机械波的产生与传播

7.1.1　机械波的产生条件

当将弹性绳一端在墙上固定，用手抓住另一端并有规律地上下抖动时，可以看到绳索的各个部分逐次地开始运动起来，不断地向前推进，从而在绳上形成了沿绳方向传播的机械波，如图 7－1 所示。为了理解产生上述现象的物理过程，可以把绳看作由一系列在空间连续分布的、相互之间具有弹性相互作用的质元构成。当外力使第一个质元以一定规律开始运动时，第一个质元与相邻的第二个质元间产生了相对位移，因此第二个质元将受到一个弹性力的作用而开始运动；同样的，第二个质元的运动又将引起第三、第四、……质元的运动，从而形成了机械波。机械波就是依靠弹性介质内部的弹性力作用，使振动从一处逐渐传播出去的过程。

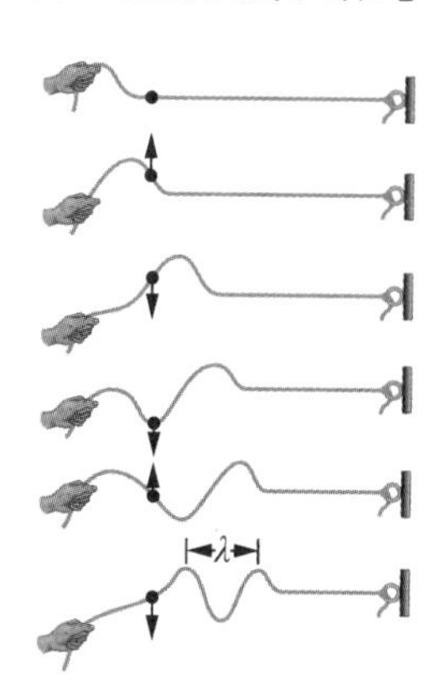

图 7－1

由此可见，形成机械波必须要有两个条件：① 要有做机械振动的物体——波源。② 要有能够传播机械振动的弹性介质。在弹性介质中,每一质元与邻近质元之间存在弹性力的作用,当某质元在外界作用下在平衡位置附近振动时,将给相邻质元以力的作用,相邻质元在该力的作用下也将开始运动,这样上游质元带动下游质元振动,从而使振动状态由波源发出并沿着介质传播而形成波动。

7.1.2　机械波的传播特点

当机械波在弹性介质中传播时,介质中不同位置的质元都将做振动,这些质元的振动规律相同,但振动步调或相位不同,下游质元的振动总是滞后于上游质元的振动,即下游质元的振动相位总是落后于上游质元的振动相位。因此,机械波是弹性介质中大量质元参与的一种集体运动效应,对每个质元而言,其位置都在随时间做周期性变化的运动(即振动),对不同质元之间的运动关系而言,由于振动相位由上游至下游相继落后,不同质元在空间的位置分布也具有周期性。

当振动状态以机械波的形式在介质中传播时,由于每个质元都只在自身的平衡位置附近做周期性运动,并没有质量沿着波的传播方向流动而在介质中传播,因此机械波传播的是质元的振动状态,即机械波的传播是振动相位的传播。由于下游质元是由上游质元的带动而开始运动,因此一定会有能量由上游质元传递给下游质元,这一能量来源于波源的运动,即机械波的传播也伴随着能量的传播。

在波的传播过程中,质元的振动方向和波的传播方向不一定相同。如果质元的振动方向与波的传播方向垂直,称为横波,如在弹性绳中传播的波;如果质元的振动方向与波的传播方向平行,则称为纵波,如在空气中传播的声波。横波和纵波是两种最简单的波,而如水波、地震波等传播时,质元的运动情况将复杂得多。

由波源发出的波是以横波还是纵波的形式在介质中传播,取决于介质的弹性性质,在流体(液体、气体)介质中只能传播纵波,而在固体介质中,既能传播纵波,也能传播横波。其原因在于,在固体中,无论质元是沿波的传播方向振动还是沿与传播方向相垂直的方向振动,在相邻质元间总存在着弹性力的作用;而在流体介质中,相邻质元间只存在着沿波传播方向的压缩和恢复作用。

对于一定的介质,存在着一个“高频极限”,即当波的频率大于这一极限值时,波将不能在该介质中传播。这是因为随着波的频率升高,波长变短,当波长短到与构成介质的分子间距有相同数量级时,连续介质的概念及相应的弹性都将失去意义。

7.1.3　波长、频率和波速

横波与纵波虽然从表面看运动形式各异,但就传播性质而言,其本质是相同的,都是上游质元带动下游质元运动,使振动状态和振动能量逐次传播出去。由于横波在图像上较纵波更为直观，易于观察与分析，在以后的讨论中将主要以横波作为研究和讨论的对象。

图 7－2 表示了质元 a 开始振动后 $1\frac{1}{4}$周期内横波的传播图像，由不同时刻的图像可以看到，介质中各质元开始振动的时刻先后不同，下游质元的振动比上游质元滞后，彼此间存在着一个相位差。图 7－2 中质元 a 经过一次完整的振动后，其下游的质元 b 也将开始振动，这两个质元的振动情况完全相同，唯一区别是质元 b 开始振动的时间比质元 a 晚一个周期，a、b 两质元振动的相位差为 2π。定义波长为沿波的传播方向上相位差为 2π 的两个质元之间的距离，用 λ 表示。这是相邻两个振动状态完全相同的质元之间的距离，也是在波源的一个振动周期（以 T 表示）内某一振动状态所传播的距离。对横波来说，这是相邻波峰（或波谷）的间距，而对纵波来说则是相邻密集区（或稀疏区）的间距。

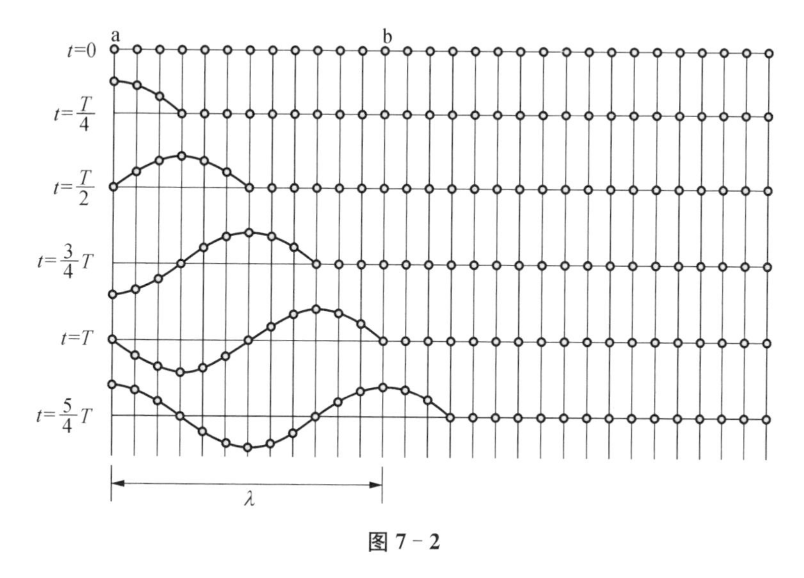

图 7－2

在一个简谐振动周期 T 内，某一振动状态（相位）以速度 u（也称相速度）传播的距离是一个波长，因此有关系

$$\lambda = uT,$$

由于 $T = 1/\nu$，代入上式后，得

$$\lambda\nu = u。$$

上式是波速、波长和频率之间的基本关系式。式中波速 u 由介质的性质决定，波的频率则由波源的振动频率决定。上式表明：质点每完成一次全振动，波就传播出去一个完整波形，1 s 内质点振动了 ν 次，波就传播出去 ν 个完整波形，即 $\nu\lambda$ 的距离，也就是波的速度。

【例 7-1】 频率为 3 000 Hz 的波，以 1 560 m/s 的速度沿一直线传播，经过直线上的点 A 后，再经 13 cm 而传至点 B。求：

(1) 点 B 的振动比点 A 落后的时间；

(2) 波在 A，B 两点振动时的相位差是多少？

(3) 设波传播时介质中的质点做简谐运动，振幅为 1 mm，求质点振动的最大速度。

解 (1) 波的周期 $T=\frac{1}{\nu}=\frac{1}{3\,000}$ s，波长 $\lambda=\frac{u}{\nu}=\frac{1.56\times10^{3}}{3\,000}=0.52$ m，点 B 比点 A 落后的时间为

$$\Delta t=\frac{\Delta x}{u}=\frac{0.13}{1.56\times10^{3}}=\frac{1}{12\,000}(\mathrm{s}),$$

即 $\frac{1}{4}T$。

(2) 由于点 B 开始运动的时间比点 A 晚了 $\frac{1}{4}T$，A，B 两点的相位差为

$$\Delta\varphi=\omega\times\frac{T}{4}=\frac{2\pi}{4}=\frac{\pi}{2},$$

点 B 比点 A 的振动相位落后 $\frac{\pi}{2}$。

(3) 如果振幅 $A=1$ mm，则质点振动速度的最大值为

$$v_{\mathrm{m}}=A\omega=1\times10^{-3}\times3\,000\times2\pi=18.8(\mathrm{m/s}),$$

质点振动速度的最大值远小于波的传播速度。

7.1.4 波的几何描述

当波源在介质中振动时，振动状态将沿各个方向传播，为形象地描述某一时刻振动状态传播到达空间各点的情况，可以在介质中画出该时刻这些点所构成的曲面，我们把介质中这些相位相同的点所构成的面，称为波面或波阵面，亦即同相面。最前面的波面称为波前。在波所传播到的空间范围内，可以画无穷多个波阵面，通常的画法是，相邻两波阵面之间为一个波长。

波阵面的形状通常由波源情况及传播介质的性质共同决定。波源情况是指波源的大小、形状等几何特征；介质性质决定了波在介质中的传播特点。在以后的讨论中，只讨论波在各向同性的均匀介质中传播的情形。“各向同性”是指介质的物理性质与方向无关，就波的传播而言，波在各向同性介质中传播时，其波速与传播

方向无关。而"均匀介质"则表示该介质的空间均匀性,即介质在空间不同位置的物理性质相同,具体到波的传播,均匀介质意味着波的传播速度在空间处处相同。当波在各向同性的均匀介质中传播时,沿不同方向传播的波在相同时间内传播相同的距离。

在各向同性的均匀介质中,从一个点波源发出的振动状态,经过一定时间后,将到达一个球面上,引起该球面上各质点做相位相同的振动。波面是球面的波称为球面波。在离波源足够远,且观察的范围很小时,球面可看成是平面,这种波称为平面波。我们也常用有向线段表示波的传播方向,称为波线。在各向同性的介质中波线恒与波面垂直。波面和波线如图7-3所示。

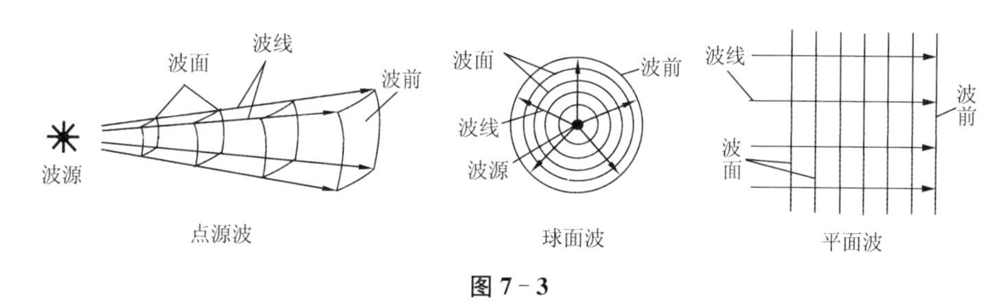

图7-3

7.2 简谐波

机械波在弹性介质中传播时,各质元的运动规律与波源相同,波源及各质元均以简谐振动规律运动的波称为简谐波。

7.2.1 一维平面简谐波的表达式

对于平面波而言,由于其传播方向确定,因此只要描述某一波线上各质元的运动便描述了整个介质中质元的运动,这是因为同一波阵面上各质元的振动状态都相同,波线上一个质元的振动反映了整个波阵面上各质元的运动规律,这样,对波的描述便简化为一维问题。

设有一平面简谐波以波速 u 沿 x 轴的正方向传播,t 时刻的波形如图7-4所示。取任意一条波线为 x 轴,t 时刻坐标原点 $O(x=0)$ 处质点的振动表达式可写为

$$y_0 = A\cos(\omega t + \varphi_0), \qquad (7-1)$$

式中,y_0 是点 O 处质点在 t 时刻的位移,A 是振幅,ω 是圆频率,φ_0 是初相位。

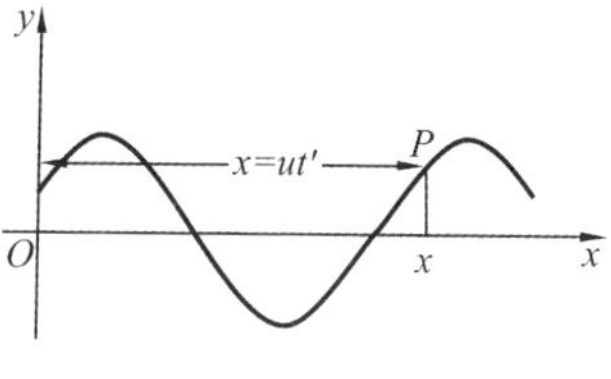

图7-4

由于波是自点 O 向点 P 传播的,所以在同一时

刻 t，距 O 为 x 处的点 P 的振动相位落后于点 O，振动滞后的时间为 $t'=x/u$，即 t 时刻点 P 的位移与前一时刻$(t-t')$点 O 的位移相同，为

$$y_P=A\cos[\omega(t-t')+\varphi_0],$$

式中振幅 A 保持不变，是假定介质无吸收。

由于点 P 是波线(x 轴)上的任意一点，将 $t'=x/u$ 代入上式，并去掉下标 P，就得到波线(x 轴)上任一点在任一时刻 t 的位移，即沿 x 轴正方向传播的平面简谐波的表达式

$$y=A\cos\left[\omega\left(t-\frac{x}{u}\right)+\varphi_0\right], \tag{7-2}$$

利用

$$\omega=\frac{2\pi}{T}=2\pi\nu,\ uT=\lambda,$$

平面简谐波的表达式可改写为

$$y=A\cos\left[2\pi\left(\frac{t}{T}-\frac{x}{\lambda}\right)+\varphi_0\right], \tag{7-2a}$$

$$y=A\cos\left[2\pi\left(\nu t-\frac{x}{\lambda}\right)+\varphi_0\right], \tag{7-2b}$$

$$y=A\cos(\omega t-kx+\varphi_0), \tag{7-2c}$$

式中

$$k=\frac{2\pi}{\lambda}, \tag{7-3}$$

称为角波数(或波矢)，它表示单位长度上波的相位变化，数值上等于 2π 长度内所包含的完整波的个数。

7.2.2　行波表达式的意义

波表达式可表示为 $y=f\left(t-\dfrac{x}{u}\right)$ 的形式，即位移 y 是自变量 x 和 t 的函数，它反映了波沿波线向前推进的规律，这样的波称为行波，其物理意义如下：

(1) 当 x 确定(如 $x=x_1$)时，y 是 t 的函数。波表达式(7-2)表示介质中位于 x_1 处质元的振动规律，即

$$y=A\cos\left[\omega t-\frac{\omega}{u}x_1+\varphi_0\right]=A\cos(\omega t+\varphi_1), \tag{7-4}$$

式中 $\varphi_1=\left(\varphi_0-2\pi\frac{x_1}{\lambda}\right)$ 是 x_1 处质元振动的初相位。显然，x_1 处质元在 t 时刻的振动状态与 $(t+T)$ 时刻的状态相同，这说明波动过程在时间上具有周期性；此外，x_1 越大，相对点 O 处质元振动相位的落后也越大，说明在波的传播方向上，各质点的振动相位是依次落后的。对 $x=x_2$ 的质点，相位的落后量为 $2\pi\frac{x_2}{\lambda}$，相距 $\Delta x=x_2-x_1$ 两点间的相位差为

$$\Delta\varphi=\varphi_2-\varphi_1=\frac{2\pi}{\lambda}(x_2-x_1)=k\Delta x,$$

$\Delta x=\lambda$ 时，$\Delta\varphi=2\pi$，这正是波动具有空间周期性的反映。

(2) 当 t 确定(如 $t=t_1$)时，y 是 x 的函数。波动表达式(7-2)表示在 t_1 时刻 x 轴上各质元的位移 y 随 x 的分布，即波形曲线，此时

$$y=A\cos\left[\omega t_1-2\pi\frac{x}{\lambda}+\varphi_0\right]。\tag{7-5}$$

显然，式(7-5)满足 $y(x)=y(x+\lambda)$，表明波动具有空间周期性，而波长 λ 就是波动的空间周期。

(3) 当相位 $(\omega t-kx+\varphi_0)$ 为定值时，意味着振动状态确定。由于 x、t 仍为变量，为保证相位不变，必须有 $\omega\mathrm{d}t=k\mathrm{d}x$，即

$$u=\frac{\mathrm{d}x}{\mathrm{d}t}=\frac{\omega}{k},\tag{7-6}$$

这就是振动状态即波的传播速度，这表明波的传播即振动状态的传播。

如果平面简谐波沿 x 轴负方向传播，对于 $x>0$ 的质点，其振动相位超前于坐标原点 O 处质点的振动相位。因此，沿 x 轴负方向传播的平面简谐波波动式为

$$y=A\cos\left[\omega\left(t+\frac{x}{u}\right)+\varphi_0\right]\tag{7-7}$$

或表示为

$$y=A\cos\left[2\pi\left(\frac{t}{T}+\frac{x}{\lambda}\right)+\varphi_0\right],\tag{7-7a}$$

$$y=A\cos\left[2\pi\left(\nu t+\frac{x}{\lambda}\right)+\varphi_0\right],\tag{7-7b}$$

$$y=A\cos(\omega t+kx+\varphi_0)。\tag{7-7c}$$

式(7-2)和式(7-7)分别为沿 x 轴正、负方向传播的平面简谐波表达式，在推导中虽然只对 $x>0$ 处的质元进行了讨论，但不难看出，对 $x<0$ 处质元的情况上

述结论同样成立。并且式(7-2)和式(7-7)对纵波也是适用的。

【例 7-2】 一平面简谐波以 400 m/s 的波速在均匀介质中沿一直线从点 A 向点 B 方向传播。已知直线上质点 A 的振动周期为 0.01 s，振幅 $A=0.01$ m。设以质点 A 的振动经过平衡位置向正方向运动时作为计时起点。

(1) 以与点 A 相距 2 m 处的点 B 为坐标原点写出波表达式；

(2) 点 B 与 AB 中点 C 间的振动相位差。

解 (1) 已知 $t=0$ 时点 A 的振动状态以及振幅和周期，利用旋转矢量图可知点 A 振动的初相位 $\varphi_A=-\frac{\pi}{2}$，点 A 的振动表达式为

$$y_A=A\cos\left(\frac{2\pi}{T}t+\varphi_A\right)=0.01\cos\left(200\pi t-\frac{\pi}{2}\right)\text{ m。}$$

取 x 轴沿 AB 连线，正方向由点 A 指向点 B。平面波从点 A 传播到点 B，所需时间 $\Delta t=\frac{\Delta x}{u}=\frac{2}{400}$(s)，由此可得到点 B 的振动表达式为

$$\begin{aligned}y_B&=A\cos[\omega(t-\Delta t)+\varphi_{A_0}]=0.01\cos\left(200\pi t-200\pi\times\frac{2}{400}-\frac{\pi}{2}\right)\text{ m}\\&=0.01\cos\left(200\pi t-\frac{3}{2}\pi\right)\text{ m,}\end{aligned}$$

式中 $-\frac{3}{2}\pi=\varphi_B$ 为点 B 振动的初相位。以点 B 为坐标原点的波表达式为

$$y=A\cos\left[\omega\left(t-\frac{x}{u}\right)+\varphi\right]=0.01\cos\left[200\pi\left(t-\frac{x}{400}\right)-\frac{3}{2}\pi\right]\text{ m。}$$

(2) 点 C 的坐标为 $x_C=-1$ m，代入波表达式并令 $t=0$，得到点 C 振动的初相位

$$\varphi_C=200\pi\times\frac{1}{400}-\frac{3}{2}\pi=-\pi,$$

所以，点 B 和点 C 间振动的相位差为

$$\Delta\varphi=\varphi_B-\varphi_C=-\frac{3}{2}\pi-(-\pi)=-\frac{\pi}{2}\text{。}$$

【例 7-3】 已知一平面波沿 x 轴正向传播，距坐标原点 O 为 x_1 处点 P 的振动规律为 $y_P=A\cos(\omega t+\varphi)$，波速为 u，求：

(1) 平面波的波表达式；

(2) 若波沿 x 轴负向传播，波表达式又如何？

解 (1) 由于下游质元的振动比上游质元的振动落后，设下游质元的坐标为

x，则 x 处质元与 P 处质元振动的相位差 $\Delta\varphi=-k(x-x_1)$。设该质元的振动方程为 $y=A\cos(\omega t+\phi)$，则

$$\Delta\varphi=(\omega t+\phi)-(\omega t+\varphi)=-k(x-x_1),$$

即 $\phi=\varphi-k(x-x_1)$，由此得

$$y=A\cos[\omega t-k(x-x_1)+\varphi],$$

式中 $k=\frac{2\pi}{\lambda}=\frac{\omega}{u}$，所以该平面波表达式为

$$y=A\cos\left[\omega t-\frac{\omega(x-x_1)}{u}+\varphi\right]。$$

(2) 若波沿 x 轴负向传播，下游 x 处质元的振动比上游 P 处质元相位落后

$$\Delta\varphi=-k(x_1-x),$$

同理可得

$$y=A\cos\left[\omega t+\frac{\omega(x-x_1)}{u}+\varphi\right]。$$

7.2.3　弦的波动方程

本节以张紧的弦上横波的传播为例，讨论波的动力学问题。

设张紧的弦处于水平状态，沿弦线方向建立 x 轴，弦未受扰动时，各质元均位于同一水平位置，在 y 方向位移为零，此时弦内张力大小为 T_0。当波沿弦传播时，弦受到扰动，弦上不同 x 处的质元位于不同的 y 位置。

在弦上取无扰动时长为 Δx、质量为 Δm 的一段弦 ab。如图 7-5 所示，当产生扰动后，a、b 位于不同的 y 处，点 a 处张力为 $\boldsymbol{T}_1$，与水平方向夹角为 θ_1，点 b 处张力为 $\boldsymbol{T}_2$，与水平方向夹角为 θ_2。当波沿弦传播时，ab 在水平方向加速度为零，由牛顿定律可得 $T_2\cos\theta_2-T_1\cos\theta_1=0$。在 y 方向，考虑到 Δm 很小，因此略去重力，ab 所受合力 $f=T_2\sin\theta_2-T_1\sin\theta_1$。考虑到 ab 在水平方向长度无变化，故可以认为 $T_0=T_1\cos\theta_1=T_2\cos\theta_2$，即

$$T_1=\frac{T_0}{\cos\theta_1},\ T_2=\frac{T_0}{\cos\theta_2}。$$

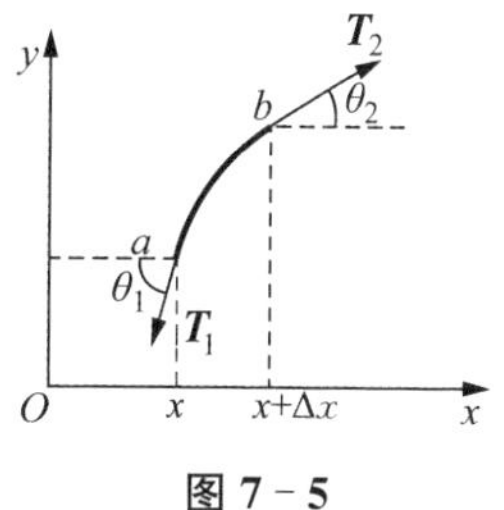

图 7-5

因此

$$f=T_0(\tan\theta_2-\tan\theta_1)=T_0\left[\frac{\mathrm{d}y(x+\Delta x)}{\mathrm{d}x}-\frac{\mathrm{d}y(x)}{\mathrm{d}x}\right],$$

因为

$$\lim_{\Delta x \to 0} \frac{\frac{\mathrm{d}y(x+\Delta x)}{\mathrm{d}x} - \frac{\mathrm{d}y(x)}{\mathrm{d}x}}{\Delta x} = \frac{\mathrm{d}^2 y}{\mathrm{d}x^2},$$

所以

$$f = T_0 \frac{\mathrm{d}^2 y}{\mathrm{d}x^2} \Delta x,$$

由牛顿定律得

$$T_0 \frac{\mathrm{d}^2 y}{\mathrm{d}x^2} \Delta x = \Delta m \frac{\mathrm{d}^2 y}{\mathrm{d}t^2}, \tag{7-8}$$

考虑到 y 是 x，t 的函数，方程中应为偏微分，令弦的线密度 $\frac{\Delta m}{\Delta x} = \rho_l$，可得 ab 运动所满足的动力学方程

$$\frac{\partial^2 y}{\partial t^2} = \frac{T_0}{\rho_l} \frac{\partial^2 y}{\partial x^2}, \tag{7-8a}$$

式中 T_0/ρ_l 是与介质性质有关的常量，仅由其性质与状态决定，分析可知其量纲为

$$\frac{[\mathrm{MLT}^{-2}]}{[\mathrm{ML}^{-1}]} = \frac{[\mathrm{L}^2]}{[\mathrm{T}^2]},$$

其中[M]、[L]和[T]分别为质量、长度与时间的量纲，由上述结论可知，T_0/ρ_l 具有速度平方的量纲，记为 v^2。故式(7-8a)可写为

$$\frac{\partial^2 y}{\partial t^2} = v^2 \frac{\partial^2 y}{\partial x^2}。 \tag{7-8b}$$

由于式(7-8b)为波沿弦线传播时的动力学方程，因此具有 $y = f\left(t \mp \frac{x}{u}\right)$ 形式的行波表达式一定是该方程的解。令 $y = f(\xi)$，$\xi = t \mp \frac{x}{u}$，用 y 分别对 x，t 求偏微分，可得

$$\frac{\partial^2 y}{\partial x^2} = \frac{1}{u^2} \frac{\partial^2 f}{\partial \xi^2}, \quad \frac{\partial^2 y}{\partial t^2} = \frac{\partial^2 f}{\partial \xi^2},$$

因此

$$\frac{\partial^2 y}{\partial t^2} = u^2 \frac{\partial^2 y}{\partial x^2}, \tag{7-9}$$

与式(7-8b)相比较可知，动力学方程中由系统性质与状态决定的常量 v 即为波沿

弦线传播的速度，即

$$u=\sqrt{\frac{T_0}{\rho_l}} \tag{7-10}$$

7.3　简谐波的能量

当波在弹性介质中传播时，介质中的质元在平衡位置附近做机械振动，具有动能，同时弹性介质也将发生形变，还具有弹性势能。所以，伴随着振动状态的传播必然有能量的传递。

7.3.1　有平面简谐波传播介质中质元的能量

仍以弦中的横波为例，考虑一质量为 Δm、无扰动时长为 Δx 的质元，其运动满足

$$y=A\cos(\omega t-kx),$$

当波沿弦线传播时，该质元的动能为

$$\Delta E_{\mathrm{k}}=\frac{1}{2}\Delta m v^2=\frac{1}{2}\Delta m\omega^2A^2\sin^2(\omega t-kx)。 \tag{7-11}$$

为求其势能，可设当有扰动时，该质元长度为 Δl，考虑到此时弦线仅在 y 方向有相对位移，因此

$$\Delta l=[(\Delta x)^2+(\Delta y)^2]^{1/2}=\Delta x\left[1+\left(\frac{\Delta y}{\Delta x}\right)^2\right]^{1/2}。$$

在伸长过程中张力做功为

$$A=T_0(\Delta l-\Delta x)=T_0\left\{\Delta x\left[1+\left(\frac{\Delta y}{\Delta x}\right)^2\right]^{1/2}-\Delta x\right\}\approx\frac{1}{2}T_0\Delta x\left(\frac{\partial y}{\partial x}\right)^2=\Delta E_{\mathrm{p}}。$$

因

$$\left(\frac{\partial y}{\partial x}\right)^2=k^2A^2\sin^2(\omega t-kx),$$

则质元的势能为

$$\Delta E_{\mathrm{p}}=\frac{1}{2}T_0\Delta x k^2A^2\sin^2(\omega t-kx),$$

利用 $u=\frac{\omega}{k}=\sqrt{\frac{T_0}{\rho_l}}$，可得 $k^2=\frac{\omega^2\rho_l}{T_0}$，代入上式得

$$\Delta E_{\mathrm{p}}=\frac{1}{2}\rho_{l}\Delta x\,\omega^{2}A^{2}\sin^{2}(\omega t-kx)=\frac{1}{2}\Delta m\omega^{2}A^{2}\sin^{2}(\omega t-kx),\tag{7-12}$$

式中 $\Delta m=\rho_{l}\Delta x$，总机械能

$$\Delta E=\Delta E_{\mathrm{k}}+\Delta E_{\mathrm{p}}=\Delta m\omega^{2}A^{2}\sin^{2}(\omega t-kx)。\tag{7-13}$$

由式(7-11)～式(7-13)可知，在波的传播过程中，质元的动能、势能以及总机械能均随时间做周期性变化，并且变化是同相的，即同时达到最大，同时达到最小。图 7-6 中虚线为某一时刻的波形，实线为相应时刻的能量，当质元处于平衡位置附近而具有最大动能时，该质元的相对形变也最大，因而同时也具有最大势能，此时质元的总机械能最大；当质元处于最大位移处附近时，动能最小，该质元的相对形变也最小，此时质元的总机械能最小。

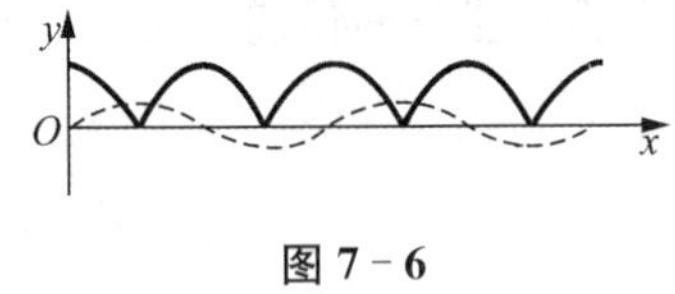

图 7-6

任一质元在波动过程中机械能不守恒。这与单个谐振子在做简谐振动的过程中机械能守恒的特征不同。其原因在于，在弹性介质中，质元 Δm 不是孤立的，上、下游质元都对它有弹性力的作用，并要对它做功。在与相邻质元间不断进行的能量交换过程中，上游质元带动了下游质元的运动并传递了能量。因此说波动的过程也是传递能量的过程。

在波的传播过程中，质元的质量 $\Delta m=\rho\Delta V$，其中 ρ 为质元的体密度。因此其动能、势能和总机械能都与质元的体积成正比。通常用单位体积介质所具有的能量 w 来表示介质中波的能量的分布情况，称为波的能量密度，即

$$w=\frac{\Delta E}{\Delta V}=\rho\omega^{2}A^{2}\sin^{2}(\omega t-kx),\tag{7-14}$$

能量密度在一个周期内的平均值为

$$\bar{w}=\frac{1}{T}\int_{0}^{T}w\,\mathrm{d}t=\frac{1}{2}\rho\omega^{2}A^{2},\tag{7-15}$$

波的平均能量密度与振幅、频率及介质的密度有关。

必须指出，上述结论虽然是通过一个特例得出的，但对所有弹性波都成立。

7.3.2 能流和能流密度

上一节虽然给出了波传播时介质中质元能量的变化情况，但并未描述能量随波的传播特性，这一特性可以用能流来描述。

能流的定义：单位时间内，波通过与其传播方向相垂直的某一面积 S 的能量，

用 P 表示，其单位为 J/s，由此可知能流即为通过某一面积的波的功率。如图 7-7 所示，若波的传播速度为 $\boldsymbol{u}$，可作一柱体，其上下底面与波传播方向相垂直，高为 $u\Delta t$，则在 Δt 时间内通过面积 S 的能量就是该柱体内波的能量，因此有

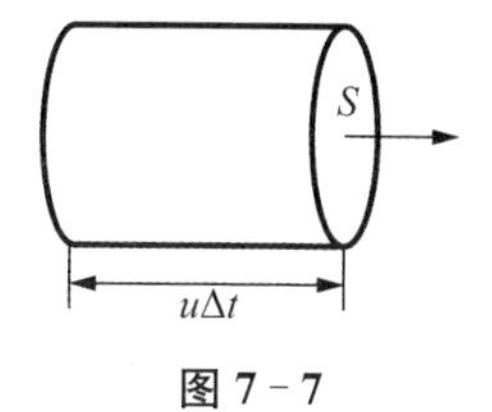

图 7-7

$$P = \frac{wSu\Delta t}{\Delta t} = uwS, \tag{7-16}$$

取能流 P 的时间平均值即得单位时间内波通过与其传播方向相垂直的某一面积 S 的平均能量，称为平均能流，即

$$\overline{P} = u\overline{w}S。 \tag{7-17}$$

波通过与其传播方向相垂直的单位面积的平均能流称为平均能流密度或波的强度，用 I 表示，即

$$I = \frac{\overline{P}}{S} = \overline{w}\,u = \frac{1}{2}\rho u\omega^2 A^2。 \tag{7-18}$$

在国际单位制中，波的强度 I 的单位是 $\mathrm{W/m^2}$。通常把 $\boldsymbol{I}$ 看成矢量，方向沿波的传播方向，即 $\boldsymbol{u}$ 的方向，且

$$\boldsymbol{I} = \overline{w}\boldsymbol{u} = \frac{1}{2}\rho\omega^2 A^2\boldsymbol{u}, \tag{7-18a}$$

这样，平均能流 $\overline{P}$ 可以表示为

$$\overline{P} = \boldsymbol{I}\cdot\boldsymbol{S} = IS\cos\theta, \tag{7-19}$$

式中，面积矢量 $\boldsymbol{S}$ 的方向沿其法线方向，θ 为 $\boldsymbol{S}$ 与 $\boldsymbol{u}$ 之间的夹角。

对于稳定传播的波，若介质无吸收（即波在介质中传播时无能量损失），则单位时间内通过不同波面的能量相等，即

$$I_1S_1 = I_2S_2 \text{ 或 } \frac{1}{2}\rho u\omega^2 A_1^2 S_1 = \frac{1}{2}\rho u\omega^2 A_2^2 S_2。$$

对于平面波而言，由于 $S_1 = S_2$，因此有 $A_1 = A_2$，即平面波振幅在传播过程中保持不变。若为球面波，则由于 $S_1 = 4\pi r_1^2$，$S_2 = 4\pi r_2^2$，其中，r_1 和 r_2 分别为球面波两个不同波面的半径。因此有 $A_1r_1 = A_2r_2$，可知振幅 $A \propto 1/r$，振幅随传播距离而反比地下降，球面简谐波可表示为

$$y = \frac{A_0}{r}\cos(\omega t - kr),$$

式中 A_0 为距点波源某一位置处的振幅。必须说明，当 r 很小时，需计及波源的大

小、形状,此时上式不再成立。同样可以证明,若为柱面波,则振幅与 r 的关系为 $A \propto 1/\sqrt{r}$。

7.3.3　声强　声强级

声波是频率范围在 20 Hz～20 kHz 之间能够引起人的听觉的机械波。频率高于 20 kHz 的声波称为超声波,低于 20 Hz 的称为次声波。

声波的强度称为声强。人的听觉不仅与声波的频率范围有关,还与声强的大小有关(见图 7-8)。对多数人而言,声波频率为 1 000 Hz 时,能听到的最弱的声强约为 10^{-12} W/m^2,能承受的最强的声强约为 1 W/m^2,大于此值的声强通常只能引起人耳的痛觉。

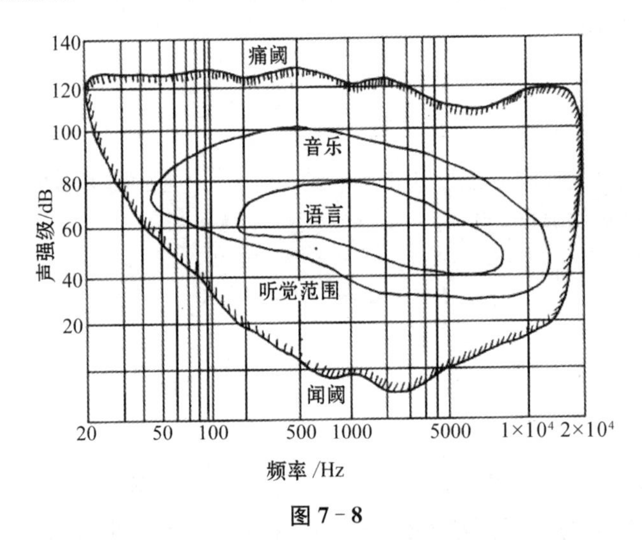

图 7-8

由于人耳所能接收的声强范围大约为 10^{12} 量级,变化范围太大,因此常用其对数来标度。规定以 1 000 Hz 的闻阈为标准声强 I_0($I_0 = 10^{-12}$ W/m^2),以某一声强值 I 与 I_0 之比的对数作为声强的量度,即

$$L = \lg \frac{I}{I_0},$$

其单位为"贝尔"。当以"贝尔"为单位时,从闻阈到痛阈间只有 13 个分级,可见"贝尔"的单位太大,分级过粗。因此以十分之一"贝尔"即"分贝"(dB)作为声强级的单位,即

$$L = 10 \lg \frac{I}{I_0} (\text{dB}) \tag{7-20}$$

这样,从闻阈到痛阈间把声强划分为 130 个分级。

7.4 波的传播与叠加

7.4.1 惠更斯原理

机械波在弹性介质中的传播是由于波源振动时会对与其相邻的质元产生力的作用,而这些相邻质元一旦振动起来,又会引起与它们相邻的外围质元的振动,从而使波源的振动状态由近及远地传播。就引起相邻质元振动这一现象而言,介质中振动着的任一质元所起的作用与波源的作用并无本质上的差别,因此在波传播区域内的任一质元均可视为产生机械波的波源。

惠更斯总结了这一规律,于 1690 年提出了描述机械波传播的几何方法——惠更斯原理:波阵面(波前)上的每一点都可以看作新的波源(称为子波源),其振动频率与波源相同,这些子波源向外发出球面子波,下一个时刻的波阵面就是这些球面子波的包络面。

如图 7-9 所示,若 S_1 为某时刻 t 的波前,根据惠更斯原理,S_1 上每一点均发出球面子波,若介质是均匀各向同性的,则经过时间 Δt 后各子波源发出的球面子波半径相同,形成半径为 $u\Delta t$ 的球面。在波的前进方向上,这些球面子波的包络面 S_2 就是 $t+\Delta t$ 时刻的波面。可见应用惠更斯原理可以通过作图的方法描述波的传播问题。

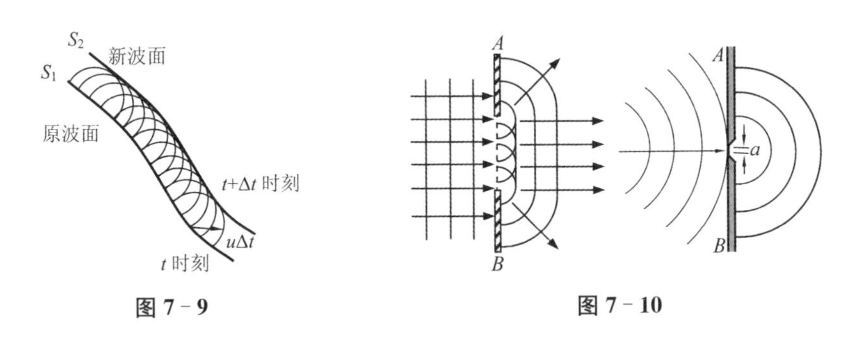

图 7-9　　图 7-10

波在传播过程中遇到障碍物时,会产生绕过障碍物边缘而偏离原来传播方向传播的现象,称为波的衍射。如图 7-10 所示,平面波到达 AB 上的一条狭缝时,根据惠更斯原理,未被缝挡住的波阵面上的各点都会发出球面子波,它们的包络面就是新的波阵面。由图可知新的波阵面已不再是平面,从而波偏离了原来沿直线传播的方向,产生了衍射。衍射现象是否明显,与缝宽有关,当缝宽较小时,衍射现象较为明显。

当波从一种介质入射到另一种介质的分界面上时,会产生反射与折射。如图 7-11 所示,平面波在纸面内向两种介质(I 和 II)的分界面 MN 传播,其波线与

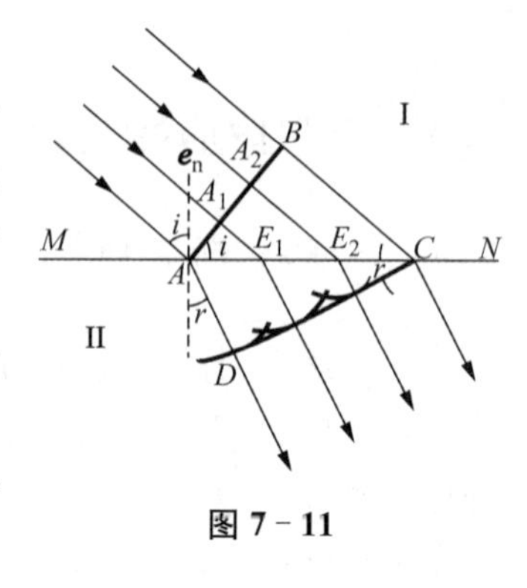

图 7-11

分界面法线 $\boldsymbol{e}_n$ 的夹角为 i(入射角)。在 $t=t_0$ 时刻，波前 AB 上的点 A 首先到达分界面并发出球面子波。随后 A_1，A_2，……依次到达 E_1，E_2，……并发出球面子波。在 $t=t_1$ 时刻，点 B 到达点 C，此时各子波在介质II中的包络面 DC 即该时刻折射波的波前。折射波的波线垂直于 DC，它与分界面法线间的夹角为 r(折射角)。设波在介质I中的波速为 u_1，在介质II中的波速为 u_2，则 $BC=u_1(t_1-t_0)=AC\sin i$，$AD=u_2(t_1-t_0)=AC\sin r$，由此可得

$$\frac{\sin i}{\sin r}=\frac{u_1}{u_2}。\tag{7-21}$$

此即折射定律，即入射角与折射角的正弦之比等于波在两种介质中的波速之比，且入射线、折射线和界面法线均在同一平面内。利用类似方法同样可以得到反射定律，此处不再赘述。

利用惠更斯原理虽然能够描述波阵面向前推进的情况，但从物理上考虑，该原理仅是描述性的，并且存在着一些不明确之处。例如，为什么作图时只画向前传播的波阵面，它也无法描述振幅在空间的大小分布等。

7.4.2 波的干涉

7.4.2.1 波的叠加原理

当多个波源发出的波在空间传播时，在这些波的重叠区域内这些波将保持自己的特征(频率、波长、振幅、振动方向等)而沿各自的传播方向传播，即波的传播具有独立性。乐队演奏或几个人同时说话时，空气中同时传播着很多声波，但我们仍能分辨出各种乐器的音调或各人的声音，这就是波的独立传播的例子。而在波的重叠区域内任意一个质元的运动将是各个波在该处所引起的该质元运动的矢量和，这一规律称为波的叠加原理。

叠加原理的数学依据是线性微分方程的解具有可叠加性。当描述振动的动力学微分方程是线性方程时，振动具有可叠加性。因此，波的叠加原理成立的前提是，描述波动的动力学微分方程是线性方程。可以证明，若

$$\frac{\partial^2 y_1}{\partial t^2}=u^2\frac{\partial^2 y_1}{\partial x^2},\ \frac{\partial^2 y_2}{\partial t^2}=u^2\frac{\partial^2 y_2}{\partial x^2},$$

则一定有

$$\frac{\partial^2(y_1+y_2)}{\partial t^2}=u^2\frac{\partial^2(y_1+y_2)}{\partial x^2},$$

即两列波的叠加满足

$$y = y_1 + y_2。$$

这称为线性叠加原理。

当波动的动力学方程不是线性方程时，上述叠加原理不成立。强度很大的波，例如强激光、爆炸后的冲击波等非线性波，就不满足波的线性叠加原理。

7.4.2.2　波的干涉

一般而言，几列波在一点叠加时，该处质元的合运动情况与各波在该处引起的振动的方向、频率、相位、振幅等因素有关，可能非常复杂。但有一种比较简单而又十分重要的波的叠加情况，即两列频率相同、振动方向相同、在叠加位置相位差恒定的波的叠加。这时，在两列波的重叠区域内，有些位置的合振动始终加强，有些位置的合振动始终减弱或完全抵消。这种现象称为波的干涉现象。

如图 7-12 所示，设波源 S_1，S_2 的振动方向、频率相等，初相位分别为 φ_1，φ_2，那么两波源的振动方程可表示为 $y_1 = A_1\cos(\omega t + \varphi_1)$ 和 $y_2 = A_2\cos(\omega t + \varphi_2)$。它们发出的两列波在点 P 相遇，若点 P 与两波源之间的距离为 r_1，r_2，则两波在点 P 引起的振动分别为

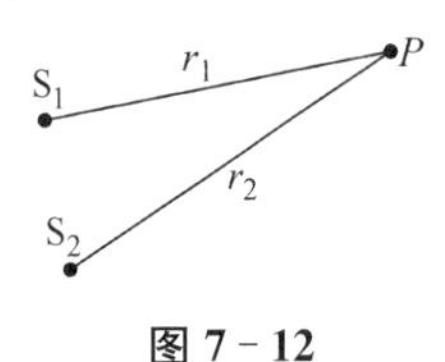

图 7-12

$$y_1 = A_1\cos(\omega t - kr_1 + \varphi_1)，\ y_2 = A_2\cos(\omega t - kr_2 + \varphi_2)，$$

这是两个同方向、同频率的简谐振动，因此该处质元的合运动仍为简谐振动，其振幅为 $A = \sqrt{A_1^2 + A_2^2 + 2A_1A_2\cos\Delta\varphi}$，式中 $\Delta\varphi$ 是两列波在点 P 引起的振动的相位差，即

$$\Delta\varphi = \varphi_2 - \varphi_1 - k(r_2 - r_1)。\tag{7-22}$$

可见，当 $\Delta\varphi$ 确定时，点 P 合振动的振幅确定。当位相差满足

$$\Delta\varphi = \pm 2n\pi，\quad n = 0,\ 1,\ 2,\ 3,\ \cdots \tag{7-23}$$

时，合振幅最大，为 $A_1 + A_2$，振动加强。这样的点称为干涉相长点。当位相差满足

$$\Delta\varphi = \pm(2n+1)\pi，\quad n = 0,\ 1,\ 2,\ 3,\ \cdots \tag{7-24}$$

时，合振幅最小，为 $|A_1 - A_2|$，振动减弱。这样的点称为干涉相消点。位相差为其他值时各点的合振幅介于 $A_1 + A_2$ 和 $|A_1 - A_2|$ 之间。式(7-23)、式(7-24)中的整数 n 称为干涉级次。

由式(7-22)可知，若两波源的相位差恒定，则 $\Delta\varphi$ 取决于点 P 至两波源间的波程差，当点 P 位置连续变化时，$\Delta\varphi$ 也连续变化，因此空间不同位置的振幅分布也连续变化，有的位置振幅极大，有的位置振幅极小，并且振幅的空间分布不随时间改变，这就是干涉现象。可见要产生干涉现象，就要求两波在空间各个位置引起

的振动的相位差 $\Delta\varphi$ 确定且不随时间变化。由于波源的位置是确定的且不随时间变化,若 P 为空间的某确定点,则点 P 到两波源的距离也是确定的且不会随时间变化,因此为保证 $\Delta\varphi$ 不随时间变化,就要求波源的初相位(或两波源的相位差)与时间无关。这样的两个波源(振动方向相同、频率相等、相位差恒定)称为相干波源,由这样两个波源发出的波称为相干波。

当两个相干波源的初相位相等时,式(7 - 22)简化为

$$\Delta\varphi = k\Delta r, \tag{7-25}$$

式中 Δr 为空间某点到两光源的波程差,此时干涉极大、极小的条件分别为

$$\Delta r = \begin{cases} \pm n\lambda & \text{干涉相长,} \\ \pm(2n+1)\dfrac{\lambda}{2} \quad (n=0,\ 1,\ 2,\ \cdots) & \text{干涉相消。} \end{cases} \tag{7-26}$$

【例 7 - 4】 如图 7 - 13 所示,两相干波源 S_1 和 S_2 的间距 $d=30\ \text{m}$,且都在 x 轴上,S_1 位于原点 O。设由两波源分别发出两列波沿 x 轴传播,强度保持不变。$x_1=9\ \text{m}$ 和 $x_2=12\ \text{m}$ 处的两点是相邻的两个因干涉而静止的点。求波长和两波源间的最小相位差。

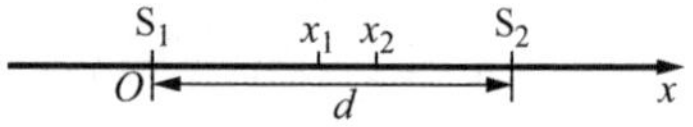

解 由于 S_1、S_2 是相干波源,因此振动圆频率相等,可设为 ω,并设两波源的振动初相位分别为 φ_1 和 φ_2。两波源发出的波在 x_1 处振动的相位差为

图 7 - 13

$$\left[\omega t+\varphi_2-\frac{2\pi}{\lambda}(d-x_1)\right]-\left[\omega t+\varphi_1-\frac{2\pi}{\lambda}x_1\right]=\left[\varphi_2-\frac{2\pi}{\lambda}(d-x_1)\right]-\left[\varphi_1-\frac{2\pi}{\lambda}x_1\right],$$

在 x_2 处振动的相位差为

$$\left[\varphi_2-\frac{2\pi}{\lambda}(d-x_2)\right]-\left[\varphi_1-\frac{2\pi}{\lambda}x_2\right],$$

由题意,x_1 和 x_2 均为干涉相消位置,由干涉条件可知,在 x_1 和 x_2 处振动的相位差均等于 π 的奇数倍,又由于 x_1 和 x_2 是相邻两个因干涉而静止的点,因此两点振动相位差的级次应相差 1 级,可分别表示为

$$\left[\varphi_2-\frac{2\pi}{\lambda}(d-x_1)\right]-\left[\varphi_1-\frac{2\pi}{\lambda}x_1\right]=(2n+1)\pi,$$

$$\left[\varphi_2-\frac{2\pi}{\lambda}(d-x_2)\right]-\left[\varphi_1-\frac{2\pi}{\lambda}x_2\right]=[2(n+1)+1]\pi=(2n+3)\pi,$$

式中 n 取整数。两式相减得

$$\frac{4\pi}{\lambda}(x_2 - x_1) = 2\pi,$$

解得

$$\lambda = 2(x_2 - x_1) = 6 \text{ m},$$

$$\varphi_2 - \varphi_1 = (2n+1)\pi + \frac{2\pi}{\lambda}(d - 2x_1) = (2n+5)\pi,$$

由此得 $n = -2, -3$ 时相位差最小，为 $\pm\pi$。

7.4.3　驻波

驻波是指两列振幅相同的相干波在一直线上沿相反方向传播时，在两个波的重叠区域产生的干涉现象。

设两振幅相等的相干波分别沿 x 轴的正方向和负方向传播，其波表达式分别为

$$y_1 = A\cos(\omega t - kx), \ y_2 = A\cos(\omega t + kx),$$

在 x 轴上合成波的表达式为

$$y = y_1 + y_2 = 2A\cos kx \cos \omega t, \tag{7-27}$$

即

$$y = f(x)g(t),$$

其中 $f(x) = 2A\cos kx$ 可理解为 x 位置处质元的振幅，而 $g(t) = \cos\omega t$ 为振动项。由此可知，位于 x 轴上各不同位置处的质元都在做简谐振动，但振幅随 x 有周期性变化。这样的波已经不具有行波的特性，而是 x 轴上不同位置处质元的集体振动，不存在振动相位的传播，这样的波称为驻波，这是波干涉的一个特殊现象。

驻波形成后，x 轴上不同位置的质元都在做频率相同的简谐振动，但各质元的振幅不同，由 $f(x) = 2A\cos kx$ 可知，在

$$x = \frac{\pm n\pi}{k} = \pm n\frac{\lambda}{2} \quad (n = 0, 1, 2, \cdots) \tag{7-28}$$

处，质元的振幅最大，为 $2A$，称为波腹；在

$$x = \frac{\pm(2n+1)\pi}{2k} = \pm(2n+1)\frac{\lambda}{4} \quad (n = 0, 1, 2, \cdots) \tag{7-29}$$

处，质元的振幅为零，这些质元始终保持静止，称为波节。由式(7-28)和式(7-29)可得相邻波腹或相邻波节间距离

$$\Delta x = \frac{\lambda}{2},$$

而相邻波节与波腹间距离则为

$$\Delta x=\frac{\lambda}{4}。$$

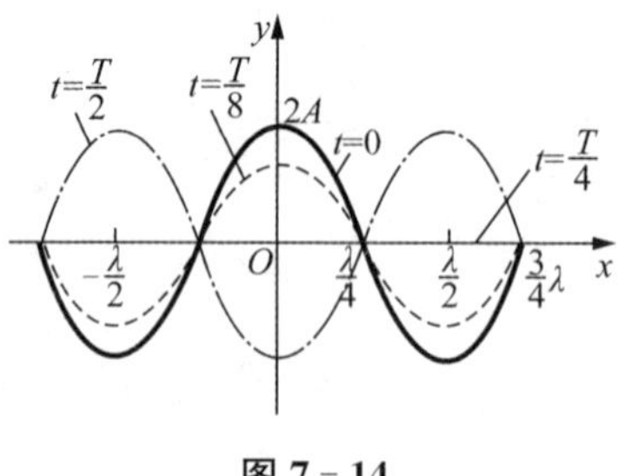

图 7-14

可见,在 x 方向,每隔$\frac{1}{4}$波长的距离,波腹转变为波节,或波节转变为波腹,如图 7-14 所示。

由式(7-27)可知,形成驻波后,任意位置 x 处的质元的振动规律均为 $\cos\omega t$,这是否表明所有质元的振动相位都相同呢?情况并非如此。考虑两相邻波腹处质元的振动,由式(7-28)可知,这两个质点的位置分别为 $x_n=n\frac{\lambda}{2}$ 和 $x_{n+1}=(n+1)\frac{\lambda}{2}$,相应的振幅为 $2A\cos n\pi$ 和 $2A\cos(n+1)\pi$,因此这两个质元的振动方向正好相反,即它们的振动相位相反,相位差为 π。而相邻两个波节之间,$\cos kx$ 有相同的正负号。因此,任意两个波节之间,各质元的振动相位相等,而任一波节两侧质元的振动相位相反,即沿 x 方向各质元做分段振动,每段两端质元的振幅为零,中央位置质元的振幅最大,振动相位相同,而相邻两段的振动相位相反。

图 7-14 给出了在不同时刻的驻波波形,可见在某一时刻,位于各不同 x 位置的所有质元可以均位于平衡位置,此时由于各相邻质元间均无相对位移,因此驻波的能量为各质元的动能,且能量密度最大值位于波腹处,波节处能量密度为零。此后经过$\frac{1}{4}$周期,所有质元均离开平衡位置而运动到各自的最大振幅位置,此时各质元的速度均为零而相互间的相对位移达到最大,因此,驻波的能量形式为势能。由于在波节附近相对位移最大而波腹处相对位移趋于零,因此波节处能量密度最大而波腹处能量密度为零。综上所述,每隔$\frac{1}{4}$周期,驻波能量由动能转化为势能,或由势能转化为动能,而空间的能量分布则由波腹向波节流动,或由波节向波腹流动,因此在一个周期内平均能流为零。

在一根两端固定的张紧的弦中形成的驻波,其两个固定端必定为波节,因此,要在弦线上形成驻波,对波长就有一定的限制,若弦线长度为 l,则

$$l=n\frac{\lambda}{2},\ \lambda=\frac{2l}{n},\quad (n=1,\ 2,\ \cdots)$$

即只有特定波长的波才能在弦线上形成驻波。由 $u=\lambda\nu$ 可知,相应的频率为

$$\nu_n=\frac{u}{\lambda_n}=\frac{n}{2l}u, \tag{7-30}$$

式中 u 为弦线中的波速,由弦线的弹性和惯性决定。与 $n=1$ 相对应的频率 ν_1 称

为基频，其他的依次称为2次、3次、……谐频（对声驻波则分别称基音和泛音）。基频和谐频也称为弦的简正频率或固有频率，所对应的驻波称为弦的简正模，如图7-15所示。对于一端固定，一端自由的情况，也可做同样的讨论，此时弦长应满足 $l = n\dfrac{\lambda}{2} + \dfrac{\lambda}{4}$，相应的频率为

$$\nu_n = \frac{2n+1}{4l}u \quad (n = 0, 1, 2, \cdots)。 \tag{7-31}$$

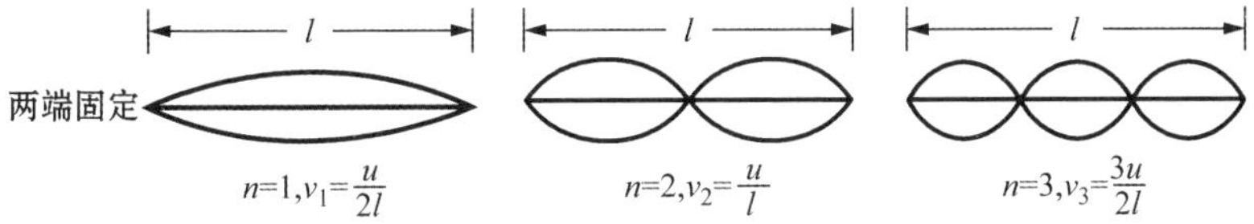

两端固定

$n=1, \nu_1 = \dfrac{u}{2l}$ $n=2, \nu_2 = \dfrac{u}{l}$ $n=3, \nu_3 = \dfrac{3u}{2l}$

图 7-15

当波在弦上传播形成驻波时，该驻波是由入射波和反射波叠加而成。若反射点是波节，则可以理解为入射波与反射波在反射点引起的振动的叠加使得该点的振幅始终为零。由此可知，在任意时刻，入射波与反射波在该点引起的振动相位始终相反。这意味着若反射点是波节，则反射波与入射波间存在着 π 的相位差，这种现象称为相位突变。而若反射点为自由端，形成驻波后该端为波腹，这意味着入射波与反射波在自由端振动相位相同，在自由端反射时不会产生相位突变现象。

波在两种介质的分界面上反射时是否会产生相位突变，是一个比较复杂的问题。一般而言，这一现象是否产生与两种介质的性质、波相对于分界面的传播（入射）方向等因素有关。定义介质的密度 ρ 与波在该介质中的波速 u 的乘积为波阻抗 Z，即 $Z = \rho u$，把两种介质中波阻抗较大的介质称为波密介质，而波阻抗小的称为波疏介质。在上述讨论中所涉及的是波垂直于分界面入射与反射的情况，通过理论计算可知，在这种情况下，当波由波疏介质入射到波密介质的表面反射时，将产生相位突变现象，而当波由波密介质入射到波疏介质表面反射时不产生相位突变。当电磁波在两种介质的分界面上反射时，也会有类似的现象产生。

【例7-5】 如图7-16所示，弦线上的简谐横波沿 x 轴正方向传播，频率 $\nu = 50$ Hz，振幅 $A = 0.04$ m，波速 $u = 100$ m/s。已知弦线上离坐标原点 $x_1 = 0.5$ m 处的质元在 $t = 0$ 时刻的位移为 $+A/2$，且沿 y 轴负向运动，当波传播到 $x_2 = 10$ m 处的固定端时被全部反射并形成驻波。求：

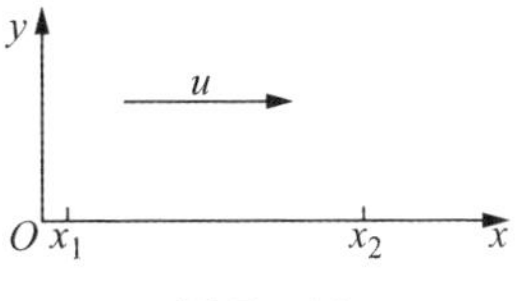

(1) 入射波的波表达式；

(2) 反射波的波表达式；

y u O x_1 x_2 x

图 7-16

(3) 在 $0 \leqslant x \leqslant 10$ m 区间内各波节和波腹的坐标。

解 (1) 波长 $\lambda = \frac{u}{\nu} = \frac{100}{50}$ m $= 2$ m。由旋转矢量图可知在 $x_1 = 0.5$ m 处质元振动的初相位 $\varphi_1 = \pi/3$，x_1 处质元的振动规律为

$$y_1 = A\cos(2\pi\nu t + \varphi_1) = 0.04\cos\left(100\pi t + \frac{\pi}{3}\right),$$

波沿 x 正方向传播，在 x_1 下游位于 x 处的质元的振动相位比 x_1 处质元的振动相位落后 $k(x - x_1)$，由此可得入射波的波表达式为

$$y = 0.04\cos\left[100\pi t - \frac{2\pi}{\lambda}(x - x_1) + \frac{\pi}{3}\right] = 0.04\cos\left[100\pi t - \pi x + \frac{5\pi}{6}\right]。$$

(2) 入射波在 $x_2 = 10$ m 处反射，x_2 处为固定端，存在相位突变，即反射波与入射波在反射点引起的振动间存在 π 相位差。反射波在 x_2 处引起的振动规律为

$$y_2 = 0.04\cos\left[100\pi t - \pi x_2 + \frac{5\pi}{6} + \pi\right] = 0.04\cos\left(100\pi t + \frac{11\pi}{6}\right)。$$

根据波的传播规律可知，反射波传播到某一 $x(x < x_2)$ 处时将引起 x 处质元的振动，该质元的振动相位比 x_2 处质元的振动相位落后 $k(x_2 - x)$，因此反射波的波表达式可表示为

$$y' = 0.04\cos\left[100\pi t + \frac{11\pi}{6} - \frac{2\pi}{\lambda}(x_2 - x)\right] = 0.04\cos\left(100\pi t + \pi x + \frac{11\pi}{6}\right)。$$

(3) 可由入射波和反射波的表达式得到驻波表达式

$$\begin{aligned} y + y' &= 0.04\cos\left(100\pi t - \pi x + \frac{5\pi}{6}\right) + 0.04\cos\left(100\pi t + \pi x + \frac{11\pi}{6}\right) \\ &= 0.08\cos\left(\pi x + \frac{\pi}{2}\right)\cos\left(100\pi t + \frac{4\pi}{3}\right), \end{aligned}$$

可见，当 $\pi x + \frac{\pi}{2} = n\pi$ 时为波腹，$\pi x + \frac{\pi}{2} = \frac{2n+1}{2}\pi$ 时为波节，式中 n 为整数。由此可得波腹位置为 $x = n - \frac{1}{2}$，$n = 1, 2, \cdots, 10$；波节位置为 $x = n$，$n = 0, 1, 2, \cdots, 10$。

上述解法较为冗长，实际上由于波节间距离为 $\frac{\lambda}{2} = 1$ m，又 $x_2 = 10$ m 处是节点，所以节点坐标为 $x = 0$ m，1 m，2 m，⋯，10 m。波腹位置在各相邻节点的中间，即 $x = 0.5$ m，1.5 m，⋯，9.5 m。

7.5　多普勒效应

多普勒效应是指当波源与接收器之间有相对运动时，接收器接收到的频率 ν_R 与波源频率 ν 不同的现象。

设波源 S 相对介质的运动速度大小为 v_S，观察者 R 相对介质的运动速度大小为 v_R，波在介质中的传播速度大小为 u，波源的频率为 ν(周期为 T)。所谓接收器接收到的频率 ν_R 是指单位时间内通过接收器的完整波长数，即接收器所测得的波速与波长之比。当波源和观察者相对介质都静止时，接收器所测得的波速与波长均不变，因此接收到的频率就是波源的频率，即

$$\nu = \frac{u}{\lambda} = \frac{1}{T}。$$

在下面的讨论中，均假设介质在某一惯性系中保持静止，而波源或接收器相对介质沿两者的连线运动。

7.5.1　波源静止，观察者运动

若波源静止，接收器向着波源运动，则由波源发出的波的波阵面为以波源为圆心的同心圆，如图 7－17 所示，相邻波阵面之间的距离就是波长，其大小为 $\lambda = uT = u/\nu$，而这也是静止的接收器所测得的波长。由于接收器以速度 v_R 向着波源运动，其运动方向与波的传播方向相反，因此波相对接收器的速度为 $u + v_R$，故接收器接收到的频率为

$$\nu_R = \frac{u + v_R}{\lambda} = \frac{u + v_R}{u}\nu = \left(1 + \frac{v_R}{u}\right)\nu。\qquad (7-32)$$

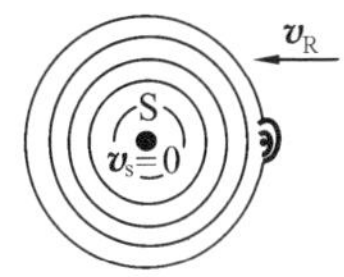

图 7－17

当观察者远离波源运动时，按同样分析可知，波相对接收器的速度为 $u - v_R$，因此式(7－32)中的 v_R 为负值。

7.5.2　波源运动，观察者静止

设接收器静止，而波源向着接收器运动，在这种情况下，由于经过一个周期波源将在波源与接收器连线方向上运动一段距离，因此在两者连线方向上相邻波阵面之间的距离将被压缩，由波源发出的波的波阵面如图 7－18(a)所示。在此情况下，由于接收器静止，接收器测得的波速仍为 u，但由于波源的运动，接收器测得的波长发生了变化。如图 7－18(b)所示，波源运动时，某一个波阵面由波源发出后，在介质中以 u 向前运动，在波源发出下一个波阵面时，波源向前移动的距离为

$v_S T$,在此过程中前一个等相面的移动距离为 $uT=\lambda$。因此两个等相面之间的距离变为 $\lambda - v_S T$,此即接收器测得的波长 λ',故接收器接收到的频率为

$$\nu_R=\frac{u}{\lambda'}=\frac{u}{\lambda - v_S T}=\frac{u}{u-v_S}\nu。\tag{7-33}$$

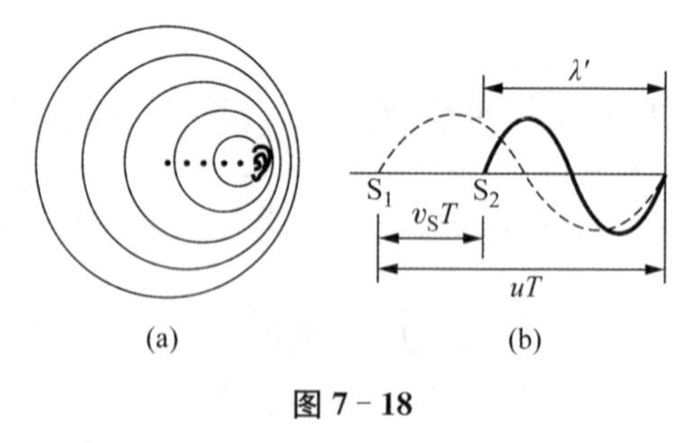

图 7-18

当波源远离静止的接收器运动时,按同样分析可知,相邻两个波阵面之间的距离变大了,即 $\lambda'=\lambda+v_S T$,因此式(7-33)中的 v_S 取负值。

7.5.3 波源和观察者都运动

由上述讨论可知,当波源和接收器同时运动时,由于波源运动,接收器测得的波长为 $\lambda'=(u\mp v_S)T$;由于观察者运动,接收器测得的波速为 $u'=u\pm v_R$,可得接收器接收到的频率

$$\nu_R=\frac{u'}{\lambda'}=\frac{u\pm v_R}{u\mp v_S}\nu。\tag{7-34}$$

当波源向着接收器方向运动时,式(7-34)的分母中取负号,反之取正号;当接收器向着波源方向运动时,式(7-34)的分子中取正号,反之取负号。

如果波源和接收器的运动不在两者的连线上,则式(7-34)中的 v_S、v_R 为波源和接收器的速度在两者连线方向上的分量。

多普勒效应是波动过程的共同特征,不仅是机械波,电磁波(包括光波)也都有多普勒效应。由于电磁波的传播不依赖于介质,所以接收到的频率只需考察波源与观察者之间的相对运动;又由于电磁波以光速传播,所以在涉及相对运动时必须考虑相对论的时空变换关系。

多普勒效应有着广泛的应用。例如:利用超声波的多普勒效应可以测量血流速度;利用微波的多普勒效应可以监测车辆速度,跟踪人造卫星;通过对宇宙星体光谱的测量,发现来自所有星体的光谱都存在"红移"现象,即接收频率变低的多普勒效应,从而给宇宙膨胀理论提供了有力的依据。

【例 7-6】 接收器 R、波源 S 及反射面 M 的位置如图 7-19 所示,已知波源静止不动,频率为 ν_0,波速为 $\boldsymbol{u}$,接收器以 $\boldsymbol{v}_R$ 运动,反射面以 $\boldsymbol{v}_M$ 运动。求接收器接收到的拍频。

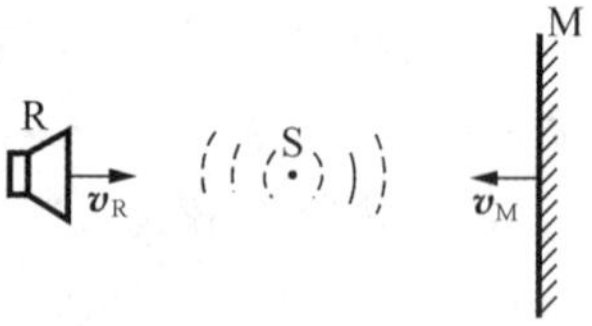

图 7-19

解 接收器可以直接接收由波源 S 发出的信号,这是波源不动而接收器向着波源运动的情形,设其频

率为 ν_1，也可接收由 S 发出并经过 M 反射的信号，设其频率为 ν_2，拍频即 $\nu_1 - \nu_2$。为计算接收器直接接收到的由波源发出的波的频率，可直接利用式(7-32)得

$$\nu_1 = \frac{u + v_R}{u}\nu_0,$$

ν_2 的计算可做如下考虑：由 S 发出的波被 M 接收并反射后被 R 接收，这个过程可等效地把 M 视为一个波源，其频率就是它接收到的频率。对于 M 而言，它向着 S 运动而 S 不动，因此 M 接收到的频率 ν 同样可由式(7-32)计算得到

$$\nu = \frac{u + v_M}{u}\nu_0,$$

这就是 M 作为波源发出的频率。由于 M 与 R 相向运动，ν_2 可由式(7-34)计算得到

$$\nu_2 = \frac{u + v_R}{u - v_M}\nu = \frac{u + v_R}{u - v_M} \cdot \frac{u + v_M}{u}\nu_0,$$

拍频

$$\begin{aligned} \Delta\nu = \nu_2 - \nu_1 &= \left(\frac{u + v_R}{u - v_M} \cdot \frac{u + v_M}{u} - \frac{u + v_R}{u}\right)\nu_0 \\ &= \frac{2v_M(u + v_R)}{u(u - v_M)}\nu_0。\end{aligned}$$

习　题　7

7-1　一平面简谐波的波线上，有相距 2.0 m 的两点 A 和 B，点 B 振动相位比点 A 落后 $\frac{\pi}{6}$，已知振动周期为 2.0 s，求波长和波速。

7-2　已知一平面波沿 x 轴正向传播，距坐标原点 O 为 x_1 处点 P 的振动表达式为 $y = A\cos(\omega t + \varphi)$，波速为 $\boldsymbol{u}$。求：

(1) 平面波的表达式；

(2) 若波沿 x 轴负向传播，波的表达式又如何？

7-3　如题图所示，一平面简谐波在空间传播，已知 A 点的振动规律为 $y = A\cos(2\pi\nu t + \varphi)$，求：

(1) 该平面简谐波的表达式；

(2) 点 B 的振动表达式（点 B 位于点 A 右方 d 处）。

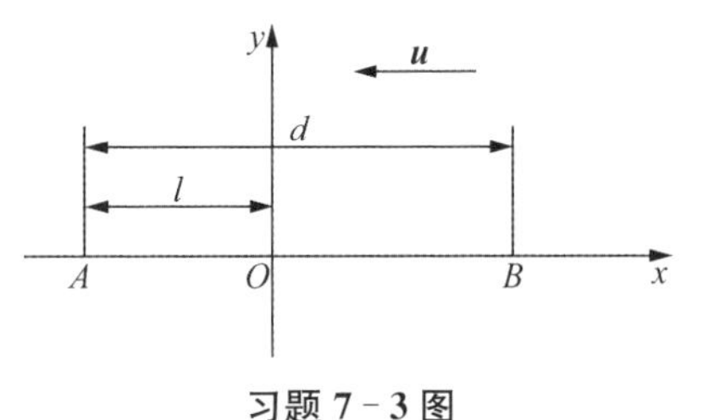

习题 7-3 图

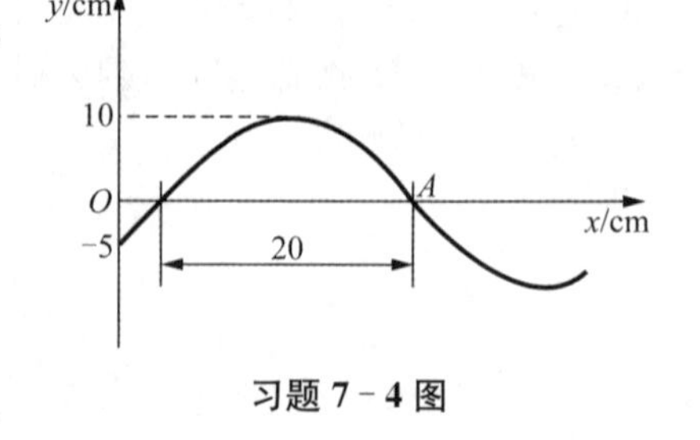

习题 7-4 图

7-4 一沿 x 正方向传播的平面余弦波在 $t=\frac{1}{3}$ s 时的波形如题图所示,且周期 T 为 2 s。

(1) 写出点 O 的振动表达式;

(2) 写出该波的波动表达式;

(3) 写出点 A 的振动表达式;

(4) 求点 A 离点 O 的距离。

7-5 一列横波沿 x 轴传播,在 $t_1=0$ 和 $t_2=0.005$ s 时的波形曲线如题图所示。

(1) 设周期大于 t_2-t_1,求波速;

(2) 若周期小于 t_2-t_1,并且波速为 6 000 m/s,求波的传播方向。

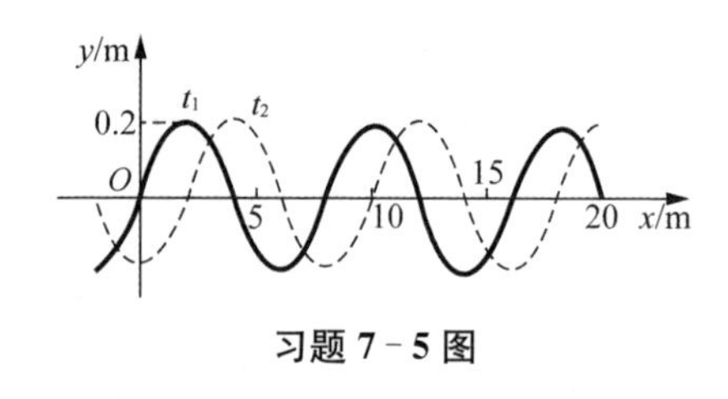

习题 7-5 图

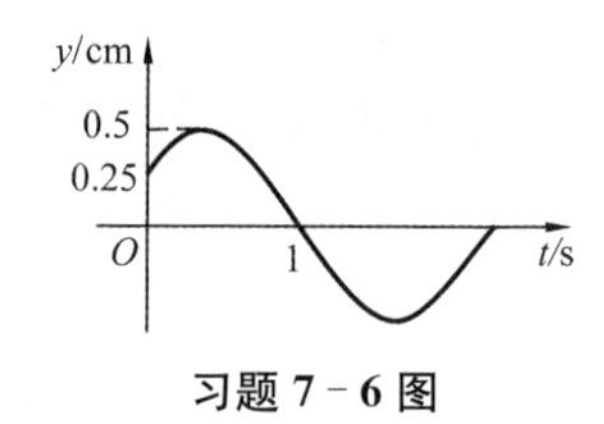

习题 7-6 图

7-6 一平面简谐波以速度 $u=0.8$ m/s 沿 x 轴负方向传播。已知原点的振动曲线如题图所示。求:

(1) 原点的振动表达式;

(2) 波动表达式;

(3) 同一时刻相距 1 m 的两点之间的相位差。

7-7 一正弦形式空气波沿直径为 14 cm 的圆柱形管行进,波的平均强度为 9.0×10^{-3} J/(s·m^2),频率为 300 Hz,波速为 300 m/s。求:

(1) 波中的平均能量密度和最大能量密度各是多少;

(2) 每两个相邻同相面间波的能量。

7-8 一弹性波在媒质中传播的速度 $u=10^3$ m/s,振幅 $A=1.0\times10^{-4}$ m,频率 $\nu=10^3$ Hz。若该媒质的密度为 800 kg/m^3,求:

(1) 该波的平均能流密度;

(2) 1 min 内垂直通过面积 $S=4.0\times10^{-4}$ m^2 的总能量。

7-9 如题图所示,两个声源 S_1、S_2 相距 3.0 m,同相位地发出频率为 660 Hz 的相同音调。若声速为 330 m/s,则 S_1、S_2 连线和 A、B 连线上能产生多少个干涉极大?已知 S_1、S_2 连线与 A、B 连线平行,且相距 4.0 m。

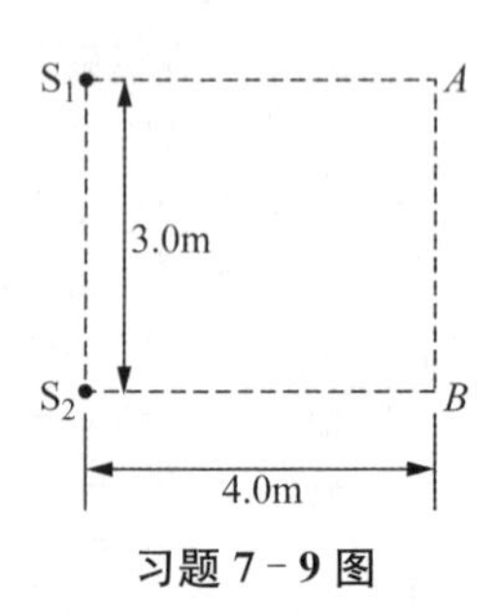

习题 7-9 图

7-10 S_1 和 S_2 为左、右两个振幅相等的相干平面简谐波源,它们的间距为 $d=5\lambda/4$,S_2 质点的振动比 S_1 超前 $\pi/2$。设 S_1 的振动方程为 $y_{10}=A\cos\frac{2\pi}{T}t$,且媒质无吸收。

(1) 写出 S_1 和 S_2 之间的合成波的波表达式；

(2) 分别写出 S_1 和 S_2 左、右侧的合成波的波表达式。

7-11　设 S_1 与 S_2 为两个相干波源，相距 $\frac{1}{4}$ 波长，S_1 比 S_2 的相位超前 $\frac{\pi}{2}$。若两波在 S_1、S_2 连线方向上的强度相同且不随距离变化，问 S_1、S_2 连线上在 S_1 外侧各点的合成波的强度如何？在 S_2 外侧各点的强度又如何？

7-12　如题图(a)所示，有两个相干波源 S_1、S_2，两者之间相距为 d。两波源振动时位移随时间变化规律如题图(b)所示。两波源振动后，两波源连线上出现清晰稳定的干涉图样。现由于某种原因，波源 S_2 的振动周期发生了微小变化，由 T 变为 $T'(T<T')$，此时发现 S_1、S_2 连线间的加强区和减弱区会发生移动，某时刻 S_1、S_2 连线中点 A 刚好为振动加强点，求：此时该加强点的移动方向和移动速度(设波速为 $\boldsymbol{v}$)。

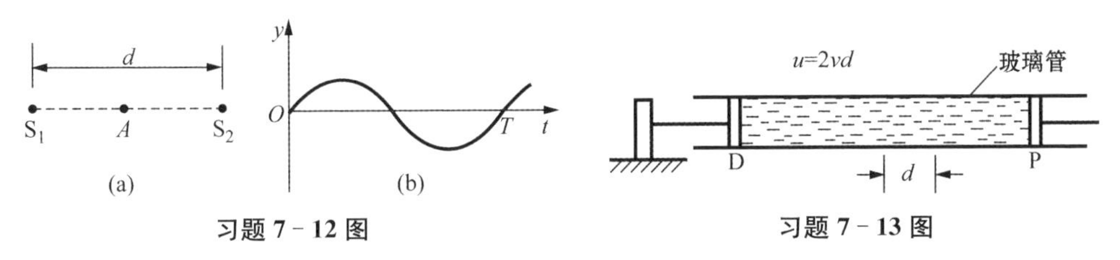

习题 7-12 图　　**习题 7-13 图**

7-13　测定气体中声速的孔脱(Kundt)法如下：一细棒的中部夹住，一端有盘 D 伸入玻璃管，如题图所示。管中撒有软木屑，管的另一端有活塞 P，使棒纵向振动，移动活塞位置直至软木屑形成波节和波腹图案。若已知棒中纵波的频率 ν，量度相邻波节间的平均距离 d，可求得管内气体中的声速 u。试证：$u=2\nu d$。

7-14　声音干涉仪如题图所示，用以演示声波的干涉。S 为声源，D 为声音探测器，如耳或话筒。路径 SBD 的长度可以变化，但路径 SAD 是固定的。干涉仪内有空气，且知声音强度在 B 的第一位置时为极小值 100 单位，而渐增至 B 距第一位置为 1.65 cm 的第二位置时，有极大值 900 单位。求：

(1) 声源发出的声波频率；

(2) 抵达探测器的两波的振幅之比。

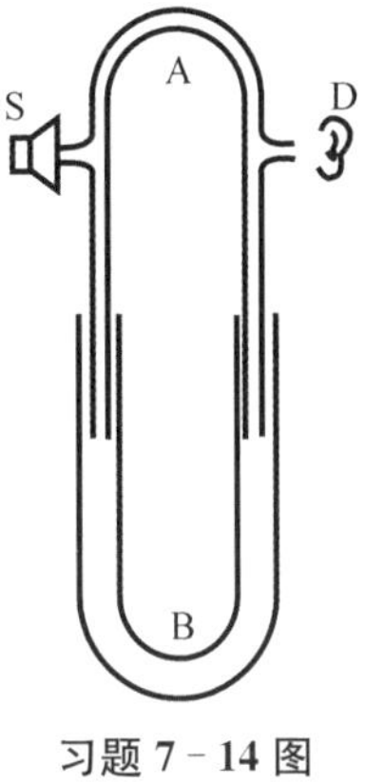

习题 7-14 图

7-15　绳索上的波以波速 $v=25\ \text{m/s}$ 传播，若绳的两端固定，相距 2 m，在绳上形成驻波，且除端点外其间有 3 个波节。设驻波振幅为 0.1 m，$t=0$ 时绳上各点均经过平衡位置。求：

(1) 驻波的表示式；

(2) 形成该驻波的两列行波的表示式。

7-16　弹性绳长为 L，一端固定在墙上，一端与做简谐运动的振源连接，改变振源的频率，在绳上形成稳定的驻波波形，当振源频率为 ν 时，绳上共有 n 个波节，求此时相邻波腹间的距离与波速。

7-17　弦线上驻波的波动表达式为：$y=A\cos\left(\frac{2\pi}{\lambda}x+\frac{\pi}{2}\right)\cos\omega t$。设弦线的质量线密度为 ρ。

(1) 分别指出振动势能和动能总是为零的各点位置；

(2) 分别计算 $0 \to \frac{\lambda}{2}$ 半个波段内的振动势能、动能和总能量。

7－18　一声源的频率为 1 080 Hz,相对于地以 30 m/s 的速度向右运动,在其右方有一反射面相对于地以 65 m/s 的速率向左运动,设空气中的声速为 331 m/s,求:

(1) 在声源前方,声源在空气中发出声音的波长;

(2) 每秒钟到达反射面的完整波形数目;

(3) 反射波的波长。

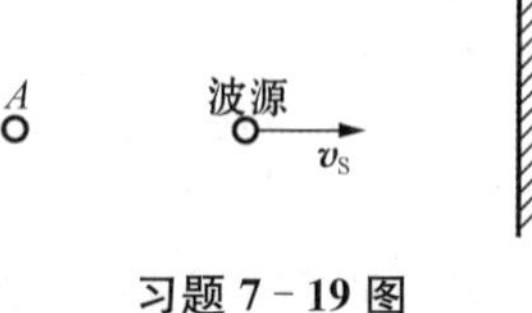

习题 7－19 图

7－19　一波源振动的频率为 2 040 Hz,以速度 $\boldsymbol{v}_S$ 向墙壁接近(见题图),观察者在 A 点听得拍音的频率为 $\Delta\nu = 3$ Hz,求波源移动的速度 $\boldsymbol{v}_S$。(设声速为 340 m/s)

7－20　一击鼓者 S 每秒击鼓 f 次,一听者 Q 坐在车上,车以速度 $\boldsymbol{v}_0$ 向击鼓者驰近,已知声速为 $\boldsymbol{u}$。则听者每秒钟听到击鼓声多少次。若击鼓者同时以速度 $\boldsymbol{v}_S$ 向听者靠近,则听者每秒钟听到击鼓声多少次。

7－21　蝙蝠在洞穴中飞来飞去,是利用超声脉冲来导航的。假定蝙蝠发出的超声频率为 39 000 Hz。当它以空气中声速的 1/40 的运动速率朝着墙壁飞扑的过程中,它自己听到的从墙壁反射回来的脉冲频率是多少?

7－22　声源 S 的频率为 ν_0,若声源与观察者分别以 $\boldsymbol{v}_S$ 和 $\boldsymbol{v}_R$ 在声音传播方向上做同方向运动,则观察者听到声音的频率 ν_1 为多少?若空气在流动,风速为 $\boldsymbol{v}_w$,且风速的方向与 $\boldsymbol{v}_S$、$\boldsymbol{v}_R$ 的方向也相同,则此时观察者听到的频率 ν_2 为多少?

思 考 题 7

7－1　题图(a)表示沿 x 轴正向传播的平面简谐波在 $t = 0$ 时刻的波形图,则题图(b)表示的是(　　)。

(A) 质点 m 的振动曲线　　(B) 质点 n 的振动曲线

(C) 质点 p 的振动曲线　　(D) 质点 q 的振动曲线

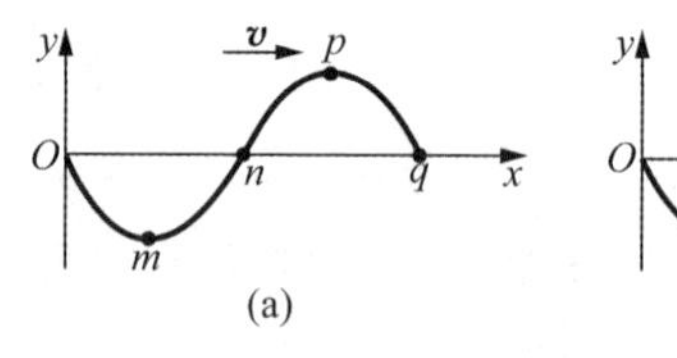

思考题 7－1 图

7－2　从能量的角度讨论振动和波动的联系和区别。

7－3　当两列波干涉时,是否会有能量损失?

7－4　设直线形波源发射柱面波,在无阻尼、各向同性的均匀媒质中传播。问波的强度及振幅与离开波源的距离有何关系?

7－5　在一端固定于 O 的水平绳中,入射波波形如题图所示,若波在固定点 O 处被全部反射:

(1) 画出该时刻反射波的波形;

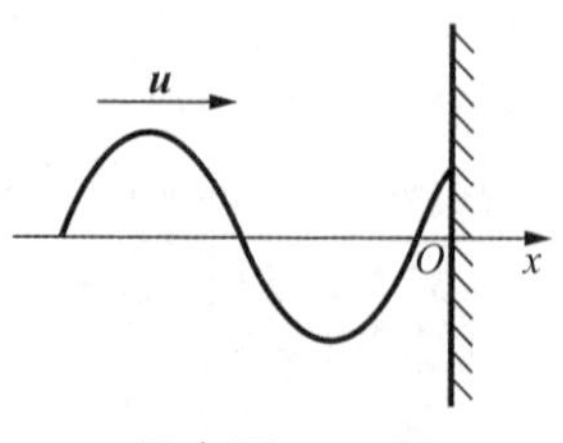

思考题 7－5 图

（2）画出该时刻驻波的波形；

（3）画出经很短时间间隔 $\Delta t(\ll T$ 周期）时的驻波波形。

7-6　一卫星发射恒定频率的无线电波。地面上的探测器测到了这些无线电波，并使它们与某一标准频率形成拍，然后将拍频输入扬声器，人们就“听”到了卫星的信号。试描述当卫星趋近地面探测器、通过探测器上空以及离开探测器时声音的变化情况。

第8章 平 衡 态

热学的研究对象是由大量粒子构成的系统，粒子数量通常以阿伏伽德罗(Avogadro)常数 $N_A = 6.022 \times 10^{23}\,\mathrm{mol}^{-1}$ 计，称这样的系统为热力学系统。例如，一盒气体、一杯液体或一块固体，也可以是一腔热辐射场，甚至是由非物质构成的声波场。

由于热力学系统包含了大量的粒子，如果像力学那样，对每个粒子列出相应的动力学方程，得到的方程组数目将极其巨大，即使借助现有性能最好的巨型计算机也难以求解，必须寻找区别于力学的方法。几百年来人类通过对热现象的认识和积累，热力学系统的研究方法基本成熟，并形成了热学的两种研究方法：一种为宏观方法或热力学方法；另一种为微观方法或统计方法。

宏观方法是以实验为基础，在这种方法中，可将整个理论分为“运动学”和“动力学”两大部分内容。所谓的“运动学”是要回答如下两个问题：

(1) 怎样描述热力学系统的状态？用什么样的物理量进行描述？

(2) 描述热力学系统的物理量的性质以及它们的关系如何？

所谓“动力学”是要回答另外两个问题：

(1) 是什么原因造成了热力学系统状态的变化？

(2) 状态变化时满足怎样的规律？

第8章回答前两个问题，第9章回答后两个问题。

热学的另一种研究方法是微观方法，这种方法对应的“运动学”采用力学的描述方法，例如，经典粒子的状态是用其位置和速度(或动量)描述的。但“动力学”与力学不同，该方法的核心是认为大量粒子构成系统的运动满足某种统计规律，系统的宏观性质是大量微观粒子统计平均结果，是集体行为的表现。微观方法涉及两个基本问题：

(1) 系统的微观模型是什么？

(2) 如何对系统进行统计平均？

若系统微观模型采用经典模型，则形成经典统计物理。若微观粒子服从量子力学规律，则形成量子统计。在第8章将介绍经典统计的初级理论——气体分子热运动理论。

宏观方法和微观方法是相辅相成的。微观方法深入系统内部，可以揭示热现象的微观本质，但因为对粒子运动的描述具有近似性，所得到的结论可靠性差；而宏观方法以实验为基础，揭示热力学系统的一系列宏观特性及其演化规律，应用逻辑推理的方法得到热现象的普遍规律——热力学三个基本定律。这种方法得到的结论可靠、普遍，但它的缺点是未揭示热现象的微观本质，故对应的理论比较抽象。

由大量粒子构成的热力学系统比力学系统复杂得多，涉及的内容非常丰富，这使得热学成为物理学重要学科之一，例如第 10 章的相变理论和输运过程都是热学中很精彩的理论，在这里仅介绍相关的最基本的常识。

第 8 章的第一节为热力学系统宏观方法对应的“运动学”。先给出热力学系统状态、平衡态的概念，再介绍描述状态的状态参量，在热力学第零定律的基础上引入温度的概念，最后讨论状态参量的关系——物态方程。

8.1　平衡态

8.1.1　平衡态

一盒气体的压强、一杯水的体积等属性是实验上可观测的物理量，它们是大量微观粒子运动的整体表现。将这种整体表现的可观测性质称为系统的宏观性质。它们可以是温度、体积、压强，也可以是电阻、表面张力等。

通常称宏观性质确定的状态为热力学系统的宏观态。例如在轮胎中充满一定量的空气，经过一定时间后，虽然轮胎中的每个气体分子的速度、位置和动能可能随时在变化着，但轮胎中气体的体积、压强是稳定不变的，我们说轮胎中的空气处在确定的宏观态。再如，将一块冰放入保温瓶中，再加一些温度接近的水，开始可能有少许的冰会融化成水，之后冰和水的比例几乎不再发生变化，我们称冰水混合物处在确定的宏观态。将铜棒一端插入沸腾的水中，另一端插入冰水混合物中，经过一段时间后，铜棒的冷热程度虽然随位置不同逐渐由冷变热，但各处的冷热程度不随时间变化，我们称铜棒处在确定的宏观态。给电阻丝通电，刚接通电源时电阻丝的温度不断升高，经过一段时间后，温度会稳定不变，我们称电阻丝也处在确定的宏观态。以上 4 个系统最终状态的宏观性质均不随时间变化，称为稳定态，否则称为非稳定态。

进一步还可以将稳定态划分为平衡态和非平衡态。在不受外界影响的条件下，系统的宏观性质不随时间改变的状态称为平衡态，否则为非平衡态。

平衡态的条件比稳定态更为苛刻，稳定态只要求宏观性质不随时间改变，但平衡态还要附加一个条件——不受外界影响。例如，轮胎中的气体处在平衡态，保温瓶中的冰水混合物处在平衡态，但铜棒和电阻是处在稳定的非平衡态。

所谓“外界影响”主要指系统与外界有能量或物质的交换，即有能量或物质在系统和外界之间流动。例如铜棒中有能量(热量)的流动，电阻丝中有电流的流动，同时与外界有热量交换，虽然它们的宏观性质不变，但由于有外界的影响，它们处在非平衡态。

能流和电流都是宏观量的流，也可以有其他宏观量的流，如扩散过程中的质量流。实验表明，当系统内没有宏观量的流动且系统的宏观性质不随时间改变，则系统处在平衡态，可以将这一表述作为平衡态的另一个定义，平衡态的这两个定义是等价的。

平衡态是一个理想化模型，现实中很难找到一个不受外界影响的系统。

处在平衡态的系统宏观性质不随时间变化，但从微观上看系统内每个粒子的状态仍时刻在发生变化。在轮胎中想象一个面元，两侧气体分子不断穿越面元，只是在平衡态时由两侧穿越面元的分子数相同，宏观上表现为轮胎中各处的分子数密度、压强是稳定的，所以平衡态实际上是动态平衡。

我们知道处在平衡态下，热力学系统的一系列宏观性质不随时间变化，相应的宏观量都具有确定值。这些宏观量与系统所处的状态有关，称为系统的状态函数。对于给定的系统，状态函数有若干个，如轮胎内空气的体积、压强和温度等。称可以独立改变的，并足以确定热力学系统平衡态的一组宏观量为系统的状态参量。如轮胎内空气的体积、压强和温度 3 个状态参量只有 2 个是独立的，可以取其中的两个作为状态参量。

一般地可以将描述热力学系统的状态参量划分为 5 类：① 几何参量，如气体的体积、液体的表面积、电阻丝的长度等。② 力学参量，如气体的压强、液体的表面张力、固体中的内应力等。③ 化学参量，如系统中各组分的质量和摩尔数等。④ 电磁参量，如电极化强度和磁化强度。⑤ 此外，还有热力学系统特有的状态参量，如温度、内能和熵等。

一个系统如果只需要体积 V 和压强 p 这两个状态参量就可以确定其状态，称这样的系统为简单系统。

对于处在非平衡态的系统，在适当条件下也可以引入状态参量描述，例如，电阻的温度、铜棒的温度等。

8.1.2 热力学第零定律

前面已经多次提到温度这个状态参量，到现在为止还没有给出其准确的定义。下面在热力学第零定律的基础上引入温度的定义。

在保温杯中盛有开水，手不感觉到烫，但用一个普通金属杯盛开水，杯壁会烫，我们称金属杯是导热的，而保温杯是绝热的。几乎所有的金属都是导热的，而陶瓷、石棉等材料可看成是绝热的。

两个热力学系统通过导热材料相互接触时，称为相互热接触，否则称为绝热的。相互接触的两个系统，如果它们之间没有相互做功，但一个系统状态的变化仍会引起另一个系统状态的变化，则它们一定是热接触的。例如，普通金属杯中的开水与周围环境(可以将周围环境看作另一个热力学系统)是相互热接触的,但保温杯中的开水与周围环境可近似认为是相互绝热的。

实验发现,相互热接触的两个物体,将它们孤立起来,经过足够长时间后,它们的宏观性质最终不随时间变化,称这两物体达到热平衡。

有A、B和C三个物体,若A与B在热接触前已经达到热平衡,同时A与C在热接触前也已经达到热平衡,那么B与C在热接触前是否也达到热平衡呢?实验发现,B与C在热接触前一定也达到热平衡,将这一规律称为热平衡定律或称为热力学第零定律。

热力学第零定律是由英国物理学家福勒(R. H. Fowler)于20世纪初提出的,比热力学第一定律和热力学第二定律的提出晚了数十年,此前一直都没有察觉到要把其以定律的形式表达,但后来人们发现第零定律是后面几个定律的基础,所以称为热力学第零定律。

热力学第零定律告诉我们,热平衡具有可传递性,这种可传递性说明处在热平衡的两个物体一定具有某种共同属性,称处于热平衡的系统所具有的共同属性为温度。

为什么热平衡具有可传递性就说明两个物体一定存在共同属性?设有两池水,如果用管子连通后各自的体积不变,称这两个池子的水处于“水平”。这样定义的“水平”与热平衡一样,一定具有可传递性。考虑三个水池A、B和C,若A与B连通前处于“水平”、A与C连通前处于“水平”,则B与C连通前一定处于“水平”。“水平”的本质是水位相同,即处于“水平”的池子一定具有相同的水位,水位就是它们的共同的属性。

处于热平衡的多个物体一定具有相同的温度,我们可以选择适当的物体作为温度计,只要温度计和待测物体处于热平衡,则温度计与待测物体有相同的温度。

8.1.3　温标

温度的数值表示法称为温标。所谓表示法是指温度定量定义的法则。由热平衡定律可知,只要对某一个特殊物体的温度进行了规定,也就规定了所有物体的温度值,称这个特殊物体为温度计。

下面给出温度计数值的规定法则以及由此所建立的温标体系。

一般地,物体的温度变化总会引起其他宏观量的变化,例如胎温的升高会引起胎压的升高,胎压与胎温有某种对应关系,通过胎压的确定可以间接确定胎温。

任何一个宏观量只要随着温度显著、单调变化,都可以用来度量温度,称该宏观量对应的宏观性质为温度计的测温属性,温度与宏观量的具体函数关系称为测温关系,在测温关系中一般还会有待定常数需要确定,通常是通过规定物质稳定状态(如熔点、三相点等)的温度确定这些常数,称这些温度为定标点。

建立温标需要 3 个基本要素:选定测温物质和测温属性、规定测温关系、选择温度的定标点。对 3 个要素的不同选择形成不同的温标。

例如,选择测温物质为实际气体建立的温标为实际气体温标,让气体的体积不变、选择压强为测温属性建立的实际气体温标称为定容气体温度计。也可以选择水银作测温物质建立水银温度计,水银的体积作为测温属性,并规定水银的体积随温度做线性变化:

$$t = aX + b,$$

式中 t 为温度;X 为水银体积;a 和 b 为待定常数,由定标点的选择确定。以下为几个常用的温标。

1) 华氏温标

华伦海特(G. D. Fahrenheit)最初的水银温度计是按下列方式建立的:北爱尔兰冬天水银柱降到最低高度时定为零度,把人体的温度定为 100 度,然后再把这段区间均分为 100 份,每一份称为 1 度,这就是最初的华氏温标,以℉表示。

2) 摄氏温标

摄耳修司(A. Celsiua)也用水银作测温物质,将冰的熔点规定为 0 度、将水的沸点规定为 100 度,并规定水银柱的长度随温度作线性变化,在 0 度和 100 度之间均分成 100 等份,每一份称为 1 摄氏度,用℃表示,称为摄氏温标。

3) 实际气体温标

将测温物质选为实际气体(如氢气、氦气、氮气等),并充入温度计的气泡室中,测温属性选为气体的压强,保持气体的体积不变,这样的温标就是定容气体温标。其中测温关系规定为正比关系

$$T = \alpha p,$$

选择冰、水和水蒸气平衡共存的温度(三相点)为定标点,并规定

$$T_{\mathrm{tr}} = 273.16, \tag{8-1}$$

设此时的压强为 p_{tr},则比例系数 α 为

$$\alpha = \frac{273.16}{p_{\mathrm{tr}}},$$

最后得到定容气体温度计的测温关系为

$$T = 273.16\,\frac{p}{p_{\mathrm{tr}}}。 \tag{8-2}$$

同理,也可选气体体积为测温属性,这样的温标就是定压气体温标,测温关

系为

$$T=\beta V,$$

定标点仍规定水的三相点为 273.16 K,则

$$\beta=\frac{273.16}{V_{\mathrm{tr}}},$$

式中 V_{tr} 为气体在三相点的体积,测温关系为

$$T=273.16\frac{V}{V_{\mathrm{tr}}}。\tag{8-3}$$

4) 理想气体温标

华氏温度计和摄氏温度计选择相同的测温物质和相同的测温属性,只是由于定标点的选择不同而产生了两种不一致的温标。如果选择不同的测温物质、不同的测温属性,建立的温标更不可能一致。例如水银和酒精的体积、铂丝和各种半导体的电阻,以及各种温差电偶的温差电动势等等,它们均随温度变化,但变化的规律不同。若把某物质的某种测温性质与温度的关系确定为线性的,则其他测温性质与温度的关系可能不是线性的。选择不同的测温物质的同一测温属性,或同一测温物质的不同测温属性所建立起来的温标可能不一致。用气体温度计、电阻温度计、水银温度计等对同一物体的测量结果会不同。建立的温标与温度计的测温物质、测温属性和定标点均有关。有没有完全独立于测温物质和测温属性的温标呢?答案是肯定的,最早由开尔文(Kelvin)建立,称为理想气体温标。

实验发现,当气体非常稀薄时,不管用什么气体,是定容还是定压,用实际气体所建立的温标趋于一个共同的极限,称这一极限温标为理想气体温标,它独立于测温物质、测温属性,是一种标准的理想温标。

在热力学第二定律基础上还可以引入一种不依赖于测温物质的温标,温度是由热量规定的,称为热力学温标。用该温标确定的温度,称为热力学温度或绝对温度,单位仍为开(K)。可以证明,热力学温标与理想气体温标完全一致,即 $T_{\text{绝对}}=T_{\text{理想}}$。

利用开尔文温标可以重新定义摄氏温标

$$t(℃)=T(\mathrm{K})-273.15,\tag{8-4}$$

华氏温标可由摄氏温标定义

$$t_{\mathrm{F}}=32+\frac{9}{5}t。\tag{8-5}$$

气体温度计的测温范围非常有限,实验室可以获得 10^{-6} K 的低温,而宇宙在

大爆炸 10^{-12} s 后温度高达 10^{16} K，显然用一种温度计无法完成如此大范围的温度测量。在不同温度范围使用不同类型的温度计，如在 10 K 以下时，使用噪声温度计或磁温度计，在 10^2 K 以下时使用铑(或锗、碳)电阻温度计、电容温度计，在高温时(如 10^3 K 以上)时要使用辐射温度计等。

8.1.4 状态方程

对于一个简单系统，其状态参量可选为(p, V)，将温度看为状态参量的函数 $T=f(p, V)$，或表示为

$$F(p, V, T)=0, \tag{8-6}$$

称状态参量之间的关系为状态方程。在热力学方法中，系统的状态方程一般由实验确定。下面介绍如何确定理想气体的状态方程。

实验发现，对于无限稀薄的实际气体，当气体的体积不变时，压强与绝对温度成正比

$$p \propto T, \tag{8-7}$$

将这一规律称为查理(Charles)定律。当气体的压强不变时，体积与绝对温度成正比

$$V \propto T, \tag{8-8}$$

将这一规律称为盖・吕萨克(Gay-Lussac)定律。

利用这两个定律可以推断，当气体压强和体积都变化时，应该有关系

$$pV=DT, \tag{8-9}$$

式中 D 为待定常数。实验还发现，气体足够稀薄时，1 mol 任何气体在标准状况下所占的体积相同，都为 $V_{0\,\mathrm{mol}}=22.4$ L (称为气体在标准状况下的摩尔体积)，将这一规律称为阿伏伽德罗定律。将这一规律应用在式(8-9)，立即可以得到

$$D=\frac{p_0V_0}{T_0}=\nu\frac{p_0V_{0\,\mathrm{mol}}}{T_0}\equiv\nu R,$$

式中 $p_0=1.013\times10^5$ Pa；$T_0=273.15$ K；ν 为气体的物质的量；$V_{0\mathrm{mol}}$ 为气体在标准状况下的摩尔体积；R 为普适气体恒量，其值为

$$R=\frac{p_0V_{0\,\mathrm{mol}}}{T_0}=8.31\ \mathrm{J/(mol\cdot K)}。 \tag{8-10}$$

最后可得理想气体的状态方程为

$$pV=\nu RT。\tag{8-11}$$

若气体的质量为 m，摩尔质量为 M，则理想气体状态方程变为

$$pV=\frac{m}{M}RT。\tag{8-12}$$

引入玻尔兹曼常数

$$k_{\mathrm{B}}=\frac{R}{N_{\mathrm{A}}}=1.38\times10^{-23}\ \mathrm{J/K},\tag{8-13}$$

式中 $N_{\mathrm{A}}=6.022\times10^{23}/\mathrm{mol}$ 为阿伏伽德罗常数，则

$$pV=\nu N_{\mathrm{A}}k_{\mathrm{B}}T=Nk_{\mathrm{B}}T,\tag{8-14}$$

$$p=\frac{N}{V}k_{\mathrm{B}}T=nk_{\mathrm{B}}T。\tag{8-15}$$

方程(8-11)、式(8-14)和式(8-15)为理想气体状态方程的不同形式。应该说明，理想气体状态方程实际上是基于3个实验定律总结出来的。实际气体在无限稀薄时可以看作是理想气体。

早在1660年，玻意耳(Robert Boyle)在实验上发现，一定量的理想气体在温度不变时，它的压强和体积的乘积是一个常数，即

$$pV=C,\tag{8-16}$$

将该规律称为玻意耳定律。将玻意耳、盖·吕萨克和查理定律称为气体的3个实验定律。也可以称完全遵从3个实验定律和阿伏伽德罗定律的气体为理想气体。

8.2 气体分子热运动的统计分布律

上一节是热力学系统的宏观方法，本节是微观方法。先介绍热力学系统的微观模型、微观态所满足的统计规律，给出微观方法中的微观量和宏观方法中的宏观量之间的关系，然后将分子的微观热运动与系统宏观性质联系起来，这种联系在科学发展史上具有里程碑式的意义。

8.2.1 热力学系统的微观模型

宇宙万物千姿百态，它们的构成是自古以来人们非常关心的科学问题，人类对物质层次结构的认识是随着科学技术的不断进步而发展的。我国古代学者曾认为万物是由金、木、水、火、土5种元素组成，古希腊科学家认为世界由土、气、水、火4种元素组成，伟大的英国物理学家艾萨克·牛顿(Isaac Newton)认为任何物质都

由实体微粒组成的,我们今天使用的分子概念最早由意大利化学家阿莫迪欧·阿伏伽德罗(Amedeo Avogadro)提出,他认为分子是物质能独立存在并保持该物质一切化学性质不变的最小单位。

构成物质的原子、分子不是静止不动的,它们在做无规则的运动,原子、分子的真实性及它们的无规运动,可由"布朗运动"证明。英国植物学家布朗(Brown)在显微镜下,观察到悬浮在水中的花粉不停地做无规则运动,现在知道,只要悬浮在液体中的微粒(如藤黄粉、花粉等微粒)足够小,就会发生同样的运动,人们把微小粒子运动称为布朗运动。那么布朗运动是怎么产生的呢?液体是由许许多多分子组成的,液体分子不停做无规则的运动,不断沿四面八方冲击悬浮微粒。悬浮微粒足够小时,受到来自各个方向液体分子的冲击力不平衡,在某一瞬间,微粒在某方向受到的冲击作用强,致使微粒向这一方向运动,另一瞬间,微粒向另一方向运动,形成微粒的无规则的布朗运动。可见布朗运动只有用原子-分子论的观点才能很好地解释。

分子是由原子构成的,而原子由带正电的原子核和带负电的电子构成,正电、负电重心重合的分子称为非极性分子,否则为极性分子。不管是极性分子还是非极性分子当相互靠近时均会表现出库仑作用力,这种作用力最早由荷兰物理学家范德瓦耳斯(van der Waals)提出,称范德瓦耳斯力。

可将范德瓦耳斯力划分为取向力、诱导力和色散力 3 种:当两个极性分子靠近时,因同极相斥,异极相吸,分子将发生相对转动,使分子间按异极相邻的取向状态排列(见图 8-1),故称为取向力。

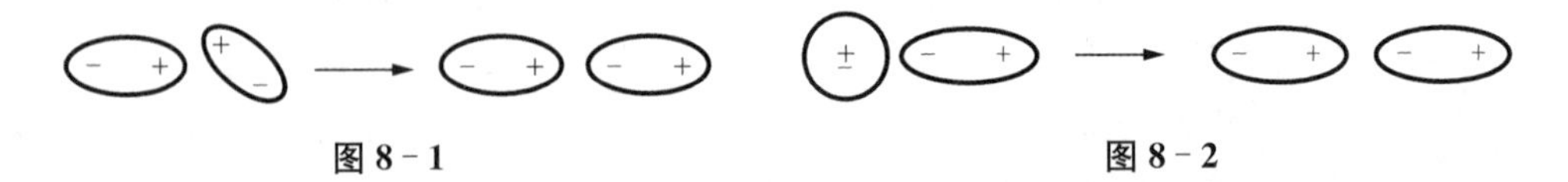

图 8-1　　图 8-2

诱导力发生在极性分子和非极性分子以及极性分子之间,当极性分子与非极性分子接近时,因极性分子产生的电场使非极性分子的正负电重心移动,非极性分子被诱导为极性分子,两分子表现出相互吸引力,如图 8-2 所示,称这种作用力为诱导力。

对于两个非极性分子,由于分子内部的电子在不断地运动,分子的正、负电荷重心不断发生瞬间相对位移,成为瞬间的极性分子,表现为瞬间的相互吸引。由量子力学可以导出这种力的理论公式,其形式与光的色散公式相似,因此把这种力称为色散力。虽然瞬间作用的时间很短,但是不断地重复发生,又不断地相互诱导和吸引,因此色散力始终存在,色散力存在于各种分子之间,在范德瓦耳斯力中占有相当大的比例。非极性分子之间只有色散力,极性分子和非极性分子之间既有诱导力也有色散力,极性分子之间取向力、诱导力和色散力都存在。

分子间的作用力非常复杂,很难用统一的数学公式表示。实验发现,分子之间可以表现为引力,也可表现为斥力。而且引力和斥力均为短程力,其中斥力的力程更短。人们根据分子力的这一特性,提出了各种分子力模型。

1) 兰纳德-琼斯势

数学家、计算化学家的先驱兰纳德-琼斯(Lennard-Jones)在 20 世纪初提出一个简单而被广泛使用的势函数,称 6 - 12 势,用来描述两分子间的相互作用,特别用来描述惰性气体分子间相互作用尤为精确。势能函数的形式为

$$U_{\mathrm{p}}(r)=4\varepsilon\left[\left(\frac{\sigma}{r}\right)^{12}-\left(\frac{\sigma}{r}\right)^{6}\right], \tag{8-17}$$

公式中第一项代表斥力势能,第二项代表引力势能,两分子之间的作用力可通过公式

$$F=-\frac{\mathrm{d}U_{\mathrm{p}}}{\mathrm{d}r} \tag{8-18}$$

计算。该经验公式涉及两个参数 ε 和 σ,它们一般是通过实验确定,势能曲线和对应的作用力曲线如图 8 - 3 所示。当 $r=r_0=\sqrt[6]{2}\sigma$ 时 $F=0$,可见 r_0 是两分子的平衡距离,当 $r<r_0$ 时表现为斥力,当 $r>r_0$ 时表现为引力。可以证明 ε 代表势能的最小值,也称为势阱深度,两个分子的吸引力随着距离的增大而减小,当达到某个距离 s 时引力几乎为零,称 s 为分子的作用力程。

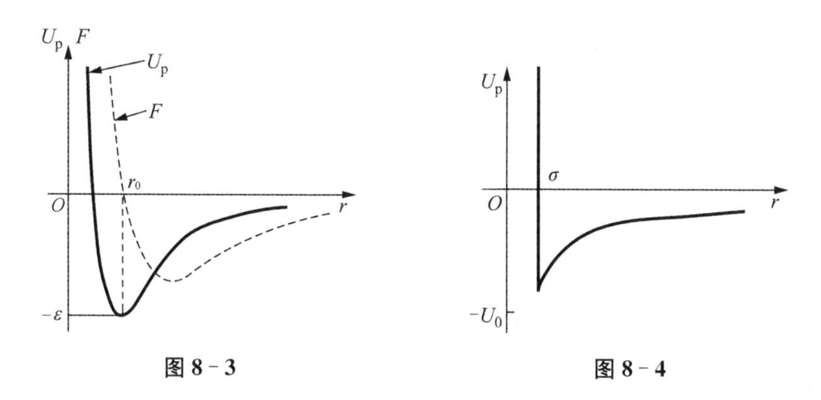

图 8 - 3　　图 8 - 4

2) 苏则朗模型

将兰纳德-琼斯势中的斥力部分取为无穷大,则成为苏则朗(Sutherland)模型:

$$U_{\mathrm{p}}(r)=\begin{cases}\infty & (r<\sigma),\\ -U_0\left(\frac{\sigma}{r}\right)^{6} & (r>\sigma)。\end{cases} \tag{8-19}$$

其中参数 σ、U_0 分别为刚性球的直径以及作用势能的最小值,它们与分子的性质有关,由实验确定。通常称满足苏则朗势的气体为范德瓦耳斯气体,势能曲线如图 8 - 4 所示。

3) 刚球模型

该模型是进一步简化了的苏则朗模型,将分子认为是无吸引力的刚性球,势能曲线如图 8-5 所示,这一模型实际上只考虑了分子的大小。

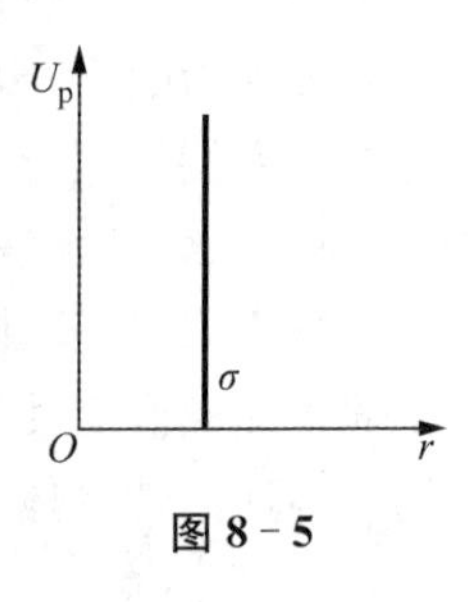

图 8-5

4) 理想气体微观模型

进一步忽略分子的大小,认为 $\sigma = 0$, 则成为理想气体模型,这是一个最简单的气体模型,也是理论上容易处理的系统。

理想气体显然是一个理想体系,如果实际气体的温度不是太低,压强不是太高,可以近似看作理想气体。一摩尔标准状态下的气体,体积为 $22.4\times10^{-3}\ \mathrm{m}^3$, 平均每个分子占的体积为 $4\times10^{-26}\ \mathrm{m}^3$, 分子的半径为 $r\sim10^{-10}\ \mathrm{m}$, 一个分子的体积为 $4\times10^{-30}\ \mathrm{m}^3$, 分子本身的体积与平均每个分子占的空间体积之比为 10^{-4}, 将其开立方根后给出分子半径与分子间距的比,大致为 1/20, 可见分子的大小比起分子间距要小很多,初步近似下完全可以忽略。所以在标准状态下的实际气体可以看为理想气体。

8.2.2 速率分布函数与速度分布函数

处于平衡态的热力学系统,虽然具有确定的体积、压强和温度,但分子都在做无规则的热运动,每一个分子的位置、速度、动能和势能随时间做无规则的变化,但大量分子具有确定的统计分布规律。分子位置的统计分布可以用分子数密度描述,分子按势能的统计分布由位置的统计分布确定。处于平衡态的气体系统,若不考虑重力场的影响,分子数密度是均匀分布的。分子速度的统计分布可用速度分布函数描述,分子的速率分布与速度分布相关,分子的动能分布与分子的速率分布相关。下面主要讨论分子速率、速度分布函数。

8.2.2.1 速率分布函数

速率分布函数是描述分子按速率分布的统计规律,设系统由 N 个分子构成,若系统处于平衡态,平均而言处在速率 v 附近,单位速率间隔的分子数有多少?

设速率分布在 $v\rightarrow v+\Delta v$ 间隔内的分子数为 ΔN, 则 ΔN 应该正比于 Δv, 还正比于总分子数 N, 比值 $\dfrac{\Delta N}{N\Delta v}$ 代表在速率 v 附近单位速率区间内分布的分子数占总数的比率,一般情况下该比值不但与 v 有关,还与所取的速率间隔 Δv 有关,在速率间隔趋于零时比值的极限只与速率 v 有关,称该比值极限为速率分布函数,用 $f(v)$ 表示,即

$$f(v)=\frac{\mathrm{d}N}{N\mathrm{d}v}。\tag{8-20}$$

速率分布函数的意义为单位速率区间内分布的分子数占总数比率,已知速率

分布函数，分子按速率的分布便能确定。

按照速率分布函数的定义，$f(v)\mathrm{d}v=\frac{\mathrm{d}N}{N}$ 代表分布在 $v\to v+\mathrm{d}v$ 速率范围的分子数占总分子数的比率，而 $Nf(v)\mathrm{d}v=\mathrm{d}N$ 代表分布在该速率范围的分子数，所以积分 $\int_0^\infty Nf(v)\mathrm{d}v$ 等于总分子数，即

$$\int_0^\infty Nf(v)\mathrm{d}v=N,$$

考虑到 N 为常数，立即会得到

$$\int_0^\infty f(v)\mathrm{d}v=1。\tag{8-21}$$

将该式称为速率分布函数的归一化条件，其几何意义为曲线下的面积等于 1，如图 8-6 所示。

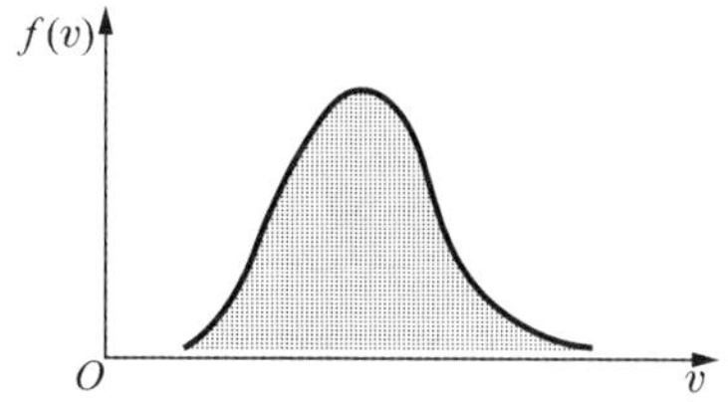

图 8-6

若已知速率分布函数，可以计算与速率有关的微观量的平均值，例如分子速率的平均值按定义应为

$$\bar{v}=\frac{1}{N}\sum_{i=1}^{N}v_i,\tag{8-22}$$

将 N 个分子的速率认为连续地分布在 $(0,\ \infty)$ 之间，在 $v\to v+\mathrm{d}v$ 区间分子数为 $\mathrm{d}N=Nf(v)\mathrm{d}v$，这些分子具有相同的速率 v，分子的速率和为 $v\mathrm{d}N=Nvf(v)\mathrm{d}v$，所有分子速率之和为 $\int_0^\infty v\mathrm{d}N=\int_0^\infty Nvf(v)\mathrm{d}v$，将其除以总分子数，可得到平均速率

$$\bar{v}=\frac{1}{N}\int_0^\infty Nvf(v)\mathrm{d}v=\int_0^\infty vf(v)\mathrm{d}v。\tag{8-23}$$

同理，分子速率平方的平均值为

$$\overline{v^2}=\int_0^\infty v^2f(v)\mathrm{d}v。\tag{8-24}$$

任何一个与速率有关的微观量 g 的平均值为

$$\bar{g}=\int_0^\infty gf(v)\mathrm{d}v。\tag{8-25}$$

例如分子的动能平均值为

$$\bar{\varepsilon}_\mathrm{t}=\frac{1}{2}m\int_0^\infty v^2f(v)\mathrm{d}v=\frac{1}{2}m\overline{v^2}。\tag{8-26}$$

【例 8-1】 设 N 粒子系统,其速率分布函数如图 8-7 所示。

(1) 由 v_0 求常数 C;

(2) 求粒子的平均速率。

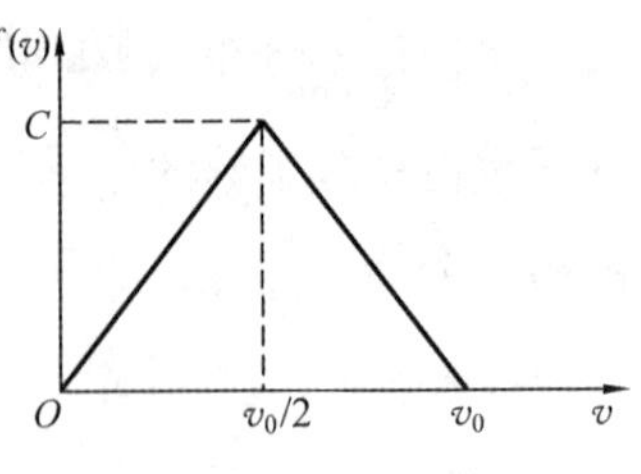

图 8-7

解 (1) 由归一化条件(三角形面积等于 1),得

$$C=\frac{2}{v_0}。$$

(2) 粒子的速率分布函数为

$$f(v)=\begin{cases}\dfrac{4v}{v_0^2} & \left(0\leqslant v<\dfrac{v_0}{2}\right),\\ \dfrac{4}{v_0}\left(1-\dfrac{v}{v_0}\right) & \left(\dfrac{v_0}{2}\leqslant v\leqslant v_0\right)。\end{cases}$$

平均速率

$$\bar{v}=\int_0^{\infty}vf(v)\mathrm{d}v=\int_0^{v_0/2}v\frac{4v}{v_0^2}\mathrm{d}v+\int_{v_0/2}^{v_0}v\frac{4}{v_0}\left(1-\frac{v}{v_0}\right)\mathrm{d}v=\frac{1}{2}v_0。$$

8.2.2.2 速度分布函数

速率分布函数描述了分子按速度大小的分布,没有考虑分子运动的方向,为了更细致地描述分子按运动状态的分布,引入分子速度分布函数。令 $\mathrm{d}N$ 代表分子速度分布在速度范围 ($v_x\to v_x+\mathrm{d}v_x$, $v_y\to v_y+\mathrm{d}v_y$, $v_z\to v_z+\mathrm{d}v_z$) 内的分子数,将该速度范围简单记为 $\boldsymbol{v}\to\boldsymbol{v}+\mathrm{d}^3\boldsymbol{v}$,其中 $\mathrm{d}^3\boldsymbol{v}$ 称为"速度体积元"(见图 8-8)。

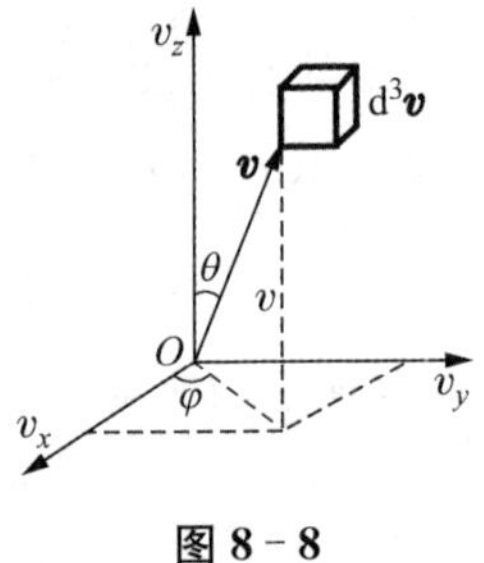

图 8-8

速度分布函数为

$$F(v_x,v_y,v_z)\equiv\frac{\mathrm{d}N}{N\mathrm{d}v_x\mathrm{d}v_y\mathrm{d}v_z}。\qquad(8-27)$$

速度分布函数的意义为分布在速度 $\boldsymbol{v}$ 处单位速度体积内的分子数占总分子数的比例。

速率分布函数可用速度分布函数表示,速率间隔 $v\to v+\mathrm{d}v$ 在速度空间中对应一个半径为 v 、厚度为 $\mathrm{d}v$ 的球壳,分布在该球壳中的分子数可在速度球坐标系中表示为对速度方向的积分(见图 8-9)。

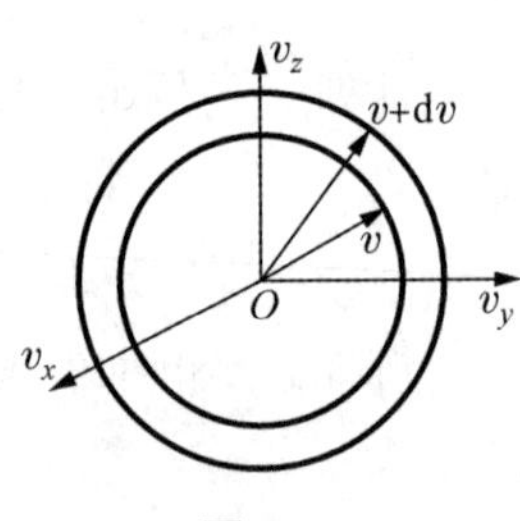

图 8-9

$$\mathrm{d}N_v=Nv^2\mathrm{d}v\int_0^{\pi}\int_0^{2\pi}F(v,\theta,\varphi)\sin\theta\,\mathrm{d}\theta\,\mathrm{d}\varphi。$$

另一方面,$\mathrm{d}N_v=Nf(v)\mathrm{d}v$,比较可得速率分布函

数为

$$f(v)=v^2\int_0^{\pi}\int_0^{2\pi}F(v,\ \theta,\ \varphi)\sin\theta\,\mathrm{d}\theta\,\mathrm{d}\varphi。\tag{8-28}$$

利用速度分布函数可计算气体的压强。大量气体分子对轮胎的撞击形成了胎压,大量气体分子对耳鼓膜的撞击形成了对耳鼓膜的压强,飞机着陆时耳朵不适是因高空和地面大气压强不同造成的,可见压强源于分子的碰撞(见图 8-10)。

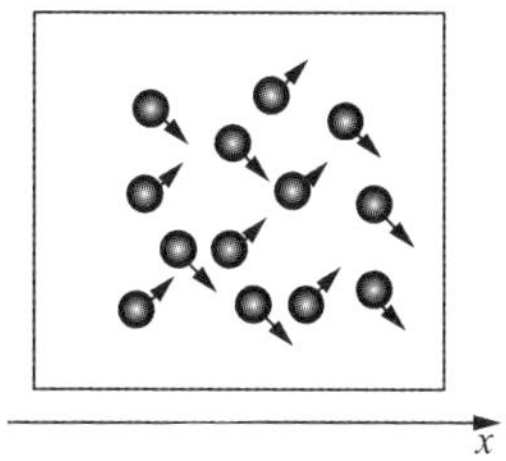

图 8-10

下面定量计算处于平衡态的理想气体对器壁的压强。设气体分子的数密度为 n,每个分子的质量为 m。分布在速度区间 $\boldsymbol{v}\to\boldsymbol{v}+\mathrm{d}^3\boldsymbol{v}$ 内的分子具有相同的速度 $\boldsymbol{v}$,与器壁发生弹性碰撞后一个分子对容器右壁的冲量为 $2mv_x$,在 $\mathrm{d}t$ 时间内与器壁上面元 $\mathrm{d}A$ 碰撞的具有速度 $\boldsymbol{v}$ 的分子数等于以 $\mathrm{d}A$ 为底、$v_x\mathrm{d}t$ 为高的斜柱体中的分子数

$$\mathrm{d}N=[nF(\boldsymbol{v})\mathrm{d}v_x\mathrm{d}v_y\mathrm{d}v_z]v_x\mathrm{d}t\mathrm{d}A,$$

式中 n 为分子数密度,$nF(\boldsymbol{v})\mathrm{d}v_x\mathrm{d}v_y\mathrm{d}v_z$ 为具有速度为 $\boldsymbol{v}\sim\boldsymbol{v}+\mathrm{d}^3\boldsymbol{v}$ 的分子数密度。这些分子在 $\mathrm{d}t$ 时间内给器壁上面元 $\mathrm{d}A$ 的冲量为

$$\mathrm{d}I'=2mv_x\mathrm{d}N,$$

所有能碰到面元上的分子在 $\mathrm{d}t$ 时间、给面元 $\mathrm{d}A$ 的冲量为对 $\mathrm{d}I'$ 的积分,即

$$\mathrm{d}I=\int_0^{\infty}\mathrm{d}v_x\int_{-\infty}^{\infty}\mathrm{d}v_y\int_{-\infty}^{\infty}\mathrm{d}v_z\,nF(v_x,\ v_y,\ v_z)2mv_x^2\mathrm{d}t\mathrm{d}A,$$

积分时要求 $v_x\geqslant 0$,只有满足该条件的分子才有可能与面元 $\mathrm{d}A$ 碰撞(见图 8-11)。所以分子对器壁的压强为

$$p=\frac{\mathrm{d}I}{\mathrm{d}t\mathrm{d}A}=2mn\int_0^{\infty}\mathrm{d}v_x\int_{-\infty}^{\infty}\mathrm{d}v_y\int_{-\infty}^{\infty}\mathrm{d}v_zF(v_x,\ v_y,\ v_z)v_x^2。$$

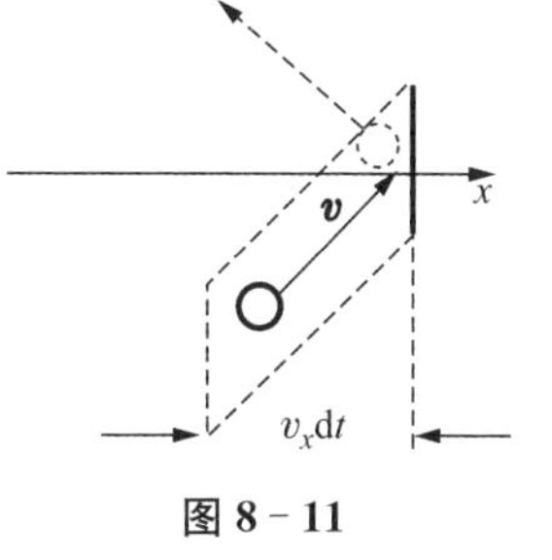

图 8-11

现在还不知道速度分布函数的具体形式,但可以推测处于平衡态的气体系统的速度分布函数应该具有如下特点:

(1) 各向同性。速度分布函数与速度方向无关,速度分布函数是速度分量的偶函数,即

$$F(v_x,\ v_y,\ v_z)=F(v^2)=F(v_x^2+v_y^2+v_z^2)。\tag{8-29}$$

(2) 分布对等。分子对 3 个速度分量的分布应该是对等的,分子的 3 个速度分量的平方平均值应该相等:

$$\overline{v_x^2}=\overline{v_y^2}=\overline{v_z^2}=\frac{1}{3}\overline{v^2}。\tag{8-30}$$

(3) 分子对 3 个速度分量的分布应该是相互独立的,即

$$F(v^2)=g(v_x^2)g(v_y^2)g(v_z^2), \tag{8-31}$$

式中 $g(v_x^2)$、$g(v_y^2)$ 和 $g(v_z^2)$ 为 3 个完全相同的函数(第 3 个统计特性下一节要用到,在此一并给出)。

由于速度分布函数是偶函数,所以有

$$p=mn\int_{-\infty}^{\infty}\mathrm{d}v_x\int_{-\infty}^{\infty}\mathrm{d}v_y\int_{-\infty}^{\infty}\mathrm{d}v_z F(v_x, v_y, v_z)v_x^2=mn\overline{v_x^2}$$

或

$$p=\frac{1}{3}nm\overline{v^2}, \tag{8-32}$$

即

$$p=\frac{2}{3}n\bar{\varepsilon}_{\mathrm{t}}。 \tag{8-33}$$

式(8-33)即为压强公式,它将宏观量压强与分子动能的统计平均值联系起来,压强与分子的平均平动能 $\bar{\varepsilon}_{\mathrm{t}}$ 成正比,与分子数密度成正比。

利用理想气体的状态方程和上面的压强公式,可以得到温度与分子的平均平动能有如下关系:

$$\bar{\varepsilon}_{\mathrm{t}}=\frac{3}{2}k_{\mathrm{B}}T, \tag{8-34}$$

称为温度公式。

温度是分子平动动能的统计平均值,它标志着分子无规则运动的剧烈程度。分子的平均平动动能只与温度有关,与 m 无关。例如两瓶不同种类的气体,若分子的平均平动动能相等($\bar{\varepsilon}_1=\bar{\varepsilon}_2$),则具有相同的温度($T_1=T_2$)。若此时两种气体分子密度数不同($n_1\neq n_2$),它们的压强不同($p_1\neq p_2$)。

利用温度公式可直接得到气体分子的方均根速率

$$\sqrt{\overline{v^2}}=\sqrt{\frac{3k_{\mathrm{B}}T}{m}}=\sqrt{\frac{3RT}{M}}。 \tag{8-35}$$

若将 T 取为 273 K,可以估计,氢气分子的方均根速率大约为 1 830 m/s,而氧气分子方均根速率大约为 460 m/s。

混合理想气体是由若干种化学纯的气体构成,设 n_1, n_2, …, n_i 为第 1, 2, …, i 组元气体的数密度,则总数密度为

$$n=\sum_i n_i。$$

设混合气体的温度为 T,则各组元分子的平均平动能相等,即

$$\bar{\varepsilon}_1=\bar{\varepsilon}_2=\cdots=\bar{\varepsilon}_i\cdots,$$

器壁受到的压强是各组元分子共同碰撞的结果。像化学纯理想气体压强公式的推导一样,可得到混合气体压强公式

$$p=\frac{2}{3}\Big(\sum_i n_i\Big)\bar{\varepsilon}$$

或

$$p=(n_1+n_2+\cdots+n_i+\cdots)k_B T,$$

$$p=\sum_i p_i, \tag{8-36}$$

式中 p_i 为第 i 组气体单独存在时的压强,称为分压。

容器内装有混合气体,如果各组分之间不发生化学反应,则混合气体的总压强等于同温时每种气体单独存在时所产生的压强之和。混合气体的压强等于各气体的分压之和,这一规律是由道尔顿在 19 世纪从实验上观察到的,称为道尔顿分压定律。

【例 8-2】 估算氮气分子在下列温度时的平均平动动能和方均根速率。

(1) 在温度 $t=1\,000$℃ 时;

(2) $t=0$℃ 时;

(3) $t=-150$℃ 时。

解　(1) 在温度 $t=1\,000$℃ 时:

$$\bar{\varepsilon}_1=\frac{3}{2}k_B T_1=2.63\times10^{-20}\ \text{J},$$

$$\sqrt{\overline{v_1^2}}=\sqrt{\frac{3RT_1}{M}}=1\,064\ \text{m}\cdot\text{s}^{-1}。$$

(2) $t=0$℃ 时:

$$\bar{\varepsilon}_2=5.65\times10^{-21}\ \text{J},$$

$$\sqrt{\overline{v_2^2}}=493\ \text{m}\cdot\text{s}^{-1}。$$

(3) $t=-150$℃ 时:

$$\bar{\varepsilon}_3=2.55\times10^{-21}\ \text{J},$$

$$\sqrt{\overline{v_3^2}}=331\ \text{m}\cdot\text{s}^{-1}。$$

8.2.3 麦克斯韦速度分布律和速率分布律

麦克斯韦用概率理论导出最著名的麦克斯韦速度分布律,他的这一工作奠定了统计力学的基础,标志着物理学新纪元的开始。他的统计观念的应用是近代物理学思想上的一个重要转变,它不仅在近代机械自然观上打开了一个缺口,而且为量子力学的建立和发展提供了指导思想。

8.2.3.1 麦克斯韦速度分布律

由式(8-29)和式(8-31)可知

$$F(v_x^2+v_y^2+v_z^2)=g(v_x^2)g(v_y^2)g(v_z^2)。$$

下面进一步确定函数 $g(v_x^2)$ 的具体形式。上式说明,当自变量相加时函数相乘,指数函数的运算正好满足这一运算规律,故应该取 $g(x)$ 为指数函数

$$g(v_x^2)\propto e^{-\alpha v_x^2},\ g(v_y^2)\propto e^{-\alpha v_y^2},\ g(v_z^2)\propto e^{-\alpha v_z^2},$$

相乘后得

$$F(v_x,\ v_y,\ v_z)=Ae^{-\alpha(v_x^2+v_y^2+v_x^2)}=Ae^{-\alpha v^2},\tag{8-37}$$

其中常数 A 可由分布函数的归一化条件确定:

$$\int_{-\infty}^{\infty}\int_{-\infty}^{\infty}\int_{-\infty}^{\infty}F(v_x,\ v_y,\ v_z)dv_x dv_y dv_z=\int_{-\infty}^{\infty}\int_{-\infty}^{\infty}\int_{-\infty}^{\infty}Ae^{-\alpha(v_x^2+v_y^2+v_z^2)}dv_x dv_y dv_z=1$$

或

$$A\left[\int_{-\infty}^{\infty}e^{-\alpha v_x^2}dv_x\right]^3=1,$$

利用积分公式 $\int_{-\infty}^{\infty}e^{-\alpha x^2}dx=\sqrt{\frac{\pi}{\alpha}}$,可得

$$A=\left(\frac{\alpha}{\pi}\right)^{3/2}。\tag{8-38}$$

下面来确定常数 α,因为

$$\overline{v_x^2}=\frac{\int_{-\infty}^{\infty}v_x^2 e^{-\alpha v_x^2}dv_x}{\int_{-\infty}^{\infty}e^{-\alpha v_x^2}dv_x}=\frac{1}{2\alpha},$$

由温度公式可得

$$\overline{v_x^2}=\frac{1}{3}\overline{v^2}=\frac{k_B T}{m}, \tag{8-39}$$

m 为分子的质量。比较后可得

$$\alpha=\frac{m}{2k_B T}, \tag{8-40}$$

最后得到速度分布函数为

$$F(v_x, v_y, v_z)=\left(\frac{m}{2\pi k_B T}\right)^{3/2} \mathrm{e}^{-\frac{m}{2k_B T}(v_x^2+v_y^2+v_z^2)}, \tag{8-41}$$

这就是著名的麦克斯韦速度分布律。在速度分布函数中含有气体的温度 T 和每个分子的质量 m 两个参数。也可将速度分布函数简单表示为

$$F(\boldsymbol{v})=\frac{1}{Z}\mathrm{e}^{-\frac{m}{2k_B T}\boldsymbol{v}^2}, \tag{8-42}$$

其中 $Z=\left(\frac{2\pi k_B T}{m}\right)^{3/2}$。

8.2.3.2　麦克斯韦速率分布律

利用分子速率分布函数与速度分布函数的关系可以得到麦克斯韦速率分布律。

考虑到 $F(v_x, v_y, v_z)=F(v^2)$ 只是速率的函数,可以将式(8-28)对角度积分

$$\begin{aligned} f(v) &= v^2\int_0^{\pi}\int_0^{2\pi}F(v, \theta, \varphi)\sin\theta\,\mathrm{d}\theta\,\mathrm{d}\varphi \\ &= v^2 F(v^2)\int_0^{\pi}\int_0^{2\pi}\sin\theta\,\mathrm{d}\theta\,\mathrm{d}\varphi \\ &= 4\pi v^2 F(v^2) \end{aligned}$$

或

$$f(v)=4\pi\left(\frac{m}{2\pi k_B T}\right)^{\frac{3}{2}}\mathrm{e}^{-\frac{m}{2k_B T}v^2}v^2, \tag{8-43}$$

这就是麦克斯韦速率分布律。

该式还可写为

$$f(v)\mathrm{d}v=F(v_x, v_y, v_z)\cdot 4\pi v^2\mathrm{d}v, \tag{8-44}$$

所以速率分布函数等于速度分布函数与一个半径为 v 、厚度为一个单位的速度球

壳的体积的乘积。

利用麦克斯韦速率分布律可以计算最概然速率、平均速率和方均根速率，称这三个速率为特征速率。

1）最概然速率

速率分布函数取极大值对应的速率为最概然速率，在该速率处速率分布函数对速率的一阶导数为零

$$\frac{\mathrm{d}f(v)}{\mathrm{d}v}=0,$$

解此方程可得最概然速率为

$$v_{\mathrm{p}}=\sqrt{\frac{2k_{\mathrm{B}}T}{m}}=\sqrt{\frac{2RT}{M}}=1.41\sqrt{\frac{k_{\mathrm{B}}T}{m}}。\tag{8-45}$$

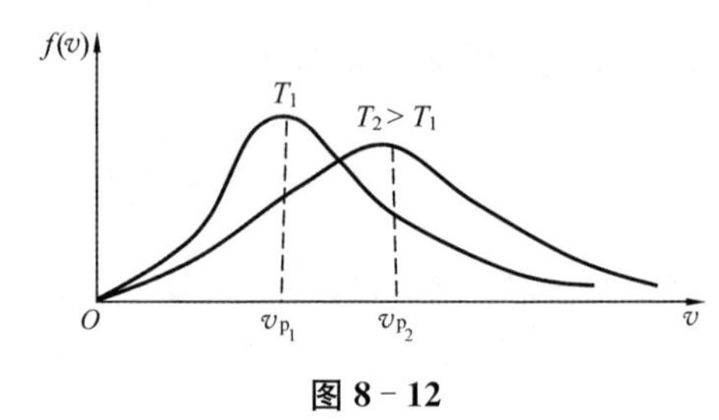

图 8-12

最概然速率随温度的升高增加，如图 8-12 所示。温度升高，速率分布函数峰值向右移动。

2）平均速率

平均速率是速率的平均值，由公式

$$\bar{v}=\int_0^{\infty} v f(v)\mathrm{d}v,$$

将麦克斯韦速率分布律代入可得

$$\bar{v}=\sqrt{\frac{8k_{\mathrm{B}}T}{\pi m}}=\sqrt{\frac{8RT}{\pi M}}=1.60\sqrt{\frac{k_{\mathrm{B}}T}{m}}。\tag{8-46}$$

3）方均根速率

方均根速率是对速率平方平均后开平方，速率平方平均值为

$$\overline{v^2}=\int_0^{\infty} v^2 f(v)\mathrm{d}v=\frac{3k_{\mathrm{B}}T}{m},$$

所以方均根速率为

$$\sqrt{\overline{v^2}}=\sqrt{\frac{3k_{\mathrm{B}}T}{m}}=\sqrt{\frac{3RT}{M}}$$

$$=1.73\sqrt{\frac{k_{\mathrm{B}}T}{m}}。\tag{8-47}$$

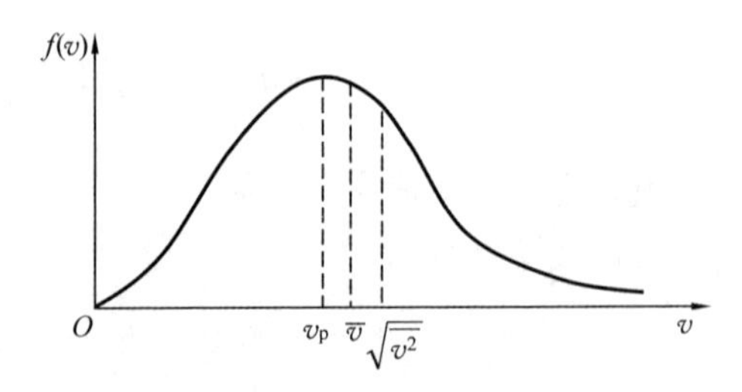

图 8-13

三个特征速率随着温度升高而增加，它们的数量关系如图 8-13 所示。

【例 8-3】 求气体分子速率与最概然速率之差不超过 1% 的分子数占全部分子的百分率。

解　当速率间隔 Δv 很小时，分布在该速率区间的分子数可近似表示为

$$\Delta N = Nf(v)\Delta v$$

或

$$\frac{\Delta N}{N} = 4\pi\left(\frac{m}{2\pi k_B T}\right)^{\frac{3}{2}} e^{-\frac{mv^2}{2k_B T}} v^2 \Delta v = 4\pi\left(\frac{1}{\pi v_p^2}\right)^{\frac{3}{2}} e^{-\frac{v^2}{v_p^2}} v^2 \Delta v,$$

将上式中的 v，Δv 分别取为 v_p 和 $\Delta v = 2 \times 0.01 v_p$，可得

$$\frac{\Delta N}{N} = 1.66\%。$$

8.2.3.3　麦克斯韦速率分布律的实验验证

麦克斯韦速率分布律不易直接验证，但通过验证泻流分子的速率分布可间接验证，为此先讨论碰壁频率。

碰壁频率是指单位时间撞到单位面积上的分子数，以 Γ 表示。设分子数密度为 n，则 $\boldsymbol{v} \to \boldsymbol{v} + d^3\boldsymbol{v}$ 速度范围内的分子数密度为

$$nF(v_x, v_y, v_z)dv_x dv_y dv_z,$$

dt 时间、撞到容器 dA 面元上、在该速度间隔的分子数

$$(v_x dt dA)nF(v_x, v_y, v_z)dv_x dv_y dv_z$$

对碰到面元分子数累加，并除以 $dt dA$，最后可得到碰壁频率为

$$\begin{aligned}\Gamma &= \int_0^{\infty}\int_{-\infty}^{\infty}\int_{-\infty}^{\infty} v_x n\left(\frac{m}{2\pi k_B T}\right)^{\frac{3}{2}} e^{-\frac{m}{2k_B T}(v_x^2+v_y^2+v_z^2)} dv_x dv_y dv_z \\ &= n\left(\frac{m}{2\pi k_B T}\right)^{\frac{3}{2}} \int_0^{\infty} v_x e^{-\frac{m}{2k_B T}v_x^2} dv_x \int_{-\infty}^{\infty} e^{-\frac{m}{2k_B T}v_y^2} dv_y \int_{-\infty}^{\infty} e^{-\frac{m}{2k_B T}v_z^2} dv_z \\ &= \frac{1}{4}n\sqrt{\frac{8k_B T}{\pi m}} = \frac{1}{4}n\bar{v},\end{aligned}$$

即

$$\Gamma = \frac{1}{4}n\bar{v}。\tag{8-48}$$

可见，碰壁频率与气体分子的数密度成正比，与分子的平均速率成正比。

在容器壁上开一小孔，则通过小孔会有分子束射出形成泻流，如图 8-14 所示，当小孔很小时泻流不影响容器中气体的速率分布。从小孔射出的分子束的速

率分布规律称为泻流速率分布。下面会看到，泻流分布完全由容器内分子的速率分布确定。

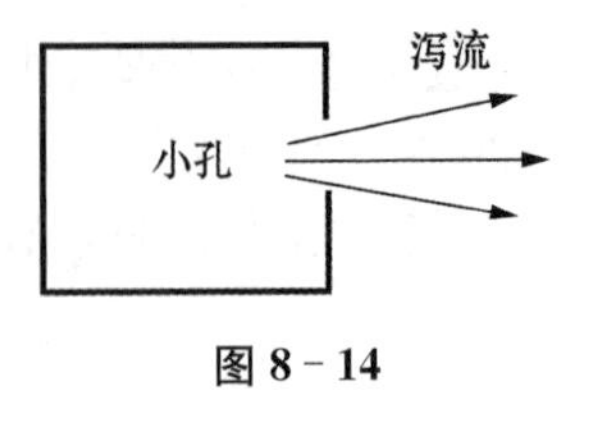

图 8-14

用麦克斯韦速率分布律可将碰壁频率表示为

$$\Gamma = \frac{1}{4}n\int_0^\infty vf(v)\mathrm{d}v \equiv \int_0^\infty \gamma(v)\mathrm{d}v,$$

式中 $\gamma(v) = \frac{1}{4}nvf(v)$。其物理意义为单位时间、从小孔单位面积上射出的在速率 v 附近单位速率间隔的分子数，泻流速率分布函数是指分子束中速率在 v 附近单位速率间隔的分子数占总泻流分子数的比率，即

$$f_e(v) = \frac{\gamma(v)}{\Gamma} = \frac{v}{\bar{v}}f(v) = \frac{1}{2}\left(\frac{m}{k_B T}\right)^2 \mathrm{e}^{-\frac{m}{2k_B T}v^2} v^3, \tag{8-49}$$

可见泻流分布与速率分布有关系

$$f_e(v) \propto vf(v)。$$

如果从实验上验证了泻流速率分布规律，也就验证了麦克斯韦速率分布。

我国物理学家葛正权用银原子进行了实验测量，其实验原理如图 8-15 所示，银原子蒸发炉蒸发的银原子经过狭缝 S_1 和 S_2 准直后，进入带有狭缝 S_3 的转动的圆筒 B 内，圆筒上附有弯曲的玻璃板 P_1P_2，整个装置放在真空中。当圆筒以角速度 $\boldsymbol{\omega}$ 转动时，进入狭缝 S_3 的原子会按飞行速度从大到小依次落在 P_1 和 P_2 之间，具有相同飞行速度的银原子每次落在玻璃板上的同一位置，银原子在玻璃板上的位置分布反映了银原子的飞行速度分布，玻璃板上沉积的银原子的数目可通过黑度确定，最终可从实验上测得泻流速率分布函数 $f_e(v)$，也就验证麦克斯韦速度分布律 $f(v)$。还有人用钍蒸气的原子射线做实验精确地验证了麦克斯韦速度分布律。

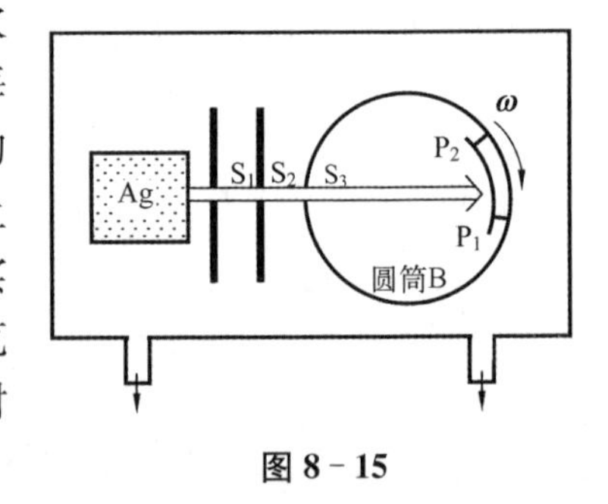

图 8-15

8.2.4 玻尔兹曼能量分布

分子按速率分布确定，分子按动能分布也确定。分子按势能分布如何？如果给气体施加外场(比如重力场)，由于气体分子位置分布不均匀，势能小的地方平均而言分布的分子数多。两者结合起来，可确定分子按机械能的分布，这就是玻尔兹曼能量分布。

8.2.4.1 玻尔兹曼能量分布

将麦克斯韦速度分布函数表示为分子动能的函数：

$$\frac{\mathrm{d}N}{N}=F(v_x,\ v_y,\ v_z)\mathrm{d}v_x\mathrm{d}v_y\mathrm{d}v_z=\frac{1}{Z}\mathrm{e}^{-\frac{m}{2k_\mathrm{B}T}(v_x^2+v_y^2+v_z^2)}\mathrm{d}v_x\mathrm{d}v_y\mathrm{d}v_z,\quad(8-50)$$

上式说明,处在速度间隔 $\boldsymbol{v}\to\boldsymbol{v}+\mathrm{d}^3\boldsymbol{v}$ 的分子数可表示为分子动能的指数函数

$$\mathrm{d}N\propto\mathrm{e}^{-\frac{\varepsilon_\mathrm{t}}{k_\mathrm{B}T}}。$$

式中 $\varepsilon_\mathrm{t}=\frac{1}{2}mv^2$ 为分子的动能。若气体系统处在外场中(如重力场中),每个分子的能量为动能和势能之和:

$$\varepsilon=\varepsilon_\mathrm{t}+\varepsilon_\mathrm{p},\quad(8-51)$$

分子在外场中的势能 ε_p 是分子位置的函数。当分子的速度和位置确定时总能量 ε 确定。将麦克斯韦速度分布律推广到有外场时的气体系统,可以推断:处在 $\boldsymbol{v}\to\boldsymbol{v}+\mathrm{d}^3\boldsymbol{v}$ 速度范围,同时位置处在 $x\to x+\mathrm{d}x$、$y\to y+\mathrm{d}y$、$z\to z+\mathrm{d}z$ 体积范围内的分子数应与分子总能量的指数函数成正比

$$\mathrm{d}N\propto\mathrm{e}^{-\frac{\varepsilon_\mathrm{t}+\varepsilon_\mathrm{p}}{k_\mathrm{B}T}}=\mathrm{e}^{-\frac{\varepsilon}{k_\mathrm{B}T}},$$

写成等式

$$\mathrm{d}N=n_0\left(\frac{m}{2\pi k_\mathrm{B}T}\right)^{\frac{3}{2}}\mathrm{e}^{-\frac{(\varepsilon_\mathrm{t}+\varepsilon_\mathrm{p})}{k_\mathrm{B}T}}\mathrm{d}v_x\mathrm{d}v_y\mathrm{d}v_z\mathrm{d}x\mathrm{d}y\mathrm{d}z,\quad(8-52)$$

式中 n_0 为待定常数。将这一规律称为分子按能量的分布律或玻尔兹曼分布律。

利用玻尔兹曼分布律可以推出大气压按高度的分布。将地球表面大气看成是分子平均质量为 m 的理想气体,并忽略大气层上、下温度及重力加速度的差异,由于大气分布的球对称性,可以只分析沿地球半径方向某一个圆柱体内的大气分子的分布。将玻尔兹曼分布应用在这个柱体中的大气,分子的势能为 $\varepsilon_\mathrm{p}=mgz$,所以处在速度间隔 $\boldsymbol{v}\to\boldsymbol{v}+\mathrm{d}^3\boldsymbol{v}$ 和空间间隔($x\to x+\mathrm{d}x$, $y\to y+\mathrm{d}y$, $z\to z+\mathrm{d}z$)中的分子数为

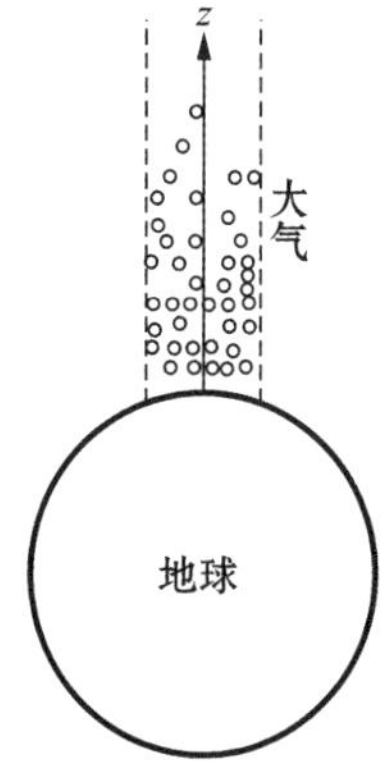

$$\mathrm{d}N=\frac{1}{Z}n_0\mathrm{e}^{-\frac{\varepsilon_\mathrm{t}+mgz}{k_\mathrm{B}T}}\mathrm{d}v_x\mathrm{d}v_y\mathrm{d}v_z\mathrm{d}x\mathrm{d}y\mathrm{d}z$$

$$=F(v_x,\ v_y,\ v_z)\mathrm{d}v_x\mathrm{d}v_y\mathrm{d}v_z\left(n_0\mathrm{e}^{-\frac{mgz}{k_\mathrm{B}T}}\mathrm{d}x\mathrm{d}y\mathrm{d}z\right),$$

图 8-16

处在空间体积元 $\mathrm{d}x\mathrm{d}y\mathrm{d}z$、具有各种速度的分子数为对 3 个速度分量积分

$$\mathrm{d}N'=(n_0\mathrm{e}^{-\frac{mgz}{k_\mathrm{B}T}}\mathrm{d}x\mathrm{d}y\mathrm{d}z)\int_{-\infty}^{\infty}\int_{-\infty}^{\infty}\int_{-\infty}^{\infty}F(v_x,\ v_y,\ v_z)\mathrm{d}v_x\mathrm{d}v_y\mathrm{d}v_z。$$

利用速度分布函数的归一化条件后,可得

$$\mathrm{d}N' = n_0 \mathrm{e}^{-\frac{\varepsilon_p}{k_B T}} \mathrm{d}x\,\mathrm{d}y\,\mathrm{d}z,$$

所以分子的数密度为

$$n = \frac{\mathrm{d}N'}{\mathrm{d}x\,\mathrm{d}y\,\mathrm{d}z} = n_0 \mathrm{e}^{-\frac{\varepsilon_p}{k_B T}}$$

或

$$n = n_0 \mathrm{e}^{-\frac{mgz}{k_B T}}, \tag{8-53}$$

式中 n_0 为重力势能等于零时气体分子的数密度。由式(8-53)可知,大气分子数密度随高度的增加呈指数衰减。

如将大气分子认为是各处温度相同的理想气体,由理想气体状态方程,可得

$$p = n_0 k_B T \mathrm{e}^{-\frac{mgz}{k_B T}} = p_0 \mathrm{e}^{-\frac{mgz}{k_B T}} = p_0 \mathrm{e}^{-\frac{\mu g z}{RT}}, \tag{8-54}$$

式中 $p_0 = n_0 k_B T$ 为 $z=0$ 时的大气压,μ 为大气分子的摩尔质量。称式(8-54)为等温大气压公式。

【例 8-4】 设大气温度为 T,以地面为重力势能零点,试证:大气分子的平均重力势能为

$$\overline{\varepsilon_p} = k_B T。 \tag{8-55}$$

证明 以地面为坐标原点,方向向上为 z 轴正向,分子的数密度为

$$n = n_0 \mathrm{e}^{-\frac{mgz}{k_B T}},$$

在 z 处取截面积为 ΔS 高为 $\mathrm{d}z$ 的小体积元,该体积元中的分子势能相同,均为 $\varepsilon_p = mgz$,这些分子的总势能

$$\varepsilon_p n \Delta S \mathrm{d}z = mgzn_0 \mathrm{e}^{-\frac{mgz}{k_B T}} \Delta S \mathrm{d}z,$$

对以 ΔS 为底、z 从 0 到 ∞ 柱体内所有分子势能求和,并除以该柱体内的分子数,可得每个分子平均势能为

$$\overline{\varepsilon_p} = \frac{\int_0^\infty mgzn_0 \mathrm{e}^{-\frac{mgz}{k_B T}} \mathrm{d}z \Delta S}{\int_0^\infty n_0 \mathrm{e}^{-\frac{mgz}{k_B T}} \mathrm{d}z \Delta S} = k_B T。$$

由此可证,大气分子的平均重力势能 $\overline{\varepsilon_{\mathrm{p}}}=k_{\mathrm{B}}T$。

8.2.4.2 能量按自由度均分定理

理想气体分子是质点,分子只有平动,实际上分子有大小,除了平动还有其他形式的运动。例如,对多原子分子除了整体平动外,分子还可以转动,发生形变(构成分子的原子之间会相对振动)。由于碰撞,分子的能量将会在平动、转动、振动等形式的运动之间不断地交换,当达到平衡态时能量在不同运动形式之间如何分配的呢?为了回答这一问题先引入自由度的概念。

1) 分子的自由度

任意一个分子的自由度指完全确定该分子位置所需的独立坐标个数,用 s 表示。

如氦气(He)、氖气(Ne)、氩气(Ar)等为单原子分子气体。分子模型可用一个质点来代替,如图 8-17(a)所示,自由度 $s=3$。

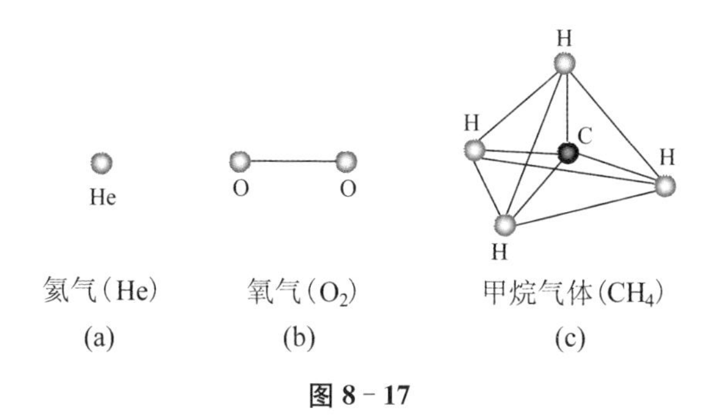

图 8-17

氢气(H_2)、氧气(O_2)、氮气(N_2)等为双原子分子气体。在温度不太高时,分子几乎不发生形变,可认为是刚性的双原子分子,可用两个刚性连接的质点模型来代替,如图 8-17(b)所示,需 3 个坐标确定质心位置,2 个坐标确定转轴取向,自由度共 5 个,$s=5$。若考虑分子的形变,两原子的间距会发生变化,在刚性双原子分子的基础上再增加一个自由度确定原子相对距离,称为振动自由度。

水蒸气(H_2O)、甲烷气体(CH_4)和氨气(NH_3)等为多原子分子气体,若不考虑分子的形变,其模型可用多个刚性连接的质点来代替,称为刚性多原子分子,如图 8-17(c)所示,这时分子的运动在刚性的双原子分子的基础上,增加一个自转运动,转动自由度变为 3 个,总自由度为 6 个,$s=6$。

2) 能量均分定理

分子平动动能可分为 3 部分:

$$\varepsilon_{\mathrm{t}}=\frac{1}{2}mv_x^2+\frac{1}{2}mv_y^2+\frac{1}{2}mv_z^2。$$

按照分子速度分布的各向同性假设,3 部分的平均值相等:

$$\frac{1}{2}m\overline{v_x^2}=\frac{1}{2}m\overline{v_y^2}=\frac{1}{2}m\overline{v_z^2}=\frac{1}{3}\bar{\varepsilon}_t。$$

结合温度公式,可得

$$\frac{1}{2}m\overline{v_x^2}=\frac{1}{2}m\overline{v_y^2}=\frac{1}{2}m\overline{v_z^2}=\frac{1}{2}k_B T,$$

即分子平动动能每个平方项的平均值都为 $\frac{1}{2}k_B T$。

将以上结论推广到多原子分子,每个分子的能量可能有若干个平方项。例如,刚性双原子分子可以绕 x 轴和 y 轴转动,设转动的角速度分别为 ω_x 和 ω_y,则转动动能为

$$\varepsilon_r=\frac{1}{2}J_x\omega_x^2+\frac{1}{2}J_y\omega_y^2, \tag{8-56}$$

式中 J_x,J_y 是分子绕 x,y 轴的转动惯量。对多原子分子还可以绕 z 轴转动,这时转动动能有 3 个平方项:

$$\varepsilon_r=\frac{1}{2}J_x\omega_x^2+\frac{1}{2}J_y\omega_y^2+\frac{1}{2}J_z\omega_z^2, \tag{8-57}$$

式中 J_z 为分子绕 z 轴的转动惯量。

如果原子不是刚性连接,原子之间相当于用劲度系数为 k 的弹簧连接,如图 8-18 所示,分子的能量还应附加原子之间的相互振动能:

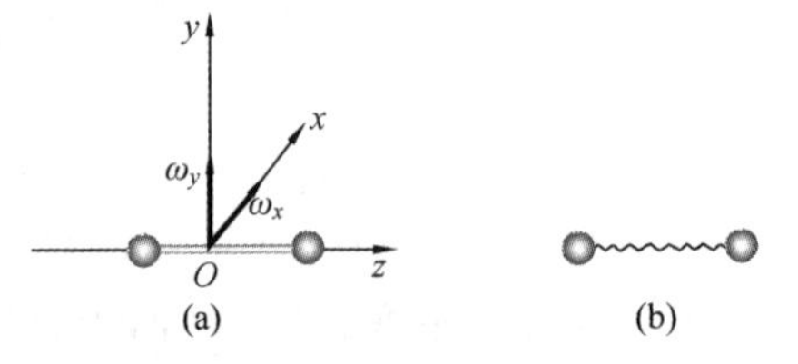

图 8-18

$$\varepsilon_s=\frac{1}{2}\mu v_r^2+\frac{1}{2}kr^2, \tag{8-58}$$

式中 μ 为折合质量,v_r 为相对速度,r 为相对位移。

分子的总能量为三种运动能量之和,即

$$\varepsilon=\varepsilon_t+\varepsilon_r+\varepsilon_s, \tag{8-59}$$

按玻尔兹曼分布,分布函数应为

$$F=\frac{1}{Z}e^{-\frac{\varepsilon}{k_B T}}。 \tag{8-60}$$

利用式(8-60)可以严格的证明:气体系统处在平衡态时,分子在每个自由度都具有相同的平均动能 $\frac{1}{2}k_B T$,对每一振动自由度还有 $\frac{1}{2}k_B T$ 的平均势能。分子总能量的平均值为

$$\bar{\varepsilon}=(t+r+2s)\frac{1}{2}k_{\mathrm{B}}T, \tag{8-61}$$

式中 t 为平动自由度，r 为转动自由度，s 为振动自由度。这就是能量按自由度的平均分配定理。

例如，对单原子分子，$t=3$，$r=s=0$，$\bar{\varepsilon}=\frac{3}{2}k_{\mathrm{B}}T$；对刚性双原子分子，$t=3$，$r=2$，$s=0$，$\bar{\varepsilon}=\frac{5}{2}k_{\mathrm{B}}T$；对非刚性双原子分子，$t=3$，$r=2$，$s=1$，$\bar{\varepsilon}=\frac{7}{2}k_{\mathrm{B}}T$。

8.2.4.3 理想气体的内能

从微观上看，一个热力学系统的内能是所有粒子的动能和所有粒子相互作用势能之和。对于理想气体，因分子之间无相互作用势能，内能等于所有分子能量之和。设理想气体共有 N 个分子，则内能

$$E=N\bar{\varepsilon}=N(t+r+2s)\frac{1}{2}k_{\mathrm{B}}T, \tag{8-62}$$

1 mol 理想气体的内能为

$$E=N_{\mathrm{A}}\bar{\varepsilon}=\frac{t+r+2s}{2}RT。 \tag{8-63}$$

由式(8-63)可知，理想气体的内能只是温度的函数，而与体积无关，这是忽略了分子相互作用势能之故。

分子之间的作用势能显然与分子间距有关，从而与系统的体积有关。所以对非理想气体，内能除了与温度有关以外，还与体积有关。

习 题 8

8-1 高压氧瓶压强和体积分别为 $p=1.3\times10^{7}$ Pa 和 $V=30$ L，每天使用压强为 $p_1=1.0\times10^{5}$ Pa 和体积为 $V_1=400$ L 的氧气，为保证瓶内压强 $p'\geqslant1.0\times10^{6}$ Pa，能用几天？

8-2 长金属管下端封闭，上端开口，置于压强为 p_0 的大气中。在封闭端加热到 $T_1=1\,000$ K，另一端保持 $T_2=200$ K，设温度沿管长均匀变化。现封闭开口端，并使管子冷却到 100 K，求管内压强。

8-3 一台往复式抽气机转速 $n=400$ r/min，抽气机每分钟能抽出气体 2 L，设容器的容积 $V=4$ L，问经多长时间才能使容器内的压强由 $p_0=10^{5}$ Pa 降到 $p_N=100$ Pa？

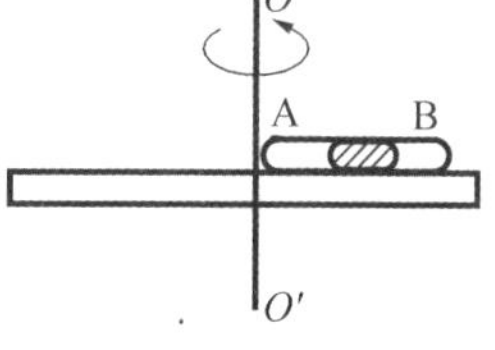

习题 8-4 图

8-4 粗细均匀的玻璃管两端封闭，中间的水银柱将管内气体分成 A、B 两部分，现将玻璃管固定在水平圆盘上，如题图所示，水银柱和 A、B 气柱的长度都为 L，气柱的压强为 H_0(cmHg)，当水平圆盘绕通过 A 端点的 OO' 轴匀速转运时，水银柱移动使 B 气柱减

小到原来的一半,这时圆盘转动角速度 ω 多大(设管内气体温度不变)?

8-5 假设有 $N=1.2\times10^{10}$ 个粒子,其速率分布函数 $f(v)$ 为

$$f(v)=\begin{cases}av(100-v) & (v\leqslant 100\ \mathrm{m/s}),\\ 0 & (v>100\ \mathrm{m/s}),\end{cases}$$

求:

(1) $f(v)$ 的极值点。

(2) 速率处在 49~51 m/s 的粒子数约为多少?

(3) 速率处在 0~50 m/s 之间那些粒子的平均速率。

8-6 如题图所示,曲线 1 和 2 分别表示同种理想气体分子在温度 T_1 和 T_2 时的麦克斯韦速率分布曲线。已知 $T_1<T_2$,两曲线的交点的横坐标为 $v=v_1$,阴影部分的面积为 S_0,则曲线 1 对应的最概然速率为多少?温度分别为 T_1 和 T_2 时,分子速率小于 v_1的"分子数占分子总数百分比"之差为多少?

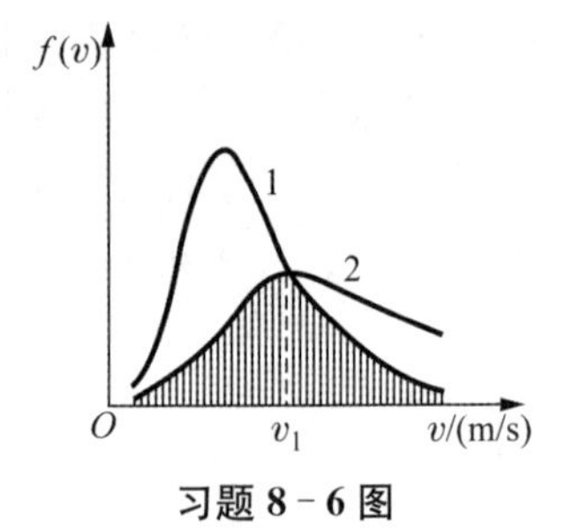

习题 8-6 图

8-7 金属导体中的电子,在金属内部做无规则运动(与容器中的气体分子类似)。设金属中共有 N 个自由电子,其中电子的最大速率为 v_m,电子速率处在 $v\rightarrow v+\mathrm{d}v$ 之间的概率为

$$\frac{\mathrm{d}N}{N}=\begin{cases}Av^2\mathrm{d}v & (0<v\leqslant v_m),\\ 0 & (v>v_m),\end{cases}$$

式中 A 为常数。则电子的平均速率为多少?

8-8 设大量粒子($N_0=7.2\times10^{10}$ 个)的速率分布函数图像如题图所示。试求:

(1) 速率小于 30 m/s 的分子数约为多少?

(2) 速率处在 99 m/s 到 101 m/s 之间的分子数约为多少?

(3) 所有 N_0 个粒子的平均速率为多少?

(4) 速率大于 60 m/s 的那些分子的平均速率为多少?

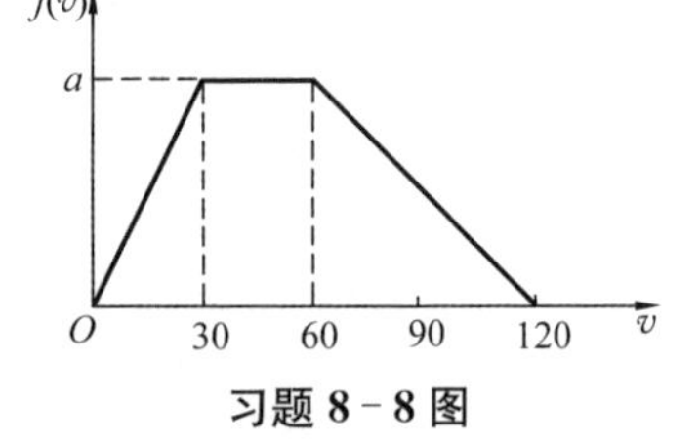

习题 8-8 图

8-9 理想气体分子沿 x 方向的速度分布函数为 $f(v_x)=\left(\frac{m}{2\pi k_B T}\right)^{\frac{1}{2}}\mathrm{e}^{-\frac{mv_x^2}{2k_B T}}$,试据此推导压强公式 $p=nk_B T$。

8-10 利用麦克斯韦速率分布:

(1) 计算温度 $T_1=300$ K 和 $T_2=600$ K 时氧气分子最概然速率 v_{p_1} 和 v_{p_2};

(2) 计算在这两温度下的最概然速率附近单位速率区间内的分子数占总分子数的比率;

(3) 计算 300 K 时氧分子在 $2v_p$ 处单位速率区间内分子数占总分子的比率。

8-11 一容器被一隔板分隔成两部分,两部分气体的压强分别为 p_1 和 p_2,而温度都是 T,摩尔质量都是 M,隔板上开有一面积为 S 的小孔,若小孔是如此之小,以至于分子从小孔射出或射入对气体平衡态的扰动都可以忽略,则每秒通过小孔的气体质量为多少?

8-12 若一宇宙飞船的体积为 27 m³,舱内压强为 p_0,温度为与 $\bar{v}=300\ \mathrm{m\cdot s^{-1}}$ 相应的

值，在飞行中被一陨石击中而在壁上形成一面积为 1 cm^2 的孔，以致舱内空气逸出，问：需经多久舱内压强降到 $p=\frac{1}{e}p_0$？（假定该过程中温度不变）

8-13　一容器体积为 $2V$，一导热隔板把它分成相等的两半，开始时左边盛有压强为 p_0 的理想气体，右边为真空。在隔板上有一面积为 S 的小孔，求打开小孔后左右两边压强 p_1 和 p_2 与时间 t 的关系。

8-14　试将质量为 μ 的单原子理想气体速率分布函数 $4\pi\left(\frac{\mu}{2\pi k_B T}\right)^{\frac{3}{2}}e^{-\frac{\mu v^2}{2k_B T}}v^2$ 改写成按动能 $\varepsilon=\frac{1}{2}\mu v^2$ 分布的函数形式 $f(\varepsilon)$，然后求出其最概然动能及平均动能。

8-15　质量为 m，摩尔质量为 M 的双原子理想气体，平衡态时的麦克斯韦速率分布函数如题图所示。图中 v_p 为已知（阿伏伽德罗常数为 N_A 为已知）。求：

（1）该系统的内能；

（2）当速率小于 $\frac{v_p}{3}$ 时，麦克斯韦速率分布函数可近似表示为 $f(v)\approx av^2$，试求速率小于 $\frac{v_p}{3}$ 的那些分子的平均动能。

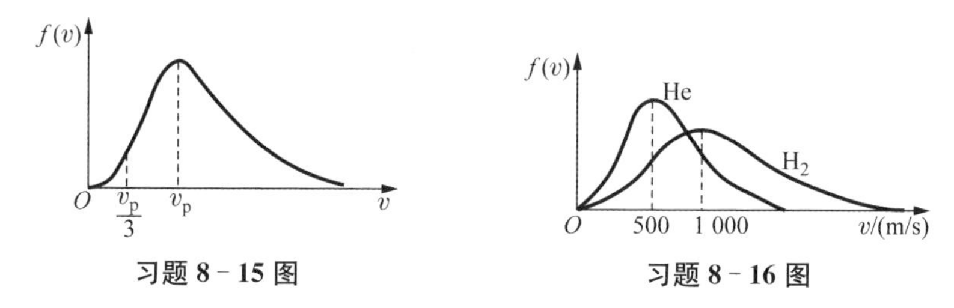

习题 8-15 图　　**习题 8-16 图**

8-16　氦气和氢气麦克斯韦速率分布如题图所示，由图判别氦气的温度 T_1 和氢气的温度 T_2 之比。

8-17　一容器内盛有密度为 ρ 的单原子理想气体，其压强为 p，此气体分子的方均根速率为多少？单位体积内气体的内能是多少？

8-18　有容积不同的 A，B 两个容器，A 中装有单原子分子理想气体，B 中装有双原子分子理想气体，若两种气体的压强相同，那么，这两种气体的单位体积的内能 $(E/V)_A$ 和 $(E/V)_B$ 的关系为何？

8-19　在标准状态下，若氧气（视为刚性双原子分子的理想气体）和氦气的体积比 $V_1/V_2=1/2$，则其内能之比 E_1/E_2 为多少？

8-20　已知质量为 m、摩尔质量为 M 的双原子理想气体，装在体积为 V 的容器里，压强为 p，该气体分子在任一自由度上的平均动能为多少？

8-21　用绝热材料制成一个容器，体积为 $2V_0$，被绝热板隔成 A、B 两部分，A 内储有 1 mol 单原子分子理想气体，B 内储有 2 mol 刚性双原子分子理想气体，A、B 两部分压强相等均为 p_0，两部分体积均为 V_0，则

（1）两种气体各自的内能分别为多少？

(2) 抽去绝热板,两种气体混合后处于平衡时的温度为多少?

8-22 水蒸气(可看成理想气体)分解为同温度 T 的氢气和氧气,其内能增加了多少?

8-23 目前地球大气中 H_2 的含量远低于地球早期大气中 H_2 的含量,其原因可能是多方面的,若仅从气体分子运动论的观点,如何解释这一现象?

8-24 试求升高到什么高度时大气压强将减至地面的 75%。设空气的温度为 0℃,空气的摩尔质量为 0.028 9 kg/mol。

思 考 题 8

8-1 气体在平衡状态时有何特征?平衡态与稳定态有什么不同?气体的平衡态与力学中所指的平衡有什么不同?

8-2 温度计所用测温物质应具备的条件为(　　)。

(A) 它必须是液体　　(B) 它因冷热而改变的特性要有重复性

(C) 它因冷热而改变的特性要有单值性　　(D) 它的热容量愈大愈好

8-3 对一定量的气体来说,当温度不变时,气体的压强随体积的减小而增大;当体积不变时,压强随温度的升高而增大。从宏观来看,这两种变化同样使压强增大。从微观来看,它们是否有区别?

8-4 若理想气体的体积为 V,压强为 p,温度为 T,一个分子的质量为 m, k_B 为玻尔兹曼常量,R 为普适气体常量,则该理想气体的分子数为(　　)。

(A) $\dfrac{pV}{m}$　　(B) $\dfrac{pV}{k_B T}$

(C) $\dfrac{pV}{RT}$　　(D) $\dfrac{pV}{mT}$

8-5 若室内生起炉子后温度从 15℃升高到 27℃,而室内气压不变,则此时室内的气体分子数减少了多少?

8-6 关于理想气体微观模型的下列表述中正确的是(　　)。

(A) 只考虑气体分子间的引力作用

(B) 只考虑气体分子间的斥力作用

(C) 既考虑气体分子间的引力又考虑斥力作用

(D) 把气体分子看作没有相互作用的质点

8-7 若两分子间距离发生变化,两分子间的相互作用力和分子势能也会随之变化。下列表述中正确的是(　　)。

(A) 若两分子处于平衡位置,分子间没有引力和斥力

(B) 若两分子间距离减小,分子间引力和斥力的大小都增大

(C) 若两分子间距离增大,分子间的引力大小将增大,而斥力大小将减小

(D) 若两分子间距离增大,分子势能一定增大

8-8 解释下列各式的物理意义。

(1) $f(v)\mathrm{d}v$;

(2) $Nf(v)\mathrm{d}v$;

(3) $\int_{v_1}^{v_2} f(v)\mathrm{d}v$；

(4) $\int_{v_1}^{v_2} Nf(v)\mathrm{d}v$。

8 - 9　氢分子的质量为 3.3×10^{-24} g，如果每秒有 10^{23} 个氢分子沿着与容器器壁的法线成 $45°$ 角的方向以 10^5 cm/s 的速率撞击在 2.0 cm^2 的面积上（碰撞是完全弹性的），则器壁所承受的压强为多少？

8 - 10　若 $f(v)$ 为气体分子速率分布函数，N 为分子总数，m 为分子质量，则 $\int_{v_1}^{v_2} \frac{1}{2}mv^2 Nf(v)\mathrm{d}v$ 的物理意义是（　　）。

(A) 速率为 v_2 的各分子的总平动动能与速率为 v_1 的各分子的总平动动能之差

(B) 速率为 v_2 的各分子的总平动动能与速率为 v_1 的各分子的总平动动能之和

(C) 速率处在速率间隔 $v_1 \sim v_2$ 之内的分子的平均平动动能

(D) 速率处在速率间隔 $v_1 \sim v_2$ 之内的分子的平动动能之和

8 - 11　氦气、氧气分子数均为 N，$T_{O_2} = 2T_{He}$，速率分布曲线如题图所示，且阴影面积为 S。求：

(1) 哪条是氦气的速率分布曲线？

(2) $\dfrac{v_{P_{O_2}}}{v_{P_{He}}}$ 等于多少？

(3) v_0 的意义？

(4) $\int_{v_0}^{\infty} N(f_B(v) - f_A(v))\mathrm{d}v$ 为多少？对应的物理意义是什么？

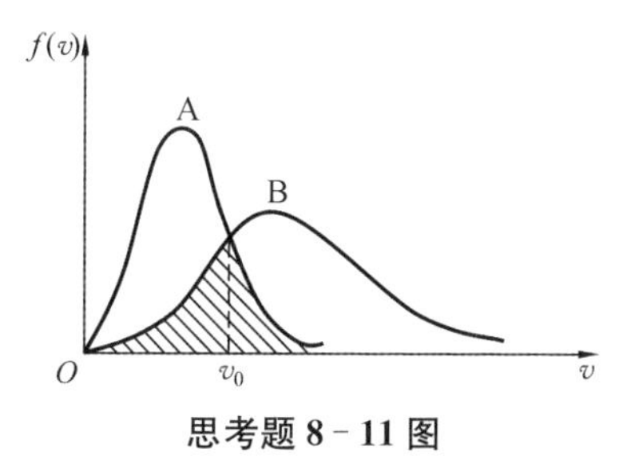

思考题 8 - 11 图

8 - 12　两种理想气体分子数分别为 N_A 和 N_B，某一温度下，速率分布函数分别为 $f_A(v)$ 和 $f_B(v)$，问此温度下 A 和 B 组成系统的速率分布函数如何？

8 - 13　压强的微观统计意义是什么？在推导理想气体压强公式的过程中，什么地方用到了理想气体的分子模型？什么地方用到了平衡态的概念？什么地方用到了统计平均的概念？

8 - 14　如题图所示，dA 为器壁上一面元，x 轴与 dA 垂直。已知分子数密度为 n，速度分布函数为 $F(\boldsymbol{v})$，则速度分量在 $v_x \sim v_x + \mathrm{d}v_x$，$v_y \sim v_y + \mathrm{d}v_y$，$v_z \sim v_z + \mathrm{d}v_z$ 区间中的分子在 dt 时间内与面元 dA 相碰的分子数为多少？

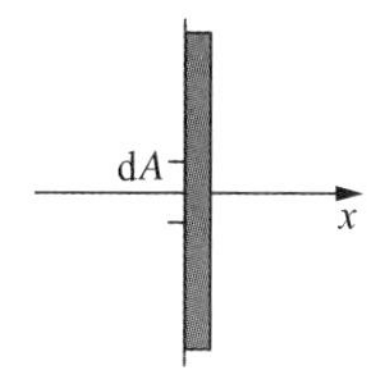

思考题 8 - 14 图

8 - 15　某容器内分子数密度为 10^{26} m^{-3}，每个分子的质量为 3×10^{-27} kg，设其中 1/6 分子数以速率 $v = 200$ m/s 垂直地向容器的一壁运动，而其余 5/6 分子或者离开此壁或者平行此壁方向运动，且分子与容器壁的碰撞为完全弹性的，则

(1) 每个分子作用于器壁的冲量 Δp = ____________；

(2) 每秒碰在器壁单位面积上的分子数 n_0 = ____________；

(3) 作用在器壁上的压强 p = ____________。

8 - 16　A，B 和 C 三个容器中皆装有理想气体，它们的分子数密度之比为 $n_A : n_B : n_C = 4:2:1$，而分子的平均平动动能之比为 $\overline{\varepsilon_A} : \overline{\varepsilon_B} : \overline{\varepsilon_C} = 1:2:4$，则它们的压强之比 $p_A : p_B :$

$p_C=$ ________。

8-17 已知状态参量为 p, V 和 T 的氧气(摩尔质量为 M),它的内能 $E=$ ________,氧分子的平均速度 $\bar{v}=$ ________,每个氧分子的平均转动动能 $\bar{\varepsilon}_r=$ ________。

8-18 已知氢气与氧气的温度相同,请判断下列说法中正确的是(　　)。

(A) 氧分子的质量比氢分子大,所以氧气的压强一定大于氢气的压强

(B) 氧分子的质量比氢分子大,所以氧气的密度一定大于氢气的密度

(C) 氧分子的质量比氢分子大,所以氢分子的速率一定比氧分子的速率大

(D) 氧分子的质量比氢分子大,所以氢分子的均方根速率一定比氧分子的均方根速率大

8-19 在标准状态下,若氧气(视为刚性双原子分子的理想气体)和氦气的体积比为 $V_1/V_2=1/2$,则其内能之比 E_1/E_2 为(　　)。

(A) 3/10　　(B) 1/2　　(C) 5/6　　(D) 5/3

8-20 容器内有质量为 m、摩尔质量为 M 的理想气体,设容器以速度 $\boldsymbol{v}$ 做定向运动,今使容器突然停止。问:

(1) 气体的定向运动机械能转化成了什么形式的能量?

(2) 下面两种气体分子速度平方的平均值增加多少? ① 单原子分子;② 双原子分子。

(3) 如果容器再从静止加速到原来速度 $\boldsymbol{v}$,那么容器内理想气体的温度是否还会改变? 为什么?

8-21 叙述下列各式的物理意义:

(1) $\frac{1}{2}k_BT$; (2) $\frac{3}{2}k_BT$; (3) $\frac{i}{2}k_BT$; (4) $\frac{i}{2}RT$; (5) $\frac{m}{M}\frac{i}{2}RT$; (6) $\frac{m}{M}\frac{i}{2}R(T_2-T_1)$。

第 9 章　热 力 学 定 律

上一章讨论了热力学系统的状态，本章将讨论热力学系统状态的变化——过程。

9.1　热力学第一定律

9.1.1　准静态过程

广义地说，“过程”是指事物在时间上的持续性或空间上的广延性，是事物发展、变化的形式。如果一个热力学系统状态发生了变化，我们说系统经历了一个热力学过程。

一个实际的热力学过程是比较复杂的，假定气缸中的气体开始处在某一平衡态，具有确定的温度、体积和压强，然后压缩气体，气体状态开始变化，压缩必然会使原来的平衡受到破坏，气体各处的压强可能会不同，甚至无法确定气体的温度。事实上，在压缩过程中气体是处在不同的非平衡态，需要经历一定的时间(称为弛豫时间)才能达到新的平衡态。如果系统的弛豫时间很短或压缩很缓慢，则系统在压缩过程中每一步几乎都是平衡态。

如果系统状态变化时所经历的每一个态均是平衡态，称系统经历了一个准静态过程。相反，如果过程进行得较快，在新的平衡态达到之前系统又继续了下一步的变化，系统经历了一系列的非平衡态，称这样的过程为非静态过程。

所谓“准静”就是“无限缓慢”进行的过程，是一种理想的极限过程。

事实上，当系统状态发生变化的时间远远大于系统趋于平衡的弛豫时间时，实际过程可以近似地看成是准静态过程。例如，一个长、宽、高各为 $L=1\ \mathrm{m}$ 的容器中盛有常温下的氢气，氢气分子的平均速率约为 $\bar{v}\approx 10^3\ \mathrm{m/s}$，分子从容器的左端运动到右端需要的时间约为 $L/\bar{v}\approx 10^{-3}\ \mathrm{s}$，可以将该时间认为是弛豫时间。现在开始压缩气体，设在 1 s 内使容器的长度改变了 0.5 m，所以器壁移动的速度为 0.5 m/s，该速度远小于分子运动的速度，或者说压缩气体的时间远大于系统弛豫时间，可以认为压缩过程是非常缓慢的，压缩过程可近似看为准静态过程。

由于在准静态过程中系统经历的每一步均为平衡态，故每一步均有确定的状态参量。如果以系统独立的状态参量为坐标轴建立一个空间(称为系统的状态空间)，则状态空间中的每一个点对应系统的一个平衡态，状态空间中的一条曲线对应一个准静态过程。

例如，对一个简单的热力学系统，状态空间就是 $p-V$ 空间(当然也可选为 $p-T$ 或 $T-V$ 空间)。$p-V$ 图上的每一个点具有确定的坐标 (p, V)，与系统的平衡态一一对应，$p-V$ 图上的一条曲线(称为过程曲线，见图 9－1)对应系统的某个准静态过程。但对非静态过程，所经历的状态在 $p-V$ 图中无对应点，故无对应的过程曲线(可用虚线表示非静态过程)。

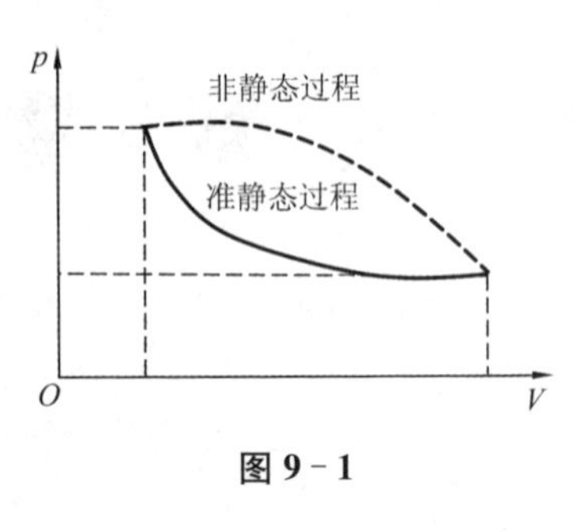

图 9－1

9.1.2 功、内能和热量

压缩气体可以使气体状态发生变化，或者说做机械功是使气体状态发生变化的原因之一。

功是一个力学概念，当系统的体积发生变化时，外界对系统会做机械功，可以按下式计算：

$$A=\int_a^b \boldsymbol{F} \cdot \mathrm{d}\boldsymbol{s},$$

式中 $\boldsymbol{F}$ 为施加的外力，$\mathrm{d}\boldsymbol{s}$ 为位移。

在一般情况下功 A 无法简单地用系统的状态参量来表示，但对于准静态过程，功可用状态参量的积分来表示。

设气缸中的气体经历了一个准静态过程，若活塞无摩擦，则外界对系统所做的功可用系统的参量来表示。如图 9－2 所示，当气体准静态膨胀或压缩时，为了维持气体时时处在平衡态，外界和系统对活塞的压力必须相等，否则活塞会加速运动，过程将不会是准静态的。因此在无摩擦的准静态过程中，外界的压力可用系统的状态参量表示为

$$F=pS,$$

式中 S 为活塞的截面积，当活塞移动距离 $\mathrm{d}l$ 时，气体体积的增量为

$$\mathrm{d}V=S\mathrm{d}l,$$

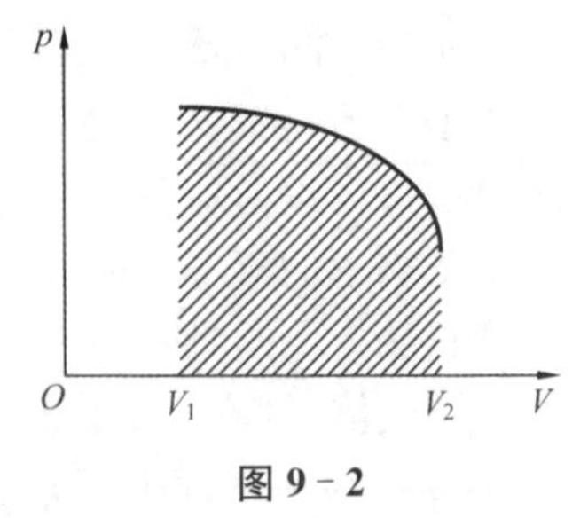

图 9－2

外力对系统所做的元功为

$$\delta A=-F\mathrm{d}l=-p\mathrm{d}V, \tag{9-1}$$

负号的含义是当系统被压缩时 $(\mathrm{d}V<0)$，外界对系统做正功$(\delta A>0)$；当系统体

积膨胀时($dV>0$),外界对系统做负功($\delta A<0$),或说系统对外界做正功。在有限过程中，系统的体积由 V_1 变为 V_2，外界对系统所做的总功

$$A=-\int_{V_1}^{V_2}p\,dV,\tag{9-2}$$

其绝对值等于 $p-V$ 图(见图 9-2)上过程曲线以下的面积。

功不是态函数,与具体过程有关,在无限小过程中所做的元功不能表示为某个态函数的全微分,一般将元功记为 δA 而不是 dA。机械功只是特殊的一类功,除此以外还有电场功、磁场功等其他类型的功。应该说明,若过程为非静态过程,则只能用外力对位移积分的方法计算功。

【例 9-1】 计算在等压 p 下,气体准静态地由体积 V_1 被压缩到 V_2 的过程中外界对系统所做的功。

解　由功的计算式可得:

$$A=-\int_{V_1}^{V_2}p\,dV=-p\int_{V_1}^{V_2}dV=-p(V_2-V_1)。$$

有了功的概念,可以定义系统的内能。

在某一过程中如果系统状态的变化完全是由于外界对系统做功引起的,则称该过程为绝热过程。

实验表明,在绝热过程中外界对系统所做的功仅取决于系统的初态和末态,而与过程无关。如图 9-3 所示,重物下降带动叶片在水中搅动,因摩擦而使水温升高,由水和叶片构成的热力学系统,其温度的升高是重物下落重力做功的结果。如图 9-4 所示,将电阻通有电流,同样可使水和电阻器构成的热力学系统的温度升高。实验发现,同一个热力学系统温度升高相同数值时所需的电功和机械功完全一样。自 1840 年开始到 1879 年,焦耳反复做了大量的这类实验。结果发现,用各种不同的绝热过程使物体升高一定的温度所需要的功是相等的,这里的绝热过程可以是准静态的,也可以是非静态的,可以对系统绝热地做机械功,也可以对系统绝热地做电功。换句话说:在绝热过程中外界对系统所做的功与过程无关,仅取

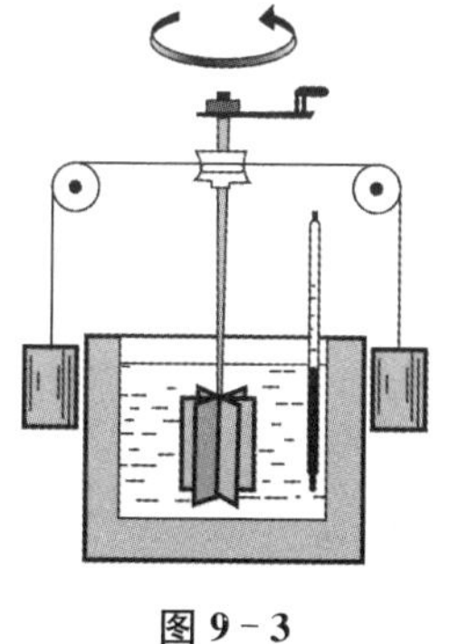

图 9-3

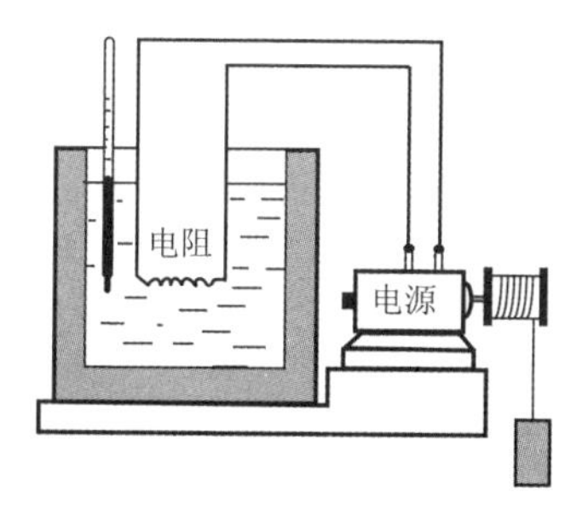

图 9-4

决于系统的初态和末态。这是一个重要实验事实,它给内能概念的引入提供了实验依据。也就是说,热力学系统一定存在一个内能函数 E,该函数在初、末态之间的差值等于沿任意绝热过程外界对系统所做的功,即

$$E_2 - E_1 = A。 \tag{9-3}$$

这就是内能的宏观定义。从微观上看,热力学系统的内能是所有分子热运动的动能和分子间相互作用的势能之和,按照能量守恒的思想,在绝热过程中外界对系统所做的功完全转化为系统的内能了。

内能虽然是由过程量功来定义的,但内能本身不是过程量,它是系统状态的单值函数,对应系统的一个状态只有一个内能值,它与如何到达这个状态所经历的具体过程没有关系,当系统的初末态给定后,内能之差就有了确定值。例如对一个简单气体系统,内能一般是温度和体积的函数,即

$$E = E(V, T),$$

但当气体足够稀薄时,内能只是温度的函数,即

$$E = E(T)。$$

这一结论最早由焦耳通过自由绝热膨胀实验得到证实,同时与微观方法得到的理想气体内能计算公式是一致的。

除了做功,传热也可以改变系统状态。人类对热量的认识经历过曲折的过程,在 17 世纪人们认为物质燃烧时释放出燃素;到 18 世纪人们还错误地认为热是物质,并形成一种学说——“热质说”,该学说认为热与物质一样是不生不灭的,一个物体的冷和热取决于物体所含的热质的多少;到了 18 世纪后期,人们利用摩擦可以生热的现象否定了这一学说,但仍认为热的本质是运动,形成所谓的“热之唯动说”;在 19 世纪中叶,焦耳用了近 40 年的时间,利用电热量热法和机械量热法进行了大量的实验,最终找出了热和功之间的当量关系:

$$1\ \text{cal} = 4.186\ 8\ \text{J},$$

至此热是能量转移的一种形式的正确观点才被人们普遍接受,同时也为热力学第一定律的建立奠定了坚实基础。

热像功一样是能量转移的方式。给系统传热,系统内能增加,同时使系统的状态发生变化。所以热量可用系统状态变化或系统的内能变化来量度。在不做功过程中系统内能的增量等于从外界吸收的热量

$$Q = E_2 - E_1。 \tag{9-4}$$

如果系统经历了一个不做功的微元过程,则吸收的热量为

$$\delta Q = \mathrm{d}E, \tag{9-5}$$

式(9-4)和式(9-5)就是热量的定义。

从微观上看,传热相当于内能在不同系统之间的流动。做功和传热都可改变系统的内能,但两者也有区别。做功是将一个系统的有规则运动转化为另一系统分子无规则运动,也就是机械能或其他能和内能之间的转化。传热是将分子的无规则运动从一个系统转移到另一个系统,主要有对流、热传导和热辐射三种形式,它们分别通过分子的动流、分子的碰撞以及热辐射来完成传热。可见传热对应的能量转移是系统间内能的转换。

热量和功一样只是反映系统在状态变化时所转移的能量,可以用来衡量物体内能的变化。不能说一个系统中含有多少热量或多少功,只能说系统在某一状态有确定的内能,根本不存在什么"功"和"热量"。

系统与外界有热量的交换,同时系统的温度也发生变化,则可引入热容的概念来描述系统的"吸热能力"。当给一系统加热 δQ 而温度升高 $\mathrm{d}T$ 时,则热容为

$$C=\lim_{\Delta T\to 0}\frac{\Delta Q}{\Delta T}=\frac{\delta Q}{\mathrm{d}T}。\tag{9-6}$$

由于热量与过程有关,所以热容也与过程有关。系统在等体过程中的热容量称为定容热容,系统在等压过程中的热容量称为定压热容,它们的定义为

$$C_V=\lim_{\Delta T\to 0}\frac{\Delta Q}{\Delta T}\bigg|_V=\frac{\delta Q}{\mathrm{d}T}\bigg|_V,\tag{9-7}$$

$$C_p=\lim_{\Delta T\to 0}\frac{\Delta Q}{\Delta T}\bigg|_p=\frac{\delta Q}{\mathrm{d}T}\bigg|_p,\tag{9-8}$$

为了强调定容、定压条件,在定义式中分别加上脚标 V 和 p。

热容一般与系统物质的多少成比例,单位质量物质的热容称为质量(或比热容)热容,通常用小写字母 c 表示,与热容的关系为 $c=\dfrac{C}{m}$(其中 m 为系统的质量),其单位为 J/(kg·K)。而 1 mol 物质的热容称为摩尔热容,通常用 C_m 表示,与热容的关系为 $C_\mathrm{m}=\dfrac{C}{\nu}$(其中 ν 为系统物质的量),其单位为 J/(mol·K)。

9.1.3 热力学第一定律

能量守恒和转化定律是 19 世纪自然科学的伟大发现之一,应该说这是许多人研究的结果。最早在 1842 年,青年医生迈耳(J. R. Mayer)发表了他的第一篇论文,在这篇论文中已经包含着能量守恒和转化思想,他认为任何生物能量是来源于生物氧化过程。1847 年物理学家亥姆霍兹(Hermann von Helmholtz)发表了著名文章《力的守恒》,他认为大自然是统一的,自然力(即能量)是守恒的。虽然亥姆霍

兹的理论可以看作热力学第一定律的雏形,但焦耳热功当量实验的完成,被普遍认为是最先用科学实验确立能量守恒和转化定律的第一人。

热力学第一定律实际是包含内能在内的能量转换和守恒定律。如果系统吸收的热量为 Q,外界对系统做的功为 A,系统初、末态的内能分别为 E_1 和 E_2,则系统内能的增量等于从外界吸收的热量和外界对系统做功之和,即

$$E_2 - E_1 = Q + A, \tag{9-9}$$

这就是热力学第一定律的数学形式。

若热力学系统经历一个无穷小的微元过程,上式变为

$$\mathrm{d}E = \delta Q + \delta A, \tag{9-10}$$

式中 $\mathrm{d}E$ 为内能的微分,δQ 为系统吸收的元热量,δA 为外界所做的元功。

历史上人们曾试图制造一种永动机器,这种机器不需要输入能量但可以对外输出功,将这种机器称为第一类永动机,然而制造永动机的所有尝试均以失败告终。后来人们把"不可能造出第一类永动机"作为热力学第一定律的另一种表述。

热力学第一定律是普遍的能量转化和守恒定律,是任何系统在任何过程中必须遵从的规律之一。若一个简单系统经历了准静态过程,则功可由系统的状态参量表示,对微元过程的功可表示为 $\delta A = -p\mathrm{d}V$,则热力学第一定律可表示为

$$\mathrm{d}E = \delta Q - p\mathrm{d}V。 \tag{9-11}$$

对一个有限过程,热力学第一定律还可有如下表示:

$$E_2 - E_1 = Q - \int_{V_1}^{V_2} p\mathrm{d}V。 \tag{9-12}$$

9.1.4 热力学第一定律的应用

本节将利用热力学第一定律讨论理想气体在几种典型过程中的内能变化、外界所做的功以及系统吸收的热量,是热力学第一定律的很好应用例子。

9.1.4.1 等体过程

理想气体状态变化时其体积始终不发生变化,则气体经历了一个等体过程,过程的特点是 $V=C$,或 $\mathrm{d}V=0$,所以外界对系统不做功,$\delta A=0$。由热力学第一定律,气体在微元过程中吸收的热量完全转化为内能增量:

$$\delta Q = \mathrm{d}E, \tag{9-13}$$

由于内能只是温度的函数,所以式(9-13)可进一步表示为

$$\delta Q = \frac{\mathrm{d}E}{\mathrm{d}T}\mathrm{d}T,$$

所以气体的定容热容 C_V 为

$$C_V=\frac{dE}{dT}, \tag{9-14}$$

另外还可将 δQ、dE 用热容量表示为

$$\delta Q=dE=C_V dT=\nu C_{V,m} dT。 \tag{9-15}$$

如果气体经历了一个有限过程，气体吸收的热量和内能增量

$$Q=E_2-E_1=\int_{T_1}^{T_2} C_V dT。 \tag{9-16}$$

只要在实验上测出了理想气体的定容热容与温度的关系即可。理想气体的定容热容还可利用微观方法计算，利用理想气体的内能公式 $E=\nu \frac{i}{2}RT$，对温度求导后就是定容热容：

$$C_V=\nu \frac{i}{2}R, \tag{9-17}$$

可见，C_V 与分子的自由度有关，是一个常数。

摩尔定容热容

$$C_{V,m}=\frac{i}{2}R。 \tag{9-18}$$

亦为常数。

这时式(9-16)可进一步表示为

$$Q=E_2-E_1=\nu C_{V,m}(T_2-T_1)=\frac{i}{2}(p_2-p_1)V。 \tag{9-19}$$

9.1.4.2　等压过程

气体在状态变化时压强始终保持不变的过程为等压过程，即 $p=C$，在等压过程中外界对系统做的功

$$A=-\int_{V_1}^{V_2} p dV=-p(V_2-V_1)=-\nu R(T_2-T_1), \tag{9-20}$$

吸收的热量

$$Q=\int_{T_1}^{T_2} C_p dT。$$

若已知定压热容，由以上两式可以进一步计算内能的改变。定压热容与哪些因素有关？由热力学第一定律可将 C_p 表示为

$$C_p = \left.\frac{dE + p\,dV}{dT}\right|_p,$$

即

$$C_p = \frac{dE}{dT} + p\left.\frac{dV}{dT}\right|_p = C_V + p\left.\frac{dV}{dT}\right|_p,$$

式中 $\left.\frac{dV}{dT}\right|_p$ 表示在压强不变条件下气体的体积对温度的导数，利用理想气体的状态方程 $V = \frac{\nu RT}{p}$ 很易得到 $p\left.\frac{dV}{dT}\right|_p = \nu R$，最后有

$$C_p = C_V + \nu R。$$

摩尔定压热容有关系

$$C_{p,m} = C_{V,m} + R。\qquad (9-21)$$

可见理想气体定压热容与定容热容两者是相关的，将该式称为迈耶公式。

将式(9-18)代入式(9-21)，可得摩尔定压热容与分子的自由度的关系为

$$C_{p,m} = \frac{i+2}{2}R。\qquad (9-22)$$

有限等压过程从外界吸收的热量

$$Q = \nu\frac{i+2}{2}R(T_2 - T_1),\qquad (9-23)$$

由式(9-20)和式(9-23)，可得内能增量为

$$E_2 - E_1 = \nu C_{V,m}(T_2 - T_1),\qquad (9-24)$$

其微分形式为 $dE = \nu C_{V,m}dT$，与式(9-15)相同。可见在等压、定容过程中内能增量的计算公式相同。这是因为理想气体的内能只是温度的函数，只要气体的初末态的温度确定，内能增量亦确定，内能增量与过程无关。

热力学第一定律对理想气体的应用所得到结论可以通过实验验证，为此引入定压定容热容比

$$\gamma = \frac{C_{p,m}}{C_{V,m}},\qquad (9-25)$$

将式(9-18)和式(9-22)代入上式，可得

$$\gamma = \frac{2+i}{i}。\qquad (9-26)$$

对单原子分子气体 $i=3$，所以 $\gamma=1.67$；对双原子分子气体 $i=5$，所以 $\gamma=1.40$；多原子刚性分子气体 $i=6$，$\gamma=1.33$。

表 9-1 为定容、定压热容以及 γ 的实验测量值和理论计算值。在常温下实验测量值和理论计算值符合得较好。

表 9-1 定容热容、定压热容和热容比实验测量值与理论计算值的比较

气体	$C_{V,\mathrm{m}}/(R/2)$		$C_{p,\mathrm{m}}/(R/2)$		γ	
	实验测量值	理论值	实验测量值	理论值	实验测量值	理论值
He	2.98	3	4.97	5	1.67	1.67
H_2	4.88	5	6.87	7	1.41	1.40

但随着温度的升高，似乎分子的自由度由低向高而变化（见图 9-5），氢分子在低温时 $i=3$，好像只有平动自由度；常温时，$i=5$，转动被激发；高温时，$i=7$，振动也被激发。按照经典理论，气体的热容量不应该与温度有关，可见经典的热学理论在高温时不成立，这并不是说热力学第一定律不正确了，而是我们采用的方法有问题，具体地说，对理想气体的微观描述和对应的统计方法在高温时应该修改，正确解释这一现象需量子理论。

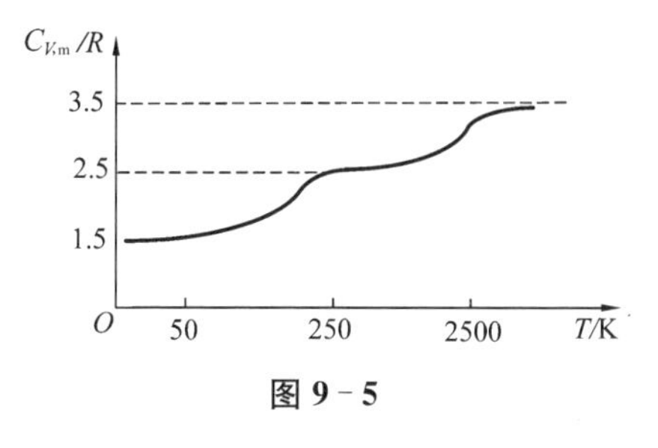

图 9-5

9.1.4.3 等温过程

在等温过程中气体的温度保持不变，$T=C$，由于理想气体的内能只是温度的函数，故在等温过程中气体的内能亦不变，即 $E=E_0$。

对微元过程，$\mathrm{d}T=0$ 或 $\mathrm{d}E=0$，这时系统从外界吸收的热量完全转化为对外做的功，即

$$\delta Q=-\delta A=p\,\mathrm{d}V。$$

对有限过程

$$Q=-A=\int_{V_1}^{V_2}p\,\mathrm{d}V,$$

将理想气体状态方程代入，可直接计算出功

$$A=-\int_{V_1}^{V_2}\nu RT\frac{\mathrm{d}V}{V}=-\nu RT\ln\frac{V_2}{V_1},\qquad(9-27)$$

也可表示为

$$A=-\nu RT\ln\frac{p_1}{p_2}。\qquad(9-28)$$

气体在等温过程中有热量吸放,但系统的温度不变,故可认为等温过程的热容量为无限大。

9.1.4.4 绝热过程

在前三个等值过程中,系统状态变化时总是有一个状态参量不变,这相当于对系统施加了约束,使得系统只能沿某一条路径变化,在 $p-V$ 空间中对应一条曲线,称这些约束条件为过程方程,对应的曲线为过程曲线。

在绝热过程中气体与外界没有热量交换,即

$$\delta Q=0。\tag{9-29}$$

绝热过程不是对状态参量的直接约束,所以首先要找到对状态参量约束的过程方程,出发点是绝热条件、热力学第一定律和理想气体的性质。

设气体经历了一个微元绝热过程,内能增量等于外界对气体所做的功:

$$\mathrm{d}E=\delta A=-p\mathrm{d}V,$$

将理想气体内能公式代入后,可得

$$\nu C_{V,\mathrm{m}}\mathrm{d}T=-p\mathrm{d}V,\tag{9-30}$$

另一方面,将理想气体状态方程等式两边微分:

$$(p\mathrm{d}V+V\mathrm{d}p)=\nu R\mathrm{d}T,\tag{9-31}$$

联立式(9-30)和式(9-31),消去温度 T,可得

$$(C_{V,\mathrm{m}}+R)p\mathrm{d}V+C_{V,\mathrm{m}}V\mathrm{d}p=0\tag{9-32}$$

或

$$\frac{\mathrm{d}p}{p}+\gamma\frac{\mathrm{d}V}{V}=0,\tag{9-33}$$

积分后

$$pV^{\gamma}=C_1,\tag{9-34}$$

这就是理想气体在绝热过程中体积和压强的变化关系,称为绝热过程方程或泊松方程。

由绝热过程方程求导可得在状态 (p_A, V_A) 处绝热过程曲线的斜率:

$$\left(\frac{\mathrm{d}p}{\mathrm{d}V}\right)_S=-\gamma\frac{p_A}{V_A},\tag{9-35}$$

而等温线在同一状态的斜率为

$$\left(\frac{\mathrm{d}p}{\mathrm{d}V}\right)_T=-\frac{p_A}{V_A}。$$

由于 $\gamma>1$,所以两个斜率的绝对值有关系

$$\left|\left(\frac{\mathrm{d}p}{\mathrm{d}V}\right)_S\right| > \left|\left(\frac{\mathrm{d}p}{\mathrm{d}V}\right)_T\right|。$$

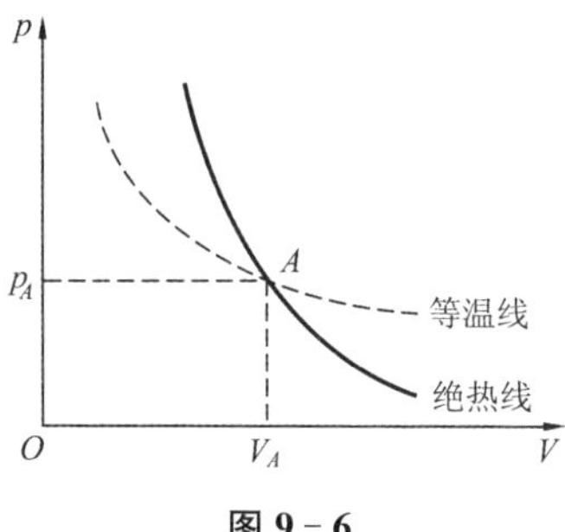

图 9-6

这说明绝热过程曲线比等温线陡,如图 9-6 所示。

将理想气体的状态方程代入式(9-34),消去 p 或 V,可得绝热过程方程的另外两个形式

$$TV^{\gamma-1}=C_2, \tag{9-36}$$

$$T^{-\gamma}p^{\gamma-1}=C_3。 \tag{9-37}$$

已知绝热过程方程,可以计算绝热过程外界对气体所做的功。设气体的初、末态分别为 (p_1, V_1) 和 (p_2, V_2),则绝热过程方程为 $pV^\gamma=p_1V_1^\gamma=p_2V_2^\gamma=C_1$。

$$A=-\int_{V_1}^{V_2}p\,\mathrm{d}V=-\int_{V_1}^{V_2}C_1\frac{\mathrm{d}V}{V^\gamma}=-C_1\frac{V_2^{1-\gamma}-V_1^{1-\gamma}}{1-\gamma},$$

将常数 C_1 用初、末态状态参量表示后,则有

$$A=-\frac{p_2V_2-p_1V_1}{1-\gamma}=-\frac{\nu R(T_2-T_1)}{1-\gamma}。 \tag{9-38}$$

对微元过程

$$\delta A=-\frac{\nu R\,\mathrm{d}T}{1-\gamma}。$$

在绝热过程中内能的增量一定等于外界对系统做的功,即

$$\Delta E=-\frac{\nu R(T_2-T_1)}{1-\gamma}。 \tag{9-39}$$

对微元过程

$$\mathrm{d}E=-\frac{\nu R\,\mathrm{d}T}{1-\gamma}。 \tag{9-40}$$

另一方面理想气体在任意过程中内能的增量可表示为式(9-15)的形式,与上式比较可将 $C_{V,\mathrm{m}}$ 表示为 $C_{V,\mathrm{m}}=\dfrac{R}{\gamma-1}$。

9.1.4.5　多方过程

上述 4 类等值过程是 4 类特殊的过程。理想气体在经历这 4 类过程时热容量是确定的,通常称热容量为常数的过程为多方过程。

设理想气体经历多方过程的摩尔热容为 $C_{n,\mathrm{m}}$,在微元过程中吸收的热量为

$$\delta Q=\nu C_{n,\mathrm{m}}\mathrm{d}T。$$

仿照绝热过程方程的推导，只要将式(9-32)中的 $C_{V,\mathrm{m}}$ 换为 $(C_{V,\mathrm{m}}-C_{n,\mathrm{m}})$ 即可：

$$(C_{V,\mathrm{m}}-C_{n,\mathrm{m}}+R)p\mathrm{d}V+(C_{V,\mathrm{m}}-C_{n,\mathrm{m}})V\mathrm{d}p=0$$

或

$$\frac{\mathrm{d}p}{p}+\frac{C_{n,\mathrm{m}}-C_{p,\mathrm{m}}}{C_{n,\mathrm{m}}-C_{V,\mathrm{m}}}\frac{\mathrm{d}V}{V}=0, \tag{9-41}$$

令

$$n=\frac{C_{n,\mathrm{m}}-C_{p,\mathrm{m}}}{C_{n,\mathrm{m}}-C_{V,\mathrm{m}}}, \tag{9-42}$$

称 n 为多方指数，亦为常数。对式(9-41)积分后，有

$$pV^n=C。 \tag{9-43}$$

也可将式(9-43)作为多方过程的定义，两个定义是等价的。

前面所介绍的4种等值过程可以看作是多方过程的特例：当 $n=0$ 时，对应等压过程；$n=\infty$ 时，对应等体过程；$n=1$ 时，对应等温过程；$n=\gamma$ 时，对应绝热过程。

在多方过程中外界对系统做的功与绝热过程类似，只是将绝热指数换为多方指数：

$$A=-\frac{p_2V_2-p_1V_1}{1-n}=-\frac{\nu R(T_2-T_1)}{1-n}。 \tag{9-44}$$

只要多方指数和初末态确定功就确定，对微元过程 $\delta A=-\frac{\nu R\mathrm{d}T}{1-n}$。在多方过程中内能改变仍然为式(9-15)，吸收的热量为

$$Q=\nu C_{n,\mathrm{m}}(T_2-T_1),$$

可见在有限过程中吸收的热量仍由多方指数和初末态确定。利用式(9-42)可将多方过程摩尔热容量用多方指数和定容摩尔热容量表示为

$$C_{n,\mathrm{m}}=\frac{\gamma-n}{1-n}C_{V,\mathrm{m}}, \tag{9-45}$$

式(9-45)表明，当多方指数在范围 $(1<n<\gamma)$ 时，多方过程的热容量可以小于零，这时外界对气体做的功大于内能增量，气体在温度升高的同时还要放热，所以 $C_{n,\mathrm{m}}<0$。对这样的过程因为 $n>1$，故曲线比等温线陡，但因 $n<\gamma$，故没有绝热线陡，如图9-7所示，过程

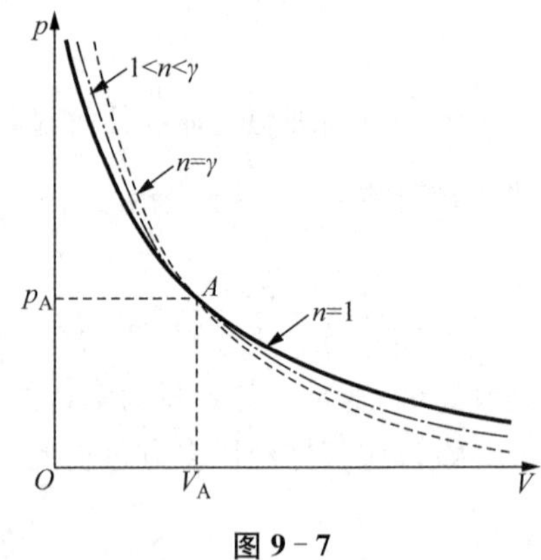

图9-7

曲线介于绝热线和等温线之间。

【例 9 - 2】 绝热气缸中有一固定的导热板 C,把气缸分为 A, B 两部分,D 是绝热活塞,A、B 两部分别盛有 1 mol 的氦气和氮气,如图 9 - 8 所示。若活塞缓慢压缩 B 部气体并做功 W,求:

(1) B 部气体内能的变化;

(2) B 部气体的摩尔热容;

(3) B 部气体的 $V(T)$。

解 (1) 由于 C 为导热的,压缩前后两系统温度始终相等,或压缩前后两系统的温度增量相等,即

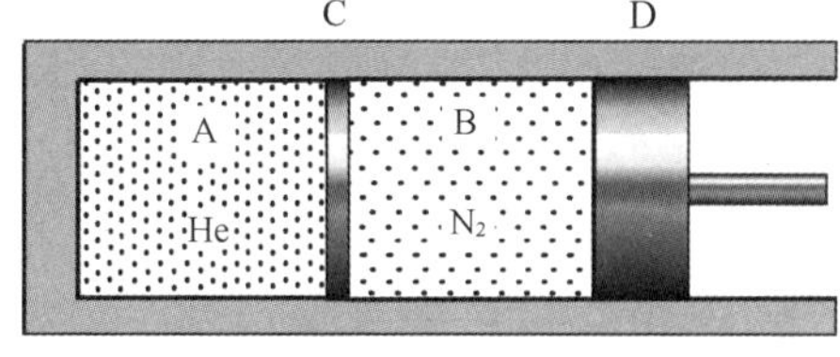

图 9 - 8

$$\Delta T_{\mathrm{A}} = \Delta T_{\mathrm{B}} = \Delta T,$$

两系统的内能增量分别为

$$\Delta E_{\mathrm{A}} = \frac{3}{2} R \Delta T,$$

$$\Delta E_{\mathrm{B}} = \frac{5}{2} R \Delta T,$$

由于 A 和 B 构成绝热系统,外界对系统所做的功转化为两个系统的内能,即

$$\Delta E_{\mathrm{A}} + \Delta E_{\mathrm{B}} = W,$$

联立式以上三式,可求出温度增量

$$\Delta T = \frac{W}{4R}。$$

B 系统内能的增量为

$$\Delta E_{\mathrm{B}} = \frac{5}{8} W。$$

(2) 由于两个系统吸收热量为 0,故

$$\Delta Q = \Delta Q_{\mathrm{A}} + \Delta Q_{\mathrm{B}} = 0,$$

或两个系统的总热容为零

$$C_{\mathrm{Am}} + C_{\mathrm{Bm}} = 0。$$

A 系统显然经历的是等体过程,即

$$C_{\mathrm{Am}} = \frac{3}{2} R,$$

所以 B 系统的热容为

$$C_{\mathrm{Bm}}=-C_{\mathrm{Am}}=-\frac{3}{2}R。$$

(3) 上式说明B系统的热容为常数，故B系统经历的过程一定为多方过程。在常温下B系统的定容、定压摩尔热容分别为 $5R/2$，$7R/2$，可得B系统经历多方过程的多方指数为

$$n=\frac{C_{\mathrm{Bm}}-C_{\mathrm{B}p,\,\mathrm{m}}}{C_{\mathrm{Bm}}-C_{\mathrm{B}V,\,\mathrm{m}}}=\frac{5}{4},$$

多方过程方程为

$$pV^{\frac{5}{4}}=C_1$$

或

$$TV^{\frac{1}{4}}=C_2。$$

9.1.5 循环过程和热机的效率

循环过程是指热力学系统状态经历一系列变化后又回到初始状态的过程。一般的热机(蒸汽机、内燃机等)其工作过程可认为是循环过程。以蒸汽机为例，水在锅炉中加热变为高温高压蒸汽，推动涡轮机做功，再将蒸汽冷却凝结为水，将水再用水泵抽到锅炉，完成一个循环，以后往复这样的过程(见图9-9)，水经历了循环过程。

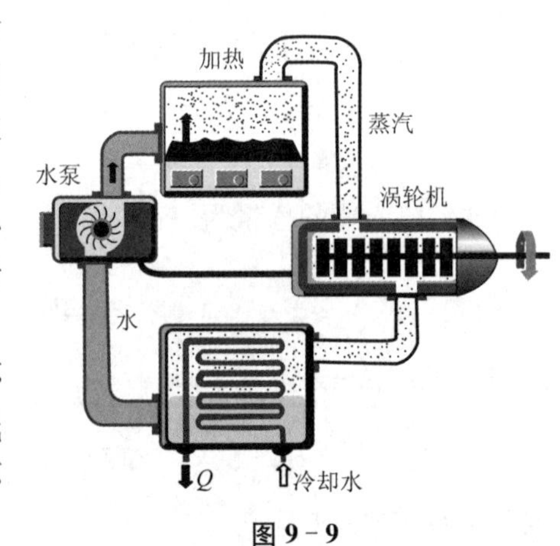

图 9-9

在热机工作过程中，吸收热量并对外做功的物质称为工作物质(简称工质)。对蒸汽机来说，蒸汽或水就是工质。

一个简单系统若经历了准静态的循环过程，在 $p-V$ 空间中对应一条闭合曲线[见图9-10(a)]。按照过程进行方向不同，可将循环分为正循环和逆循环。

9.1.5.1 正循环和逆循环

蒸汽机、内燃机是通过燃烧燃料转化为机械功，工作物质从高温热源吸热 Q_1(如通过燃烧获得)，向低温热源放热 Q_2(如通过冷却水放出)，对外做的净功 $A=Q_1-Q_2$(涡轮机输出的功)，其示意图如图9-10(b)所示。在状态空间中，工作物质的状态沿循环过程曲线顺时针方向变化，称工作物质经历的循环为正循环。所做净功 A 在数值上等于 $p-V$ 图上循环曲线所包围的面积。

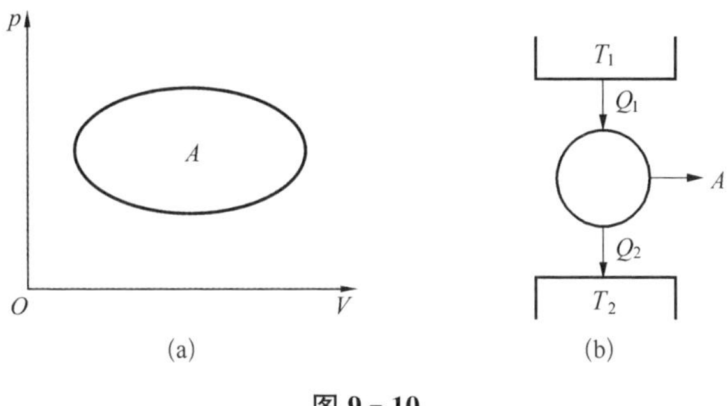

图 9-10

对正循环通常要引入效率来描述热机性能。性能好的热机应该是少燃燃料多对外做功，故热机的效率定义为对外所做的功与从高温热源吸热之比：

$$\eta = \frac{A}{Q_1} \tag{9-46}$$

或

$$\eta = \frac{Q_1 - Q_2}{Q_1}, \tag{9-47}$$

显然热机效率不会大于1。

电冰箱、空调(作为制冷机)在工作时其工作物质也经历了循环过程。如图9-11所示，该图是以氨为工作物质的制冷机示意图。工作开始，外界输入电功驱动压缩机，使一定量的干燥饱和氨气被压缩成高压、高温液体。将液体通入冷凝器，然后经节流阀膨胀汽化，所需大量汽化热从蒸发器中吸收，以后重复以上过程。

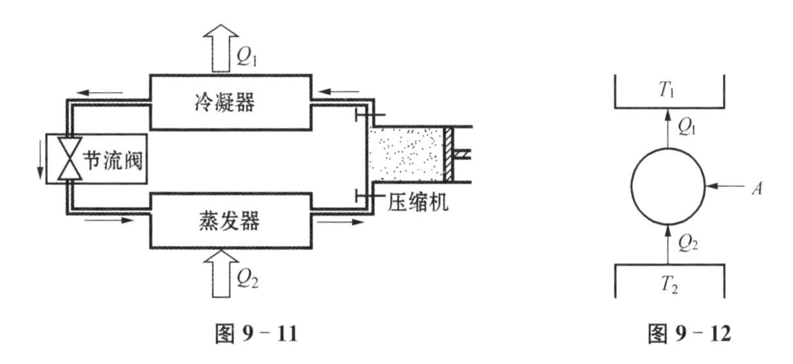

图 9-11 **图 9-12**

冷凝器与温度为室温的大气相接触，对应高温热源。蒸发器与冷冻室相连，对应低温热源。氨在循环过程中需要外界做功 A，从低温热源吸热 Q_2，向高温热源放热 Q_1(见图9-12)。将这样的循环过程称为逆循环。在状态空间中，工作物质的状态沿循环过程曲线是逆时针方向变化的。正循环时是热机，逆循环时是制冷机。

制冷机的性能好坏可用制冷系数描述，性能好的制冷机应该需要外界做的功少，但从低温热源吸收的热多，故定义逆循环的制冷系数为

$$w=\frac{Q_2}{A}=\frac{Q_2}{Q_1-Q_2}, \tag{9-48}$$

制冷系数可以大于1，也可以小于1。

9.1.5.2 内燃机的理想循环及其效率

按照内燃机的工作方式不同，可将工作过程简化为多种形式的循环，此处介绍几种典型的循环过程。

1) 卡诺循环

1824年，法国青年科学家卡诺(N. L. S. Carnot)发表了他关于热机效率的理论，为提高热机效率指明了方向。卡诺研究了一种理想的循环过程，这一循环由两条绝热线和两条等温线构成，称为卡诺循环，如图9-13所示。

工作物质从 a 点出发，经过等温膨胀到达状态 b，在该过程中从外界吸热 Q_1，同时对外做功，系统内能不变；从 b 到 c 为绝热膨胀，系统内能减少对外做功；由 c 到 d 外界等温压缩系统做功，同时向外界放热 Q_2，系统内能不变；最后一个过程为外界绝热压缩系统做功，系统内能增加。由于在整个循环过程中只涉及两个热源，故也称为双热源循环，能量转化情况如图9-10(b)所示。

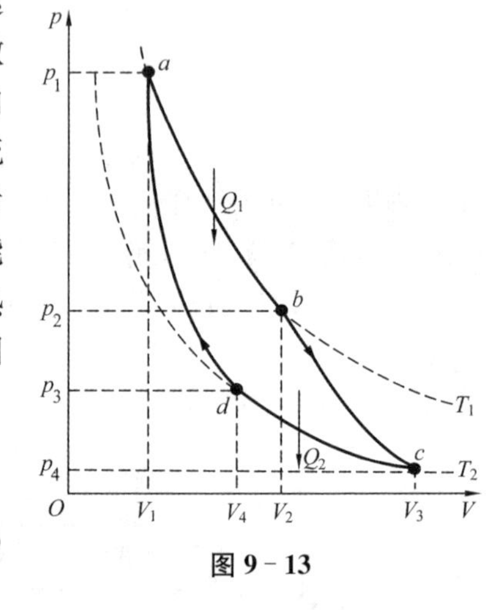

图 9-13

从 a 到 b 吸收的热量等于对外所做的功，即

$$Q_1=\nu RT_1\ln\frac{V_2}{V_1}。 \tag{9-49}$$

由 c 到 d 放出的热量等于外界对系统做的功，即

$$Q_2=\nu RT_2\ln\frac{V_3}{V_4}, \tag{9-50}$$

考虑到 V_2，V_3 在同一条绝热线上，V_4，V_1 在同一条绝热线上，故有关系

$$\left(\frac{V_3}{V_2}\right)^{\gamma-1}=\frac{T_1}{T_2}$$

和

$$\left(\frac{V_4}{V_1}\right)^{\gamma-1}=\frac{T_1}{T_2}$$

或

$$\frac{V_2}{V_1}=\frac{V_3}{V_4},$$

卡诺循环对外做的净功为

$$A=Q_1-Q_2=\nu R(T_1-T_2)\ln\frac{V_2}{V_1},$$

卡诺循环的效率为

$$\eta=1-\frac{Q_2}{Q_1}=1-\frac{T_2}{T_1}。\tag{9-51}$$

由此可知，通过提高高温热源的温度或降低低温热源的温度可提高热机的效率。对于蒸汽机，若蒸汽锅炉的温度取230℃，冷却器的温度取30℃，可以估算热机的效率为40%左右，考虑到其他损耗实际蒸汽机的效率只有15%左右。

如果卡诺循环逆向进行成为卡诺制冷机，在高温热源放出的热量Q_1仍由式(9-49)确定，从低温热源吸收的热量Q_2由式(9-50)确定，将Q_1、Q_2代入式(9-48)中，可得制冷系数为

$$w=\frac{T_2}{T_1-T_2}。\tag{9-52}$$

当高、低温热源温差确定，低温热源温度越低、制冷系数越小，做一样的功从不同温度的低温热源吸收的热量是不同的。

2）奥托循环

四冲程火花塞点燃式汽油发动机经历的循环可看作等体加热循环，如图9-14(a)所示。在理想情况下可认为由两条绝热线和两条等体线构成，如图9-14(b)所示，称为奥托(Otto)循环。

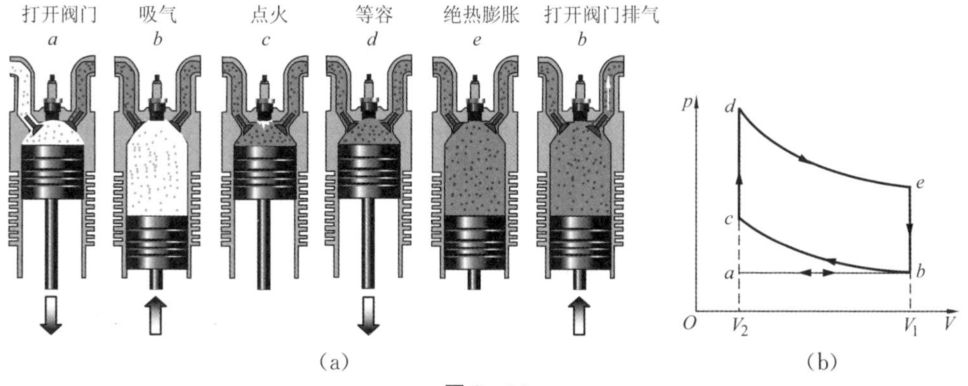

图9-14

奥托循环的 4 个行程分别为：① 吸气行程，打开阀门吸气，状态由 a 到 b，可认为是等压过程。② 压缩行程，关闭阀门压缩气体，状态由 b 到 c，可认为是绝热压缩过程；当体积被压缩到 V_2 时，混合气体被电火花点燃后迅速燃烧，c 到 d 可以认为是等体过程，并吸收热量 Q_1。③ 做功行程，d 到 e 气体膨胀对外做功，可认为是绝热膨胀过程。④ 排气行程，打开阀门将残余气体排出，从 e 到 b 可以认为气体在等体条件下降压，然后在等压下将气体进一步排出，从 b 到 a。到此 4 行程结束，形成一个完整的循环过程。放出的热量 Q_2 可以等效地认为是在 e 到 b 完成的。

在两个等体过程中吸收和放出的热量分别为

$$Q_1 = \nu C_V(T_d - T_c),$$

$$Q_2 = \nu C_V(T_e - T_b),$$

效率为

$$\eta = 1 - \frac{Q_2}{Q_1} = 1 - \frac{T_e - T_b}{T_d - T_c}。$$

由绝热过程方程 $T_d V_2{}^{\gamma-1} = T_e V_1{}^{\gamma-1}$ 和 $T_c V_2{}^{\gamma-1} = T_b V_1{}^{\gamma-1}$，可得

$$\frac{T_b}{T_c} = \frac{T_e}{T_d} = \frac{T_e - T_b}{T_d - T_c} = \left(\frac{V_2}{V_1}\right)^{\gamma-1},$$

所以奥托循环的效率为

$$\eta = 1 - \left(\frac{V_2}{V_1}\right)^{\gamma-1}。$$

引入绝热压缩比 $r = \frac{V_1}{V_2}$，可得

$$\eta = 1 - r^{1-\gamma}。$$

奥托循环的效率只决定于体积压缩比，若取压缩比为 7，热容比 $\gamma = 1.4$，则 $\eta = 54\%$，实际只有 25%。

3) 狄塞耳循环

这种循环可以认为是 4 冲程压燃式柴油机所经历的循环，该循环是等压加热式的，由一条等压线、一条定容线和两条绝热线构成，如图 9－15 所示。读者可以自行计算其效率。

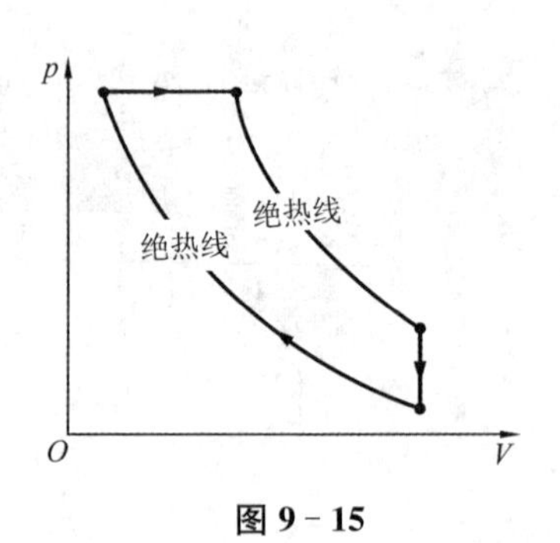

图 9－15

9.2　热力学第二定律

热力学第一定律指出，任何热力学过程必须满足能量守恒定律，那么在自然界中凡是满足能量守恒的过程一定能发生吗？这一问题可由热力学第二定律回答，热力学第二定律是自然界另一个普遍规律。本节先给出热力学第二定律的表述，然后引入熵，还要给出熵以及热力学第二定律的微观统计意义。

9.2.1　热力学第二定律

将两个温度不同的物体孤立起来，热量会自发从高温物体传到低温物体，最终两个物体温度一样。反过来，将两个温度相同的物体孤立起来，热量不会自发从一个物体传到另一个物体，使两物体温差越来越大。在焦耳实验中，重物下降会使水温升高，但没有办法让水自发降低温度，放出能量再使重物升高。掉到地面上的玻璃杯会破碎，但玻璃碎片不会自发再组合成完整的玻璃杯。可见有些过程可以自发发生，但有些过程无法自发进行，尽管后者不违反热力学第一定律。

以上现象说明，满足能量守恒的过程不一定能发生，还应有一个规律来支配热力学过程进行的方向和限度，这就是热力学第二定律，它有多种形式的等价表述。

早在19世纪初法国工程师卡诺发现，任何热机至少要有两个热源才能进行循环，热机在工作时，“热质”从高温物体流到低温物体，放出热量对外做功，正像水流从高处流向低处势能减少对外做功一样。在此基础上，克劳修斯和开尔文分别于1850年和1851年提出了热力学第二定律的两种表述。

开尔文(Kelvin)表述：热机不可能从单一热源吸热，使之完全转化为有用的功而不产生其他影响。

如果热机从单一热源吸热完全转化为功，则其效率等于100%，而且这样的过程与热力学第一定律不矛盾。开尔文表述告诉我们这样的热机不存在，任何热机的效率一定小于100%。

称从单一热源吸热的热机为第二类永动机，可如图9-16所示。想象让海水温度降低0.01℃会为人类提供巨大的能量，将海洋作为单一热源时驱动的热机完全可以认为是永动的。热力学第二定律告诉我们“第二类永动机造不成”，人们也将其称为热力学第二定律的另一种表述。

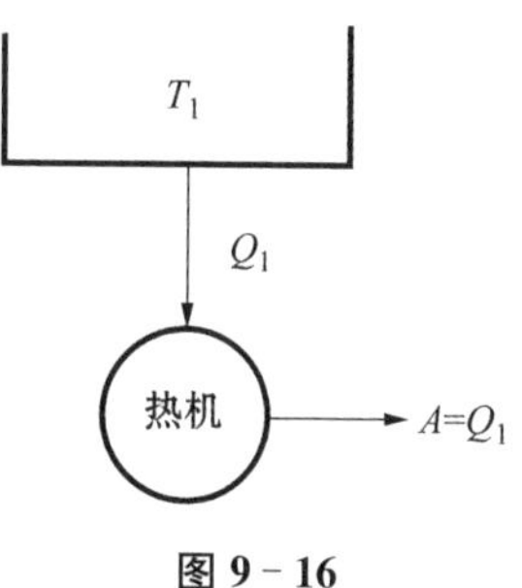

图9-16

应该说明，如果一个热力学系统经历的过程不是循环过程，则系统可以从单一热源吸热并转化为功。如气体等温膨胀从单一热源吸热，同时对外做功，但气体的体积增大了。

克劳修斯(Clausius)表述：不可能把热量从低温物体传到高温物体而不引起其他变化。

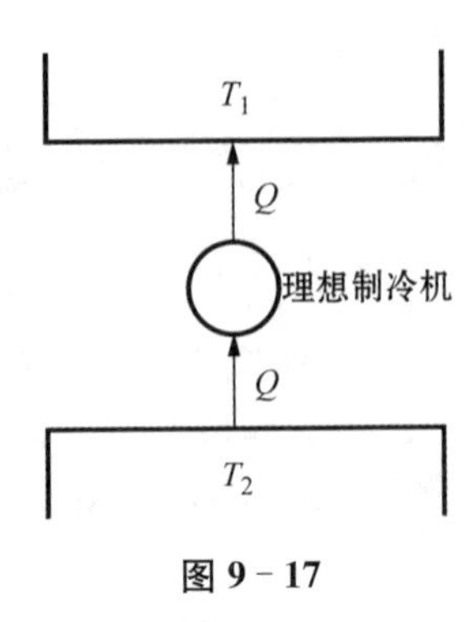

图 9-17

克劳修斯表述告诉我们制冷机的效率一定是有限的。设有一个制冷机，不需要输入电功就可将热量从低温冷冻室传到高温外界环境，即热量自发从低温物体传到了高温物体，则这样的制冷机的效率为无限大(见图 9-17)。克劳修斯表述告诉我们这样的理想制冷机是不存在的。

应该说明，当有外界干预时热量可以从低温物体传向高温物体。例如，实际制冷机的制冷过程，是外界输入了电功，使冷冻室更冷。

开尔文表述和克劳修斯表述在形式上区别较大，但它们是完全等价的。为此需要证明命题 1“若开尔文表述成立则克劳修斯表述成立”和命题 2“若克劳修斯表述成立则开尔文表述成立”均为真。命题 1、命题 2 的逆否命题为命题 3“若克劳修斯表述不成立则开尔文表述不成立”和命题 4“若开尔文表述不成立则克劳修斯表述不成立”。最后我们只要证明了命题 3、命题 4 均为真即可。

如果理想的制冷机是存在的，则可以做成一个联合热机：一个做正循环的实际热机在高温热源吸热、在低温热源放热，理想制冷机再将放到低温热源的热量完全传到高温热源(见图 9-18)，联合热机工作的结果是从单一高温热源吸热完全转化为功，对低温热源没有影响，这正是命题 3，若能造出理想的制冷机，则一定能造出第二类永动机。

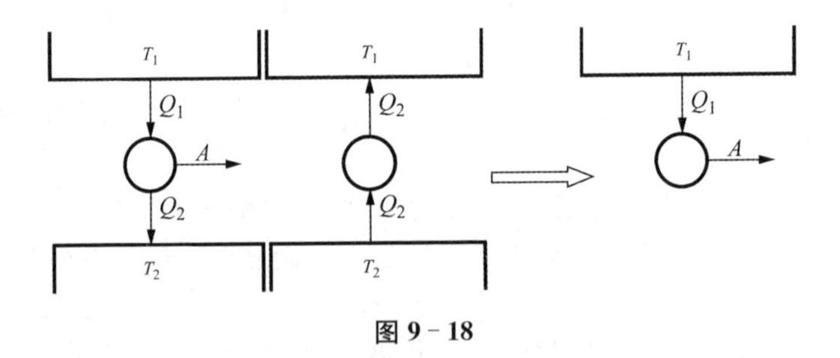

图 9-18

同理，若第二类永动机是存在的，则可以做成一个联合热机：让该永动机从高温热源吸热输出功，推动一个做逆循环的实际热机，热机在低温热源吸热，在高温热源放热，适当控制逆循环的循环次数使得热机在高温热源放的热量等于永动机吸收的热量，联合热机工作的结果是热量从低温热源传到了高温热源(见图 9-19)，这正是命题 4：若能造出第二类永动机，则一定能造出理想的制冷机。

应该说明，作为自然界普遍的物理规律之一，热力学第二定律上述两种表述在形式上有狭隘之嫌，应该给出其更为普遍的表述方式，为此先介绍可逆过程和不可逆过程。

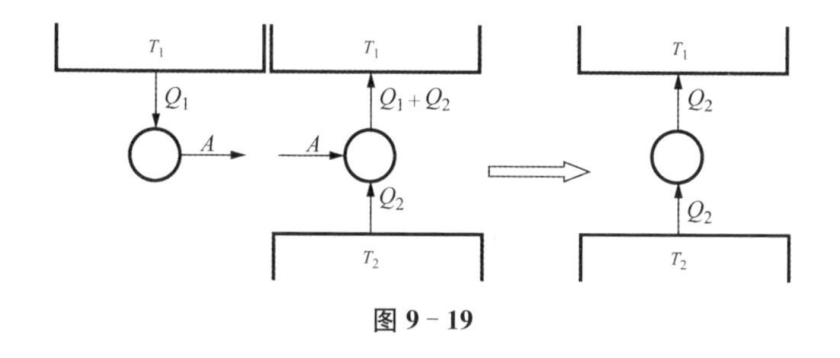

图 9-19

9.2.2 可逆过程和不可逆过程

在上一节我们介绍了各种准静态的等值过程，对每个等值过程可以是两个演化方向，如对等温过程，可以是等温膨胀，也可以是等温压缩，它们互为逆过程。而且认为，若沿某过程系统由初态演化到末态对外做了功，从外界吸收了热量，则在逆过程中系统由末态回到初态做的功和吸收的热量均要反号，这实际上是说一个正过程留下的影响完全被逆过程消除了。

设在某一过程P中，系统从状态A变化到状态B，如果存在一个过程能使系统从状态B回复到初状态A，而且在回复到初态A时，外界环境也都各自恢复原状，则称过程P为可逆过程。如果系统不能回复到原状态A，或者虽然能回复到初态A，但外界环境不能恢复原状，那么过程P称为不可逆过程。

一个过程是不可逆的，并不是说该过程不能逆向进行，而是说当过程进行后，在外界留下的痕迹无论通过如何曲折复杂的途径都不能完全消除掉。

热力学第二定律的开尔文表述直接说明"功-热"转换过程是不可逆过程。一定量的功 A（如机械功）可以完全转化为热 Q（如摩擦生热），由于第二类永动机造不成，热量 Q 无法自发转化为功 A 而使"功-热"转换过程留下的痕迹完全被消除掉。

热力学第二定律的克劳修斯表述直接说明热传导过程是不可逆过程。热量可自发从高温物体传到低温物体，不存在逆过程把低温、高温热源的状态复原。

事实上，所有的不可逆过程是相互关联的，由一个过程的不可逆性可以判断另一个过程的不可逆性。例如，气体向真空中绝热自由膨胀的过程可以与"功-热"转换过程相联系。如图9-20所示，将理想气体封装在绝热容器的左侧中，初态为a，右侧为真空，现将中间隔板抽去，气体会充满整个容器，最后达到新的平衡态b。由于气体与外界既没有功交换又没有热交换，故称气体经历自由、绝热膨胀，且理想气体内能不变，温度也不变。现在先让

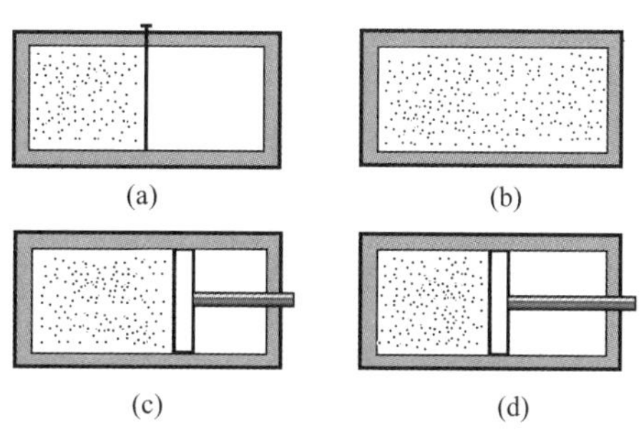

图 9-20

气体状态复原,可经等温过程准静态压缩气体逐步从状态 b, c 和 d 恢复到初态 a。这时一方面外界对气体做功,另一方面向外界放热,对外界留下的痕迹相当于将功转化为热了。热力学第二定律断定,该痕迹无法消除,故气体向真空中绝热自由膨胀的过程一定是不可逆过程。

热力学过程不可逆性的主要原因是什么?绝热自由膨胀过程中含有非平衡因素,快速做功过程、生命过程也含有非平衡因素,它们都是不可逆过程。可见非平衡因素存在的过程是不可逆过程。让两个温度不同的物体直接接触的热传导过程一定含有非平衡因素,是非静态过程,是不可逆过程。

摩擦生热过程含有摩擦或耗散因素,焦耳实验中叶片搅拌水使水温升高过程含有摩擦因素,通电电阻发热过程也含有耗散因素,它们都是不可逆过程。可见耗散因素是造成过程不可逆性的另一个原因。

与热现象有关的实际宏观过程不可避免地含有非平衡因素或耗散因素,从而一切与热现象有关的实际宏观过程都是不可逆的,这是热力学第二定律的核心内容,也是该定律最普遍的表述方式。

热力学第二定律不但指明了实际宏观过程进行的方向,也指明了实际宏观过程进行的限度。例如,自由绝热膨胀过程进行的方向只能是向体积增大的方向进行(不可能是自由收缩),过程进行的限度是达到新的平衡态为止(而不会停留在中间的非平衡态);两个温度不同的物体热接触后进行热传导,过程进行的方向只能是热量从高温物体向低温物体流(不可能反方向流),过程进行的限度是两个物体达到热平衡为止(而不会停留在中间的某个非平衡态)。

是否存在可逆过程?在理论上讲,一个无耗散因素的准静态过程是可逆过程。例如,如果将绝热自由膨胀过程进行控制,使其非自由地、无限缓慢地膨胀,同时将移动部分的接触面做得非常光滑,则可消除非平衡因素和耗散因素,使膨胀过程变为可逆过程。两个温度不同的物体不要直接热接触,而是将低温物体依次与其温差为 dT 的无穷多个热源接触(见图 9-21),连续地将温度升高到高温物体具有的温度(或将高温物体依次与其温差为 dT 的无穷多个热源接触,连续地将温度降到低温物体具有的温度),则这样的热传导过程中的非平衡因素可忽略,使热传导过程变为可逆过程。

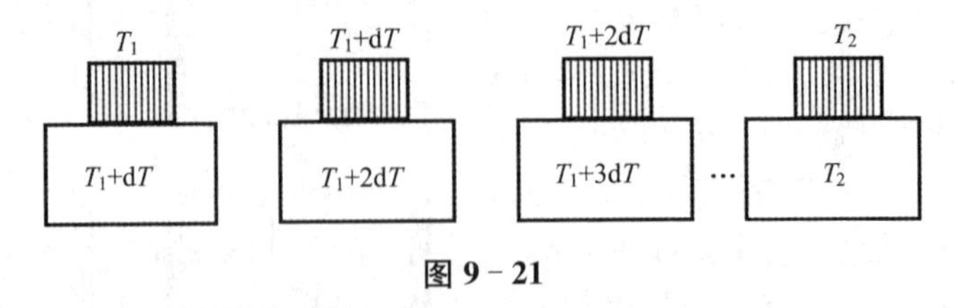

图 9-21

以上的例子同时说明,可逆过程只是理想过程,在实际中只能接近而不能真正实现。

可逆、不可逆过程的定义对循环过程也适用，如果一个热机经历的循环由可逆过程构成，则称该循环为可逆循环，对应的热机为可逆热机，相反为不可逆循环和不可逆热机。在一个循环过程中只要有一部分过程是不可逆的，则整个循环过程就是不可逆循环。

9.2.3　卡诺定理

1824 年，法国工程师卡诺在卡诺循环的基础上提出一条定理，称为卡诺定理，它包含两个内容：

(1) 在相同的高温热源与相同的低温热源之间工作的一切可逆热机效率相等，与工作物质无关。

(2) 在相同的高温热源与相同的低温热源之间工作的一切不可逆热机的效率不可能高于可逆热机的效率。

卡诺定理比热力学第二定律提出的早，它已触及后者的底蕴。现在用热力学第一定律和热力学第二定律来证明卡诺定理。如图 9-22 所示，设有两可逆热机 C 和 C'，令 C 正向循环，从高温热源吸收的热量为 Q_1，在低温热源放热为 Q_2，对外做功为 $A = Q_1 - Q_2$。令可逆热机 C' 逆向循环，从低温热源吸热 Q'_2，在高温热源放热 Q'_1，外界输入功 $A' = Q'_1 - Q'_2$。适当控制两个热机的循环次数，设法使

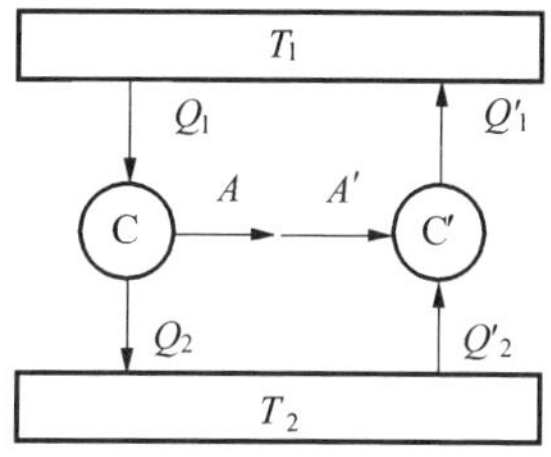

$$Q_2 = Q'_2,$$

图 9-22

则两个热机构成的联合热机对外所做的净功为

$$A - A' = Q_1 - Q_2 - (Q'_1 - Q'_2) = Q_1 - Q'_1。$$

热力学第二定律要求该功一定小于零。若该功大于零，即 $A - A' > 0$，相当于联合热机从单一高温热源吸热完全转化成了功，而对低温热源没有受到任何影响，这显然违反了热力学第二定律开尔文表述，故只能有关系

$$A - A' \leqslant 0$$

或

$$Q_1 \leqslant Q'_1,$$

$$1 - \frac{Q_2}{Q_1} \leqslant 1 - \frac{Q'_2}{Q'_1}。$$

该式说明两个热机的效率有关系

$$\eta \leqslant \eta'。 \tag{9-53}$$

同理,若让热机 C 逆向工作,热机 C′ 正向工作,可得

$$\eta \geqslant \eta'。\tag{9-54}$$

要使式(9-53)和式(9-54)同时成立,只能有

$$\eta = \eta'。$$

由于在证明过程中没有涉及工作物质,故可逆机的效率与工作物质无关。这样,我们就证明了卡诺定理的第一个命题。

若两个热机中有一个是不可逆热机,设 C′为不可逆热机,则在上述过程中我们只能证明关系 $\eta \geqslant \eta'$。若 $\eta' = \eta$,会使两个循环结束后不留任何影响,与 C′为不可逆循环矛盾,故只能取小于号 $\eta' < \eta$,这就是卡诺定理的第二个命题。

既然可逆热机的效率与工作物质无关,我们可以选择理想气体作为工作物质进行可逆循环,由于只有两个热源,故一定是可逆卡诺循环,而这样的循环的效率为

$$\eta = 1 - \frac{T_2}{T_1}。\tag{9-55}$$

这就是说,所有工作在相同的高温热源与相同的低温热源之间的可逆机效率均由上式确定,对不可逆热机其效率小于该值。用数学式可将卡诺定理表示为

$$\eta \leqslant 1 - \frac{T_2}{T_1},\tag{9-56}$$

其中等号对应可逆热机,不等号对应不可逆热机。

利用卡诺定理可以得到热力学第二定律的另一个推论——克劳修斯不等式。按照卡诺定理,一个卡诺循环的效率应满足关系

$$\eta = \frac{Q_1 - Q_2}{Q_1} \leqslant \frac{T_1 - T_2}{T_1},$$

式中等号对应可逆循环过程,小于号对应不可逆循环过程。上式还可写成

$$\frac{Q_1}{T_1} - \frac{Q_2}{T_2} \leqslant 0。$$

若令 Q_2 代表在 T_2 热源处吸收的热量,则上式变为

$$\frac{Q_1}{T_1} + \frac{Q_2}{T_2} \leqslant 0。\tag{9-57}$$

该式说明,当一个热力学系统从某初态出发,依次与两个温度为 T_1 和 T_2 的热源接触,并吸热 Q_1 和 Q_2,然后回到初态,则在这两个热源吸收的热量和对应热源温度的比值之和 $Q_1/T_1 + Q_2/T_2$ 不大于零。对可逆卡诺循环热温比之和等于零,不可

逆卡诺循环热温比之和小于零。

现在考虑任意一个可逆循环(见图 9－23,图中的细线簇代表绝热线),该循环可以认为是由一系列微小可逆卡诺循环组成,当小卡诺循环的两条绝热线无限靠近时,中间所夹的微元过程可看作是等温过程。对第 i 个小可逆卡诺循环有关系

$$\frac{\Delta Q_{i1}}{T_{i1}}+\frac{\Delta Q_{i2}}{T_{i2}}=0,$$

其中 T_{i1} 和 T_{i2} 为 ab 和 cd 等温微元过程的温度；ΔQ_{i1} 和 ΔQ_{i2} 为吸收的热量。将所有可逆卡诺循环加一起,即

$$\sum_i \frac{\Delta Q_{i1}}{T_{i1}}+\sum_i \frac{\Delta Q_{i2}}{T_{i2}}=\sum_i \frac{\Delta Q_i}{T_i}=0,$$

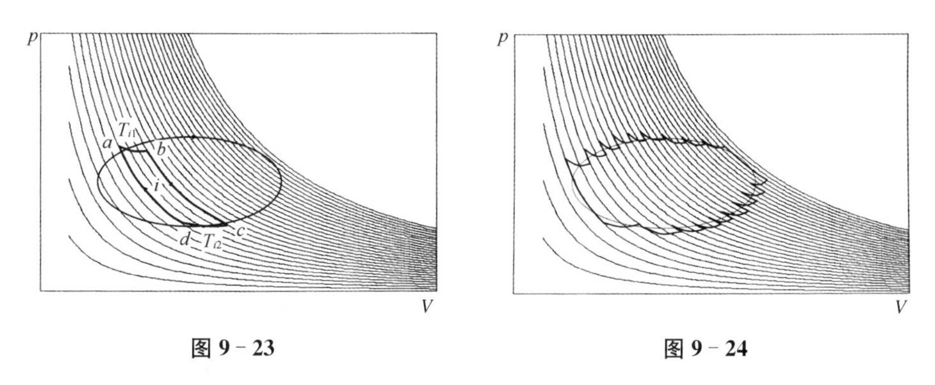

图 9－23　　图 9－24

当分割无限小时,相邻小卡诺循环重合的两条绝热线由于过程进行的方向相反,效果完全抵消,而等温线无限趋近循环曲线(见图 9－24),同时求和变为积分

$$\oint \frac{\delta Q}{T}=0, \tag{9－58}$$

式(9－58)说明,系统在任意一个可逆循环过程中热温比的积分等于零,将其称为克劳修斯等式。对于不可逆循环,式(9－58)变为

$$\oint_{\text{不可逆}} \frac{\delta Q}{T}<0, \tag{9－59}$$

系统在任意一个不可逆循环过程中热温比的积分一定小于零,将其称为克劳修斯不等式。在两个积分中,δQ 为系统在微元过程中从外界热源吸收的热量,T 为热源的温度,对可逆循环 T 同时也是系统的温度。将两个积分合并后

$$\oint \frac{\delta Q}{T}\leqslant 0, \tag{9－60}$$

系统在任意一个循环过程中热温比的积分一定不大于零。

9.2.4 熵

根据克劳修斯等式可引入熵的概念。设热力学系统从初态 1 出发沿可逆过程 c_1 到达状态 2,再沿可逆过程 c_2 回到初态 1(见图 9 - 25),在该可逆循环过程中热温比积分应等于零

$$\oint \frac{\delta Q}{T} = \int_{1(c_1)}^{2} \frac{\delta Q}{T} + \int_{2(c_2)}^{1} \frac{\delta Q}{T} = 0$$

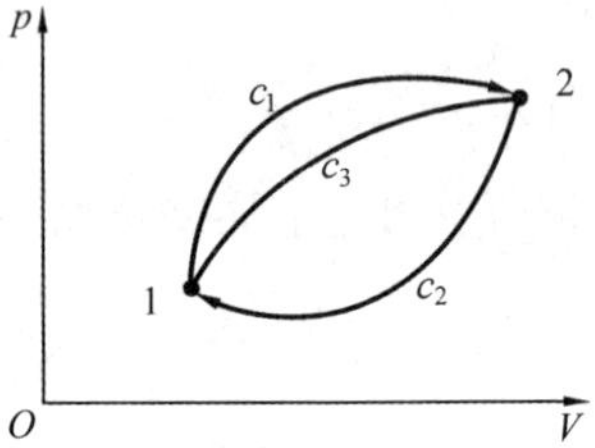

或

$$\int_{1(c_1)}^{2} \frac{\delta Q}{T} = -\int_{2(c_2)}^{1} \frac{\delta Q}{T},$$

图 9 - 25

让可逆过程 c_2 反向进行,则 $\delta Q' = -\delta Q$,但温度不改变符号,$T' = T$,即

$$\int_{1(c_1)}^{2} \frac{\delta Q}{T} = \int_{1(c_2)}^{2} \frac{\delta Q'}{T'}。$$

由于 c_1、c_2 是任意的可逆过程,也可选 c_1、c_3 构成循环过程,利用该循环过程,同理可得

$$\int_{1(c_1)}^{2} \frac{\delta Q}{T} = \int_{1(c_3)}^{2} \frac{\delta Q''}{T''}。$$

若有多个可逆过程连接初态和末态,应该有关系

$$\int_{1(c_1)}^{2} \frac{\delta Q}{T} = \int_{1(c_2)}^{2} \frac{\delta Q'}{T} = \int_{1(c_3)}^{2} \frac{\delta Q''}{T} = \cdots$$

该式说明,热力学系统从某确定的初态出发,沿任意可逆过程变化到某确定的末态,热温比的积分与过程无关,只由系统的初末态确定。由该结论可以推断:热力学系统一定存在一个状态函数 S,称之为熵,在初末态的增量等于沿任意可逆过程从初态变到末态热温比的积分

$$S_2 - S_1 = \int_{1}^{2} \frac{\delta Q}{T}, \tag{9-61}$$

这就是熵函数的定义,微分形式为

$$\mathrm{d}S = \frac{\delta Q}{T}。 \tag{9-62}$$

在此处熵函数的引入与保守力场中可引入的势函数类似，克劳修斯等式对应保守力沿任意闭合路径对物体做功为零，$\oint_c \boldsymbol{F}_{保} \cdot \mathrm{d}\boldsymbol{l}=0$，熵的定义式(9-61)对应势能的定义 $E_{p2}-E_{p1}=-\int_1^2 \boldsymbol{F} \cdot \mathrm{d}\boldsymbol{l}$。

虽然熵是由过程量(任意可逆过程热温比积分)定义，但熵是态函数。系统的熵的变化与过程无关，不管系统实际过程怎样(可以是可逆的，也可以是不可逆的)，只要系统的初末状态确定，初末态的熵函数就确定，系统从初态变到末态熵的增量也确定，而这个增量可用任意可逆过程热温比的积分来度量。

当系统实际经历的过程为不可逆过程时，熵的增量一般不等于沿实际过程热温比的积分。为了计算系统的熵增，通常设计一个可逆过程来连接初末态，沿设计的可逆过程热温比的积分等于系统的熵增。下面先讨论理想气体的熵函数。

根据熵的定义，只要理想气体的状态确定，熵函数 $S(p, V)$ 便确定，从下面的计算中可以看到这一点。

设理想气体状态沿某过程可逆地经历了一个微元变化(见图 9-26)，并吸收了热量

$$\delta Q=\mathrm{d}E+p\mathrm{d}V,$$

则气体在该微元过程中的熵增为

$$\mathrm{d}S=\frac{\mathrm{d}E+p\mathrm{d}V}{T}=\frac{C_V\mathrm{d}T}{T}+\frac{\nu R}{V}\mathrm{d}V,$$

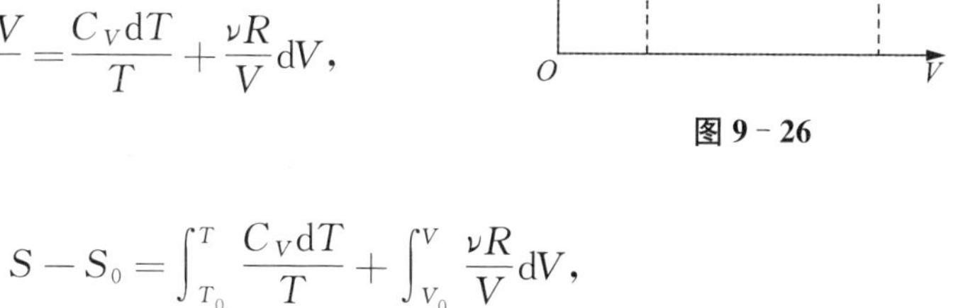

图 9-26

将上式直接积分，则有

$$S-S_0=\int_{T_0}^{T}\frac{C_V\mathrm{d}T}{T}+\int_{V_0}^{V}\frac{\nu R}{V}\mathrm{d}V,$$

$$S=S_0+C_V\ln\frac{T}{T_0}+\nu R\ln\frac{V}{V_0}, \tag{9-63}$$

式中 S_0 为状态 (T_0, V_0) 的熵。

利用理想气体状态方程还可得到如下形式的熵函数

$$S=S_0+C_V\ln\frac{p}{p_0}+C_p\ln\frac{V}{V_0}, \tag{9-64}$$

$$S=S_0+C_p\ln\frac{T}{T_0}-\nu R\ln\frac{p}{p_0}, \tag{9-65}$$

式中积分常数分别为状态 (p_0, V_0) 和 (T_0, p_0) 的熵。从式(9-63)～式(9-65)可知，熵是状态参量的函数。

【例 9-3】　1 mol 单原子理想气体沿如图 9-27 所示的 3 条路径由体积 V_1 变

为 V_2，计算下列情况下气体的熵变：

(1) 等压过程；

(2) 等温过程；

(3) 绝热过程。

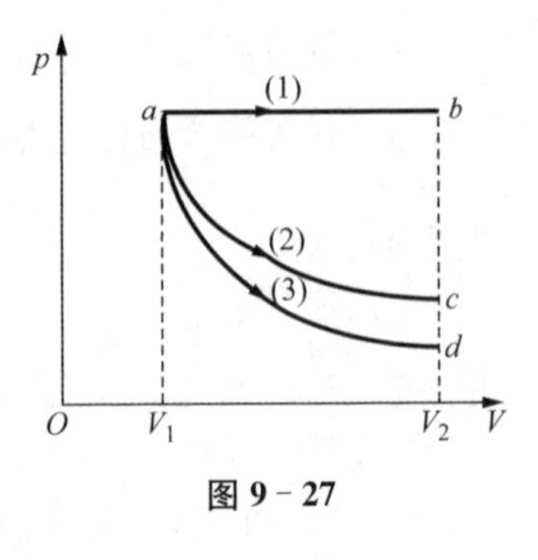

图 9-27

解 首先要确定三种情况下的末态。

(1) 等压过程：取 $S_a = S_0$，由式(9-64)可得

$$S_b - S_a = C_p \ln \frac{V_2}{V_1},$$

式中 $C_p = \frac{5}{2}R$。

(2) 等温过程：由式(9-63)可得

$$S_c - S_a = R \ln \frac{V_2}{V_1}。$$

(3) 绝热过程：可以先求状态(p_d，V_d)，考虑到理想气体状态方程和绝热过程方程，然后由式(9-64)，读者可自己证明

$$S_d - S_a = 0,$$

即初末态的熵相等。事实上，按熵的定义，因为绝热过程 $\delta Q = 0$，所以 $dS = \delta Q/T = 0$，积分后有 $\Delta S = 0$。这一结论不但对理想气体适用，对任意系统只要所经历的过程是可逆绝热过程，中间状态的熵均为常数。

系统如果经历了不可逆过程，只要初态和末态确定，熵的改变确定。但沿不可逆过程热温比的积分与熵增并不相等，必须采用正确的方法来计算熵变。通常采用如下步骤：

(1) 先确定系统的初末态。

(2) 选择适当的可逆过程(可能是人为设计的过程)连接初末态。

(3) 沿可逆过程计算热温比积分。

【例 9-4】 1 mol 理想气体，初始温度为 T，体积为 V_1，经过绝热自由膨胀体积变为 V_2，求熵的变化。

解 气体实际经历的过程不吸收热量，故沿实际过程的热温比积分为零，但这并不说明理想气体的熵变也为零。由于实际过程是不可逆过程，气体的熵变与实际过程的热温比积分不相等，故必须设计一个可逆过程连接初末态。

因为气体的初态为(T，V_1)，绝热自由膨胀气体的温度不变，末态为(T，V_2)，故可用等温线来连接初末态，也就是说气体的熵变等于等温可逆过程体积由 V_1 变为 V_2 的熵变，利用上一例题的计算结果，可立即得到

$$\Delta S = R\ln\frac{V_2}{V_1}。$$

由于 $V_2 > V_1$，所以在绝热自由膨胀过程中，气体的熵是增大的，即 $\Delta S > 0$。

【例 9-5】 将质量为 m、比热容为 c、温度为 T_1 的物块与温度为 T_2 的恒温热源接触，求达到平衡后物体的熵变和热源的熵变。

解 物体末态温度为 T_2，物体实际发生的过程是不可逆过程，为了让物体可逆地升温，必须假想有无穷多个热源，让物体依次接触，温度连续地、准静态地由 T_1 变到 T_2。在此过程中热温比的积分等于物体的熵变，即

$$\Delta S = \int_1^2 \frac{\delta Q}{T} = \int_{T_1}^{T_2} \frac{cm\mathrm{d}T}{T} = cm\ln\frac{T_2}{T_1},$$

如果 $T_2 > T_1$，物体吸热，熵增大，反之，熵减少。

而热源的熵变为

$$\Delta S' = \int_1^2 \frac{\delta Q}{T} = -\frac{cm(T_2 - T_1)}{T_2},$$

如果 $T_2 > T_1$，热源放热，熵减少。

【例 9-6】 求 1 kg、0℃的冰融化成 0℃的水的熵变，设冰的熔解热 $\lambda = 334$ J/g。

解 将冰融化成 0℃的水可以有不同的途径，一般情况下只要有非平衡因素存在，过程就是不可逆的，不可逆过程的热温比积分与熵变不等。因系统的温度没有变化，故能用可逆等温过程连接初、末态。等温地融化 $\mathrm{d}m$ 质量的冰吸收的热量为

$$\delta Q = \lambda\,\mathrm{d}m,$$

所以冰的熵变为

$$\Delta S = \int\frac{\delta Q}{T} = \int\frac{\lambda\,\mathrm{d}m}{T} = \frac{\lambda m}{T} = \frac{m\lambda}{273.15} = 1.22\times 10^3\ \mathrm{J/K}。$$

自然界有各种形式的能量，能量的形式不同，能量的“质量”或“品质”不同，机械能、电能、化学能等几乎可以被 100%的利用，然而高温热源的内能只有一部分能用来做功，另一部分传到了低温热源。低温热源的内能只能通过引入温度更低的热源才能将其部分利用。设 T_0 是可以实现的最低热源的温度，让热机工作在 T_0 和温度为 T 的高温热源之间，设高温热源输出的内能为 Q_1，则可以输出的最大功为

$$A = Q_1 - Q_2 = Q_1\left(1 - \frac{T_0}{T}\right)。$$

若将高温热源的温度改为 T'，并让其输出相同的内能 Q_1，可以输出的最大功为

$$A' = Q_1\left(1 - \frac{T_0}{T'}\right),$$

T'越低A'越小。可见一定量的内能,如果将其存放在高温热源上,可以用来对外做的功多,能量的品质高,存放在低温热源上,用来对外做的功少,能量的品质低。

能量品质的降低可以用熵的增加量度。例如有3个热源,温度分别为T_1、T_2和T_0(见图9-28),若让卡诺机工作在T_1和T_0之间,从高温热源吸热Q,对外做的最大功为

$$A = Q\left(1 - \frac{T_0}{T_1}\right)。$$

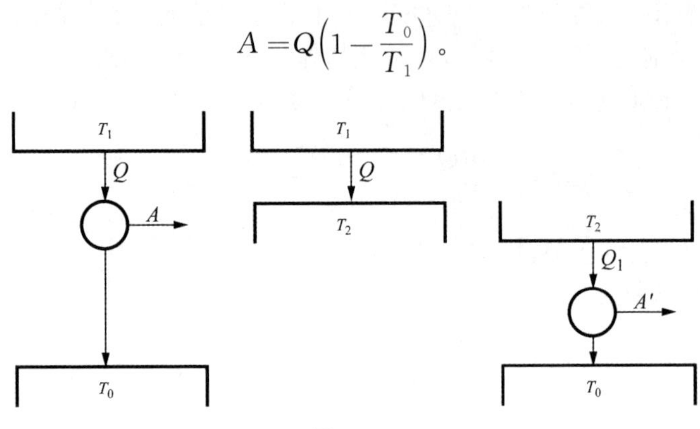

图 9-28

如果将热量先传到T_2热源,然后再让卡诺机工作在T_2和T_0之间,并从高温热源吸热Q,则对外做的最大功为

$$A' = Q\left(1 - \frac{T_0}{T_2}\right),$$

对外少做的功为

$$\Delta A = A - A' = QT_0\left(\frac{1}{T_2} - \frac{1}{T_1}\right),$$

称为能量的退化。热量Q从热源T_1传到热源T_2后,两个热源熵的增量$\Delta S = Q\left(\frac{1}{T_2} - \frac{1}{T_1}\right)$,与上式比较有

$$\Delta A = T_0 \Delta S。\tag{9-66}$$

能量的退化恰好等于不可逆热传导过程熵的增量乘以T_0,即能量的退化可用熵增来量度。

可以证明,只要存在不可逆过程,能量就退化,整个系统的熵会增加。热力学第一定律告诉我们要节约能量,而热力学第二定律告诉我们,在开发利用能源时应尽量避免熵的增加,应尽量避免降低能量的品质。

如果将内能和熵也看为状态参量,则一个简单系统共有5个状态参量,但独立的只有2个。如果用熵函数S和温度T作为独立状态参量时,则其他参量(如压

强、体积和内能)是 S 和 T 的函数:

$$p=p(S,\ T),\ V=V(S,\ T),\ E=E(S,\ T),$$

称以温度为纵坐标,熵为横坐标确定的状态空间为 $T-S$ 空间。在 $T-S$ 空间中的一点对应系统的一个状态,一条曲线对应一个准静态过程,称这样的图为温熵图(或 $T-S$ 图)。由式(9-62)可得

$$\delta Q=T\mathrm{d}S, \tag{9-67}$$

积分后得

$$Q=\int_a^b T\mathrm{d}S。 \tag{9-68}$$

式(9-68)说明,温熵图中过程曲线下的面积代表系统在该过程吸收的热量,如图 9-29 所示。

任意一个循环过程可分为吸热过程(abc)和放热过程(cda),整个循环过程从外界净吸收的热量等于系统对外做的功

$$Q_1-Q_2=Q_{净}=A,$$

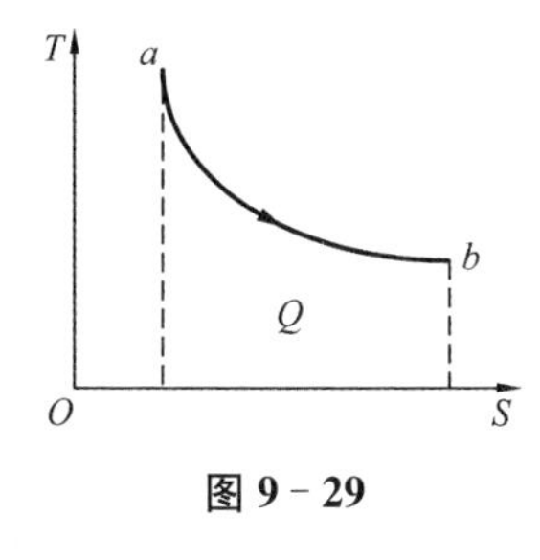

图 9-29

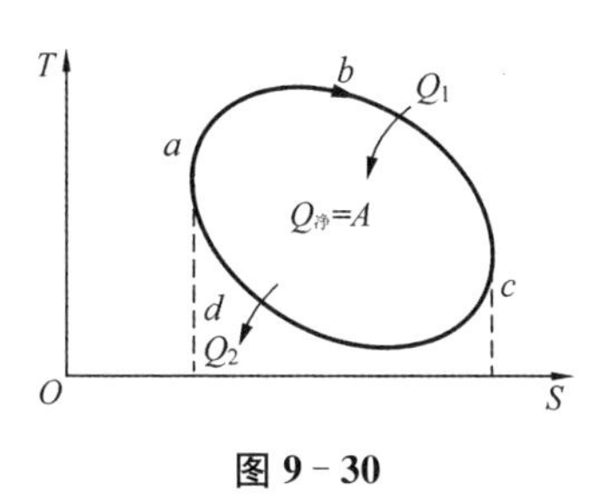

图 9-30

而净吸热正好为循环过程所包围的面积(见图 9-30),即

$$\oint T\mathrm{d}S=Q_1-Q_2=Q_{净}=A, \tag{9-69}$$

这说明闭合曲线所围面积等于对外所做的功。

因为在可逆绝热过程中熵不发生变化,即 $\mathrm{d}S=0$,在温熵图中对应一条平行于温度轴的直线。

【例 9-7】 利用 $T-S$ 计算可逆卡诺循环的效率。

解 在温熵图中卡诺循环为一矩形,如图 9-31 所示,其中两个等温过程对应两条水平线,两个绝热过程对应两条竖直线。

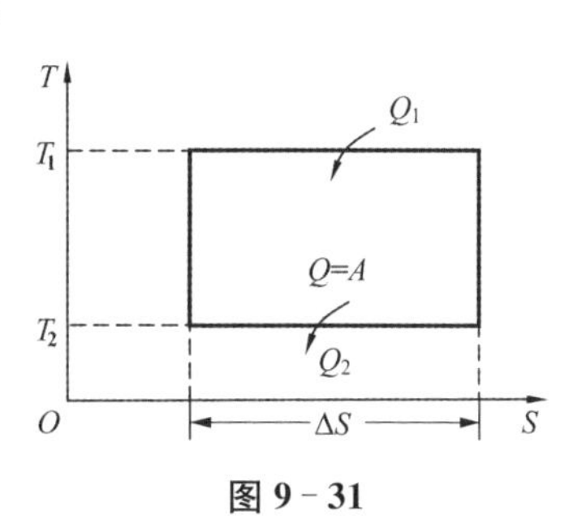

图 9-31

从高温热源吸收的热量为 $Q_1=T_1\Delta S$,在低温

热源放出的热量为 $Q_2=T_2\Delta S$，此处 ΔS 为两绝热线的熵差。所以卡诺循环的效率为

$$\eta=\frac{Q_1-Q_2}{Q_1}=\frac{T_1\Delta S-T_2\Delta S}{T_1\Delta S}=1-\frac{T_2}{T_1}。$$

9.2.5 熵增加原理

前面给出了热力学第二定律的定性表述,并在此基础上引入了熵函数,本节将给出热力学第二定律的数学表述,称为熵增加原理。

由克劳修斯不等式知,对任意不可逆循环过程:

$$\oint\frac{\delta Q}{T}<0。$$

现在考虑一个不可逆循环过程见图 9-32,它是由一段不可逆过程 c_1 和另一段可逆过程 c_2 构成,则

$$\oint\frac{\delta Q}{T}=\int_{1(\mathrm{irr}\,c_1)}^{2}\frac{\delta Q}{T}+\int_{2(\mathrm{re}\,c_2)}^{1}\frac{\delta Q}{T}<0$$

或

$$\int_{1(\mathrm{irr}\,c_1)}^{2}\frac{\delta Q}{T}<-\int_{2(\mathrm{re}\,c_2)}^{1}\frac{\delta Q}{T}=\int_{1(\mathrm{re}\,c_2)}^{2}\frac{\delta Q}{T},$$

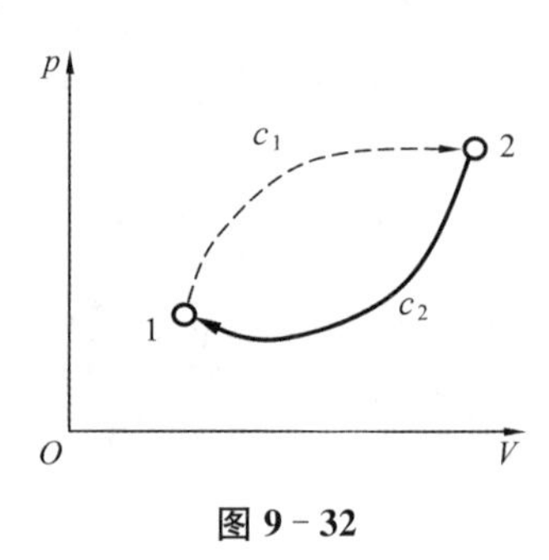

图 9-32

沿可逆过程 c_2 的积分为熵增

$$\int_{1(\mathrm{re}\,c_2)}^{2}\frac{\delta Q}{T}=S_2-S_1,$$

所以有关系式

$$S_2-S_1>\int_{1(\mathrm{irr}\,c_1)}^{2}\frac{\delta Q}{T}。$$

如果 c_1 也为可逆过程,则上式应取等号。合并两种情况后,有

$$S_2-S_1\geqslant\int_{1(c_1)}^{2}\frac{\delta Q}{T},\tag{9-70}$$

即系统沿任意过程 c_1 的熵增不小于该过程热温比的积分。如果系统经历一个微元过程,上式变为

$$\mathrm{d}S\geqslant\frac{\delta Q}{T}。\tag{9-71}$$

对孤立系统或绝热系统，一定有 $\delta Q=0$，这时

$$dS \geqslant 0。\tag{9-72}$$

一个孤立系统或绝热系统在状态变化时熵永不减少，这一结论称为熵增加原理。

孤立系统或绝热系统的熵要么不变(比如经历的是可逆绝热过程 $dS=0$)，要么一定增大(系统经历的是不可逆绝热过程 $dS>0$)。很容易证明：摩擦生热过程是熵增加的过程；热传导过程是熵增加的过程；自由绝热膨胀过程也是熵增加的过程。还可证明：孤立系中进行的化学反应过程、孤立系统中发生的生命过程等均是熵增加的过程。

对于非绝热系或非孤立系，由于有热量的交换，系统的熵可以减少，例如热传导过程中高温热源的熵是减少的。若一个热力学系统经历可逆过程放热，则其熵一定减少，即熵伴随着热量的流出而流出。

从逻辑关系上看，熵增原理是热力学第二定律的推论，然而其适用范围与热力学第二定律一样广泛，是自然界的一条普遍规律，通常将其称为热力学第二定律的数学表述。

利用熵增原理可以反过来推出热力学第二定律的克劳修斯表述和开尔文表述。设孤立系统是由温度为 T 的单一热源和第一类永动机构成，永动机一个循环结束后从热源吸热 Q，对外做功为 A，则整个孤立系统的熵将减少 Q/T，这与熵增原理矛盾，故这样的机器无法工作。同样，设有一个理想的制冷机和两个温度分别为 T_1，T_2 的热源，若不需要输入功，理想制冷机就可从低温热源 T_2 吸收热量 Q，再在高温热源 T_1 放热 Q，则整个孤立系统的熵将减少$\left[\Delta S=Q\left(\frac{1}{T_1}-\frac{1}{T_2}\right)<0\right]$，这与熵增原理矛盾，故不存在理想的制冷机。

在可逆过程中熵是守恒的，例如将热量 Q_1 可逆地从高温热源传导到低温热源，推动可逆卡诺热机做功，这时高温热源减少的熵等于低温热源增加的熵：

$$\frac{Q_1}{T_1}=\frac{Q_2}{T_2},$$

但这并不是说熵在任意过程中一定是守恒的。熵可以在不同系统间流动，也可以在系统内部产生。

摩擦生热可产生熵，绝热自由膨胀可产生熵，热传导过程也可产生熵，凡含有耗散因素或非平衡因素的过程均伴随着熵的产生。

若系统处在非平衡态时，将系统无限分割，整个系统由一系列子系统构成。如果系统不是远离平衡态，则所有子系统可认为处在各自的平衡态上。设第 i 个子系统的熵为 S_i，则系统的总熵可定义为各子系统熵之和，即

$$S=\sum_i S_i,\tag{9-73}$$

这样处在非平衡态的系统也有确定的熵。可以证明,熵增原理在初终态为非平衡态时仍成立。

一个孤立系统,由非平衡态到平衡态过渡时,也一定沿熵增大的方向进行,最终趋向平衡态,使得熵达到最大值。在此过程中熵是不守恒的,熵的增加归因于非平衡因素,或者说是过程的不可逆性造成了熵的产生。

对于非绝热系或非孤立系,如果系统经历的过程是不可逆的,则系统的熵的改变由两部分组成:一部分是与外界有热量交换而形成的熵流 dS_e,如果系统吸热,熵从外界流入系统,$dS_e>0$,如果放热,熵从系统流出,$dS_e<0$,如果绝热,$dS_e=0$;另一部分就是熵产生 dS_i,是系统内部产生的,是由于过程的不可逆性引起的。对任意过程熵产生不可能小于零,对不可逆过程 $dS_i>0$,对可逆过程 $dS_i=0$。系统在状态演化时的总熵变为两部分之和

$$dS=dS_i+dS_e, \tag{9-74}$$

对绝热过程 $dS_e=0$,这时无熵流,系统的熵变等于熵产生 $dS=dS_i$,而且不可能小于零,可见绝热过程熵增加的原因是熵产生。

9.2.6 玻尔兹曼熵

到现在为止,我们用宏观的方法介绍了热力学第二定律以及熵的概念,本节用微观的方法给出它们的统计意义,为此先引入宏观态、微观态和热力学概率的概念。

热力学系统的一个宏观态是指系统的宏观参量确定的状态,热力学系统的一个微观态是指每个粒子的微观状态均确定的态。从宏观上看热力学系统的状态是确定的,从微观上看只能说粒子运动状态的平均统计分布规律是确定的,而每个粒子的运动状态是随机变化的、不确定的。确定 N 粒子简单热力学系统的平衡态只需要温度、压强 2 个状态参量即可,但确定系统的一个微观态需要 $6N$ 个参数:$(x_1, y_1, z_1, v_{1x}, v_{1y}, v_{1z})$,$(x_2, y_2, z_2, v_{2x}, v_{2y}, v_{2z})$,…,$(x_N, y_N, z_N, v_{Nx}, v_{Ny}, v_{Nz})$。一个粒子状态的改变虽然改变了系统的微观态,但不一定能改变系统的宏观态。系统在宏观条件确定时微观态并不确定,还可取各种各样的微观态,系统的一个宏观态对应大量的微观态。称系统某宏观态对应的微观态数为热力学概率,用 Ω 表示。

例如,理想气体在绝热自由膨胀过程中,系统经历了一系列宏观态。打开隔板之前系统具有确定的温度和体积,初始宏观态是平衡态 (T_1, V_1)。打开隔板后气体开始膨胀,在膨胀过程中的每一瞬间,宏观上看可以认为气体的密度分布是确定的,即宏观性质确定,对应确定的宏观态,系统在膨胀过程中经历了很多宏观态,而且这些宏观态均是非平衡态。系统演化到最后,其宏观态又处在平衡态

(T_2, V_2)。以上这些宏观态中，若交换分子的位置、改变粒子的速度不会改变系统的宏观性质，每一个宏观态对应大量的微观态。如何计算系统的一个宏观态对应的热力学概率呢？

为回答这个问题，先建立一个确定系统微观态的空间（称为相空间），它是以分子的三个坐标和三个速度分量为坐标轴建立的一个六维空间，分子的每一个状态对应相空间中的一个点（代表点），系统的一个微观态对应相空间中 N 个代表点。将相空间划分为一系列的方格（称为相格），每个相格的大小为 $d\omega_i = dx_i dy_i dz_i dv_{ix} dv_{iy} dv_{iz}$，若某个分子的微观状态为 $(x_i, y_i, z_i, v_{ix}, v_{iy}, v_{iz})$，就认为该分子的代表点落在了 $d\omega_i$ 中。N 个代表点在相空间中的每一个分布确定系统的一个微观态。例如气体在绝热自由膨胀过程中系统的内能始终不变，N 个代表点按相格的分布只要满足分子动能之和为常数这个条件，均为系统可能的微观态。设相空间被划分为 Γ 个相格（是一个大数），则系统的一个宏观态对应的热力学概率相当于 N 个分子在 Γ 个相格中的填充方式数目：

$$W = \frac{N!}{n_1! \; n_2! \; \cdots n_m!} \tag{9-75}$$

式中 $(n_1, n_2, \cdots, n_m)$ 表示状态落在第 1、第 2、……、第 m 个相格中的代表点数，并满足条件 $\sum_{i=1}^{m} n_i = N$ 和 $\sum_{i=1}^{m} n_i \varepsilon_i = E$，$\varepsilon_i$ 为第 i 个分子的动能。

将问题进一步简化，丢弃分子的速度对状态的影响（即不考虑分子的速度不同对微观态的影响），认为分子的状态由其坐标唯一确定，这时相空间就是三维坐标空间，分子对相格的分布也就是对空间位置的分布，一个宏观态对应的热力学概率相当于 N 个分子在 Γ 个方格中的填充方式数目（见图 9-33）。当气体的体积膨胀时，空间方格数增大（见图 9-34），热力学概率增大。

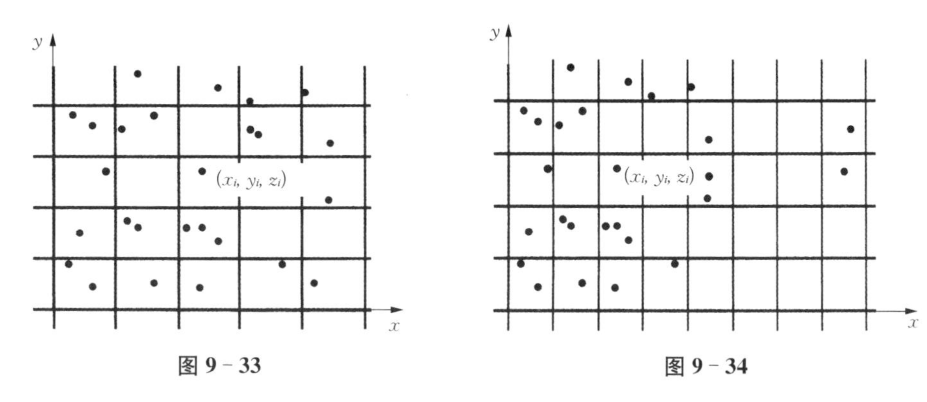

图 9-33　　图 9-34

【例 9-8】　设有 4 个分子，编号分别为 1，2，3 和 4，不考虑分子的速度对状态的影响，分子对状态的分布就是对位置的分布，为进一步简化问题，认为分子只有左右两种可能位置，每个分子是双态分子，只有两个可能的微观态。分析其可能的微观态、宏观态和对应的热力学概率。

分析 4 个分子可以均处在左侧或右侧、左侧 1 个右侧 3 个或左侧 3 个右侧 1 个,左、右侧各 2 个。系统的每一个宏观态对应分子在左侧和右侧的一种分子数分布(N_1, N_2)。其中 (4, 0), (3,1), (1, 3)和(0, 4)这 4 种分布对应 4 个宏观态,这 4 个态密度不均匀,是非平衡态。而均匀分布(2, 2)对应的宏观态是平衡态。

系统的总微观态数为 $2^N=2^4=16$ 个(见图 9-35)。其中 4 个分子均处在左侧或右侧,分别对应系统的 1 个微观状态,热力学概率等于 1;左 3 右 1 或左 1 右 3,分别对应系统 4 个微观状态,热力学概率等于 4;左 2 右 2 对应系统 6 个微观状态,热力学概率等于 6。

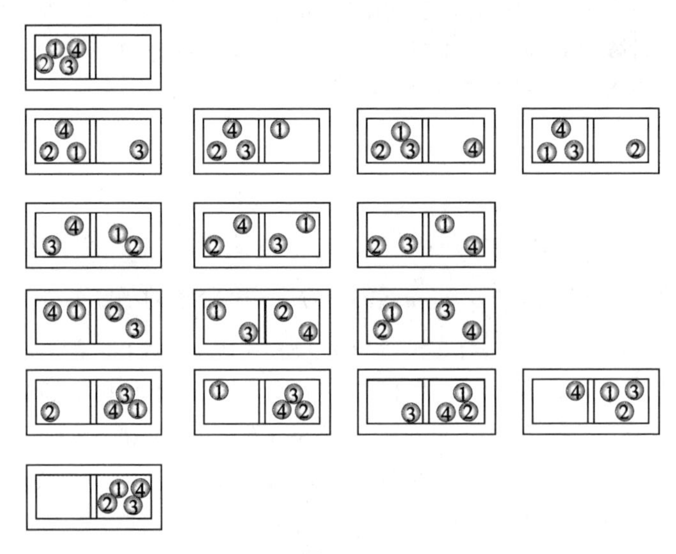

图 9-35

读者也可计算由 4 个 3 态分子构成的系统的热力学概率,与双态分子相比,热力学概率均会增大。

现将系统的分子数扩大到 1 000 个,每个分子仍然为双态分子,可以想象宏观态数目和对应的热力学概率是极其巨大的,表 9-2 给出了几个特殊的宏观态和对应的热力学概率,其中前 3 个宏观态(1 000, 0)、(900, 100)和(700, 300)为非平衡态,最后一个宏观态(500, 500)为平衡态。读者可以验证平衡态对应的热力学概率远远大于非平衡态的热力学概率之和,平衡态对应的微观态数几乎等于系统所有可能的微观态数目。若用横坐标轴表示处在左侧或右侧的分子数(N_1 或 N_2),纵坐标表示与之相对的热力学概率,图 9-36 表示的就是热力学概率与粒子数分布的关系曲线,曲线是非常尖锐的。如果将分子数扩大为 10^{23} 个,曲线更尖锐,这说明平衡态几乎涵盖了热力学系统所有可能的微观态。

表 9-2　1 000 个双态分子系统的四个特殊宏观态和对应的热力学概率

宏 观 态	热 力 学 概 率
1 000 左、0 右	$1\,000!\ /1\,000!\ =1$
900 左、100 右	$1\,000!\ /(900!\ 100!)=6.4\times10^{139}$
700 左、300 右	$1\,000!\ /(700!\ 300!)=5.4\times10^{263}$
500 左、500 右	$1\,000!\ /(500!\ 500!)=2.7\times10^{299}$

19 世纪末玻尔兹曼将热力学概率与熵联系起来，提出了一个关系

$$S=k_{\mathrm{B}}\ln\Omega,\tag{9-76}$$

称为玻尔兹曼熵公式，式中 k_{B} 是玻尔兹曼常数。为了纪念他对统计物理所做的伟大贡献，后人将玻尔兹曼熵公式刻在了他的墓碑上。

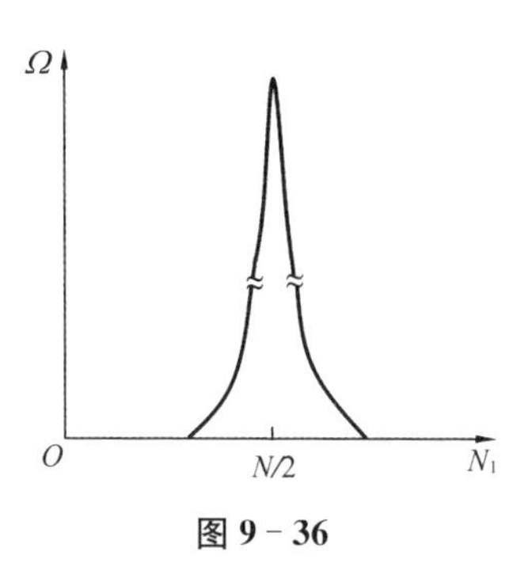

图 9-36

玻尔兹曼熵公式将熵与热力学概率联系起来，直接给出了熵的微观统计意义：熵是热力学系统热运动无序性、不确定性的一种量度。系统越有序熵越小，系统越无序熵越大。例如冰融化成水，分子位置由确定变为不确定，熵要变大。气体等温膨胀，每个气体分子的位置的可能取值变多、不确定性变大，熵增大。三态分子与双态分子相比，每个分子可取的微观态数变多，分子所取的可能状态变多，在相同宏观条件下三态分子系统的熵比双态分子系统的熵大。

利用玻尔兹曼熵公式很容易理解熵增原理，系统的一个宏观态对应 Ω 个微观态，某瞬间系统可能只处在这些微观态中的某一个态，具体处在哪个微观态完全是随机的，只要系统处在这些微观态中的一个就说系统在同一宏观态。

一个孤立系，在状态演化时经历了两个宏观态，一个为平衡态，一个为非平衡态，熵分别为 S_1 和 S_2，对应的热力学概率分别为 Ω_1 和 Ω_2，一定有 $\Omega_1\gg\Omega_2$，热力学概率大的宏观态一定出现的概率大。如果系统开始处在第一个宏观态，则系统将一直处在该态，几乎不会自发变到第二个态。即使系统开始处在第二个宏观态，但因其概率很小，马上会自发地变到第一个宏观态。宏观上看孤立系统的状态几乎一直处在大熵对应的宏观态，小熵对应的宏观态几乎不出现，这就是熵增原理。

理想气体的自由绝热膨胀过程是沿着熵增大的方向进行的，这是因为刚打开隔板瞬间，气体的体积为 V_1，对应的热力学概率小。末态体积变大 $V_2>V_1$，可以想象末宏观态对应的热力学概率远远大于初宏观态的热力学概率(参看 1 000 个双态分子分布例子)，所以打开隔板后系统几乎是一直处在末宏观态上的。同理也可以利用玻尔兹曼熵公式解释“功-热”转换过程、热传导过程一定也是沿熵增大的方

向进行的。

熵增原理只是一个统计规律,原则上讲绝热系统或孤立系统的熵可以自发地减少,只是出现的概率很小。

麦克斯韦分子速度和速率分布律也是统计规律,气体的实际分布有时也会偏离这一分布,即使这种可能性很小。

在一块竖直板上方钉上许多钉子,在下方固定一些竖直的等间距的狭槽(图 9-37),从板顶漏斗入口处投入小钢珠,某一小钢珠由于与钉子的多次碰撞,最后落在哪个槽中完全是偶然的,但重复投入钢珠,或同时投入大量的钢珠,则钢珠在狭槽呈现出几乎是稳定的分布,而且与麦克斯韦速率分布很相似,这只是一种平均分布,每一次实验均可能有偏离。

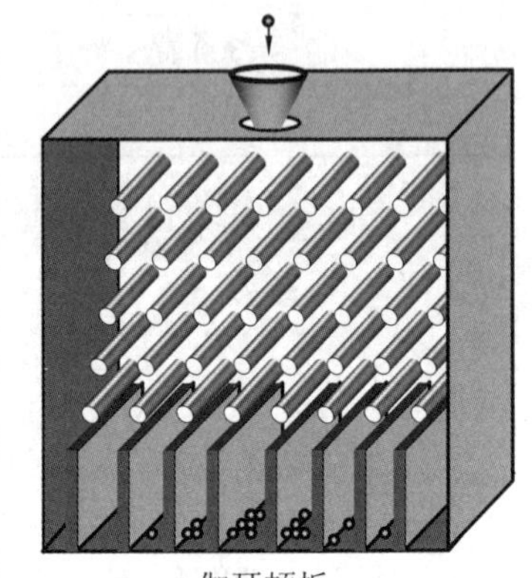

伽耳顿板

图 9-37

称大量偶然事件呈现出的稳定的规律为统计规律,对统计规律偏离的现象称涨落,所有统计规律总会伴随着涨落现象。

以上所提到的三种偏离称为围绕平均值的涨落,这种涨落的大小通常可以用方差来描述。还有一种涨落称为布朗运动,19 世纪英国人布朗(Brown)发现悬浮在水中的小颗粒(如藤黄粉或花粉微粒)在不停地做无规则的运动(称为布朗运动)。我们知道花粉微粒要比水分子大很多,按照稳定的统计规律,四面八方碰到某一花粉微粒上的分子数应该是对称的,合力等于零,花粉微粒应该静止不动,但由于水分子运动的涨落,水分子对花粉微粒的碰撞偏离了对称分布,结果出现了布朗运动。布朗运动严格来说属于宏观的机械运动,它是分子微观运动涨落的结果,所以布朗运动具有宏观运动和微观运动的二重特点,理论处理方法是采用朗之万理论(此处略)。

涨落例子还有很多,如光在空气中的散射现象是由空气密度的涨落引起的。电子器件中的"热噪声"是由电子热运动的涨落引起的。在微弱电流测量电路中应尽量减少这种涨落,从而增大电子仪器的灵敏度。

在历史上,克劳修斯将热力学第二定律应用于整个宇宙,会得到宇宙的熵趋于一个极大值的结论,宇宙处于死寂的状态——称为"热寂说"。这是一个很悲观的观点,它困扰了好几代物理学家。实际情况是宇宙并没有像克劳修斯预言的那样达到热寂状态,对此有不同的解释:有人认为热力学第二定律是在有限空间总结出的规律,不能应用在无限的宇宙上。玻尔兹曼提出"涨落说",认为处于平衡态的系统还会伴随着涨落的发生,宇宙在某些局部区域可能偶然出现巨大的涨落,这时宇宙的熵在减少。现在比较多的学者认为,宇宙没有达到热寂状态是因为宇宙中万有引力在起着重要作用。在引力可以忽略不计的情况下,气体便倾向进入一种均匀状态，各处的温度和密度相似。然而，受引力作用的系统则会集结，引力的影响相当于使系统受外界的干扰，而且是不稳定的干扰，均匀分布的物质可以由于引力的效应演变为不均匀分布的团簇，使得实际宇宙的大部分区域处于远离平衡的状态。

习　题　9

9-1　如题图所示，器壁与活塞均绝热的容器中间被一隔板等分为两部分，其中左边储有 1 mol 处于标准状态的氦气(可视为理想气体)，另一边为真空。现先把隔板拉开，待气体平衡后，再缓慢向左推动活塞，把气体压缩到原来的体积。求氦气的温度相对初态改变了多少?

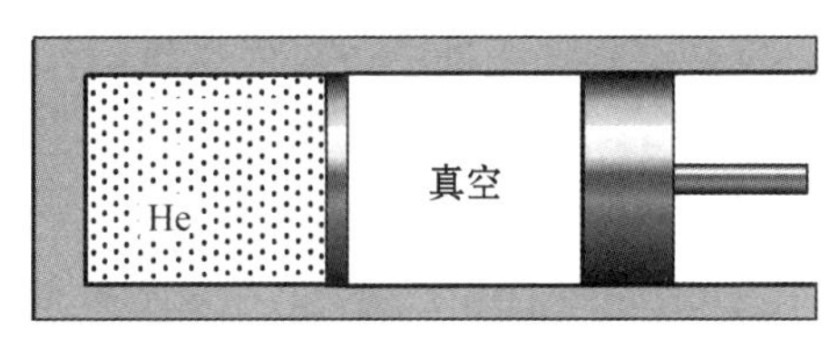

习题 9-1 图

9-2　1 mol 刚性分子理想气体，做等压膨胀时，若对外做功为 W，气体分子平均动能的增量为多少? 已知热容比为 γ。

9-3　某气缸内装有氦气和氢气的混合气体共 5.2 g，今测得该混合气体的摩尔定容热容为 $2.2R$。求：

(1) 气缸内装的混合气体中，氦气和氢气的质量各为多少克?

(2) 若让该混合气体做等压膨胀，系统对外做功为 500 J，该过程中系统吸收热量为多少?

9-4　一系统由如题图所示的 a 状态沿 acb 到达 b 状态，有 334 J 热量传入系统，系统做功为 126 J。

(1) 经 adb 过程，系统做功 42 J，问有多少热量传入系统?

(2) 当系统由 b 状态沿曲线 ba 返回状态 a 时，外界对系统做功为 84 J，试问系统是吸热还是放热? 热量传递了多少?

9-5　ν 摩尔的某种理想气体，状态按 $V=a/\sqrt{p}$ 的规律变化(式中 a 为正常量)，当气体体积从 V_1 膨胀到 V_2 时，求气体所做的功及气体温度的变化 T_1-T_2 各为多少?

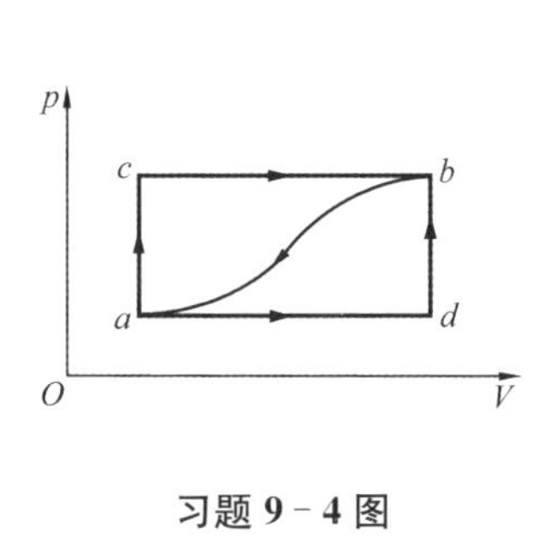

习题 9-4 图

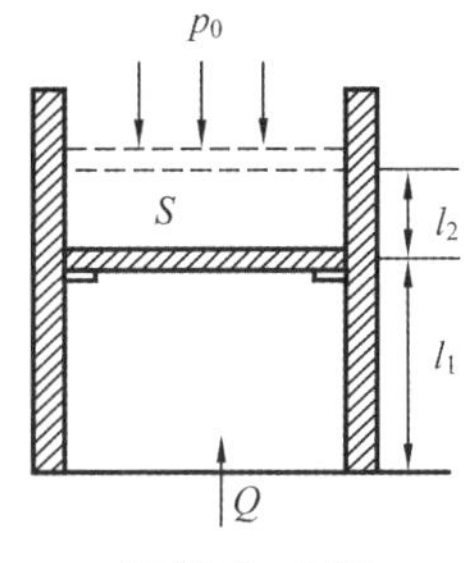

习题 9-6 图

9-6　一侧壁绝热的气缸内盛有 1 mol 的单原子分子理想气体，气体的温度 $T_1=273\ \text{K}$，活塞外气压 $p_0=1.01\times10^5\ \text{Pa}$，活塞面积 $S=0.02\ \text{m}^2$，活塞质量 $m=102\ \text{kg}$(活塞绝热、不漏气且与气缸壁的摩擦可忽略)。由于气缸内小突起物的阻碍，活塞起初停在距气缸底部为 $l_1=$

1 m处。今从底部极缓慢地加热气缸中的气体,使活塞上升了 $l_2 = 0.5$ m的一段距离,如题图所示。试通过计算指出:

(1) 气缸中的气体经历的是什么过程?

(2) 气缸中的气体在整个过程中吸了多少热量?

9-7 一定量的理想气体,从 a 态出发,经 p-V 图中所示的过程到达 b 态,如题图所示。试求在这过程中,该气体吸收的热量。

9-8 在一个以匀速 $\boldsymbol{u}$ 运动的容器中,盛有 1 mol 单个分子质量为 m 的某种单原子理想气体。若使容器突然停止运动(机械能全部转化为内能),则气体状态达到平衡后,其温度的增量 ΔT 为多少?

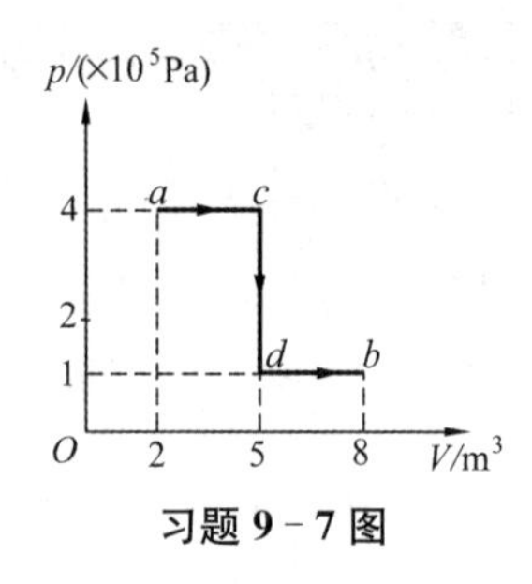

习题 9-7 图

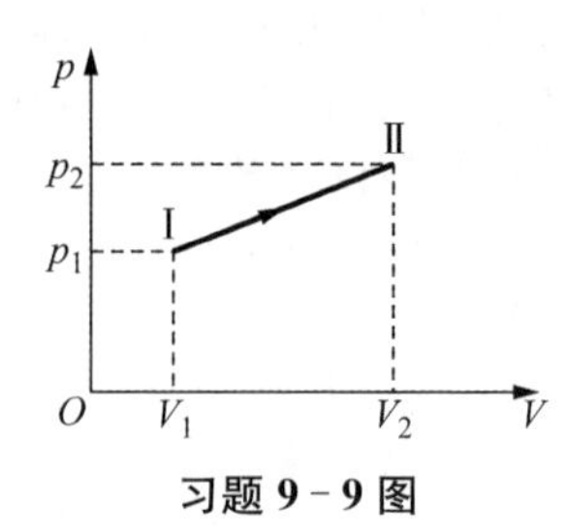

习题 9-9 图

9-9 双原子理想气体从状态Ⅰ(p_1, V_1, T_1)出发,经如题图所示直线过程到达状态Ⅱ(p_2, V_2, T_2),求在这过程中系统对外所做的功和吸收的热量。

9-10 一定量的理想气体在 p-V 图中的等温线与绝热线交点处两线的斜率之比为 0.714,求其摩尔定容热容。

9-11 一卡诺热机,当高温热源的温度为 127℃、低温热源温度为 27℃时,其每次循环对外所做净功为 8 000 J。今维持低温热源的温度不变,提高高温热源温度,使其每次循环对外做净功为 10 000 J。若两个卡诺循环都工作在相同的两条绝热线之间,试求:

(1) 第二个循环的热机效率;

(2) 第二个循环的高温热源的温度。

9-12 一可逆卡诺热机的高温热源温度为 T_1,低温热源温度为 T_2,其每次循环对外所做的净功为 A_1,今维持低温热源温度不变,提高高温热源的温度到 T'(未知),使其每次循环对外做的净功为 A_2,若两个卡诺循环都工作在相同的两条绝热线之间,求:

(1) 第二个循环高温热源的温度 T';

(2) 第二个循环热机的效率。

9-13 双原子理想气体做如题图所示的循环,其中 ca 为多方过程,在 ca 过程中外界对系统做功 274.45 J(取 1 atm·L≈100 J),求:

(1) ca 过程的多方指数 n 及该过程中的摩尔热容;

(2) 循环的效率 η。

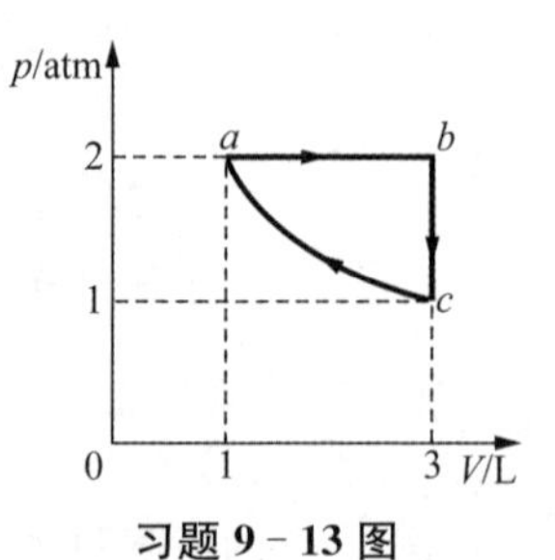

习题 9-13 图

9-14 一定量的单原子理想气体,经题图所示循环过程,求得的循环效率为 η_1;若改用双原子理想气体,经相同的图示循环过程,循环效率为 η_2。请比较 η_1 和 η_2。

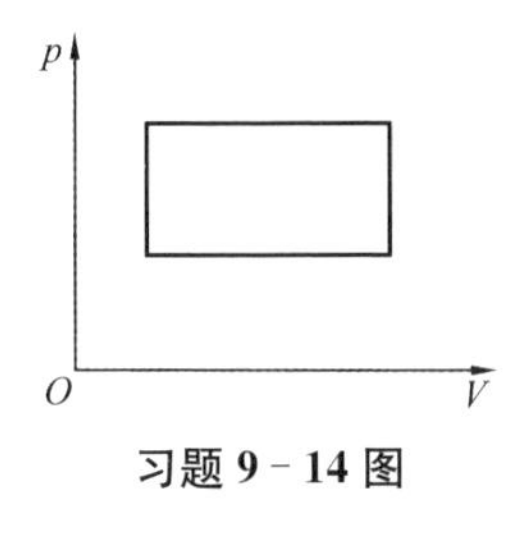

习题 9 - 14 图

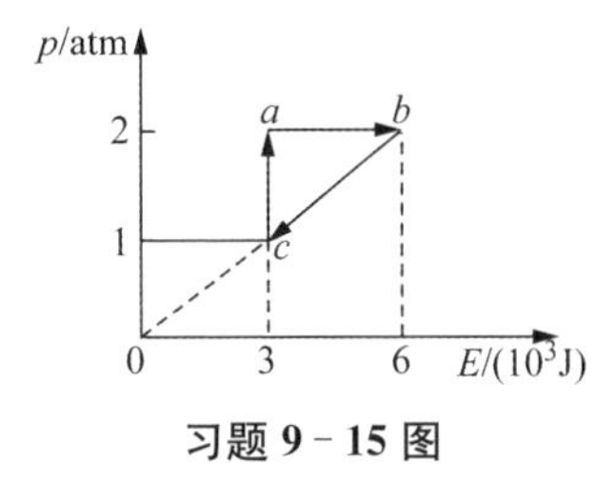

习题 9 - 15 图

9 - 15　一定量单原子理想气体经如题图所示循环(bc 延长线过坐标原点),计算各分过程中系统吸收或放出的热量,并由此确定该循环的效率。

9 - 16　如题图所示的循环中 $a \to b$, $c \to d$, $e \to f$ 为等温过程,其温度分别为 $3T_0$, T_0, $2T_0$; $b \to c$, $d \to e$, $f \to a$ 为绝热过程。设 $c \to d$ 过程曲线下的面积为 A_1, $abcdefa$ 循环过程曲线所包围的面积为 A_2。求该循环的效率。

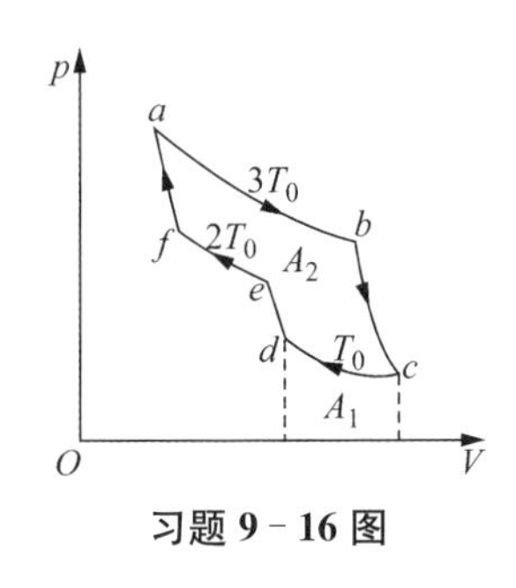

习题 9 - 16 图

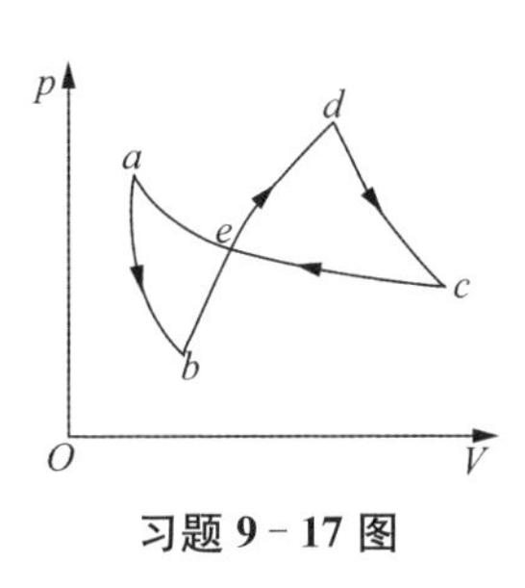

习题 9 - 17 图

9 - 17　如题图所示, ab, dc 是绝热过程, cea 是等温过程, bed 是任意过程,组成一个循环。若图中 $edce$ 所包围的面积为 70 J, $eabe$ 所包围的面积为 30 J, cea 过程中系统放热 100 J,求 bed 过程中系统吸热为多少?

9 - 18　设一动力暖气装置由一台卡诺热机和一台卡诺制冷机组合而成。热机靠燃料燃烧时释放的热量工作并向暖气系统中的水放热,同时,热机带动制冷机。制冷机自天然蓄水池中吸热,也向暖气系统放热。假定热机锅炉的温度 $t_1 = 210℃$,天然蓄水池中水的温度 $t_2 = 15℃$,暖气系统的温度 $t_3 = 60℃$,热机从燃料燃烧时获得热量 $Q_1 = 2.1 \times 10^7$ J,计算暖气系统所得热量。

9 - 19　工作在相同的高温热源与低温热源之间的卡诺热机、制冷机与热泵,相应的热效率为 η,制冷系数为 w,供热系数为 e,这几个系数之间关系如何?

9 - 20　双原子理想气体从状态Ⅰ(p_1, V_1, T_1)出发,经如题图所示直线过程到达状态Ⅱ(p_2, V_2, T_2),求在这过程中系统熵的改变。

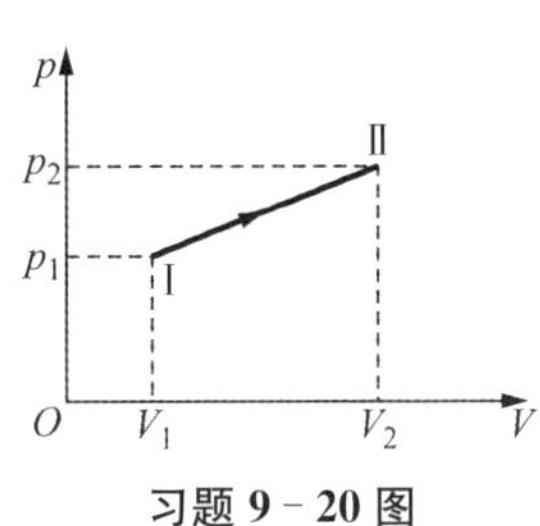

习题 9 - 20 图

9 - 21　在题图所示的绝热气缸中有一固定的导热板把气缸分成两部分,一部分装有 0.2 mol 的氮气,另一部分装有 0.5 mol 的氦气,开始时系统的温度为 T_0,在缓慢压缩氦气的过程中,如果外界对系统做功为 W,氦气的熵变 $\Delta S =$?

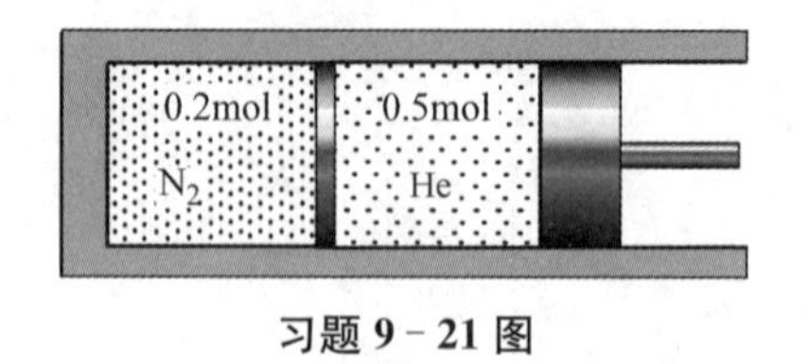

习题 9－21 图

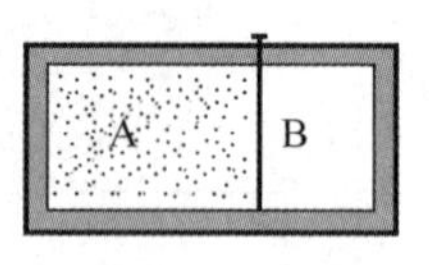

习题 9－22 图

9－22 体积为 V 的绝热容器(见题图),用隔板将它分成 A、B 两室。A 室的体积占 $\frac{2}{3}V$,A 内装有质量为 m、摩尔质量为 M 的双原子理想气体,B 室为真空。如提起隔板,让 A、B 两室连通,连通后比连通前的熵改变了多少?

9－23 在与外界绝热的刚性容器中有一隔板,隔板的两侧分别充有 N 个 A 原子和 N 个 B 原子组成的理想气体,这两种气体的温度与体积都相同,抽去隔板,两种气体将相互扩散,求扩散达到平衡后混合气体总熵的增量为多少?

9－24 气缸内有一定量的氧气(视为刚性分子理想气体),做如题图所示的循环过程,其中 ab 为等温过程,bc 为等体过程,ca 为绝热过程。已知点 a 的状态参量为(p_a, V_a, T_a),点 b 的体积 $V_b = 3V_a$。求 3 个过程氧气的熵变 ΔS。

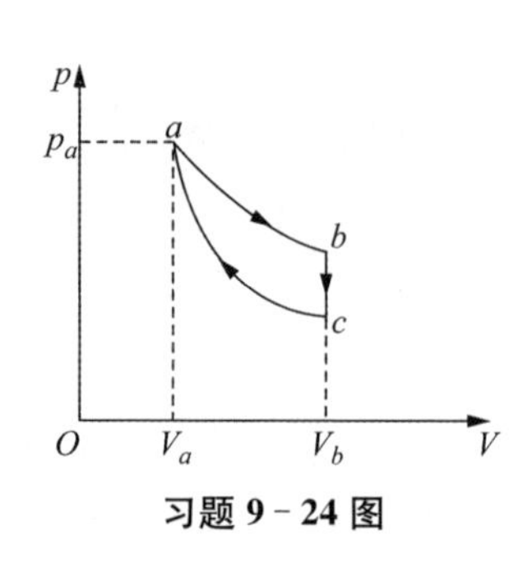

习题 9－24 图

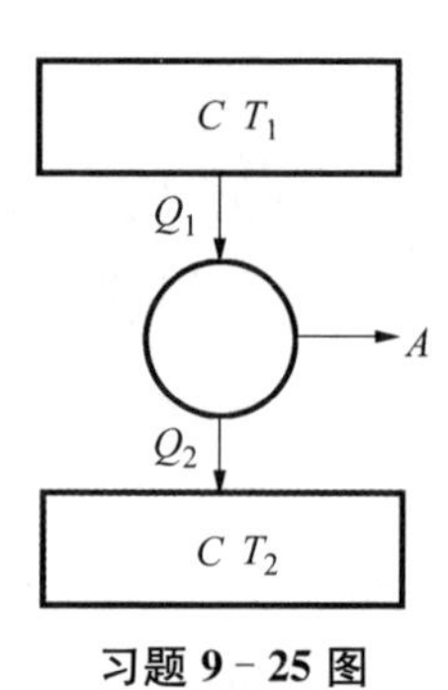

习题 9－25 图

9－25 两个有限大热源,如题图所示,其初温分别为 T_1 和 T_2,热容量与温度无关均为 C,有一热机工作在这两热源之间,直至两热源具有共同的温度为止。求这热机能输出的最大功为多少?

9－26 如题图所示,一圆柱形绝热容器,其上方活塞由侧壁突出物支持着,其下方容积共 10 L,被隔板 C 分成体积相等的 A,B 两部分。下部 A 装有 1 mol 氧气,温度为 27℃;上部 B 为真空。抽开隔板 C,使气体充满整个容器,且平衡后气体对活塞的压力正好与活塞自身重量平衡。

(1) 求抽开 C 板后,气体的终态温度以及熵变;

(2) 若随后通过电阻丝对气体缓慢加热使气体膨胀到 20 L,求该过程的熵变。

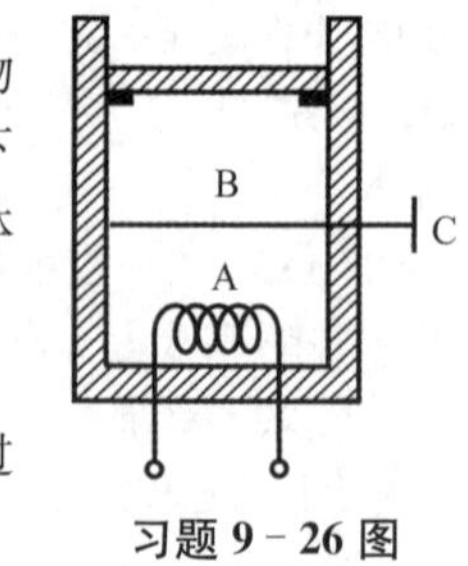

习题 9－26 图

思 考 题 9

9－1 一定量的理想气体,由平衡状态 A 变到平衡状态 B(设 $V_A < V_B$),则无论经过什么

过程，系统必然(　　)。

(A) 对外做正功；

(B) 内能增加；

(C) 从外界吸热；

(D)向外界放热。

9-2　一定量的理想气体，从题图 $p-V$ 曲线上初态 a 经历(1)或(2)过程到达末态 b，已知 a，b 两态处于同一条绝热线上(图中虚线是绝热线)，则气体在(　　)。

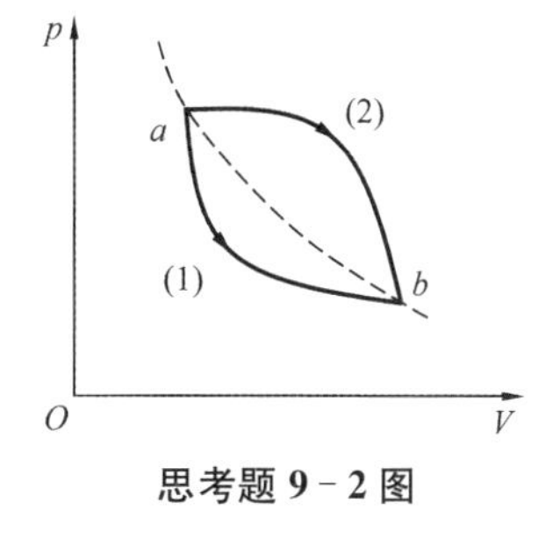

思考题9-2图

(A) (1)过程中吸热；(2) 过程中放热

(B) (1)过程中放热；(2) 过程中吸热

(C) 两种过程中都吸热

(D) 两种过程中都放热

9-3　一定量的理想气体，开始时处于压强、体积、温度分别为 p_1，V_1，T_1 的平衡态，后来变到压强、体积、温度分别为 p_2，V_2，T_2 的终态。若已知 $V_2>V_1$，且 $T_2=T_1$，则以下各种说法中正确的是(　　)。

(A) 不论经历的是什么过程，气体对外净做的功一定为正值

(B) 不论经历的是什么过程，气体从外界净吸的热一定为正值

(C) 若气体从始态变到终态经历的是等温过程，则气体吸收的热量最少

(D) 如果不给定气体所经历的是什么过程，则气体在过程中对外净做功和从外界净吸热的正负皆无法判断

9-4　试说明为什么气体热容的数值可以有无穷多个？什么情况下气体的热容为零？什么情况下气体的热容是无穷大？什么情况下是正值？什么情况下是负值？

9-5　一定量的理想气体，从同一状态开始把其体积由 V_0 压缩到 $\frac{1}{2}V_0$，分别经历以下3种过程：① 等压过程；② 等温过程；③ 绝热过程。其中什么过程外界对气体做功最多？什么过程气体内能减小最多？什么过程气体放热最多？

9-6　一定质量的理想气体的内能为 E，体积为 V。当气体状态发生变化时，在 $E-V$ 图上对应于一条直线(且其延长线通过 $E-V$ 图的原点)，则此直线表示的过程为(　　)。

(A) 等温过程

(B) 等压过程

(C) 等体过程

(D) 绝热过程

9-7　某理想气体按 $pV^2=$ 恒量的规律膨胀，问此理想气体的温度是升高了，还是降低了？

9-8　绝热房间里放一电冰箱，将冰箱门敞开着，并使冰箱运转，那么房内的温度将(　　)。

(A) 升高

(B) 不变

(C) 下降

9-9　双原子理想气体在 $pV^{1.5}=$ 恒量的过程中，当体积 V 增大：

(1) 系统的温度：(A) 升高；(B) 不变；(C) 下降。

(2) 系统：(A) 吸热；(B) 放热；(C) 绝热。

(3) 摩尔热容：(A) 为正；(B) 为负；(C) 为零。

9-10 用下列两种方法：

(1) 使高温热源的温度 T_1 升高 ΔT；

(2) 使低温热源的温度 T_2 降低同样的 ΔT 值，这样可使卡诺循环的效率分别升高 $\Delta\eta_1$ 和 $\Delta\eta_2$，试比较两者的大小。

9-11 如题图所示，已知图中画不同斜线的两部分的面积分别为 S_1 和 S_2。

(1) 如果气体的膨胀过程为 $a\to1\to b$，则气体对外做功多少？

(2) 如果气体进行 $a\to2\to b\to1\to a$ 的循环过程，则它对外做功又为多少？

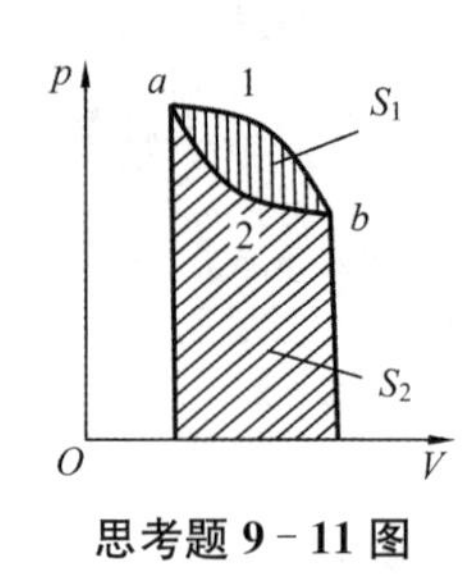

思考题 9-11 图

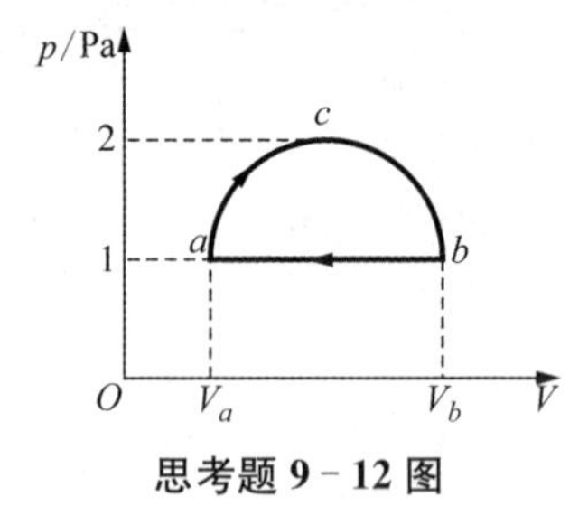

思考题 9-12 图

9-12 理想气体做一循环过程 $acba$（见题图），其中 acb 为半圆弧，$b\to a$ 为等压过程，$p_c=2p_a$，在此循环过程中，气体净吸热为(　　)。

(A) $Q=\dfrac{m}{M}C_p(T_b-T_a)$

(B) $Q<\dfrac{m}{M}C_p(T_b-T_a)$

(C) $Q>\dfrac{m}{M}C_p(T_b-T_a)$

9-13 一卡诺机，将它作热机使用时，如果工作的两热源的温度差越大，则对做功就越有利；如将它当作制冷机使用时，如果两热源的温度差越大，对于制冷机是否也越有利？为什么？

9-14 卡诺循环(a)，(b)如题图所示。若包围面积相同，功和效率是否相同？

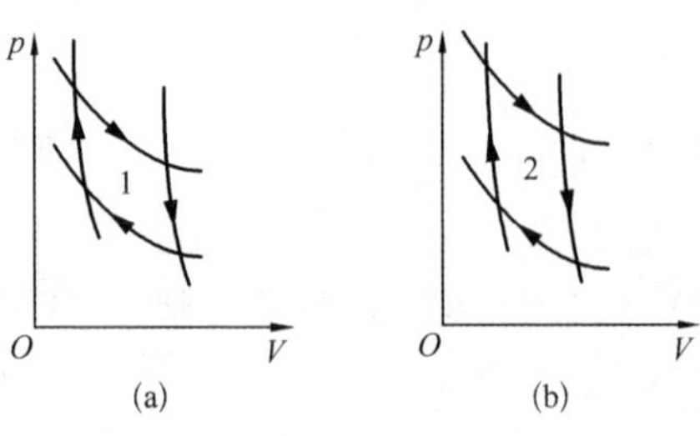

思考题 9-14 图

9-15 根据热力学第二定律判断下列说法中正确的是(　　)。

(A) 热量可以从高温物体传到低温物体，但不能从低温物体传到高温物体

(B) 功可以全部变为热，但热不能全部变为功

(C) 气体能够自由膨胀，但不能自由压缩

(D) 有规则运动的能量能够变为无规则运动的能量，但无规则运动的能量不能变为有规则运动的能量

9-16　所谓第二类永动机是指什么？它不可能制成是因为违背了什么关系？

9-17　甲说："由热力学第一定律可证明任何热机的效率不可能等于 1。"乙说："热力学第二定律可表述为效率等于 100%的热机不可能制造成功。"丙说："由热力学第一定律可证明理想气体卡诺热机（可逆的）循环的效率等于 $1-(T_2/T_1)$。"对上述说法，以下几种评论中正确的是（　　）。

(A) 甲、乙、丙全对

(B) 甲、乙、丙全错

(C) 乙对，甲、丙错

(D) 乙、丙对，甲错

9-18　一条等温线和一条绝热线有可能相交两次吗？为什么？

9-19　两条绝热线和一条等温线是否可能构成一个循环？为什么？

9-20　理想气体卡诺循环过程的两条绝热线下的面积（阴影部分）分别为 S_1, S_2（见题图），则两者的大小关系为（　　）。

(A) $S_1 > S_2$

(B) $S_1 = S_2$

(C) $S_1 < S_2$

(D) 无法确定

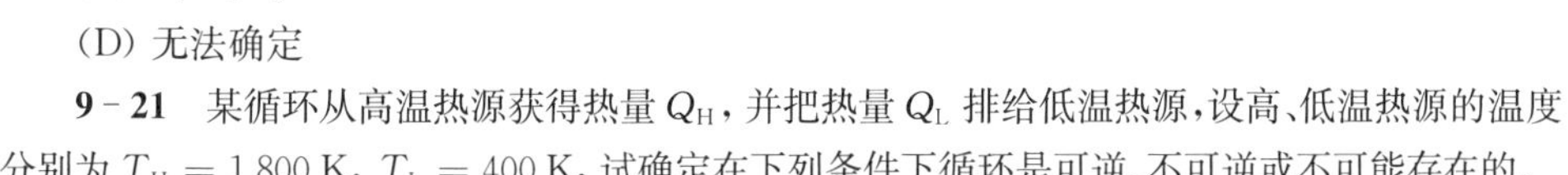

思考题 9-20 图

9-21　某循环从高温热源获得热量 Q_H，并把热量 Q_L 排给低温热源，设高、低温热源的温度分别为 $T_H = 1\,800\ \text{K}$, $T_L = 400\ \text{K}$，试确定在下列条件下循环是可逆、不可逆或不可能存在的。

(1) $Q_H = 900\ \text{J}$, $A_{净} = 800\ \text{J}$；

(2) $Q_H = 900\ \text{J}$, $Q_L = 200\ \text{J}$；

(3) $A_{净} = 1\,500\ \text{J}$, $Q_L = 500\ \text{J}$。

9-22　一绝热容器被分隔为体积相同的 A, B 两部分，A 室装有理想气体，温度为 T_0，熵为 S_0，B 室为真空。抽去隔板后，A 室气体向真空室自由膨胀，到平衡态时，A, B 两室中的温度为 T，总熵为 S，那么下列关系中正确的是（　　）。

(A) $T < T_0$, $S < S_0$

(B) $T < T_0$, $S = S_0$

(C) $T < T_0$, $S > S_0$

(D) $T = T_0$, $S < S_0$

(E) $T = T_0$, $S = S_0$

(F) $T = T_0$, $S > S_0$

9-23　$T-S$ 题图上所示各状态的 T, S 均为已知，系统从状态 I 到 II 所吸收的热量 Q_{12} 为多少？循环所做的功 A 为多少？该循环的效率 η 为多少？

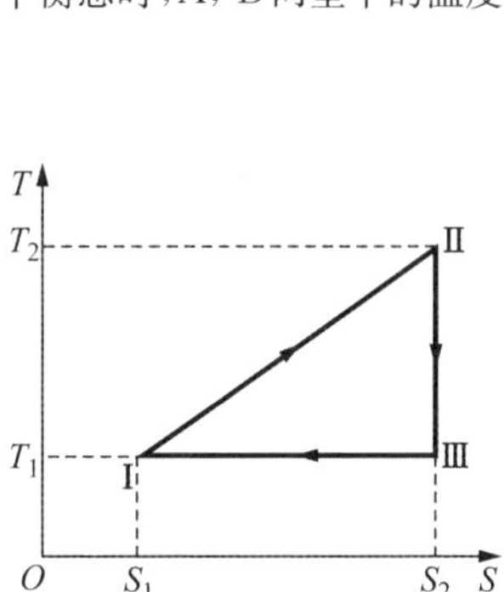

思考题 9-23 图

第 10 章　相变与气体输运过程

自然界中的物质以气、液、固不同的物态(聚集态)存在。物质处在不同物态时结构和物理性质有很大的不同。称每一个在物理、化学性质上均匀的部分为一"相",不同的"相"彼此可能有清晰的分界面。

系统若包括两个或两个以上的"相"时称为复相系,若只包含一个"相"称为单相系。将物质的固、液、气三态称为固相、液相、气相。任何气体或气体混合物只能处在单一的气相。液体通常只有一相,但也有例外情况,如正常液氦与超流动性液氦分属两种液相。同一种固体有不同的结构,其物理性质相差很大,分属不同的相,所以同一固体可以有不同的相。例如,碳有金刚石和石墨两相;而铁有 α 铁、β 铁、γ 铁和 δ 铁,冰也有多个固相。

相变是指不同相之间的相互转变。通常把伴有体积突变和相变潜热(热量的吸放)的相变称为一级相变。例如固、液、气三相之间转变属于一级相变。不伴有相变潜热和体积突变的相变称为二级相变。例如正常液氦与超流动性液氦之间的转变,超导物质在正常导电态与超导电态之间的转变,在居里温度下铁磁体与顺磁体之间的转变等均属二级相变。

相变是自然界中广泛存在的现象,相变的机制多种多样,可以是经典相互作用的结果,也可以是宏观的量子效应。相变问题的研究成为物理学中十分活跃的领域之一。本章将简单介绍气、液和固三相之间相互转变,以及相变的一些特征和规律。

本章第二部分讨论气体输运过程。平衡态是特殊的状态,常见的系统更多是处在非平衡态。非平衡态可分为近离平衡态的非平衡态和远离平衡态的非平衡态。本章主要讨论系统近离平衡态且稳定的非平衡态,讨论系统内发生的宏观量的输运现象,包括热传导过程、扩散现象和黏滞现象。

10.1　相变

10.1.1　气-液相变

物质由液相转变为气相的过程称为汽化,由气相转变为液相的过程称为凝结。

怎样才能汽化呢?从微观上看,液体分子的排列很密集,分子之间的作用力比处在气态时强很多。处于气-液分界面的分子与处于液相体内的分子所受力是不同的，在液相内部的一个水分子受到周围液体分子的合力为零，但在表面附近的分子，因气相分子对它的吸引力小于液相分子对它的吸引力，所以该分子所受合力方向垂直指向液体内部，结果导致液体表面具有自动缩小的趋势，表现为表面张力。液相分子要逃离表面的束缚必须克服表面张力做功。所以只有输入足够的能量（吸热）才能让液体分子距离拉大，同时逃出液相与气相的界面而让液体汽化。在温度一定时，单位质量液体转变为同温度蒸气时吸收的热量称为汽化潜热，简称汽化热。在较高温度下液体分子具有较大动能，再提供较少的能量就可逃离液相，所以汽化热随温度升高而减小，到达某个临界温度时，气相与液相差别消失，汽化热可以变为零。汽化的逆过程为凝结，气相凝结时要放出热量。

按剧烈程度可将汽化分为蒸发和沸腾。蒸发在任何温度下均可发生，分子从液相经过气-液界面逃出的同时，也有分子从气相返回到液相，当逃出液相的分子数大于返回液相中分子数时液体被蒸发。而沸腾是非常剧烈的汽化过程，汽化除了发生在液相的表面，同时在液相的内部也发生猛烈的汽化。

10.1.1.1　饱和蒸气压

当液面是敞开的且通风状况良好，从液面上方逃出的蒸气分子可以向远处扩散，这时蒸气密度不会高，气体的碰壁频率不高，从蒸气中返回液面的分子数目小于逃出液面的分子数，液相可以不断蒸发。

若液体密闭在某容器里且温度确定，随着蒸发过程的不断进行，容器内液面上方的蒸气密度会持续增大，单位时间内返回单位液面的分子数目也持续增大。当蒸气的密度达到一定程度时，从液相逃出的分子数与气相返回液相的分子数达到动态平衡，液面上方蒸气的密度保持不变，同时压强也不发生变化，称该压强为饱和蒸气压，它是气-液两相平衡共存时的气相压强。

饱和蒸气压是温度的函数，函数的具体形式由液相和气相的性质以及汽化热确定。下面定性说明为什么温度升高饱和蒸气压变大：温度升高，液相分子的平均动能变大，单位时间从液相中逃出的分子数增大，两相为了保持平衡从气相返回到液相的分子数也增大，蒸气分子的碰壁频率 Γ 增大。将蒸气看作理想气体，由碰壁频率公式(8 - 48)可得 $n \propto \dfrac{\Gamma}{\sqrt{T}}$，结合理想气体状态方程，可得出饱和蒸气压与碰壁频率和温度的关系为

$$p = nk_{\mathrm{B}}T \propto \Gamma\sqrt{T}\,,$$

当 Γ 和 T 同时增大时，饱和蒸气压一定变大。

如果在蒸气中混合有其他气体，这时饱和蒸气压就是其中的一个分压，而且这个分压不会因其他气体的存在而受到影响，可以认为混合气体的总压强满足分压定律。

相同温度下不同液体饱和蒸气压可能不同，一般地，容易挥发的液体其饱和蒸气压高。例如，在常温时乙醚的饱和蒸气压是水的数十倍，而水银的饱和蒸气压只

是水的万分之一。

同一种液体液面形状不同,其饱和蒸气压不同。与平液面相比,液相中的分子更易逃离凸形液面,饱和蒸气压大,而不易逃离凹形液面,饱和蒸气压小,即

$$p_{凸} > p_{平} > p_{凹}, \tag{10-1}$$

式中 $p_{凸}$、$p_{平}$ 和 $p_{凹}$ 分别为凸形、平面和凹形气-液分界面上方的饱和蒸气压。

其微观原因如图 10-1 所示,图中小圆圈代表分子的作用球,半径为液体分子的作用力程。当气液分界面为平面时,紧靠界面处的液相中的分子将只受半个作用球中的液体分子的吸引力 $F_{平}$,方向指向液体内部并与液面垂直[见图 10-1(b)]。当气-液分界面为凸面时[见图 10-1(a)],紧靠界面处分子的作用球小于半个球,所受液体分子的吸引力 $F_{凸} < F_{平}$,所以分子容易逃离液相。当气-液界面为凹面时[见图 10-1(c)],紧靠界面处分子的作用球大于半个球,$F_{凹} > F_{平}$,分子不易逃离液相。

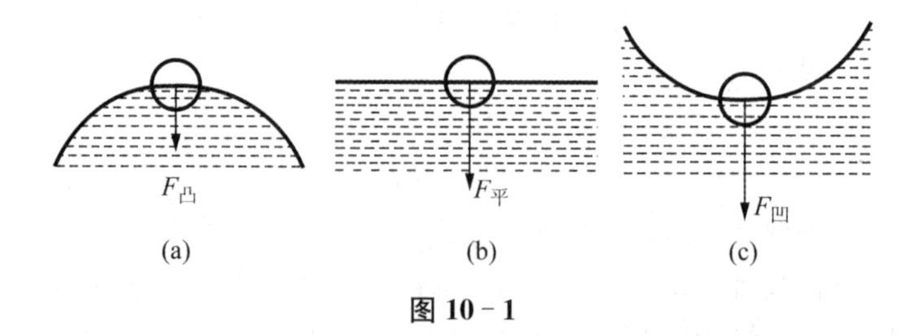

图 10-1

在一定压强下加热液体,达到某一临界温度时液体内部和容器壁上出现大量气泡,液体内部剧烈汽化,这就是沸腾现象。相应的临界温度称为沸点。沸点与液面上的压强有关,压强越大沸点越高。沸点还与液体的种类有关,各种液体具有不同的沸点。可以证明液体沸腾的条件就是饱和蒸气压和外界压强相等。如水在100℃时的饱和蒸气压为 1 atm,这时当外界压强为 1 atm 时水沸腾。

在温度一定时,降低外界压强,即使外界压强小于饱和蒸气压,液体也没有沸腾而汽化,这时液体的密度比同温时的正常液体密度要小,称为过热液体。过热液体所处的状态是亚稳态,稍有扰动猛烈汽化,称为爆沸。

气-液两相平衡时蒸发和凝结达到动态平衡,当蒸气压强超过饱和蒸气压强时蒸气会凝结。实际上在蒸气凝结的最初阶段,形成的液滴很小,有时蒸气压超过正常饱和蒸气压几倍也不凝结,这时气体的密度要比处在同温下正常的饱和蒸气的密度大,这种蒸气称为过饱和蒸气。过饱和蒸气所处的状态是亚稳态,稍有扰动就会液化。威耳逊云室就是利用这一原理制成的,在一个密封的气缸中充有饱和酒精蒸气,通过降低温度使蒸气达到过饱和状态,此时如果有带电粒子射入,在粒子路径上的过饱和蒸气就会液化,从而显示出粒子的径迹。如果将过饱和蒸气换为过热液体,在粒子路径上的过热液体会汽化形成气泡,也可显示粒子的径迹,这样的装置称为气泡室。

10.1.1.2　实际气体的等温相变

19 世纪英国物理学家安德鲁斯(Andrews)系统地研究了 CO_2 气体的等温压缩过程,所得到结果如图 10－2 所示,在维持气体温度不变时压缩气体状态由 C 变到 A,气体的体积随着压强的增加而减小,CA 段曲线几乎与理想气体等温线相似。到达 A 时气体达到饱和状态,气体开始液化发生相变,继续减小体积,有越来越多的气体变为液体,但饱和蒸气压保持不变,这时容器中同时存在两相平衡的气相和液相,且两相有明确的分界面。当压缩到点 B 时气体全部液化,这时若进一步压缩,由于液体的不可压缩性,压强骤然增大,对应 BD 段较陡。

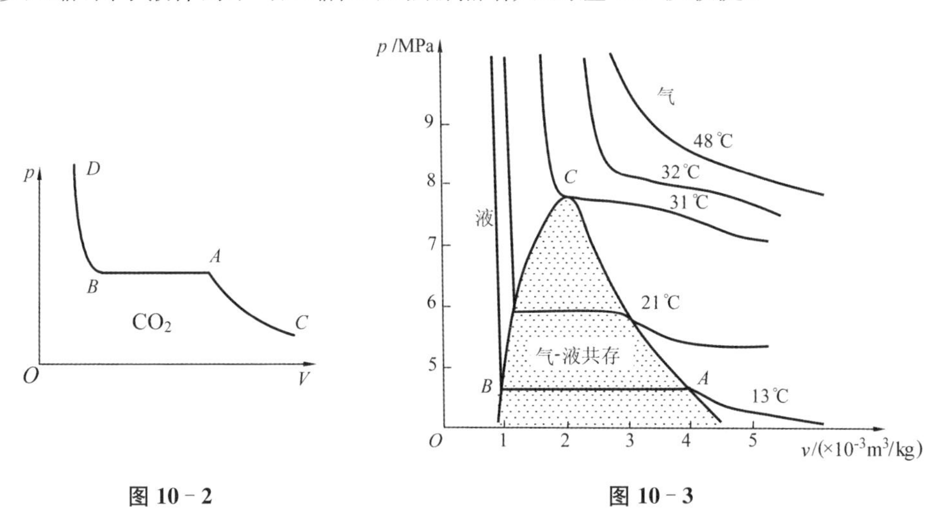

图 10－2　　图 10－3

如果在不同温度下等温压缩 CO_2气体,会得到一簇等温线,如图 10－3 所示,随着温度的升高,气-液两相共存区对应的水平线上移,代表饱和蒸气压变大。同时水平线越来越短,代表液体的比容(单位质量的体积)与气体的比容差别越来越小。当温度升高到 31℃附近时,水平线段收缩为一点 C,代表气-液两相比容相等。称该点为 CO_2 气体的临界点,对应的等温线称为临界等温线,对应的温度称为临界温度,用 T_C 表示。CO_2气体的临界温度 $T_C \approx 31℃$。

实验还发现,将 CO_2 气体的温度维持在高于临界温度时,不论加多大的压强,也不可能把气体液化(如图中的 32℃ 和 48℃ 等温线)。可见要通过等温压缩的方法液化气体,必须将其维持在临界温度之下。

10.1.1.3　范德瓦耳斯方程

气-液相变是分子之间的相互作用力与分子无规则热运动相互竞争的结果,分子的相互吸引力让系统凝聚为液相,而分子的热运动破坏这种凝聚的倾向,当液相的温度升高到一定程度,使得两个因素可以相互抗衡,开始发生相变。能否从理论上解释实际气体的等温相变呢?

实际气体的等温线与理想气体的等温线差别很大,特别是在临界温度之下由于有相变发生差别更大。处于液态时分子间距比气相分子间距小很多,分子间相互作用变得很重要。为了获得实际气体的状态方程,必须计入分子之间的相互作用力。

荷兰物理学家范德瓦耳斯于 19 世纪提出了实际气体状态方程,称为范氏方程。该方程是将理想气体状态方程经过修正后得到,要点是计入气体分子自身大小和分子之间的相互作用力,以便更好地描述真实气体的宏观性质。

实际气体分子的相互作用力比较复杂,作为简化选择苏则朗模型(见图 10-4),并设刚性球的直径为 d,分子的作用力程为 S。

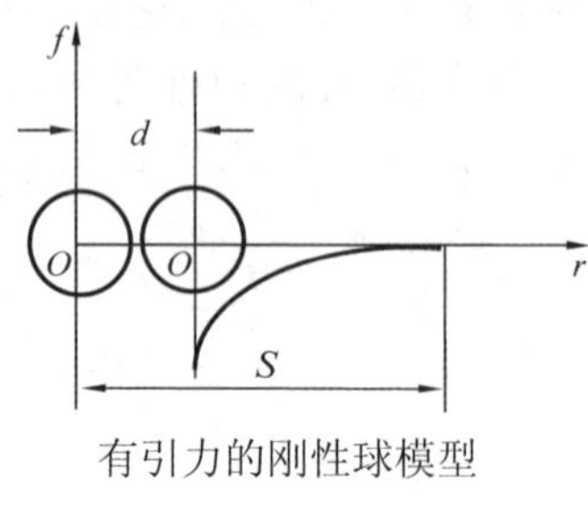

有引力的刚性球模型

图 10-4

计入分子的大小实际上是考虑到了分子之间的斥力作用,其效果是反抗气体的凝聚,增大气体的压强。而分子的引力是驱使气体凝聚,有减小气体压强的作用。考虑这两个因素对理想气体状态方程的修正分别称为分子的体积修正和分子的引力修正。

现在考虑 1 mol 理想气体,状态方程为

$$p=\frac{RT}{V_{\mathrm{mol}}}, \tag{10-2}$$

式中 V_{mol} 为容器的体积,每个分子是一个质点,不占据空间体积,V_{mol} 也是每个分子自由活动空间的体积。

若计入分子的大小,分子的自由活动空间会减少,设由于分子有大小而使得分子自由活动的空间体积的减少量为 b,称为体积修正量(可以推算 b 约为 1 mol 气体分子本身总体积的 4 倍),将式(10-2)中的 V_{mol} 改为 $V_{\mathrm{mol}}-b$,气体状态方程变为

$$p=\frac{RT}{V_{\mathrm{mol}}-b}, \tag{10-3}$$

式(10-3)是只考虑了分子斥力后的实际气体状态方程。可以看出只考虑体积修正,压强会变大。

进一步计入分子引力,分子有聚集在一起的趋势,使分子对器壁的压强减少。设压强减少量为 Δp,称为内压力,则分子对器壁的压强变为

$$p=\frac{RT}{V_{\mathrm{mol}}-b}-\Delta p, \tag{10-4}$$

下面说明 Δp 与气体分子的数密度的平方成正比:设某分子 α 远离容器壁,如图 10-5 所示,以该分子为中心的引力球内分布的气体分子对称,该分子所受作用球内其他分子合力为零。但对靠近器壁的分子则不同,若不考虑容器壁分子对气体分子的作用力,对于靠近器壁附近的气体分子,若离器壁的距离小于分子作用程 S 时(如 β、γ 等分子),引力球会被容器壁切掉一块球冠,引力球内分布的气体分子

不再对称，分子会受到指向气体内部的吸引力 f。分子只要处在以 S 为厚度靠近容器壁的表层内均会受到吸引力 f，在这层空间分布一个等效力场，力场的方向指向气体内部，力场外的分子只有穿过该力场才能与器壁碰撞。

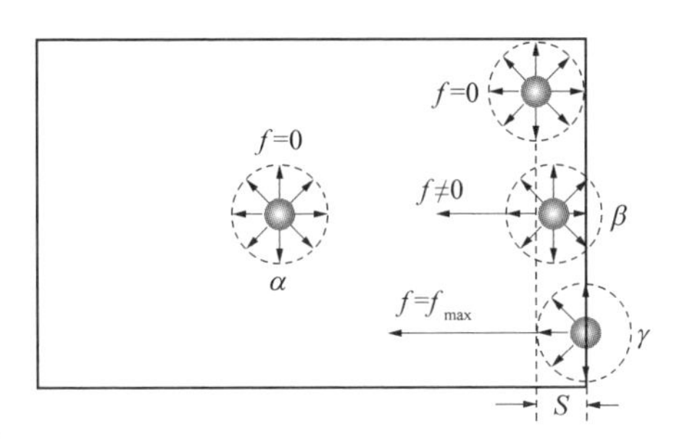

图 10-5

在力场内的分子所受到的吸引力的大小与切掉球冠内的分子数成正比，或与气体分子的数密度成正比，即 $f \propto n$。动量为 q 的分子穿越力场后动量会减少 Δq，因为 $\Delta q \propto f$，所以 $\Delta q \propto n$。器壁所受分子的压强的减少与单位时间碰到器壁上的分子数成正比，同时与每个分子穿越力场后动量的减少量 Δq 成正比，即

$$\Delta p \propto \Gamma \Delta q \propto n^2, \tag{10-5}$$

即内压力与分子数密度的平方成正比，而密度与气体的摩尔体积成反比，所以

$$\Delta p \propto \frac{1}{V_{\mathrm{mol}}^2},$$

将上式写成等式

$$\Delta p = \frac{a}{V_{\mathrm{mol}}^2}, \tag{10-6}$$

式中比例系数 a 与气体分子的引力性质有关，称为引力修正常数，一般由实验确定。

同时考虑分子的体积修正和引力修正，由式(10-4)和式(10-6)可导出实际气体的状态方程为

$$\left(p + \frac{a}{V_{\mathrm{mol}}^2}\right)(V_{\mathrm{mol}} - b) = RT, \tag{10-7}$$

此式为 1 mol 气体的范德瓦耳斯方程。气体质量为 m 时，利用关系 $V = \frac{m}{M} V_{\mathrm{mol}}$ 可得

$$\left(p + \frac{m^2}{M^2}\frac{a}{V^2}\right)\left(V - \frac{m}{M} b\right) = \frac{m}{M} RT。 \tag{10-8}$$

这是范德瓦耳斯方程的一般形式。

不同气体体积修正常数和引力修正常数取不同值，表 10-1 给出了部分气体的 a、b 值。

表 10－1 不同气体的体积修正常数和引力修正常数

气　体	$a/(\mathrm{m^6 \cdot Pa/mol^2})$	$b/(10^{-6}\mathrm{m^3 \cdot Pa/mol})$
He	0.003 4	24
H_2	0.024 4	27
O_2	0.136	32
CO_2	0.359	43

对压强不太高、温度不太低的真实气体，范德瓦耳斯方程是一个很好的近似。

利用范德瓦耳斯方程可以做等温线，如图 10－6 所示，AB 段对应气相，CD 段对应液相，这两段与实际气体的等温线相符。

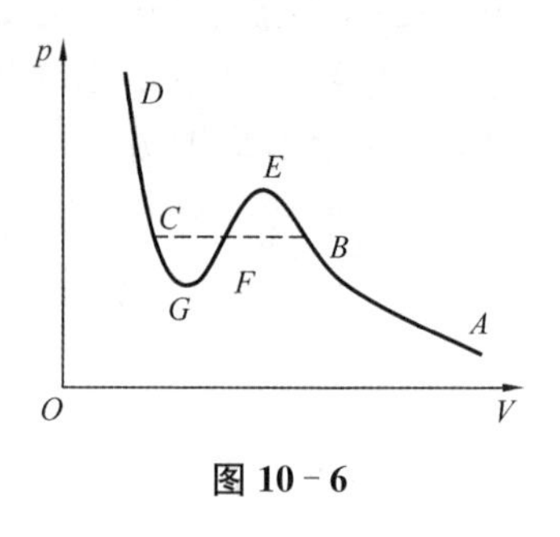

图 10－6

但弯曲部分 $BEFGC$ 与实际等温线差别较大，对应实际气体等温相变过程中气-液共存区。曲线 EFG 段气体的体积减小压强反而降低，这是一种不稳定状态，实际无法实现。BE 段相当于过饱和蒸气，而 GC 段对应过热液体，实际可以实现。

图 10－7 给出了不同温度范德瓦耳斯等温线，当温度升高时，弯曲部分所占区域变小，当达到某临界温度 T_c 时，弯曲部分收缩为一点，在数学上是拐点，满足一阶导数和二阶导数均为零条件，在物理上对应临界点。利用范德瓦耳斯方程及数学拐点条件

$$\left(\frac{\mathrm{d}p}{\mathrm{d}V}\right)_c=0, \qquad (10-9)$$

$$\left(\frac{\mathrm{d}^2 p}{\mathrm{d}V^2}\right)_c=0, \qquad (10-10)$$

可以将临界点对应的状态参量用 a 和 b 表示出来，即

$$V_c=3b, \qquad (10-11)$$

$$p_c=\frac{a}{27b^2}, \qquad (10-12)$$

$$T_c=\frac{8a}{27bR}。 \qquad (10-13)$$

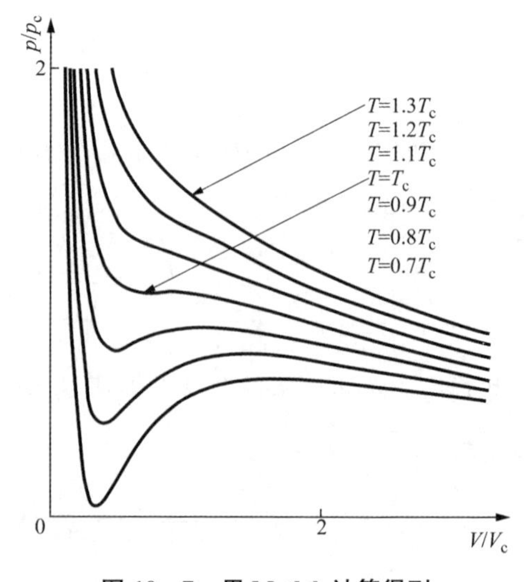

图 10－7 用 Matlab 计算得到

反过来通过对临界参量的测量可得到体积修正常数和引力修正常数

$$a = 3V_c^2 p_c, \tag{10-14}$$

$$b = \frac{V_c}{3}。 \tag{10-15}$$

范德瓦耳斯方程中的修正常数用临界参量表示后为如下形式：

$$\left(\frac{p}{p_c} + \frac{3V_c^2}{V^2}\right)\left(\frac{3V}{V_c} - 1\right) = \frac{8T}{T_c}。 \tag{10-16}$$

若压强、体积和温度用临界压强、临界体积和临界温度归一化，则无量纲的状态参量可表示为

$$\left(x_1 + \frac{3}{x_2^2}\right)(3x_2 - 1) = 8x_3。 \tag{10-17}$$

其中 $x_1 = p/p_c$，$x_2 = V/V_c$，$x_3 = T/T_c$。图 10 - 7 是由式(10 - 17)计算做出的等温线。

虽然由范德瓦耳斯方程不能完全准确拟合气-液等温相变过程，但范德瓦耳斯方程仍是能够解释气-液相变规律的一个很好的状态方程。

10.1.1.4　汽化曲线

在 $p - T$ 状态空间中所绘制的饱和蒸气压与温度的关系曲线称为汽化曲线，如图 10 - 8 所示，也称为气-液二相图。曲线上的点是气-液两相平衡共存时的状态，在曲线外的点是气相或液相单独存在的状态。汽化曲线的上方表示液相区域，下方表示气相区域。汽化曲线的始点是 O，在 O 外侧气相只能与固相平衡共存。K 点是汽化曲线的终点，是气-液两相平衡共存的临界点，在临界点外侧，气-液两相的密度相同，区别消失。

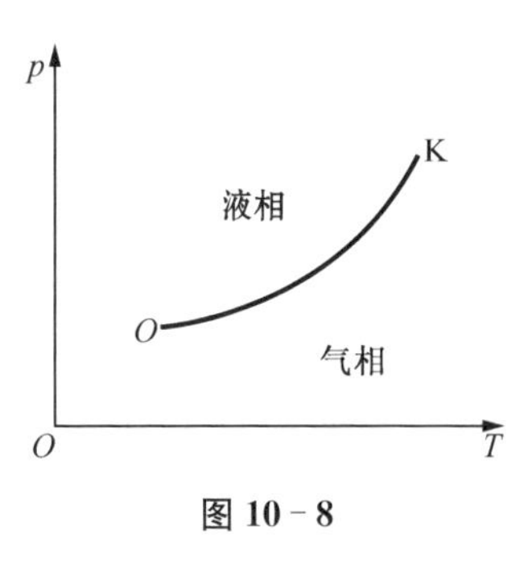

图 10 - 8

汽化曲线既是液相和气相的分界线，也是饱和蒸气压与温度的关系曲线，还是沸点与外界压强的关系曲线。

10.1.2　固-液相变和固-气相变

10.1.2.1　固-液相变

固体原子或分子作用力比气体分子作用力强很多，使固体有固定的外形，在外力作用下固体的形状和体积不易改变。固体分为晶体和非晶体，晶体原子或分子排列规则有序且具有周期性，如云母、食盐和冰等。非晶体原子或分子排列无序、没有周期性，例如玻璃、橡胶等。在平衡态时固体原子并不静止，而是不停地在其

平衡位置附近以振动方式做无规则热运动。

由固相转变为液相的过程称为熔解，由液相转变为固相的过程称为结晶或凝固。在一定压强下，温度升高到一定值晶体才熔解，称这一温度为熔点。熔解过程是破坏晶体点阵结构的过程，故需要输入能量，单位质量晶体熔解所吸收的热量称为熔解热。

晶体有确定的熔点，但非晶体没有确定的熔点，如玻璃、石蜡、树脂等。非晶体的熔解并不在特定温度下进行，在熔解过程中随着温度的上升逐渐软化，最终变成液体。熔点与晶体种类及外界压强有关。熔点与压强的关系曲线为熔解曲线，如图 10－9 所示。大多数晶体的熔点随压强增大而升高，在熔解时体积膨胀，液相比容比固相的大，熔解曲线的斜率是正的，如图 10－9(a)所示。少数晶体却相反，压强增大对应熔点降低，液相比容较固相的小，熔解曲线的斜率是负的，如图 10－9(b)所示。像冰、铋和锑就是这样，利用这一特点，在铸铅字时，常常要在铅中加入一些铋、锑等金属，使其在凝固时膨胀，字迹清晰。

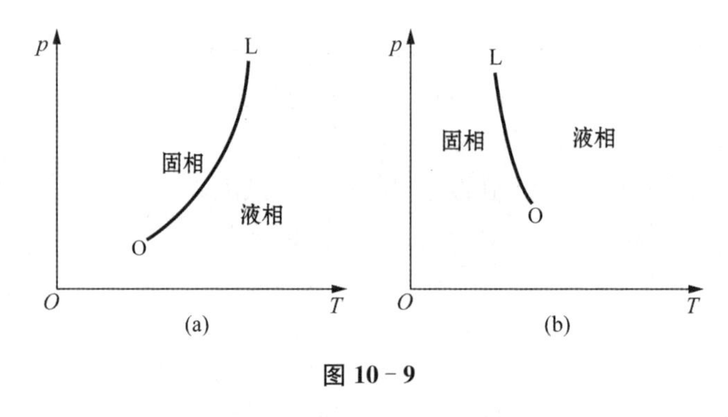

图 10－9

一定压强下的熔点是固-液两相平衡共存的温度，熔解曲线上的点是固-液两相平衡共存的状态。在给定压强下，温度低于熔点时物质以固相存在，高于熔点时以液相存在。

压强一定，但温度低于熔点时，结晶会发生。结晶时，先是少数原子按一定规律排列起来形成晶核，再围绕这些晶核原子按一定规律排列生长成为大块晶体。从一个晶核长大的晶体为单晶体，从多个晶核同时生长出的晶体为多晶体。缺少晶核的液体在温度低于熔点时也不结晶，成为过冷液体，是一种亚稳状态。

10.1.2.2 固-气相变

樟脑、干冰和硫等物质在常温下能直接挥发成气体，由固态直接转变为气态的过程称为升华。升华时分子一方面要克服与周围分子间的结合力做功，另一方面克服外界压强做功，所以需要吸收很大的热量，称为升华热。通常用易于升华的物质作为制冷剂，比如干冰就是广泛使用的制冷剂。升华的逆过程为凝华，气体凝华时要放出热量，相应的热量称为凝华热。

一定温度下密闭容器中的固体，升华与凝华过程可以达到动态平衡，平衡时气体的压强称为饱和蒸气压，饱和蒸气压与温度的关系就是升华曲线。升华曲线上的点是固-气两相平衡共存的状态。升华曲线的一侧是固相单独存在的区域，另一侧是气相单独存在的区域。升华过程的饱和蒸气压随温度的升高总是增大，升华曲线的斜率总是正的，如图 10 - 10 所示。

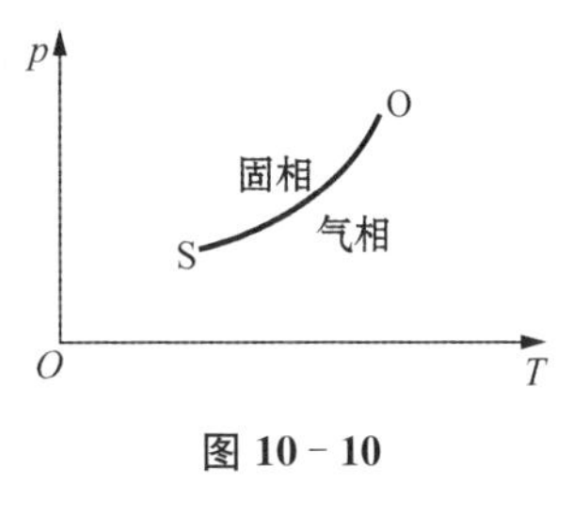

图 10 - 10

10.1.2.3　三相图

汽化曲线、熔解曲线和升华曲线共同构成三相图，常规物体的固态密度大于液态密度，三个相变曲线的斜率均为正。对于反常膨胀的物质熔解曲线的斜率为负。

图 10 - 11 为水的三相图，在一个大气压下水和水蒸气平衡共存的温度为 100℃，当升高到 218 个大气压时平衡共存的温度上升为 374℃，当降到 0.006 个大气压时平衡共存的温度降为 0.009 8℃，这一状态也是冰升华的最高温度和最高压强，将该点称为水的三相点，它是三条相变曲线的交点，同时也是固相、液相和气相三相平衡共存的状态。在三相点处升华热等于熔解热与汽化热之和。

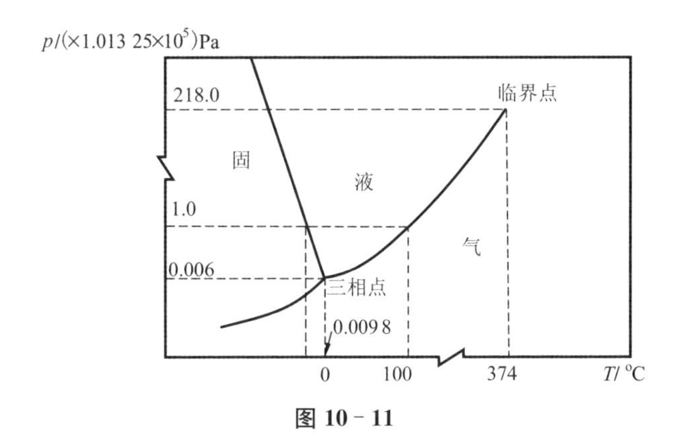

图 10 - 11

对于纯净的物质，气、液和固的三相点只有一个，而且三相点处的压强和温度是完全确定和非常稳定的。比如水的三相点压强和温度值分别为 $0.006 \times 1.013\ 25 \times 10^5$ Pa、0.009 8℃（≈273.16 K），而二氧化碳的三相点压强和温度分别为 $5.11 \times 1.013\ 25 \times 10^5$ Pa、216.6 K，由于二氧化碳的三相点压强很大，所以在常压下不可能以液态存在，固态只能升华，这也是“干冰”的由来。

10.2　气体的输运过程

本节先介绍气体内三种输运过程服从的宏观规律，然后对气体的微观模型做适当的假设,从微观上解释三种输运现象。

10.2.1 气体三种输运过程的宏观规律

10.2.1.1 热传导现象

热传递是物体内部或物体与物体之间的能量传递,热传递现象广泛存在于各种工程技术领域,特别是在航空航天领域以及各种推进系统技术领域,提出了大量的与热传递相关的问题。

热传递共有三种方式:热传导、对流和热辐射。当物体内各部分温度不均匀时,热量将由温度高处向低处输运,称为热传导过程,是固体中主要的传热方式。对流是依靠流体微团的宏观运动进行热量传递,是流体中主要的传热方式。热辐射是依靠电磁波的传播而实现能量的传递,是真空中唯一的传热方式。

热量很少以单一方式进行传递,往往是几种传热方式同时发生。此处先讨论气体中的热传导传热。

为简单起见,认为气体不流动、气体的温度只沿 z 方向变化,温度 T 由左向右递减(见图 10-12),温度的梯度为 $\mathrm{d}T/\mathrm{d}z$ 小于零,热量将沿 z 轴正方向传递。在 $z=z_0$ 处取一面积为 ΔS 的面元,实验发现单位时间流过该面元的热量正比于面元的面积和温度梯度:

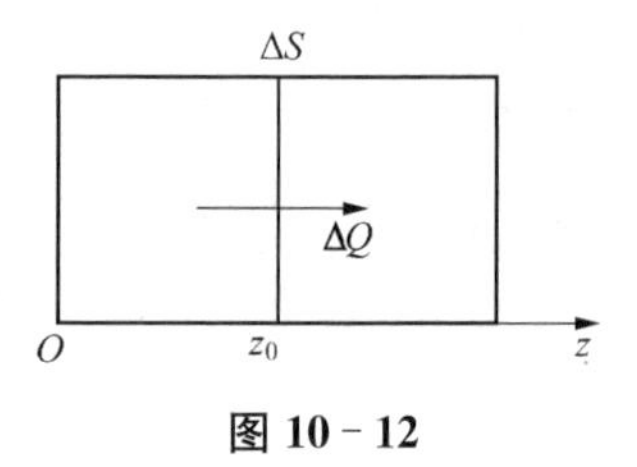

图 10-12

$$\frac{\Delta Q}{\Delta t}=-\kappa\frac{\mathrm{d}T}{\mathrm{d}z}\Delta S, \tag{10-18}$$

式(10-18)称为傅里叶(Fourier)定律。其中 κ 称为热导率,由气体的性质及状态决定。傅里叶定律不但对流体适用,对固体中的热传导也适用。

10.2.1.2 黏滞现象

有宏观量的流动时流体处在非平衡态。流体的流动可分为层流和湍流,层流就是黏性流体做分层的平行流动,流体质点的轨迹线有条不紊,彼此并不互相混杂。湍流是黏性流体流动时不同部分相互混杂、流体质点的轨迹线紊乱并有涡旋状结构的流动。

此处只讨论气体做稳定的层流时的黏滞现象。设想有两块彼此平行的无限大平板,垂直于 z 轴放置,如图 10-13 所示,令下板静止 $u=0$,上板以恒定的速率 $u=u_0$ 沿 x 方向向右做水平运动。由于气体的黏性,紧靠上板的一层气体与板有相同的宏观流速,而紧靠下板的一层气体宏观流速为零。

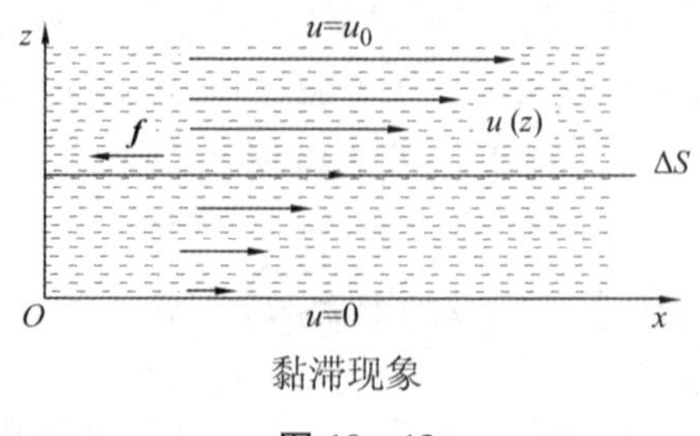

黏滞现象

图 10-13

在两板之间 z 处的一层气体的宏观流速与 z 有关 $u=u(z)$。由于气体各层流速不同,在相邻的两层之间会形成摩擦力,阻碍两层的相对运动,称这种内摩擦力为黏滞力。

设气体流速的梯度为 $\frac{\mathrm{d}u}{\mathrm{d}z}$。在 z 处取一平行于板的假想截面 ΔS,则以 ΔS 为接触面的上下两层气体间存在一对与 ΔS 面平行、大小相等方向相反的摩擦力,令 f 代表下层气体对上层气体的摩擦力,实验表明,该摩擦力的大小正比于面积 ΔS 和流速梯度

$$f \propto \frac{\mathrm{d}u}{\mathrm{d}z} \cdot \Delta S,$$

写为等式

$$f=-\eta \frac{\mathrm{d}u}{\mathrm{d}z} \cdot \Delta S。 \tag{10-19}$$

该式称为牛顿(Newton)黏滞定律。其中 η 称为黏滞系数,与气体的性质和所处的状态有关。式中的负号表示:当宏观流速沿 z 轴增大时,下层对上层的摩擦力是阻力。

牛顿黏滞定律不但对气体适用,对液体也适用,不同的是气体的黏滞系数随着气体的温度升高而升高,而液体的黏滞系数随着液体的温度升高而下降。

10.2.1.3 扩散现象

在清水中滴入几滴蓝墨水,过一段时间后水会变蓝。将两块不同的金属紧压在一起,经过较长时间后每块金属的接触面内部都可发现另一种金属的成分。在屋角喷洒香水,整间屋子都会有香味。以上现象称为扩散现象。

扩散是质量的输运过程,与传热相对应,在工程上简称为"传质"。只要系统的密度分布不均匀,扩散过程就会发生,质量会从密度大的区域向密度小的区域输运,此处只讨论气体的扩散过程。

密度不均匀时气体处在非平衡态,设气体密度分布与时间无关,只沿 z 轴方向变化 $\rho=\rho(z)$ (见图 10-14),密度梯度为 $\frac{\mathrm{d}\rho}{\mathrm{d}z}$。在 z 处有一垂直 z 轴的截面 ΔS,实验表明单位时间内通过这个截面的气体质量与该截面处的密度梯度成正比,与截面积成正比

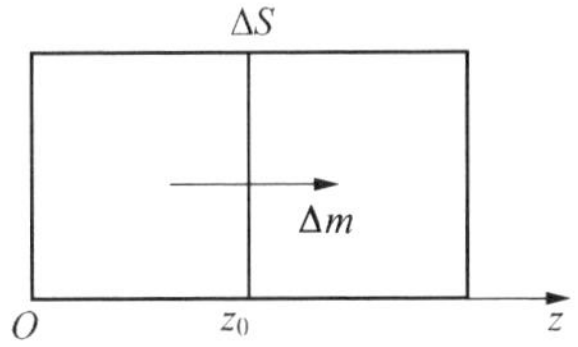

图 10 - 14

$$\frac{\Delta m}{\Delta t}=-D \frac{\mathrm{d}\rho}{\mathrm{d}z}\Delta S, \tag{10-20}$$

式(10-20)称为斐克(Fick)定律。其中 D 为扩散系数,与气体的性质和所处的状态有关。

10.2.2 三种输运过程的微观解释

从微观上看,三种输运过程均与分子的微观运动有关,与分子之间的碰撞有关,而分子之间的吸引力对输运过程的影响是次要的。为了从微观上解释这些宏观现象,不能将气体简化为理想气体,必须考虑气体分子分身的大小。所以在以下讨论中,将气体微观模型取为无吸引力的刚球模型,用统计的方法可以导出三个宏观输运规律。在推导时要引入分子的碰撞频率和平均自由程的概念。

10.2.2.1 平均自由程和碰撞频率

分子之间的碰撞非常频繁,对输运过程起关键作用。分子连续两次碰撞之间自由通过的距离为自由程,用 λ 表示。由于碰撞分子自由程不断变化(见图 10-15),自由程的平均值称为平均自由程。可以将平均自由程理解为自由程对时间的平均:长时间追踪一个分子对其自由程取平均。也可以理解为分子数平均:某瞬时所有气体分子自由程的平均值。两种意义下的平均值区别不大。

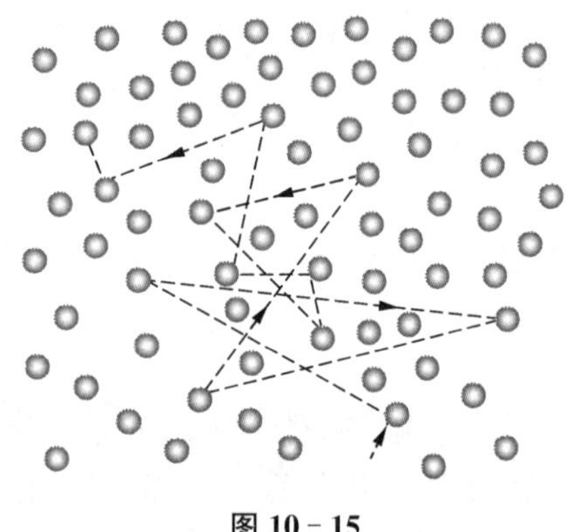

图 10-15

分子频繁地与其他分子碰撞,在单位时间内分子与其他分子平均发生碰撞的次数为 $\bar{z}$,称为分子的碰撞频率。设分子的平均速率为 $\bar{v}$,则在 dt 时间内分子通过的路程为 $\bar{v}dt$。另一方面在该段时间内分子碰撞次数为 $\bar{z}dt$,每碰撞一次平均通过的路程为 $\bar{\lambda}$,故在 dt 时间内分子通过的路程又可表示为 $\bar{\lambda}\bar{z}dt$,所以 $\bar{v}dt = \bar{\lambda}\bar{z}dt$,或

$$\bar{\lambda} = \frac{\bar{v}}{\bar{z}}, \tag{10-21}$$

可见分子的平均自由程和平均碰撞频率是相关的。

分子的平均自由程和碰撞频率与哪些因素有关呢?为此从微观上先计算分子的平均碰撞频率。为方便起见,追踪一个分子的运动,认为其他分子静止不动,并令 $\bar{u}$ 为所追踪的分子相对其他分子的平均速率。任意两个气体分子的中心距离不能小于 d,只要等于 d 就认为两分子发生了碰撞。直径均为 d 的分子的碰撞可等效地看为一个直径为 $2d$ 被追踪的分子,在静止的、直径为零、数密度为 n 的背景分子中以平均速率 $\bar{u}$ 运动(见图 10-16)。当被追踪的分子运动时会在质点背景中扫过截面积为 $\sigma=\pi d^2$ 的柱形区域(见图 10-17),只要质点处在柱形区域就会与被追踪分子发生碰撞,称 σ 为分子的碰撞截面。

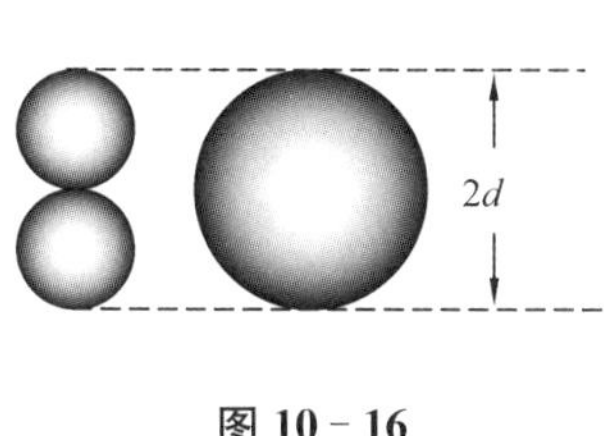

图 10 - 16

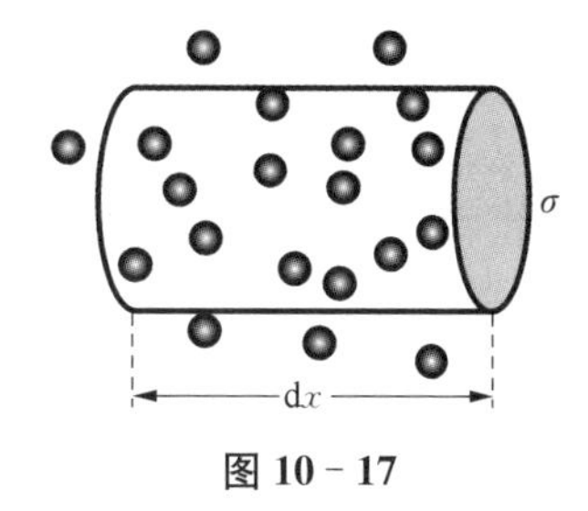

图 10 - 17

被追踪分子在 $\mathrm{d}t$ 时间内扫过柱体的高为 $\mathrm{d}x=\bar{u}\mathrm{d}t$，柱体内包含的质点数为 $n\sigma\mathrm{d}x=n\sigma\bar{u}\,\mathrm{d}t$，这就是被追踪分子在 $\mathrm{d}t$ 时间内与所有其他分子的碰撞次数，所以单位时间的碰撞次数为

$$\bar{z}=\sigma n\bar{u}=\pi d^2 n\bar{u}\text{。}\tag{10-22}$$

利用麦克斯韦速度分布律可以证明，相对速率的平均值与平均速率有关系：

$$\bar{u}=\sqrt{2}\,\bar{v},\tag{10-23}$$

最后得到平均碰撞频率为

$$\bar{z}=\sqrt{2}\,\pi d^2 n\bar{v},\tag{10-24}$$

可见，平均碰撞频率与分子的大小、分子的密度和分子运动的快慢有关系。用氢气来估算 $\bar{z}$，氢分子的直径 $d\approx 2\times 10^{-10}$ m，将标准状态下的密度、温度代入式(10 - 24)，可得 $\bar{z}$ 约为 80 亿次，分子之间碰撞非常频繁。

由式(10 - 21)可得分子的平均自由程

$$\bar{\lambda}=\frac{\bar{v}}{\bar{z}}=\frac{1}{\sqrt{2}\,\pi d^2 n},\tag{10-25}$$

平均自由程只与分子的直径和密度有关，而与平均速率无关。密度越小，分子平均间距越大，平均自由程越大。当密度一定时，分子直径越大，分子自由运动的空间越小，自由程越小。利用理想气体状态方程还可将平均自由程与气体状态参量联系起来

$$\bar{\lambda}=\frac{k_{\mathrm{B}}T}{\sqrt{2}\,\pi d^2 p},\tag{10-26}$$

当温度一定时，平均自由程与压强成反比，压强越小，密度越大，平均自由程越长。当压强一定时，平均自由程与温度成正比，温度越大，密度越小，平均自由程越长。

10. 2. 2. 2　热传导过程的微观解释

热传导的实质是由于大量分子互相碰撞和无规则运动，使能量从高温部分传

至低温部分、由高温物体传给低温物体。固体中高温部分原子平均振动能较大，低温部分原子平均振动能小，原子之间的相互作用使振动能由高温部分向低温部分传递，使内能在固体中迁移。金属中不但依靠原子振动传递内能，同时大量的、不停地做无规则热运动的自由电子也对金属的热传导起着主要作用。对于气体，热传导主要依靠分子的无规则热运动和分子的无规则碰撞来实现，高温部分分子的平均动能大，低温部分分子的平均动能小，无规则热运动和无规则碰撞使不同区域的分子相互交换能量，导致能量从高温处向低温处迁移流动。液体的热传导机制介于固体和气体之间。

下面利用气体热传导的微观机制，从理论上推导傅里叶定律。令(n_{L}， $\bar{v}_{\mathrm{L}}$)分别代表截面 ΔS 左侧分子的数密度和平均速率，(n_{R}， $\bar{v}_{\mathrm{R}}$)分别代表右侧分子的数密度和平均速率，沿空间 6 个方向飞行的分子数近似认为各占 1/6，在 Δt 时间内从气体中 ΔS 左侧到右侧的分子数为 ΔN_{L}，从右侧到左侧的分子数为 ΔN_{R}，则

$$\Delta N_{\mathrm{L}}=\frac{1}{6}n_{\mathrm{L}}\bar{v}_{\mathrm{L}}\Delta S\Delta t, \tag{10-27}$$

$$\Delta N_{\mathrm{R}}=\frac{1}{6}n_{\mathrm{R}}\bar{v}_{\mathrm{R}}\Delta S\Delta t, \tag{10-28}$$

严格地说，由于温度不同，两侧交换的分子数并不相等，但这一因素不是导致能量传递的主要因素，在温度梯度不是很大时，可以认为两侧交换的分子数相等，即

$$\Delta N_{\mathrm{L}}=\Delta N_{\mathrm{R}}=\frac{1}{6}n\bar{v}\Delta S\Delta t=\Delta N。$$

每交换一对分子所交换的能量为($\bar{\varepsilon}_{\mathrm{L}}-\bar{\varepsilon}_{\mathrm{R}}$)，$\Delta t$ 时间通过 ΔS 交换的能量为

$$\Delta Q=(\bar{\varepsilon}_{\mathrm{L}}-\bar{\varepsilon}_{\mathrm{R}})\Delta N,$$

式中 $\bar{\varepsilon}_{\mathrm{L}}$，$\bar{\varepsilon}_{\mathrm{R}}$ 分别为左侧和右侧分子的平均动能，按照能量均分定理，它们是温度的函数。两个平均动能函数自变量如何取？分子在通过 ΔS 之前是从哪里飞来的？一个合理的假设认为某个分子在通过 ΔS 之前来自最后一次碰撞的地方，来自距截面 ΔS 为自由程的地方，分子被该处的分子同化后获得了相应的温度。ΔN 个分子在穿过 ΔS 之前的自由程有的大有的小，另一个合理的假设认为，平均而言每个分子来自距 ΔS 为平均自由程 $\bar{\lambda}$ 的地方。设 ΔS 的位置为 z，则自变量应分别取($z-\bar{\lambda}$)和 $(z+\bar{\lambda})$ (见图 10－18)，即

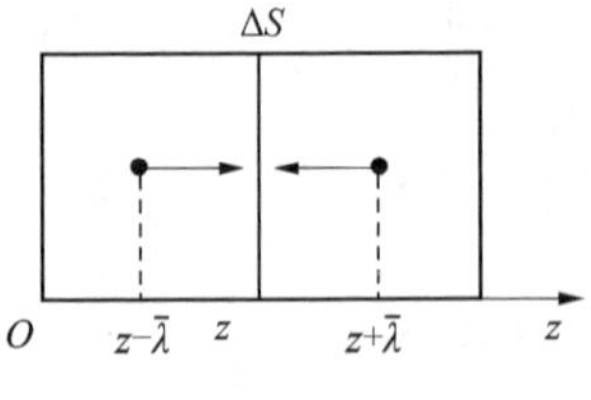

图 10－18

$$\bar{\varepsilon}_{\mathrm{L}}=\frac{i}{2}k_{\mathrm{B}}T(z-\bar{\lambda}), \tag{10-29}$$

$$\bar{\varepsilon}_{\mathrm{R}}=\frac{i}{2}k_{\mathrm{B}}T(z+\bar{\lambda}), \tag{10-30}$$

两侧分子交换的平均动能等于传递的热量，即

$$\Delta Q=\frac{1}{6}n\bar{v}\Delta S\Delta t\ \frac{i}{2}k_{\mathrm{B}}[T(z-\bar{\lambda})-T(z+\bar{\lambda})], \tag{10-31}$$

将方括弧中温度的差用温度梯度和平均自由程表示，则有

$$T(z-\bar{\lambda})-T(z+\bar{\lambda})\approx\frac{\mathrm{d}T}{\mathrm{d}z}(-2\bar{\lambda}), \tag{10-32}$$

将式(10－32)代入式(10－31)，可得

$$\Delta Q=\frac{1}{6}n\bar{v}\Delta S\Delta t\ \frac{i}{2}k_{\mathrm{B}}\frac{\mathrm{d}T}{\mathrm{d}z}(-2\bar{\lambda})$$

或

$$\frac{\Delta Q}{\Delta t}=-\frac{1}{3}n\bar{v}\bar{\lambda}\ \frac{i}{2}k_{\mathrm{B}}\frac{\mathrm{d}T}{\mathrm{d}z}\Delta S\equiv-\kappa\frac{\mathrm{d}T}{\mathrm{d}z}\Delta S, \tag{10-33}$$

式中

$$\kappa=\frac{1}{3}n\bar{v}\bar{\lambda}\ \frac{i}{2}k_{\mathrm{B}}=\frac{ik_{\mathrm{B}}}{3\pi d^{2}}\sqrt{\frac{k_{\mathrm{B}}T}{\pi m}} \tag{10-34}$$

为热导率。

式(10－34)说明，在温度一定时热传导系数与气体的密度无关，密度越大虽然通过截面 ΔS 交换的分子数变大，但同时使得分子的自由程变小，两者对热传导的贡献是相互抵消的。

令 c_V 为气体质量定容热容，且有关系：

$$c_V=\frac{ik_{\mathrm{B}}/2}{m}=\frac{i}{2}k_{\mathrm{B}}\frac{n}{\rho},$$

式中 m 为每个分子的质量，ρ 为密度。

将上式代入式(10－34)，可将热导率表示为

$$\kappa=\frac{1}{3}\rho\bar{v}\bar{\lambda}c_V。 \tag{10-35}$$

可见，热传导系数与气体所处的状态和气体本身的性质有关。

以上对热传导规律的讨论做了很多近似，所以理论结果不可能与实验很好地符合。

10.2.2.3 黏滞现象的微观解释

若不同部分的气体分子携带定向动量不同,可在气体内产生定向动量的迁移。与热传导过程的分析相似,将交换的平均动能更换为宏观动量,可以推导出牛顿黏滞定律。

截面 ΔS 两侧交换的分子数仍取 $\Delta N=\frac{1}{6}n\bar{v}\Delta S\Delta t$,但截面 ΔS 两侧分子携带的宏观动量取为

$$p_{\mathrm{R}}=mu(z+\bar{\lambda}), \tag{10-36}$$

$$p_{\mathrm{L}}=mu(z-\bar{\lambda})。 \tag{10-37}$$

利用关系 $u(z-\bar{\lambda})-u(z+\bar{\lambda})\approx\frac{\mathrm{d}u}{\mathrm{d}z}(-2\bar{\lambda})$,$\mathrm{d}t$ 时间通过截面 ΔS 净迁移的动量为

$$\Delta p=(p_{\mathrm{L}}-p_{\mathrm{R}})\Delta N=\frac{1}{6}n\bar{v}\Delta S\Delta t\,m\frac{\mathrm{d}u}{\mathrm{d}z}(-2\bar{\lambda})。$$

内摩擦力为

$$f=\frac{\Delta p}{\Delta t}=-\frac{1}{3}n\bar{v}\bar{\lambda}m\frac{\mathrm{d}u}{\mathrm{d}z}\Delta S, \tag{10-38}$$

这就是牛顿黏滞定律。

与式(10-19)比较,可得黏滞系数为

$$\eta=\frac{1}{3}mn\bar{v}\bar{\lambda}=\frac{1}{3}\rho\bar{\lambda}\bar{v}。 \tag{10-39}$$

同理,也可以将黏滞系数与气体的状态参量联系起来,即

$$\eta=\frac{2}{3}\frac{1}{\pi d^2}\sqrt{\frac{mk_{\mathrm{B}}T}{\pi}}。 \tag{10-40}$$

温度一定时黏滞系数与气体的密度无关,其微观原因与热传导系数相同。

10.2.2.4 扩散现象的微观解释

扩散现象的微观本质是质量的定向迁移,是质量从高浓度区域向低浓度区域的转移。

分子数密度不均匀是扩散的成因,使截面 ΔS 两侧交换的分子数目不同 $\Delta N_{\mathrm{L}}\neq\Delta N_{\mathrm{R}}$。但在推导斐克定律时认为截面两侧的分子平均速率相同,式(10-27)和式(10-28)变为

$$\Delta N_{\mathrm{L}} = \frac{1}{6} n_{\mathrm{L}} \bar{v} \Delta S \Delta t, \tag{10-41}$$

$$\Delta N_{\mathrm{R}} = \frac{1}{6} n_{\mathrm{R}} \bar{v} \Delta S \Delta t, \tag{10-42}$$

两个数密度可取为

$$n_{\mathrm{R}} = n(z + \bar{\lambda}),$$

$$n_{\mathrm{L}} = n(z - \bar{\lambda}),$$

利用关系 $n(z-\bar{\lambda}) - n(z+\bar{\lambda}) \approx \frac{\mathrm{d}n}{\mathrm{d}z}(-2\bar{\lambda})$，沿 z 轴迁移的质量为

$$\Delta m = m(\Delta N_{\mathrm{L}} - \Delta N_{\mathrm{R}}) = -\frac{1}{3} m \bar{v} \bar{\lambda} \Delta S \Delta t \frac{\mathrm{d}n}{\mathrm{d}z}。$$

因为 $\rho = mn$，所以

$$\frac{\Delta m}{\Delta t} = -\frac{1}{3} \bar{v} \bar{\lambda} \frac{\mathrm{d}\rho}{\mathrm{d}z} \Delta S, \tag{10-43}$$

与式(10-20)比较，可得

$$D = \frac{1}{3} \bar{v} \bar{\lambda}。 \tag{10-44}$$

同理，也可以将扩散系数与气体的状态参量联系起来：

$$D = \frac{2}{3\pi d^2} \frac{1}{n} \sqrt{\frac{k_{\mathrm{B}} T}{\pi m}}, \tag{10-45}$$

$$D = \frac{2}{3\pi d^2} \frac{1}{p} \sqrt{\frac{(k_{\mathrm{B}} T)^3}{\pi m}}, \tag{10-46}$$

式(10-45)说明，温度一定时扩散系数与分子数密度成反比，其微观原因如下：气体密度增加时一方面分子的自由程变小，使质量输运变慢，另一方面密度变大好像能增强质量输运，实际净交换的分子数 $(n_{\mathrm{L}} - n_{\mathrm{R}})$ 几乎不变(碰到截面 ΔS 两侧的分子数变大，但差值改变不明显)，总效果是输运的质量变慢。

三种输运过程微观机制均源于分子的无规则热运动，所以三个输运系数应该相互联系。黏滞系数与扩散系数之间有如下关系

$$\frac{\rho D}{\eta} = 1, \tag{10-47}$$

热导率与黏滞系数有关系

$$\frac{\kappa}{\eta}=c_V。\tag{10-48}$$

通过测量这些参数,可以用实验检验输运理论的准确性。

习 题 10

10-1 1 mol 某种气体服从状态方程 $p(V-b)=RT$(式中 b 为常量,R 为普适气体常量),内能为 $E=C_{V,m}T+E_0$(式中 $C_{V,m}$ 为摩尔定容热容,视为常量;E_0 为常量)。试证明如下两个结论:

(1) 该气体的摩尔定压热容 $C_{p,m}=C_{V,m}+R$;

(2) 在准静态绝热过程中,气体满足方程 $p(V-b)^\gamma=$ 恒量 $(\gamma=C_{p,m}/C_{V,m})$。

10-2 质量 M 为 2.0 kg、温度 T 为-13℃、体积 V 为 0.19 m^3 的氟利昂(相对分子质量为121)在等温条件下被压缩,体积 V 变为 0.10 m^3。试问在此过程中有多少千克氟利昂被液化(已知在-13℃时液态氟利昂密度 $\rho=1.44\times10^3$ kg/m^3,其饱和蒸气压 $p_s=2.08\times10^5$ Pa,氟利昂的饱和蒸气可近似地看作理想气体)?

10-3 一密闭气缸内有空气和水蒸气,平衡状态下缸底还有极少量的水。缸内气体温度为 T,气体体积为 V_1,压强 $p_1=2.0\times1.031\ 25\times10^5$ Pa。现用活塞缓慢压缩气体,并保持缸内温度不变。当气体体积减少到 $V_2=V_1/2$ 时,压强变为 $p_2=3.0\times1.031\ 25\times10^5$ Pa,此时气体温度为多少?

10-4 在 $1.031\ 25\times10^5$ Pa 、100℃时,1 kg 水蒸气和 1 kg 水的内能差多少(此时水的汽化热为 2.26×10^6 J/kg)?

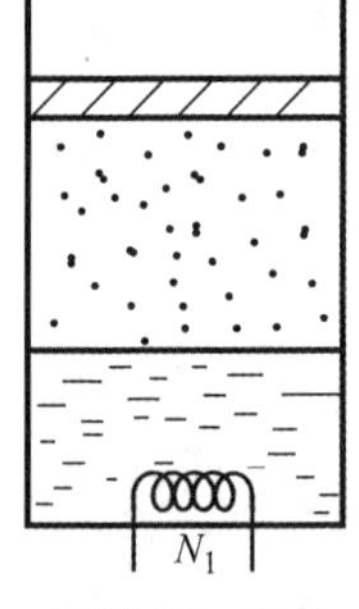

习题 10-5 图

10-5 如题图所示,质量为 M 的活塞上方为真空,下方为水和水蒸气,当加热器功率为 N_1 时,活塞以 v_1缓慢上升;当 $N_2=2N_1$ 时,$v_2=2.5v_1$,此时容器的 T 不变,求 $T(L=2.2\times10^6$ J/kg, $N_1=100$ W, $M=100$ kg, $v_1=0.01$ m/s)。

10-6 正确使用高压锅的办法是等锅内水沸腾时,加上高压阀,此时锅内空气已全部排除,只有水的饱和蒸气。某一高压锅的预期温度为120℃,如果某人在使用此锅时,在水温被加热至 90℃ 时就加上高压阀(可以认为此时锅内水气为饱和蒸气),问高压阀开始被顶起时锅内温度为多少?已知水的饱和蒸气压 $p_{90}=7.010\times10^4$ Pa;$p_{120}=1.985\times10^5$ Pa;水的饱和蒸气压

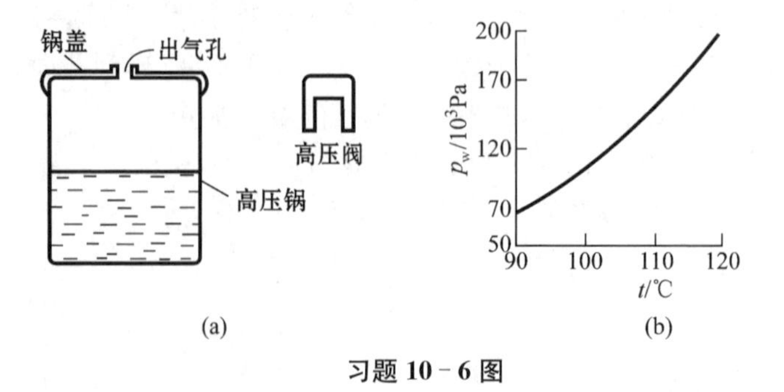

习题 10-6 图

p_w 和温度 t 的函数关系如题图所示。

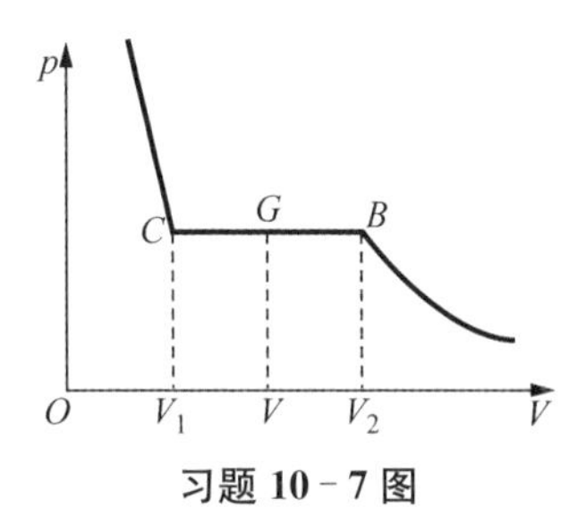

习题 10-7 图

10-7　题图中所示为实际气体的一段等温压缩曲线，现要确定曲线平直部分 BC 上任一点 G 所对应的液、气两相质量百分比及液相所占的体积。若点 G 所代表的液、气两相平衡共存状态的总体积和为 V，并设液、气的质量百分比分别为 x 和 y。求证：

(1) $x\,\overline{CG}=y\,\overline{BG}$（称为液、气两相质量百分比的杠杆法则）；

(2) 液相所占体积为 $\dfrac{V_1(V_2-V)}{(V_2-V_1)}$，其中 V_1，V_2 所代表的物理意义如图所示。

10-8　气缸内装有某种理想气体，在初态 $(p_0,\ V_0)$ 时，它的平均碰撞频率为 $\bar{z}_0$，经等压膨胀后到终态 $(p_0,\ 4V_0)$ 时，它的平均碰撞频率 $\bar{z}$ 为多少？

10-9　容积恒定的容器内盛有一定量某种理想气体，其分子热运动的平均自由程为 $\overline{\lambda_0}$，平均碰撞频率为 $\overline{z_0}$，若气体的热力学温度降低为原来的 1/4，则此时分子平均自由程 $\bar{\lambda}$ 和平均碰撞频率 $\bar{z}$ 分别为原来的多少？

10-10　热水瓶胆的两壁间距为 $s=5$ mm，中间是 $t=27℃$ 的氮气，氮分子有效直径 $d=3.1\times10^{-10}$ m，则瓶胆两壁间氮气的压强满足什么条件才能起到较好的保温作用？

10-11　(1) 分子的有效直径的数量级是多少？(2) 在常温下，气体分子的平均速率的数量级是多少？(3) 在标准状态下气体分子的碰撞频率的数量级是多少？

10-12　固体的热传导与气体一样服从傅里叶定律。现有一半径为 R_1 的球形容器，温度为 T_1，外面套有热导率为 κ 的球形隔热层，其内、外半径分别为 R_1 和 R_2。若隔热层外表面温度为 T_2，试求在单位时间内通过隔热层传出去的热量。

思考题 10

10-1　什么叫作相、相变？气态、液态和固态中的“态”与“相”有无区别？

10-2　温度必须在临界温度以下气体才会液化，对吗？

10-3　饱和蒸气压随温度升高一定增大？

10-4　密闭容器中的水处在三相点，在下列情形下物态将如何变化？（　　）

(A) 降低压强；

(B) 增大压强；

(C) 升高温度；

(D) 降低温度。

10-5　在密闭容器中的液体不能沸腾，这是为什么？

10-6　沸点与哪些因素有关？

10-7　在密闭容器中盛有液氮，现抽除液氮上方的蒸气，则液氮的温度会降低，试解释其道理。

10-8　试估计 Cu 中自由电子的平均自由程的数量级。

10-9　比较三种输运过程的宏观规律，阐明三个梯度的物理意义。

10-10　讨论气体非平衡过程的微观理论中平均自由程 $\bar{\lambda}$ 所扮演的角色。